高等学校电子信息类专业“十三五”规划

FPGA与SOPC设计教程

——DE2-115实践

(第二版)

任爱锋　张志刚　编著

孙肖子　主审

西安电子科技大学出版社

内 容 简 介

本书对国内高校中广泛使用的台湾友晶科技基于 Cyclone Ⅳ E FPGA 的 DE2-115 开发平台硬件设计进行了较为详细的分析，阐述了 FPGA 与 SOPC 的设计流程，并通过大量的练习详细地介绍了如何在 DE2-115 平台上进行从简单到复杂的数字系统设计。

全书共分为 7 章。第 1 章为 DE2-115 开发平台及 HDL 简介，介绍了 DE2-115 开发板、硬件描述语言及基本的 EDA 设计方法；第 2 章为 FPGA 设计流程，介绍了 FPGA 设计的基本流程、ModelSim 仿真和 SignalTap Ⅱ嵌入式逻辑分析仪调试方法；第 3 章为基于 SOPC 的嵌入式开发技术，介绍了 SOPC 设计技术；第 4 章为 DE2-115 平台应用；第 5 章为基于 DSP Builder 的简单 DSP 系统设计；第 6 章和第 7 章介绍了基于 DE2-115 开发板的数字系统设计练习和“计算机组成原理”课程练习。

本书对于 EDA 技术的介绍比较全面，结构安排由浅入深，可作为电子工程、通信工程、自动控制、电子科学与技术、电气信息工程、微电子等专业专科、本科及研究生数字电路与 EDA 相关课程的教材及教学参考书，也可作为数字电路设计人员和大规模集成电路设计工程师的参考书。

图书在版编目(CIP)数据

FPGA 与 SOPC 设计教程：DE2-115 实践 / 任爱锋，张志刚编著. —2 版. —西安：

西安电子科技大学出版社，2018.9

ISBN 978-7-5606-4956-6

Ⅰ. ① F…　Ⅱ. ① 任…　② 张…　Ⅲ. ① 可编程序逻辑器件—系统设计—教材　Ⅳ. ① TP332.1

中国版本图书馆 CIP 数据核字(2018)第 132617 号

策划编辑　云立实

责任编辑　宁晓蓉

出版发行　西安电子科技大学出版社(西安市太白南路 2 号)

电　　话　(029)88242885　88201467　　邮　　编　710071

网　　址　www.xduph.com　　电子邮箱　xdupfxb001@163.com

经　　销　新华书店

印刷单位　陕西大江印务有限公司

版　　次　2018 年 9 月第 2 版　　2018 年 9 月第 4 次印刷

开　　本　787 毫米×1092 毫米　1/16　印　张　22.5

字　　数　535 千字

印　　数　7001～10 000 册

定　　价　48.00 元

ISBN 978-7-5606-4956 - 6 / TP

XDUP 5258002-4

前　言

台湾友晶科技推出的 DE2 系列开发板具有适应各种应用需求的接口及丰富的设计资源，在国内外 FPGA 教育领域应用中一直处于领先地位，已成为全球上千所院校相关实验室实验平台的首选。

2007 年，上海交通大学张志刚老师编写了基于 DE2 开发平台的实验教材《FPGA 与 SOPC 设计教程：DE2 实践》，多年来作为国内高校 DE2 开发平台实验教材而受到好评。为延续DE2系列开发平台的优势，友晶科技推出了基于 Cyclone Ⅳ E FPGA 芯片的 DE2-115 开发平台，以其低功耗、丰富的逻辑资源、大容量存储器及 DSP 功能，更适合视频、语音、数据接入及高品质图像项目的开发需求而备受青睐。DE2-115 平台受到多伦多大学 Stephen Brown 教授的大力推荐，已被全球几百所名校作为逻辑设计实验平台而采用，包括康奈尔大学、伯克莱加州大学、哥伦比亚大学、麻省理工学院、剑桥大学、多伦多大学以及美国空军军官学校等。2012 年，友晶科技出版了由台湾健行科技大学廖裕评教授主编的《逻辑电路设计 DE2-115 实战宝典》，广受世界名校青睐并作为 DE2-115 开发平台的实战教材。2012 年 5 月，西安电子科技大学国家电工电子实验中心 EDA 实验室购买 50 套 DE2-115 作为本科生和研究生的 FPGA 及 SOPC 设计平台，多年来该实验室教师积累了针对该平台丰富的实验教学与应用经验。基于此，作者编写了基于 DE2-115 开发平台的实验教材。由于 DE2-115 开发平台沿袭了 DE2 平台的很多特点，能够让很多应用 DE2 平台的学校顺利升级至 DE2-115 平台，故本教材沿袭张志刚老师基于 DE2 平台教材的框架，但所有实验均在 DE2-115 平台上完成，EDA 软件建议采用 Intel 公司的 Quartus II 13.0 及以上版本。

本书内容编排如下：

第 1 章介绍 DE2-115 硬件开发平台及硬件描述语言。本书所有设计实例工程都基于台湾友晶科技的 DE2-115 开发板，因此在 1.1 节介绍了 Cyclone Ⅳ FPGA 和 DE2-115 开发板的主要资源及应用，在 1.2 节介绍了 VHDL 和 Verilog 基本编程结构和语法。

第 2 章介绍了 Quartus Ⅱ EDA 软件及相关工具的使用，并通过在 DE2-115 平台上实现一个完整的 DDS 信号产生设计实例让读者熟悉并掌握 FPGA 的设计流程。2.1 节是 EDA 软件开发总体流程介绍。2.2 节针对 Quartus Ⅱ 13.0 介绍了 FPGA 设计输入、设计综合、编译器选项设置、引脚分配、编译结果分析以及编程下载等基本 FPGA 设计流程。2.3 节介绍了 ModelSim-Altera 仿真应用。2.4 节介绍了 FPGA 在线调试工具 SignalTap Ⅱ的应用。

第 3 章介绍了基于 SOPC 的嵌入式系统设计，详细介绍了 Intel 公司 SOPC/Qsys 系统开发的重要概念及过程。3.1 节介绍了 Qsys 嵌入式系统开发工具。3.2 节介绍了嵌入式软核处理器 Nios Ⅱ。3.3 节给出了一个较完整的基于 Nios Ⅱ的嵌入式系统设计实例，包括嵌入式系统设计的软硬件规划、硬件设计和软件设计，以及 Nios Ⅱ的编程调试方法。

第4章详细介绍了DE2-115平台上各部分硬件资源的使用方法以及DE2-115平台的高级应用范例。4.1节介绍了DE2-115平台上内嵌的USB Blaster的原理及使用方法。4.2～4.7节通过简单的例子介绍了如何使用DE2-115平台上的主要硬件资源，包括音频编/解码、SDRAM及SRAM、视频D/A转换器、TV解码、网络接口及RS-232接口等。4.8节介绍了DE2-115控制面板的功能及使用方法。4.9节介绍了DE2-115平台系统提供的高级应用范例。

第5章介绍了基于Intel DSP Builder标准库的数字信号处理(DSP)系统设计方法。Intel针对FPGA上的DSP应用开发了DSP Builder软件包，包括标准库和高级库，本章仅针对DSP Builder的标准库，通过举例介绍如何通过DSP Builder软件包联合MATLAB/Simulink在FPGA上实现DSP设计。

第6章提供了10组DE2-115开发平台上的练习，详细地介绍了如何在DE2-115开发板上进行由简单到复杂的数字系统设计。最简单的练习是用开关控制LED和数码管显示，适用于刚刚接触数字系统并开始用简单的逻辑表达完成任务的阶段。其后的练习难度逐渐加深，涉及算术电路、触发器、计数器、状态机、存储器及简单的处理器等。这10组练习取材于DE2-115使用手册英文版，可作为“数字逻辑设计”等课程的练习使用。这些练习基于Verilog HDL语言设计，此外该手册中还有配套的VHDL代码可以参考。

第7章针对“计算机组成原理”课程提供了5组DE2-115开发板上的练习。这5组练习从利用Qsys实现一个简单的嵌入式系统开始，逐步深入，内容涉及软件控制输入/输出、子程序及堆栈等概念，采用轮询和中断两种机制实现处理器与外部设备的通信及总线通信等。

本书中所有练习均基于DE2-115开发平台，在第1章中给出了开发平台上主要硬件资源及其与FPGA芯片的引脚连接信息。本书的附录部分列出了DE2-115平台完整的原理图及引脚分配表，供学习及使用DE2-115平台时参考。

本书由任爱锋老师编写并统稿，与DE2平台相同部分仍然保留张志刚老师《FPGA与SOPC设计教程：DE2实践》一书的内容。西安电子科技大学孙肖子教授在百忙之中审阅了全书并提出了许多宝贵的建议和修改意见。西安电子科技大学电工电子实验中心周佳社教授对本书的编写给予了大力支持和帮助。感谢Intel PSG大学计划经理袁亚东先生、台湾友晶科技总经理彭显恩先生为本书的编写提供的大力支持。感谢我的研究生王世宝对书中大部分练习进行的验证工作。感谢西安电子科技大学出版社云立实老师在本书的编写与出版过程中给予的大力支持。

由于编者水平有限，本书难免有疏漏和不妥之处，恳请读者批评指正。

编　者

2018年2月

目　录

第 1 章　DE2-115 开发平台及 HDL 简介 1
1.1　硬件开发平台简介 1
1.1.1　Cyclone Ⅳ FPGA 简介 1
1.1.2　DE2-115 FPGA 学习板简介 5
1.1.3　DE2-115 开发板应用 7
1.2　硬件描述语言简介 28
1.2.1　VHDL 简介 29
1.2.2　Verilog HDL 关键语法简介 34
1.2.3　HDL 的编程技术 36
第 2 章　FPGA 设计流程 38
2.1　Quartus Ⅱ设计流程概述 38
2.2　Quartus Ⅱ 13.0 软件应用 40
2.2.1　创建新工程 40
2.2.2　建立原理图编辑文件 42
2.2.3　建立文本编辑文件 55
2.2.4　建立存储器编辑文件 57
2.2.5　设计实例 60
2.2.6　项目综合 64
2.2.7　编译器选项设置 65
2.2.8　引脚分配 72
2.2.9　编译结果分析 74
2.2.10　程序下载编程 75
2.3　ModelSim-Altera 10.1d 简介 78
2.3.1　ModelSim 软件架构 78
2.3.2　ModelSim 软件仿真实例 78
2.4　FPGA 调试工具 SignalTap Ⅱ应用 82
2.4.1　在设计中嵌入 SignalTap Ⅱ逻辑分析仪 83
2.4.2　使用 SignalTap Ⅱ逻辑分析仪进行编程调试 89
2.4.3　查看 SignalTap Ⅱ调试波形 89
第 3 章　基于 SOPC 的嵌入式开发技术 91
3.1　Qsys 系统开发工具 91

3.1.1 Qsys 与 SOPC 简介 91
3.1.2 Qsys 系统主要界面 92
3.2 Nios Ⅱ嵌入式软核及开发工具介绍 96
3.2.1 Nios Ⅱ嵌入式处理器简介 96
3.2.2 Nios Ⅱ嵌入式处理器软硬件开发流程简介 97
3.3 SOPC 嵌入式系统设计实例 98
3.3.1 实例系统软硬件需求分析与设计规划 98
3.3.2 实例系统硬件部分设计 100
3.3.3 实例系统 Nios Ⅱ嵌入式软件设计 115
第 4 章 DE2-115 平台应用 126
4.1 DE2-115 平台内嵌的 USB Blaster 及 FPGA 配置 126
4.2 音频编/解码 127
4.2.1 音频编/解码硬件芯片 WM8731 127
4.2.2 WM8731 控制电路的实现 131
4.2.3 用 WM8731 D/A 转换器产生正弦波 137
4.3 使用 SDRAM 及 SRAM 146
4.3.1 在 Qsys 中使用 SDRAM 146
4.3.2 在 Qsys 中使用 SRAM 154
4.4 视频 D/A 转换器 158
4.4.1 ADV7123 视频 D/A 转换器 159
4.4.2 VGA 显示器应用实例 162
4.5 用 DE2-115 平台实现电视信号解码 168
4.5.1 电视解码原理 168
4.5.2 用 DE2-115 平台实现电视接收机 172
4.6 网络接口 188
4.6.1 88E1111 硬件接口 188
4.6.2 利用 88E1111 设计千兆以太网 190
4.6.3 NicheStack TCP/IP 协议栈及其应用 191
4.7 RS-232 接口 199
4.8 DE2-115 控制面板 204
4.8.1 安装并初始化 DE2-115 控制面板 204
4.8.2 控制 LED、七段数码管和 LCD 显示 205
4.8.3 SRAM/SDRAM/FLASH/EEPROM 控制器和编辑器 206
4.8.4 USB/SD/PS 设备状态的监测 207
4.8.5 VGA 显示控制 209
4.8.6 RS-232 通信 209
4.8.7 DE2-115 控制面板的总体结构 210

4.9 DE2-115 高级应用范例 210
4.9.1 DE2-115 平台出厂设置 211
4.9.2 PS/2 鼠标 211
4.9.3 音乐录制和回放 213
4.9.4 USB 设备 215
4.9.5 USB 画笔 217
4.9.6 SD 卡设备 218
4.9.7 SD 卡音乐播放器 219
4.9.8 卡拉 OK 机 221
第 5 章 基于 DSP Builder 的简单 DSP 系统设计 223
5.1 DSP Builder 简介 224
5.1.1 授权有效性验证 224
5.1.2 DSP Builder 设计流程 224
5.2 DSP Builder 设计过程 226
5.2.1 创建 MATLAB/Simulink 设计模型 226
5.2.2 Simulink 设计模型仿真 237
5.2.3 完成 RTL 仿真 238
5.3 用 DSP Builder 实现 FIR 滤波器 240
5.3.1 创建 FIR 滤波器 MATLAB/Simulink 设计模型文件 240
5.3.2 在 Simulink 中仿真并生成 VHDL 代码 246
第 6 章 数字系统设计练习 249
6.1 开关、LED 及多路复用器 249
6.1.1 将输入/输出器件连接到 FPGA 上 249
6.1.2 多路复用器 250
6.1.3 3 位宽 5 选 1 多路复用器 251
6.1.4 用七段数码管显示简单字符 252
6.1.5 循环显示 5 个字符 252
6.1.6 循环显示 8 个字符 254
6.2 二进制与 BCD 码的转换及显示 255
6.3 无符号数乘法器 259
6.4 锁存器与触发器 261
6.4.1 RS 锁存器 261
6.4.2 D 锁存器 262
6.4.3 D 触发器 263
6.4.4 三种存储单元 263
6.4.5 D 触发器的应用 264
6.5 计数器 264

6.6 时钟与定时器 266
6.7 有限状态机 267
6.7.1 One-hot 编码的 FSM 267
6.7.2 二进制编码的 FSM 269
6.7.3 FSM 实现序列检测及模 10 计数器 272
6.7.4 移位寄存器结合 FSM 实现字符自动循环显示 273
6.8 存储器块 274
6.8.1 用 Quartus Ⅱ的 LPM 功能实现 RAM 274
6.8.2 用 Verilog 实现 RAM 277
6.8.3 FPGA 片外 RAM 的使用 278
6.8.4 用 LPM 实现简单双口 RAM 280
6.8.5 伪双口 RAM 282
6.8.6 用 DE2-115 控制面板查看并修改片外 RAM 的内容 284
6.9 简单的处理器 284
6.9.1 实现一个简单的处理器 285
6.9.2 为处理器增加程序存储器 288
6.10 增强型处理器 290
第 7 章 “计算机组成原理”课程练习 294
7.1 一个简单的计算机系统 295
7.2 程序控制输入/输出 298
7.3 子程序与堆栈 301
7.4 轮询与中断 304
7.4.1 建立一个包含计时器及 JTAG UART 的 Nios Ⅱ系统 305
7.4.2 通过 JTAG UART 发送和接收数据 307
7.4.3 计时器中断的使用 309
7.5 总线通信 310
7.5.1 实现外部总线桥及七段数码管控制器 311
7.5.2 将 SRAM 控制器连接到外部总线上 317
7.5.3 通过外部总线将 SRAM 中的数据显示到数码管上 320
附录 A DE2-115 原理图 321
附录 B DE2-115 平台上 EP4CE115F29C7 的引脚分配表 346
参考文献 352

第 1 章

DE2-115 开发平台及 HDL 简介

本章介绍了基于 CycloneⅣ FPGA 的硬件开发平台 DE2-115 及硬件描述语言设计方法。在 1.1 节中，介绍了 CycloneⅣ系列 FPGA 芯片的相关信息、DE2-115 开发板简介和开发板上主要资源的应用，在后续章节的设计实例中可以参考本节信息完成在 DE2-115 开发板上的下载和调试；在 1.2 节中，给出了 VHDL 和 Verilog HDL 两种标准硬件描述语言的基本编程结构和参考实例。

1.1　硬件开发平台简介

1.1.1　CycloneⅣ FPGA 简介

英特尔 FPGA(Field Programmable Gate Array，现场可编程门阵列)适合从大批量应用到目前最新产品的各类应用，其系列主要包括高端的 Stratix 系列、中端的 Arria 系列、低成本的 Cyclone 系列和非易失性 MAX 系列(包括 MAX Ⅱ、MAX Ⅴ和 MAX 10 FPGA)，每一系列 FPGA 都有对应的 SoC(Signal on a Chip)产品。不同系列 FPGA 有不同的特性，例如嵌入式存储器、数字信号处理(DSP)模块、高速收发器以及高速 I/O 引脚等，覆盖了多种最终产品。每一个系列的 FPGA 芯片可能又分为好几代产品，比如 Cyclone 系列，到现在已经发展了 Cyclone、Cyclone Ⅱ、Cyclone Ⅲ、CycloneⅣ和 Cyclone Ⅴ五代产品。产品的升级换代很大程度上都是由于半导体工艺的升级换代引起的。

由于本实验教材中所用的台湾友晶科技 DE2-115 开发板上使用的是 CycloneⅣ系列 FPGA，因此本节主要介绍 CycloneⅣ系列 FPGA 的相关特性。在 CycloneⅣ这个系列的 FPGA 中，又分为两个不同的子系列，适用于通用逻辑应用的 CycloneⅣ E FPGA 和集成了 3.125 Gb/s 收发器的 CycloneⅣ GX FPGA。在每个子系列里，根据片内资源的不同又分为更多的型号，比如 CycloneⅣ E 子系列，就包含了 EP4CE6、EP4CE10、EP4CE15、EP4CE22、EP4CE30、EP4CE40、EP4CE55、EP4CE75 和 EP4CE115 等 9 种型号的芯片。每种型号又根据通用 I/O 口数量和封装区分出不同的芯片，比如，EP4CE6 系列又有 EP4CE6E144、EP4CE6F256、EP4CE6F484、EP4CE6F780 等不同的芯片型号。每一种芯片型号又有不同的速度等级，如 EP4CE6F484 就有 C6、C7、C8、I7 四个速度等级，其中 C 表示商业级芯片，I 表示工业级芯片。

CycloneⅣ FPGA 的特点与特性如下。

1. 降低了系统成本

所有 CycloneⅣ FPGA 仅需要两路电源供电，简化了电源分配网络，降低了电路板设计成本，减小了电路板设计尺寸，缩短了设计时间。在低功耗 CycloneⅣ FPGA 体系结构中引入集成收发器，可进一步降低设计成本。而且，充分利用收发器时钟体系结构及相关可用资源，可以实现多种协议。

2. 降低了功耗

CycloneⅣ FPGA 采用经过优化的 60 nm 低功耗工艺，进一步拓展了前一代 Cyclone Ⅲ FPGA 的低功耗优势，降低了内核电压，与前一代产品相比，总功耗降低了 25%。采用 CycloneⅣ GX FPGA 开发基于 PCI Express 的千兆以太网桥接应用功耗可低至 1.5 W。

图 1.1 所示为 CycloneⅣ E 器件在 85℃结温时的静态功耗。容量最小的 CycloneⅣ E 器件 EP4CE6 系列在 85℃时静态功耗只有 38 mW，容量最大的 CycloneⅣ E 器件 EP4CE115 系列在 85℃时的静态功耗只有 163 mW。

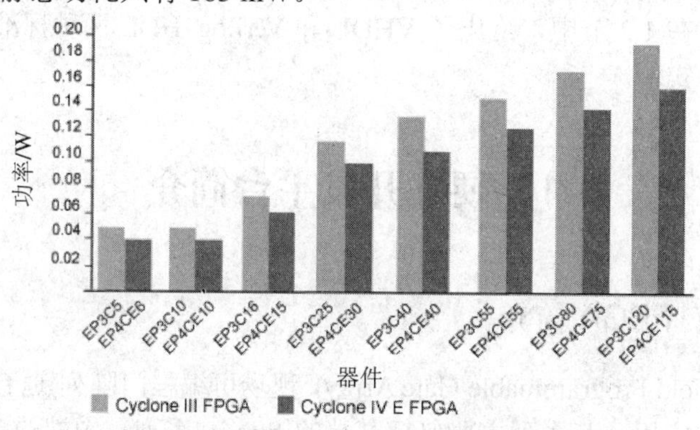

图 1.1　CycloneⅣ E FPGA 的典型静态功耗

3. 丰富的片内资源

表 1.1 和表 1.2 分别给出了 CycloneⅣ E 和 CycloneⅣ GX 系列 FPGA 相关型号芯片的片内资源，其中最大用户 I/O(Maximum User I/Os)给出了该型号最多拥有的用户 I/O 的数量。需要注意的是，不同封装拥有的用户 I/O 的数量并不相同。

表 1.1　CycloneⅣ E FPGA 系列资源

资源 \ 型号	EP4CE6	EP4CE10	EP4CE15	EP4CE22	EP4CE30	EP4CE40	EP4CE55	EP4CE75	EP4CE115
逻辑单元(LE)	6272	10 320	15 408	22 320	28 848	39 600	55 856	75 408	114 480
嵌入式存储器(kbits)	270	414	504	594	594	1134	2340	2745	3888
嵌入式 18 × 18 乘法器	15	23	56	66	66	116	154	200	266
通用 PLL	2	2	4	4	4	4	4	4	4
全局时钟网络	10	10	20	20	20	20	20	20	20
用户 I/O 块	8	8	8	8	8	8	8	8	8
最大用户 I/O	179	179	343	153	532	532	374	426	528

表 1.2　Cyclone Ⅳ GX FPGA 系列资源

资源 \ 型号	EP4CGX15	EP4CGX22	EP4CGX30 (F169 和 F324)	EP4CGX30 (F484)	EP4CGX50	EP4CGX75	EP4CGX110	EP4CGX150
逻辑单元(LE)	14 400	21 280	29 440	29 440	49 888	73 920	109 424	149 760
嵌入式存储器(kbits)	540	756	1080	1080	2502	4158	5490	6480
嵌入式 18 × 18 乘法器	0	40	80	80	140	198	280	360
通用 PLL(GPLL)	1	2	2	4	4	4	4	4
多用途 PLL(MPLL)	2	2	2	2	4	4	4	4
全局时钟网络	20	20	20	30	30	30	30	30
高速收发器	2	4	4	4	8	8	8	8
收发器最大数据速率(Gb/s)	2.5	2.5	2.5	3.125	3.125	3.125	3.125	3.125
PCIe(PIPE)硬 IP 块	1	1	1	1	1	1	1	1
用户 I/O 块	9	9	9	11	11	11	11	11
最大用户 I/O	72	150	150	290	310	310	475	475

4．封装信息

表 1.3 和表 1.4 分别给出了 Cyclone Ⅳ E 和 Cyclone Ⅳ GX 系列 FPGA 相关型号芯片的封装信息，以及该封装下，芯片所具有的可用 I/O 的数量和低压差分信号(LVDS)通道的数量。

表 1.3　Cyclone Ⅳ E FPGA 封装信息

封　装	E144		F256		F484		F780	
尺寸/mm	22 × 22		17 × 17		23 × 23		29 × 29	
引脚间距/mm	0.5		1.0		1.0		1.0	
器件	用户 I/O	LVDS	用户 I/O	LVDS	用户 I/O	LVDS	用户 I/O	LVDS
EP4CE6	91	21	179	66	—	—	—	—
EP4CE10	91	21	179	66	—	—	—	—
EP4CE15	81	18	165	53	343	137	—	—
EP4CE22	79	17	153	52	—	—	—	—
EP4CE30	—	—	—	—	328	124	532	224
EP4CE40	—	—	—	—	328	124	532	224
EP4CE55	—	—	—	—	324	132	374	160
EP4CE75	—	—	—	—	292	110	426	178
EP4CE115	—	—	—	—	280	103	528	230

表 1.4　Cyclone Ⅳ GX FPGA 封装信息

封　装	N148			F169			F324			F484			F672			F896		
尺寸/mm	11 × 11			14 × 14			19 × 19			23 × 23			27 × 27			31 × 31		
间距/mm	0.5			1.0			1.0			1.0			1.0			1.0		
器　件	用户 I/O	LVDS	XCVRs	用户 I/O	LVDS	XCVRs	用户 I/O	LVDS	XCVRs	用户 I/O	LVDS	XCVRs	用户 I/O	LVDS	XCVRs	用户 I/O	LVDS	XCVRs
EP4CGX15	72	25	2	72	25	2	—	—	—	—	—	—	—	—	—	—	—	—
EP4CGX22	—	—	—	72	25	2	150	64	4	—	—	—	—	—	—	—	—	—
EP4CGX30	—	—	—	72	25	2	150	64	4	290	130	4	—	—	—	—	—	—
EP4CGX50	—	—	—	—	—	—	—	—	—	290	130	4	310	140	8	—	—	—
EP4CGX75	—	—	—	—	—	—	—	—	—	290	130	4	310	140	8	—	—	—
EP4CGX110	—	—	—	—	—	—	—	—	—	270	120	4	393	181	8	475	220	8
EP4CGX150	—	—	—	—	—	—	—	—	—	270	120	4	393	181	8	475	220	8

5．速度等级

表 1.5 和表 1.6 分别给出了 Cyclone Ⅳ E 和 Cyclone Ⅳ GX 系列 FPGA 相关型号芯片的速度等级信息。注意表 1.5 中 C8L、C9L 和 I8L 速度等级适用于 1.0 V 内核电压，C6、C7、C8、I7 和 A7 速度等级适用于 1.2 V 内核电压。

表 1.5　Cyclone Ⅳ E FPGA 速度等级信息

器　件	E144	F256	F484	F780
EP4CE6	C8L, C9L, I8L C6, C7, C8, I7, A7	C8L, C9L, I8L C6, C7, C8, I7, A7	—	—
EP4CE10	C8L, C9L, I8L C6, C7, C8, I7, A7	C8L, C9L, I8L C6, C7, C8, I7, A7	—	—
EP4CE15	C8L, C9L, I8L C6, C7, C8, I7	C8L, C9L, I8L C6, C7, C8, I7, A7	C8L, C9L, I8L C6, C7, C8, I7, A7	—
EP4CE22	C8L, C9L, I8L C6, C7, C8, I7, A7	C8L, C9L, I8L C6, C7, C8, I7, A7	—	—
EP4CE30	—	—	C8L, C9L, I8L C6, C7, C8, I7, A7	C8L, C9L, I8L C6, C7, C8, I7
EP4CE40	—	—	C8L, C9L, I8L C6, C7, C8, I7, A7	C8L, C9L, I8L C6, C7, C8, I7
EP4CE55	—	—	C8L, C9L, I8L C6, C7, C8, I7	C8L, C9L, I8L C6, C7, C8, I7
EP4CE75	—	—	C8L, C9L, I8L C6, C7, C8, I7	C8L, C9L, I8L C6, C7, C8, I7
EP4CE115	—	—	C8L, C9L, I8L C7, C8, I7	C8L, C9L, I8L C7, C8, I7

表 1.6　Cyclone Ⅳ GX FPGA 速度等级信息

器　件	N148	F169	F324	F484	F672	F896
EP4CGX15	C8	C6, C7, C8, I7	—	—	—	—
EP4CGX22	—	C6, C7, C8, I7	C6, C7, C8, I7	—	—	—
EP4CGX30	—	C6, C7, C8, I7	C6, C7, C8, I7	C6, C7, C8, I7	—	—
EP4CGX50	—	—	—	C6, C7, C8, I7	C6, C7, C8, I7	—
EP4CGX75	—	—	—	C6, C7, C8, I7	C6, C7, C8, I7	—
EP4CGX110	—	—	—	C7, C8, I7	C7, C8, I7	C7, C8, I7
EP4CGX150	—	—	—	C7, C8, I7	C7, C8, I7	C7, C8, I7

1.1.2　DE2-115 FPGA 学习板简介

台湾友晶科技的 DE2-115 FPGA 教育开发板由于拥有适应各种应用需求的丰富接口及工业等级的设计资源而在国内外高校得到广泛应用，已经成为全球 1000 多所名校实验室的首选。DE2-115 开发板不仅提供了低功耗、丰富逻辑资源、大容量存储器以及 DSP 功能的选择，而且为移动视频、语音、数据接入及高品质图像应用提供了丰富的外围接口，可以满足各种类型的开发需求。

DE2-115 开发板搭载了 Intel Cyclone Ⅳ E 系列最大容量的 EP4CE115 FPGA，可提供 114 480 个逻辑单元(LE)、高达 3.9 Mbits 的内部 RAM 存储器，内嵌 266 个硬乘法器。此外，DE2-115 开发板还搭配了丰富的外部资源，如新增了千兆以太网(GbE)接口、HSMC 插槽等。

1. DE2-115 开发板布局和组件

图 1.2 是 DE2-115 开发板的布局及主要连接器件和相关组件标注。

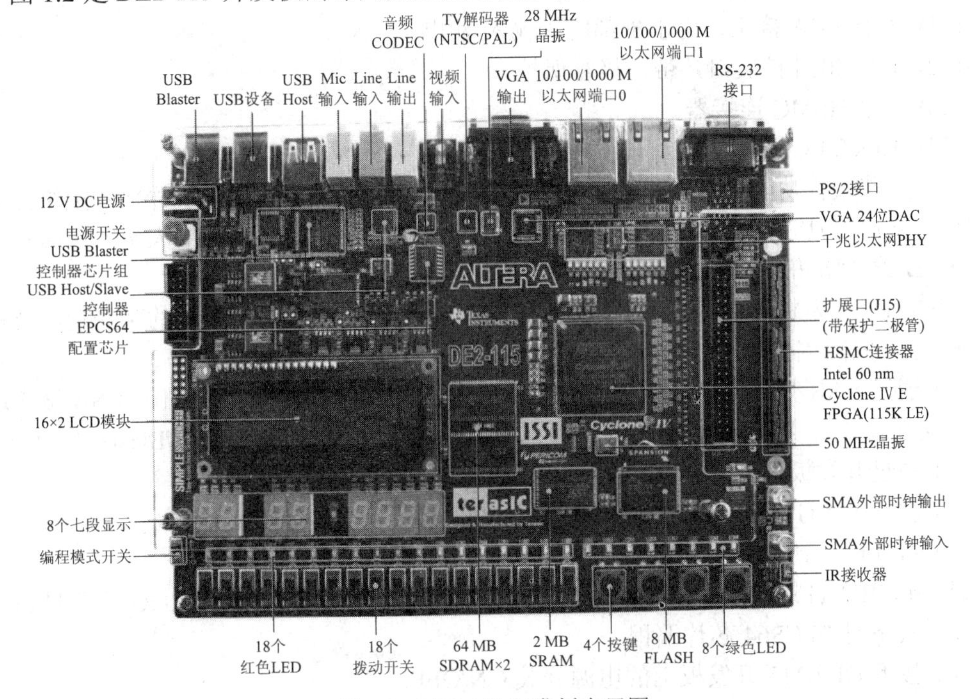

图 1.2　DE2-115 开发板布局图

DE2-115 开发板上的硬件部分主要包括：

(1) Intel Cyclone Ⅳ EP4CE115F29 FPGA 芯片。该 FPGA 芯片包括 114 480 个逻辑单元、432 个 M9K 内存模块、3888 kbits 嵌入式存储器位和 4 个锁相环。

(2) Intel 系列 FPGA 配置芯片 EPCS64。

(3) 板上 USB Blaster 配置电路，支持 JTAG 模式和 AS 模式。

(4) 2 MB SRAM。

(5) 2 片 64 MB SDRAM 芯片，构成 128 MB(32 M × 32 bits)。

(6) 8 MB FLASH 芯片。

(7) SD 卡插槽，提供 SPI 模式和 4 位 SD 模式。

(8) 4 个按键，按下时为低电平。

(9) 18 个拨动开关。

(10) 18 个红色 LED。

(11) 9 个绿色 LED。

(12) 50 MHz 晶振时钟源。

(13) 24 位 CD 品质音频 CODEC，带有线路输入、线路输出和麦克风输入接口。

(14) VGA DAC(8 bit 高速三通道 DAC)带有 VGA 输出接口。

(15) TV 解码器(NTSC/PAL/SECAM)和 TV 输入接口。

(16) 2 个千兆以太网 PHY，带 RJ45 连接器。

(17) 带有 A 类和 B 类 USB 接口的 USB 主从控制器。

(18) RS-232 收发器和 9 针连接器。

(19) PS/2 鼠标/键盘接口。

(20) IR 收发器。

(21) 2 个 SMA 接头，用于外部时钟输入/输出。

(22) 1 个 40 针扩展口，带二极管保护。

(23) 1 个 HSMC 连接器。

(24) 16 × 2 LCD 模块。

除了这些硬件功能外，DE2-115 开发板还支持标准 I/O 接口和用于评估各项组件的控制面板等软件工具。该软件也提供用于验证 DE2-115 开发板高级功能的大量实例演示。

2．DE2-115 开发板上电

DE2-115 开发板出厂时预装了默认的配置数据，可用于演示开发板的某些功能及检测开发板是否正常运行。DE2-115 开发板的上电步骤如下：

(1) 通过 USB 数据线把 DE2-115 开发板的 USB Blaster 接口与计算机的 USB 接口连接起来。为了实现计算机与开发板之间的通信，需要在计算机上安装 USB Blaster 驱动。

(2) 通过开发板自带的 12 V 变压器连接电源到 DE2-115 开发板。

(3) 将一个 VGA 显示器连接到 DE2-115 开发板上的 VGA 接口上。

(4) 将耳机插到 DE2-115 主板上的音频输出端口。

(5) 把 DE2-115 开发板左边的 RUN/PROG 开关拨至 RUN 位置；PROG 位置只是用来在 AS 模式下对 EPCS64 芯片编程。

(6) 按下 DE2-115 开发板上的电源开关 ON/OFF。

DE2-115 开发板上电后，如果运行正常，则可以观察到以下现象：

• DE2-115 开发板上所有 LED 都在闪烁。

• DE2-115 开发板上所有七段数码管循环从 0 显示到 F。

• LCD 显示“Welcome to the Altera DE2-115”。

• VGA 显示器上会显示 DE2-115 开发板的图片。

• 将拨动开关 SW17 拨到 DOWN 位置，会听到频率为 1 kHz 的单音信号。需要注意，默认输出的音量比较大，为了避免任何损伤，请将耳机音量调至最低。

• 将拨动开关 SW17 拨到 UP 位置，并将音频播放器输出端口插到 DE2-115 主板的线路输入连接器，通过话筒和耳机，可以听到从该音频播放器(MP3、PC、iPod 或者类似的设备)中播放出来的音乐。

• 将麦克风插入 DE2-115 开发板的麦克风接口，可以输入声音并和音频播放器的声音混合到一起。

1.1.3　DE2-115 开发板应用

基于对 DE2-115 开发板上基本硬件资源的了解，本节介绍 DE2-115 开发板相关资源的应用。

1．配置 CycloneⅣ E FPGA 芯片

DE2-115 开发板上包含一个存储有 CycloneⅣ E FPGA 配置数据的串行配置芯片 EPCS64，每当开发板上电时，配置数据会自动由 EPCS 芯片加载到 FPGA 中。通过 Quartus II 软件，用户可以随时通过 JTAG 模式重新配置 FPGA 芯片，也可以通过 AS 模式改变存储在 EPCS 芯片中的数据。

(1) JTAG 模式：配置数据被直接加载到 FPGA 芯片中，但 FPGA 中的配置信息掉电后会丢失。

(2) AS 模式：该模式是串行主动编程模式，FPGA 的配置数据被加载到非易失性 EPCS 配置芯片中，因此掉电后不会丢失。当板子上电时，EPCS 中的配置数据会自动加载到 FPGA 中。

在 DE2-115 开发板上，JTAG 模式和 AS 模式通过 RUN/PROG 拨动开关切换。

当使用 JTAG 接口配置 FPGA 芯片的时候，DE2-115 上的 JTAG 链必须形成一个回路，这样 Quartus II 软件才可以正确检测到 JTAG 链上的 FPGA/CPLD 器件。图 1.3 给出了 DE2-115 开发板上 JTAG 链连接原理图。短接 JP3 的 1、2 引脚可以旁路 HSMC 接口的 JTAG 信号，直接在 DE2-115 上形成 JTAG 回路(参考 DE2-115 开发板右上角的 JP3 接口)，这样只有 DE2-115 开发板上的 FPGA 芯片(CycloneⅣ E)才可以被 Quartus II 软件检测到。如果用户想通过 HSMC 接口在 JTAG 链中包含其他的 FPGA 器件或者包含 FPGA 器件的接口，可以短路 JP3 的 2、3 引脚，从而使能 HSMC 接口上的 JTAG 信号端口。

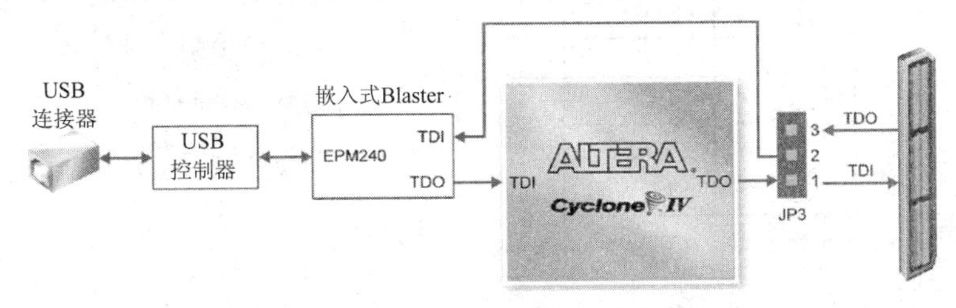

图 1.3　DE2-115 开发板 JTAG 链结构图

当 DE2-115 开发板上电后，将 RUN/PROG 拨动开关置于 RUN 挡，Quartus Ⅱ软件编程器(选择 JTAG 模式)就可以通过 USB Blaster 电路将扩展名为 .sof 的配置数据比特流文件编程至 FPGA 芯片。图 1.4 所示为 DE2-115 开发板的 JTAG 配置结构图。

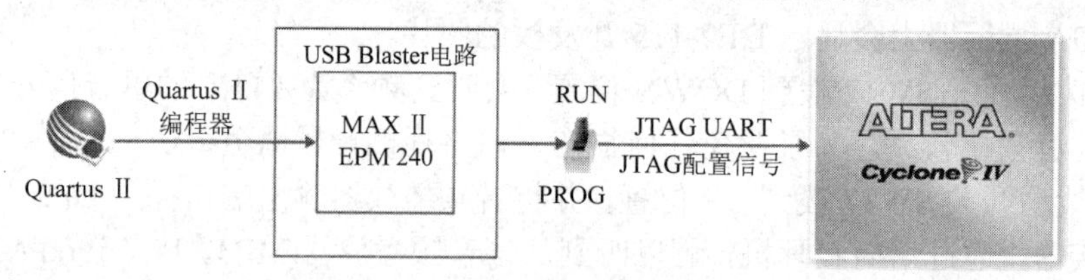

图 1.4　DE2-115 开发板的 JTAG 配置结构图

图 1.5 为 DE2-115 开发板上 AS 配置模式的原理框图。当 DE2-115 开发板上电后，将 RUN/PROG 拨动开关置于 PROG 挡，Quartus Ⅱ软件编程器(选择 AS 模式)就可以通过 USB Blaster 电路将扩展名为 .pof 的配置数据比特流文件编程至 EPCS 芯片。当 EPCS 编程完成后，再将 RUN/PROG 开关拨到 RUN 挡并重启 DE2-115 开发板，EPCS 中的配置数据即可自动加载到 FPGA 中运行。

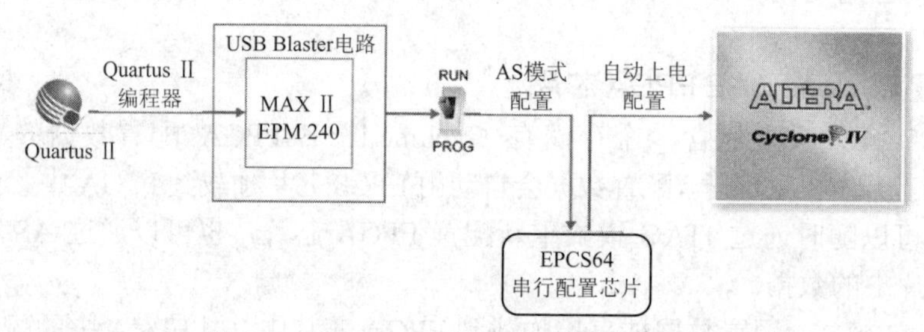

图 1.5　DE2-115 开发板 AS 配置结构图

2．按钮和拨动开关的使用

DE2-115 提供了 4 个按钮，其连接原理图如图 1.6 所示。每个按钮都通过施密特触发器进行了去抖处理，去抖原理如图 1.7 所示。4 个施密特触发器的输出信号分别是 KEY0、KEY1、KEY2 和 KEY3，直接连接到 CycloneⅣ E FPGA。当按键没有被按下时，默认输出为高电平，按键按下后输出为低电平。经过按键去抖后，按键输出信号可以用来给 FPGA 内部电路提供时钟或复位信号。

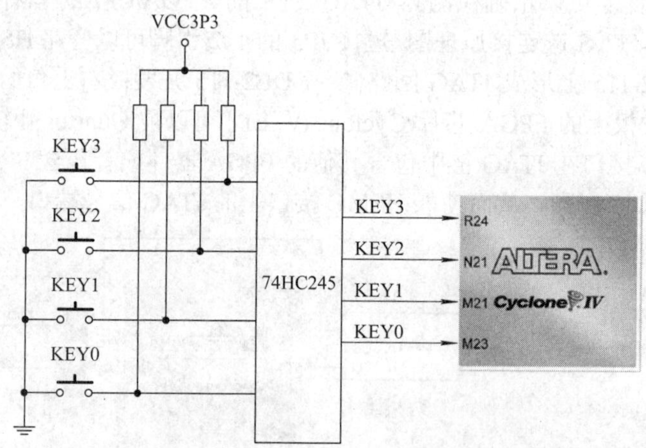

图 1.6　DE2-115 开发板上 4 个按键与 CycloneⅣ E FPGA 的连接原理图

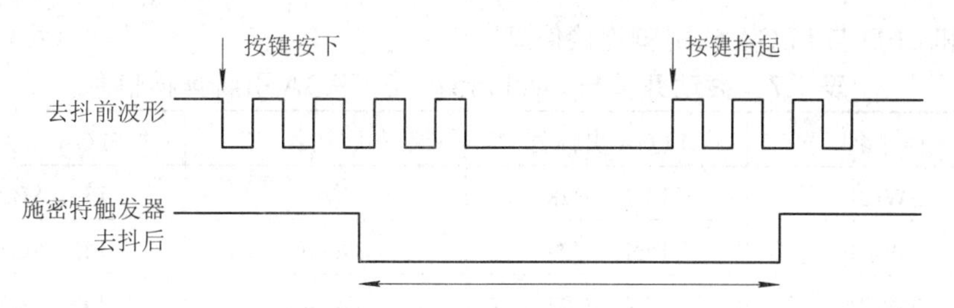

图 1.7　DE2-115 开发板上按键去抖原理

DE2-115 开发板上还有 18 个拨动开关，拨动开关与 CycloneⅣ E FPGA 的连接原理电路如图 1.8 所示。这些拨动开关没有去抖电路，它们可以作为对电平敏感的电路的输入数据。每个开关都直接连接到 CycloneⅣ E FPGA。当拨动开关置于 DOWN 位置时，输出为低电平，置于 UP 位置时，输出为高电平。

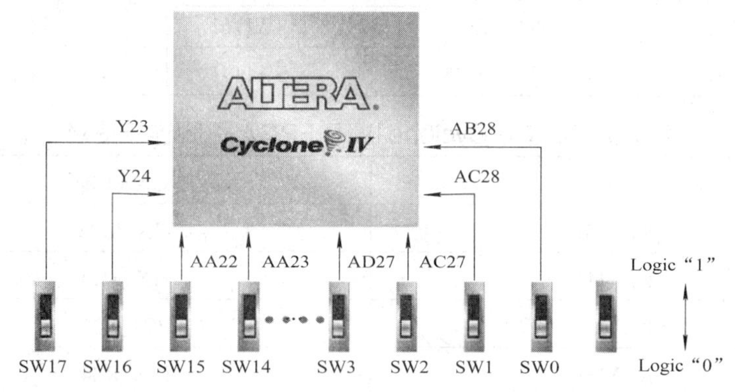

图 1.8　DE2-115 开发板上 18 个拨动开关与 FPGA 的连接原理图

3. LED 的应用

DE2-115 开发板共有 27 个直接由 FPGA 控制的 LED。其中包括 18 个红色 LED 和 9 个绿色 LED(第 9 个绿色 LED 位于七段数码管的中间)。每个 LED 都由 CycloneⅣ E FPGA 的一个引脚直接驱动，其输出高电平则点亮 LED，输出低电平则 LED 熄灭。图 1.9 所示为 LED 与 CycloneⅣ E FPGA 的连接原理电路。

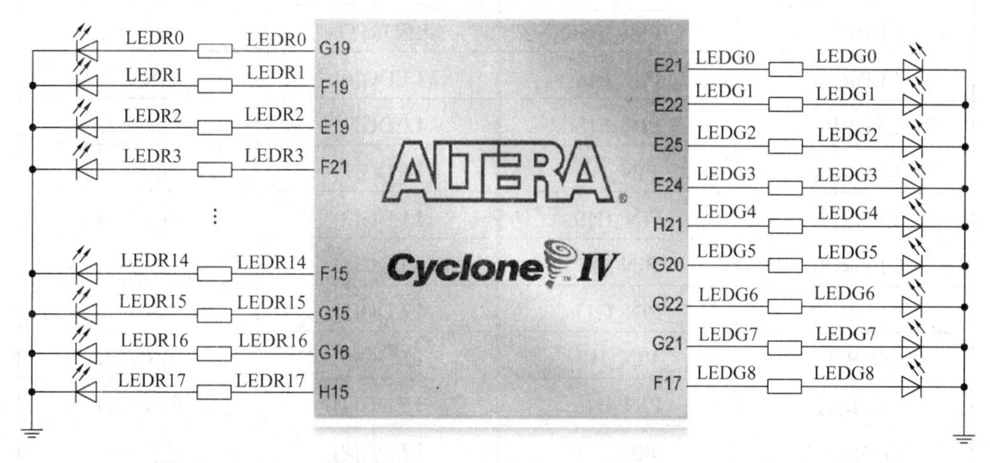

图 1.9　DE2-115 开发板上 LED 与 CycloneⅣ E FPGA 的连接原理图

CycloneⅣ E FPGA 与拨动开关的引脚连接信息如表 1.7 所示。表 1.8 和表 1.9 分别给出了按键和 LED 与 FPGA 的引脚连接信息。

表 1.7　拨动开关与 CycloneⅣ E FPGA 引脚连接信息

信号名	FPGA 引脚名	信号名	FPGA 引脚名
SW[0]	PIN_AB28	SW[9]	PIN_AB25
SW[1]	PIN_AC28	SW[10]	PIN_AC24
SW[2]	PIN_AC27	SW[11]	PIN_AB24
SW[3]	PIN_AD27	SW[12]	PIN_AB23
SW[4]	PIN_AB27	SW[13]	PIN_AA24
SW[5]	PIN_AC26	SW[14]	PIN_AA23
SW[6]	PIN_AD26	SW[15]	PIN_AA22
SW[7]	PIN_AB26	SW[16]	PIN_Y24
SW[8]	PIN_AC25	SW[17]	PIN_Y23

表 1.8　按键与 CycloneⅣ E FPGA 引脚连接信息

信号名	FPGA 引脚名
KEY[0]	PIN_M23
KEY[1]	PIN_M21
KEY[2]	PIN_N21
KEY[3]	PIN_R24

表 1.9　LED 与 CycloneⅣ E FPGA 引脚连接信息

信号名	FPGA 引脚名	信号名	FPGA 引脚名
LEDR[0]	PIN_G19	LEDR[14]	PIN_F15
LEDR[1]	PIN_F19	LEDR[15]	PIN_G15
LEDR[2]	PIN_E19	LEDR[16]	PIN_G16
LEDR[3]	PIN_F21	LEDR[17]	PIN_H15
LEDR[4]	PIN_F18	LEDG[0]	PIN_E21
LEDR[5]	PIN_E18	LEDG[1]	PIN_E22
LEDR[6]	PIN_J19	LEDG[2]	PIN_E25
LEDR[7]	PIN_H19	LEDG[3]	PIN_E24
LEDR[8]	PIN_J17	LEDG[4]	PIN_H21
LEDR[9]	PIN_G17	LEDG[5]	PIN_G20
LEDR[10]	PIN_J15	LEDG[6]	PIN_G22
LEDR[11]	PIN_H16	LEDG[7]	PIN_G21
LEDR[12]	PIN_J16	LEDG[8]	PIN_F17
LEDR[13]	PIN_H17		

4. 七段数码管的应用

DE2-115 开发板上提供了 8 个七段数码管(共阳极模式)，它们被分为 2 组，每组 4 个，用于显示各种字符和数字。每个七段数码管包括 7 个控制引脚，直接连接到 Cyclone Ⅳ E FPGA 引脚上。数码管的每个字段被依次标识为 0 到 6，其编号次序如图 1.10 所示。当 FPGA 对应引脚输出低电平时，对应的字码段点亮，输出高电平时则熄灭。图 1.10 中仅给出数码管 0(HEX0)的连接，其他数码管连接方式与此类似。表 1.10 给出了所有数码管与 FPGA 芯片的引脚连接信息。

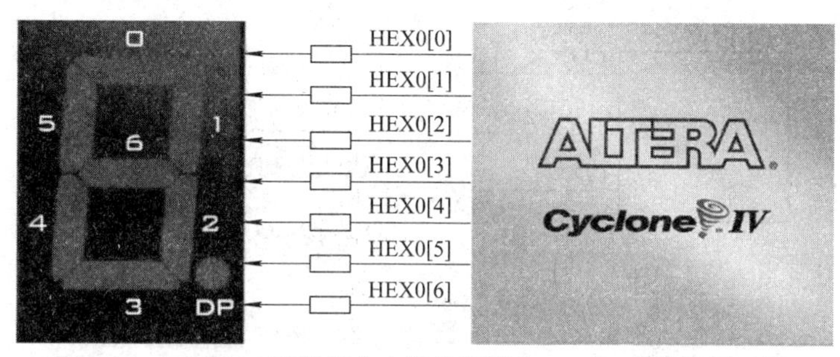

图 1.10　DE2-115 开发板上七段数码管与 FPGA 的连接原理图

表 1.10　七段数码管与 Cyclone Ⅳ E FPGA 引脚连接信息

信号名	FPGA 引脚名	信号名	FPGA 引脚名	信号名	FPGA 引脚名
HEX0[0]	PIN_G18	HEX2[5]	PIN_W27	HEX5[3]	PIN_AH19
HEX0[1]	PIN_F22	HEX2[6]	PIN_W28	HEX5[4]	PIN_AG19
HEX0[2]	PIN_E17	HEX3[0]	PIN_V21	HEX5[5]	PIN_AF18
HEX0[3]	PIN_L26	HEX3[1]	PIN_U21	HEX5[6]	PIN_AH18
HEX0[4]	PIN_L25	HEX3[2]	PIN_AB20	HEX6[0]	PIN_AA17
HEX0[5]	PIN_J22	HEX3[3]	PIN_AA21	HEX6[1]	PIN_AB16
HEX0[6]	PIN_H22	HEX3[4]	PIN_AD24	HEX6[2]	PIN_AA16
HEX1[0]	PIN_M24	HEX3[5]	PIN_AF23	HEX6[3]	PIN_AB17
HEX1[1]	PIN_Y22	HEX3[6]	PIN_Y19	HEX6[4]	PIN_AB15
HEX1[2]	PIN_W21	HEX4[0]	PIN_AB19	HEX6[5]	PIN_AA15
HEX1[3]	PIN_W22	HEX4[1]	PIN_AA19	HEX6[6]	PIN_AC17
HEX1[4]	PIN_W25	HEX4[2]	PIN_AG21	HEX7[0]	PIN_AD17
HEX1[5]	PIN_U23	HEX4[3]	PIN_AH21	HEX7[1]	PIN_AE17
HEX1[6]	PIN_U24	HEX4[4]	PIN_AE19	HEX7[2]	PIN_AG17
HEX2[0]	PIN_AA25	HEX4[5]	PIN_AF19	HEX7[3]	PIN_AH17
HEX2[1]	PIN_AA26	HEX4[6]	PIN_AE18	HEX7[4]	PIN_AF17
HEX2[2]	PIN_Y25	HEX5[0]	PIN_AD18	HEX7[5]	PIN_AG18
HEX2[3]	PIN_W26	HEX5[1]	PIN_AC18	HEX7[6]	PIN_AA14
HEX2[4]	PIN_Y26	HEX5[2]	PIN_AB18		

5. 板上时钟电路

DE2-115开发板包含一个产生50 MHz频率时钟信号的有源晶体振荡器，另有一个时钟缓冲器用来将缓冲后的低抖动50 MHz时钟信号分配给FPGA。这些时钟信号用来驱动FPGA内的用户逻辑电路。开发板上还包含两个SMA连接头，可以用来接收外部时钟输入信号到FPGA，或者将FPGA的时钟信号输出到外部。另外，所有这些时钟输入都连接到了FPGA内部的PLL模块上，用户可以将这些时钟信号作为PLL电路的时钟输入。图1.11为DE2-115开发板上的时钟分配信息，图中也包含了FPGA芯片相关的引脚配置信息。

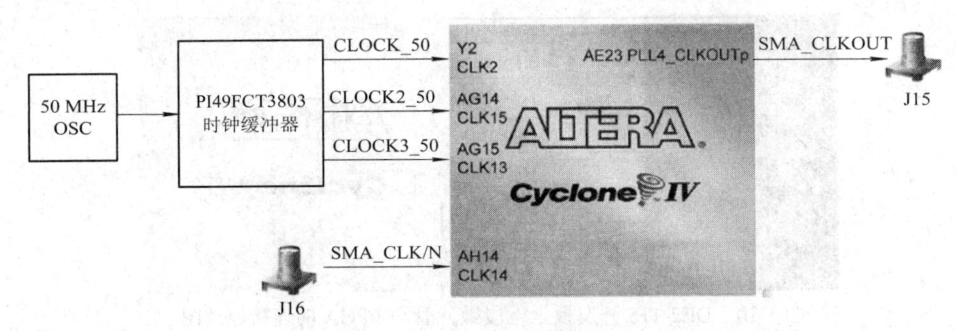

图1.11　DE2-115开发板上时钟分配与FPGA的连接原理图

6. LCD模块应用

DE2-115开发板上提供的16×2 LCD模块配有内置英文字库，发送合适的命令控制字到显示控制器HD44780便可以在LCD显示文字信息。如何使用LCD模块的详细资料可以查阅其数据手册，数据手册可以在芯片制造商的网站下载，也可以在DE2-115系统光盘的DE2_115_datasheet\LCD文件夹中找到。Cyclone Ⅳ E FPGA和LCD模块间的连接示意图如图1.12所示，图中同时包括了引脚连接信息。

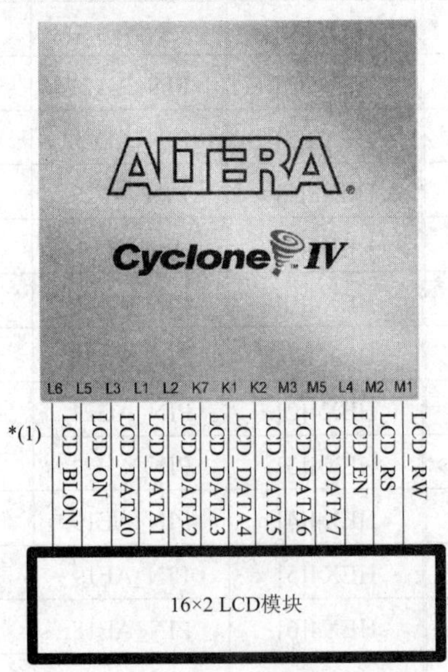

图1.12　DE2-115开发板上LCD模块与Cyclone Ⅳ E FPGA芯片的连接示意图

需要注意的是，DE2-115开发板上的LCD模块不含背光单元，因此在使用时LCD_BLON信号是无效的。

7．40 针扩展接口的应用

DE2-115 开发板上提供了一个 40 针的扩展接口(GPIO)，它有 36 个引脚直接连接到 CycloneⅣ E FPGA 芯片上，并提供 +5 V(1 A)和 +3.3 V(1.5 A)电压引脚和两个接地引脚。图 1.13 为 DE2-115 开发板上 40 针扩展接口信号定义及与 FPGA 连接的对应引脚名称。

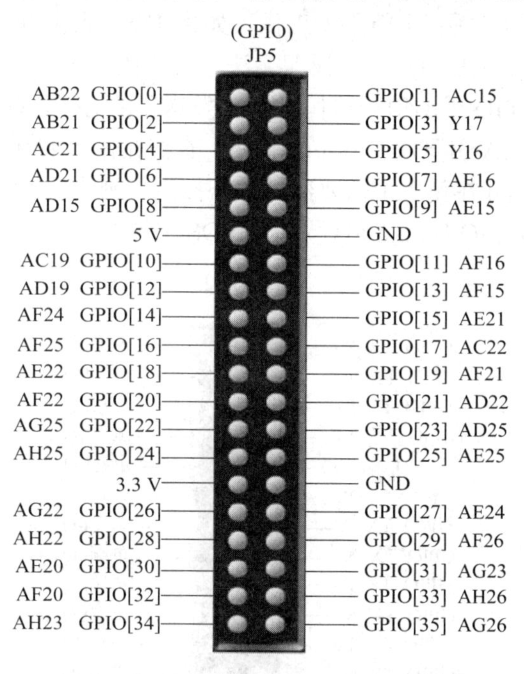

图 1.13　DE2-115 开发板 40 针扩展接口与 CycloneⅣ E FPGA 芯片的连接示意图

通用扩展接口上的每根信号线都提供了额外的两个钳位二极管和一个电阻，用来保护 FPGA 不会因过高或者过低的外部输入电压损坏。图 1.14 给出了通用扩展口上某个引脚的保护电路，这个电路在所有 36 个信号引脚上都存在。

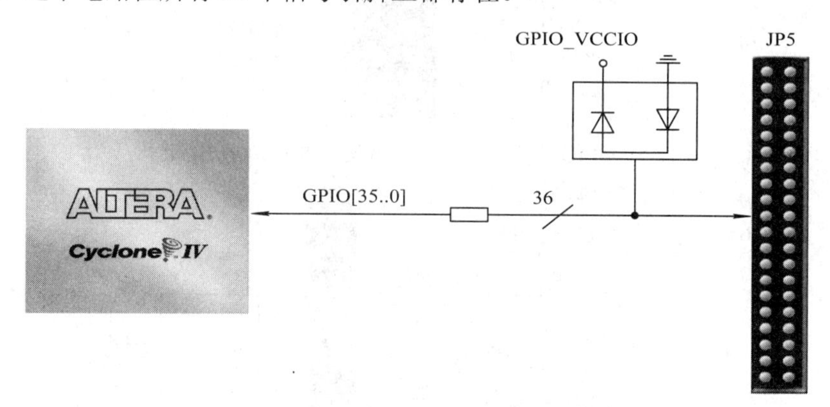

图 1.14　CycloneⅣ E FPGA 与 GPIO 连接示意图

用户可以通过 DE2-115 开发板上的 JP6(在 LCD 模块上方可以找到)选择扩展口上的 I/O 电压标准，可以选择 3.3 V、2.5 V、1.8 V 或者 1.5 V(默认电压为 3.3 V)。由于 GPIO 扩展口的信号连接到 FPGA 的 Band 4，而这个 Bank 的 I/O 电压 VCCIO4 由 JP6 控制，因此用户可以通过选择不同的输入电压 VCCIO4 来达到控制这个 Bank 上的电压标准的目的。

JP6 的具体设定信息为：JP6 的 1 脚和 2 脚连接时，VCCIO4 为 1.5 V；JP6 的 3 脚和 4 脚连接时，VCCIO4 为 1.8 V；JP6 的 5 脚和 6 脚连接时，VCCIO4 为 2.5 V；JP6 的 7 脚和 8 脚连接时，VCCIO4 为 3.3 V(默认)。

应该注意的是，用户在使用不同类型的GPIO子板时，子板的I/O电压标准要和DE2-115母板的设定相匹配，否则子板有可能不能工作。如将 I/O 电压标准为 3.3 V 的子板连接到 GPIO 电压设定为 1.8 V 的 DE2-115，子板即无法正常工作。

图 1.15 给出了将 GPIO 上的信号用作 LVDS 发送器的时候，GPIO 的引脚功能定义。由于 GPIO 所连接的 FPGA 引脚属于列 I/O 系列，它们在作为 LVDS 使用时，仅支持模拟模式的 LVDS 发送器，因此在使用中需要额外的外接电阻网络，如图 1.16 所示。在 Quartus II 软件中，相关的差分对 I/O 标准必须设定为 LVDS_E_3R。

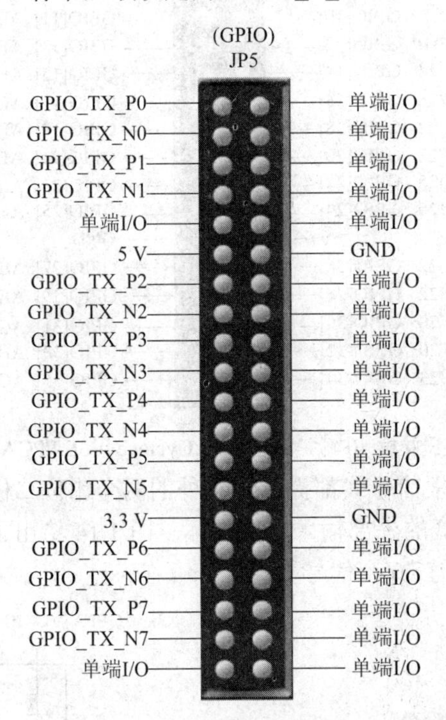

图 1.15　GPIO 用作 LVDS 发送器使用时的 I/O 功能定义

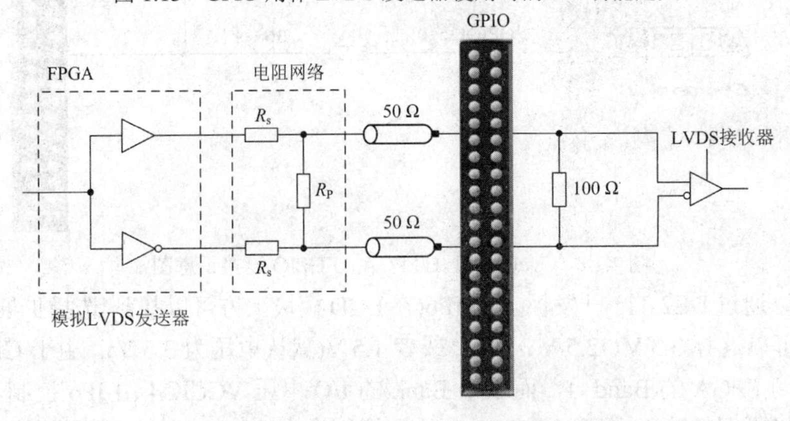

图 1.16　在 GPIO 接口上使用模拟 LVDS 信号

在图 1.16 中，电阻 R_s 的出厂默认值为 47 Ω，而 R_p 默认没有安装。当这些 I/O 用作 LVDS 发送器的时候，请在 R_s 的位置上安装 170 Ω 的电阻，在 R_p 的位置上安装 120 Ω 的电阻。

8．14 引脚扩展口的应用

DE2-115 开发板提供了一个 14 引脚的扩展接口，其中有 7 根信号线直接连接到 Cyclone Ⅳ E FPGA 芯片，并提供 3.3 V 的电源引脚和 6 根接地引脚，如图 1.17 所示。扩展口上的 I/O 电压标准为 3.3 V。表 1.11 给出了 14 引脚扩展口 I/O 与 FPGA 引脚的连接信息。

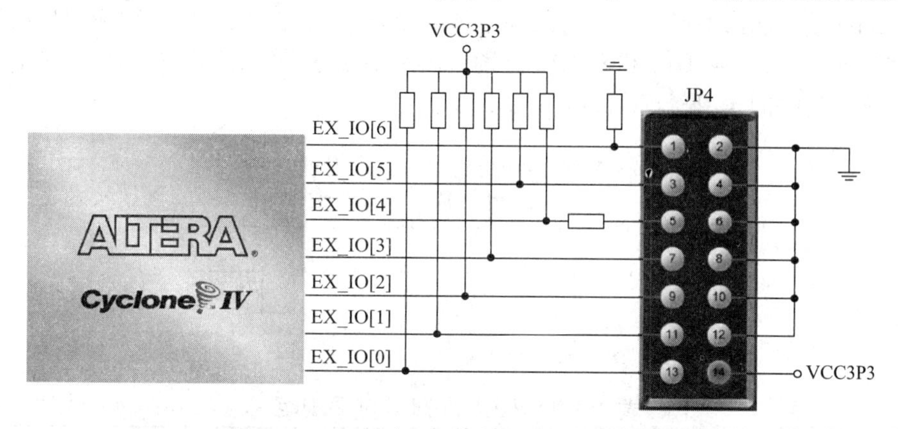

图 1.17　FPGA 与 14 引脚扩展口连接示意图

表 1.11　14 引脚扩展口 I/O 与 Cyclone Ⅳ E FPGA 引脚连接信息

信号名	FPGA 引脚名	信号名	FPGA 引脚名
EX_IO[0]	PIN_J10	EX_IO[4]	PIN_F14
EX_IO[1]	PIN_J14	EX_IO[5]	PIN_E10
EX_IO[2]	PIN_H13	EX_IO[6]	PIN_D9
EX_IO[3]	PIN_H14		

9．VGA 接口应用

DE2-115 开发板上提供一个 VGA 输出的 15 引脚的 D-SUB 接口。VGA 同步信号直接由 Cyclone Ⅳ E FPGA 芯片提供，AD 公司的 ADV7123 三通道 10 位(仅高八位连接到 FPGA)高速视频 DAC 芯片用来将输出的数字信号转换为模拟信号(红 R、绿 G 和蓝 B)。芯片支持的分辨率为 SVGA 标准(1280 × 1024)，带宽达 100 MHz。图 1.18 为 VGA 相关电路原理图。

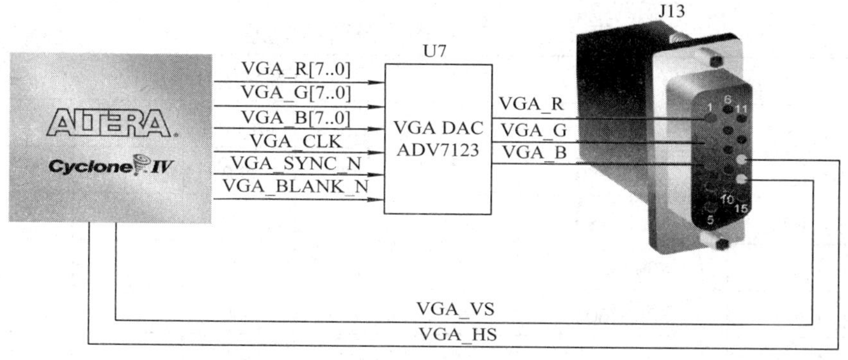

图 1.18　DE2-115 开发板上 VGA 电路与 Cyclone Ⅳ E FPGA 连接示意图

VGA 同步及 RGB 数据的时序规范可以在很多教育类网站上找到(如搜索“VGA 信号时序”)。图 1.19 为 VGA 显示器所要求的单行(水平方向)基本时序。图中显示器水平同步(HSYNC)输入信号所给出的指定宽度低电平有效脉冲(Sync a)表示前一行扫描的结束和新一行扫描的开始。RGB 信号在图中所标出的行扫描后沿(Back porch，b)和行扫描前沿(Front porch，d)期间是无效的。RGB 信号只有在图中显示间隔 c 期间有效，RGB 数据将在显示器上逐点显示出来。VGA 的场同步(Vertical SYNChronization，简称 VSYNC)的时序与图 1.19 类似，不同的是，场同步脉冲指示的是某一帧的结束和下一帧的开始，帧中的长度单位不再是像素，而是行数。表 1.12 和表 1.13 分别给出了不同分辨率情况下行和场时序中各区间的持续长度，其中的 a、b、c 和 d 参考图 1.19。

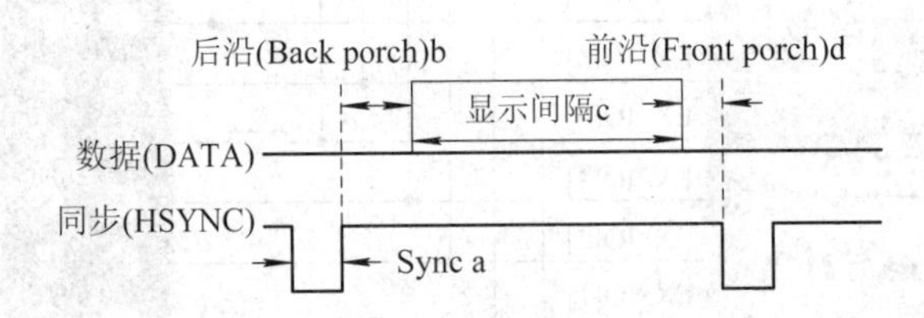

图 1.19　VGA 行扫描时序示意图

表 1.12　VGA 行扫描时序规范

VGA 模式		行扫描时序规范				
配　置	分辨率(H × V)	a/μs	b/μs	c/μs	d/μs	像素时钟/MHz
VGA(60 Hz)	640 × 480	3.8	1.9	25.4	0.6	25
VGS(85 Hz)	640 × 480	1.6	2.2	17.8	1.6	36
SVGA(60 Hz)	800 × 600	3.2	2.2	20	1	40
SVGA(75 Hz)	800 × 600	1.6	3.2	16.2	0.3	49
SVGA(85 Hz)	800 × 600	1.1	2.7	14.2	0.6	56
XGA(60 Hz)	1024 × 768	2.1	2.5	15.8	0.4	65
XGA(70 Hz)	1024 × 768	1.8	1.9	13.7	0.3	75
XGS(85 Hz)	1024 × 768	1.0	2.2	10.8	0.5	95
1280 × 1024(60 Hz)	1280 × 1024	1.0	2.3	11.9	0.4	108

表 1.13　VGA 场扫描时序规范

VGA 模式		场扫描时序规范				
配　置	分辨率(H × V)	a/Lines	b/Lines	c/Lines	d/Lines	像素时钟/MHz
VGA(60 Hz)	640 × 480	2	33	480	10	25
VGA(85 Hz)	640 × 480	3	25	480	1	36
SVGA(60 Hz)	800 × 600	4	23	600	1	40
SVGA(75 Hz)	800 × 600	3	21	600	1	49
SVGA(85 Hz)	800 × 600	3	27	600	1	56

续表

VGA 模式		场扫描时序规范				
配置	分辨率(H × V)	a/Lines	b/Lines	c/Lines	d/Lines	像素时钟/MHz
XGA(60 Hz)	1024 × 768	6	29	768	3	65
XGA(70 Hz)	1024 × 768	6	29	768	3	75
XGA(85 Hz)	1024 × 768	3	36	768	1	95
1280 × 1024(60 Hz)	1280 × 1024	3	38	1024	1	108

如何使用 ADV7123 的详细信息可以参考其数据手册，数据手册可以在芯片制造商网站下载，也可以在DE2-115系统光盘中的DE2_115_datasheet\VIDEO-DAC文件夹下面找到。Cyclone Ⅳ E FPGA 芯片和 ADV7123 之间的引脚连接信息如表 1.14 所示。(需要注意的是，DE2-115 开发板上的 RGB 信号位宽为 8 比特，与 DE2/DE2-70 开发板上的 10 比特宽度有所区别。)

表 1.14　ADV7123 与 FPGA 的引脚配置信息

信号名	FPGA 引脚名	信号名	FPGA 引脚名
VGA_R[0]	PIN_E12	VGA_G[7]	PIN_C9
VGA_R[1]	PIN_E11	VGA_B[0]	PIN_B10
VGA_R[2]	PIN_D10	VGA_B[1]	PIN_A10
VGA_R[3]	PIN_F12	VGA_B[2]	PIN_C11
VGA_R[4]	PIN_G10	VGA_B[3]	PIN_B11
VGA_R[5]	PIN_J12	VGA_B[4]	PIN_A11
VGA_R[6]	PIN_H8	VGA_B[5]	PIN_C12
VGA_R[7]	PIN_H10	VGA_B[6]	PIN_D11
VGA_G[0]	PIN_G8	VGA_B[7]	PIN_D12
VGA_G[1]	PIN_G11	VGA_CLK	PIN_A12
VGA_G[2]	PIN_F8	VGA_BLANK_N	PIN_F11
VGA_G[3]	PIN_H12	VGA_HS	PIN_G13
VGA_G[4]	PIN_C8	VGA_VS	PIN_C13
VGA_G[5]	PIN_B8	VGA_SYNC_N	PIN_C10
VGA_G[6]	PIN_F10		

10. 24 位音频编解码芯片应用

DE2-115 开发板通过 Woffon 的 WM8731 音频编解码(CODEC)芯片提供 24 位高品质音频信号。芯片支持麦克风输入、Line 输入以及 Line 输出端口，采样率在 8 kHz 到 96 kHz 之间可调，通过直接连接到 FPGA 的 I^2C 总线可以对 VM8731 芯片进行配置。图 1.20 为 FPGA 与音频芯片的连接示意图。表 1.15 给出了音频 CODEC 芯片到 FPGA 的引脚配置信息。

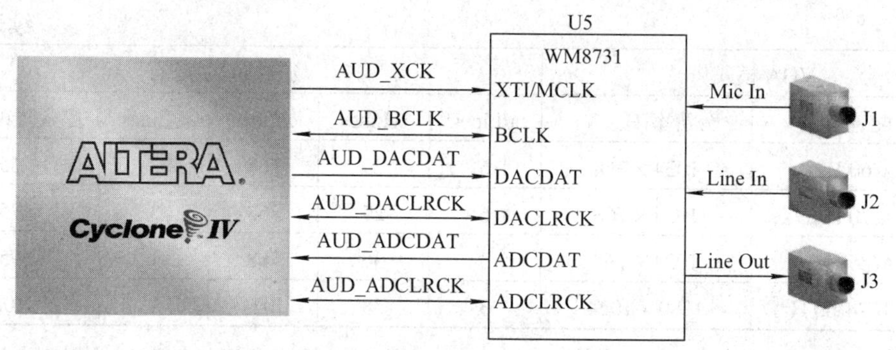

图 1.20　FPGA 与音频 CODEC 芯片的连接示意图

表 1.15　音频 CODEC 芯片引脚配置信息

信号名	FPGA 引脚名	信号名	FPGA 引脚名
AUD_ADCLRCK	PIN_C2	AUD_XCK	PIN_E1
AUD_ADCDAT	PIN_D2	AUD_BCLK	PIN_F2
AUD_DACLRCK	PIN_E3	I2C_SCLK	PIN_B7
ADU_DACDAT	PIN_D1	I2C_SDAT	PIN_A8

需要注意的是，如果在 HSMC 接口上装配有 HSMC 环路测试适配器(Loopback Adapter)，则由于环路原因，HSMC 上的 I2C_SCL 信号会直接连接到 I2C_SDA 信号。由于音频芯片、TV 解码芯片和 HSMC 共用一个 I^2C 总线，因此可能导致音频和视频芯片不能正常工作。

11．RS-232 串行接口

DE2-115 开发板上的 ZT3232 收发器芯片和 9 脚 DB9 接口用于实现 RS-232 通信。图 1.21 为相关连接原理图，图中同时给出了 RS-232 接口和 Cyclone Ⅳ E FPGA 间的引脚连接信息。

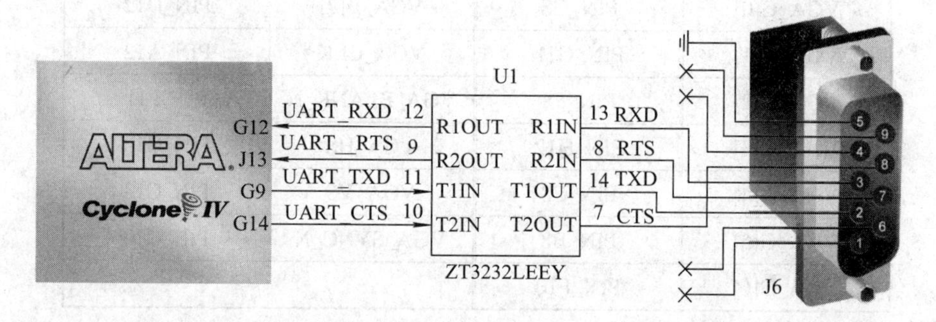

图 1.21　ZT3232(RS-232)芯片与 Cyclone Ⅳ E FPGA 连接原理图

12．PS/2 串行接口

DE2-115 开发板提供了一个标准的 PS/2 协议端口，可以用来外接 PS/2 键盘或鼠标。图 1.22 为 PS/2 电路与 FPGA 芯片的连接示意图及引脚分配信息。另外，可以通过连接 Y 型电缆到 PS/2 的方式同时连接鼠标和键盘到 DE2-115 开发板，如图 1.23 所示。关于 PS/2 鼠标或键盘的相关资料用户可自行在教育类网站上查找。

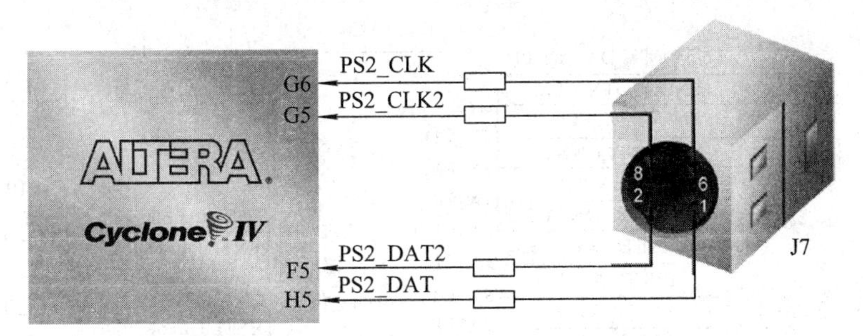

图 1.22　PS/2 电路与 FPGA 连接示意图

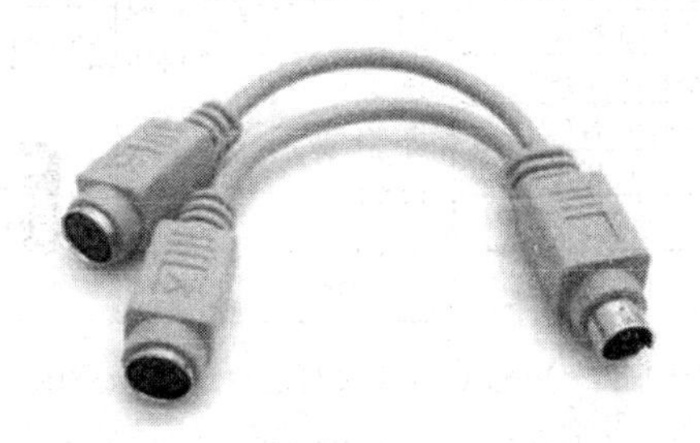

图 1.23　使用 Y 型电缆同时连接 PS/2 鼠标和键盘

需要注意，如果仅连接一个 PS/2 类设备到 PS/2 接口，使用的 PS/2 接口信号线为 PS2_CLK 和 PS2_DAT。

13. 千兆以太网接口应用

DE2-115 通过两个 Marvell 公司的 88E1111 以太网 PHY 芯片提供以太网接口。88E1111 芯片支持 10/100/1000 Mb/s 传输速率，支持的 MAC 层传输接口包括 GMII/MII/RGMII/TBI 等。表 1.16 给出了两个芯片上电之后的默认设置信息。图 1.24 为 FPGA 和以太网芯片之间的连接原理图。

表 1.16　千兆以太网默认配置信息

配　置	描　述	默　认　值
PHYADDR[4:0]	MDIO/MDC 模式中 PHY 地址	Enet0 为 10000；Enet1 为 10001
ENA_PAUSE	使能暂停	1—默认寄存器 4.11:10 到 11
ANEG[3:0]	自动协议配置	1110
ENA_XC	交叉使能	0—无效
DIS_125	125 MHz 时钟无效	1—无效 125CLK
HWCFG[3:0]	硬件配置模式	1011/1111 RGMII/GMII
DIS_FC	无效 fiber/copper 接口	1—无效
DIS_SLEEP	能力检测	1—取消能力检测
SEL_TWSI	接口选择	0—选择 MDC/MDIO 接口
INT_POL	中断优先级	1—INTn 信号低电平有效
75/50 OHM	终端电阻	0—50 Ω 终端(光纤)

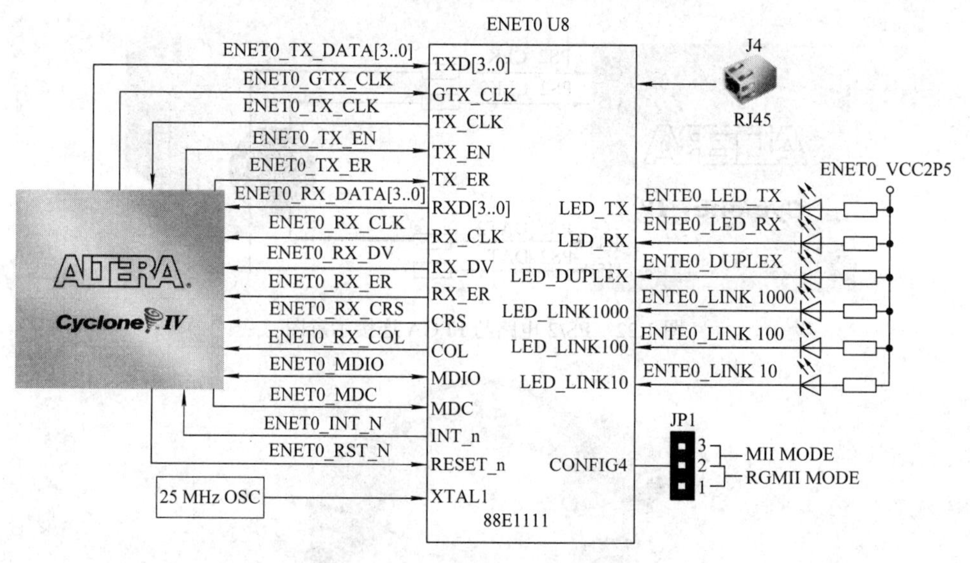

图 1.24　FPGA 与以太网芯片连接示意图

DE2-115 开发板上的网络芯片仅支持 RGMII 以及 MII 两种传输模式(默认模式为 RGMII)，每个芯片都有一个跳线开关用来在 RGMII 以及 MII 模式间切换(DE2-115 开发板上的 JP1 和 JP2 跳线)。在设置跳线为新的模式后，需要对网络芯片执行复位操作来使能新的工作模式。表 1.17 为 ENET0 芯片(U8)和 ENET1 芯片(U9)工作模式切换跳线设置方式。

表 1.17　ENET0 和 ENET1 芯片工作模式切换

ENET0 芯片模式切换(U8)		ENET1 芯片模式切换(U9)	
JP1 跳线设置	ENET0 PHY 工作模式	JP2 跳线设置	ENET1 PHY 工作模式
短路 1 和 2 脚	RGMII 模式	短路 1 和 2 脚	RGMII 模式
短路 2 和 3 脚	MII 模式	短路 2 和 3 脚	MII 模式

DE2-115 开发板上两个千兆以太网芯片与 Cyclone Ⅳ E FPGA 的引脚配置信息如表 1.18 所示。

表 1.18　千兆以太网芯片引脚配置信息

信号名	FPGA 引脚名	描　述	I/O 电压标准
ENET0_GTX_CLK	PIN_A17	GMII 传输时钟 1	2.5 V
ENTETO_INT_N	PIN_A21	中断漏极开路输出 1	2.5 V
ENET0_LINK100	PIN_C14	100BASE-TX 连接 1 的并行 LED 输出	3.3 V
ENET0_MDC	PIN_C20	管理数据时钟参考 1	2.5 V
ENET0_MDIO	PIN_B21	管理数据 1	2.5 V
ENET0_RST_N	PIN_C19	硬件复位信号 1	2.5 V
ENET0_RX_CLK	PIN_A15	GMII 和 MII 接收时钟 1	2.5 V
ENET0_RX_COL	PIN_E15	GMII 和 MII 冲突检测 1	2.5 V
ENET0_RX_CRS	PIN_D15	GMII 和 MII 载波侦测 1	2.5 V
ENET0_RX_DATA[0]	PIN_C16	GMII 和 MII 接收 data[0]1	2.5 V

续表

信号名	FPGA 引脚名	描　述	I/O 电压标准
ENET0_RX_DATA[1]	PIN_D16	GMII 和 MII 接收 data[1]1	2.5 V
ENET0_RX_DATA[2]	PIN_D17	GMII 和 MII 接收 data[2]1	2.5 V
ENET0_RX_DATA[3]	PIN_C15	GMII 和 MII 接收 data[3]1	2.5 V
ENET0_RX_DV	PIN_C17	GMII 和 MII 接收数据有效 1	2.5 V
ENET0_RX_ER	PIN_D18	GMII 和 MII 接收错误 1	2.5 V
ENET0_TX_CLK	PIN_B17	MII 传输时钟 1	2.5 V
ENET0_TX_DATA[0]	PIN_C18	MII 传输 data[0]1	2.5 V
ENET0_TX_DATA[1]	PIN_D19	MII 传输 data[1]1	2.5 V
ENET0_TX_DATA[2]	PIN_A19	MII 传输 data[2]1	2.5 V
ENET0_TX_DATA[3]	PIN_B19	MII 传输 data[3]1	2.5 V
ENET0_TX_EN	PIN_A18	GMII 和 MII 传输使能 1	2.5 V
ENET0_TX_ER	PIN_B18	GMII 和 MII 传输错误 1	2.5 V
ENET1_GTX_CLK	PIN_C23	GMII 传输时钟 2	2.5 V
ENTET1_INT_N	PIN_D24	中断漏极开路输出 2	2.5 V
ENET1_LINK100	PIN_D13	100BASE-TX 连接 2 的并行 LED 输出	3.3 V
ENET1_MDC	PIN_D23	管理数据时钟参考 2	2.5 V
ENET1_MDIO	PIN_D25	管理数据 2	2.5 V
ENET1_RST_N	PIN_D22	硬件复位信号 2	2.5 V
ENET1_RX_CLK	PIN_B15	GMII 和 MII 接收时钟 2	2.5 V
ENET1_RX_COL	PIN_B22	GMII 和 MII 冲突检测 2	2.5 V
ENET1_RX_CRS	PIN_D20	GMII 和 MII 载波侦测 2	2.5 V
ENET1_RX_DATA[0]	PIN_B23	GMII 和 MII 接收 data[0]2	2.5 V
ENET1_RX_DATA[1]	PIN_C21	GMII 和 MII 接收 data[1]2	2.5 V
ENET1_RX_DATA[2]	PIN_A23	GMII 和 MII 接收 data[2]2	2.5 V
ENET1_RX_DATA[3]	PIN_D21	GMII 和 MII 接收 data[3]2	2.5 V
ENET1_RX_DV	PIN_A22	GMII 和 MII 接收数据有效 2	2.5 V
ENET1_RX_ER	PIN_C24	GMII 和 MII 接收错误 2	2.5 V
ENET1_TX_CLK	PIN_C22	MII 传输时钟 2	2.5 V
ENET1_TX_DATA[0]	PIN_C25	MII 传输 data[0]2	2.5 V
ENET1_TX_DATA[1]	PIN_A26	MII 传输 data[1]2	2.5 V
ENET1_TX_DATA[2]	PIN_B26	MII 传输 data[2]2	2.5 V
ENET1_TX_DATA[3]	PIN_C26	MII 传输 data[3]2	2.5 V
ENET1_TX_EN	PIN_B25	GMII 和 MII 传输使能 2	2.5 V
ENET1_TX_ER	PIN_A25	GMII 和 MII 传输错误 2	2.5 V
ENETCLK_25	PIN_A14	以太网时钟源	3.3 V

14．TV 解码器应用

DE2-115 开发板上提供了 AD 公司的高度集成的视频解码芯片 ADV7180，该芯片可以自动检测输入模拟基带信号的电视标准(NTSC/PAL/SECAM)，并可以将其数字化为兼容 ITU-R BT.656 的 4：2：2 分量视频数据。ADV7180 兼容多种视频设备，包括 DVD 播放器、磁带机、广播视频源以及安全/监控类摄像头等。

TV 解码器芯片的控制寄存器可以通过芯片的 I^2C 总线来编程，而 I^2C 总线直接连接到 DE2-115 开发板上的 CycloneⅣ E FPGA 芯片，如图 1.25 所示。TV 解码芯片的 I^2C 总线读、写地址分别为 0x41 和 0x40。表 1.19 为 TV 解码芯片与 FPGA 连接的相关引脚配置信息。

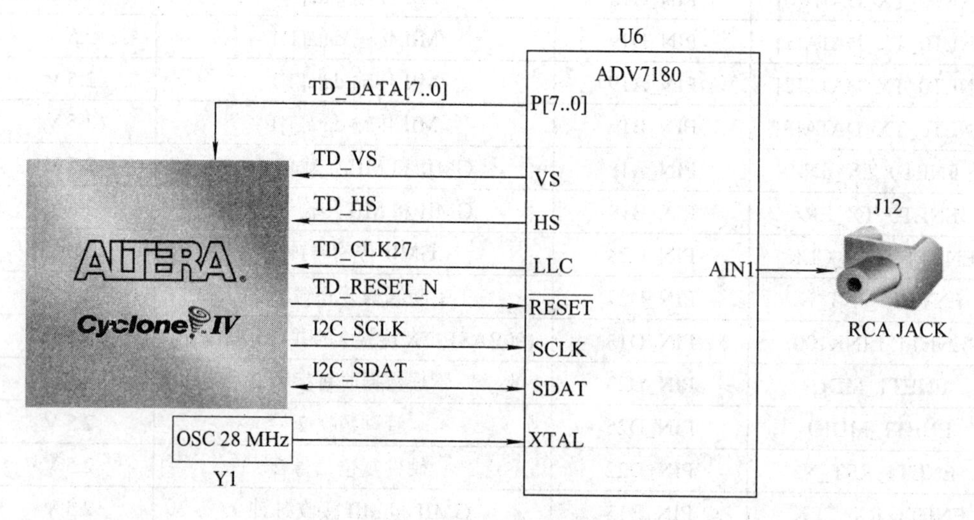

图 1.25　FPGA 与 TV 解码器芯片连接示意图

表 1.19　TV 解码芯片引脚配置信息

信号名	FPGA 引脚名	信号名	FPGA 引脚名
TD_DATA[0]	PIN_E8	TD_DATA[7]	PIN_F7
TD_DATA[1]	PIN_A7	TD_HS	PIN_E5
TD_DATA[2]	PIN_D8	TD_VS	PIN_E4
TD_DATA[3]	PIN_C7	TD_CLK27	PIN_B14
TD_DATA[4]	PIN_D7	TD_RESET_N	PIN_G7
TD_DATA[5]	PIN_D6	I2C_SCLK	PIN_B7
TD_DATA[6]	PIN_E7	I2C_SDAT	PIN_A8

15．TV 编码器应用

虽然 DE2-115 开发板上没有提供专用的 TV 编码器芯片，但使用开发板上的 ADV7123(10 位高速三 ADC)，并在 CycloneⅣ E FPGA 中实现相应的数字信号处理电路，可以组成一个专业品质的 TV 编码器。图 1.26 为结合 FPGA 和 ADV7123 的 TV 编码器实现原理。

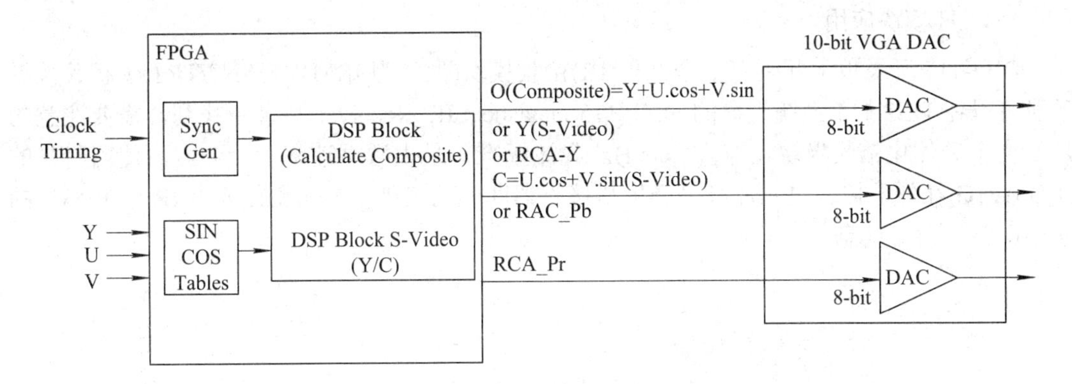

图 1.26　结合 Cyclone Ⅳ E FPGA 和 ADV7123 芯片的 TV 编码器实现原理

16. USB 接口应用

DE2-115 开发板通过 Cypress EZ-OTG(CY7C67200) OTG 控制器提供 USB 主/从接口。主/从设备控制器完全兼容通用串行总线协议 USB 2.0，支持全速 12 Mb/s 和低速 1.5 Mb/s 模式。图 1.27 为 FPGA 与 USB 芯片 CY7C67200 的连接原理图。FPGA 和 CY7C67200 之间的接口被配置为 HPI(Host Port Interface)模式，可以通过 FPGA 对 CY7C67200 芯片内部存储器进行 DMA 方式访问。相关的引脚连接信息如表 1.20 所示。

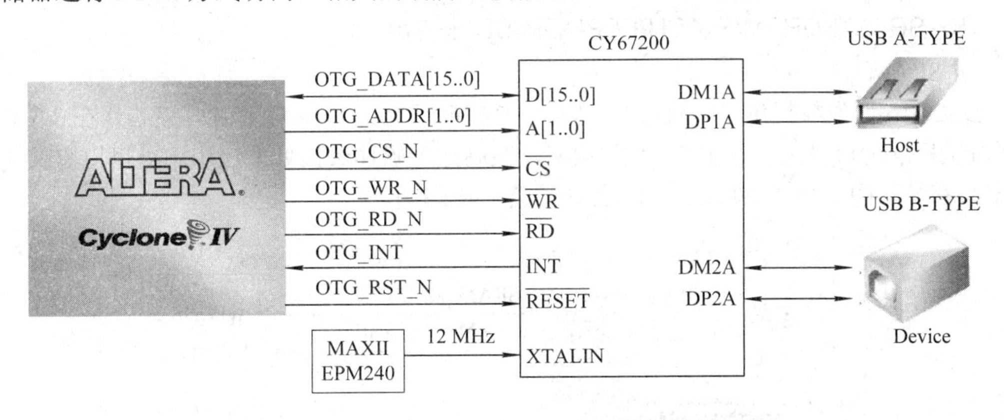

图 1.27　FPGA 与 USB(CY7C67200)芯片连接原理图

表 1.20　USB(CY7C67200)与 FPGA 间的引脚配置信息

信号名	FPGA 引脚名	信号名	FPGA 引脚名	信号名	FPGA 引脚名
OTG_ADDR[0]	PIN_H7	OTG_DATA[6]	PIN_J7	OTG_DATA[14]	PIN_F3
OTG_ADDR[1]	PIN_C3	OTG_DATA[7]	PIN_H6	OTG_DATA[15]	PIN_G4
OTG_DATA[0]	PIN_J6	OTG_DATA[8]	PIN_H3	OTG_CS_N	PIN_A3
OTG_DATA[1]	PIN_K4	OTG_DATA[9]	PIN_H4	OTG_RD_N	PIN_B3
OTG_DATA[2]	PIN_J5	OTG_DATA[10]	PIN_G1	OTG_WR_N	PIN_A4
OTG_DATA[3]	PIN_K3	OTG_DATA[11]	PIN_G2	OTG_RST_N	PIN_C5
OTG_DATA[4]	PIN_J4	OTG_DATA[12]	PIN_G3	OTG_INT	PIN_D5
OTG_DATA[5]	PIN_J3	OTG_DATA[13]	PIN_F1		

17．IR 模块应用

DE2-115 开发板上配置有一个红外(IR)接收模块(型号为 IRM-V538N7/TR1)，相关数据手册可以在 DE2-115 系统光盘的 DE2_115_datasheet\IR_Receiver 目录中找到。需要注意的是，这个一体化接收模块仅兼容 38 kHz 载波标准，最大数据速率为 4 kb/s。使用附带的 uPD6121G 红外遥控编码芯片可以产生与接收器匹配的红外信号。图 1.28 为 IR 与 FPGA 的连接电路及引脚信息。

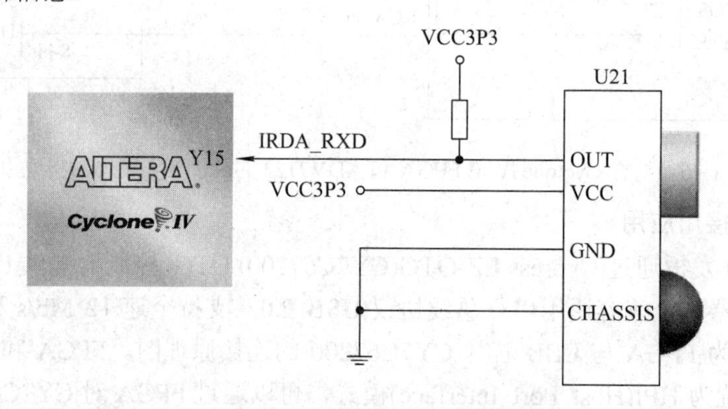

图 1.28　FPGA 与 IR 接收模块连接原理图

18．SRAM/SDRAM/FLASH/EEPROM/SD 卡应用

1) SRAM

DE2-115 开发板提供了一片 2 MB 容量，16 bit 位宽的 SRAM 芯片，该芯片在 3.3 V 的 I/O 电压标准下可以工作在 125 MHz 频率，在高速多媒体数据处理应用中，可以将其用作数据缓存等。图 1.29 为 FPGA 与 SRAM 的连接原理图。

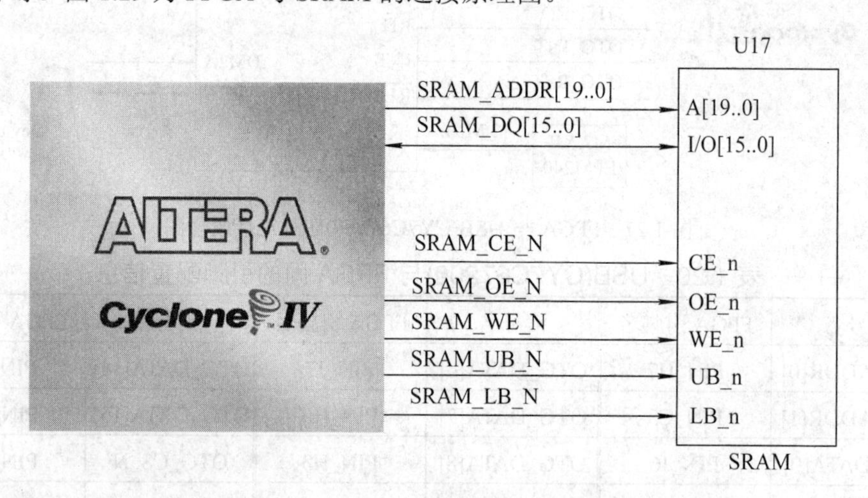

图 1.29　FPGA 与 SRAM 连接原理图

2) SDRAM

DE2-115 开发板配有 32 bit 位宽、128 MB 的 SDRAM 内存，由两片 16 bit 位宽、64 MB 的 SDRAM 芯片并联而成，两个 SDRAM 芯片共用地址和控制信号线，均使用 3.3 V LVCMOS 信号电平标准。图 1.30 为 FPGA 与 SDRAM 的连接原理图。

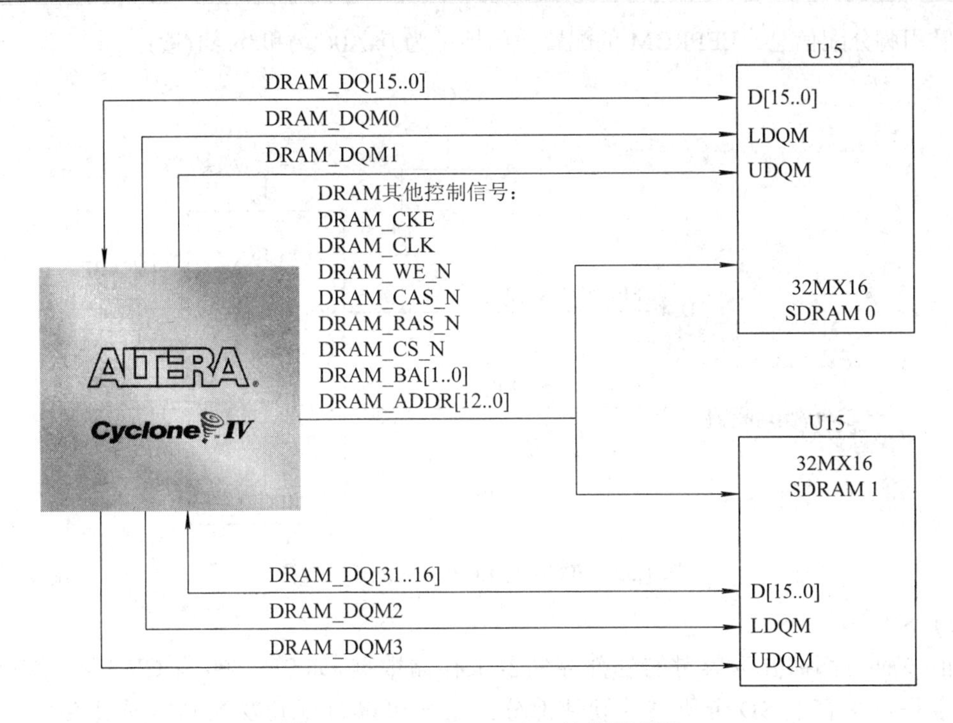

图 1.30　FPGA 与 SDRAM 连接原理图

3) FLASH

DE2-115 开发板配有一片 8 MB、8 bit 位宽的 FLASH 芯片，该芯片使用 3.3 V CMOS 电压标准，可以用于存储软件代码、图像、声音或其他媒体数据。图 1.31 为 FPGA 与 FLASH 之间的连接原理图。

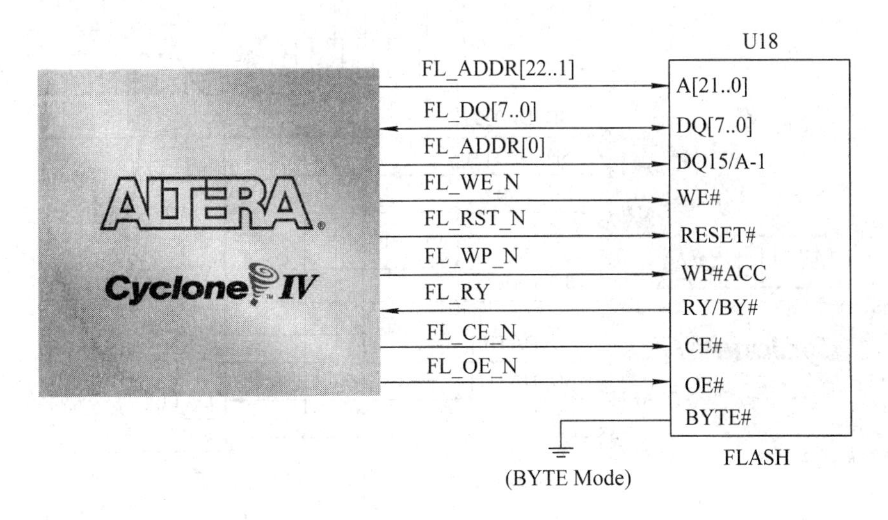

图 1.31　FPGA 与 FLASH 连接原理图

4) EEPROM

DE2-115 开发板上还有一片 I^2C 接口 32 Kb 容量的 EEPROM 芯片，可以用来存储版本信息、网络的 MAC 地址和 IP 地址等描述性信息。图 1.32 为 FPGA 与 EEPROM 的连接原理图及引脚分配信息。EEPROM 的配置访问地址为 0xA0(写)和 0xA1(读)。

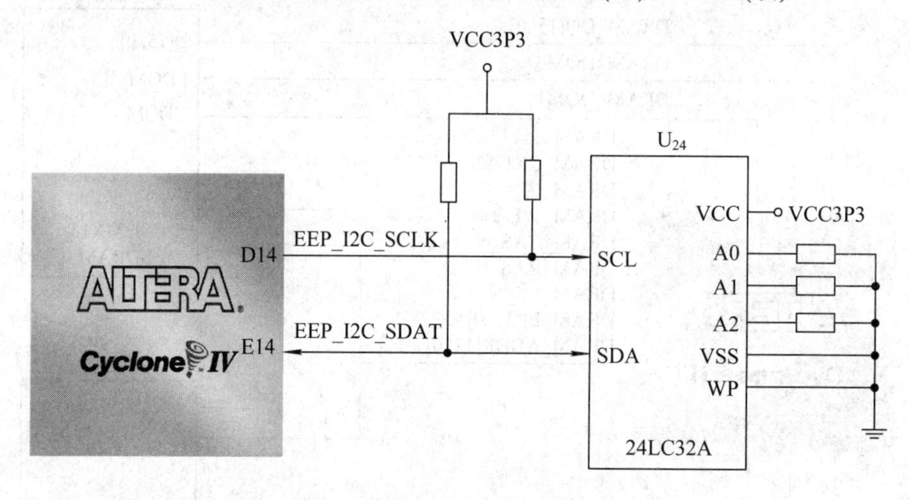

图 1.32　FPGA 与 EEPROM 连接原理图

5) SD 卡

很多应用都需要大容量的外部存储器来存储数据，如 SD 卡或者 CF 卡等。DE2-115 开发板提供了存取 SD 卡所需的硬件部分，用户可以自行开发控制器通过 SPI 模式或 4 bit/1 bit SD 模式访问 SD 卡。图 1.33 为 FPGA 与板上 SD 卡插槽间的连接原理图及引脚分配信息。

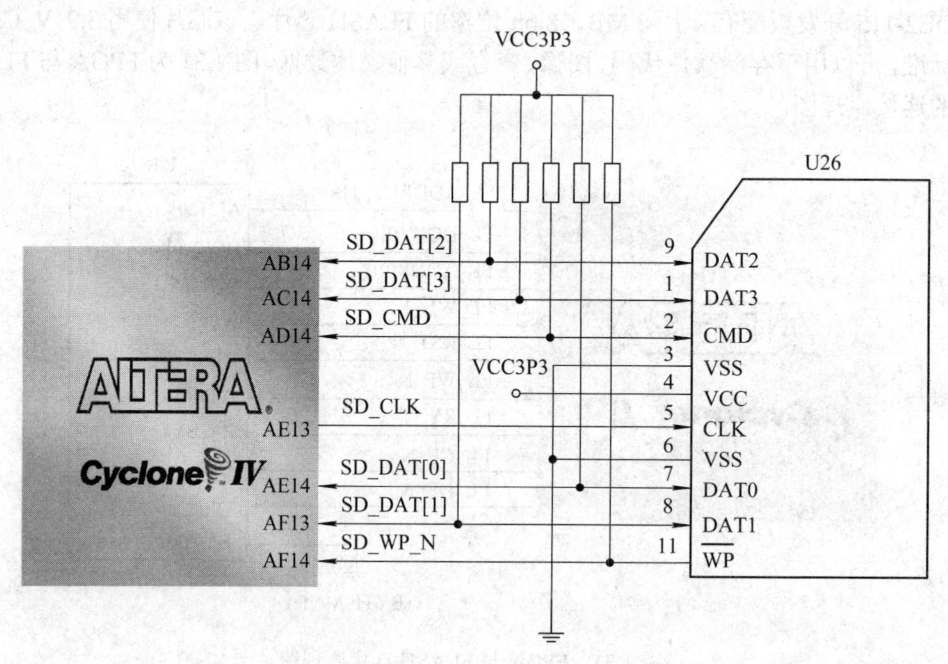

图 1.33　FPGA 与 SD 卡插槽间连接原理图

表 1.21、表 1.22 和表 1.23 分别给出了 DE2-115 开发板上 SRAM、SDRAM 和 FLASH 与 Cyclone Ⅳ E FPGA 之间的引脚配置信息。

表 1.21　SRAM 与 FPGA 间的引脚配置信息

信号名	FPGA 引脚名	信号名	FPGA 引脚名	信号名	FPGA 引脚名
SRAM_ADDR[0]	PIN_AB7	SRAM_ADDR[14]	PIN_AA4	SRAM_DQ[8]	PIN_AD1
SRAM_ADDR[1]	PIN_AD7	SRAM_ADDR[15]	PIN_AB11	SRAM_DQ[9]	PIN_AD2
SRAM_ADDR[2]	PIN_AE7	SRAM_ADDR[16]	PIN_AC11	SRAM_DQ[10]	PIN_AE2
SRAM_ADDR[3]	PIN_AC7	SRAM_ADDR[17]	PIN_AB9	SRAM_DQ[11]	PIN_AE1
SRAM_ADDR[4]	PIN_AB6	SRAM_ADDR[18]	PIN_AB8	SRAM_DQ[12]	PIN_AE3
SRAM_ADDR[5]	PIN_AE6	SRAM_ADDR[19]	PIN_T8	SRAM_DQ[13]	PIN_AE4
SRAM_ADDR[6]	PIN_AB5	SRAM_DQ[0]	PIN_AH3	SRAM_DQ[14]	PIN_AF3
SRAM_ADDR[7]	PIN_AC5	SRAM_DQ[1]	PIN_AF4	SRAM_DQ[15]	PIN_AG3
SRAM_ADDR[8]	PIN_AF5	SRAM_DQ[2]	PIN_AG4	SRAM_OE_N	PIN_AD5
SRAM_ADDR[9]	PIN_T7	SRAM_DQ[3]	PIN_AH4	SRAM_WE_N	PIN_AE8
SRAM_ADDR[10]	PIN_AF2	SRAM_DQ[4]	PIN_AF6	SRAM_CE_N	PIN_AF8
SRAM_ADDR[11]	PIN_AD3	SRAM_DQ[5]	PIN_AG6	SRAM_LB_N	PIN_AD4
SRAM_ADDR[12]	PIN_AB4	SRAM_DQ[6]	PIN_AH6	SRAM_UB_N	PIN_AC4
SRAM_ADDR[13]	PIN_AC3	SRAM_DQ[7]	PIN_AF7		

表 1.22　SDRAM 与 FPGA 间的引脚配置信息

信号名	FPGA 引脚名	信号名	FPGA 引脚名	信号名	FPGA 引脚名
DRAM_ADDR[0]	PIN_R6	DRAM_DQ[6]	PIN_V1	DRAM_DQ[25]	PIN_R7
DRAM_ADDR[1]	PIN_V8	DRAM_DQ[7]	PIN_U3	DRAM_DQ[26]	PIN_R1
DRAM_ADDR[2]	PIN_U8	DRAM_DQ[8]	PIN_Y3	DRAM_DQ[27]	PIN_R2
DRAM_ADDR[3]	PIN_P1	DRAM_DQ[9]	PIN_Y4	DRAM_DQ[28]	PIN_R3
DRAM_ADDR[4]	PIN_V5	DRAM_DQ[10]	PIN_AB1	DRAM_DQ[29]	PIN_T3
DRAM_ADDR[5]	PIN_W8	DRAM_DQ[11]	PIN_AA3	DRAM_DQ[30]	PIN_U4
DRAM_ADDR[6]	PIN_W7	DRAM_DQ[12]	PIN_AB2	DRAM_DQ[31]	PIN_U1
DRAM_ADDR[7]	PIN_AA7	DRAM_DQ[13]	PIN_AC1	DRAM_BA[0]	PIN_U7
DRAM_ADDR[8]	PIN_Y5	DRAM_DQ[14]	PIN_AB3	DRAM_BA[1]	PIN_R4
DRAM_ADDR[9]	PIN_Y6	DRAM_DQ[15]	PIN_AC2	DRAM_DQM[0]	PIN_U2
DRAM_ADDR[10]	PIN_R5	DRAM_DQ[16]	PIN_M8	DRAM_DQM[1]	PIN_W4
DRAM_ADDR[11]	PIN_AA5	DRAM_DQ[17]	PIN_L8	DRAM_DQM[2]	PIN_K8
DRAM_ADDR[12]	PIN_Y7	DRAM_DQ[18]	PIN_P2	DRAM_DQM[3]	PIN_N8
DRAM_DQ[0]	PIN_W3	DRAM_DQ[19]	PIN_N3	DRAM_RAS_N	PIN_U6
DRAM_DQ[1]	PIN_W2	DRAM_DQ[20]	PIN_N4	DRAM_CAS_N	PIN_V7
DRAM_DQ[2]	PIN_V4	DRAM_DQ[21]	PIN_M4	DRAM_CKE	PIN_AA6
DRAM_DQ[3]	PIN_W1	DRAM_DQ[22]	PIN_M7	DRAM_CLK	PIN_AE5
DRAM_DQ[4]	PIN_V3	DRAM_DQ[23]	PIN_L7	DRAM_WE_N	PIN_V6
DRAM_DQ[5]	PIN_V2	DRAM_DQ[24]	PIN_U5	DRAM_CS_N	PIN_T4

表 1.23　FLASH 与 FPGA 间的引脚配置信息

信号名	FPGA 引脚名	信号名	FPGA 引脚名
FL_ADDR[0]	PIN_AG12	FL_ADDR[19]	PIN_AD12
FL_ADDR[1]	PIN_AH7	FL_ADDR[20]	PIN_AE10
FL_ADDR[2]	PIN_Y13	FL_ADDR[21]	PIN_AD10
FL_ADDR[3]	PIN_Y14	FL_ADDR[22]	PIN_AD11
FL_ADDR[4]	PIN_Y12	FL_DQ[0]	PIN_AH8
FL_ADDR[5]	PIN_AA13	FL_DQ[1]	PIN_AF10
FL_ADDR[6]	PIN_AA12	FL_DQ[2]	PIN_AG10
FL_ADDR[7]	PIN_AB13	FL_DQ[3]	PIN_AH10
FL_ADDR[8]	PIN_AB12	FL_DQ[4]	PIN_AF11
FL_ADDR[9]	PIN_AB10	FL_DQ[5]	PIN_AG11
FL_ADDR[10]	PIN_AE9	FL_DQ[6]	PIN_AH11
FL_ADDR[11]	PIN_AF9	FL_DQ[7]	PIN_AF12
FL_ADDR[12]	PIN_AA10	FL_CE_N	PIN_AG7
FL_ADDR[13]	PIN_AD8	FL_OE_N	PIN_AG8
FL_ADDR[14]	PIN_AC8	FL_RST_N	PIN_AE11
FL_ADDR[15]	PIN_Y10	FL_RY	PIN_Y1
FL_ADDR[16]	PIN_AA8	FL_WE_N	PIN_AC10
FL_ADDR[17]	PIN_AH12	FL_WP_N	PIN_AE12
FL_ADDR[18]	PIN_AC12		

1.2　硬件描述语言简介

硬件描述语言(Hardware Description Language，HDL)是一种对于数字电路和系统进行性能描述和模拟的语言。基于硬件描述语言的数字系统设计是一个从抽象到实际的过程。设计人员可以在数字电路系统中从上层到下层逐层描述自己的设计思想。硬件描述语言的发展至今已有几十年的历史，并成功地应用于设计的各个阶段：建模、仿真、验证和综合等。随着电子设计自动化(EDA)技术的发展，使用硬件描述语言设计 PLD/FPGA 成为一种趋势。20 世纪 80 年代后期，VHDL 和 Verilog HDL 先后成为了 IEEE(Institute of Electrical and Electronics Engineers，美国电气和电子工程师协会)标准。

HDL 在语法和风格上类似于现代高级编程语言，但 HDL 毕竟描述的是硬件，它包含许多硬件所特有的结构。HDL 和纯计算机软件语言还有所不同：

(1) 运行所需的基础平台不同。计算机语言是在 CPU + RAM 构建的平台上运行，而 HDL 设计的结果是由具体的逻辑和触发器组成的数字电路。

(2) 执行方式不同。计算机语言基本是以串行的方式执行，而 HDL 在总体上是以并行方式工作。

(3) 验证方式不同。计算机语言主要关注变量值的变化，而 HDL 要实现严格的时序逻辑关系。

1.2.1　VHDL 简介

VHDL(VHSIC Hardware Description Language)是一种电子设计师用来设计硬件系统与电路的高级语言。其中 VHSIC 是指美国国防部 20 世纪 70 年代末至 80 年代初提出的著名的 VHSIC(Very High Speed Integrated Circuit)计划，该计划的目标是为下一代集成电路的生产实现阶段性的工艺极限以及完成十万门级以上的设计建立一项新的描述方法。1981 年末，美国国防部提出了“超高速集成电路硬件描述语言”，简称 VHDL。VHDL 的结构和设计方法受到了 ADA 语言的影响，并吸收了其他硬件描述语言的优点。1987 年 12 月，VHDL 被确定为标准的最初版本 IEEE Std 1076-1987。此后，VHDL 就一直以标准系列的载体形式记录着它的发展和逐渐成熟的历程。根据 IEEE-1076-1993，1995 年国家技术监督局推荐 VHDL 为我国 EDA 硬件描述语言的国家标准。至此，VHDL 在我国迅速普及，现在这门语言已经成为从事硬件电路设计的开发人员所必须掌握的一项技术。

VHDL 描述逻辑电路的基本结构如图 1.34 所示，结合本科阶段“数字电子技术基础”(简称数字电路)课程所学的组合逻辑和时序逻辑电路设计方法，其仍然包括逻辑抽象(实体(Entity)声明)、功能实现(结构体(Architecture))两大模块。

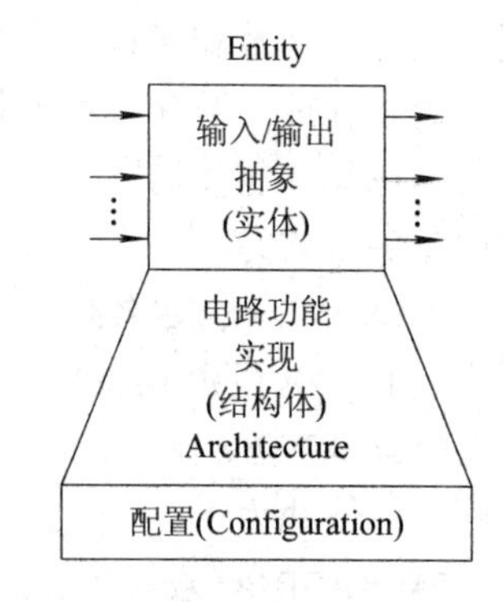

图 1.34　VHDL 逻辑电路描述基本结构

1. 库和程序包

1) VHDL 的“库”

VHDL 的“库”是专门用于存放预先编译好的程序包的地方，对应于一个文件目录，程序包的文件存放在该目录中，其功能相当于共享资源的仓库，所有已完成的设计资源只有存入某个“库”内才可以被其他设计实体共享。库的声明类似于 C 语言，需要放在设计实体(Entity)的前面，表示该库资源对整个设计是开放的。

库语句声明格式为

```
LIBRARY 库名;
USE 库名.所要调用的程序包名.ALL;
```

常用的 VHDL 库有 IEEE 库、STD 库和 WORK 库。

IEEE 库是 VHDL 设计中最常用的资源库，包含 IEEE 标准的 STD_LOGIC_1164、NUMERIC_BIT、NUMERIC_STD 以及其他一些支持工业标准的程序包。其中最重要并且也最常用到的是 STD_LOGIC_1164 程序包，大部分程序都以该程序包中设定的标准为设计基础。

STD 库是 VHDL 的标准库，VHDL 在编译过程中会自动调用这个库，所以使用时不需要另外声明，属于 VHDL 语言的默认库。

WORK 库是用户在进行 VHDL 设计时的当前工作库，用户的设计文件将自动保存在这个库中，属于用户自己的仓库。类似 STD 库，工作库使用时也不需要另外声明，属于 VHDL 语言的默认库。

2) 程序包

程序包是 VHDL 语言编写的一段程序，可以供其他设计单元调用和共享，相当于“工具箱”，各种数据类型、子程序等一旦放入了程序包，就可成为共享的“工具”。程序包类似于 C 语言的头文件，合理的应用可以减少代码量，并且使得程序结构清晰。在一个具体的 VHDL 设计中，实体部分所定义的数据类型、常量和子程序可以在相应的结构体中使用，但在一个实体的声明部分和结构体部分中定义的数据类型、常量及子程序却不能被其他单元使用。因此，程序包的作用是可以使一组数据类型、常量和子程序能够被多个设计单元使用。

程序包分为包头和包体两部分。包头(也称为程序包说明部分)是对程序包中使用的数据类型、元件、函数和子程序进行定义，其形式与实体定义类似。包体规定了程序包的实际功能，用于存放函数和过程的程序体，而且还允许定义内部的子程序、内部变量和数据类型。程序包头和包体均以关键字 PACKAGE 开头。

程序包头格式为

```
PACKAGE 程序包名称 IS
    [程序包头说明语句]
END 程序包名称;
```

程序包体格式为

```
PACKAGE BODY 程序包名称 IS
    [程序包体说明语句]
END 程序包名称;
```

调用程序包的格式为：USE 库名.程序包名称.ALL;

VHDL 中常用的预定义程序包如表 1.24 所示。

表 1.24　VHDL 常用预定义程序包及库名

库名	程序包名称	包中预定义内容
IEEE	STD_LOGIC_1164	STD_LOGIC 、 STD_LOGIC_VECTOR 、 STD_ULOGIC 、 STD_ULOGIC_VECTOR 等数据类型、子类型和函数
IEEE	STD_LOGIC_ARITH	在 STD_LOGIC_1164 基础上扩展了 UNSIGNED、SIGNED 和 SMALL_INT 三个数据类型，并定义了相关的算术运算符和转换函数
IEEE	STD_LOGIC_SIGNED	主要定义有符号数的运算，重载后可用于 INTEGER、STD_LOGIC 和 STD_LOGIC_ VECTOR 之间的混合运算，并定义了 STD_LOGIC_VECTOR 到 INTEGER 的转换函数
IEEE	STD_LOGIC_UNSIGNED	主要定义无符号数的运算，相应功能与 STD_LOGIC_SIGNED 相似

2. 实体(ENTITY)部分

以关键字 ENTITY 引导，以 END (ENTITY) ×××结尾的语句部分，称为实体(其中

×××表示实体名)。实体在电路中主要是定义所描述电路的端口信号，如输入、输出信号等，更具体地说就是用来定义实体与外部的连接关系以及需传送给实体的参数。

VHDL 中实体的格式为

```
ENTITY   实体名   IS
      [ GENERIC(类属表); ]
      PORT(端口表);
END [ENTITY]  实体名;
```

实体格式中以 GENERIC 开头的语句是类属说明，用于为设计实体和其他外部环境通信的静态信息提供通道，可以定义端口大小、实体中元件的数目以及实体的定时特性等，用以将信息参数传递到实体，类属说明部分是可选的。GENERIC 的主要作用是增强 VHDL 程序的通用性，避免程序的重复书写，如

```
GENERIC ( constant tplh , tphl : TIME := 5 ns;
            default_value : INTEGER := 1;
            cnt_dir : STRING := "up"
        );
```

以 PORT 开头的语句是端口声明，它描述电路的输入、输出等端口信号及其模式和数据类型，其功能相当于电路符号中的一个引脚。PORT 格式如下：

```
PORT (
   端口名: 端口模式    数据类型;
   {端口名: 端口模式    数据类型}
);
```

端口模式中定义的端口方向包括以下四种：

· IN：输入，定义的通道为单向只读模式，该信号只能被赋值引用，不能被赋值。

· OUT：输出，定义的通道为单向输出模式，该信号只能被赋值，不能被引用，用于不能反馈的输出。

· INOUT：双向，定义的通道确定为输入输出双向端口，该信号既可读又可被赋值，读出的值是端口输入值而不是被赋值。

· BUFFER：缓冲，类似于输出，但可以读，读的值是被赋值，用于内部反馈，不能作为双向端口使用，注意与 INOUT 的区别。

VHDL 是一种强类型语言，每个数据对象(信号、变量或常量)只能有一种数据类型，施加于该对象的操作必须与该对象的数据类型相匹配。

VHDL 中常用的数据类型有：

逻辑位类型：BIT、STD_LOGIC。

逻辑位矢量类型：BIT_VECTOR、STD_LOGIC_VECTOR。

整数类型：INTEGER。

布尔类型：BOOLEAN。

为了使 EDA 软件能够正确识别这些数据类型，相应的类型库必须在 VHDL 描述中声明并在 USE 语句中调用(参考 VHDL 库声明及调用)。此外，VHDL 中还可以自己定义数据类型(类似于 C 语言中的枚举类型)，可以给 VHDL 的程序设计带来极大的灵活性。

3．结构体(ARCHITECTURE)部分

以关键字 ARCHITECTURE 引导，以 END (ARCHITECTURE) ×××结尾的语句部分，称为结构体(其中×××表示结构体名)。结构体具体描述了设计实体的电路行为。

VHDL 中结构体的格式为：

```
ARCHITECTURE  结构体名  OF  实体名  IS
     [定义语句]  内部信号，常数，数据类型，函数等定义；
BEGIN
      [功能描述语句]；
END [ARCHITECTURE]  结构体名；
```

结构体格式中的结构体名是对本结构体的命名，它是该结构体的唯一名称，可以按照操作系统的基本命名方式命名。OF 后面的实体名表明了该结构体对应的实体，应与实体部分的实体名保持一致。

[定义语句]位于关键字 ARCHITECTURE 和 BEGIN 之间，用于对结构体内部使用的信号、常数、数据类型、函数等进行定义，在结构体中的信号定义不用注明信号方向。

并行处理语句位于结构体描述部分的 BEGIN 和 END [ARCHITECTURE]之间，是 VHDL 设计的核心，它描述了电路的行为及连接关系。结构体中主要是并行处理语句，包括赋值语句和进程(PROCESS)结构语句，而赋值语句可以看作隐含进程结构语句。除进程结构内部的语句是有顺序的以外，各进程结构语句之间都是并行执行的。VHDL 的所有顺序语句都必须放在由 PROCESS 引导的进程结构中。

4．配置(CONFIGURATION)部分

VHDL 中的一个设计实体必须包含至少一个结构体。当一个实体名对应多个结构体时，配置被用来选取某个结构体与当前的实体对应，以此进行电路功能描述的版本控制。

配置的句法格式为

```
CONFIGURATION  配置名  OF  实体名  IS
       FOR   为实体选配的结构体名
       END FOR;
END  配置名;
```

需要注意的是，VHDL 程序中的字符是不区分大小写的。但是在实际编程中为了增加程序的可读性，通常用大写形式表示保留字，其他部分用小写形式表示。

5．一个完整的 VHDL 设计实例

下面给出一个较完整的 VHDL 描述的数字电路逻辑设计实例，其中包括库的声明与使用(LIBRARY 和 USE)部分、实体(ENTITY)部分、结构体(ARCHITECTURE)部分及配置(CONGURATUATION)部分。

实例 1.1　模值为 256 和 65 536 的计数器 VHDL 描述。

```
LIBRARY IEEE;                          --库声明部分
USE IEEE.STD_LOGIC_1164.ALL;           --使用程序包
USE IEEE.STD_LOGIC_ARITH.ALL;          --使用程序包
USE IEEE.STD_LOGIC_UNSIGNED.ALL;       --使用程序包
```

```
--------------------------------------------------------------------------------
----实体部分，实体名为 counter
--------------------------------------------------------------------------------
ENTITY counter IS           --实体部分，实体名 counter
PORT ( load, clear, clk :   IN STD_LOGIC;        --输入端口，位逻辑类型
       data_in :            IN INTEGER;          --输入端口，整数类型
       data_out :           OUT INTEGER);        --输出端口，整数类型
END ENTITY counter;
--------------------------------------------------------------------------------
----结构体 1，结构体名为 count_module256，计数范围：0～255
--------------------------------------------------------------------------------
ARCHITECTURE count_module256 OF counter IS
BEGIN                                   --结构体 1 部分，结构体名 count_module256
PROCESS(clk,clear,load)
    VARIABLE count:INTEGER := 0;
BEGIN
    IF (clear = '1') THEN   count := 0;
    ELSIF (load = '1') THEN   count := data_in;
    ELSIF ((clk'EVENT) AND (clk = '1')) THEN
      IF (count = 255) THEN   count := 0;
      ELSE   count := count + 1;
      END IF;
    END IF;
    data_out <= count;
END PROCESS;
END ARCHITECTURE count_module256;   --结构体 1 部分结束
--------------------------------------------------------------------------------
----结构体 2，结构体名为 count_module64K，计数范围：0～65 535
--------------------------------------------------------------------------------
ARCHITECTURE count_module64K OF counter IS
BEGIN                                   --结构体 2 部分，结构体名 count_module64K
PROCESS(clk)
    VARIABLE count: INTEGER := 0;
BEGIN
    IF (clear = '1') THEN   count := 0;
    ELSIF (load = '1') THEN   count := data_in;
    ELSIF ((clk'EVENT) AND (clk = '1')) THEN
      IF (count = 65535) THEN   count := 0;
      ELSE   count := count + 1;
```

```
            END IF;
        END IF;
        data_out <= count;
    END PROCESS;
    END ARCHITECTURE count_module64K;   --结构体 2 部分结束
    ------------------------------------------------------------------------------------------------
    ----配置 1，small_module_count，实体 counter 对应结构体 count_module256
    ------------------------------------------------------------------------------------------------
    CONFIGURATION small_module_count OF counter IS
        FOR count_module256
        END FOR;
    END small_module_count;
    ------------------------------------------------------------------------------------------------
    ----配置 2，big_module_count，实体 counter 对应结构体 count_moudle64K
    ------------------------------------------------------------------------------------------------
    CONFIGURATION big_module_count OF counter IS
        FOR count_module64K
        END FOR;
    END big_module_count;
```

实例 1.1 中通过 CONFIGRATION 指定实体(ENTITY)与某个结构体(ARCHITECTURE)的对应关系，在用 EDA 软件对实例 1.1 进行仿真时，可以选择其中的某个“配置名称”(此处为 small_module_count 或 big_module_count)进行功能仿真。

1.2.2 Verilog HDL 关键语法简介

Verilog HDL 最初是于 1983 年由 Gateway Design Automation 公司为其模拟器产品开发的硬件建模语言，开始它只是一种专用语言。由于该公司模拟、仿真器产品的广泛使用，Verilog HDL 作为一种便于使用且实用的语言逐渐为众多设计者所接受。在一次努力增加语言普及性的活动中，Verilog HDL 于 1990 年被推向公众领域。OVI(Open Verilog International)是促进 Verilog 发展的国际性组织。1992 年，OVI 决定致力于推广 Verilog OVI 标准成为 IEEE 标准。这一努力最后获得成功，Verilog HDL 于 1995 年成为 IEEE 标准，称为 IEEE Std1364—1995。

1. Verilog 的模块(module)

模块(module)是 Verilog 的基本描述单位，用于描述某个设计的功能或结构及与其他模块通信的外部端口。一个设计可以由多个模块组成，一个模块只是数字系统中的某个部分，一个模块可在另一个模块中调用。Verilog 模块的内容包括输入/输出端口声明、输入/输出端口说明、内部信号声明和功能定义等部分，其中功能定义部分是 Verilog 模块中最重要的，包括 assign 功能描述、always 块描述以及模块实例调用等。

Verilog 中模块的格式为

```
    module  模块名(端口 1, 端口 2, …);
```

```
        [输入/输出端口说明部分]
        [内部信号声明]
        [assign 功能描述语句]
        [initial 块描述]
        [always 块描述]
        [模块实例调用]
        ⋮
    endmodule
```

在上面的模块格式中需要注意的是，module 声明以分号“;”结尾，但 endmodule 不需要分号结尾。除了 endmodule 外，每个语句和数据定义的最后必须有分号结尾。

1) 输入/输出端口声明

Verilog 模块的端口声明了模块的输入/输出端口名称，格式为

```
module  模块名(端口 1, 端口 2, …);
```

2) 输入/输出端口说明

Verilog 模块中输入/输出端口说明部分格式为

```
输入端口：input 端口名 1, 端口名 2, …, 端口名 m; //共有 m 个输入端口
输出端口：output 端口名 1, 端口名 2, …, 端口名 n; //共有 n 个输出端口
```

输入/输出端口说明也可以直接写在端口声明里，其格式为

```
module  模块名(input 端口 1, input 端口 2, …, output 端口 1, output 端口 2, …);
```

3) 内部信号声明

内部信号声明指在模块内用到的信号以及与端口有关的 wire 类型(简称 W 变量)和 reg 类型(简称 R 变量)信号的声明，其格式为

```
reg [width-1:0] R 变量 1, R 变量 2, …;
wire [width-1:0] W 变量 1, W 变量 2, ….;
```

4) assign 功能描述

assign 功能描述方法的句法很简单，只需在描述语句前加一个“assign”，如下面的 Verilog 语句描述了一个有两个输入的“与门”逻辑功能：

```
assign a = b & c;
```

5) always 块描述

在 Verilog 语言中采用“always”语句是描述数字逻辑最常用的方法之一，需要顺序执行的语句必须放在“always”块中描述，例如“if…else…if”条件判断语句。下面是用“always”块描述的一个带有异步清零端的 D 触发器程序：

```
always @ (posedge clk or posedge clr) begin      //时钟上升沿触发，异步清零
    if (clr)   q <= 0;                           //清零
    else   if   (en)   q <= d;                   //使能有效
end                                              // always 块结束
```

6) 模块实例调用

在 Verilog 程序中如果需要调用已经写好的模块或库中的实例元件，只需要输入模块或元件的名称和相连的引脚即可，如下面的 Verilog 代码：

```
and and_inst1 ( q, a, b);
```

该 Verilog 代码表示在设计中用到一个量输入与门(库中的元件名称为 and)，设计中将该元件例化为实例名称 and_inst1，其输入端口为 a 和 b，输出端口为 q。每个实例元件的名字必须是唯一的，以避免与其他调用该与门(and)的实例名混淆。

在 Verilog 程序中，assign 语句、always 块和模块实例调用这三种功能描述是并行执行的，它们的次序不会影响逻辑实现的功能。

注意：Verilog HDL 语言区分大小写。

2．一个完整的 Verilog 设计实例

下面给出一个较完整的 Verilog HDL 描述的数字电路逻辑设计实例，其中包括输入/输出端口声明、端口说明、内部信号声明、assign 功能描述语句以及 always 块描述部分。

实例 1.2　模值为 N 的计数器 Verilog HDL 描述。

```
//计数器位数：NBITS
//计数器模值：UPTO = N
--------------------------------------------------------------------------------
----module 部分，模块名为 ModuleN_counter
--------------------------------------------------------------------------------
module ModuleN_counter(Clock, Clear, Q, QBAR);    //输入/输出端口声明

parameter NBITS = 2, UPTO = 3;            //参数声明
input Clock, Clear;                        //端口说明
output [NBITS-1:0] Q, QBAR;

reg [NBITS-1:0] Counter;                   //内部信号声明


always @ (posedge Clock)                   //always 块
  if (Clear)
    Counter <= 0;
  else
    Counter <= (Counter + 1) % UPTO;


assign Q = Counter;                        //assign 描述语句
assign QBAR = ~Counter;                    //assign 描述语句


endmodule
```

1.2.3　HDL 的编程技术

用硬件描述语言(HDL)描述硬件电路的结构或行为，然后用 EDA 软件将这些描述综合成与可编程逻辑器件(Programmable Logic Device，PLD)半导体工艺有关的硬件配置文件，PLD(如现场可编程门阵列 FPGA)则是这些硬件配置文件的载体。应用 HDL 实现硬件数字

系统设计，需要经过设计输入、综合、仿真、验证、器件编程等一系列过程，如图 1.35 所示，具体可以分为以下几个步骤：

(1) 系统设计：将需要设计的电路系统分解为各个功能模块，并对功能模块的性能和接口进行正确的描述。

(2) 逻辑设计：在系统设计的基础上，用 VHDL 对各个模块的功能进行逻辑描述。

(3) 功能仿真：在 EDA 软件中，对所设计的模块输入逻辑信号，通过检测输出响应验证各模块在功能上是否正确，是否能满足设计要求。如果功能仿真的结果和预期结果不符合，应该重新修改前两步的设计。

(4) 逻辑综合：在功能仿真正确的基础上，就可以进行逻辑综合。逻辑综合是指从寄存器传输级(RTL)到门级逻辑结构的综合，它将 RTL 的行为描述模型变换为逻辑门电路结构性网表，逻辑综合过程与所用 PLD 器件结合进行。

(5) 布局布线：布局和布线即是将逻辑综合的结果用 FPGA 等器件的内部逻辑单元来完成，并在内部逻辑单元之间寻求最佳的布线和连接。

(6) 时序仿真：时序仿真可以比较准确地反映最后产品的系统时延特性。如果时序分析不满足预期设计需求，应该重新进行逻辑综合或布局布线。

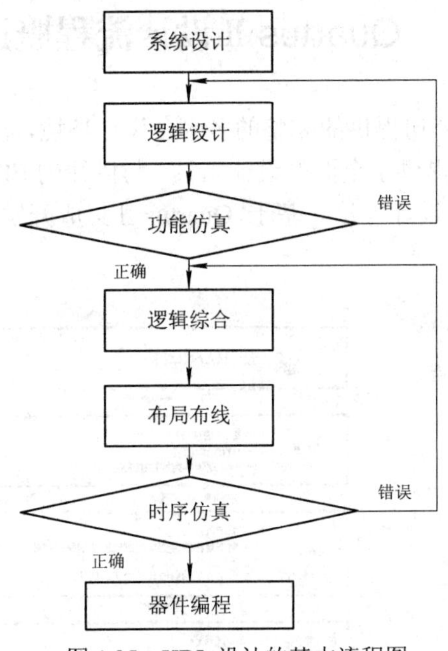

图 1.35　HDL 设计的基本流程图

第 2 章

FPGA 设计流程

本章从 Quartus Ⅱ软件的使用开始，讲述 FPGA 设计的基本流程，并在台湾友晶科技的 DE2-115 开发板上通过简单的实例让读者熟悉 FPGA 的基本设计流程。本章 2.2 节以介绍基本的 Quartus Ⅱ操作为主，并在 2.2.5 节给出一个简单的设计实例来体会 Quartus Ⅱ的基本操作流程；2.3 节介绍了仿真软件 ModelSim 的基本操作方法；2.4 节介绍了 Intel FPGA 的调试工具 SignalTap Ⅱ嵌入式逻辑分析仪的基本应用。

2.1 Quartus Ⅱ设计流程概述

Quartus Ⅱ软件是 Intel 公司提供的完整的多平台设计环境，能够直接满足特定的设计需要，为可编程芯片系统设计提供了全面的设计工具。与以往的 EDA 工具相比，它更适合于设计团队基于模块的层次化设计方法。基于 Quartus Ⅱ集成开发环境的典型设计流程如图 2.1 所示。

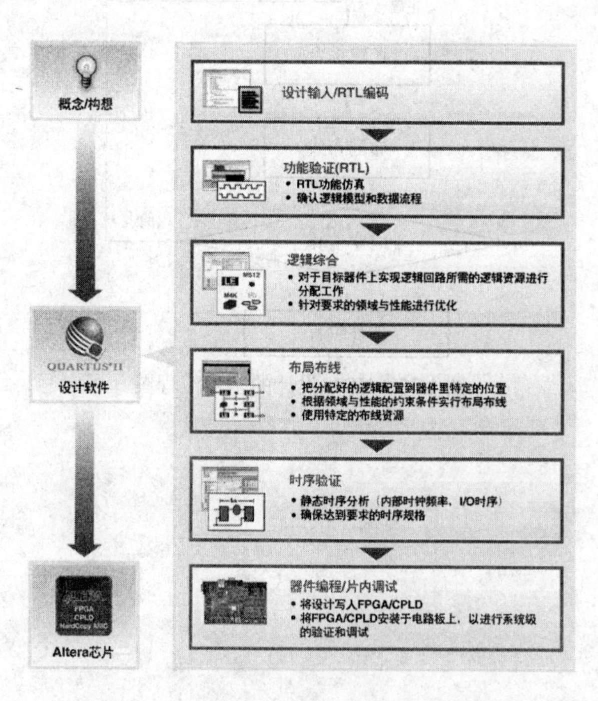

图 2.1 Quartus Ⅱ软件的典型设计流程

1．设计输入

设计输入是将设计者所设计的电路以开发要求的某种形式表达出来，并输入相应 EDA 软件中的过程。设计输入有多种表达方式，最常用的是原理图输入和文本输入。原理图是图形化的表达方式，使用元件符号和连线来描述设计，其特点是适合描述连接关系和接口关系，而描述逻辑功能则比较繁琐。文本输入多用硬件描述语言(HDL)来描述和设计电路，设计者可利用 HDL 来描述自己的设计，然后采用 EDA 工具进行综合和仿真，最后变为目标文件，再用 FPGA 来具体实现。此外，波形输入和状态机输入是另外两种常用的辅助设计输入方法。

2．功能验证

电路设计完成后，要用专用的仿真工具(如 ModelSim)对设计进行功能仿真，验证电路功能是否符合设计要求。功能仿真有时也被称为前仿真。通过功能仿真能及时发现设计中的错误，在系统设计前期即可修改完成，提高设计的可靠性。

3．逻辑综合(也称为综合优化)

逻辑综合是指将 HDL、原理图等设计输入翻译成由与门、或门、非门、RAM、触发器等基本逻辑单元组成的逻辑连接(网表)，并根据目标与要求(约束条件)优化所生成的逻辑连接，输出 EDA 网表文件，供 FPGA 厂家的布局布线器进行实现。

4．布局布线(或逻辑实现)

逻辑综合结果的本质是一些由与门、或门、非门、RAM、触发器等基本逻辑单元组成的逻辑网表，它与芯片实际的配置情况还有较大差距。此时应该使用 FPGA 厂商提供的软件工具，根据所选芯片的型号，将综合输出的逻辑网表适配到具体的 FPGA 芯片上，这个过程就叫做逻辑实现。因为只有器件开发商最了解器件的内部结构，所以实现步骤必须选用器件开发商提供的工具。在实现过程中最主要的步骤是布局布线。所谓布局，是指将逻辑网表中原子符号合理地适配到 FPGA 内部的固有硬件结构上，布局的好坏对设计的最终实现结果影响很大。所谓布线是根据布局的拓扑结构，利用 FPGA 内部的各种连线资源，合理正确连接各个元件的过程。

5．时序验证

将布局布线的延时信息反标注到设计网表中后进行的仿真就叫做时序仿真或布局布线后仿真，简称后仿真。布局布线之后生成的仿真延时文件包含的延时信息最全，不仅包含门延时，还包含实际布线延时，所以布局布线后仿真最准确，能较好地反映芯片的实际工作情况。一般来说，布局布线后仿真步骤必须进行，通过布局布线后仿真能检查设计时序与 FPGA 实际运行情况是否一致，确保设计的可靠性和稳定性。布局布线后仿真的主要目的在于发现时序违规，以及不满足时序约束条件或者器件固有时序规则的情况。

6．器件编程/片内调试

设计开发的最后步骤就是在线调试或者将生成的配置文件写入芯片中进行测试。示波器和逻辑分析仪是逻辑设计的主要调试工具。传统的逻辑功能板级验证方式是使用逻辑分析仪分析信号，设计时要求 FPGA 和 PCB 设计人员保留一定数量的 FPGA 引脚作为测试引脚，编写 FPGA 代码时将需要观察的信号作为模块的输出信号，在综合实现时再把这些输出信号锁定到测试引脚上，然后连接逻辑分析仪的探头到这些测试引脚，设定触发条件，进行观测。现在很多 FPGA 厂商的 EDA 软件都可以在系统工程中加入嵌入式逻辑分析仪，如 Intel 的 EDA 软件的嵌入式逻辑分析仪为 SignalTap II，可以通过该嵌入式逻辑分析仪实时获取 FPGA 内部实际工作的时序波形进行调试。

2.2　Quartus II 13.0 软件应用

本节将以 DDS 为设计实例学习 Quartus II 13.0 EDA 软件完整的设计过程，包括设计项目的建立、输入方法、项目的编译和综合、引脚分配及编程下载等基本过程。

2.2.1　创建新工程

(1) 启动新建工程向导 New Project Wizard。

在 Quartus II 软件中，执行菜单命令 File→New Project Wizard，启动工程创建向导，弹出 New Project Wizard 新建工程向导 Introduction 对话框。该向导将引导用户完成创建工程、设置顶层单元、引用设计文件、选择器件等操作。单击 Next 按钮，出现图 2.2 所示的工程目录及工程名设置对话框。在第一栏的工程路径中选择新建工程的目录，如“E:\design\quartus\book”；在第二栏的工程名中输入当前新建工程的名字，如图中“book”；在第三栏输入顶层文件的实体名，即顶层文件名，默认与工程名相同。

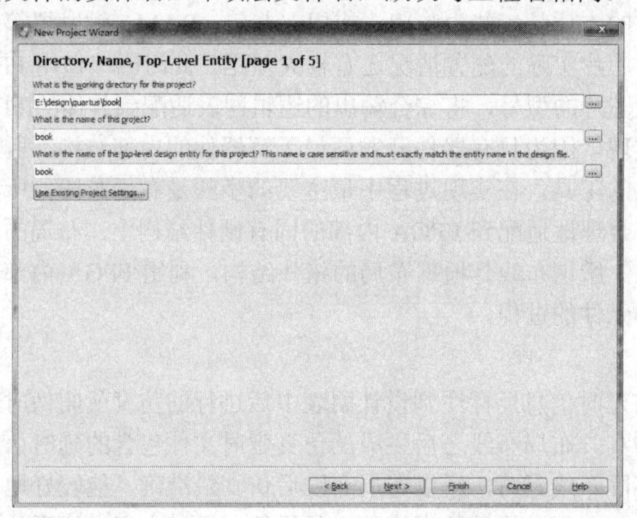

图 2.2　使用 New Project Wizard 创建工程

(2) 在新建工程中添加设计文件。

在图 2.2 所示对话框中点击 Next 按钮，弹出如图 2.3 所示的 Add File 对话框。如果有已经设计好的文件需要添加到当前新建的工程中，则点击 File name 栏后面的浏览按钮找到该文件，单击 Add 按钮即可将该文件添加到当前工程。添加的文件可以是原理图文件、VHDL、Verilog HDL、EDIF、VQM、AHDL 文件等。若新建工程中需要使用特殊的或用户自定义的库，则需要单击 Add Files 对话框下面的 User Libraries...按钮添加相应的库文件。

如果没有文件需要添加到当前新建的工程中，直接单击 Next 按钮进入下一步。如果需要添加文件到工程中，待工程建立后再添加需要的设计文件也可以。

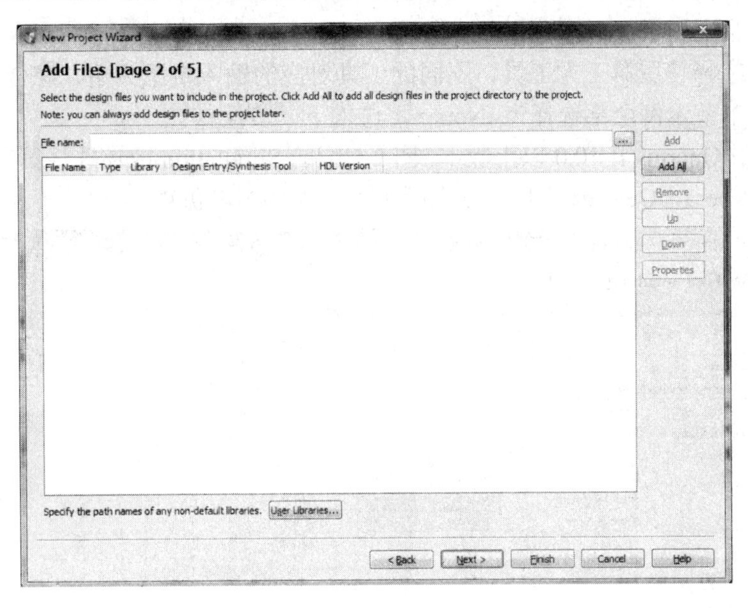

图 2.3　添加文件到当前工程

(3) 选择目标器件。

继续点击 Next 按钮，出现器件类型选择界面，如图 2.4 所示。可以在此选择使用的目标器件系列及具体器件型号。在器件系列(Device family)的 Family 下拉列表中选择所用的器件系列，然后在可用器件(Available devices)列表中选择使用的目标器件型号。也可以在右侧的封装(Package)、引脚数(Pin count)或速度等级(Speed grade)中选择确定的参数，或在 Name filter 栏输入大概的名称，以便缩小可用器件列表(Available devices)的选择范围，便于快速找到需要的目标器件。

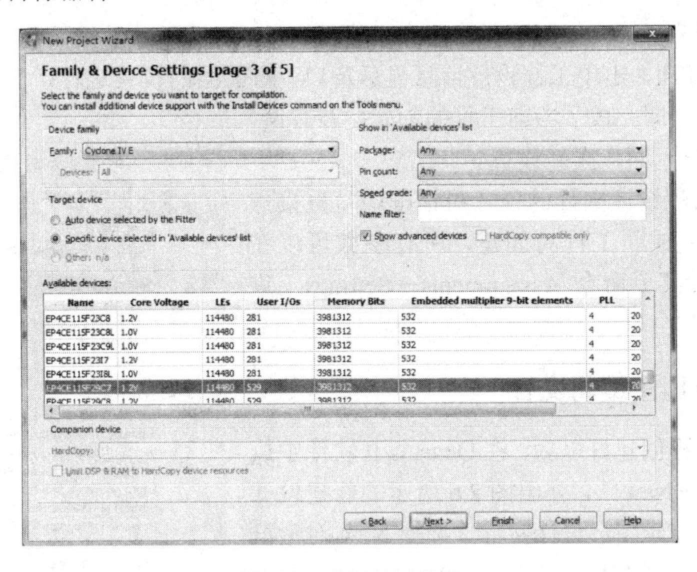

图 2.4　选择目标器件

(4) EDA 工具设置。

检查全部参数若无误，则单击 Next，出现图 2.5 所示的 EDA 工具设置页面，可以选择综合、仿真、验证、板级时序分析等，若选为<None>，则表示使用 Quartus II 软件集成的工具，也可以选择使用第三方工具，不同的工具对应的输入资源类型、综合工具、操作步骤略有不同。本节示例全部选择为<None>，进入下一步操作。

注意：对于 Quartus II 10.0 以上版本，图 2.5 中的 Simulation 应该选择第三方仿真工具，如 ModelSim-Altera，Quartus II 10.0 以上版本不再支持图形仿真。

New Project Wizard

EDA Tool Settings [page 4 of 5]

Specify the other EDA tools used with the Quartus II software to develop your project.

EDA tools:

Tool Type	Tool Name	Format(s)	Run Tool Automatically
Design Entry/Synthesis	<None>	<None>	Run this tool automatically to synthesize the current design
Simulation	<None>	<None>	Run gate-level simulation automatically after compilation
Formal Verification	<None>		
Board-Level	Timing	<None>	
	Symbol	<None>	
	Signal Integrity	<None>	
	Boundary Scan	<None>	

< Back　Next >　Finish　Cancel　Help

图 2.5　工具设置

(5) 结束设置。

单击 Next 按钮，出现工程设置信息显示窗口，对前面的设置进行了汇总，单击对话框中的 Finish 按钮，即完成了当前工程的创建；若有误，可单击 Back 按钮返回，重新设置。

注意：在工程设计向导的任一对话框均可直接点击 Finish 按钮完成新工程的创建，所有参数可以在 Quartus II 中执行菜单命令 Assignments→Settings…进行设置。

2.2.2　建立原理图编辑文件

新的设计工程创建好以后，在 Quartus II 软件中执行菜单命令 File→New…，弹出图 2.6 所示的新建设计文件选择窗口。创建图形设计文件，选择 New 对话框中 Design Files 项下的 Block Diagram/Schematic File，点击 OK 按钮，则打开图形编辑器窗口，如图 2.7 所示。图中标明了每个按钮的功能，这些按钮在后面的设计

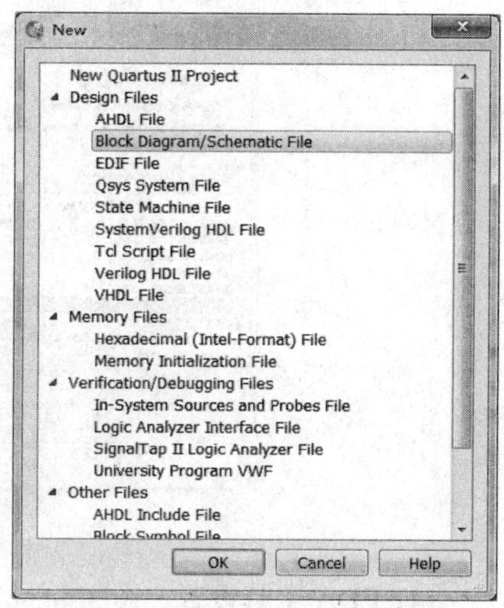

图 2.6　新建设计文件选择对话框

中会经常用到。

Quartus Ⅱ图形编辑器也称为块编辑器(Block Editor)，用于以原理图(Schematics)和结构图(Block Diagrams)的形式输入和编辑图形设计信息。

在图 2.7 所示的 Quartus Ⅱ图形编辑器窗口中，设计时可以根据个人喜好随时改变 Block Editor 的显示选项，如导向线和网格间距、橡皮筋功能、颜色以及基本单元和块的属性等。

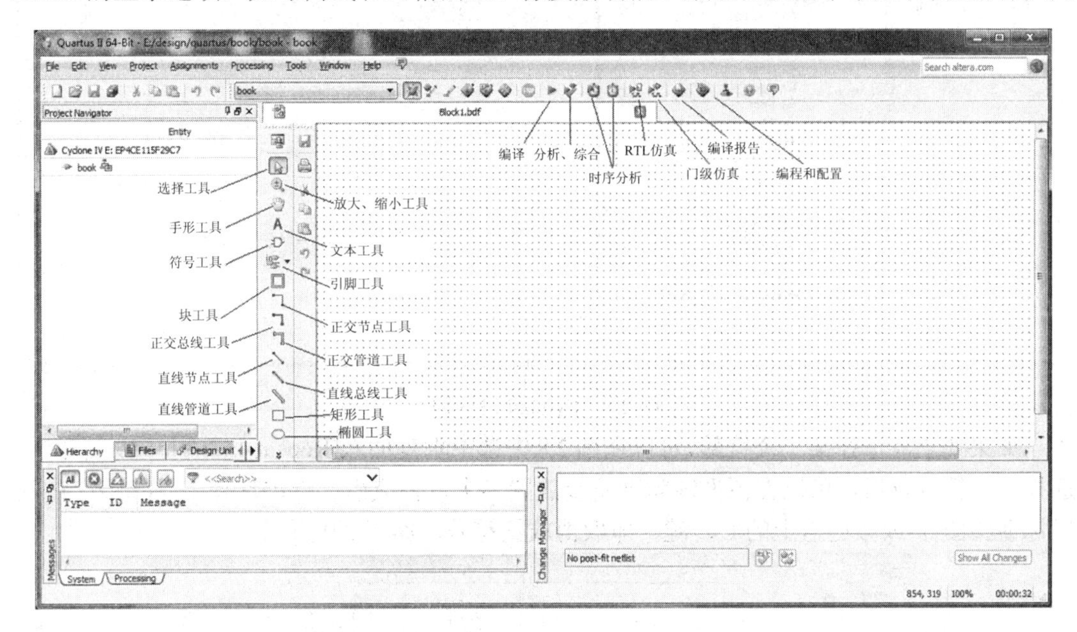

图 2.7　Quartus Ⅱ图形编辑器窗口

可以通过下面几种方法进行原理图设计文件的输入。

1. 基本单元符号输入

Quartus Ⅱ软件为实现不同的逻辑功能提供了大量的基本单元符号和宏功能模块，设计者可以在原理图编辑器中直接调用，如基本逻辑单元、中规模器件以及参数化模块(LPM)等。

按照下面的方法可将单元符号调入图形编辑区：

(1) 在图 2.7 所示的图形编辑器窗口的工作区中双击鼠标左键，或点击图中的“符号工具”按钮，或执行菜单命令 Edit→Insert Symbol…，则弹出图 2.8 所示的 Symbol 对话框。

① 宏功能函数(megafunctions)库中包含很多种可直接使用的参数化模块。当选择宏功能函数库时，如果同时使能图中标注的宏功能函数实例化(Launch MegaWizard Plug-In)复选框，则软件自动调用 MegaWizard Plug-In Manager…功能。

② 其他(others)库中包括与 MAX+PLUS Ⅱ软件兼容的所有中规模器件，如 74 系列等。

③ 基本单元符号(primitives)库中包含所有的 Intel 基本图元，如逻辑门、输入/输出端口等。

(2) 用鼠标点击图 2.8 中 Libraries 中单元库前面的箭头展开符号，直到所有库中图元以列表的方式显示出来，选择所需要的图元或符号，该符号将显示在图 2.8 右边；点击 OK 按钮，所选择符号将显示在图 2.7 的图形编辑区，在合适的位置点击鼠标左键放置符号。重复上述两步，即可连续选取库中符号。

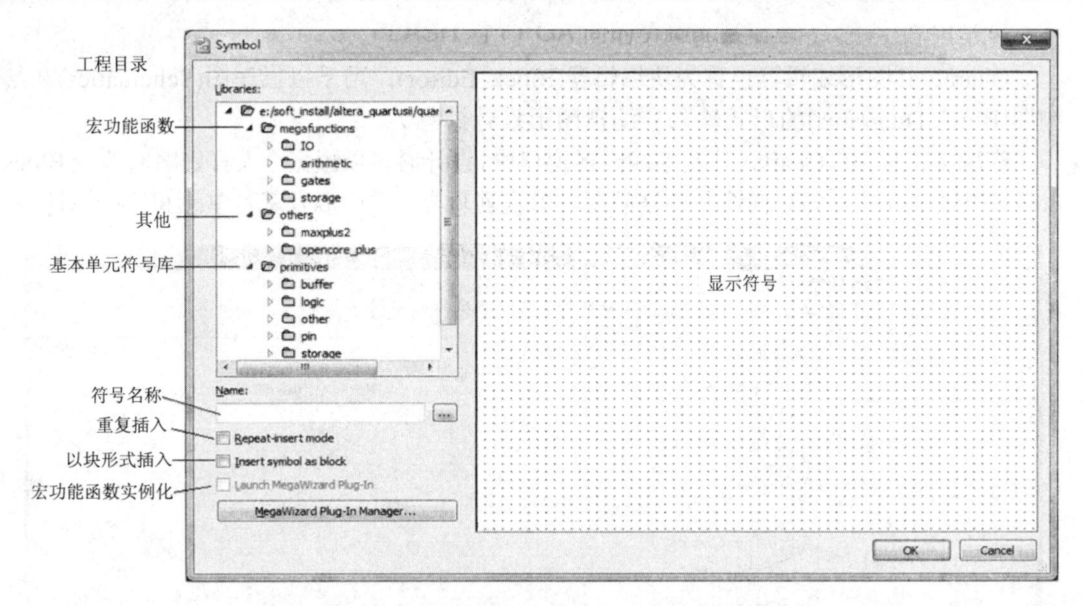

图 2.8　Symbol 对话框

如果要重复选择某一个符号，可以在图 2.8 中选中重复插入(Repeat-Insert mode)复选框，选择一个符号以后，可以在图形编辑区重复放置多个，完成后，点击选择工具(图 2.7 中的鼠标箭头图标)或按键盘上的 Esc 键，即取消放置符号，如图 2.9 所示。

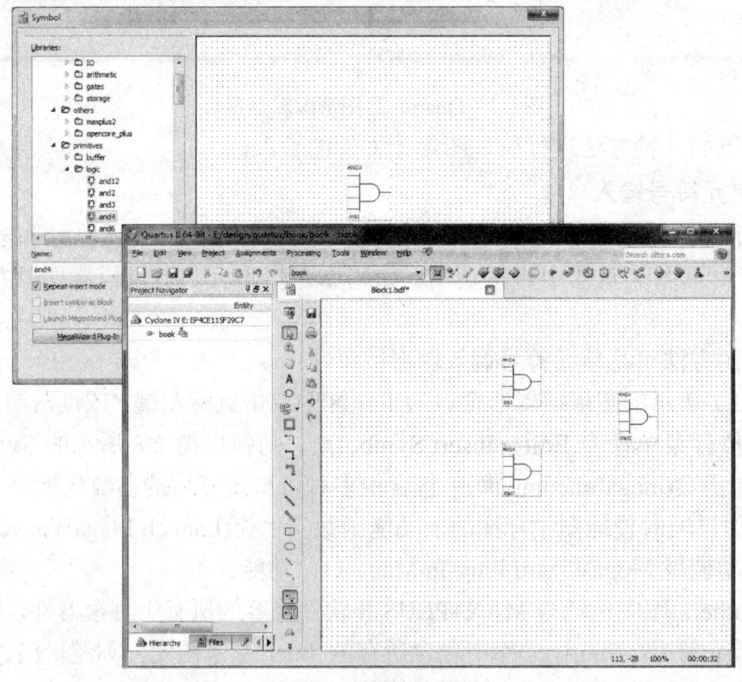

图 2.9　重复输入符号

(3) 要输入 74 系列器件的符号，方法与(2)相似。选择其他(others)库，点开 maxplus2 列表，从其中选择所要调入的 74 系列符号，如图 2.10 所示。

当选择其他库或宏功能函数库中的符号时，图 2.8 的以块形式插入(Insert symbol as block)复选框有效。如果选中该复选框，则插入的符号以图形块的形状显示，如图 2.10 所示。

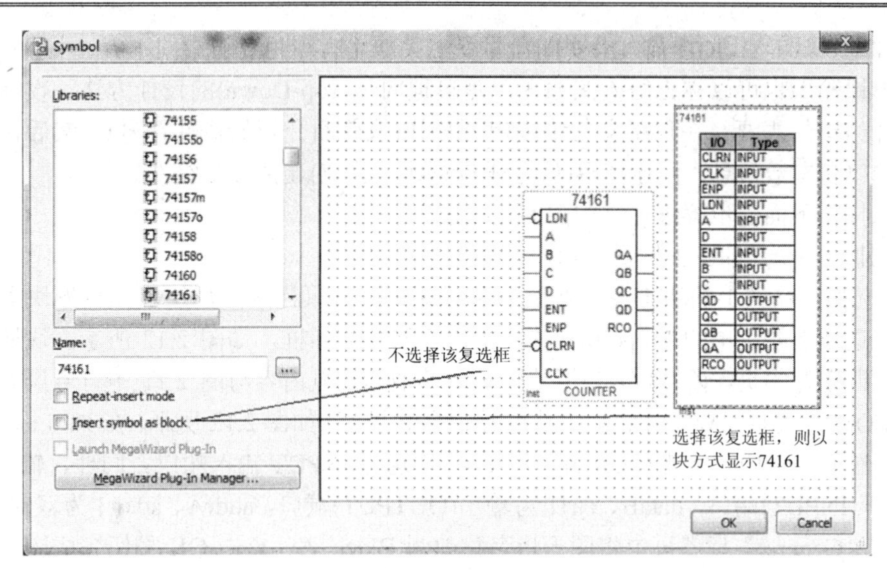

图 2.10　Insert symbol as block 复选框

(4) 如果知道图形符号的名称，在图 2.8 中可以直接在符号名称(Name)栏中输入要调入的符号名称，Symbol 对话框将自动打开输入符号名称所在的库列表。如直接输入 74161，则 Symbol 对话框将自动定位到 74161 所在库中的列表，如图 2.10 所示。

(5) 图形编辑器中放置的符号都有一个实例名称(如 inst1，可以简单理解为一个符号的多个拷贝项的名称)，符号的属性可以由设计者修改。在需要修改属性的符号上点击鼠标右键，在弹出的下拉菜单中选择 Properties 项，则弹出符号属性对话框，如图 2.11 所示。在“General”标签页可以修改符号的实例名；在“Ports”标签页可以对端口状态进行修改；在“Parameters”标签页可以对参数化模块的参数进行设置；在“Format”标签页可以修改符号的显示颜色等。通常不需要修改这些属性，使用默认设置即可。

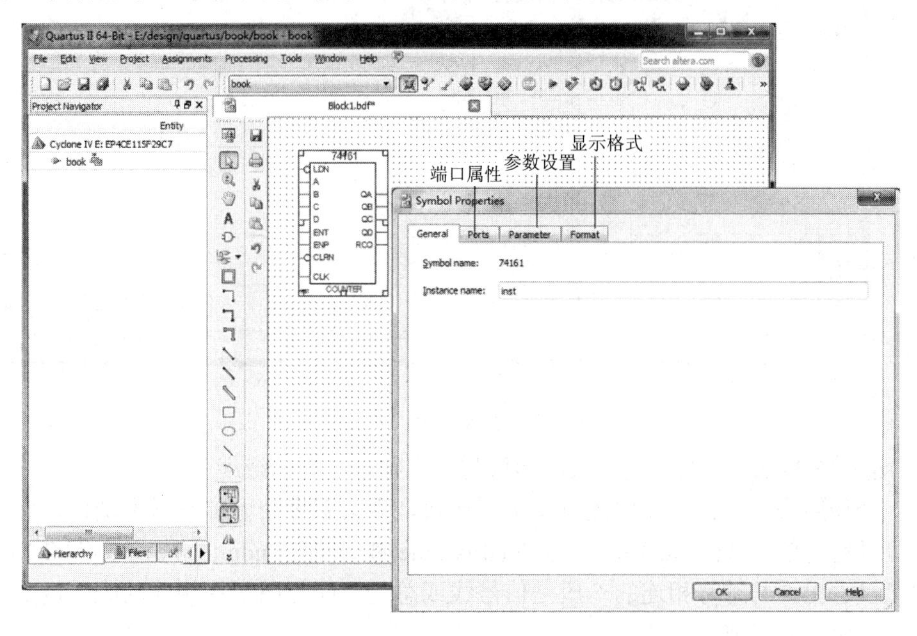

图 2.11　符号属性对话框

2．图形块输入(Block Diagram)

图形块输入也可以称为结构图输入，是自顶向下(Top-Down)的设计方法。设计者首先根据设计结构的需要，在顶层文件中画出图形块(或前面介绍的器件符号)，然后在图形块上输入端口和参数信息，用连接器(信号线或总线、管道)连接各个组件。

可以按照下面的步骤进行结构图的输入：

(1) 建立一个新的图形编辑窗口。

(2) 选择工具条上的块工具，在图形编辑区中拖动鼠标画图形块，在图形块上点击鼠标右键，选择下拉菜单的 Properties 项，弹出块属性对话框，如图 2.12 所示。块属性对话框中也有四个标签页，除“I/Os”标签页外，其他标签页内容与图 2.11 中符号属性对话框相同。“I/Os”标签页需要设计者输入块的端口名和类型。如图 2.12 所示，在 I/Os 标签 Name 列的第一行双击 NEW 并键入 dataA，在 Type 列选择 INPUT 输入端口。同理，输入 reset、clk 为输入(INPUT)端口，dataB、ctrl1 为输出(OUTPUT)端口，addrA、addrB 为双向(BIDIR)端口。在“General”标签页中将图形块名称改为 Block_A。点击 OK 按钮完成图形块属性设置。

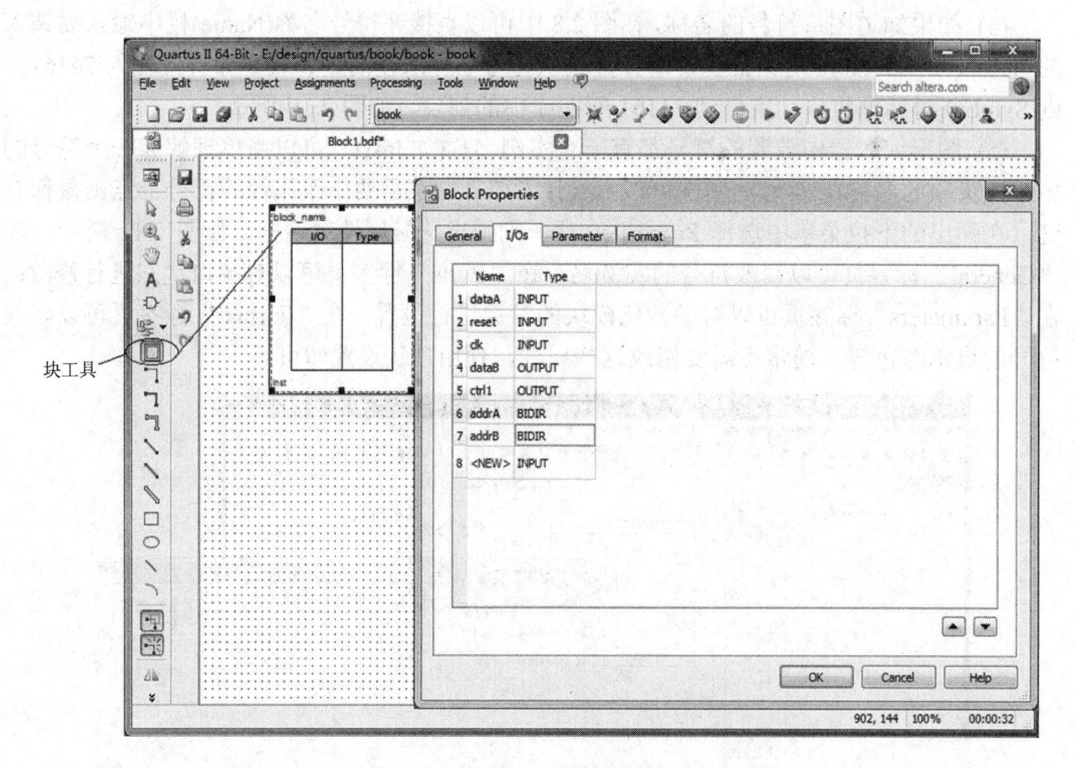

图 2.12　输入图形块和端口

(3) 建立图形块之间的连线，或图形块与标准符号之间的连线。

在一个顶层设计文件中，可能有多个图形块，也会有多个标准符号和端口，它们之间的连接可以通过信号线(Node Line)、总线(Bus Line)或管道(Conduit Line)，如图 2.13 所示。从图中可以看出，与符号相连的一般是信号线或总线，而与图形块相连的既可以是信号线或总线，也可以是管道。

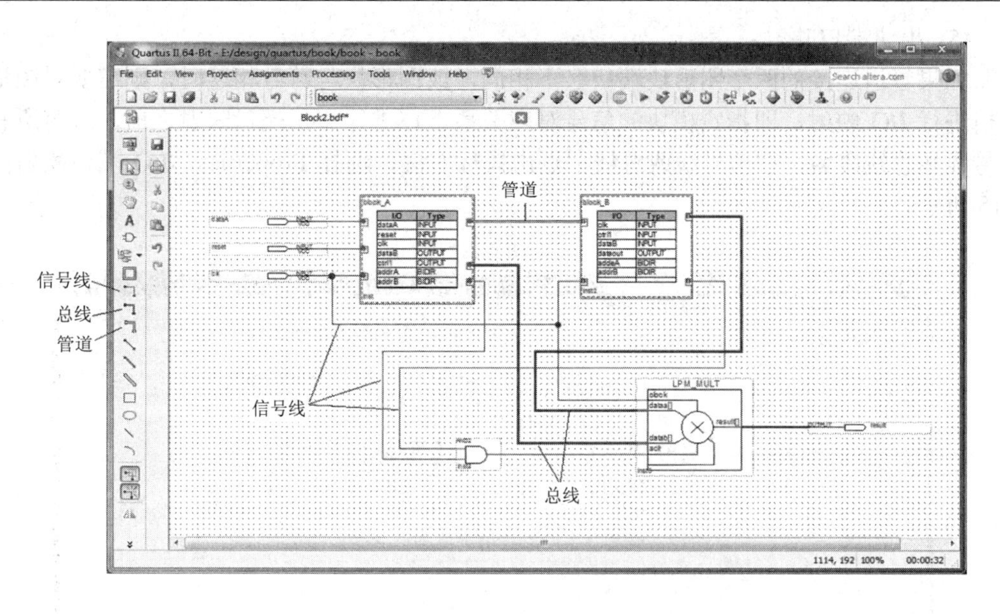

图 2.13　图形块以及符号之间的连线

(4) “智能”模块连接。

在用管道连接两个图形块时，如果两边端口名字相同，则不用在管道上加标注；另外，一个管道可以连接模块之间所有的普通 I/O 端口。在两个图形块之间连接的管道上点击鼠标右键，选择管道属性(Conduit Properties)，在管道属性对话框中可以看到两个块之间相互连接的信号对应关系，如图 2.14 所示。

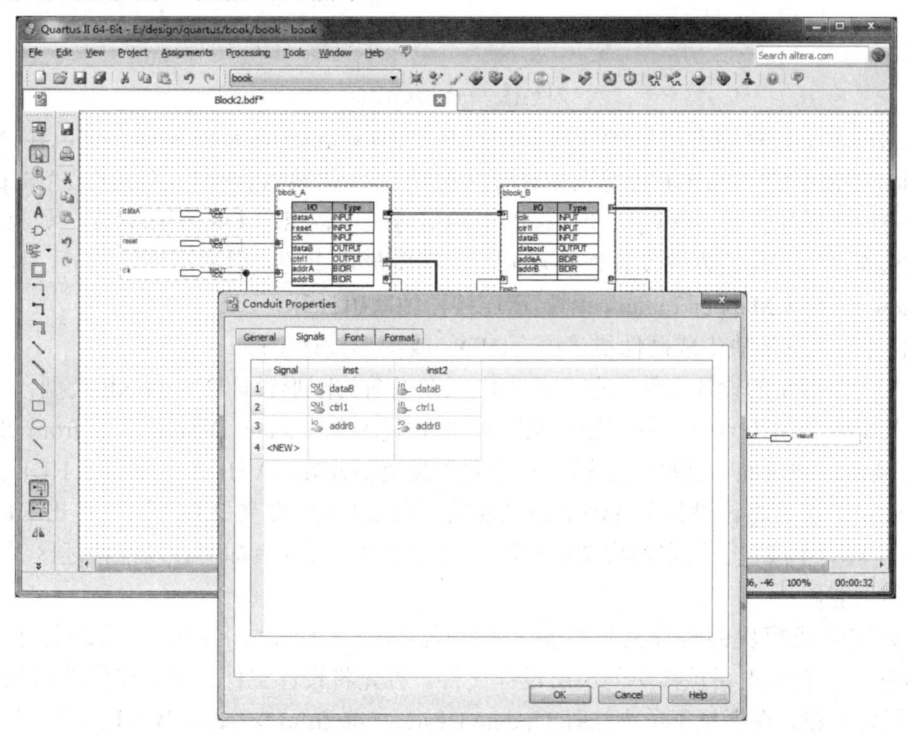

图 2.14　管道属性对话框

(5) 模块端口映射。

如果管道连接的两个图形块端口名不相同，或图形块与符号相连时，则需要对图形块端口进行 I/O 映射，即指定模块的信号对应关系。在进行 I/O 端口映射之前，应对所有的信号线和总线命名。在信号线或总线上点击鼠标右键，选择 Properties，I/O 端口映射如图 2.15 所示。

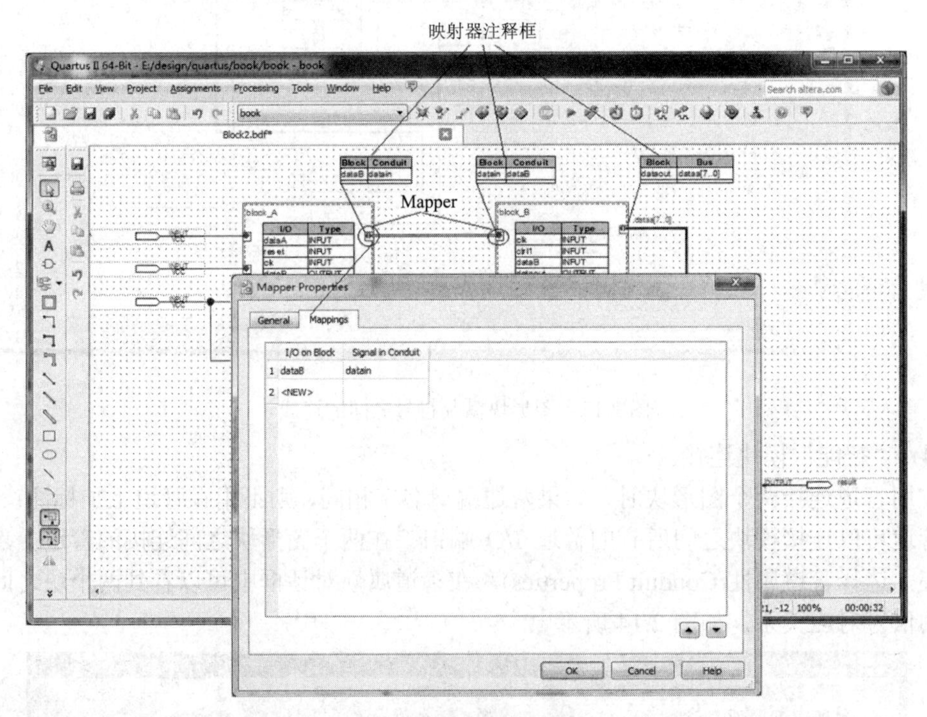

图 2.15　I/O 端口映射

在图形块上选择需要映射的连接器端点映射器(Mapper)，双击鼠标左键，在 Mapper Properties 对话框的“General”标签页中选择映射端口类型(输入、输出或双向)；在“Mappings”标签页中设置模块上的 I/O 端口和连接器上的信号映射，点击 OK 按钮完成。如果是两个图形块相连，用同样的方法设置连接管道另一端图形块上的映射器属性。另外，执行菜单命令 View→Show Mapper Tables，则显示连接器的映射注释框。

(6) 为每个图形块生成硬件描述语言(HDL)或图形设计文件。

在生成图形块的设计文件之前，首先应保存当前的图形设计文件为.bdf 类型。

在某个图形块上点击鼠标右键，从下拉菜单中选择 Create Design File from Selected Block…项，从弹出的对话框中选择生成的文件类型(AHDL、VHDL、Verilog HDL 或原理图)，并确定是否要将该设计文件添加到当前的工程文件中，如图 2.16 所示。点击 OK 按钮，Quartus II 自动生成包含指定模块端口声明的设计文件，设计者即可在功能描述区设计该模块的具体功能。

如果在生成模块的设计文件以后，对顶层图形块的端口名或端口数进行了修改，Quartus II 可以自动更新该模块的底层设计文件。首先将设计文件关闭，在修改后的图形块上点击鼠标右键，在下拉菜单中选择 Update Design File from Selected Block…项，在弹出的对话框中选择“是(Y)”按钮，Quartus II 即可对生成的底层文件端口自动更新。

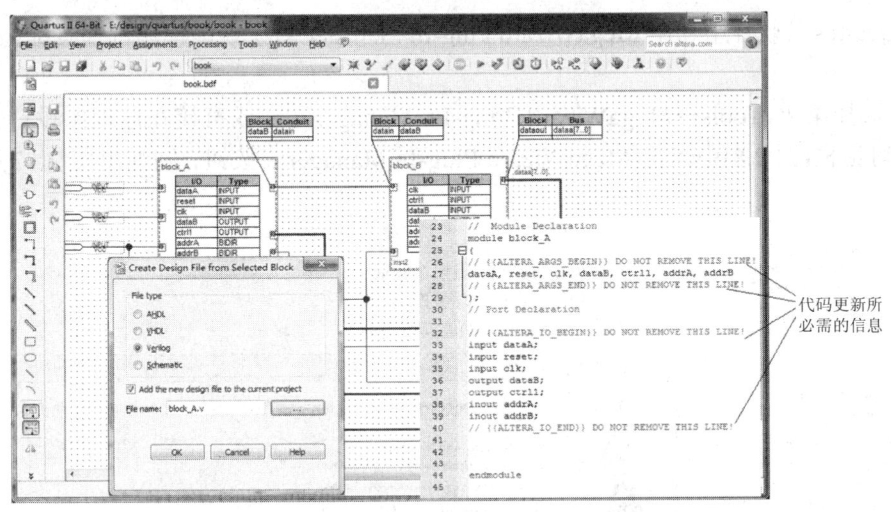

图 2.16　生成图形块设计文件

3. 使用 MegaWizard Plug-In Manager 进行宏功能模块的实例化

MegaWizard Plug-In Manager 可以帮助设计者建立或修改自定义宏功能模块变量的设计文件，然后可以在自己的设计中对这些模块进行实例化。这些自定义的宏功能模块变量基于 Intel 提供的宏功能模块，包括 LPM(Library Parameterized Megafunction)、MegaCore(例如 FFT、FIR 等)和 AMPP(Altera Megafunction Partners Program，例如 PCI、DDS 等)。MegaWizard Plug-In Manager 运行一个向导，帮助设计者轻松地指定自定义宏功能模块变量选项，如模块变量参数和可选端口设置数值。

选择菜单 Tools→MegaWizard Plug-In Manager…，或直接在原理图设计文件的 Symbol 对话框(图 2.8)中点击 MegaWizard Plug-In Manager…按钮都可以在 Quartus II 软件中打开 MegaWizard Plug-In Manager 向导，也可以直接在命令提示符下键入 qmegawiz 命令，实现在 Quartus II 软件之外使用 MegaWizard Plug-In Manager。表 2.1 列出了 MegaWizard Plug-In Manager 生成自定义宏功能模块变量同时产生的文件。

表 2.1　MegaWizard Plug-In Manager 生成的文件

文件名	描　述
<输出文件>.bsf	图形编辑器中使用的宏功能模块符号
<输出文件>.cmp	VHDL 组件声明文件(可选)
<输出文件>.inc	AHDL 包含文件(可选)
<输出文件>.tdf	AHDL 实例化的宏功能模块包装文件
<输出文件>.vhd	VHDL 实例化的宏功能模块包装文件
<输出文件>.v	Verilog HDL 实例化的宏功能模块包装文件
<输出文件>_bb.v	Verilog HDL 实例化宏功能模块包装文件中端口声明部分(称为 Hollow body 或 Black box)，用于在使用 EDA 综合工具时指定端口方向
<输出文件>_inst.tdf	宏功能模块包装文件中子设计的 AHDL 实例化示例(可选)
<输出文件>_inst.vhd	宏功能模块包装文件中实体的 VHDL 实例化示例(可选)
<输出文件>_inst.v	宏功能模块包装文件中模块的 Verilog HDL 实例化示例(可选)

在 Quartus II 软件中使用 MegaWizard Plug-In Manager 对宏功能模块进行实例化，步骤如下：

(1) 选择菜单 Tools→MegaWizard Plug-In Manager…，或直接在原理图设计文件的 Symbol 对话框(图 2.8)中点击 MegaWizard Plug-In Manager…按钮，则弹出图 2.17 所示对话框。

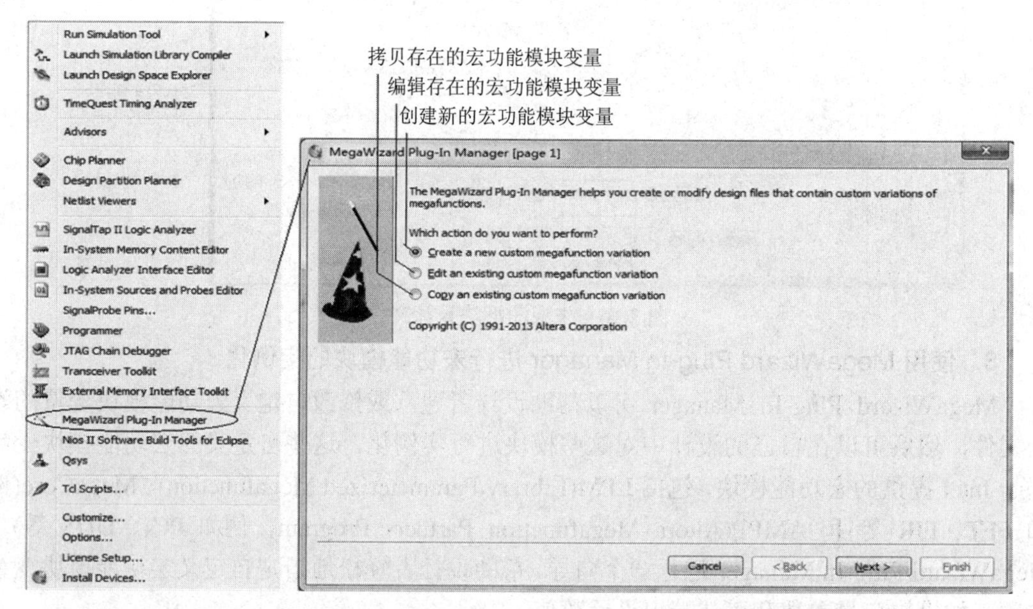

图 2.17　MegaWizard Plug-In Manager 向导对话框首页

(2) 选择创建新的宏功能模块变量选项，点击 Next 按钮，则弹出图 2.18 所示对话框。在宏功能模块库中选择要创建的功能模块，选择输出文件类型，键入输出文件名。

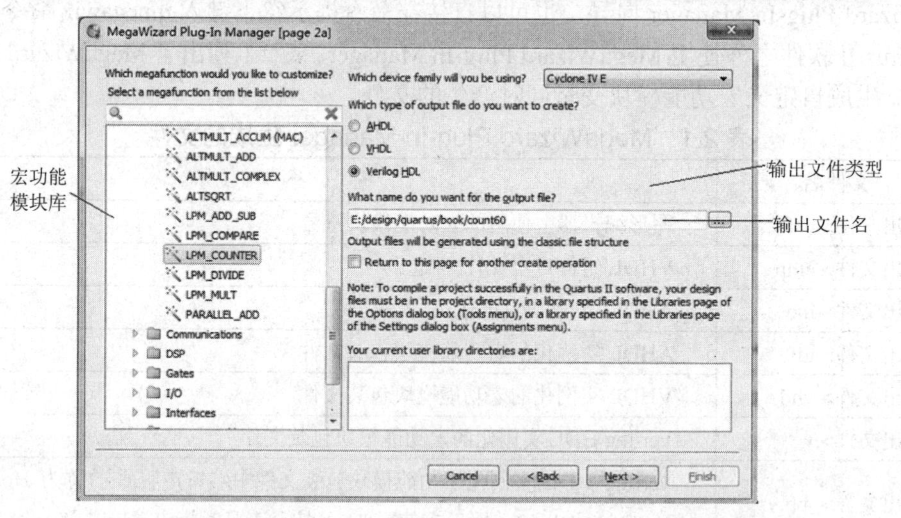

图 2.18　MegaWizard Plug-In Manager 向导对话框宏功能模块选择页面

(3) 点击 Next，根据需要，依次设置宏功能模块的参数，如输出位数、计数器模值、计数方向、使能输入端、进位输出端以及预置输入等选项，最后点击 Finish 按钮完成宏功能模块的实例化。

进入宏功能模块的参数设置对话框，随时可以点击对话框中的 Documentation…按钮查看所建立的宏功能模块的帮助内容，并可以随时点击 Finish 按钮完成宏功能模块的实例化，此时后面的参数选择默认设置。

(4) 在图形编辑器窗口中调用创建的宏功能模块变量。

除了按照上面的方法直接调用 MegaWizard Plug-In Manager 向导外，还可以直接在图形编辑器中的 Symbol 对话框(图 2.8)中选择宏功能函数(Megafunctions)库，直接设置宏功能模块的参数，实现宏功能模块的实例化，如图 2.19 所示。点击 OK 按钮，在图形编辑器中调入所选宏功能模块，如图 2.20 所示，模块的右上角是参数设置框(在 View 菜单中选择 Show Parameter Assignments)，在参数设置框上双击鼠标左键，弹出模块属性对话框。在宏功能模块属性对话框中，我们可以直接设置端口和参数。

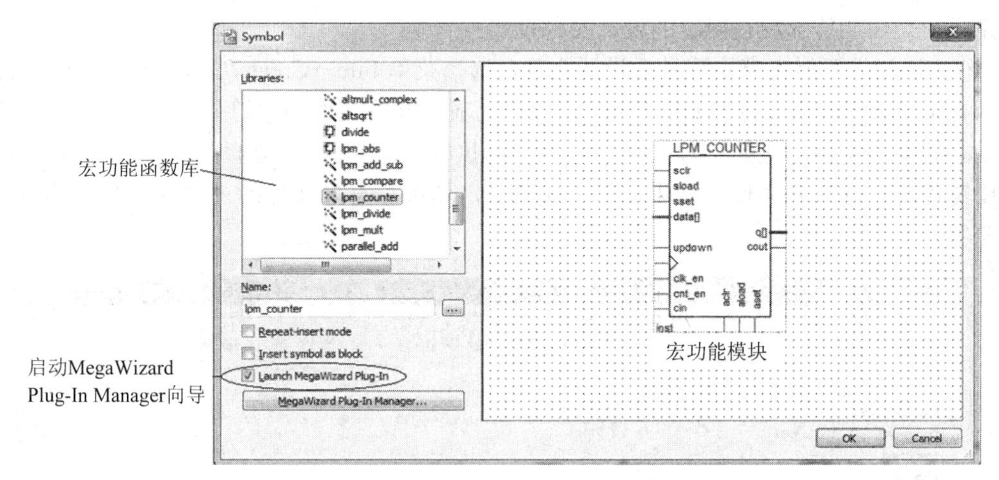

图 2.19　选择宏功能函数库

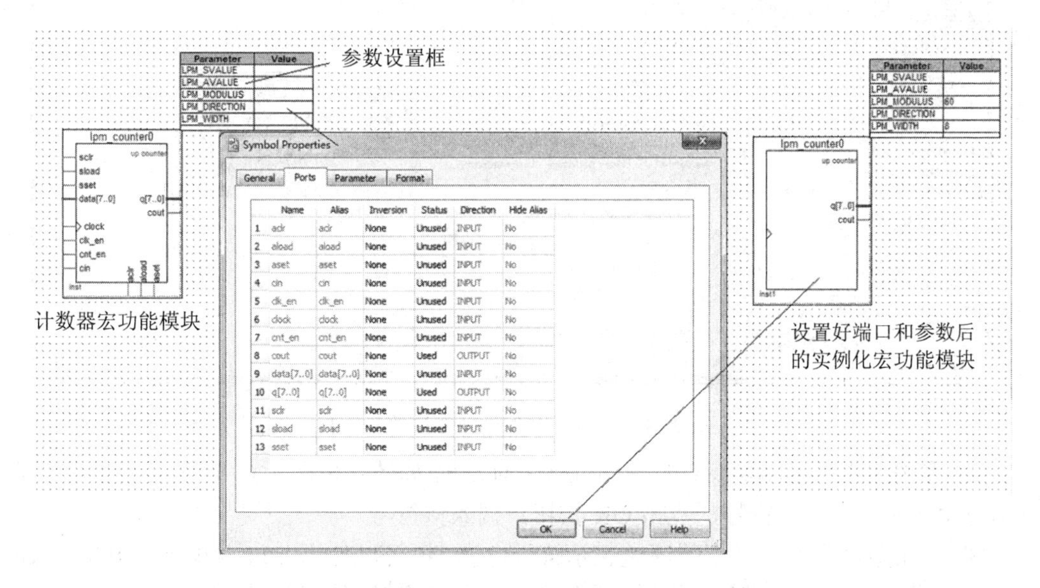

图 2.20　宏功能模块及其参数设置属性对话框

在图 2.20 的模块属性对话框中，可以直接在“Ports”标签页中设置端口的状态(Unused

或 Used)，设置为 Unused 的端口将不再显示；在“Parameter”标签页中可指定参数，如计数器模值、I/O 位数等，设置的参数将在参数设置框中显示出来。

Quartus Ⅱ软件在逻辑综合过程中，将以下逻辑映射到宏功能模块：① 计数器；② 加法器/减法器；③ 乘法器；④ 乘法累加器和乘加器；⑤ RAM；⑥ 移位寄存器。

4．从设计文件创建模块符号(Symbol)

前面我们讲过从图形块生成底层的设计文件，在层次化工程设计中，也经常需要将已经设计好的工程文件生成一个模块符号文件(Block Symbol Files，扩展名为 .bsf)，作为自己的功能模块符号在顶层调用，该符号就像在一个图形设计文件中的任何其他宏功能符号一样可被顶层设计重复调用。

在 Quartus Ⅱ中可以通过下面的步骤完成从设计文件到顶层模块符号的建立(这里假设已完成一个功能仿真没有问题的设计文件)：

(1) 打开需要创建模块符号的设计文件，选择菜单 File→Create/Update→Create Symbol Files from Current File，点击 OK 按钮，即可为当前打开的文件创建符号文件(.bsf)，如图 2.21 所示。如果该文件对应的符号文件已经存在，执行该操作时会弹出一个提示信息，询问是否要覆盖现存的符号文件。如果选择“是(Y)”，则现存符号文件的内容就会被新的符号文件覆盖。

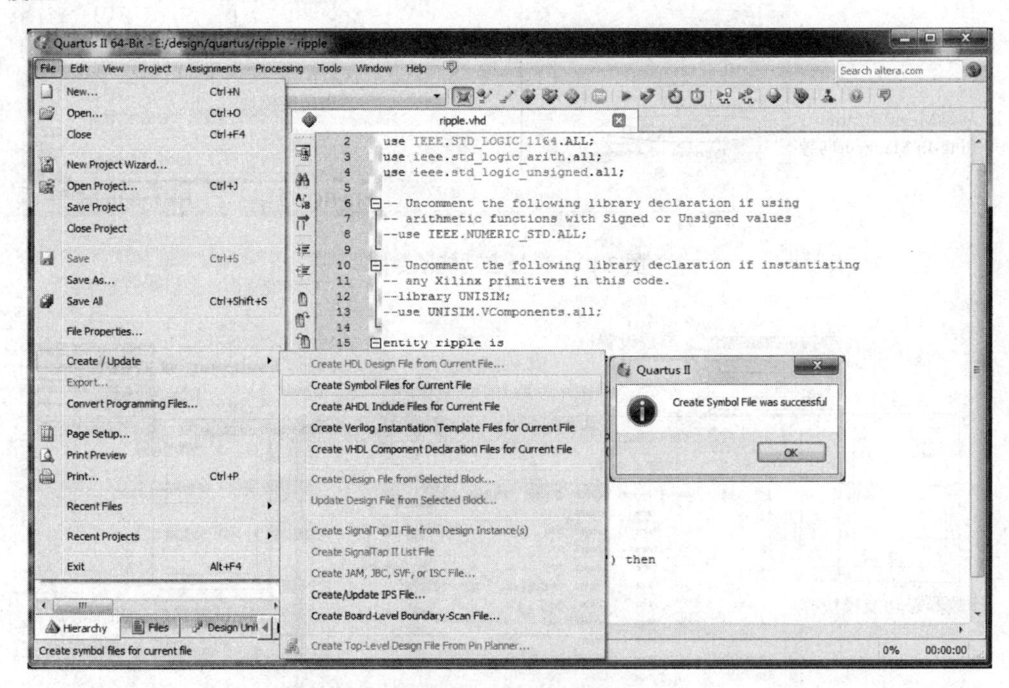

图 2.21　从现行文件创建模块符号文件

(2) 在顶层图形编辑器窗口打开 Symbol 对话框(如图 2.8 所示)，在工程目录库中即可找到与设计文件同名的符号，点击 OK 按钮，调入该符号。

(3) 如果所产生的符号不能清楚表示符号内容，还可以使用 Edit 菜单下的 Edit Selected Symbol 命令对符号进行编辑，或在该符号上点击鼠标右键，选择 Edit Selected Symbol 命令，进入符号编辑界面，如图 2.22 所示。

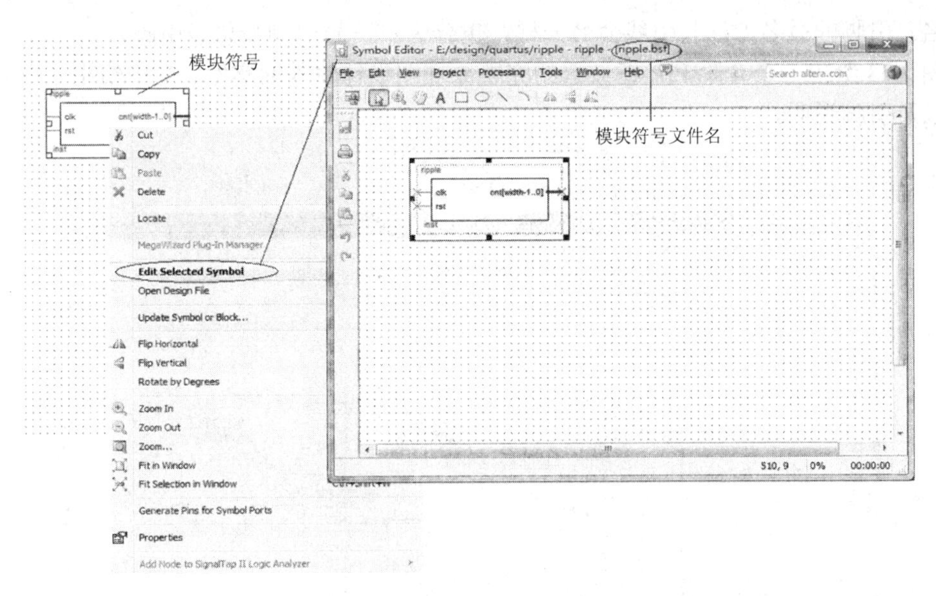

图 2.22　编辑模块符号

5．建立完整的原理图设计文件(连线、加入输入/输出端口)

要建立一个完整的原理图设计文件，调入所需要的逻辑符号以后，还需要根据设计要求进行符号之间的连线，以及根据信号输入/输出类型放置输入、输出或双向引脚。

1) 连线

符号之间的连线包括信号线(Node Line)和总线(Bus Line)。如果需要连接两个端口，则将鼠标移动到其中一个端口上，这时鼠标指示符自动变为“十”形状，一直按住鼠标的左键并拖动鼠标到达第二个端口，放开左键，即可在两个端口之间画出一条连接线。Quartus II 软件会自动根据端口是单信号端口还是总线端口画出信号线或总线。在连线过程中，当需要在某个地方拐一个弯时，只需要在该处放开鼠标左键，然后继续按下左键拖动即可。

2) 放置引脚

引脚包括输入(Input)、输出(Output)和双向(Bidir)三种类型，放置方法与放置符号的方法相同，即在图形编辑窗口的空白处双击鼠标左键，在 Symbol 对话框的符号名框中键入引脚名，或在基本符号(primitive)库的引脚(pin)库中选择，点击 OK 按钮，对应的引脚就会显示在图形编辑窗口中。

要重复放置同一个符号，可以在 Symbol 对话框中选中重复插入复选框，也可以将鼠标放在要重复放置的符号上，同时按下键盘上的 Ctrl 键和鼠标左键，此时鼠标右下脚会出现一个加号，拖曳鼠标到指定位置，松开鼠标左键，这样就可以复制拖动的元件符号。

3) 为引线和引脚命名

引线的命名输入方法是：在需要命名的引线上点击鼠标左键，此时引线处于被选中状态，同时引线上方将出现闪烁的光标，然后输入引线的名字。对于单个信号线，可用字母、字母组合或字母与数字组合的形式命名，如 A0、A1、clk 等；对于 n 位总线，可以采用 A[n−1..0] 的形式命名，其中 A 表示总线名，可以用字母或字母组合的形式表示。

引脚的命名输入方法是：在放置的引脚 pin_name 处双击鼠标左键，然后输入该引脚的名字；或在需命名的引脚上双击鼠标左键，在弹出的引脚属性对话框的引脚名栏中输入该引脚名。引脚的命名方法与引线命名一样，也分为单信号引脚和总线引脚。

图 2.23 给出一个 4 阶 FIR 滤波器的完整原理图设计输入的实例，图中给出了符号、连接线以及引脚说明。

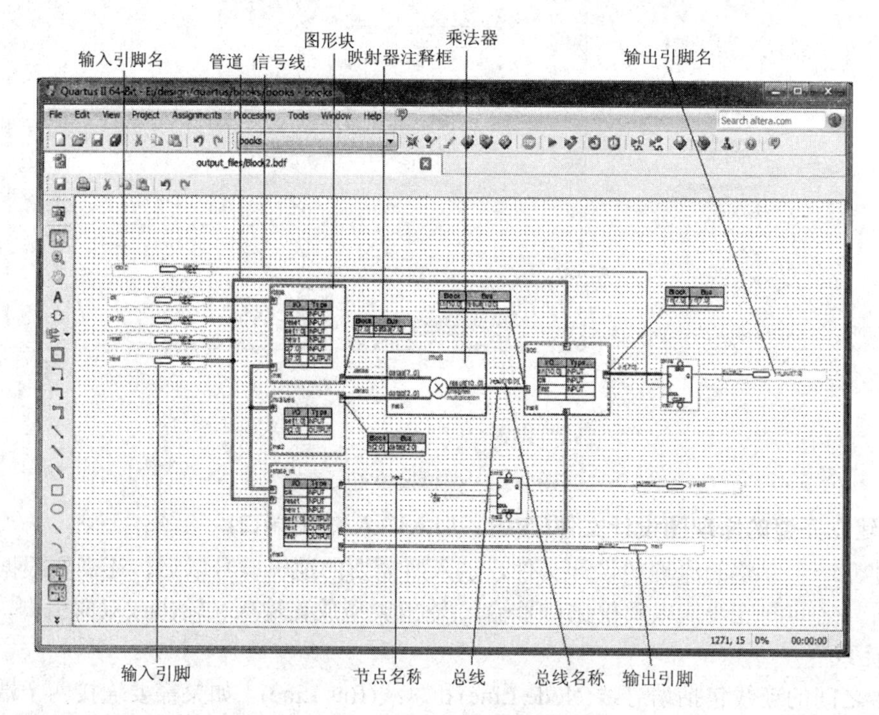

图 2.23　FIR 滤波器原理图示例

6．图形编辑器选项设置

选择菜单 Tools→Options…，则弹出 Quartus Ⅱ软件的各种编辑器的设置选项对话框，如图 2.24 所示。从 Category 栏中选择 Block/Symbol Editor，可以根据需要设置图形编辑窗口的选项，如背景颜色、符号颜色、各种文字的字体以及网格控制等。

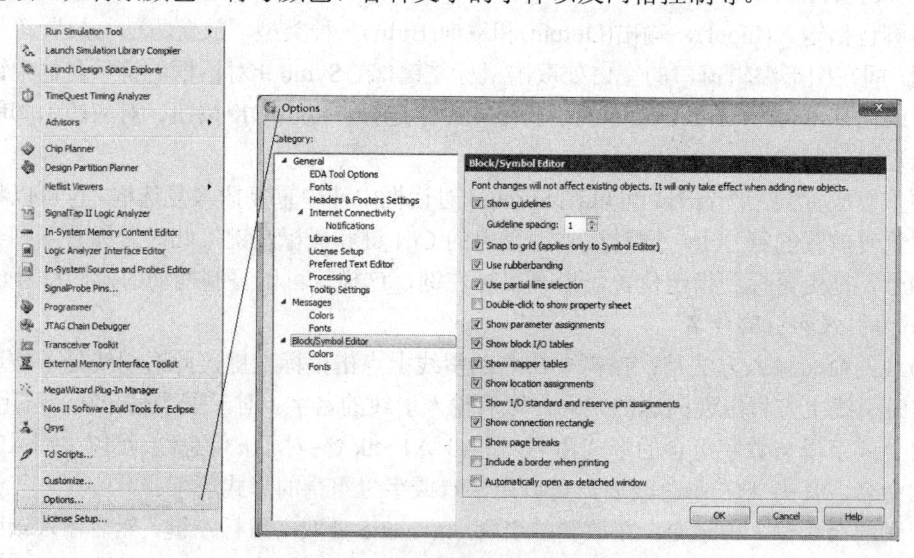

图 2.24　图形编辑器选项设置

7. 保存设计文件

设计完成后，需要保存设计文件或重新命名设计文件，选择 File 菜单中的 Save As...项，出现图 2.25 所示的对话框。选择文件保存的目录，并在文件名栏内输入设计文件名，如需要将设计文件添加到当前工程中，则勾选对话框下面的 Add file to current project 复选框，点击“保存”按钮即可将文件保存到指定目录中。

图 2.25　Save As 对话框

2.2.3　建立文本编辑文件

Quartus II 的文本编辑器是一个非常灵活的编辑工具，用于以 VHDL 和 Verilog HDL、AHDL(Altera Hardware Description Language)语言形式以及 TCL 脚本语言输入文本型设计，还可以在该文本编辑器下输入、编辑和查看其他 ASCII 文本文件。这里我们主要介绍硬件描述语言(HDL)形式的文本输入方法。

1. 打开文本编辑器

在 Quartus II 环境下，打开或创建一个新的设计工程以后，选择 File→New...菜单，在弹出的新建设计文件选择对话框(图 2.6)中，选择“Design Files”项下的 VHDL File，或 Verilog HDL File，或 AHDL File，点击 OK 按钮，将打开一个文本编辑器窗口。在新建的文本编辑器默认的标题名称上，我们可以区分所建立的文本文件是 VHDL 形式，还是 Verilog HDL 或 AHDL 形式。如果选择的是 VHDL File，则标题名称为 Vhdl1.vhd；如果选择的是 Verilog HDL File，则标题名称为 Verilog1.v；如果选择的是 AHDL File，则标题名称为 Ahdl1.tdf，如图 2.26 所示。图中也标明了各个快捷按钮的功能，在 Edit 菜单下有同样功能的菜单命令。

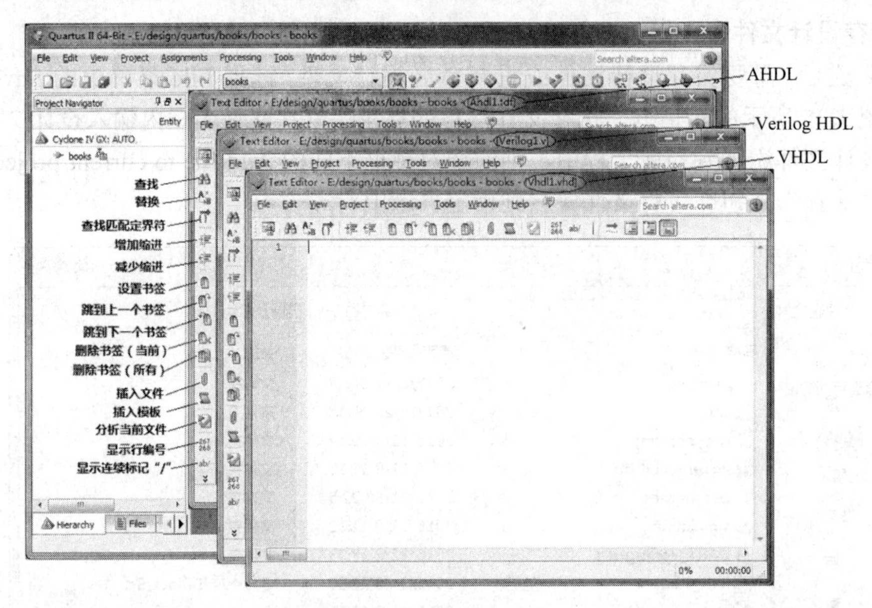

图 2.26　文本编辑窗口

2. 编辑文本文件

当我们对文本文件进行编辑时，文本编辑器窗口的标题名称后面将出现一个星号(*)，表明正在对当前文本进行编辑操作，存盘后星号消失。

在文本编辑中，可以直接利用 Quartus II 软件提供的模板进行语法结构的输入，方法如下：

(1) 将鼠标放在要插入模板的文本行。

(2) 在当前位置点击鼠标右键，在下拉菜单中选择 Insert Template…项，或点击图 2.26 中的插入模板快捷按钮，则弹出图 2.27 所示的插入模板对话框。

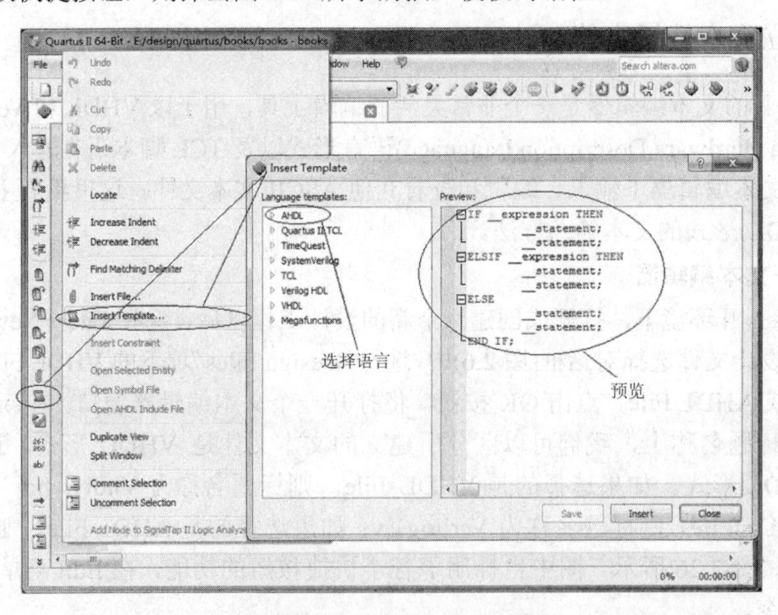

图 2.27　在文本编辑器中插入模板

Quartus II 软件会根据所建立的文本类型(VHDL、Verilog HDL 或 AHDL)，在插入模板对话框中自动选择对应的语言模板。

(3) 在插入模板对话框的 Template Section 栏中选择要插入的语法结构，点击 OK 按钮确定。

(4) 编辑插入的文本结构。

3. 文本编辑器选项设置

选择菜单 Tools→Options…，则弹出 Quartus II 软件的文本编辑器的设置选项对话框(在不同的编辑器中打开 Options 目录会有所不同)。在文本编辑器中可选择 Category 栏中的 Text Editor，则可以根据需要设置文本编辑窗口的选项，如文本颜色、字体等。

4. 保存文本设计文件

文本设计文件输入完成后，需要保存文本文件或重新命名所编辑的文本文件，选择菜单 File→Save As…，出现图 2.25 所示的对话框(注意扩展名和原理图文件不同)，VHDL 文件的扩展名为 .vhd，AHDL 文件的扩展名为 .tdf，Verilog HDL 文件的扩展名为 .v。选择文件保存的目录，并在文件名栏内输入设计文件名，如需要将设计文件添加到当前工程中，则勾选对话框下面的 Add file to current project 复选框，点击“保存”按钮即可将文件保存到指定目录中。

2.2.4　建立存储器编辑文件

当在设计中使用了 FPGA 器件内部的存储器模块(作为 RAM、ROM 或双口 RAM 等)时，有时需要对存储器模块的存储内容进行初始化。在 Quartus II 软件中，可以直接利用存储器编辑器(Memory Editor)建立或编辑 Intel Hex 格式(.hex)或 Intel FPGA 存储器初始化格式(.mif)文件。

1. 创建存储器初始化文件

(1) 选择菜单 File→New…，在新建对话框中选择 Memory Files 标签页，从中选择 Memory Initialization File(MIF)文件格式或 Hexadecimal (Intel-Format) File 文件格式，点击 OK 按钮；在弹出的对话框中输入字数(Number of words)和字长(Word size)，点击 OK 按钮，如图 2.28 所示。

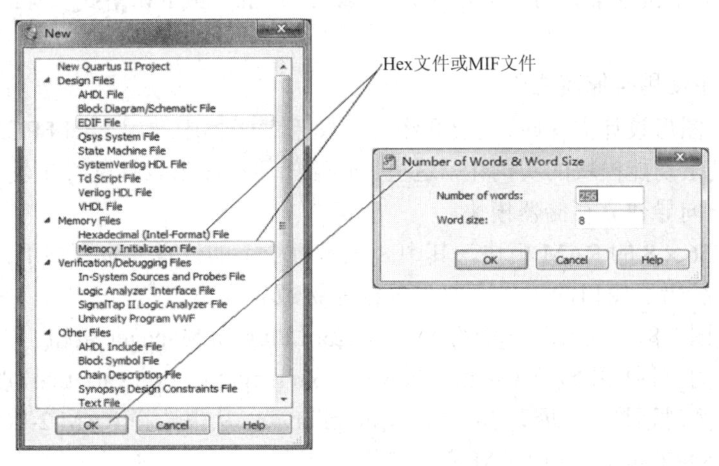

图 2.28　建立存储器初始化文件

(2) 打开的存储器编辑窗口如图 2.29 所示。在该窗口中可以改变编辑器选项。

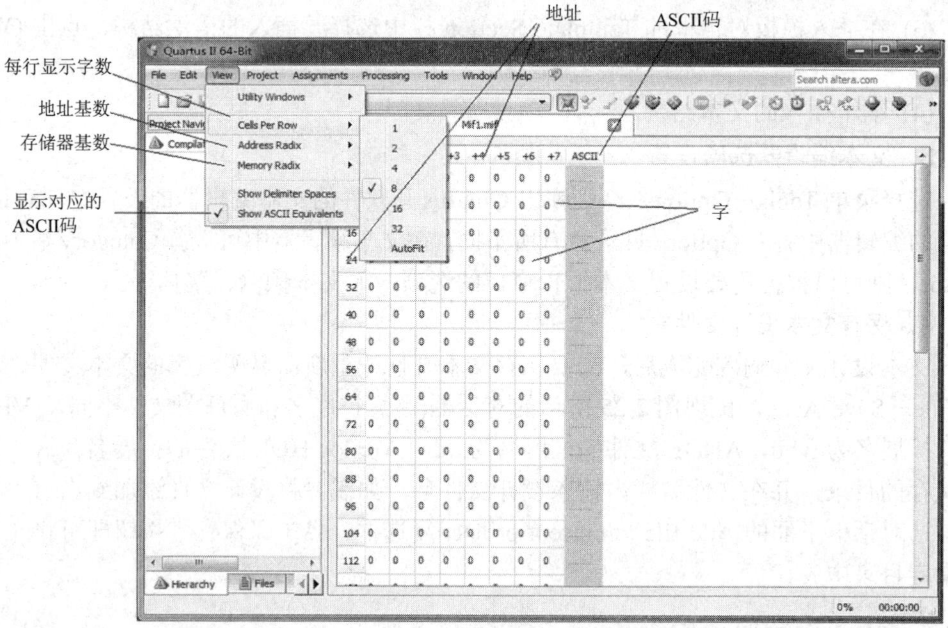

图 2.29　存储器编辑窗口

在 Quartus Ⅱ的 View 菜单中，选择 Cells Per Row 中的选项(如 8)，可以改变存储器编辑窗口中每行显示的单元(字)数；选择 Address Radix 中的选项，包括 Binary(二进制)、Hexadecimal(十六进制)、Octal(八进制)、Decimal(十进制)四种选择，可以改变存储器编辑窗口中地址的显示格式；选择 Memory Radix 中的选项，包括 Binary、Hexadecimal、Octal、Signed Decimal(有符号十进制)、Unsigned Decimal(无符号十进制)五种选择，可以改变存储器编辑窗口中字的显示格式。

(3) 编辑存储器内容。在存储器编辑窗口中选择需要编辑的字，输入内容；或在选择的字上点击鼠标右键，在下拉菜单中选择 Value 中的一项。

(4) 保存文件。执行菜单命令 File→Save As...，以.hex 或.mif 格式保存编辑好的存储器文件。

2．在设计中使用存储器文件

在前面建立图形设计文件时，主要介绍了在图形编辑器中调用 Intel FPGA 标准库符号、图形块设计以及宏功能模块的实例化，这里，介绍如何在图形设计文件中使用 MegaWizard Plug-In Manager 向导建立存储器模块。

建立一个 256 × 8 的 RAM 模块，其中 8 表示每个字的位宽，步骤如下：

(1) 在图形编辑器窗口的工作区双击鼠标左键或者点击“符号工具”按钮，在弹出的 Symbol 对话框(图 2.8)中点击左下角的 MegaWizard Plug-In Manager 按钮。

(2) 在弹出的对话框中选择 Create a new custom megafunction variation，点击 Next 按钮。

(3) 在下一个对话框中，展开 Memory Compiler 类，从中选择 RAM:2-PORT，如图 2.30 所示；RAM:2-PORT 是双端口 RAM 宏功能模块。

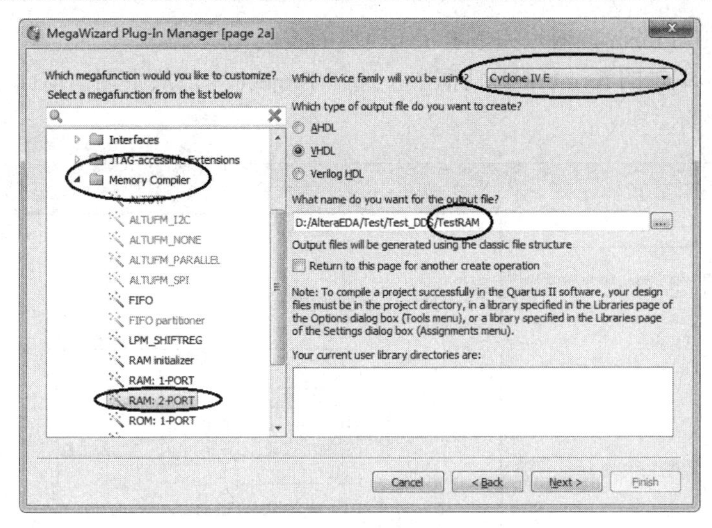

图 2.30　创建 RAM 宏功能模块

(4) 在图 2.30 中，点击右上角器件系列选择下拉框，从中选取项目所用的器件系列(如选择 Cyclone Ⅳ系列)；选择参数化模块输出文件的类型(如选择 VHDL)；在“What name do you want for the output file?”栏中键入输出模块的名字；最后点击 Next 按钮。

(5) 在下一个对话框中选择“With one read port and one write port”项，在存储容量中选择“As a number of words”项，点击 Next 按钮。

(6) 选择存储器字数，这里选择 256；字的宽度选择 8 位，点击 Next 按钮。

(7) 在时钟使用方法中选择单时钟“Single clock”项，点击 Next 按钮。

(8) 在 MegaWizard Plug-In Manager 第 5～9 个页面中使用默认设置，连续点击 Next 按钮；在第 10 个页面中，在是否指定存储器初始内容栏中选择“Yes, use this file for the memory content data”，并点击“File name”栏上方的 Browse 按钮，将前面建立的 .mif 或 .hex 文件作为存储器内容的初始化文件，如图 2.31 所示。

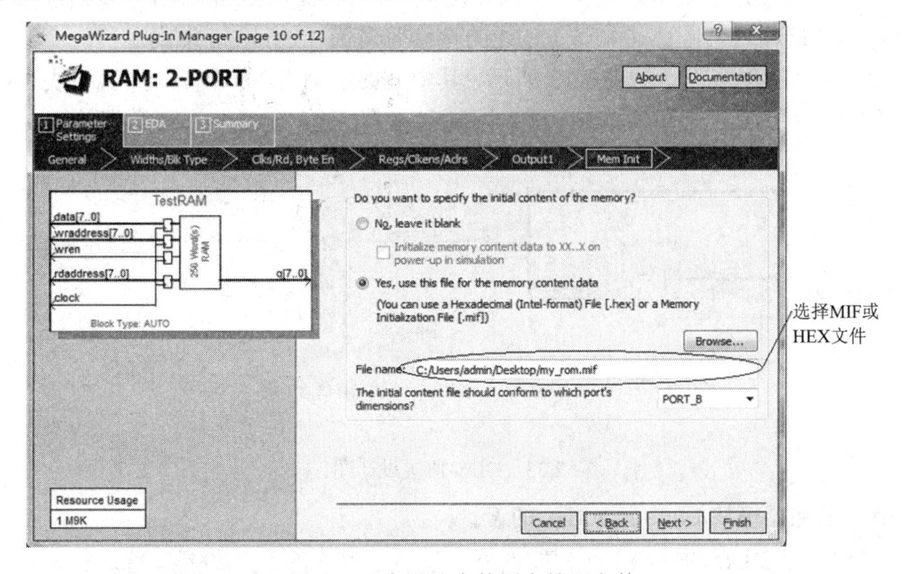

图 2.31　在设计中使用存储器文件

(9) 最后点击 Finish 按钮，完成 RAM 模块的实例化。

(10) 在图形编辑的 Symbol 对话框中，选择 Project 库，从中调出前面生成的 RAM 模块，如图 2.32 所示。

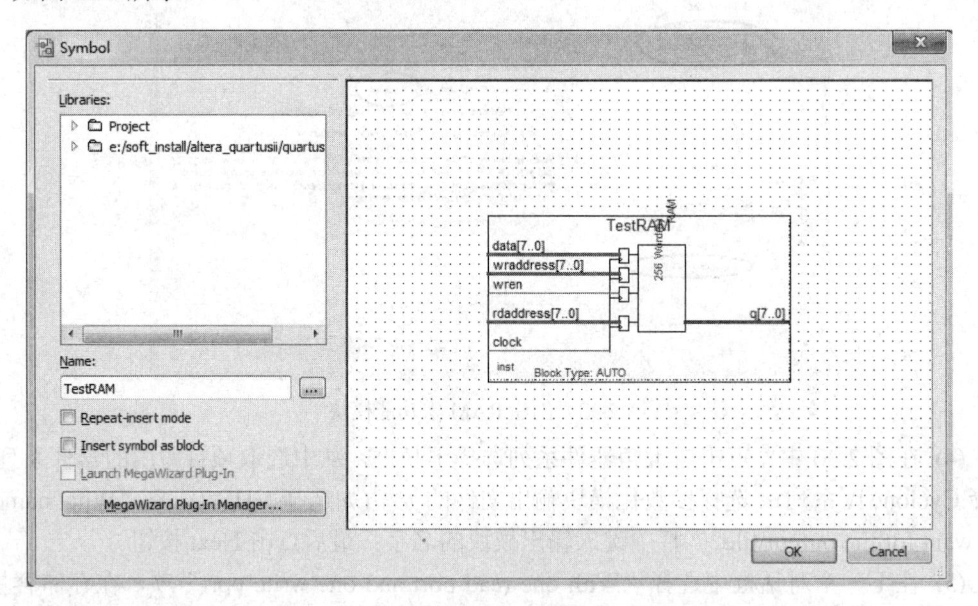

图 2.32　从 Project 库中调入 RAM 模块

2.2.5　设计实例

下面给出一个使用 FPGA 器件内部 RAM 实现 DDS(Direct Digital Synthesizer，直接数字频率合成器)的简单设计。设 DDS 的频率控制字为 32 位，相位累加器的位数为 32 位，输出为 Address[31..0]。将 FPGA 内部 RAM 作为 ROM 使用，地址位数设为 12 位，为了提高精确度，同时兼顾片上资源，把累加器输出结果 Address[31..0]的高 12 位 Address[31..20]作为 ROM 的地址输入。因此可知该 ROM 的存储容量为 4096 × 10 位。

该 DDS 实例的顶层设计如图 2.33 所示，其中 phase_adder 为相位累加器模块，SinRom 为波形存储器模块，FreqCtrl[31..0] 为频率控制字输入，q[9..0] 为 ROM 数据输出。

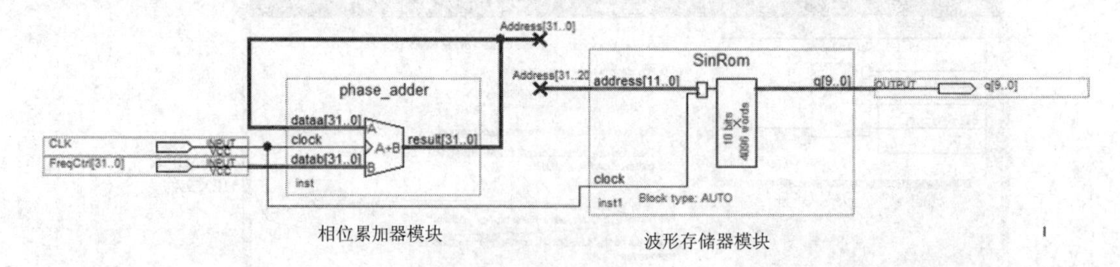

图 2.33　DDS 顶层设计图

1. 相位累加器模块 phase_adder 的设计

相位累加器是 DDS 的核心，其性能的好坏决定了整个系统的性能。普通相位累加器由 32 位加法器与 32 位累加寄存器级联构成，由它产生波形存储器的离散地址值，同时，它也作为后面波形存储器的地址计数器。本例 32 位相位累加器的设计采用 LPM 宏单元库中的 LPM_ADD_SUB 参数化模块例化实现。

如图 2.34 所示，在 MegaWizard Plug-In Manager 的第 2 页，选择 Arithmetic 库中的 LPM_ADD_SUB 参数化模块，输入输出文件的名字，如 phase_adder，点击 Next 按钮。在 MegaWizard Plug-In Manager 的第 3 页中，设置总线位数，如本例将总线位数设置为 32 位，选择 Addition only，点击 Next 按钮。在 MegaWizard Plug-In Manager 的第 6 页中，设置一个时钟周期的输出延时，如图 2.35 所示，即相位累加器结果通过寄存器锁存输出。其他页保持默认设置，点击 Finish 按钮完成相位累加器模块设计。

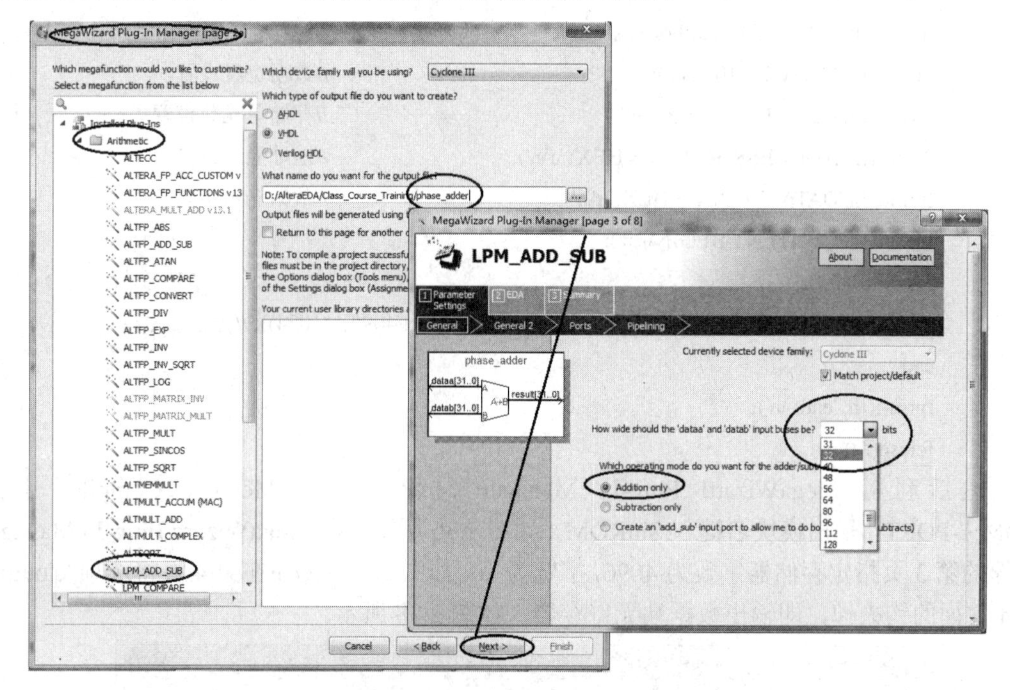

图 2.34　例化 LPM_ADD_SUB

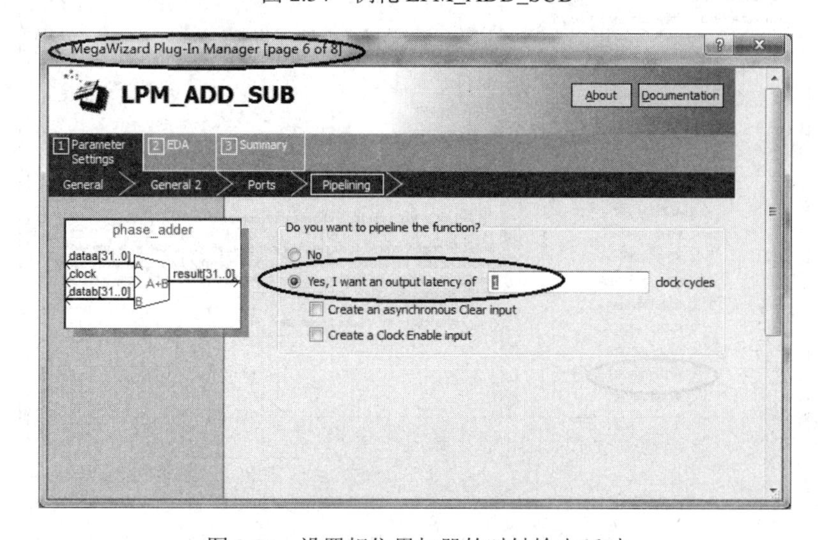

图 2.35　设置相位累加器的时钟输出延时

2. 波形存储器 ROM 模块的设计

设计波形存储器 ROM 模块之前，应先创建一个存储器初始化文件。参考前面的方法，此处为 ROM 模块建立.mif 格式的初始化文件 sin.mif。

ROM 模块中波形数据可通过 Matlab 软件计算产生(也可以用 C 语言编程产生)。此处以一个周期正弦波函数为例，给出生成波形数据的 Matlab 实现程序，同时将数据直接写入 sin.mif 文件。

```
//-------------------产生 sin.mif 文件的 Matlab 程序------------------------
fh = fopen('E:\MATLAB_test\DDS\sin.mif', 'w+');                    //建立 sin.mif 文件
fprintf(fh,'--Created by Author xxx.\r\n');                         //注释
fprintf(fh,'WIDTH = 10; \r\n');                                      //数据宽度设置
fprintf(fh,'DEPTH = 4096; \r\n');                                    //存储单元数设置
fprintf(fh,'ADDRESS_RADIX = HEX; \r\n');                             //地址显示格式
fprintf(fh,'DATA_RADIX = HEX; \r\n');                                //数据显示格式
fprintf(fh,'CONTENT BEGIN\r\n');
for i = 0:4095
    fprintf(fh,'%4x: %4x; \n', i, floor((0.5+0.5*sin(2*pi*i/4095))*1024)); //正弦信号
end
fprintf(fh, 'end; \n');
fclose(fh);
```

然后利用 MegaWizard Plug-In Manager 向导，选择 Memory Compiler 中的 ROM:1-PORT，输出模块名键入 SinROM，如图 2.36 所示；在 MegaWizard Plug-In Manager 向导的第 3 页指定存储器字数为 4096，字宽为 10，如图 2.37 所示；在第 4 页将选项 'q'output port 前面的钩去掉，即输出数据端无寄存器，如图 2.38 所示。

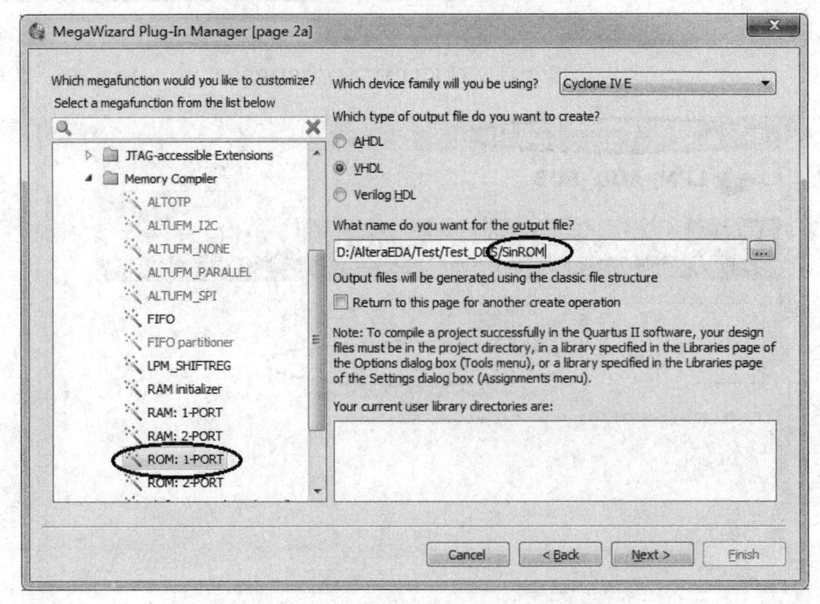

图 2.36 创建 ROM 波形存储器模块 SinROM

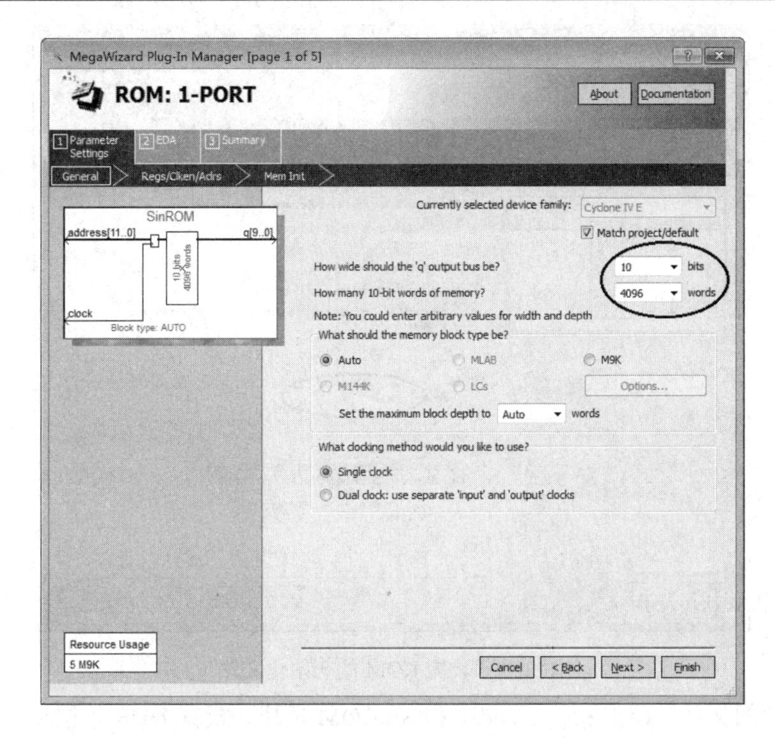

图 2.37　选择 ROM 的总线宽度及存储深度

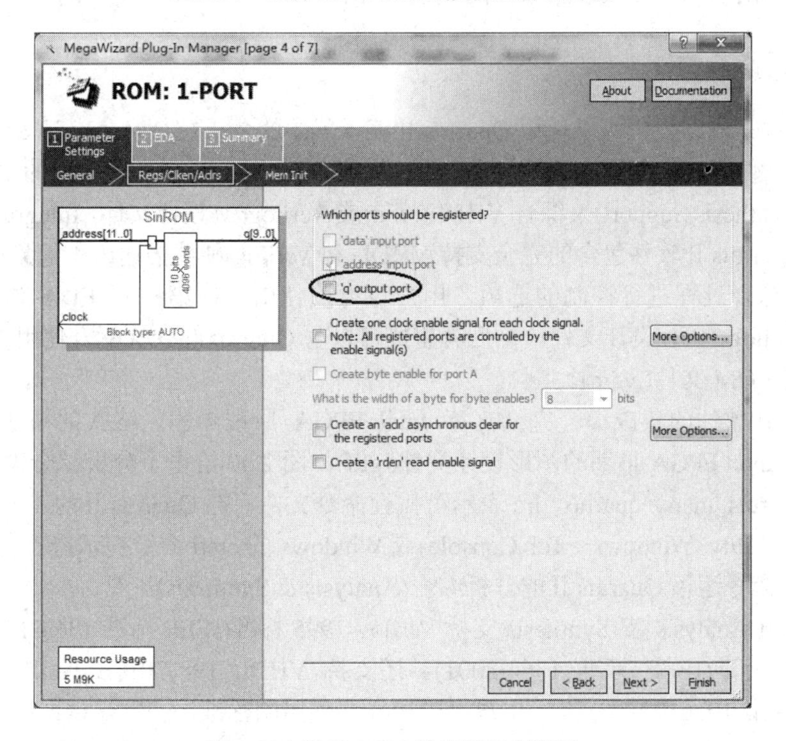

图 2.38　设置 ROM 输出端无寄存器

点击图 2.38 中的 NEXT 按钮，在 MegaWizard Plug-In Manager 向导的第 5 页指定存储器初始化文件为 sin.mif，如图 2.39 所示；点击 Finish 按钮，生成 ROM 宏功能模块。

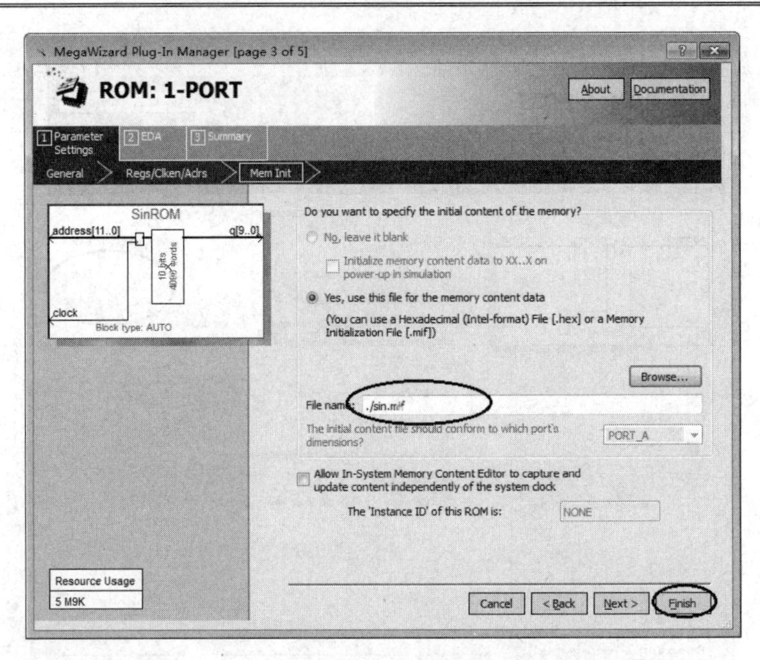

图 2.39　设置 ROM 的初始化文件

新建原理图文件，调出 phase_adder 和 SinROM 模块，根据 DDS 顶层设计图(图 2.33)，调入输入、输出引脚，完成顶层原理图的设计并存盘。

2.2.6　项目综合

设计项目完成以后，可以使用 Quartus II 编译器中的分析综合(Analysis & Synthesis)模块分析设计文件和建立工程数据库。Analysis & Synthesis 使用 Quartus II 的集成综合支持(Integrated Synthesis Support)来综合 VHDL(.vhd)或 Verilog(.v)设计文件。Integrated Synthesis Support 是 Quartus II 软件包含的完全支持 VHDL 和 Verilog 硬件描述语言的集成综合工具，并提供了对综合过程进行控制的选项。用户也可以使用其他第三方 EDA 综合工具综合 VHDL 或 Verilog HDL 设计文件，然后再生成可以与 Quartus II 软件配合使用的 EDIF 网表文件(.edf)或 VQM 文件(.vqm)。

Quartus II 软件的集成综合完全支持 Intel FPGA 原理图输入格式的模块化设计文件(.bdf)，以及 Intel FPGA 早期的图形设计文件(.gdf)。图 2.40 给出了分析综合设计流程。

图中 quartus_map、quartus_drc 表示可执行命令文件，在 Quartus II 的 Tcl 控制台(点击菜单 View→Utility Windows→Tcl Console)或 Windows 的 cmd 命令提示符下可以直接输入 quartus_map 命令运行 Quartus II 的分析综合(Analysis & Synthesis)工具。

Quartus II Analysis & Synthesis 支持 Verilog-1995 标准(IEEE 标准 1364-1995)和大多数 Verilog-2001 标准(IEEE 标准 1364-2001)，还支持 VHDL 1987(IEEE 标准 1076-1987)和 1993(IEEE 标准 1076-1993)标准。用户可以选择要使用的标准，在默认情况下，Analysis & Synthesis 使用 Verilog-2001 和 VHDL 1993 标准。用户还可以指定库映射文件(.lmf)，将非 Quartus II 函数映射到 Quartus II 函数。所有这些设置都可以在 Assignments→Settings…菜单弹出的 Setting 对话框的 Verilog HDL Input 和 VHDL Input 页中找到。

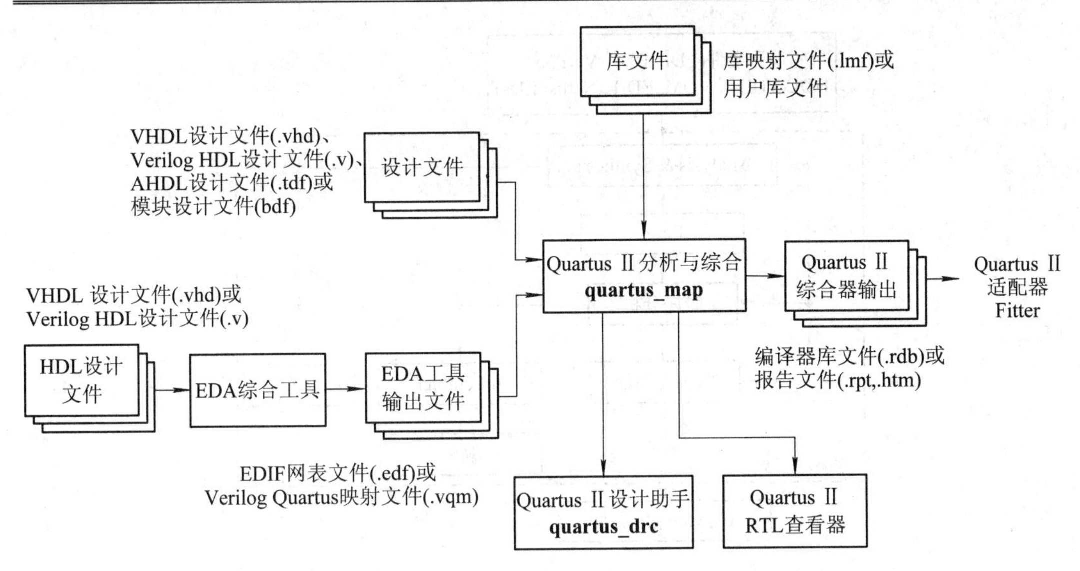

图 2.40　Quartus II 分析综合设计流程

要进行设计项目的分析和综合，点击图 2.41 中快捷按钮栏中的 Start Analysis & Synthesis 按钮，或选择菜单 Processing→Start→Start Analysis & Synthesis，在综合分析进度指示中将显示综合进度。

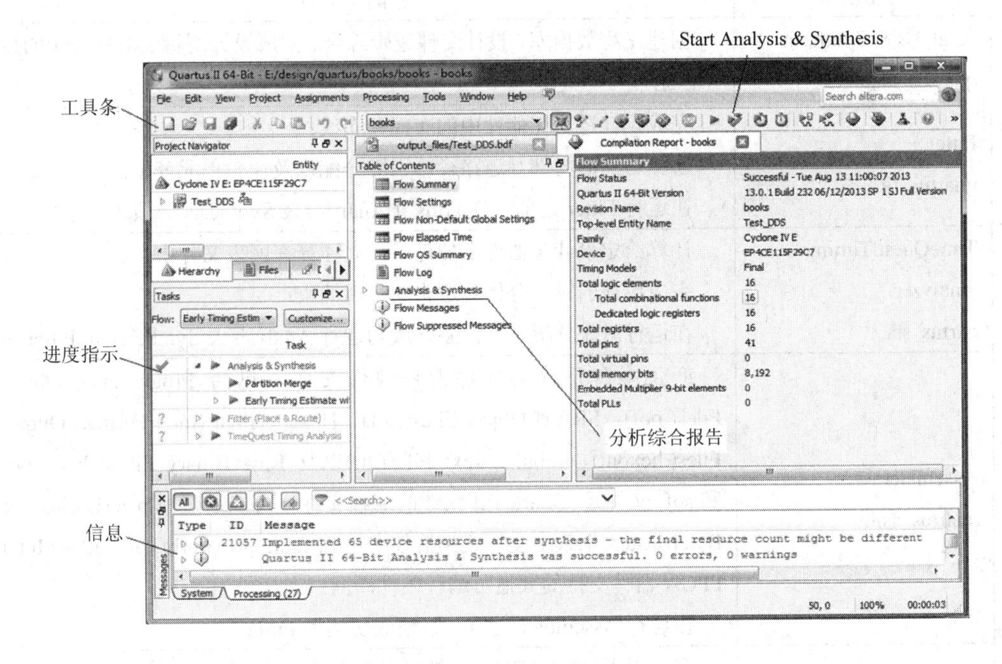

图 2.41　分析综合窗口

2.2.7　编译器选项设置

1. 编译过程说明

Quartus II 编译器的典型工作流程如图 2.42 所示。

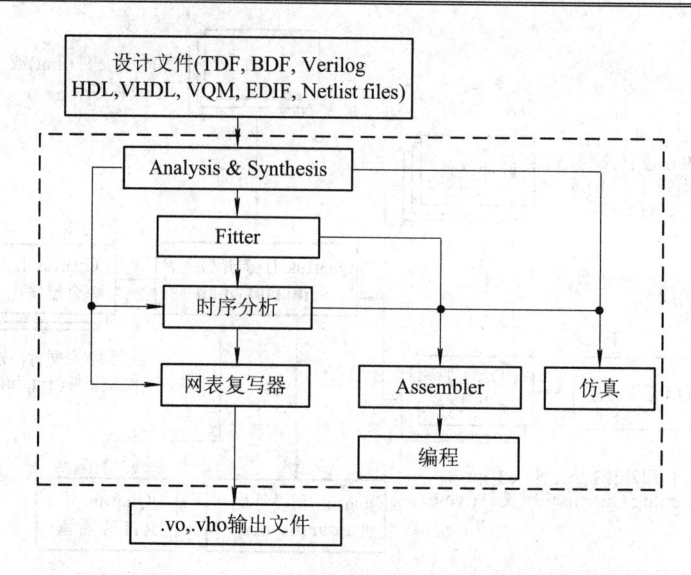

图 2.42 Quartus II 编译器典型工作流程

表 2.2 给出 Quartus II 编译过程中各个功能模块的简单功能描述，同时给出了对应功能模块的可执行命令文件。

表 2.2 Quartus II 编译器功能模块描述

功能模块	功能描述
Analysis & Synthesis quartus_map	创建工程数据库、设计文件逻辑综合、完成设计逻辑到器件资源的技术映射
Fitter quartus_fit	完成设计逻辑在器件中的布局和布线； 选择适当的内部互连路径、引脚分配以及逻辑单元分配； 在运行 Fitter 之前，Quartus II Analysis & Synthesis 必须成功运行
TimeQuest Timing Analyzer qartus_sta	计算给定设计与器件上的延时，并注释在网表文件中； 完成设计的时序分析和逻辑的实现约束； 在运行时序分析之前，必须成功运行 Analysis & Synthesis 和 Fitter
Assembler quartus_asm	产生多种形式的器件编程映像文件，包括 Programmer Object Files(.pof)、SRAM Object Files(.sof)、Hexadecimal (Intel-Format) Output Files(.hexout)、Tabular Text Files(.ttf)以及 Raw Binary Files(.rbf)；.pof 和.sof 文件是 Quartus II 软件的编程文件，可以通过 MasterBlaster 或 ByteBlaster 下载电缆下载到器件中；.hexout, .ttf 和.rbf 用于提供 Intel FPGA 器件支持的其他可编程硬件厂商； 在运行 Assembler 之前，必须成功运行 Fitter
EDA Netlist Writer quartus_eda	产生用于第三方 EDA 工具的网表文件及其他输出文件； 在运行 EDA Netlist Writer 之前，必须成功运行 Analysis & Synthesis、Fitter 以及 Timing Analyzer

2. 编译器选项设置

通过编译器选项设置，可以控制编译过程。在 Quartus II 编译器设置选项中，可以指定目标器件系列、Analysis & Synthesis 选项、Fitter 设置等。Quartus Ⅱ软件的所有设置选项都可以在 Setting 对话框中找到。

用下面的任一方法可以弹出 Setting 对话框，如图 2.43 所示。

- 在 Quartus Ⅱ环境中选择菜单 Assignments→Setting…。
- 在工程导航窗口的 Hierarchy 页，在顶层文件名上点击鼠标右键，从下拉菜单中选择 Setting…项。
- 直接点击 Quartus Ⅱ软件工具条上的快捷按钮。

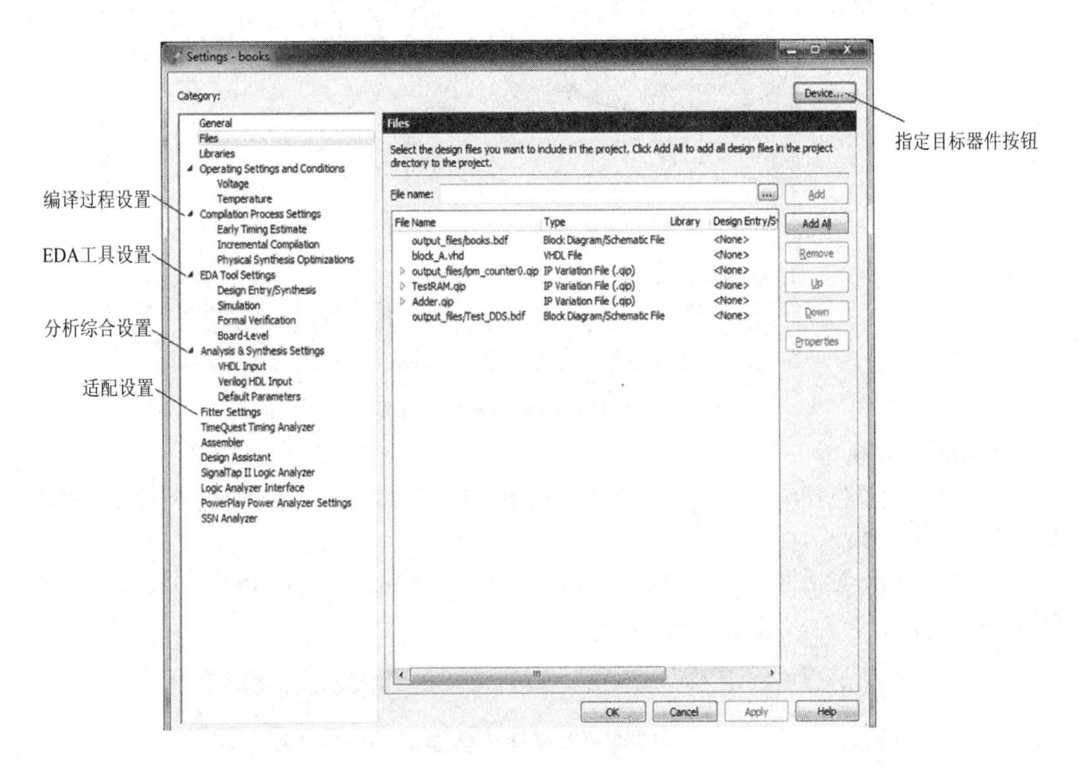

图 2.43　Setting 对话框

1) 指定目标器件

在对设计项目进行编译时，需要为设计项目指定一个器件系列，然后，设计人员可以自己指定一个具体的目标器件型号，也可以让编译器在适配过程中在指定的器件系列内自动选择最适合该项目的器件。

指定目标器件的步骤如下：

(1) 在 Quartus Ⅱ中选择 Assignments→Device…菜单命令，弹出 Device 对话框(与建立工程向导中对应器件选择页面类似)，如图 2.44 所示。

(2) 在 Family 列表中选择目标器件系列，如 Cyclone Ⅳ GX。

(3) 在 Available devices 框中指定一个目标器件，或选择 Auto device selected by the Fitter，由编译器根据项目大小自动选择目标器件。

(4) 在 Show in 'Available devices' list 选项中设置目标器件的选择条件，这样可以缩小器件的选择范围。选项包括封装、引脚数以及器件速度等级。

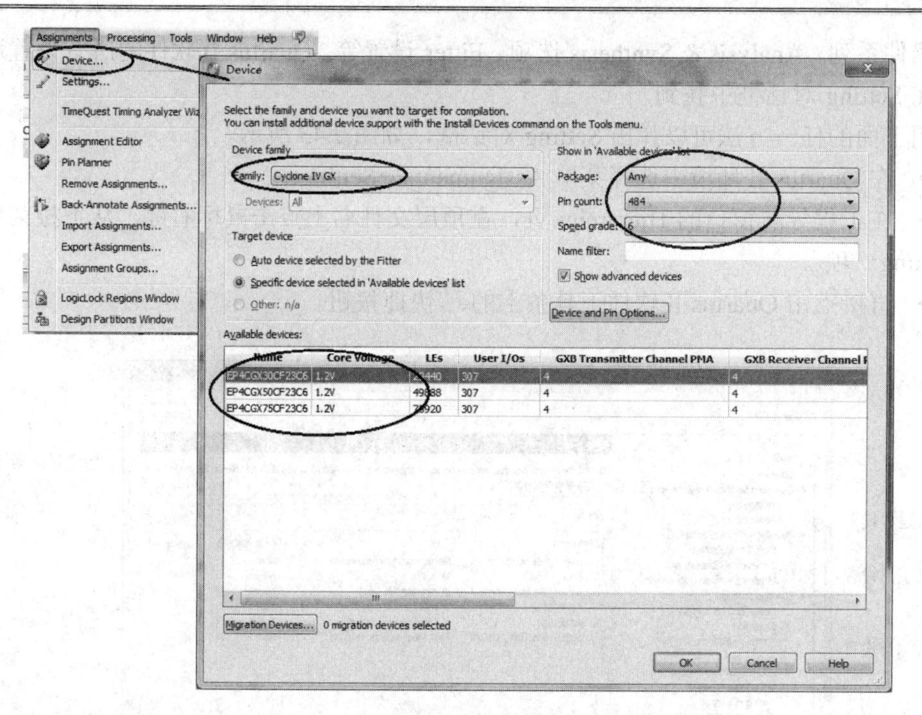

图 2.44　在 Device 对话框中选择器件

2) 编译过程设置

编译过程设置包括编译速度、编译所用磁盘空间以及其他选项。通过下面的步骤可以设定编译过程选项：

(1) 在 Setting 对话框中选择 Compilation Process Settings，则显示编译过程设置页面，如图 2.45 所示。

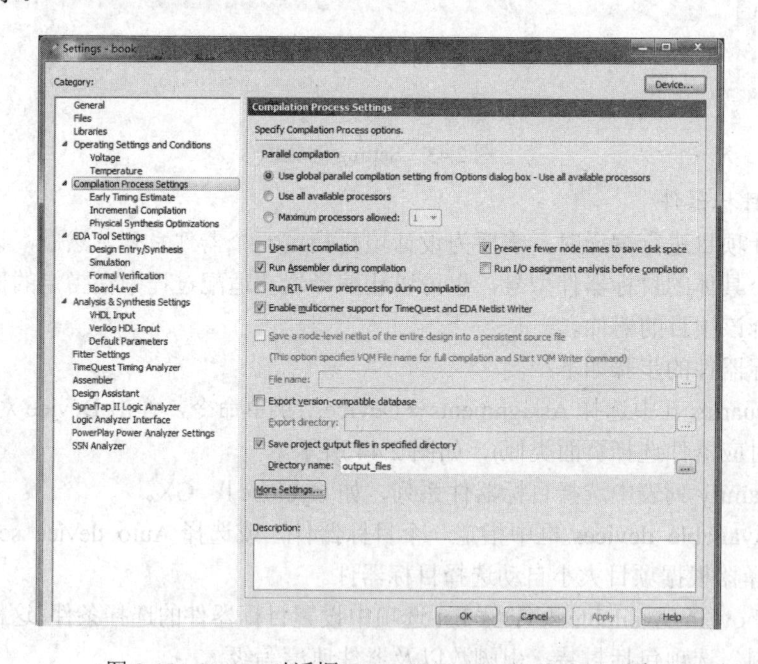

图 2.45　Setting 对话框 Compilation Process Settings 页

(2) 为了使重编译的速度加快，可以勾选 Use smart compilation 选项。

(3) 为了节省编译所占用的磁盘空间，可以勾选 Preserve fewer node names to save disk space 选项。

(4) 其他选项采用默认设置或根据需要设置。

(5) Compilation Process Settings 中的 Physical Synthesis Optimizations 技术将适配过程和综合过程紧密地结合起来，打破了传统的综合和适配完全分离的编译过程。下面给出简单的描述，说明 Physical Synthesis Optimizations 技术是如何提高设计性能的，该选项可用于 MAX Ⅱ、Stratix、Stratix Ⅱ、Stratix GX 以及 Cyclone 系列以上版本器件。

要设置该选项，在 Setting 对话框 Compilation Process Settings 下点击 Physical Synthesis Optimizations，则可以显示 Physical Synthesis Optimizations 页，如图 2.46 所示。

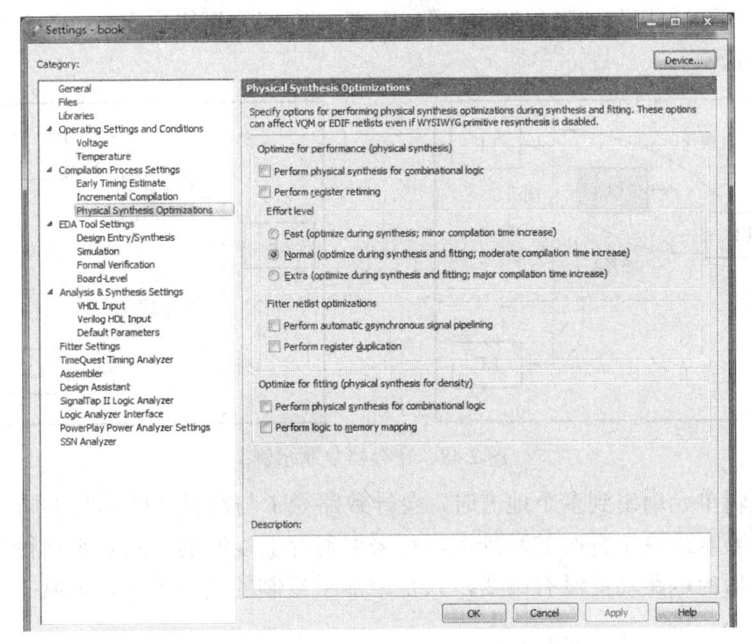

图 2.46　Setting 对话框 Physical Synthesis Optimizations 页

• Optimize for performance(physical synthesis)选项功能说明。

① 合逻辑的物理综合(Perform physical synthesis for combinational logic)。

选项 Perform physical synthesis for combinational logic 可以让 Quartus Ⅱ 适配器重新综合设计来减小关键路径上的延时。通过交换逻辑单元(LEs)中的查找表(LUT)端口，物理综合技术可以减少关键路径经过符号单元的层数，从而达到时序优化的目的，如图 2.47 所示。该选项还可以通过查找表复制的方式优化关键路径上的延时。

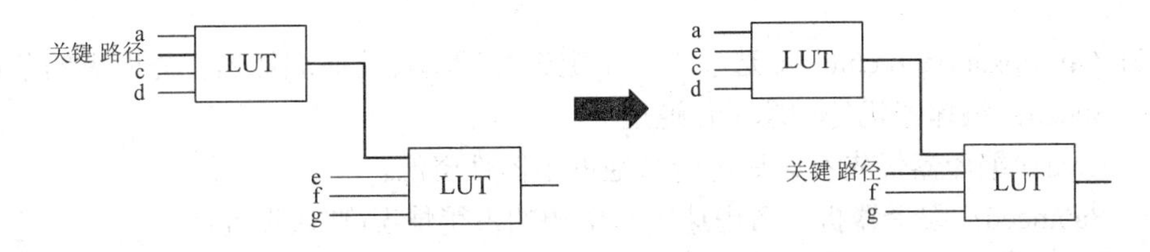

图 2.47　组合逻辑的物理综合图例

图 2.47 左图中关键路径信号经过两个查找表到达输出，而在右图中，Quartus Ⅱ软件将第二个查找表中的一个输入与关键路径进行交换，从而减少了关键路径上的延时。变换结果并不改变设计功能。

该选项仅影响查找表形式的组合逻辑结构，逻辑单元中的寄存器部分保持不动，而且存储器模块、DSP 模块以及 I/O 单元的输入不能交换。

② 寄存器重定时的物理综合(Perform register retiming)。

选项 Perform register retiming 允许 Quartus Ⅱ适配器移动组合逻辑两边的寄存器来平衡延时。

• Fitter netlist optimizations 选项功能说明。

Fitter netlist optimizations 选项中的寄存器复制选项 Perform register duplication 允许 Quartus Ⅱ适配器在布局基础上复制寄存器。该选项对组合逻辑也有效。图 2.48 给出了一个寄存器复制的示例。

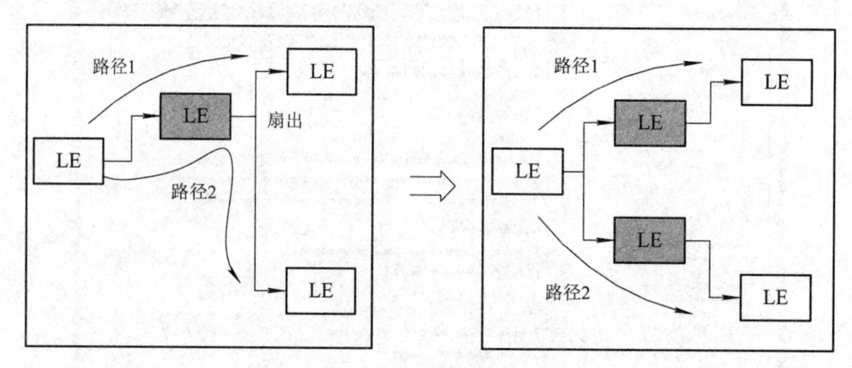

图 2.48　寄存器复制示例

当一个逻辑单元扇出到多个地方时，会导致路径 1 与路径 2 的延时不同，如图 2.48 左图所示。在不影响路径 1 延时的基础上，可采用寄存器复制的方式减小路径 2 的延时。经过寄存器复制后的电路功能没有改变，只是增加了复制的逻辑单元，但减小了关键路径上的延时。

• Effort level 设置选项功能说明。

Effort level 设置包括 Fast、Normal 和 Extra 三个选项，默认选项为 Normal。Extra 选项使用比 Normal 更多的编译时间来获得较好的编译性能，而 Fast 选项使用最少的编译时间，但达不到 Normal 选项的编译性能。

3) 分析综合设置

Analysis & Synthesis settings 选项可以优化设计的分析综合过程，设置步骤如下：

(1) 在 Setting 对话框中选择 Analysis & Synthesis Settings(分析综合设置)，则显示图 2.49 所示页面。

(2) Optimization Technique 选项用于指定进行逻辑优化时编译器优先考虑的条件。

• Speed：编译器优先考虑工作速度。

• Area：编译器优先考虑尽可能少地占用器件资源。

• Balanced：编译器折中考虑速度与资源的占用情况(默认设置)。

(3) 在 Analysis & Synthesis Settings 页中，选择 Category 下的 VHDL Input 和 Verilog HDL

Input，可以选择支持的 VHDL 和 Verilog HDL 的版本，也可以指定 Quartus II 的库映射文件(.lmf)。

(4) 如果在综合过程中使用了网表文件，如 EDIF 输入文件(.edf)、第三方综合工具生成的 Verilog Quartus 映射(.vqm)文件，或 Quartus II 软件产生的内部网表文件等，可以选择设置 Perform WYSIWYG primitive resynthesis 选项，进一步改善设计性能。

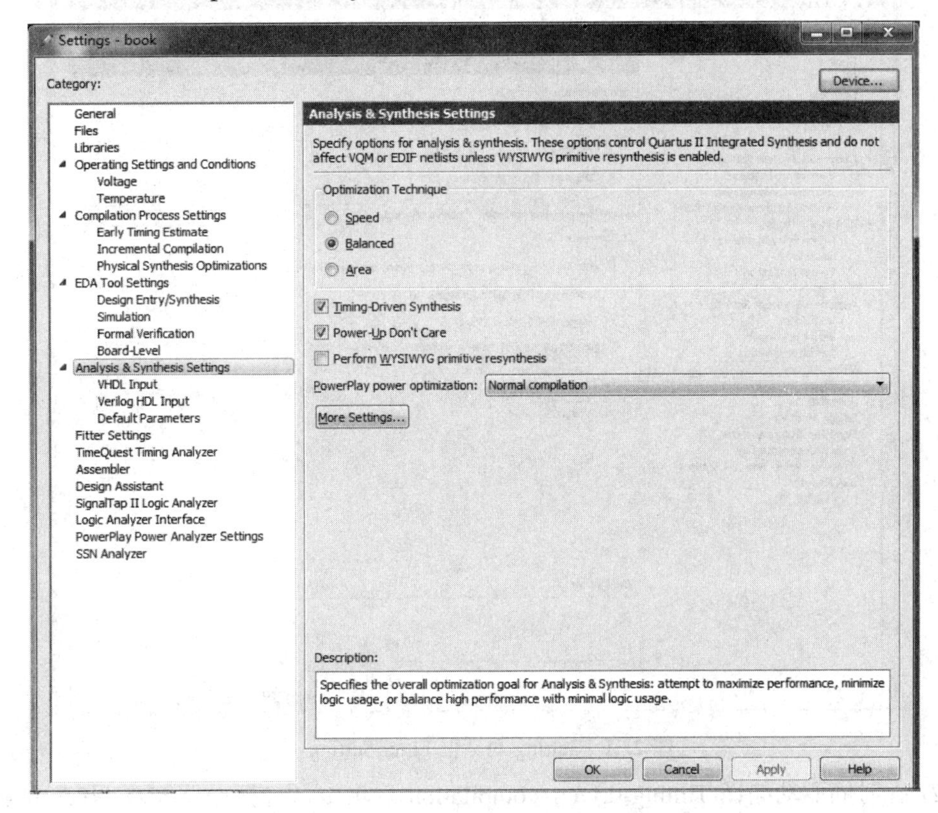

图 2.49　Setting 对话框 Analysis & Synthesis Setting 页

Perform WYSIWYG primitive resynthesis 选项可以指导 Quartus II 软件将原子网表(Atom Netlist)中的逻辑单元映射分解(un-map)为逻辑门，然后重新映射(re-map)到 Intel FPGA 特性图元。该选项的 Quartus II 软件工作流程如图 2.50 所示。

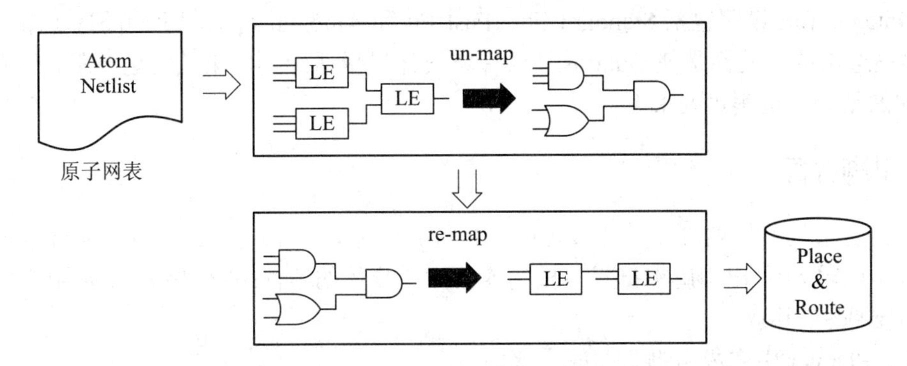

图 2.50　WYSIWYG primitive resynthesis 特性 Quartus II 软件工作流程

4) 适配设置

适配设置选项可以控制器件适配及编译速度，设置步骤如下：

(1) 在 Setting 对话框的 Category 中选择 Fitting Settings(适配设置)，则显示图 2.51 所示页面。

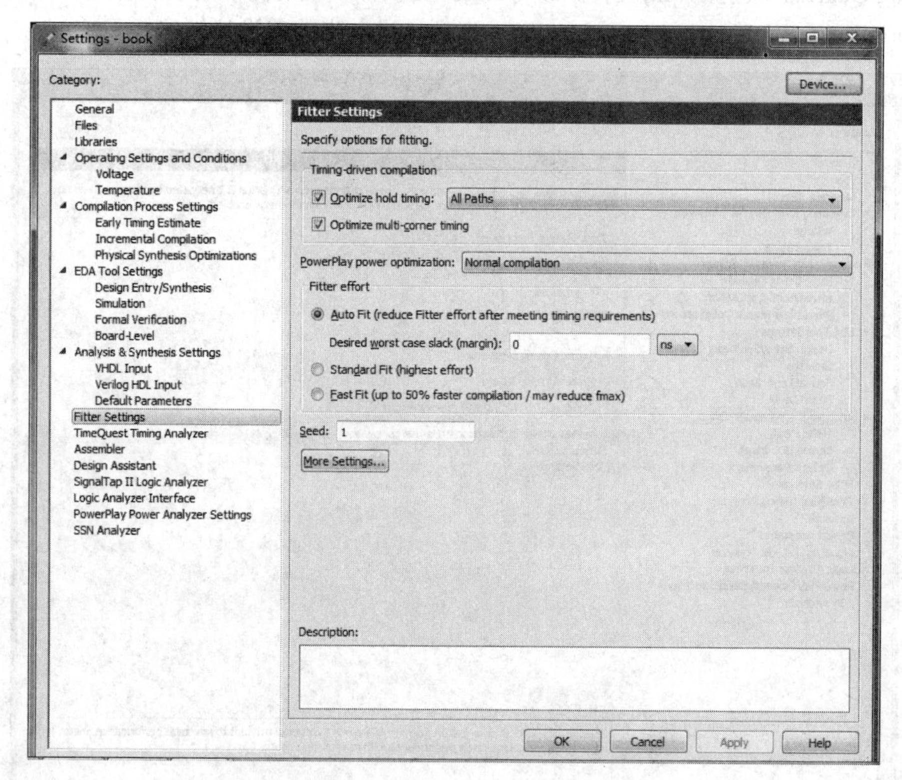

图 2.51　Setting 对话框 Fitter Setting 页

(2) 在时间驱动编译(Timing-driven compilation)选项中，选择 Optimize hold timing 和 Optimize muti-corner timing，并在下拉列表中选择 IO Paths and Minimum TPD Paths。

选项说明如下：

• Timing-driven compilation 设置选项允许 Quartus II 软件根据用户指定的时序要求优化设计。

• Fitter effort 设置包括 Standard Fit、Fast Fit 和 Auto Fit 选项，不同的选项编译时间不同。这些选项的目的都是使 Quartus II 软件将设计尽量适配到约束的时延要求，但都不能保证适配的结果一定满足要求。

2.2.8　引脚分配

在选定合适的目标器件，完成设计的分析综合过程，得到工程的数据库文件以后，需要对设计中的输入/输出引脚根据目标板的连接指定具体的器件引脚号码。指定引脚号码称为引脚分配或引脚锁定。

在 Pin Planner 中完成引脚分配的步骤如下：

(1) 选择菜单 Assignments→Pin Planner，出现图 2.52 所示的 Pin Planner(引脚分配)

对话框。在 Pin Planner 对话框下方的 All Pins 列表中，包含了所有引脚的信息。

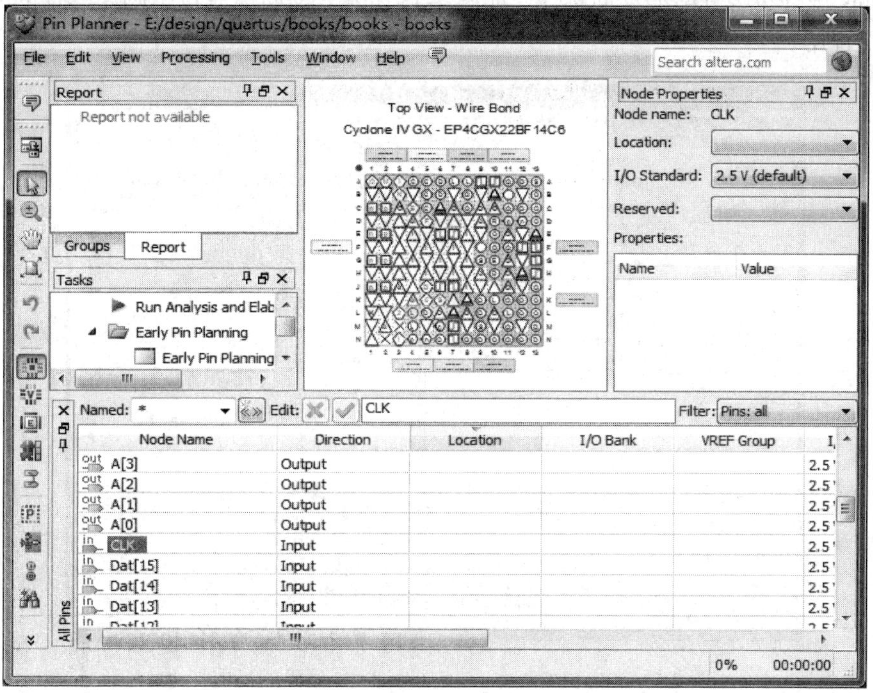

图 2.52　Pin Planner(引脚分配)用户图形界面

(2) 用鼠标左键双击某个引脚名对应的 Location 部分，从下拉框中可以指定目标器件的引脚号。

(3) 完成所有设计中引脚的指定，关闭 Pin Planner 对话框，即完成了引脚锁定。

(4) 在进行编译之前，可检查引脚分配是否合法。选择菜单命令 Processing→Start→Start I/O Assignment Analysis，当提示 I/O 分配分析成功时，点击 OK 按钮关闭提示。

下面简单介绍一下 I/O 分配分析过程：

选择菜单命令 Processing→Start→Start I/O Assignment Analysis，或在 Tcp 命令控制台输入 quartus_fit <工程名> check_ios 命令后按回车键，即可运行 I/O 分配分析过程。

Start I/O Assignment Analysis 命令将给出一个详细的分析报告以及一个引脚分配输出文件(.pin)。要查看分析报告，应选择菜单命令 Processing→Compilation Report，在出现的 Compilation Report 界面中，点击 Fitter 前面的加号“+”，其中包括五个部分：

- 分析 I/O 分配总结(Analyze I/O Assignment Summary)。
- 底层图查看(Floorplan View)。
- 引脚分配输出文件(Pin-Out File)。
- 资源部分(Resource Section)。
- 适配信息(Fitter Messages)。

在运行 Start I/O Assignment Analysis 命令之前如果还没有进行引脚分配，则 Start I/O Assignment Analysis 命令将自动为设计完成引脚分配。设计者可以根据报告信息查看引脚分配情况，如果觉得 Start I/O Assignment Analysis 命令自动分配的引脚合理，可以选择菜单命令 Assignments→Back-Annotate Assignments，在弹出的对话框中选择 Pin & device assignments 进行引脚分配的反向标注，如图 2.53 所示。反向标注将引脚和器件的分配保存到 QSF 文件中。

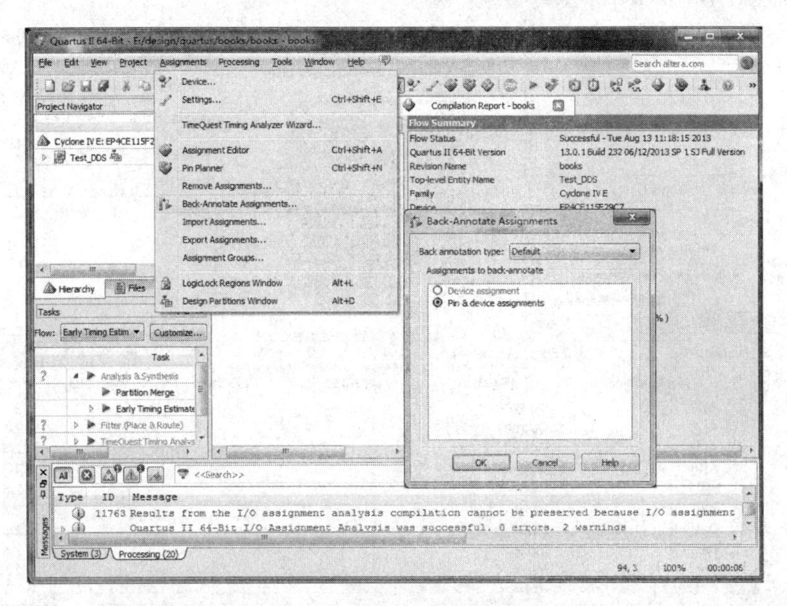

图 2.53　Start I/O Assignment Analysis 结果的反向标注

2.2.9　编译结果分析

Quartus Ⅱ软件的编译器包括多个独立的模块，各模块可以单独运行，也可以选择菜单命令 Processing→Start Compilation 启动全编译过程。

编译一个设计的步骤如下：

(1) 选择菜单命令 Processing→Start Compilation，或点击工具条上的▶快捷按钮启动全编译过程。

在设计项目的编译过程中，状态窗口和消息窗口自动显示出来。在状态窗口中将显示全编译过程中各个模块和整个编译进程的进度以及所用时间；在消息窗口中将显示编译过程中的信息，如图 2.54 所示。最后的编译结果在编译报告窗口中显示出来，整个编译过程在后台完成。

(2) 在编译过程中如果出现设计上的错误，可以在消息窗口选择错误信息，在错误信息上双击鼠标左键或点击鼠标右键，从弹出的右键菜单中选择 Locate in Design File，可以在设计文件中定位错误所在的地方；在右键菜单中选择 Help，可以查看错误信息的帮助。修改所有错误，直到全编译成功为止。

(3) 查看编译报告。在编译过程中，编译报告窗口会自动显示，如图 2.54 所示。编译报告给出了当前编译过程中各个功能模块的详细信息。

查看编译报告各部分信息的方法是：在编译报告左边窗口点击展开要查看的部分，如图 2.55 所示展开 Fitter 部分；用鼠标选择要查看的部分，报告内容在编译报告右边窗口中显示出来。

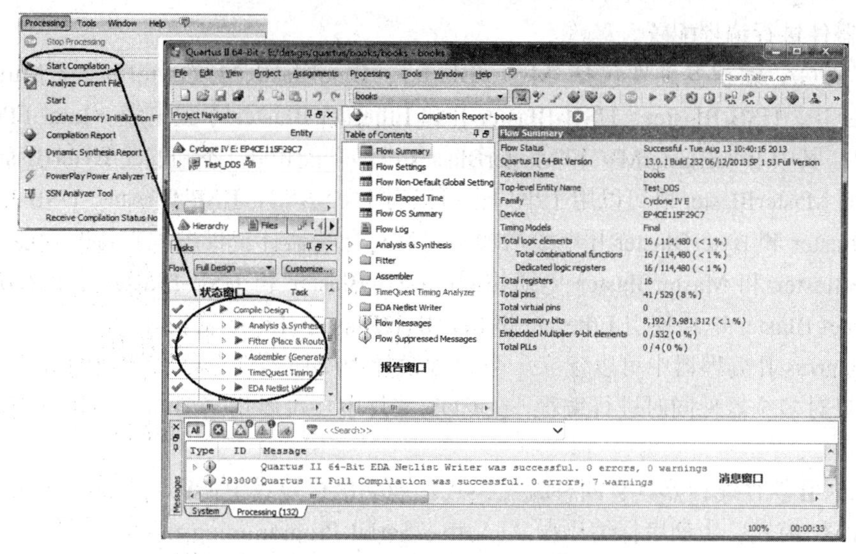

图 2.54　设计的全编译过程

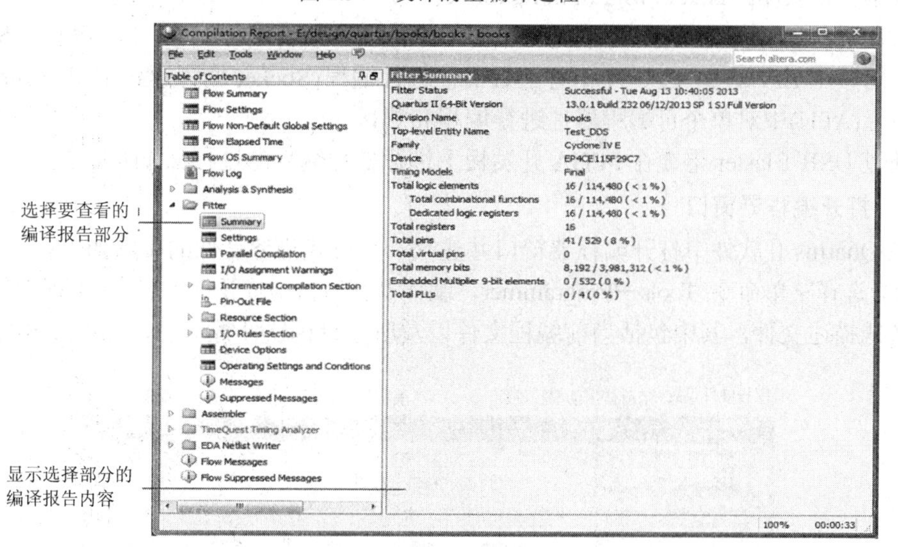

图 2.55　查看编译报告

全编译以后，选择 Tools→Chip Planner 菜单命令，可以在底层芯片规划图中观察或调整适配结果。Quartus II 软件在 Chip Planner 中提供了下面观测内容：

(1) 可以同时显示用户分配信息和适配位置分配。可以创建新的位置分配，查看并编辑 LogicLock(逻辑锁定)区域以及查看器件资源和所有设计逻辑的布线信息。

(2) 显示资源分配和最后编译过程中的布局布线情况。

2.2.10　程序下载编程

使用 Quartus II 软件成功编译设计工程之后，就可以对 Intel FPGA 器件进行编程或配置。Quartus II 编译器的 Assembler 模块(quartus_asm 命令)自动将适配过程的器件、逻辑单元和引脚分配信息转换为器件的编程图像，并将这些图像以目标器件的编程对象文件(.pof)或 SRAM 对象文件(.sof)的形式保存为编程文件，Quartus II 软件的编程器(Programmer)使用该文件对器件进行编程配置。

Intel FPGA 编程器硬件包括 MasterBlaster、ByteBlasterMV(ByteBlaster MultiVolt)、ByteBlaster Ⅱ、USB-Blaster、USB-Blaster Ⅱ和 Ethernet Blaster 下载电缆、Intel FPGA 编程单元(APU)。其中 ByteBlasterMV 和 MasterBlaster 电缆功能相同，不同的是 ByterBlasterMV 用于并口，而 MasterBlaster 既可以用于串口也可以用于 USB 口；USB-Blaster、USB-Blaster Ⅱ、Ethernet Blaster 和 ByterBlaster Ⅱ电缆增加了对串行配置器件提供编程支持的功能，其他功能与 ByteBlaster 和 MasterBlaster 电缆相同；USB-Blaster 和 USB-Blaster Ⅱ电缆使用 USB 口，Ethernet Blaster 电缆使用 Ethernet 网口，ByteBlaster Ⅱ电缆使用并口。

在 Quartus Ⅱ编程器中可以建立一个包含设计中所用器件名称和选项的链式描述文件(.cdf)。如果对多个器件同时进行编程，在 CDF 文件中还可以指定编程文件和所用器件从上到下的顺序。

Quartus Ⅱ软件编程器具有四种编程模式：被动串行模式(Passive Serial mode，简称 PS 模式)、JTAG 模式、主动串行编程模式(Active Serial Programming mode，简称 AS 模式)、Socket 编程模式(In-Socket Programming mode)。

被动串行(PS)模式和 JTAG 模式可以对单个或多个器件进行编程；主动串行(AS)编程模式用于对单个 EPCS1 或 EPCS4 串行配置器件进行编程；Socket 编程模式用于在 Intel FPGA 编程单元(APU)中对单个可编程器件进行编程和测试。

通过 USB-Blaster 电缆在 FPGA 开发板上进行器件编程的过程如下。

1．打开编程器窗口

在 Quartus Ⅱ软件中打开编程器窗口并建立一个链式描述文件的步骤如下：

(1) 选择菜单命令 Tools→Programmer，编程器窗口自动打开一个名为<工程文件名>.cdf 的新链式描述文件，其中包括当前编程文件以及所选目标器件等信息，如图 2.56 所示。

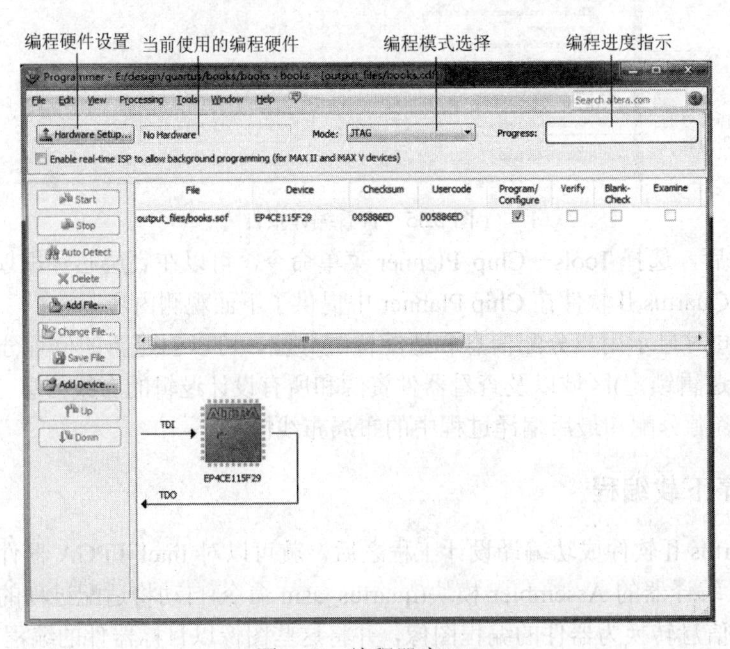

图 2.56　编程器窗口

(2) 选择菜单命令 File→Save As，保存 CDF 文件。

2. 选择编程模式

(1) 在编程器窗口的 Mode 列表中选择编程模式，默认选择 JTAG 模式，如图 2.56 所示。

(2) 点击左上角的编程硬件设置 Hardware Setup 按钮，弹出硬件设置对话框，如图 2.57 所示。

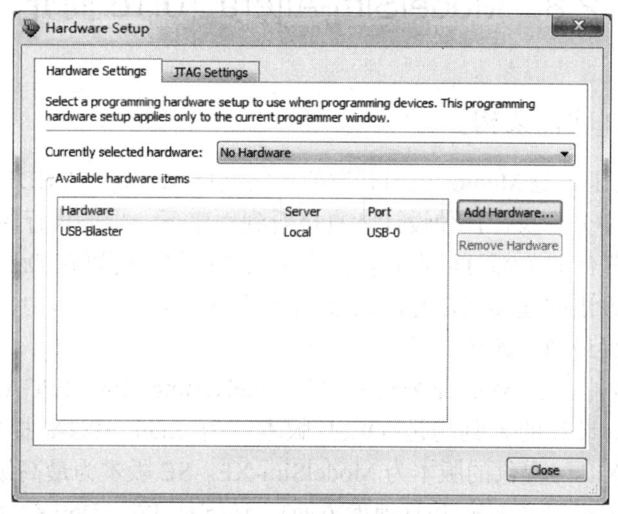

图 2.57　编程硬件设置

(3) 用鼠标在“Available hardware items”清单中的“USB-Blaster”上双击鼠标左键(注意，如果在其中没有 USB-Blaster 项，则表明 USB-Blaster 电缆没有连接到计算机，或目标板没有上电，或 USB-Blaster 电缆的驱动没有安装)，在“Currently selected hardware：”选项中会出现“USB-Blaster[USB-0]”，点击 Close 按钮退出 Hardware Setup 对话框。此时在 Programmer 对话框的 Hardware Setup 按钮右边显示“USB-Blaster[USB-0]”，如图 2.58 所示。

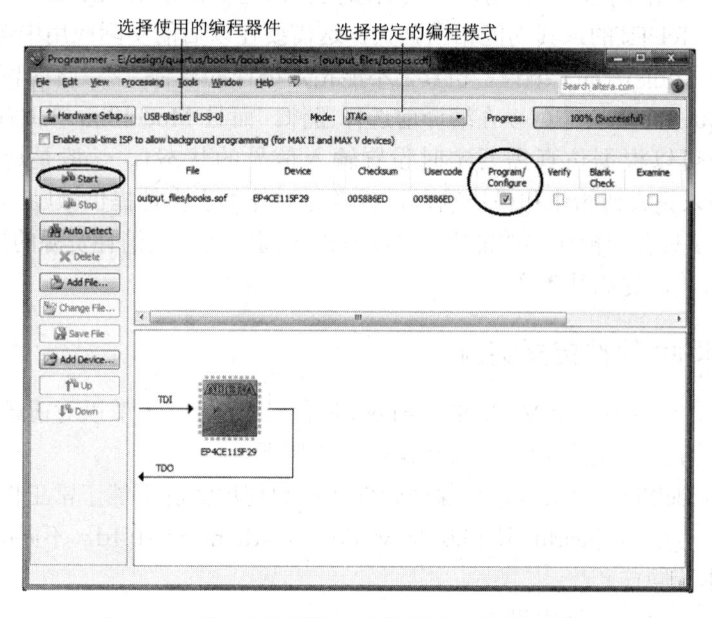

图 2.58　指定编程硬件和编程模式后的编程器窗口

(4) 确认目标板上的 FPGA 处于 JTAG 编程模式(DE2-115 开发板上的 RUN/PROG 拨动开关处于 RUN 位置)，确认编程窗口的 Program/configure 处已经勾选，然后点击 Start 按钮进行编程。

2.3 ModelSim-Altera 10.1d 简介

2.3.1 ModelSim 软件架构

ModelSim 仿真工具是 Mentor 公司开发的。它支持 Verilog、VHDL 以及它们的混合仿真，可以将整个程序分步执行，使设计者直接看到程序下一步要执行的语句，而且在程序执行的任何步骤、任何时刻都可以查看任意变量的当前值，可以在 Dataflow 窗口查看某一单元或模块的输入输出的连续变化等，比 Quartus II 9.0 等以前版本中自带的仿真器功能强大得多，是目前业界最通用的仿真器之一。

ModelSim 有多种版本，Mentor 公司专门为 Actel、Atmel、Intel FPGA、Xilinx 以及 Lattice 等 FPGA 厂商量身设计的工具均是 OEM 版本。为 Intel FPGA 提供的 OEM 版本是 ModelSim-AE，为 Xilinx 提供的版本为 ModelSim-XE。SE 版本为最高级版本，在功能和性能方面比 OEM 版本强很多(比如仿真速度方面)，还支持 PC、UNIX、LINUX 混合平台。本章论述均采用 SE 版本。

ModelSim 具备强大的模拟仿真功能，在设计、编译、仿真、测试、调试开发过程中，有一整套工具供设计者使用，而且操作起来极其灵活，可以通过菜单、快捷键和命令行的方式进行工作。ModelSim 的窗口管理界面让用户使用起来很方便，它能很好地与操作系统环境协调工作。ModelSim 的一个很显著的特点就是它具备命令行的操作方式，类似于一个 Shell，有很多操作指令供用户使用，给人的感觉就像是工作在 UNIX 环境下。这种命令行操作方式是基于 Tcl/Tk 的，其功能相当强大，这需要在以后的实际应用中慢慢体会。

ModelSim 的功能侧重于编译、仿真，不能指定编译的器件，不具有编程下载能力。不像 Symplify、Quartus II 软件可以在编译前选择器件。而且 ModelSim 在时序仿真时无法编辑输入波形(但可以根据仿真需要实时设置输入信号的状态)，一般是通过编写测试台(Testbench)程序来完成初始化和模块输入，或者通过外部宏文件提供激励。

ModelSim 还具有分析代码的能力，可以看出不同的代码段消耗资源的情况，从而可以对代码进行改善，以提高其效率。

2.3.2 ModelSim 软件仿真实例

在 Quartus II 环境中调用 ModelSim-Altera 进行设计仿真，本节以对前述设计 Test_DDS 进行 RTL 功能仿真为例进行说明，具体操作方法如下：

(1) 安装 ModelSim-Altera 软件，保证软件在单独使用情况下能正常工作(本书实例中所用软件及其版本分别为 Quartus II 13.0 及 ModelSim-Altera SE10.1d，不同版本之间略有差异，但步骤基本相同)。

(2) ModelSim-Altera 调用设置。

如果是第一次用 Quartus II 调用 ModelSim-Altera 软件进行仿真，则需要在 Quartus II 环境中选择 Tools→Options 菜单命令，在弹出的 Options 对话框中进行调用设置，如图 2.59 所示。在 General 栏的 EDA Tool Options 中设置 ModelSim-Altera 软件的安装路径，例如本例为 D:\AlteraEDA\modelsim_ase\win32aloem。添加确认后，即可在 Quartus II 中调用 ModelSim-Altera 软件。

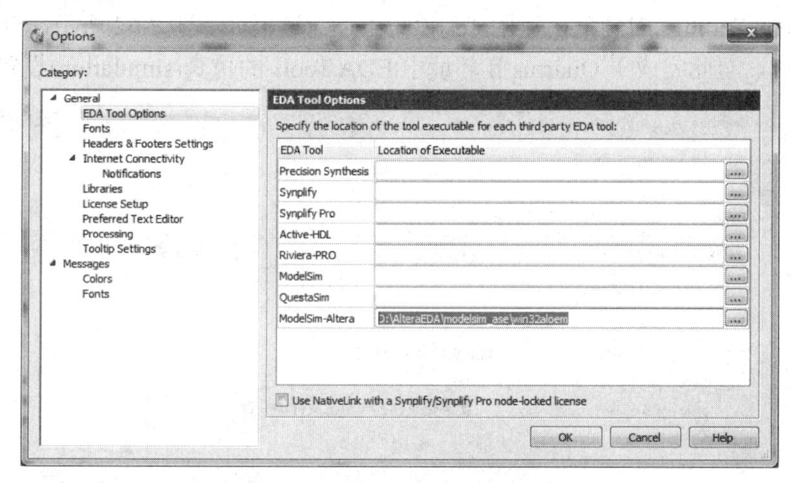

图 2.59　在 Quartus II 中设置 ModelSim 的路径

(3) 仿真环境设置。

选择菜单 Assignments→Settings，在 Gategory 栏的 EDA Tool Settings 中设置 Simulation，可以在 Tool name 下拉列表中选择仿真工具软件，如 Modelsim。在网表设置(EDA Netlist Writer settings)中，输出网表格式和输出路径都按默认，不需要改动，但是要注意在时间单位设置中，需要保持和 TestBench 代码中的时间单位一致，如图 2.60 所示。

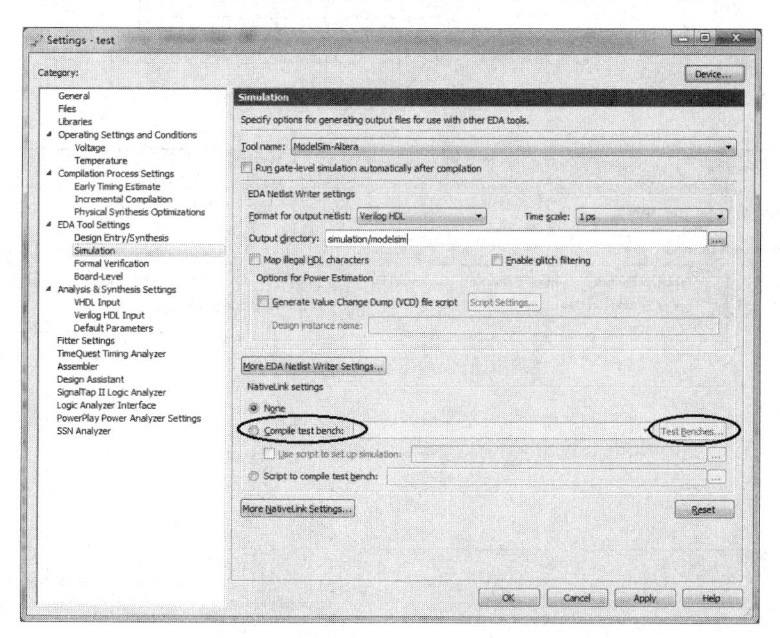

图 2.60　Quartus II 中仿真环境设置

选中图 2.60 中的 Compile test bench 选项，并点击 Test Benches...按钮，弹出图 2.61 所示的 Test Benches 对话框。在 Test Benches 对话框中点击右上角的 New 按钮添加新的 Test Bench。在弹出的 New Test Bench Settings 对话框中完成相应的设置工作，包括：

填写 Test Bench 文件名(*.vt 或者 *.vht 文件)；填写 Test Bench 文件中顶层模块名；填写 Test Bench 文件中设计实例模块名；浏览找到测试文件并添加(Add)。点击 OK 按钮退出 New Test Bench Settings 对话框，返回 Test Benches 对话框，如图 2.62 所示，点击 OK 按钮添加完成确认，至此完成了 Quartus II 环境中 EDA Tools 的仿真(simulation)设置。

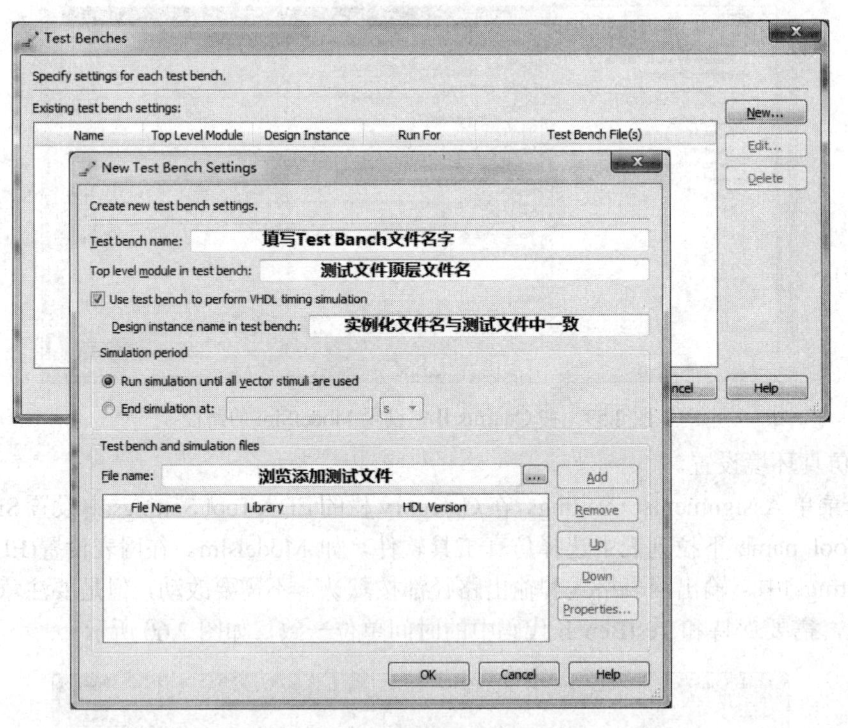

图 2.61　新建 Test Bench 测试文件

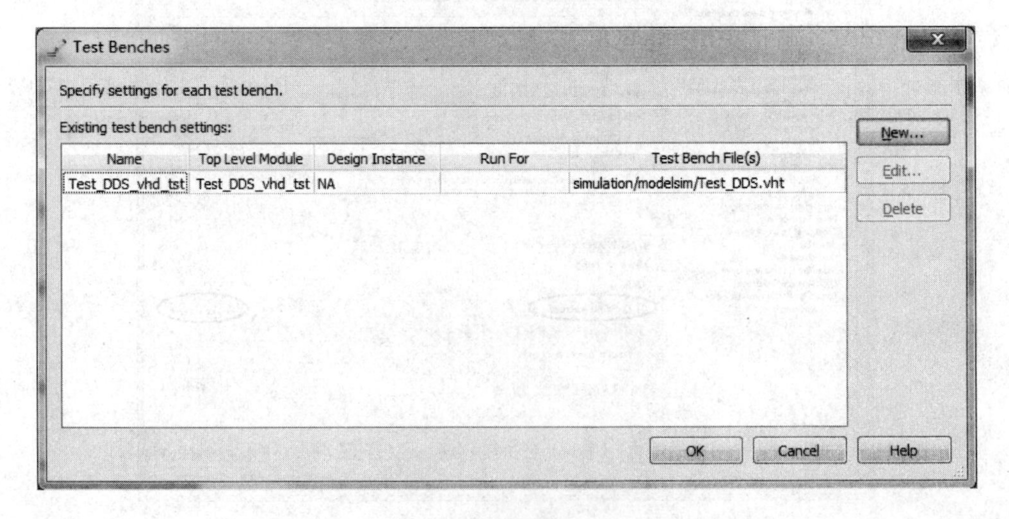

图 2.62　完成添加测试文件

(4) 设置完成之后，开始生成测试文件。

点击 Processing→Start→Start Test Bench Template Writer 菜单命令，会自动生成 Test Bench 模板。

(5) 在 Quartus II 中打开 Test Bench 文件。

前面生成的 Test Bench 文件自动保存在工程目录中的 Simulation/Modelsim 目录下，以 .vt(Verilog 语言编写的测试文件)或者 .vht(VHDL 语言编写的测试文件)格式存在。

(6) 打开 Test Bench 文件后，编写工程所需的 Test Bench 文件内容，如图 2.63 所示。

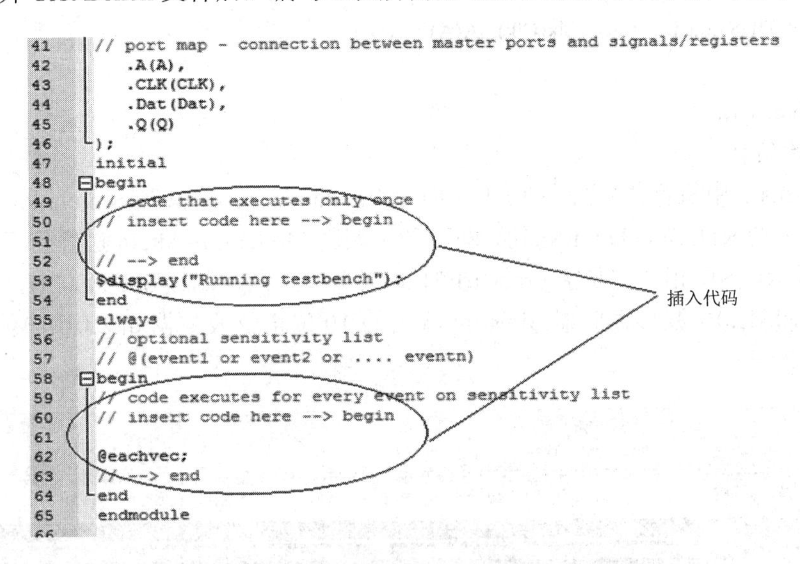

图 2.63　Test Bench 代码

删除不需要的代码，根据需要在 initial 块和 always 块中插入相关代码，并将文件命名为 Test_DDS_tb 保存。本例仿真代码如下：

```
`timescale 10ps/1ps

module Test_DDS_tb;
reg[15:0] Dat;
reg Clk;
wire[15:0] A;
wire[7:0] Q;
parameter ClockPeriod = 20;

initial
begin
Clk = 0;
forever #(ClockPeriod/2) Clk = ~Clk;
end
```

```
initial
begin
Dat = 16'h0200;
#10240
Dat = 16'h0400;
end

Test_DDS dut(.Dat(Dat), .Clk(Clk), .A(A), .Q(Q));


endmodule;
```

(7) 开始仿真。

在 Quartus II 中执行菜单命令 Tools→Run Simulation Tool→RTL Simulation，或者点击快捷工具栏中的 RTL Simulation 按钮，即可开始调用 ModelSim-Altera 进行仿真，仿真结果如图 2.64 所示。图中相位控制字 FreqCtrl[31..0]设置为十六进制数 00800000H，相位累加器输出 Address[31..0]，波形存储器 SinRom 输出的 10 位正弦波数据 q[9..0]用模拟波形方式显示。

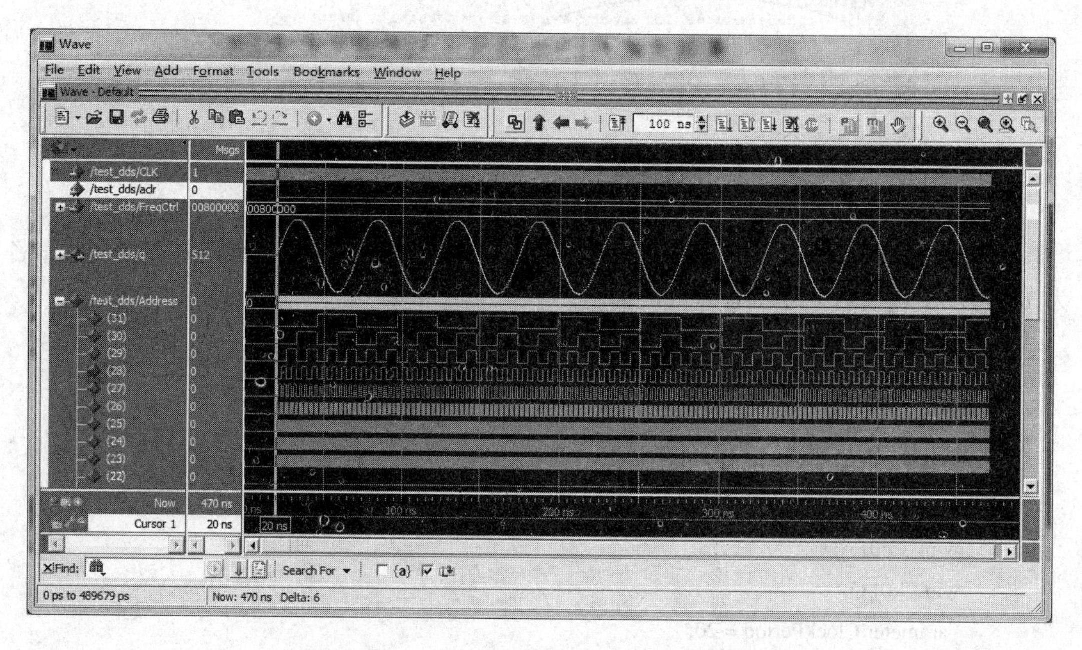

图 2.64　DDS 实例 ModelSim RTL 仿真结果

2.4　FPGA 调试工具 SignalTap II 应用

随着 FPGA 设计任务复杂性的不断提高，FPGA 设计调试工作的难度也越来越大，在设计验证中投入的时间和花费也会不断增加。为了让产品更快投入市场，设计者必须尽可能减少设计验证时间，这就需要一套功能强大且容易使用的验证工具。SignalTap II 逻辑分析仪可以用来对 Intel FPGA 内部信号状态进行评估，帮助设计者很快发现设计中存在问题的原因。

Quartus Ⅱ软件中的 SignalTap Ⅱ逻辑分析仪是非插入式的，可升级，易于操作且对 Quartus Ⅱ用户免费。SignalTap Ⅱ逻辑分析仪允许设计者在设计中用探针的方式探查内部信号状态，帮助设计者调试 FPGA 设计。

2.4.1　在设计中嵌入 SignalTap Ⅱ逻辑分析仪

在设计中嵌入 SignalTap Ⅱ逻辑分析仪有两种方法。第一种方法是建立一个 SignalTap Ⅱ文件(.stp)，然后定义 STP 文件的详细内容；第二种方法是用 MegaWizard Plug-In Manager 建立并配置 STP 文件，然后用 MegaWizard 实例化一个 HDL 输出模块。下面采用第一种方法在设计好的工程文件中嵌入 SignalTap Ⅱ逻辑分析仪来进行时序波形的在线调试。

1．创建 SignalTap Ⅱ文件(扩展名为 .stp)

STP 文件包括 SignalTap Ⅱ逻辑分析仪设置部分和捕获数据的查看、分析部分。创建一个 STP 文件的步骤如下：

(1) 在 Quartus Ⅱ软件中，首先打开需要在线调试的设计工程文件；然后执行菜单命令 File→New。

(2) 在弹出的 New 对话框中，选择 Verification/Debugging Files 下面的 SignalTap Ⅱ Logic Analyzer File，如图 2.65 所示。

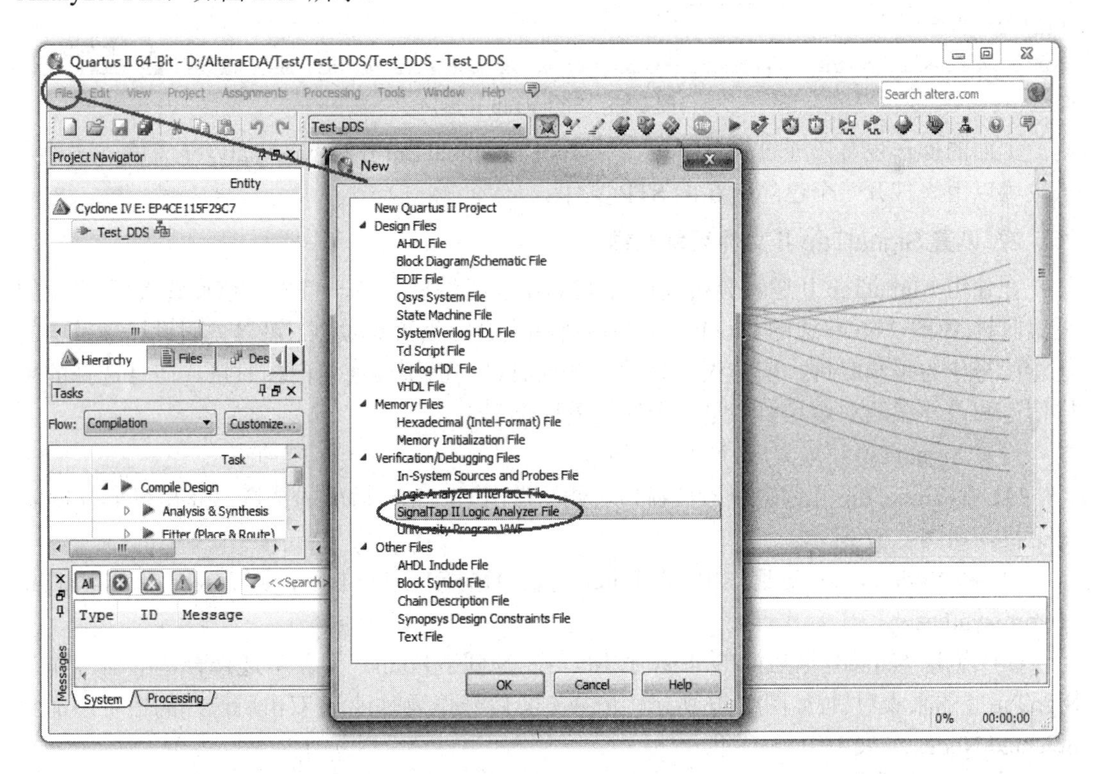

图 2.65　新建一个 STP 文件

(3) 点击 New 对话框的 OK 按钮确定，一个新的 SignalTap Ⅱ窗口如图 2.66 所示。

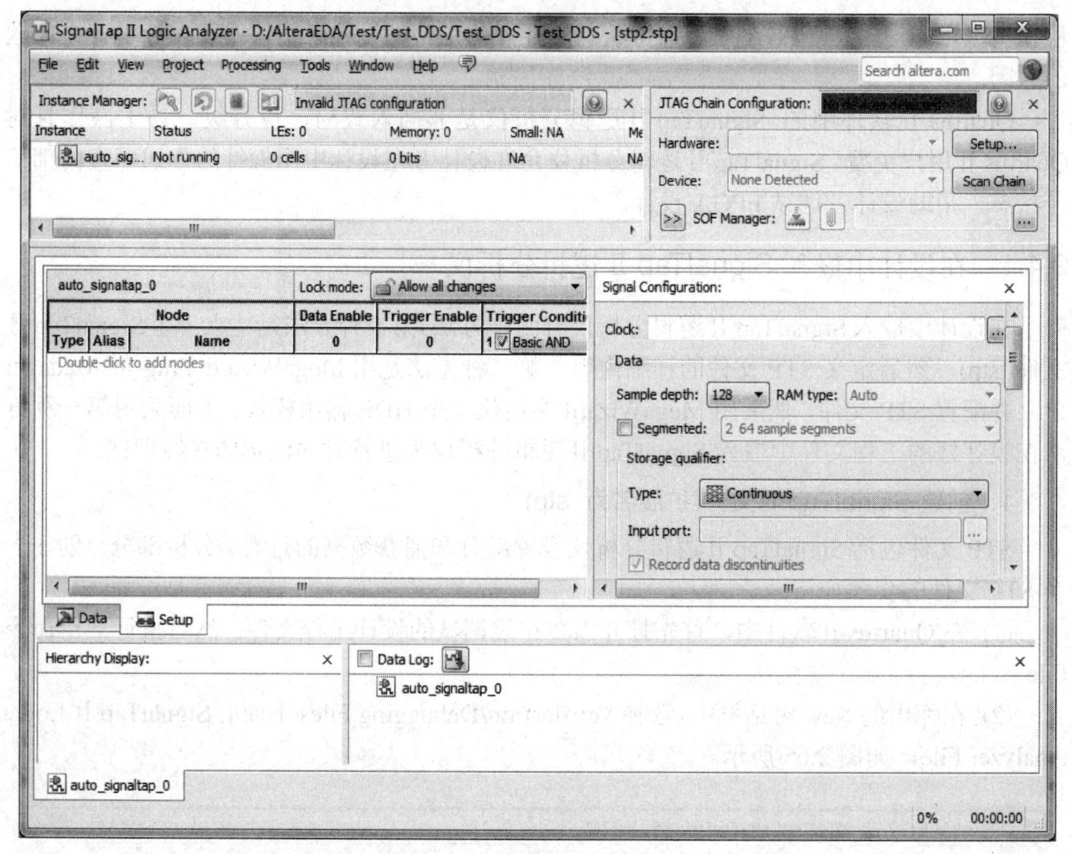

图 2.66　SignalTap II 窗口

上面的操作也可以通过执行菜单命令 Tools→SignalTap II Logic Analyzer 完成。这种方法也可以用来打开一个已经存在的 STP 文件。

2. 设置 SignalTap II 文件采集时钟

在使用 SignalTap II 逻辑分析仪进行 FPGA 在线调试之前，首先应该设置 STP 文件的采集时钟(如图 2.66 右边的 Clock)。采集时钟在上升沿处采集数据。可以使用设计项目中的任意信号作为采集时钟，但建议最好使用全局时钟，而不要使用门控时钟，而且选择的采样信号和需要观测的信号要满足奈奎斯特采样定理。

设置 SignalTap II 采集时钟的步骤如下：

(1) 在 SignalTap II 逻辑分析仪窗口右侧，点击 Clock 栏后面的按钮，打开 Node Finder 对话框，如图 2.67 所示。

(2) 在 Node Finder 对话框中，在 Filter 列表中选择 Design Entry (all names)或 SignalTap II : pre-synthesis。

(3) 点击 Named 框后面的 List 按钮，在 Nodes Found 列表中选择合适的信号作为 SignTap II 的采集时钟(如图 2.67 所示，选择 Clk 信号作为时钟)，双击所选择的信号添加到 Selected Nodes 列表中。

(4) 点击 OK 确定。可以在 SignalTap II 窗口中看到，设置作为采样时钟的信号显示在 Clock 栏中。

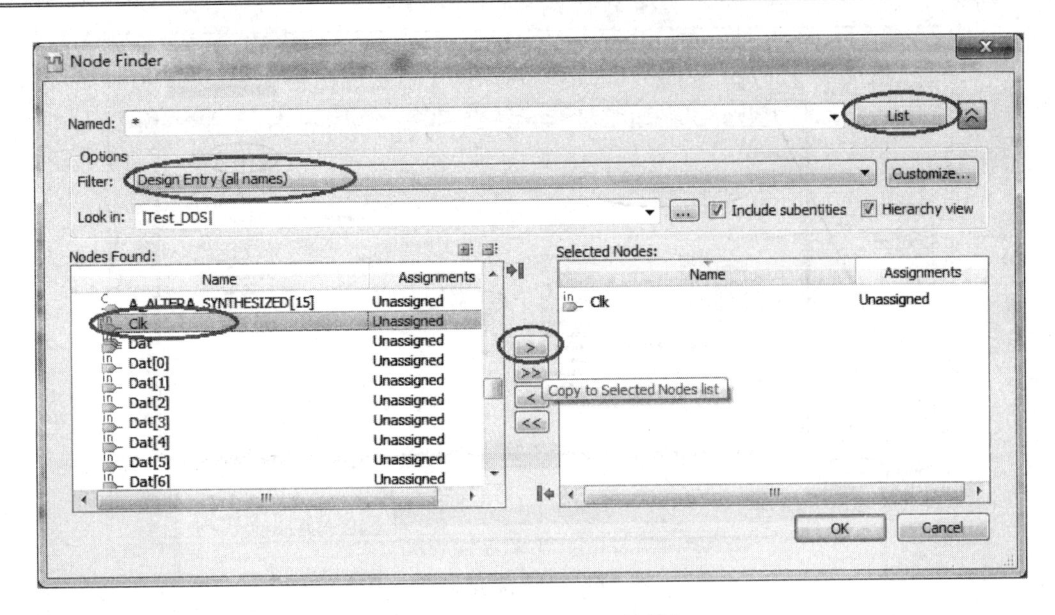

图 2.67 Node Finder 对话框

注意：用户如果在 SignalTap II 窗口中没有分配采集时钟，Quartus II 软件自动建立一个名为 auto_stp_external_clk_0 的时钟引脚。在设计中用户必须为这个引脚单独分配一个器件引脚，在用户的印刷电路板(PCB)上必须有一个外部时钟信号驱动该引脚。

3. 在 STP 文件中配置观测信号

在 STP 文件中，可以分配下面两种类型的信号：

(1) Pre-synthesis：该种信号在对设计进行 Analysis & Elaboration 操作以后存在，这些信号表示寄存器传输级(RTL)信号。

在 SignalTap II 窗口中分配 Pre-synthesis 信号，可执行菜单命令 Processing→Start Analysis & Elaboration。对设计进行修改以后，如果要在物理综合之前快速加入一个新的节点名，使用这项操作特别有用。

(2) Post-fitting：该信号在对设计进行物理综合优化以及布局、布线操作后存在。

4. 分配数据信号

(1) 在 Quartus II 中执行 Processing→Start→Start Analysis & Elaboration 对项目进行分析检查，或执行 Processing→Start→Start Analysis & Synthesis，或直接执行 Processing→Start Compilation 完成全编译过程。

(2) 在 SignalTap II 逻辑分析仪窗口点击 Setup 标签页。

(3) 在 Setup 标签页中双击鼠标左键，弹出 Node Finder 对话框，如图 2.68 所示。

(4) 在 Node Finder 对话框的 Filter 列表中选择 SignalTap II : pre-synthesis 或 SignalTap II : post-fitting，也可以选择 Design Entry(all names)。

(5) 在 Named 框中输入节点名、部分节点名或通配符，点击 List 按钮查找节点。

(6) 在 Nodes Found 列表中选择要加入 STP 文件中的节点或总线。

(7) 点击“>”按钮将选择的节点或总线添加到右边的 Selected Nodes 列表中。

(8) 点击 OK 按钮，将选择的节点或总线插入 STP 文件。

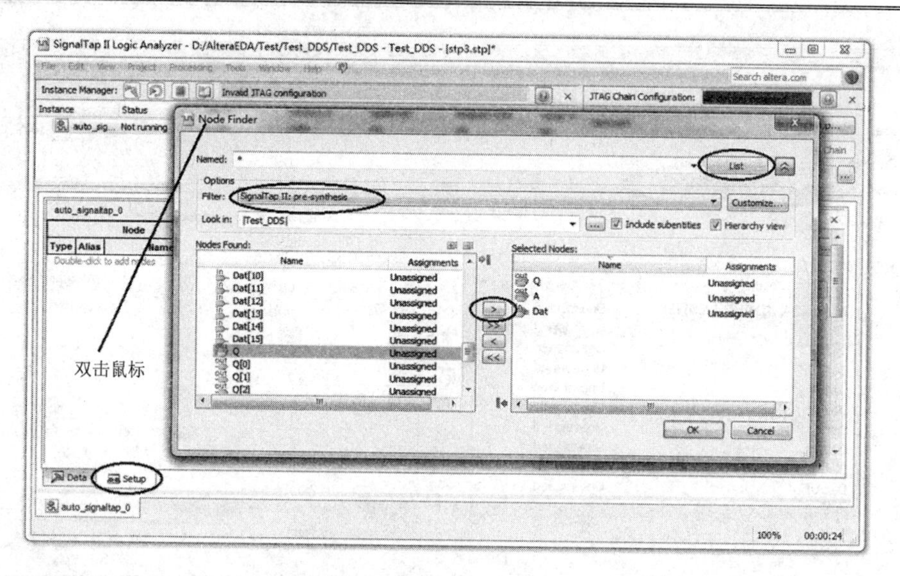

图 2.68　分配数据信号

5．SignalTap II 逻辑分析仪触发设置

逻辑分析仪触发控制主要是设置观测信号的触发条件(Trigger Conditions)。

1) 触发类型选择 Basic AND 或 Basic OR

如果触发类型选择 Basic，在 STP 文件中必须为每个信号设置相应的触发模式(Trigger Pattern)。SignalTap II 逻辑分析仪中的触发模式包括：Don't Care(无关项触发)、Low(低电平触发)、High(高电平触发)、Falling Edge(下降沿触发)、Rising Edge(上升沿触发)、Either Edge(双沿触发)。

触发模式设置如图 2.69 所示。当所设定的触发条件满足时，SignalTap II 逻辑分析仪开始捕捉数据。

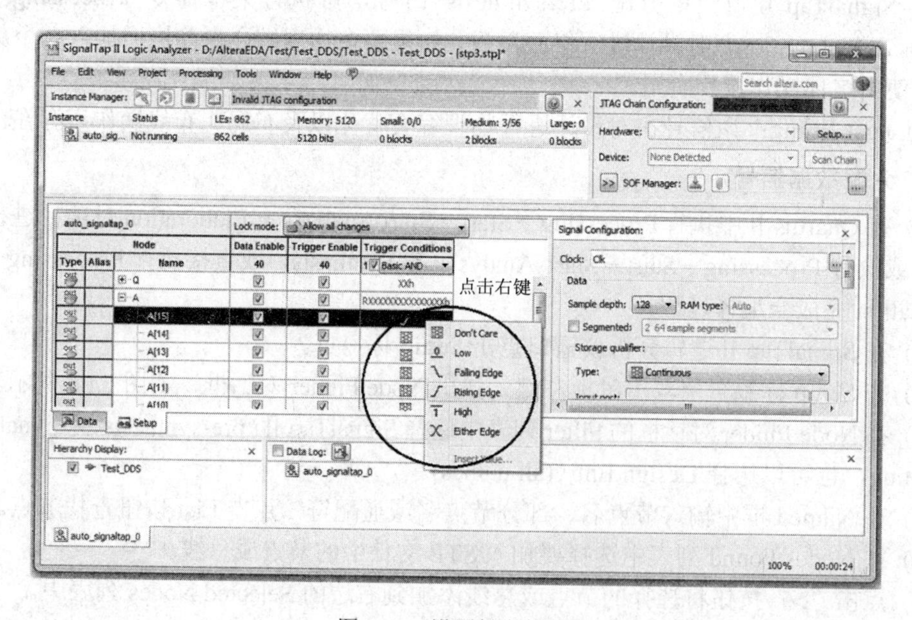

图 2.69　设置触发模式

2) 触发类型选择 Advanced

如果触发类型选择 Advanced，则必须为逻辑分析仪建立触发条件表达式。一个逻辑分析仪最关键的特点就是它的触发能力。如果不能很好地为数据捕获建立相应的触发条件，逻辑分析仪可能无法帮助设计者捕捉到需要观测的有效信号。

在 SignalTap II 逻辑分析仪中，使用高级触发条件编辑器(Advanced Trigger Condition Editor)，用户可以在简单的图形界面中建立非常复杂的触发条件。设计者只需要将运算符拖动到触发条件编辑器窗口中，即可建立复杂的触发条件，如图 2.70 所示。

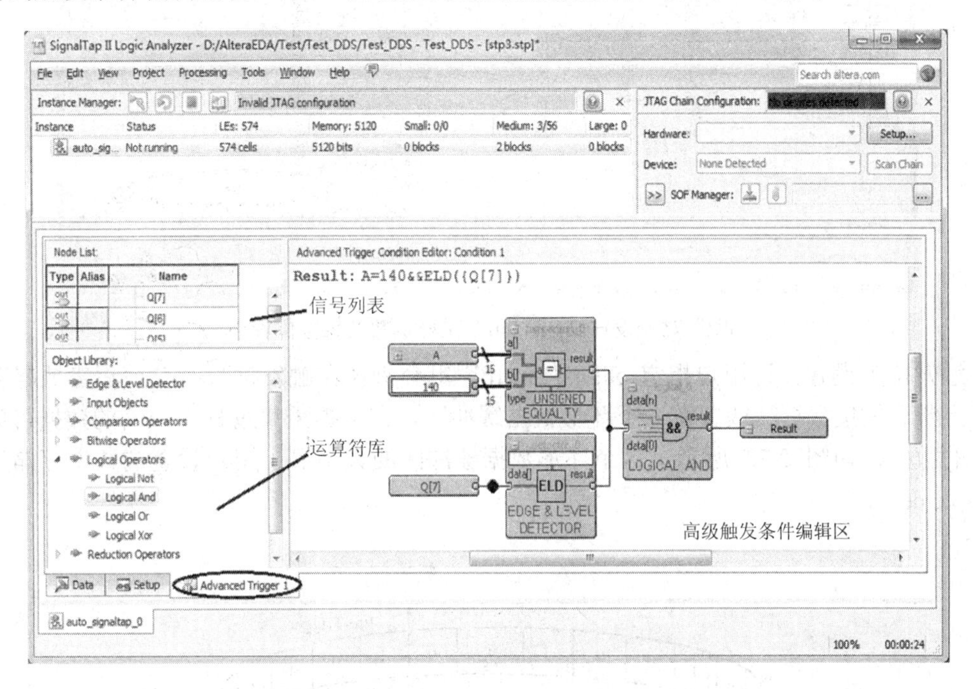

图 2.70　高级触发条件编辑器

SignalTap II 逻辑分析仪具有强大的触发功能，更多设置请参考 Quartus II 手册第 3 卷 Verification 第Ⅳ部分 System Debugging Tools 的第 13 章 Design Debugging Using the SignalTap II Logic Analyzer 的内容。

6. 指定采样点数及触发位置

在触发事件开始之前，用户可以指定要观测数据的采样点数，即数据存储深度以及触发事件发生前后的采样点数，如图 2.71 所示。

在 SignalTap II 窗口右侧 Signal Configuration 部分的 Data 栏中，在 Sample depth 列表中可以选择需要观测的采样点数；在 Trigger 栏中，在 Trigger position 列表中可以选择触发信号有效前后的数据比例：

(1) Pre trigger position：保存触发信号发生之前的信号状态信息(88%触发前数据，12%触发后数据)。

(2) Center trigger position：保存触发信号发生前后的数据信息，各占 50%。

(3) Post trigger position：保存触发信号发生之后的信号状态信息(12%触发前数据，88%触发后数据)。

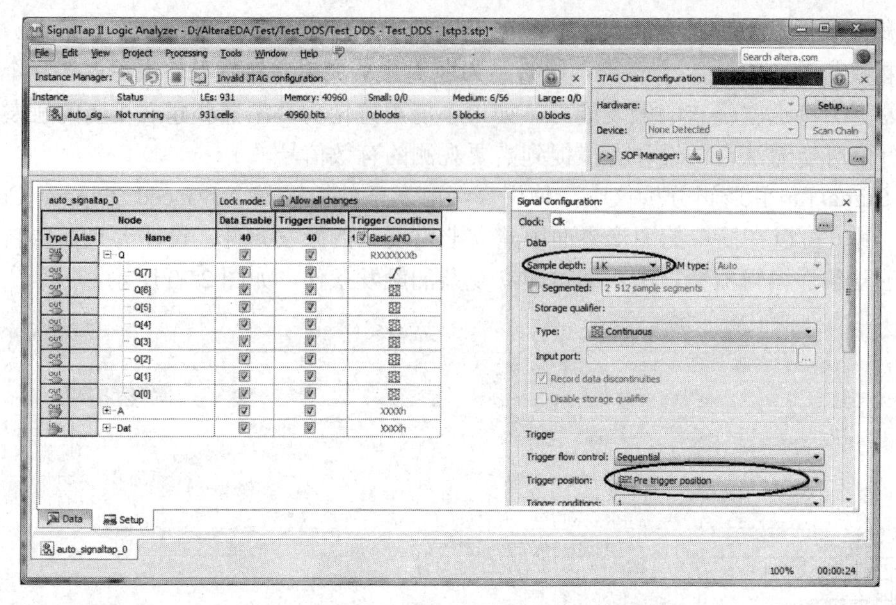

图 2.71　设置 SignalTap II 采样点数及触发位置

触发位置设置允许用户指定 SignalTap II 逻辑分析仪在触发信号有效前后需要捕获的采样点数。采集数据被放置在一个环形数据缓冲区，在数据采集过程中，新的数据可以替代旧的数据，如图 2.72 所示。这个环形数据缓冲区的大小等于用户设置的数据存储深度(Sample depth)。

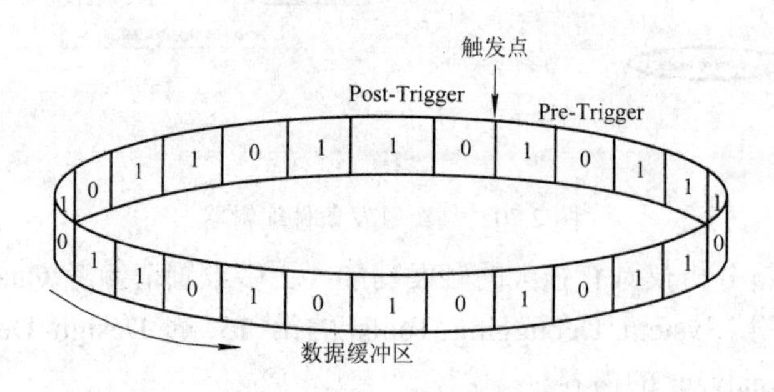

图 2.72　环形数据缓冲区

7．重新编译嵌入 SignalTap II 逻辑分析仪的设计项目

配置好 STP 文件后，在使用 SignalTap II 逻辑分析仪之前必须编译 Quartus II 设计工程。

首次建立并保存 STP 文件时，Quartus II 软件自动将 STP 文件加入工程中。也可以采用下面的步骤手动添加 STP 文件到设计项目中：

(1) 在 Quartus II 软件中，执行菜单命令 Assignments→Settings，弹出 Settings 对话框。

(2) 在 Category 列表中选择 SignalTap II Logic Analyzer。

(3) 在 SignalTap II Logic Analyzer 页中，使能 Enable SignalTap II Logic Analyzer 选项。

(4) 在 SignalTap II File Name 栏中输入 STP 文件名。

(5) 点击 OK 确认。

(6) 执行菜单命令 Processing→Start Compilation 开始编译。

2.4.2 使用 SignalTap II 逻辑分析仪进行编程调试

在设计中嵌入 SignalTap II 逻辑分析仪并完全编译完成以后，通过 USB-Blaster 下载电缆连接好调试板并加电。打开 SignalTap II 文件，完成嵌入 SignalTap II 逻辑分析仪器件编程调试的步骤如下：

(1) 在 SignalTap II 窗口右上方的 JTAG Chain Configuration 区，在 Hardware 列表中选择 USB-Blaster，如图 2.73 所示。一般情况下 SignalTap II 会自动扫描到调试板上的器件并显示在 Device 列表中。

(2) 点击 SOF Manager 后面的浏览按钮，选择嵌入 SignalTap II 逻辑分析仪的下载文件。

(3) 点击 Program Device 图标进行器件编程，如图 2.73 所示。

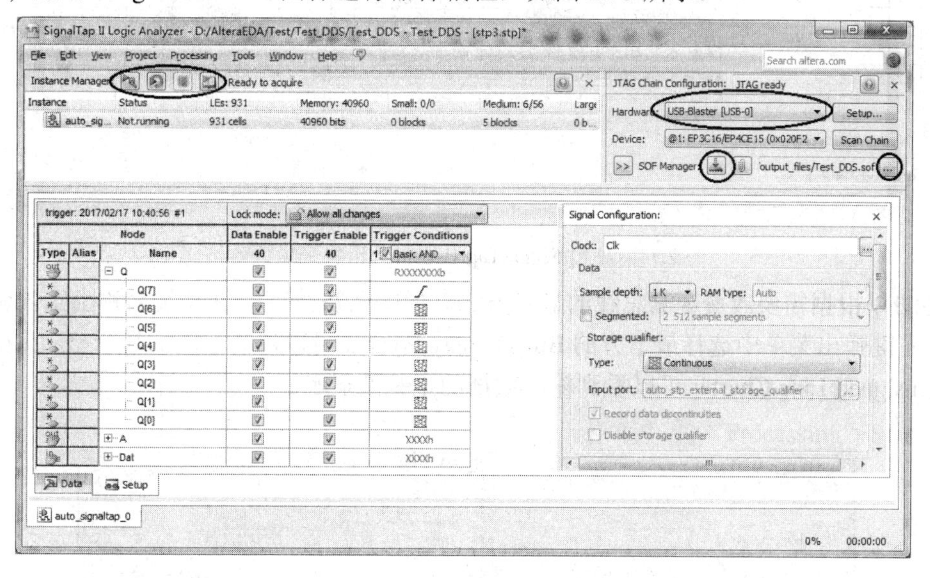

图 2.73　使用 SignalTap II 逻辑分析仪进行器件编程

2.4.3 查看 SignalTap II 调试波形

在 SignalTap II 窗口中，选择 Run Analysis 或 AutoRun Analysis 按钮启动 SignalTap II 逻辑分析仪。当触发条件满足时，SignalTap II 逻辑分析仪开始捕获数据。

SignalTap II 工具条上有四个执行逻辑分析仪选项，如图 2.74 左上角所示：

(1) Run Analysis：单步执行 SignalTap II 逻辑分析仪。即执行该命令后，SignalTap II 逻辑分析仪等待触发事件，当触发事件发生时开始采集数据，然后停止。

(2) AutoRun Analysis：执行该命令后，SignalTap II 逻辑分析仪根据所设置的触发条件连续捕获数据，直到用户按下 Stop Analysis 为止。

(3) Stop Analysis：停止 SignalTap II 分析。如果触发事件还没有发生，则没有接收数据显示出来。

(4) Read Data：显示捕获的数据。如果触发事件还没有发生，用户可以点击该按钮查看当前捕获的数据。

SignalTap Ⅱ逻辑分析仪自动将采集数据显示在 SignalTap Ⅱ界面的 Data 标签页中，如图 2.74 所示。

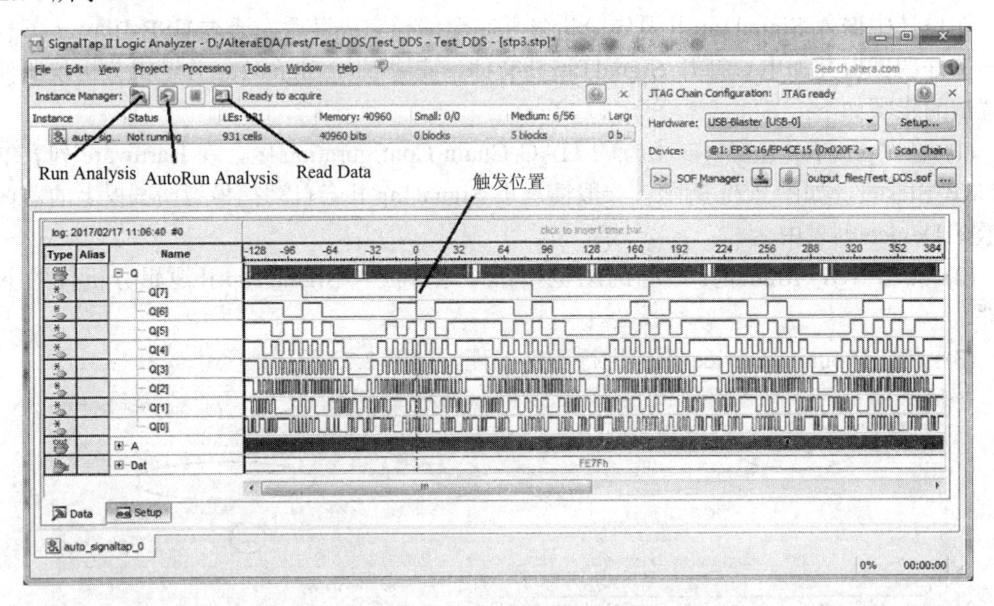

图 2.74　使用 SignalTap Ⅱ逻辑分析仪采集数据

也可以根据需要改变观测总线的显示方式。如图 2.75 所示，在总线名称上点击鼠标右键，在右键弹出菜单中选择最下方的 Bus Display Format 可以选择相应的显示格式，如图中选择 Unsigned Line Chart，可以看到输出数据的正弦波显示。

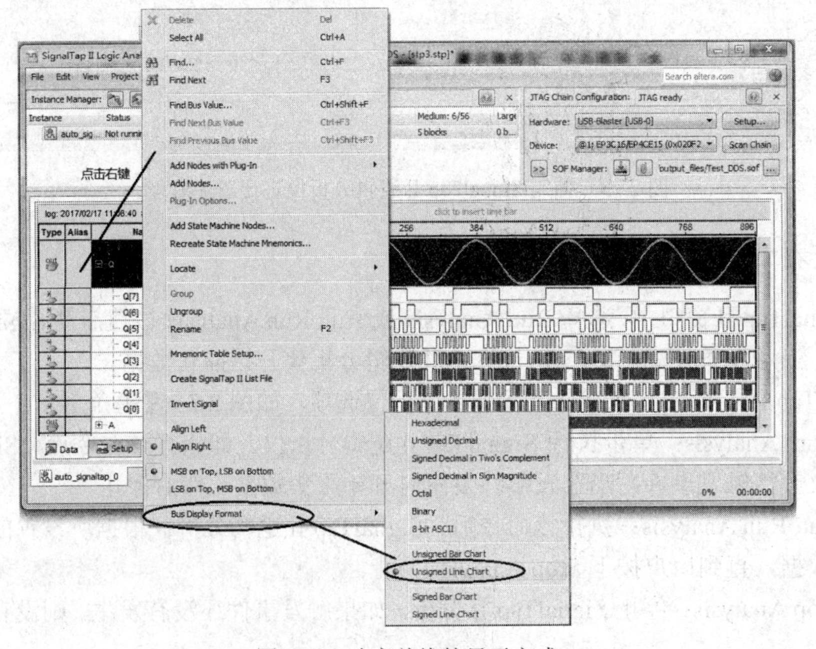

图 2.75　改变总线的显示方式

第3章 基于SOPC的嵌入式开发技术

SOPC(System On a Programmable Chip)是用可编程逻辑技术把整个系统放到一块硅片上。它是一种基于FPGA的嵌入式系统：一方面它是片上系统(SOC，System On a Chip)，即由单个芯片完成整个系统的主要逻辑功能；另一方面，它是可编程系统，具有灵活的设计方式，可裁减、扩充、升级，并具备软硬件在系统可编程的功能。这项技术将EDA技术、计算机设计、嵌入式系统、工业自动控制系统、DSP及数字通信系统等技术融为一体。

随着EDA技术的发展和大规模可编程器件性能的不断提高，SOPC的开发与应用已被广泛应用于许多领域。首先，SOPC在极大地提高了许多电子系统性能价格比的同时，还开辟了许多新的应用领域，如高端的数字信号处理、通信系统、软件无线电系统的设计、微处理器及大型计算机处理器的设计等；同时，SOPC具有基于EDA技术标准的设计语言与系统测试手段、规范的设计流程与多层次的仿真功能，以及高效率的软硬件开发与实现技术，使得SOPC及其实现技术无可争议地成为现代电子技术最具时代特征的典型代表。

3.1 Qsys系统开发工具

3.1.1 Qsys与SOPC简介

Qsys是Intel在Quartus Ⅱ 11.0以上版本发布的新功能，它是SOPC Builder的新一代产品。在Quartus Ⅱ 11.0及以后的软件版本中，SOPC Builder工具逐渐被Qsys所取代，因此Qsys在SOPC开发中的作用是在SOPC Builder的基础之上实现新的系统开发与性能互联。

与SOPC Builder相同，Qsys是一种可加快在PLD内实现嵌入式处理器相关设计的工具，它的功能与PC应用程序中的“引导模板”类似，旨在提高设计者的效率。设计者可确定所需要的处理器模块和参数，并据此创建一个处理器的完整存储器映射，同时还可以选择所需的IP外围电路，如存储器控制器、I/O控制器和定时器模块等。

Qsys可以快速地开发定制新方案，重建已经存在的方案，并为其添加新的功能，提高系统的性能。通过自动集成系统组件，它允许用户将工作的重点集中到系统级的需求上，而不是从事把一系列的组件装配在一起这种普通的、手工的工作上面。在Intel Quartus Ⅱ 11.0及以后的软件版本中，都已经包含了Qsys(Quartus Ⅱ 13.0以上版本完全用Qsys替代SOPC Builder)。设计者采用Qsys系统集成工具，能够在一个工具内定义一个从硬件到软件的完整系统，而花费的时间仅仅是传统SOC设计的几分之一。

Qsys 提供了一个强大的平台，用于组建一个在模块级和组件级定义的系统。它的组件库包含了从简单的固定逻辑的功能块到复杂的、参数化的、可以动态生成的子系统等一系列的组件。这些组件可以是从 Intel 或其他合作伙伴购买来的 IP 核，它们其中一些是可以免费下载用来做评估的。用户还可简单地创建他们自己定制的组件。Qsys 内建的 IP 核库是 OpenCore Plus 版的业界领先的 Nios/Nios II 嵌入式软核处理器。所有的 Quartus II 用户能够把一个基于 Nios/ Nios II 处理器的系统经过生成、仿真和编译，进而下载到 Intel FPGA 中，进行实时评估和验证。

Qsys 与原来的 SOPC Builder 相比主要的功能优点是：Qsys 系统集成工具自动生成互联逻辑，连接知识产权(IP)功能和子系统，从而显著节省了时间，减轻了 FPGA 设计工作量。Qsys 是新一代 SOPC Builder 工具，在 FPGA 优化片上网络(NoC)新技术支持下，与 SOPC Builder 相比，提高了性能，增强了设计重用功能，缩短了 FPGA 设计过程，能更迅速地进行验证。

3.1.2 Qsys 系统主要界面

在 Quartus II 中打开需要添加 Qsys 系统的项目工程，选择 Quartus II 工具栏中的 Qsys 快捷按钮(或执行菜单命令 Tools→Qsys)，就可以启动 Qsys 工具，如图 3.1 所示。

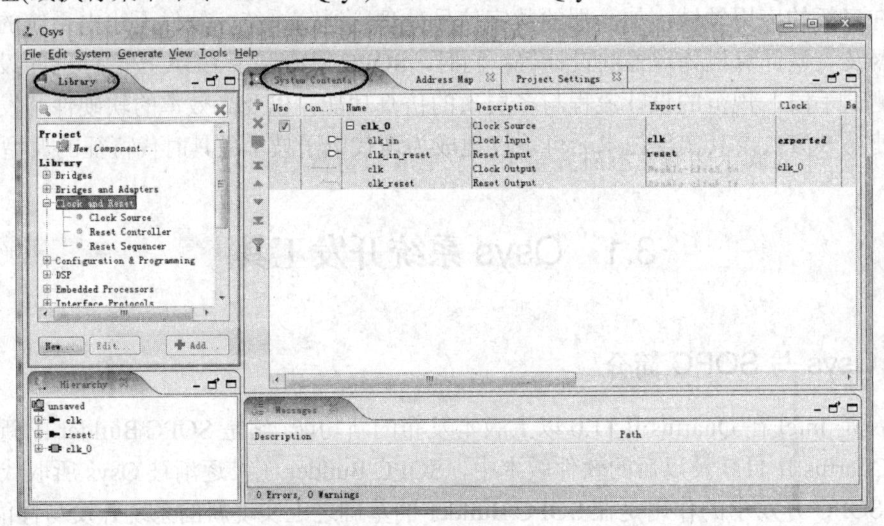

图 3.1　Qsys 系统工具

1. Qsys 主界面

用户在系统主界面中定义所需的 Qsys 系统(如图 3.1 所示)。在 Qsys 的资源库(Library)中包括了用户可使用的所有资源列表，用户可以选择相应的资源添加到系统组成页面(System Contents)中。当用户用 Qsys 产生系统时，它就在 Quartus II 工程项目中生成了一个 Qsys 系统模块。这个模块包含了用户所定制的所有组成元件和接口。另外，这个模块还包括了自动生成的总线(互联)逻辑。

1) 资源库(Library)

在资源库中列出了根据总线类型和逻辑类别来分类的所有可用的库元件。每个元件名前面都有一个带颜色的圆点，不同的颜色代表不同的含义。

- 绿圆点：用户可以添加到用户系统中的元件是完全许可的。
- 黄圆点：元件在系统设计中的应用受到某种形式的限制。
- 白圆点：元件目前还没有安装到用户的系统上，用户可以从网上下载这些元件。

资源库下方的“New…”按钮用于创建新的组件，“Add…”按钮则用于将选择的组件添加到系统中。

2) 系统组件(System Contents)页面

系统组件(System Contents)页面中列出的是用户从资源库中添加到 Qsys 系统中的资源，包括桥、总线接口、嵌入式处理器、存储器接口、外围设备等。此外，用户可以在系统组件页面描述各种资源的主从互联、基地址、中断等设置。

3) 添加元件到系统组件页面

添加元件的系统组件页面的步骤如下：

(1) 在资源库中选中要添加的元件名。

(2) 双击元件名，或点击资源库下面的“Add…”按钮。

对于可添加的资源元件，如果弹出选项设置对话框，设定完选项后点击 Finish 按钮就可将元件添加到系统组件页面；如果元件没有选项对话框，它会直接添加到系统组件页面中。

对于还没有安装的资源元件，就会出现一个对话框，它可链接到网上下载该资源元件或是从厂商获取。安装了元件后，用户就可以将它添加到用户所设计的系统中了。

与 SOPC Builder 不同，Qsys 系统中所添加的组件间连线需要用户自己进行连接。在系统组件页面中将鼠标移至 Connection 栏下，会自动显现出主从元件的互连示意图。用户只需在需要连接处点击空心圆圈即可自行进行连接。组件间连线有一个大致的原则，即：对于存储器类的外设，需要将其 slave 端口同嵌入式处理器(CPU)的 data_master 和 instruction_master 相连；对于非存储器类的外设只需要连接到 CPU 的 data_master 就可以。任何一个元件都可以有一个或多个主或从的接口。如果主元件和从元件使用同一个总线协议，任何一个主元件都可以和任何一个从元件相连。如果使用的是不同的总线协议，用户可以通过使用一个桥接元件来把主从元件连接起来，例如可使用 AMBA-AHB-to-Avalon 桥。

当两个或多个主设备共享同一个从设备时，Qsys 会自动插入一个仲裁逻辑来控制对从设备的访问。当对一个从设备有多个请求同时发生时，仲裁逻辑可以决定由哪个主设备来访问这个从设备。要查看仲裁优先权，可在 Qsys 的系统组件(System Contents)页面的对应元件上点击鼠标右键，在右键菜单命令中选中 Show Arbitration Shares。

2. Qsys 相关选项设置页面

Qsys 系统选项设置是指在创建和生成 Qsys 系统时需要设置的相关选项，与 Qsys 主界面中的页面标签相对应，它们分别是 System Contents、Address Map、Project Settings。也可在 Qsys 界面的 View 菜单中选择相关选项，如执行 View→Parameters 命令将显示 System Contents 页面中所选中元件的 Parameters 标签页。

1) System Contents 页面

System Contents 页面是 Qsys 的默认页面，显示用户自定义的系统元件构成，详细给出系统构成的各元件名称、连接情况、描述、基地址、时钟和中断优先级分配等情况，如

图 3.1 所示。

2) Address Map 设置页面

Address Map 选项用来设置系统元件在内存映射中的地址，从而确保与其他部分的映射一致。如果该选项卡中有红色标记则表示地址出现重叠错误，可双击地址进行修改，图 3.2 所示为修改后正确的地址映射。该页面一般情况下无需手动设置，当 System Contents 中所有元件都添加并连接好后，可执行 Qsys 菜单命令 System→Assign Base Addresses 自动分配基地址。

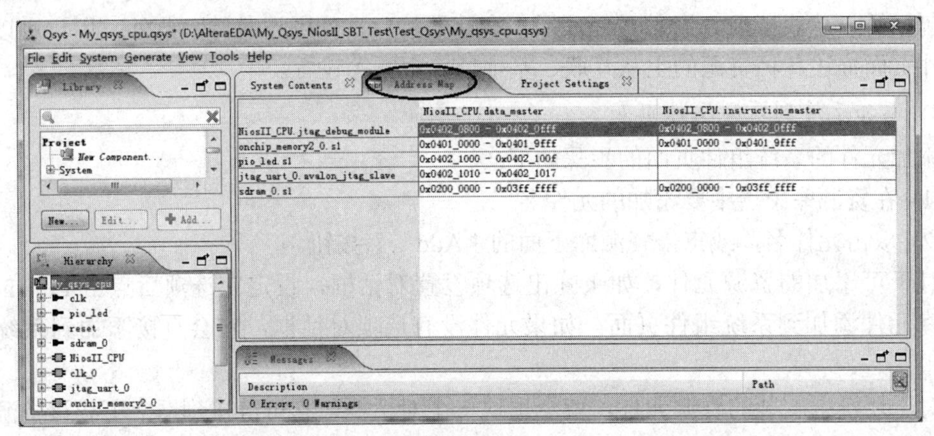

图 3.2　Address Map 选项

3) Project Settings 设置页面

Project Settings 选项用来设置一些系统参数，包括 Device Family(器件系列)的选择、Clock crossing adapter type(跨时钟域适配器类型)设置、limit interconnect pipeline stages to(限制互连流水线阶数)设置和产生系统 ID 的设置，如图 3.3 所示。

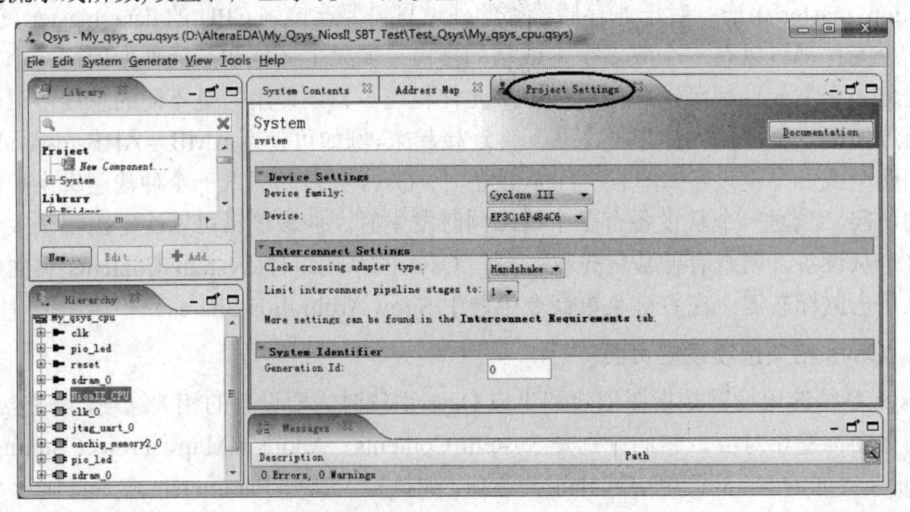

图 3.3　Project Settings 选项

器件系列(Device Family)及器件(Device)选择是由用户从器件列表中选择相应的目标器件，应该与 Quartus II 工程一致。这项设置非常重要，因为 Qsys 是利用所选器件系列的结构优势来产生系统逻辑的。

在 Qsys 系统中，当需要处理跨时钟域的数据传输时，Qsys 系统产生时会自动加入 clock crossing adaptor 元件。在 Clock crossing adapter type 选项下拉菜单中有三个选择项：Handshake、FIFO 和 Auto。

(1) Handshake：采用简单的握手协议处理跨时钟域数据传输，在这种模式下耗用的资源比较少，适用于数据吞吐量比较少时的情况。

(2) FIFO：采用了双时钟的 FIFO 做同步处理，这种模式下可以处理吞吐量比较大的数据传输，但是总体延时是 handshake 选项的两倍，适用于吞吐量比较大的存储器映射的数据传输。

(3) Auto：这种模式下同时采用 Handshake 和 FIFO 方式的连接，在突发连接中使用 FIFO 方式，其他情况下使用 Handshake 方式。

Limit interconnect pipeline stage to 选项也是 Qsys 的改进之一，在 Qsys 中对用户开放了一部分总线信息。关于 Interconnect 的具体内容可以查阅官方资料，需要注意的是该互连只针对 Avalon-MM 接口。

Generation Id 的设置是指在 Qsys 系统生成之前赋予时间标签一个唯一的整数值，用于检查软件的兼容性。

3. Generate→HDL Example 菜单

在 Qsys 界面点击菜单 Generate→HDL Example，可以生成用 Verilog 或 VHDL 语言描述的系统的顶级 HDL 定义，以及系统组件的 HDL 声明。如果该 Qsys 系统不是 Quartus II 工程中的顶层模块，则可以将 HDL Example 复制或粘贴到实例化本 Qsys 系统的顶层 HDL 文件中。

4. Generate→Generate 菜单

Qsys 界面的 Generate→Generate 菜单是用来生成用户定制的 Qsys 系统模块的。如图 3.4 所示，它包含一些选项，用户可以通过设置来控制生成过程，比如仿真模式控制、综合控制和输出路径的设置等。

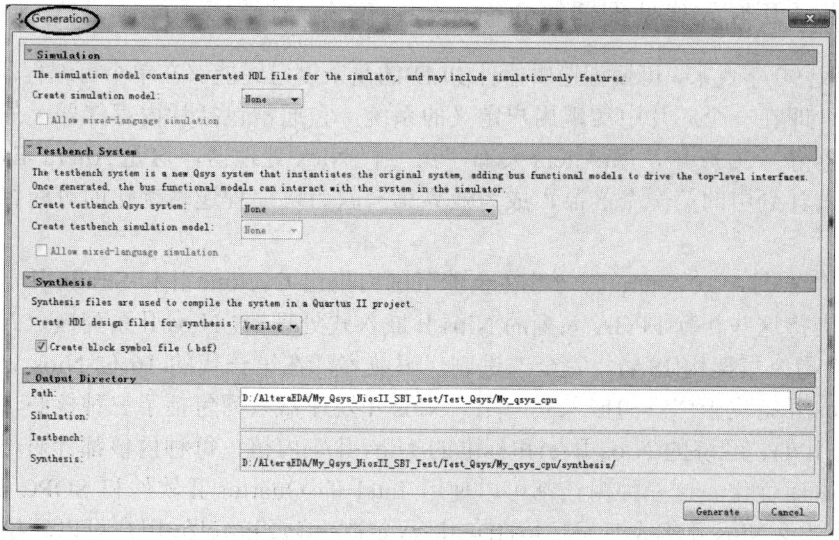

图 3.4　Generate 设置界面

仿真模式控制包括创建仿真模型、创建 Qsys 系统测试脚本以及创建仿真模型测试脚本的有关选择。

Synthesis 选项包括是否创建 Qsys 生成系统的 HDL 文件以及是否生成原理图符号文件。

输出路径设置则是指定生成系统相关文件及仿真、综合后相关文件的输出路径(通常采用默认设置)。

以上相关选项设置完毕后，用户就可以点击界面右下角的 Generate 按钮生成所定制的 Qsys 系统模块。点击 Generate 按钮后，根据提示保存该 Qsys 定制文件。

在生成进行的过程中，Qsys 会在系统生成过程信息栏中显示一些消息。当系统生成完成后，Qsys 会显示信息“Generate: completed successfully.”，如图 3.5 所示。

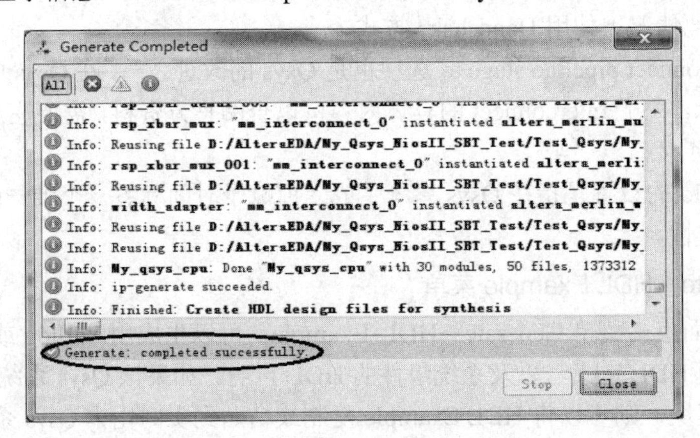

图 3.5　Generate 完成界面

3.2 Nios Ⅱ嵌入式软核及开发工具介绍

3.2.1 Nios Ⅱ嵌入式处理器简介

20 世纪 90 年代末，可编程逻辑器件(PLD)的复杂度已经能够在单个可编程器件内实现整个系统，即在一个芯片中实现用户定义的系统，它通常包括片内存储器、外设控制器及微处理器等。2000 年，原 Altera 发布了第一代 Nios 处理器，这是 Altera Excalibur 嵌入式处理器计划中的第一个产品，成为业界第一款为可编程逻辑优化的可配置的软核处理器。

2004 年 6 月，原 Altera 公司继在全球范围内推出 Cyclone Ⅱ和 Stratix Ⅱ器件系列后又发表了支持这些新款 FPGA 系列的 Nios Ⅱ嵌入式处理器。Nios Ⅱ系列嵌入式处理器使用 32 位的指令集架构(ISA)，完全二进制代码兼容，在第一代的 16 位 Nios 处理器的基础上，Nios Ⅱ定位于广泛的嵌入式应用。Nios Ⅱ处理器系列包括了三种核心，分别是快速的(Nios Ⅱ/f)、经济的(Nios Ⅱ/e)和标准的(Nios Ⅱ/s)内核，每种内核都针对不同的性能范围和成本而优化。这三种内核都可以使用 Intel 的 Quartus Ⅱ软件和 SOPC Builder 或 Qsys 工具以及 Nios Ⅱ集成开发环境(IDE)进行定制、编辑和编译，用户可以轻松地将 Nios Ⅱ处理器嵌入工程系统中。

3.2.2　Nios Ⅱ嵌入式处理器软硬件开发流程简介

Intel 新版本的 Nios Ⅱ逐渐开始转向 Nios Ⅱ Software Build Tools for Eclipse。Nios Ⅱ使用 Eclipse 集成开发环境来完成整个软件工程的编辑、编译、调试和下载，极大地提高了软件开发效率，图 3.6 所示为创建一个 Nios Ⅱ系统并将其下载到 Nios Ⅱ开发板上的全部开发流程，图中包括了创建一个工作系统的软硬件的各项设计任务。

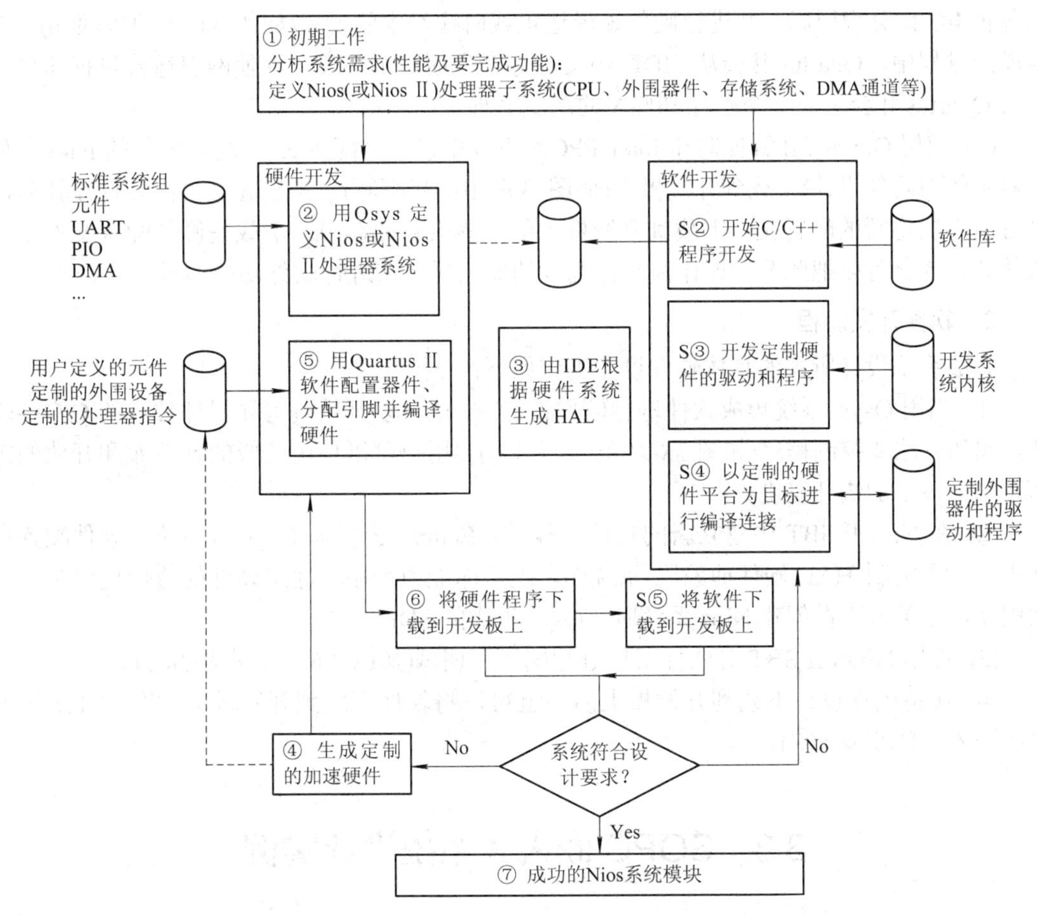

图 3.6　Nios Ⅱ系统软硬件开发流程

在流程图中指示出了硬件和软件设计流程的交汇点，了解软件和硬件之间的相互关系，对于完成一个完整的工作系统是非常重要的。

开发流程图从“初期工作”开始(图 3.6 中的步骤①)，这些工作需要软硬件工作人员的共同参与，它包括了对系统需求的分析如：

- 对所设计的系统运行性能有什么要求？
- 系统要处理的带宽有多大？

基于对这些问题的回答，用户可以确定具体的系统需求如：

- CPU 是否需要一个硬件加速乘法器？
- 设计中所需要的外围器件及其数量。
- 是否需要 DMA 通道来释放 CPU 在进行数据拷贝时所占用的资源？

1. 硬件开发流程

完成系统设计所需的具体硬件设计工作如下：

(1) 用 Qsys 系统综合软件来选取合适的 CPU、存储器以及外围器件如片内存储器，PIO、UART 和片外存储器接口，并定制它们的功能(如图 3.6 中的步骤②)。

(2) 使用 Quartus II 软件来选取具体的 Intel 可编程器件并对由 Qsys 生成的 HDL 设计文件进行布局布线。再使用 Quartus II 软件来选取目标 Intel FPGA 器件以及对 Nios II 系统上的各种 I/O 口分配引脚，并进行硬件编译选项或时序约束的设置(如图 3.6 中的步骤⑤)。在编译的过程中，Quartus II 会从 HDL 源文件综合生成一个网表，并使网表适合目标器件，最后 Quartus II 会生成一个配置 FPGA 的配置文件。

(3) 使用 Quartus II 编程器和 Intel FPGA 下载电缆，将配置文件(用户定制的 Nios II 处理器系统的硬件设计)下载到开发板上(如图 3.6 中的步骤⑥)。当校验完当前硬件设计后，还可向再次将新的配置文件下载到开发板上的非易失存储器中。下载完硬件配置文件后，软件开发者就可以把此开发板作为软件开发的原始平台来进行软件功能的开发验证。

2. 软件开发流程

完成系统设计所需的具体软件设计工作如下：

(1) 当用 Qsys 系统集成软件进行硬件设计时，就可以开始编写和器件独立的 C/C++软件，比如算法或控制程序(如图 3.6 中的步骤 S②)。用户可以使用现成的软件库和开放的操作系统内核来加快开发进程。

(2) 在 Nios II SBT 中建立新的软件工程时，Eclipse 会根据 Qsys 对系统的硬件配置自动生成一个定制 HAL(硬件抽象层)系统库。这个库能为程序和底层硬件的通信提供接口驱动程序，它类似于在创建 Nios 系统时，Qsys 生成的 SDK。

(3) 使用 NIOS II SBT 对软件工程进行编译、调试(如图 3.6 中的步骤 S④)。

(4) 在将硬件设计下载到开发板上后，就可以将软件下载到开发板上并在硬件上运行(如图 3.6 中的步骤 S⑤)。

3.3 SOPC 嵌入式系统设计实例

本节以台湾友晶科技的 DE2-115 开发板为硬件平台，给出一个基于软核处理器 Nios II 的嵌入式系统设计实例的完整的软硬件设计过程。

3.3.1 实例系统软硬件需求分析与设计规划

1. 系统要实现的功能

(1) Nios II 软核接收 DE2-115 开发板上的两个拨动开关 SW1 和 SW0 的输入状态。

(2) 通过 SW1 和 SW0 的状态(共有“00”、“01”、“10”和“11”四种状态)，Nios II 软核处理器对 2.2.5 节中给出的 DDS 设计实例进行输出频率控制。

(3) DE2-115 开发板上的 10 个 LED(LEDR9～LEDR0)进行流水显示，状态自己定义。

(4) DE2-115 开发板上的 4 个七段显示数码管(HEX7～HEX0)同步循环显示 0～F 字符。

2．Qsys 硬件系统组成规划

根据系统要实现的基本功能，该系统设计实例的设计框图如图 3.7 所示。

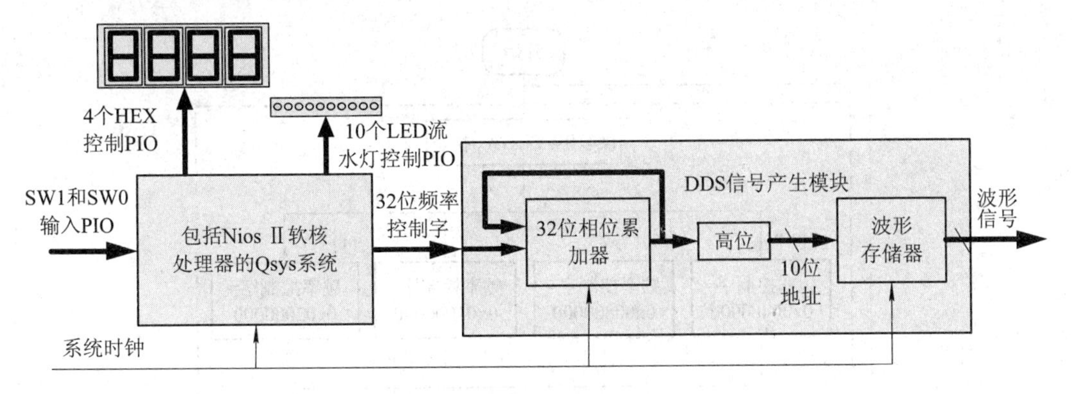

图 3.7　设计实例基本设计框图

根据要求，需要用到开发板上的外围资源有：

(1) 波动开关：SW1、SW0。

(2) 存储器：使用片上存储器(On-Chip Memory)存储软硬件程序。

根据所用到的外设和器件特性，在 Qsys 中建立系统要添加的资源模块有：

(1) Nios II 处理器。

(2) JTAG UART 下载调试接口。

(3) 片上存储器(On-Chip Memory)。

(4) 定时器(Interval Timer)。

(5) 2 位 PIO(并行 I/O)输入，作为拨动开关输入接口(图 3.7 中 SW1 和 SW0 输入 PIO)。

(6) 32 位 PIO(并行 I/O)输出，作为 DDS 的 32 位频率控制字控制接口(图 3.7 中 32 位频率控制字)。

(7) 10 位 PIO(并行 I/O)输出，作为 DE2-115 开发板上 10 个 LED 流水灯的输出控制。

(8) 4 个 8 位 PIO(并行 I/O)输出，作为 DE2-115 开发板上 4 个 HEX 数码管的输出控制。

3．Nios II 软件系统规划

要实现系统所需的功能，需要对嵌入式软核处理器 Nios II 的软件设计进行规划。

1) SW1 和 SW0 输入状态的判断(变量 switch_num)

DDS 的 32 位频率控制字(变量 FreqCtrl)与 SW1 和 SW0 状态的对应关系如表 3.1 所示。读者可以通过 DDS 输出频率计算公式计算出实际输出信号的频率，此处不再赘述。

表 3.1　DDS 频率控制字 FreqCtrl 赋值和拨动开关状态 switch_num 对应关系

SW1 和 SW0 状态 switch_num 值(十进制表示)	DDS 的 32 位频率控制字 FreqCtrl 赋值(十六进制表示)
0	0x00400000
1	0x00800000
2	0x01000000
3	0x02000000

2) 程序流程图

根据对系统软件功能的分析，画出 Nios Ⅱ程序软件控制流程图，如图 3.8 所示。

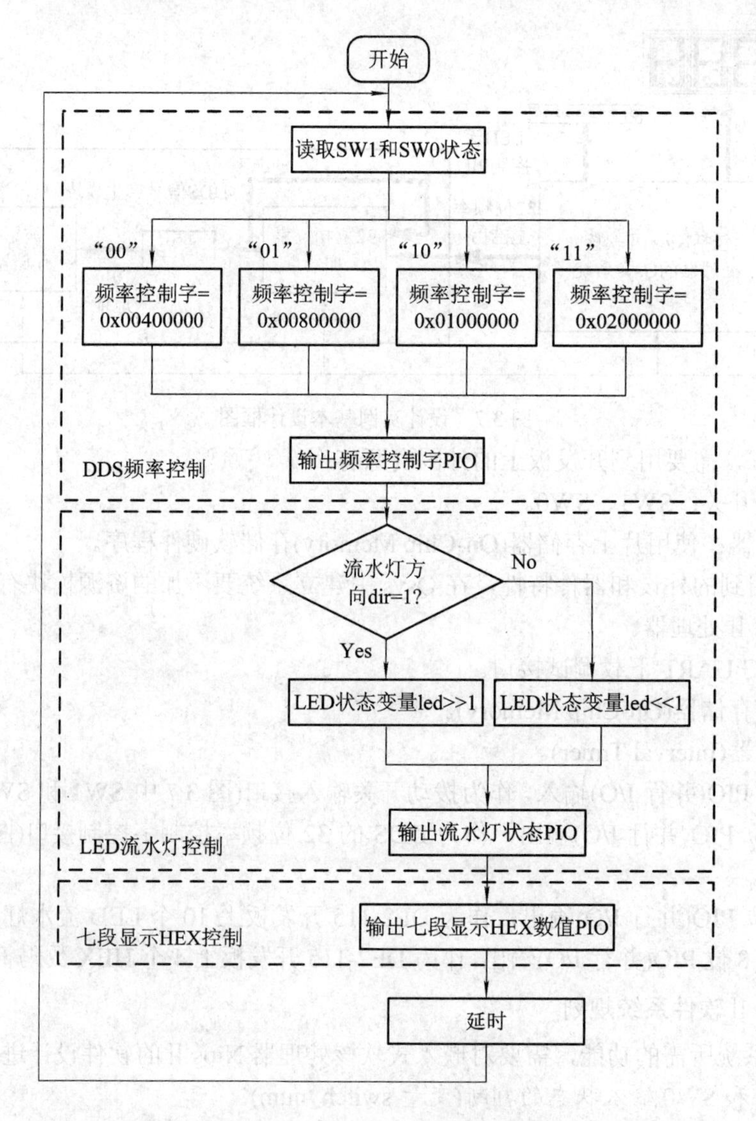

图 3.8　Nios Ⅱ程序软件控制流程图

3.3.2　实例系统硬件部分设计

可以在 Quartus Ⅱ 13.1 软件中直接打开 2.2.5 节中所描述的 DDS 设计实例工程，在该设计工程的基础上按照下面的步骤操作。

1. 打开 Quartus Ⅱ工程(或按照第 2 章操作重新建立工程)

在 Quartus Ⅱ软件中，打开 2.2.5 节描述的 DDS 设计工程。根据所用开发板类型选择相应器件，本例所用的是台湾友晶科技的 DE2-115 开发板，开发板上的 FPGA 器件为 Cyclone IV 系列 EP4CE115F29C7 芯片。在 Quartus Ⅱ中选择该芯片，如图 3.9 所示。

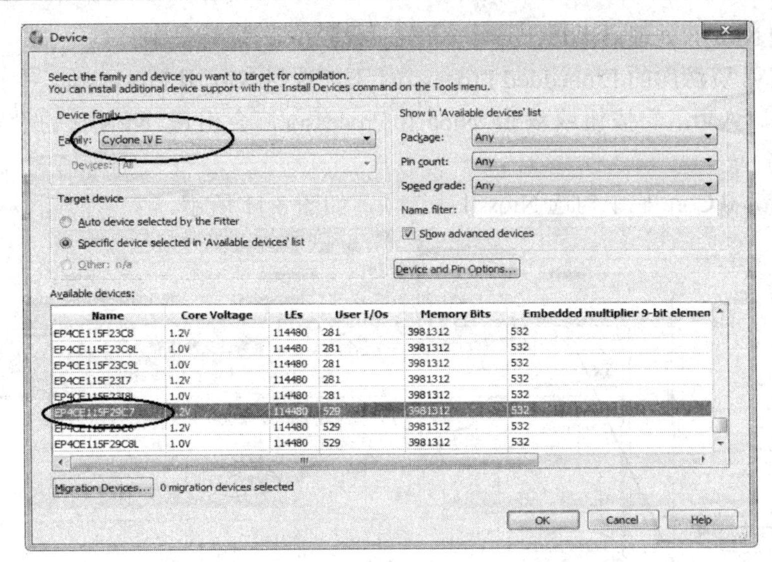

图 3.9　在 Quartus II 工程中选择目标板上的 FPGA 芯片

2. 创建 Qsys 系统模块

1) 启动 Qsys

(1) 在 Quartus II 中执行菜单命令 Tools→Qsys，或者直接点击工具栏中 Qsys 的图标，弹出如图 3.10 所示的 Qsys 界面。

(2) 在 Qsys 界面中双击 System Contents 中的 clk_0 名称，或执行 Qsys 菜单命令 View→Clocks，进行时钟频率设置，这里设为默认值，即 50 MHz，如图 3.10 所示。

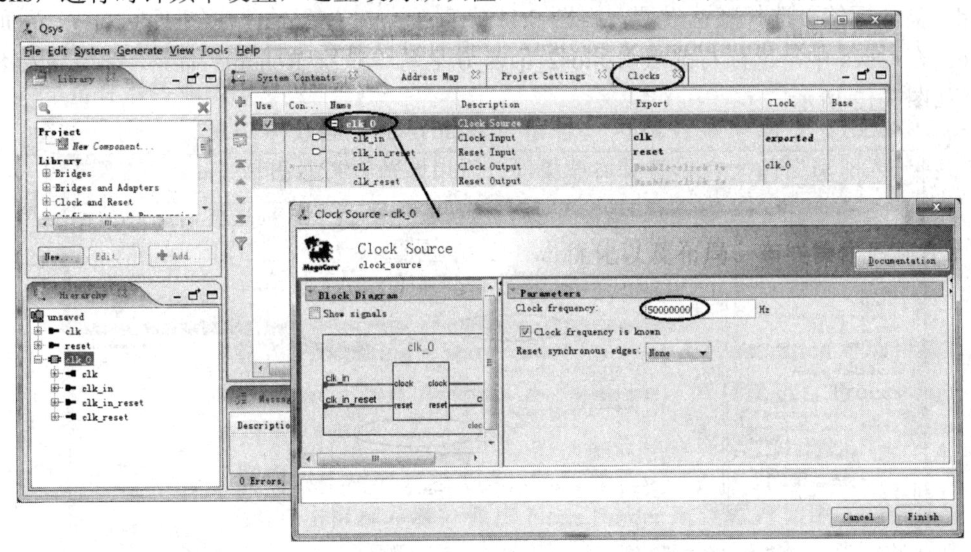

图 3.10　进入 Qsys 的界面

2) 添加 Nios II 处理器和外围器件

根据 3.3.1 节中所分析的资源要求，从 Qsys 的资源库(Library)中选择以下元件加入到当前设计的 Qsys 系统中：Nios II 处理器、JTAG UART 接口、片上存储器(On-Chip Memory)、定时器(Interval Timer)、PIO。

(1) 添加 Nios Ⅱ处理器。

a．在 Qsys 资源库的 Embedded Processors 下，选择 Nios Ⅱ Processor。

b．点击“Add…”按钮或双击 Nios Ⅱ Processor，会出现 Nios Ⅱ的设置向导(名为 nios2_qsys_0)。

c．在 Nios ⅡCore 栏中勾选 Nios Ⅱ/s 选项，如图 3.11 所示。

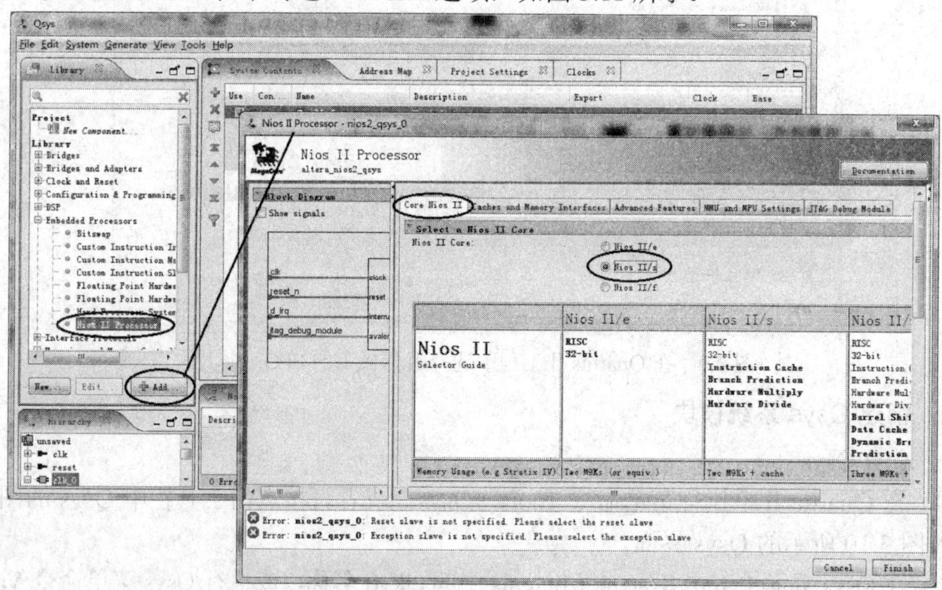

图 3.11　Nios Ⅱ Processor 设置对话框

d．其他标签页选择默认设置，在图 3.11 中直接点击“Finish”按钮返回 Qsys 界面。

e．在 Qsys 中，鼠标右键点击 nios2_qsys_0 名称，选择 Rename 命令，将其重命名为 cpu，如图 3.12 所示。

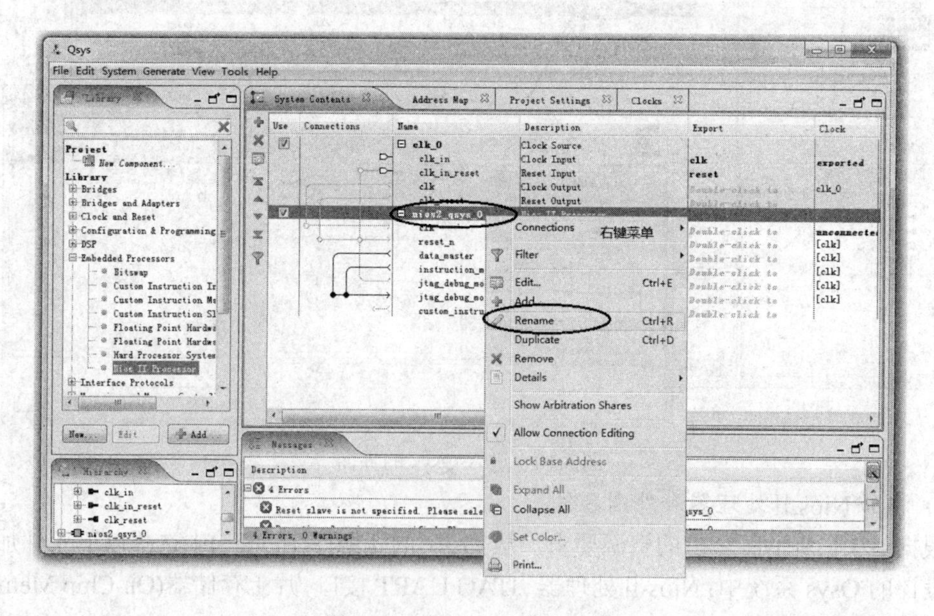

图 3.12　在 Qsys 中添加 cpu

f. 在 Connections 列中，将元件 cpu 的 clk 和 reset_n 分别与系统时钟 clk_0 的 clk 和 clk_reset 相连，如图 3.13 所示。

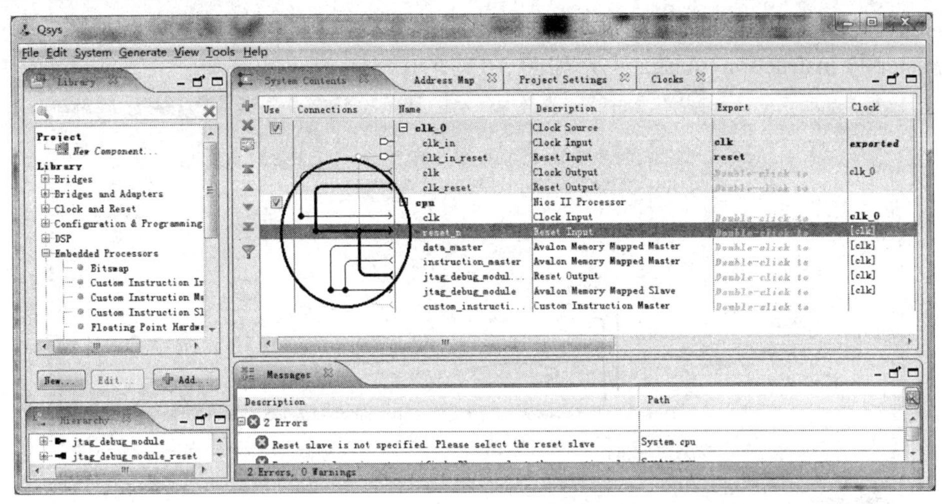

图 3.13　cpu 与 clk_0 的连线

注意：对元件命名时应遵循以下规则：

- 名字最前面应该使用英文。
- 能使用的字符只有英文字母、数字和下划线“_”。
- 不能连续使用下划线“_”符号，在名字的最后也不能使用下划线“_”。

(2) 添加 JTAG UART 接口。

JTAG UART 是 Nios II 系统嵌入式处理器的接口元件，通过内嵌在 Intel FPGA 中的 JTAG 电路，可实现 PC 主机和 Qsys 系统之间的串行通信。

a. 在 Qsys 左侧的搜索栏中输入 JTAG UART，依次展开 Interface Protocols 和 Serial，然后单击 JTAG UART，双击鼠标左键或单击 Add 按钮，会出现 JTAG UART-jtag_uart_0 的设置向导，如图 3.14 所示。

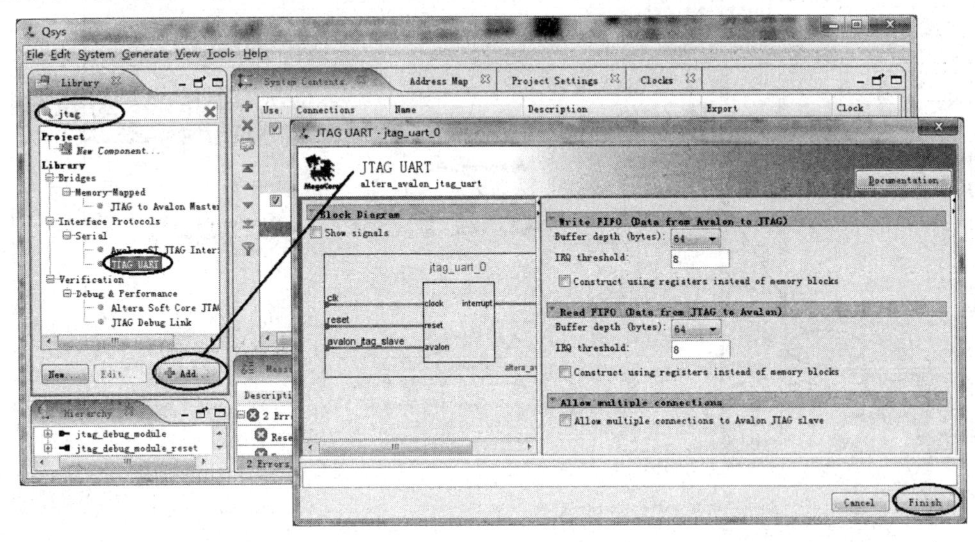

图 3.14　JTAG UART 设置向导

b．选择系统默认设置，直接点击 Finish 按钮，返回 Qsys 窗口。

c．在 Qsys 中将 jtag_uart_0 重命名为 jtag_uart。

d．进行 clk、reset 以及 avalon_jtag_slave 的连线，avalon_jtag_slave 连接到 cpu 的 data_master 和 instruction_master 上，如图 3.15 所示。

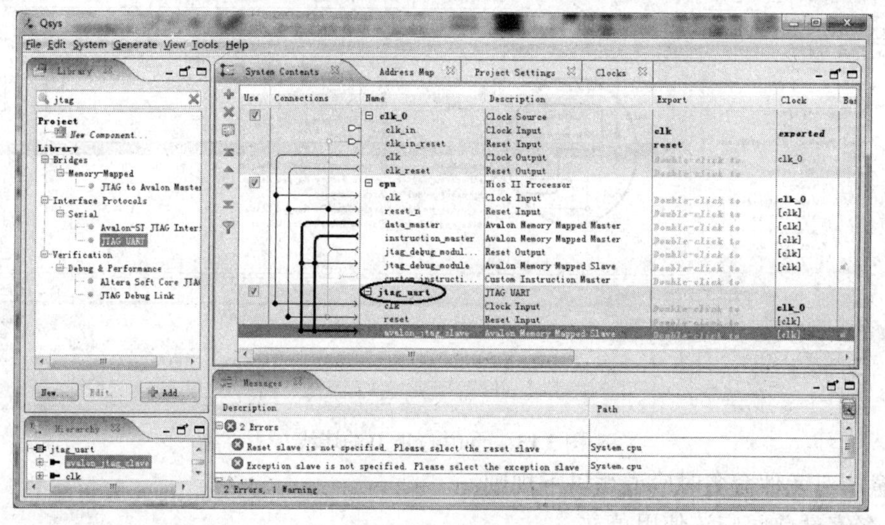

图 3.15　JTAG UART 连线

(3) 添加定时器。

定时器(Interval Timer)对于 HAL(Hardware Abstraction Layer)系统库中器件驱动非常有用，比如，JTAG UART 驱动使用定时器来实现 10 秒钟的暂停。添加定时器的步骤如下：

a. 直接在 Qsys 搜索栏中输入 timer，依次展开 Peripherals 和 Microcontroller Peripherals，然后单击 Interval timer，双击鼠标左键或单击 Add 按钮，会出现 Avalon Timer-timer_0 的设置向导，如图 3.16 所示。

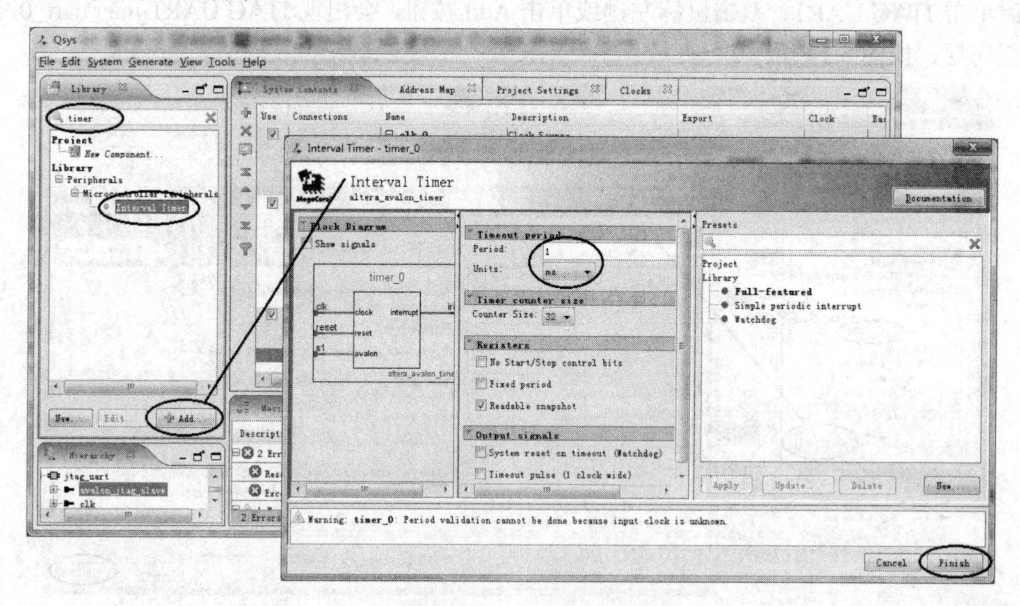

图 3.16　定时器设置向导

b．在设置向导的 Initial Period 选项中选择 1 ms，其他选项保持默认设置。

c．点击 Finish 按钮，返回 Qsys 窗口。

d．将 timer_0 重命名为 system_timer。

e．进行 clk、reset 和 s1 的连线，连线如图 3.17 所示。

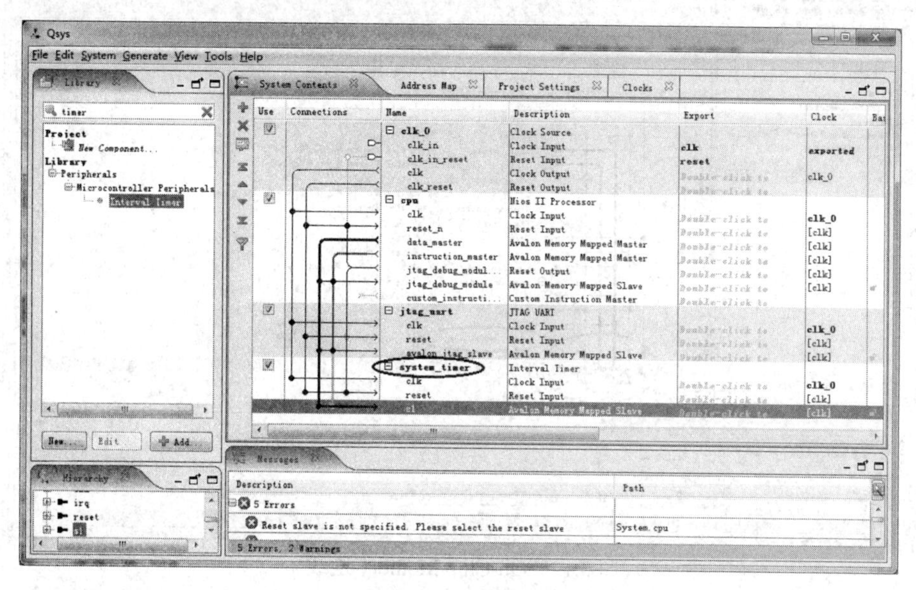

图 3.17　定时器连线

(4) 添加片上存储器(On-Chip Memory)。

a．直接在 Qsys 的搜索栏中输入 On-Chip Memory，依次展开 Memories and Memory Controllers 和 On-Chip，然后单击 On-Chip Memory(RAM or ROM)，双击鼠标左键或点击 Add 按钮，会出现 On-Chip Memory(RAM or ROM)-onchip_memory2_0 的设置向导，如图 3.18 所示。

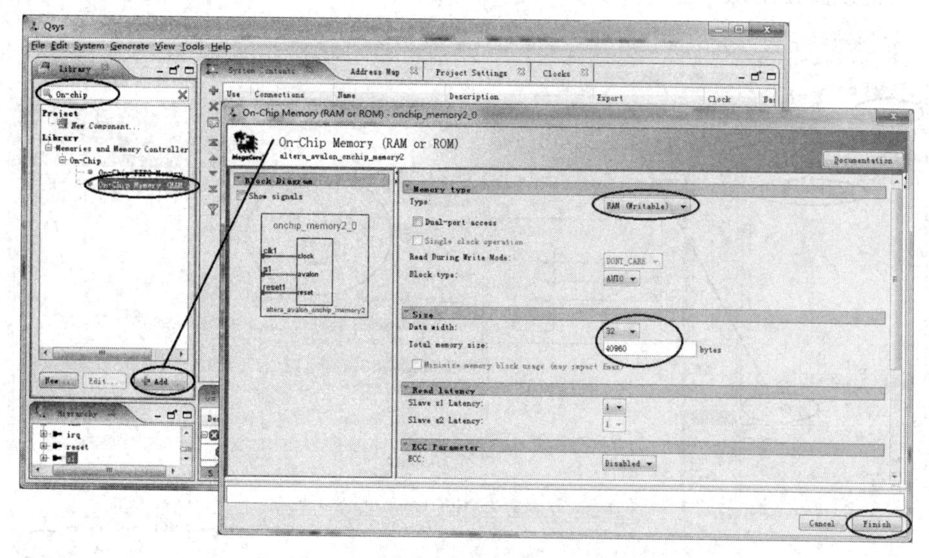

图 3.18　On-Chip Memory 设置向导

b．Memory type 选择 RAM，Total memory size 输入 40960(40 KB)。

c．点击 Finish 按钮，返回 Qsys 窗口。

d．进行 clk1、reset1 和 s1 的连线，s1 连接到 cpu 的 data_master 和 instruction_master 上，连线如图 3.19 所示。

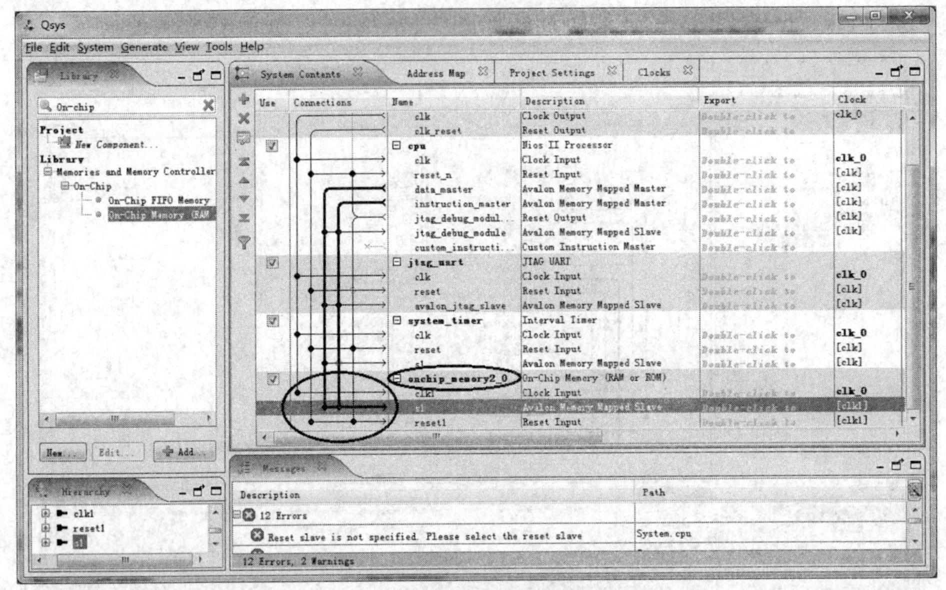

图 3.19　On-Chip Memory 连线

(5) 添加 2 位 PIO，分别作为拨动开关 SW1 和 SW0 的输入。

a．在 Qsys 搜索栏中输入 pio，依次展开 Peripherals 和 Microcontroller Peripherals，然后单击 PIO(Parallel I/O)，双击鼠标左键或点击 Add 按钮，会出现 PIO(Parallel I/O)-pio_0 的设置向导，如图 3.20 所示。

b．确定以下选项：Width 为 2 bits，Direction 选择 Input。

c．其他设置使用默认值，如图 3.20 所示。点击 Finish 按钮，返回 Qsys 窗口。

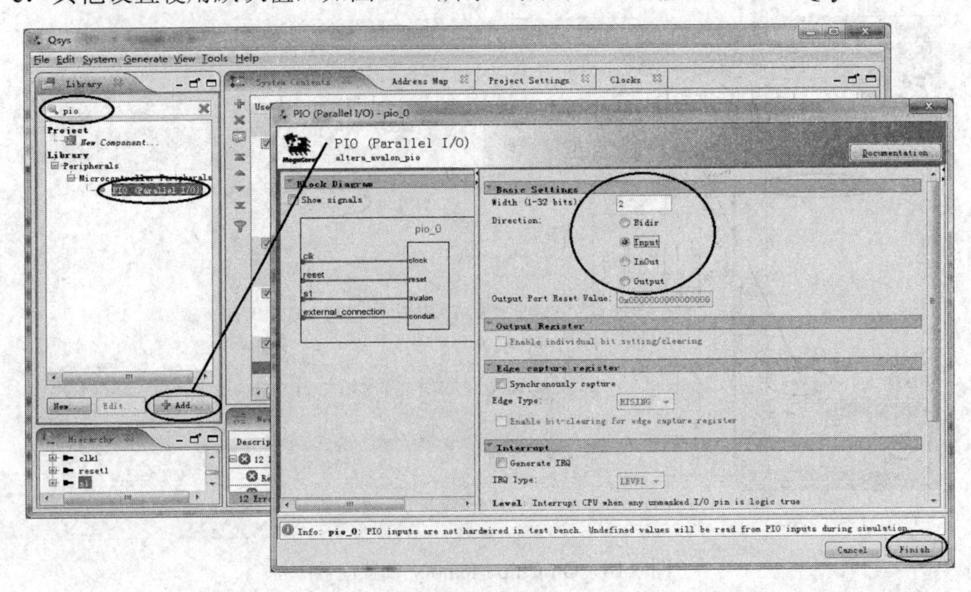

图 3.20　拨码开关 PIO 属性设置

d．将 pio_0 重命名为 sw_pio。

e．进行 clk、reset 和 s1 的连线，s1 连接到 cpu 的 data_master，连线如图 3.21 所示。

f. 在 sw_pio 的 external_connection 行和 Export 列交叉处双击鼠标左键，并修改名称为 sw_pio_export，此即为连接 DE2-115 开发板上的两个拨动开关 SW1 和 SW0 的端口名称。

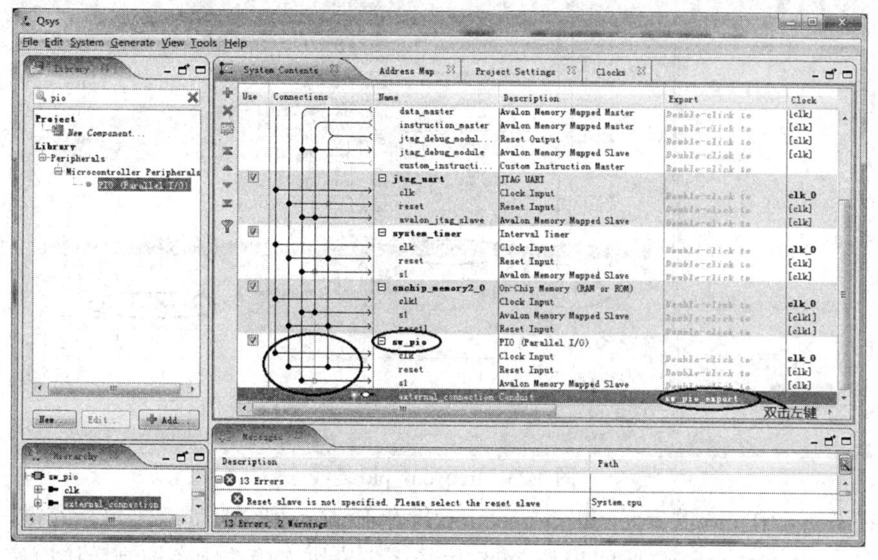

图 3.21　sw_pio 连线

(6) 添加 32 位 PIO，作为 DDS 的 32 位频率控制字接口。

添加 32 位 PIO 作为频率控制字输出接口的方法同前面添加拨动开关 PIO 的方法，不同的是：

a．出现 PIO(Parallel I/O)-pio_0 的设置向导后，确定以下选项：

Width 为 32 bits；Direction 选择 Output；Output Port Reset Value 设置为 0x00400000。

b．其他设置使用默认值，如图 3.22 所示。点击 Finish 按钮，返回 Qsys 窗口。

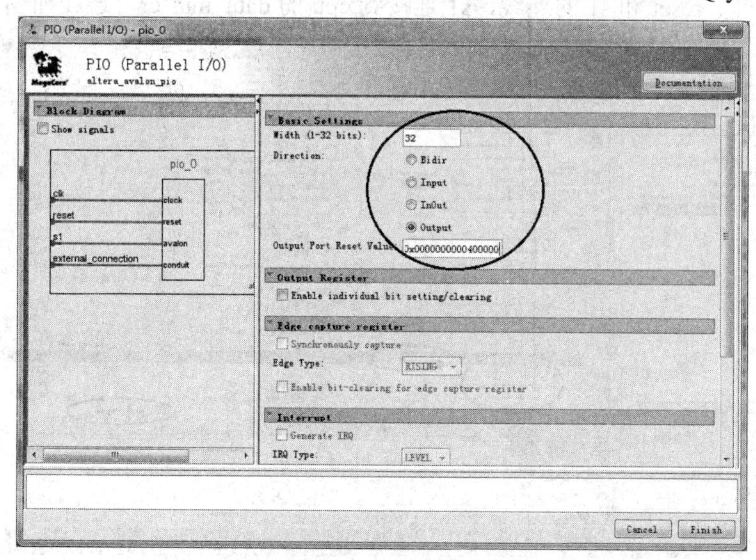

图 3.22　频率控制字 PIO 设置

c．在 Qsys 中，将刚加入的 pio_0 重命名为 freq_ctrl_pio。

d．进行 clk、reset 和 s1 的连线，s1 连接到 cpu 的 data_master，连线如图 3.23 所示。

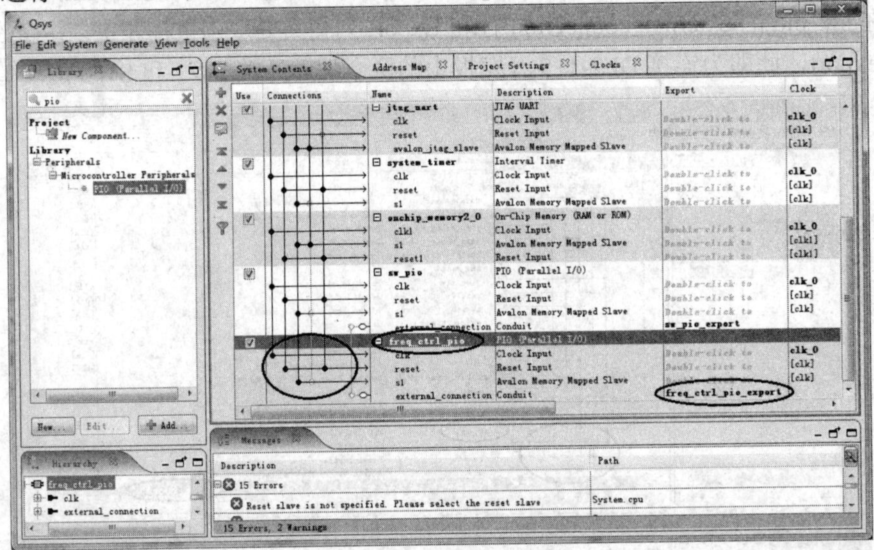

图 3.23　freq_ctrl_pio 连线

e．在 freq_ctrl_pio 的 external_connection 行和 Export 列交叉处双击鼠标左键，并修改名称为 freq_ctrl_pio_export，此即为与 DDS 信号产生模块连接的频率控制字接口信号名称。

(7) 添加 10 位 PIO，作为 DE2-115 开发板上 10 个 LED 流水灯控制接口。

方法同上，不同的是：

a．出现 PIO(Parallel I/O)-pio_0 的设置向导后，确定以下选项：

Width 为 10 bits；Direction 选择 Output。

b．其他设置使用默认值，点击 Finish 按钮，返回 Qsys 窗口。

c．在 Qsys 中，将刚加入的 pio_0 重命名为 led_pio。

d．进行 clk、reset 和 s1 的连线，s1 连接到 cpu 的 data_master，连线如图 3.24 所示。

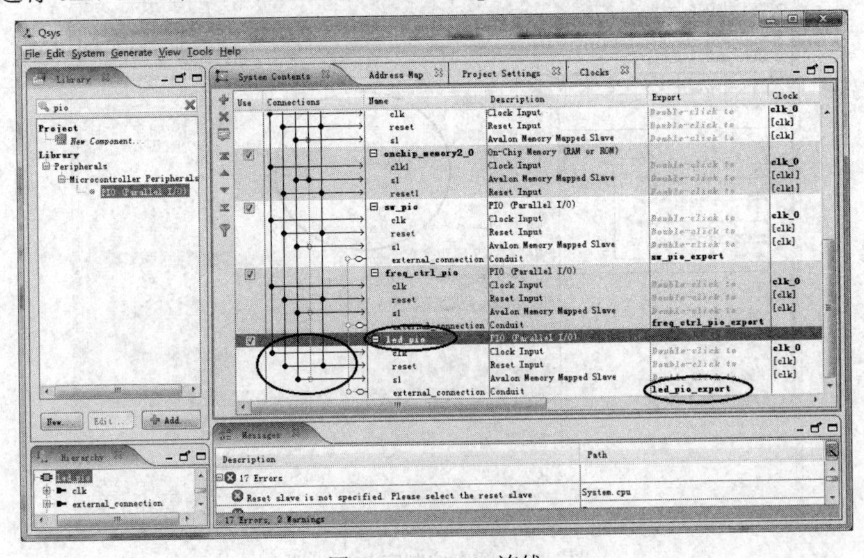

图 3.24　led_pio 连线

e．在 led_pio 的 external_connection 行和 Export 列交叉处双击鼠标左键，并修改名称为 led_pio_export，此即为与 DE2-115 开发板上 10 个 LED 流水灯相连的信号名称。

(8) 添加 4 个 8 位 PIO，作为 DE2-115 开发板上 4 个 HEX 数码管的输出控制接口。

方法同上，不同的是：

a．出现 PIO(Parallel I/O)-pio_0 的设置向导后，确定以下选项：

Width 为 8 bits；Direction 选择 Output。

b．其他设置使用默认值，点击 Finish 按钮，返回 Qsys 窗口。

c．在 Qsys 中，将刚加入的 pio_0 重命名为 seg_hex0_pio。

d．进行 clk、reset 和 s1 的连线，s1 连接到 cpu 的 data_master，连线如图 3.25 所示。

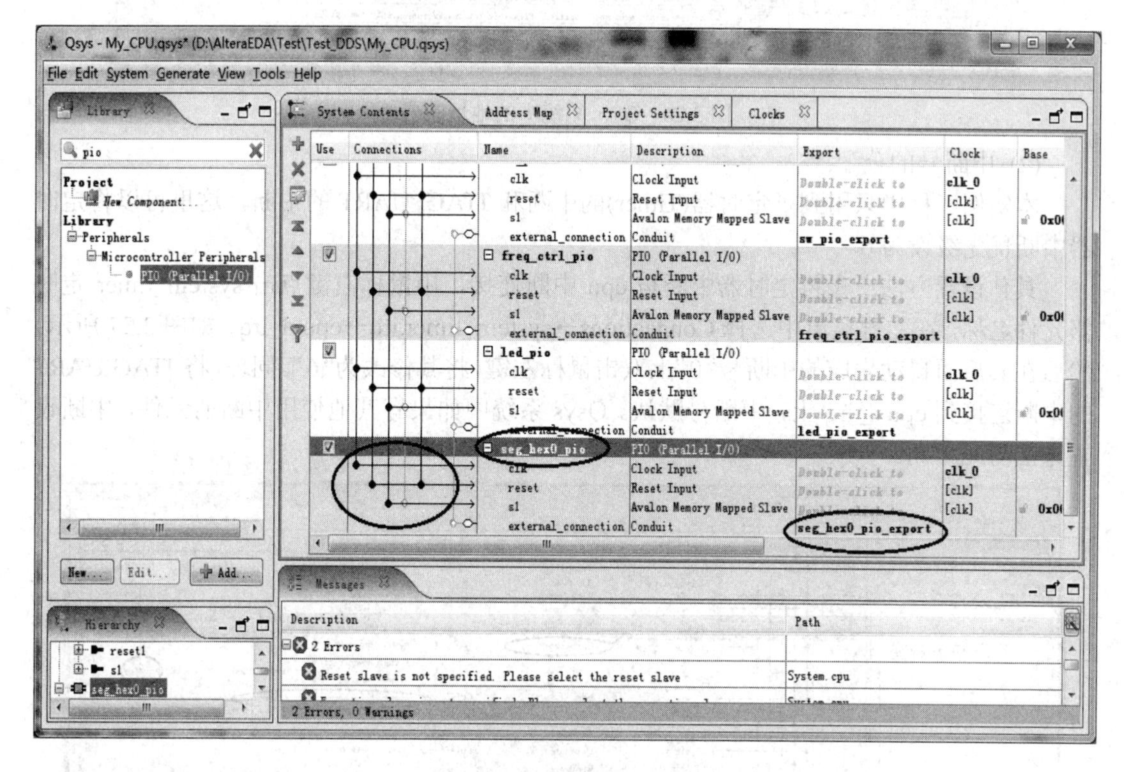

图 3.25　seg_hex0_pio 连线

e．在 seg_hex0_pio 的 external_connection 行和 Export 列交叉处双击鼠标左键，并修改名称为 seg_hex0_pio_export，此即为与 DE2-115 开发板上 HEX0 数码管相连的信号名称。

用同样的方法，分别添加 HEX1～HEX3 数码管的 8 位 PIO 控制信号，并分别命名为 seg_hex1_pio、seg_hex2_pio 和 seg_hex3_pio。

3) 指定元件基地址和分配中断号

(1) Qsys 会自动给所添加的系统模块分配默认的基地址。

设计者可以更改 Qsys 分配给系统模块基地址的默认值。在 Qsys 中执行菜单命令 System→Assign Base Adderss。Assign Base Address 可以使 Qsys 给其他没有锁定的地址重新分配地址，从而解决地址映射冲突问题。图 3.26 所示“Address Map”标签页中显示了完整的系统配置及其地址映射。

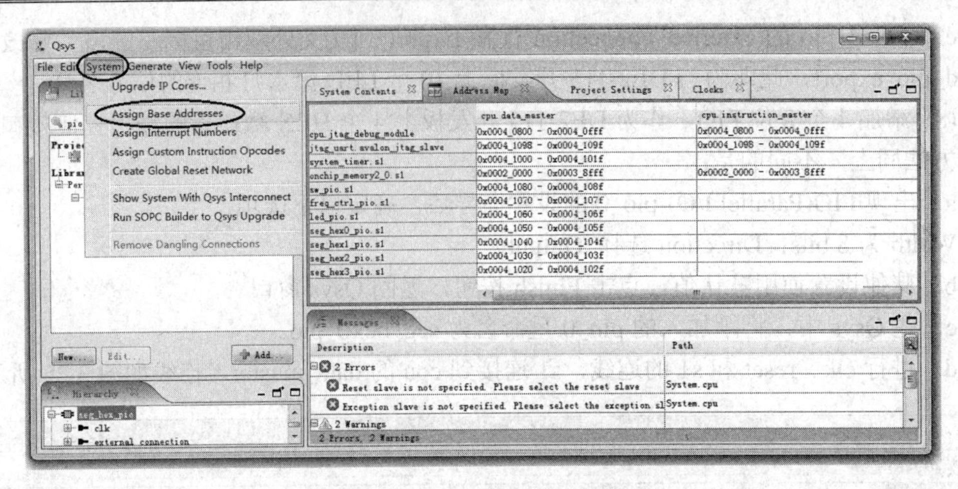

图 3.26　Qsys 系统中的地址映射

(2) 中断号的分配。

本实例工程中只用到了定时器(Timer)的中断和 JTAG UART 的中断，这里可以将定时器中断优先级设为 6。

具体设置方法：先将定时器中断与 cpu 中断连接，用鼠标右键点击 system_timer 定时器元件名称，在右键菜单中选择 Connections→system_timer.irq→cpu.d_irq，如图 3.27 所示；然后在其后面自动生成的中断号“0”上双击鼠标左键，将其修改为“6”。同理，将 JTAG UART 的中断连接到 cpu.d_irq 上，中断号默认。Qsys 系统中如果有其他使用中断的元件，中断设置方法与此相同。

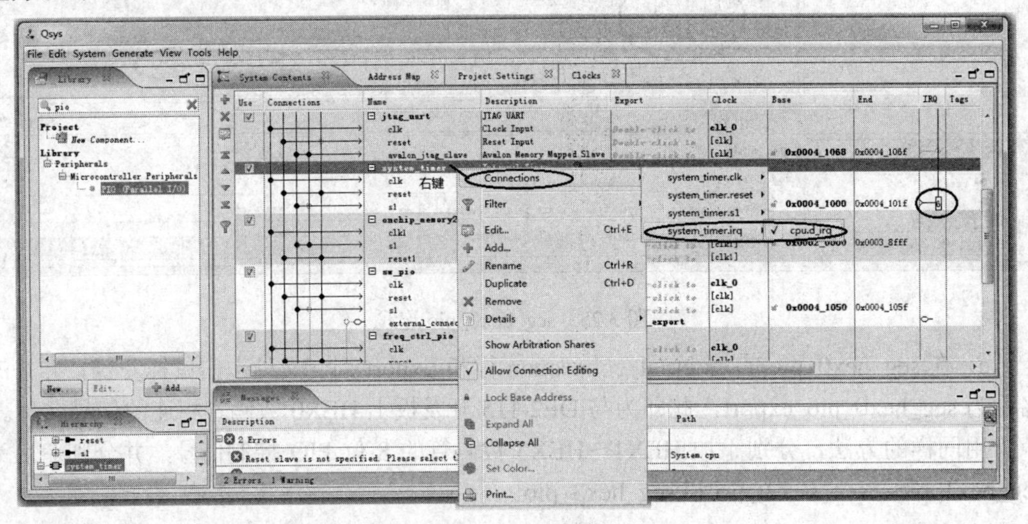

图 3.27　中断设置

4) Nios II 处理器参数设置

在 Qsys 的 System Contents 标签页中，在添加的 Nios II 处理器(本例中名称为 cpu)上双击鼠标左键，弹出如图 3.28 所示的 Nios II Processor 设置对话框，在该界面中设置 Reset Vector 和 Exception Vector。由于本例中 Nios II 的程序存储器和程序执行区均为片上 RAM，因此这里 Reset Vector 和 Exception Vector 均选择为片上存储器 onchip_memory2_0.s1。实际工程中可以根据需要将 Reset Vector 指定为系统中添加的 Flash 控制器；将 Exception Vector 指定为系统中添加的 SDRAM 控制器。点击 Finish 按钮返回到 Qsys 界面，可以看到所有 Qsys 系统错误都消失了。

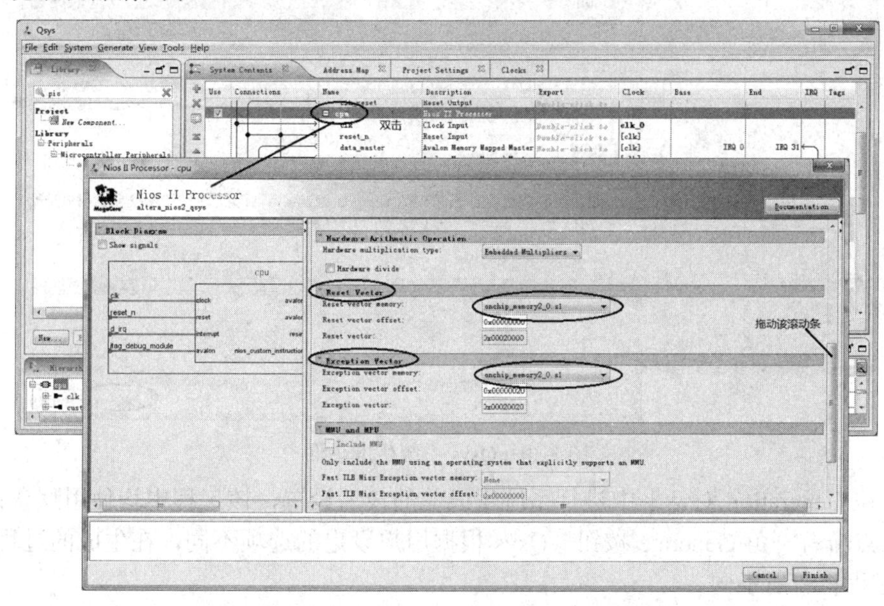

图 3.28　Qsys 系统中 Nios II 处理器参数设置

5) 保存 Qsys 系统模块

在 Qsys 系统中执行菜单命令 File→Save，在弹出的保存对话框中输入定制的 Qsys 模块名称，如本例为 My_CPU.qsys，点击“保存”按钮保存该 Qsys 模块，如图 3.29 所示。

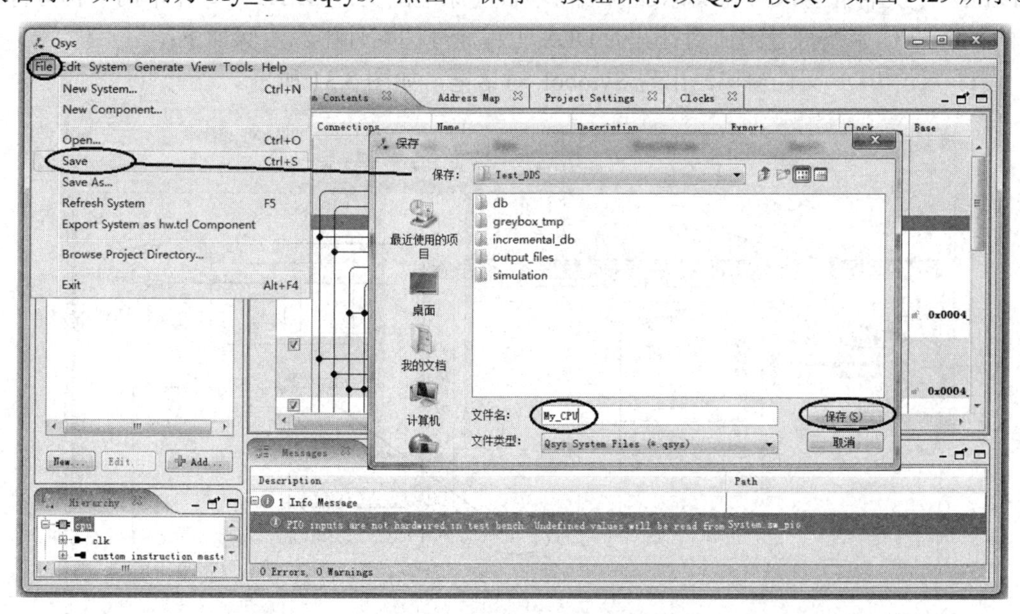

图 3.29　保存 Qsys 系统模块

6) 生成 Qsys 系统模块

(1) 在 Qsys 界面中执行菜单命令 Generate→Generate...，如图 3.30 所示。

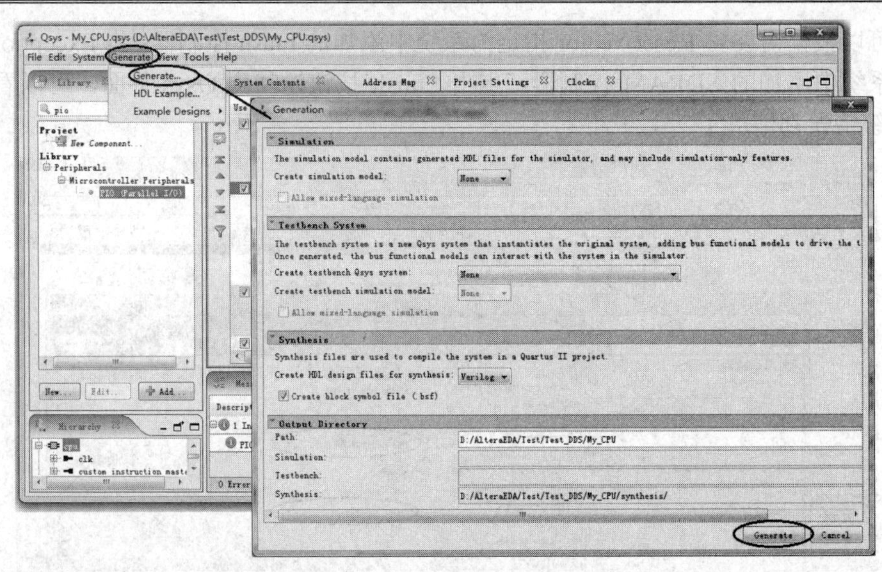

图 3.30　Qsys 系统生成页面

(2) 在 Generation 对话框中进行系统生成前的最后设置，该工程中均使用默认设置。

(3) 点击右下角 Generate 按钮。Qsys 根据用户设定的选项不同，在生成的过程中执行的操作过程将有所不同。

(4) 系统成功产生后，可执行菜单命令 File→Exit 退出 Qsys。

3. 在原理图(BDF)文件中添加 Qsys 生成的系统符号

在 Qsys 系统成功产生后会生成用户系统模块的元件符号(symbol)，可以像添加其他 Quartus II 的元件符号一样将其添加到当前项目的原理图文件(.BDF)中。在本例中就可将生成的 My_CPU 系统符号添加到打开的 DDS 工程原理图文件中。步骤如下：

(1) 双击 BDF 文件窗口，出现 Symbol 对话框，如图 3.31 所示。

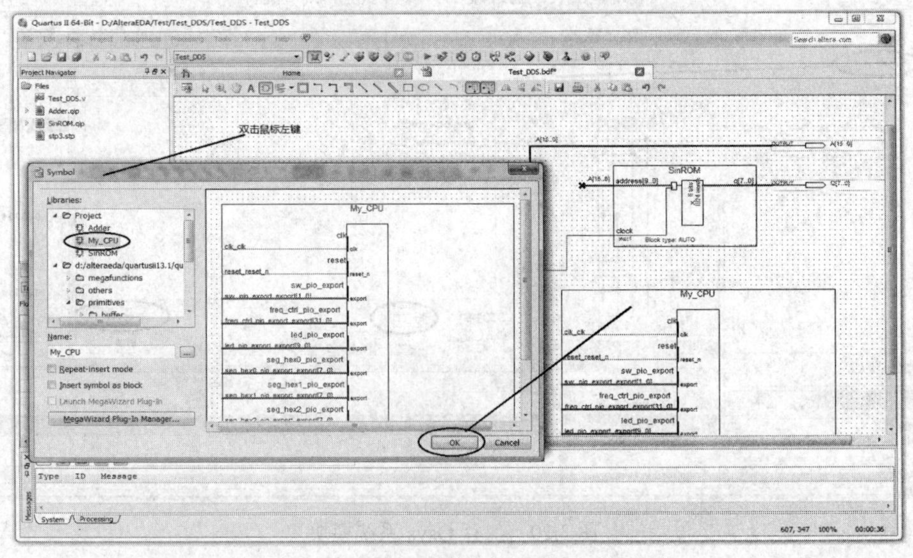

图 3.31　添加 Qsys 模块符号到原理图文件

(2) 在对话框中点击 Project 目录。

(3) 在 Project 下选择 My_CPU，会出现代表所建立的 Nios II 系统的元件符号。

(4) 点击 OK，将其放入原理图文件中。

(5) 按照图 3.32 所示，连接 DDS 信号产生模块与 My_CPU 模块，并根据控制要求添加输入、输出端口。

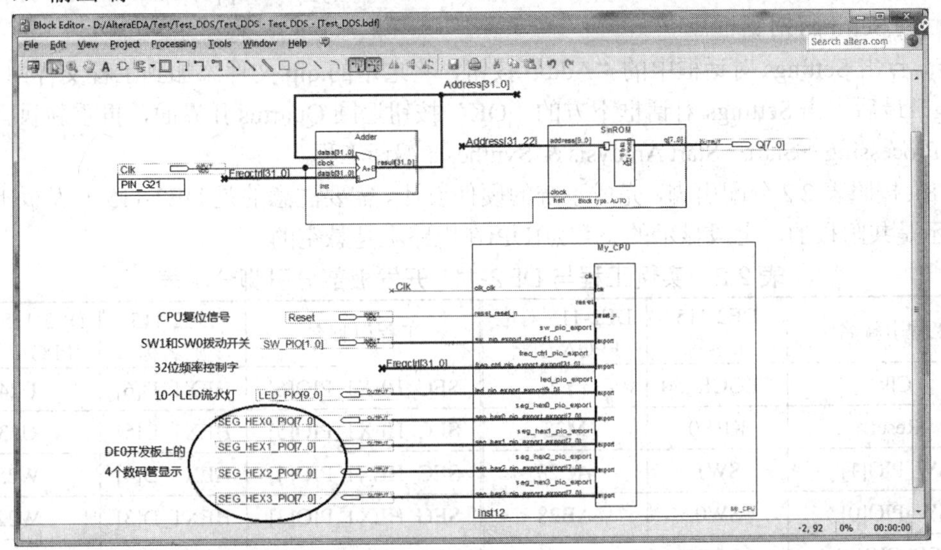

图 3.32　完整原理图文件

(6) 在 Quartus II 中执行菜单命令 Processing→Start→Start Analysis & Synthesis 编译工程。

(7) 如果编译工程时出现错误，需要在工程中添加 Qsys 产生的 .qip 文件。步骤如下：

a. 在 Quartus II 软件的左侧工程导航 Project Navigator 中选择 File 标签。

b. 在 Files 上点击鼠标右键，选择 Add/Remove Files in Project…命令，如图 3.33 所示，弹出 Settings 对话框。

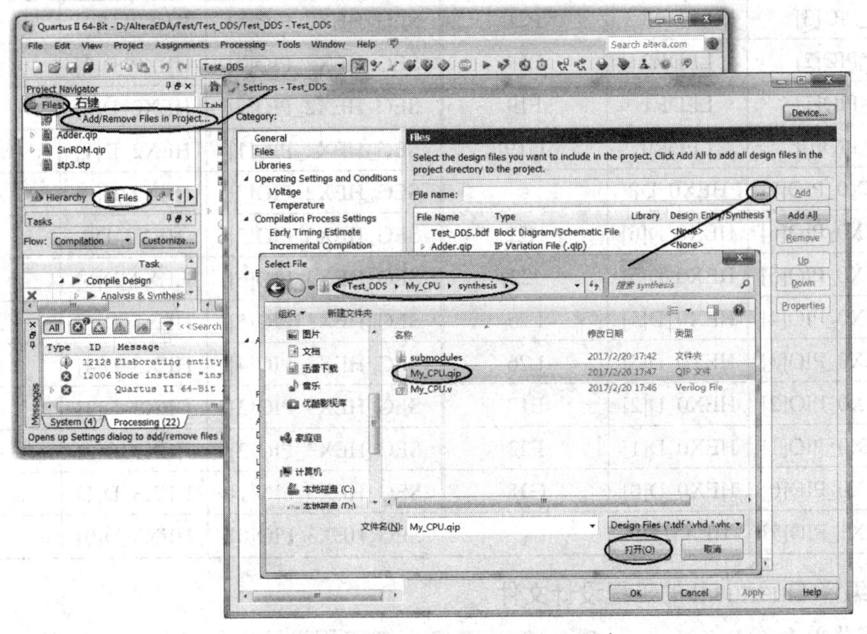

图 3.33　添加.qip 文件到设计工程中

c．在 Settings 对话框中，点击 File name 后面的“…”按钮，弹出 Select File 对话框。

d．在 Slect File 对话框中，进入 Quartus II 工程目录下面的 Qsys 模块名目录，本例为 My_CPU 目录，然后进入其中的 synthesis 目录，如图 3.33 所示。

e．选择 synthesis 目录中的 .qip 文件，如本例中的 My_CPU.qip 文件，点击“打开”按钮返回到 Settings 对话框。

f．点击 Settings 对话框中的“Add”按钮，将选中的.qip 文件添加到工程文件中。

g．最后点击 Settings 对话框下方的“OK”按钮返回 Quartus II 界面，再重新执行菜单命令 Processing→Start→Start Analysis & Synthesis 编译工程。

(8) 按照表 2.2 分配引脚，完成系统的硬件设计。需要注意的是 DE2-115 开发板上的七段显示是共阳极的，七段显示的小数点(DP)在电路上是悬空的。

表 2.2　实例工程与 DE2-115 开发板部分引脚分配表

工程引脚名	DE2-115 上名称	DE2-115 对应 FPGA 引脚	工程引脚名	DE2-115 上名称	DE2-115 对应 FPGA 引脚
Clk	CLOCK_50	Y2	SEG_HEX1_PIO[6]	HEX1_D[6]	U24
Reset	KEY0	M23	SEG_HEX1_PIO[5]	HEX1_D[5]	U23
SW_PIO[1]	SW1	AC28	SEG_HEX1_PIO[4]	HEX1_D[4]	W25
SW_PIO[0]	SW0	AB28	SEG_HEX1_PIO[3]	HEX1_D[3]	W22
LED_PIO[9]	LEDR9	G17	SEG_HEX1_PIO[2]	HEX1_D[2]	W21
LED_PIO[8]	LEDR8	J17	SEG_HEX1_PIO[1]	HEX1_D[1]	Y22
LED_PIO[7]	LEDR7	H19	SEG_HEX1_PIO[0]	HEX1_D[0]	M24
LED_PIO[6]	LEDR6	J19	SEG_HEX2_PIO[7]	HEX2_DP	-
LED_PIO[5]	LEDR5	E18	SEG_HEX2_PIO[6]	HEX2_D[6]	W28
LED_PIO[4]	LEDR4	F18	SEG_HEX2_PIO[5]	HEX2_D[5]	W27
LED_PIO[3]	LEDR3	F21	SEG_HEX2_PIO[4]	HEX2_D[4]	Y26
LED_PIO[2]	LEDR2	E19	SEG_HEX2_PIO[3]	HEX2_D[3]	W26
LED_PIO[1]	LEDR1	F19	SEG_HEX2_PIO[2]	HEX2_D[2]	Y25
LED_PIO[0]	LEDR0	G19	SEG_HEX2_PIO[1]	HEX2_D[1]	AA26
SEG_HEX0_PIO[7]	HEX0_DP	-	SEG_HEX2_PIO[0]	HEX2_D[0]	AA25
SEG_HEX0_PIO[6]	HEX0_D[6]	H22	SEG_HEX3_PIO[7]	HEX3_DP	-
SEG_HEX0_PIO[5]	HEX0_D[5]	J22	SEG_HEX3_PIO[6]	HEX3_D[6]	Y19
SEG_HEX0_PIO[4]	HEX0_D[4]	L25	SEG_HEX3_PIO[5]	HEX3_D[5]	AF23
SEG_HEX0_PIO[3]	HEX0_D[3]	L26	SEG_HEX3_PIO[4]	HEX3_D[4]	AD24
SEG_HEX0_PIO[2]	HEX0_D[2]	E17	SEG_HEX3_PIO[3]	HEX3_D[3]	AA21
SEG_HEX0_PIO[1]	HEX0_D[1]	F22	SEG_HEX3_PIO[2]	HEX3_D[2]	AB20
SEG_HEX0_PIO[0]	HEX0_D[0]	G18	SEG_HEX3_PIO[1]	HEX3_D[1]	U21
SEG_HEX1_PIO[7]	HEX1_DP	-	SEG_HEX3_PIO[0]	HEX3_D[0]	V21

4．编译 Quartus II 的工程设计文件

选择菜单命令 Processing→Start Compilation 对工程设计文件进行完全编译。

5. 配置 FPGA

通过 USB-Blaster 下载电缆连接好 DE2-115 开发板和电脑的 USB 接口，将 Quartus II 编译后产生的 FPGA 配置文件(*.sof)下载到目标板上。

3.3.3　实例系统 Nios II 嵌入式软件设计

在 Quartus II 中建立好系统硬件工程后，就可以启动 Nios II SBT(Software Build Tools)进行嵌入式处理器的软件设计。下面是完成本节实例系统的 Nios II 嵌入式软件设计的步骤。

1. 启动 Nios II SBT 软件

在 Quartus II 工程下，执行菜单命令 Tools→Nios II Software Build Tools for Eclipse 启动 Nios II SBT，如图 3.34 所示。也可以在 Qsys 界面下执行菜单命令 Tools→Nios II Software Build Tools for Eclipse 启动 Nios II SBT。

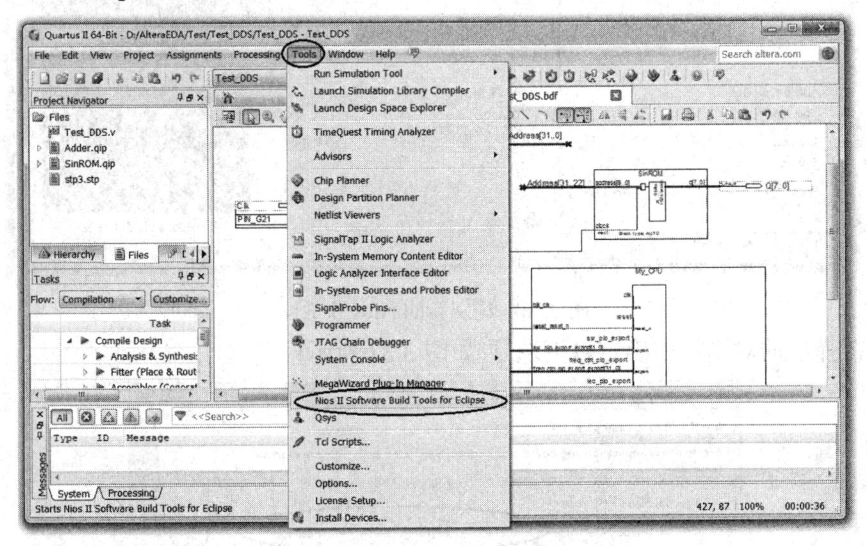

图 3.34　启动 Nios II SBT

启动 Nios II SBT 软件首先需要设置软件的工作空间(Workspace)目录，如图 3.35 所示，点击 Workspace 后面的“Browse…”按钮，选择当前 Quartus II 工程所在目录，设置为本项目的软件工作空间。

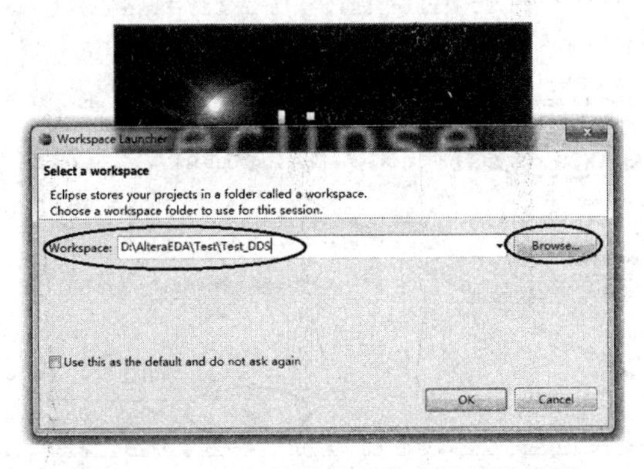

图 3.35　Nios II 软件的工作空间目录设置

设置好 Workspace 目录后，点击 OK 按钮进入 Nios Ⅱ – Eclipse 软件开发环境。

2. 建立新的软件工程

(1) 执行 Nios Ⅱ-Eclipse 软件中的菜单命令 File→New→Nios Ⅱ Application and BSP from Template，如图 3.36 所示。

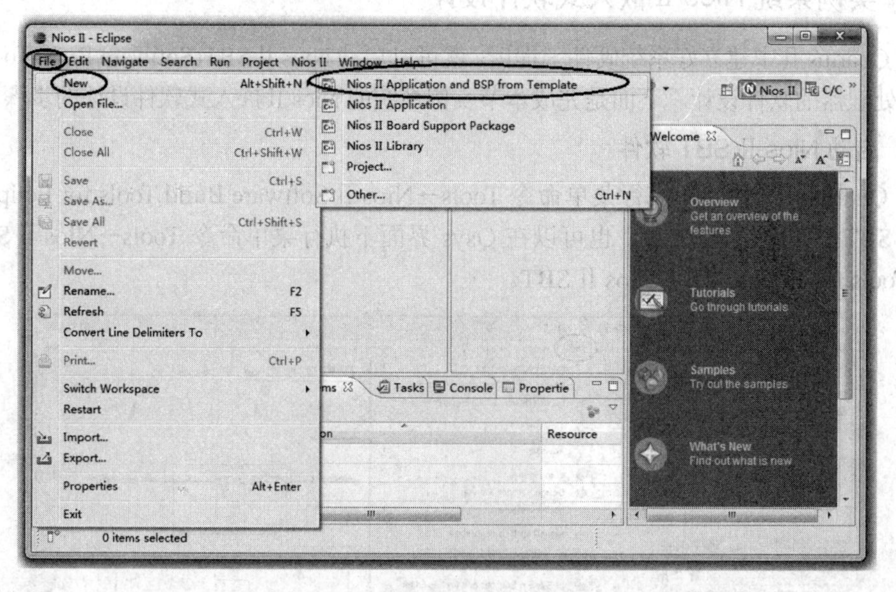

图 3.36　建立新的 Nios Ⅱ 工程

(2) 在弹出的对话框中确定以下选项(如图 3.37 所示)。

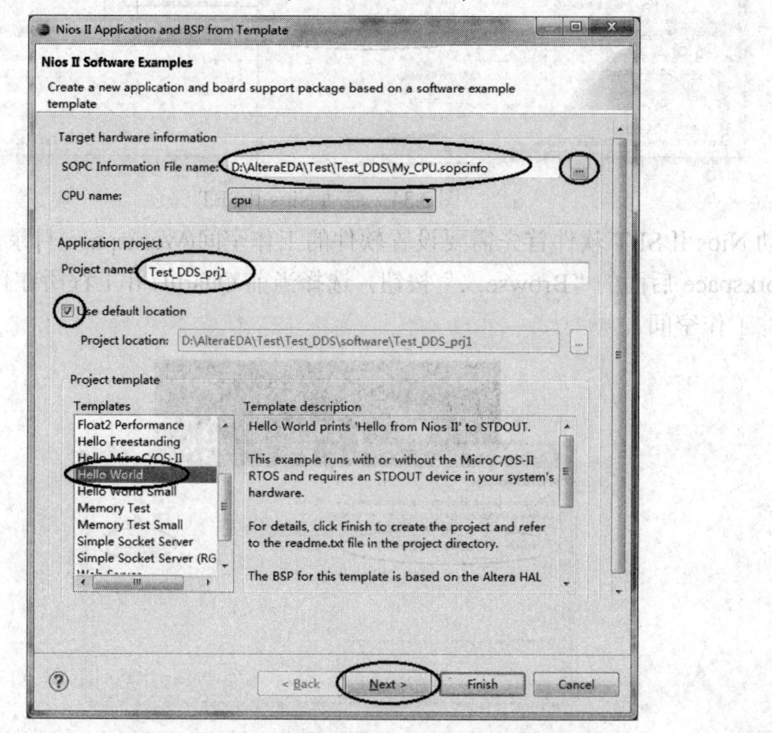

图 3.37　新建 C/C++工程(1)

① SOPC Information File name：在该栏中选择对应的 Qsys 系统硬件配置信息文件(.sopcinfo)，以便将产生的硬件信息与软件应用相关联，这里尤其要注意选对路径，点击其后的“...”按钮选择当前 Quartus II 项目工程目录中的 .sopcinfo 文件。

② Project name：键入新建项目的项目名，如本例名称 Test_DDS_prj1。

③ 确定选中 Use Default Location 复选框。

④ 本例中在 Project Template 栏中选择 Hello World 模板。

图 3.37 设置向导中的 Project template 一栏是已经做好的软件设计工程，设计者可以选择其中的一个作为模板，来创建自己的 Nios II 工程。当然也可以选择 blank project(空白工程)，完全由设计者来写所有的代码。本例中选取了 Hello World，设计者可以根据自己的需要，在其基础上更改程序，一般情况下这样比从空白工程开始要更方便和快捷。

在图 3.37 界面中点击 Next 按钮，弹出如图 3.38 所示的对话框。保持该对话框默认选项，直接点击 Finish 按钮。

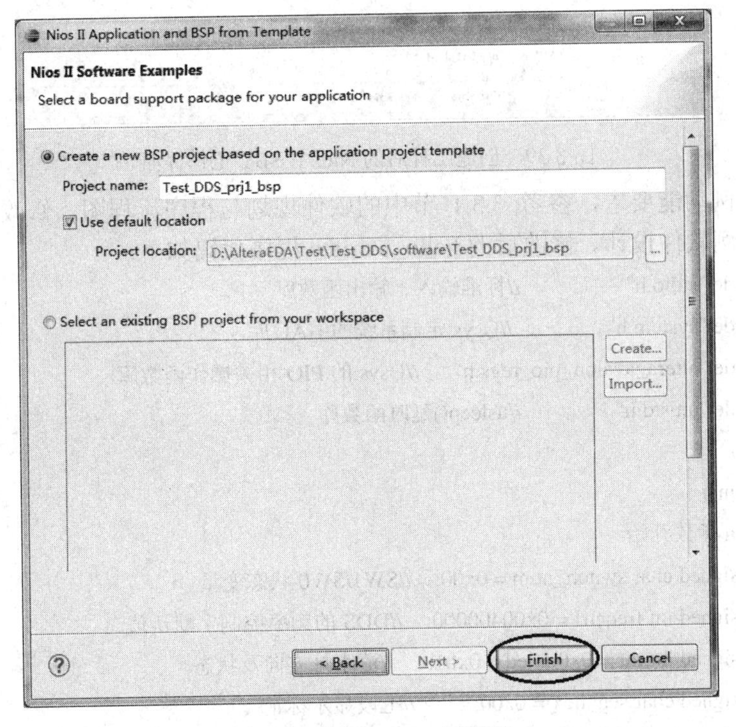

图 3.38　新建 C/C++工程(2)

(3) 点击 Finish 后，新建的工程就会添加到工作区中，同时 Nios II SBT 会创建一个系统库目录 *_bsp(如本例 Test_DDS_prj1 目录和 Test_DDS_prj1_bsp 目录)。

图 3.39 所示为创建工程后的 Nios II SBT 工作界面。

Nios II-Eclipse 中每个工作界面都包括一个或多个窗口，每个窗口都有其特定的功能。用户可以同时打开多个编辑器，但在同一时刻只能有一个编辑器处于激活状态。工作界面上的主菜单和工具条上的各种操作只对处于激活状态的编辑器起作用。编辑区中的各个标签上是当前被打开的文件名，带有“*”标志的标签表示这个编辑器中的内容还没有被保存。

如图 3.39 所示，用鼠标点开 Project Explorer 中的 Test_DDS_prj1 工程目录，并用鼠标

左键双击 hello_world.c 文件打开，可以看到 hello_world.c 文件显示在编辑区中。

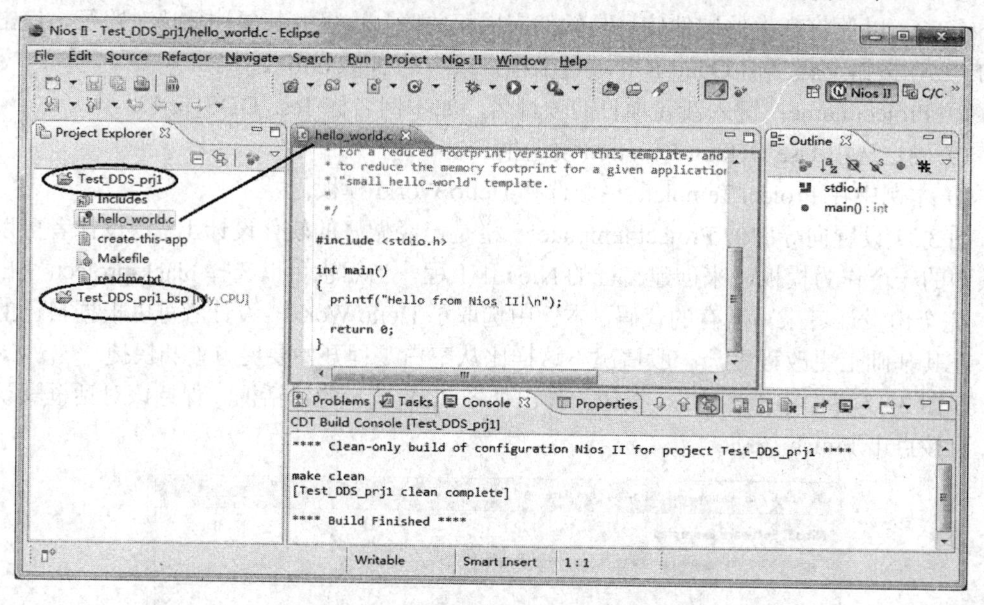

图 3.39　创建工程后的 Nios II SBT 工作界面

根据本实例功能要求，参考 3.3.1 节中的软件规划与程序流程图，修改 hello_world.c 文件，完成本例软件设计。修改后的 hello_world.c 程序代码如下：

```
#include "stdio.h"                //标准输入、输出函数库
#include "system.h"               //Qsys 定制系统的 HAL 库
#include "altera_avalon_pio_regs.h"    //Qsys 的 PIO 相关操作函数库
#include "unistd.h"               //usleep()延时函数库

int main()
{//main 函数开始
    unsigned char switch_num = 0x00;   //SW1/SW0 状态变量
    unsigned int freqctrl = 0x00400000;   //DDS 的频率控制字默认值
    unsigned int dir = 0x00, led = 0x01;    //流水灯方向及状态
    unsigned char seg_hex = 0x00;        //七段显示标记
    unsigned char hex[16] = {0xc0,0xf9,0xa4,0xb0,0x99,0x92,0x82,0xf8,0x80,
                        0x90,0x88,0x83,0xa7,0xa1,0x86,0x8e}; //七段显示的输出字段控制
    printf("Hello from Nios II !\n");      //打印输出
    while (1){//while 循环开始
     //DDS 输出频率控制
     switch_num = IORD_ALTERA_AVALON_PIO_DATA(SW_PIO_BASE);  //读取拨动开关状态
     switch (switch_num){     //判断拨动开关 SW1、SW0 状态，给变量 freqctrl 赋值
         case   0x00: freqctrl = 0x00400000; break;
         case   0x01: freqctrl = 0x00800000; break;
```

```
            case    0x02: freqctrl = 0x01000000; break;
            case    0x03: freqctrl = 0x02000000; break;
            default:          freqctrl = 0x00400000;
        }
        //LED 流水灯控制
        if ((led & 0x01) == 0x01) dir = 0x00;    //根据 led 中“1”的位置，设置流水灯方向变量 dir
        else if ((led & 0x200) == 0x200) dir = 0x01;
        if (dir) led = led>>1;  //左移
        else led = led<<1;      //右移
        //七段显示 HEX 控制
        if (seg_hex < 15) seg_hex++;         //设置七段显示标记
        else seg_hex = 0x00;
        //所有接口控制信号输出
        IOWR_ALTERA_AVALON_PIO_DATA(FREQ_CTRL_PIO_BASE,freqctrl); //输出频率控制字
        IOWR_ALTERA_AVALON_PIO_DATA(LED_PIO_BASE, led);   //流水灯 LED 状态
        //七段显示输出
        IOWR_ALTERA_AVALON_PIO_DATA(SEG_HEX0_PIO_BASE, hex[seg_hex]);
        IOWR_ALTERA_AVALON_PIO_DATA(SEG_HEX1_PIO_BASE, hex[seg_hex]);
        IOWR_ALTERA_AVALON_PIO_DATA(SEG_HEX2_PIO_BASE, hex[seg_hex]);
        IOWR_ALTERA_AVALON_PIO_DATA(SEG_HEX3_PIO_BASE, hex[seg_hex]);
        usleep(1000000);                  // 1 000 000 μs 延时
      }                                   // while 循环结束
      return 0;
  }                                       // main 函数结束
```

hello_world.c 程序头文件修改说明：

- system.h 头文件中包含了 Qsys 中定制的元件相关信息，如程序中对外设读写操作所需要的基地址信息。
- altera_avalon_pio_regs.h 头文件包括对 PIO 的控制函数，如下面对 PIO 接口的读写函数：

IORD_ALTERA_AVALON_PIO_DATA(base)；//base 为 PIO 的基地址，在 system.h 中

IOWR_ALTERA_AVALON_PIO_DATA(base, data)；//data 为向 PIO 写的数据

- unistd.h 头文件包含了 usleep()延时函数。

3．编译工程

在 Nios Ⅱ-Eclipse 软件左侧的 Project Explorer 中用鼠标右键点击工程名，如本例中 Test_DDS_prj1，在弹出的右键菜单中选择 Build Project 命令，如图 3.40 所示。在编译开始后，Nios Ⅱ-Eclipse 会首先编译系统库工程以及其他相关的工程，然后再编译主工程，并把源代码编译到<project name>.elf 文件中。编译过程中会在主界面的信息栏 Console 页中显示过程信息以及警告和错误等。如果编译出现错误，根据错误信息提示改正程序或项目

设置错误，重新编译直到成功为止。

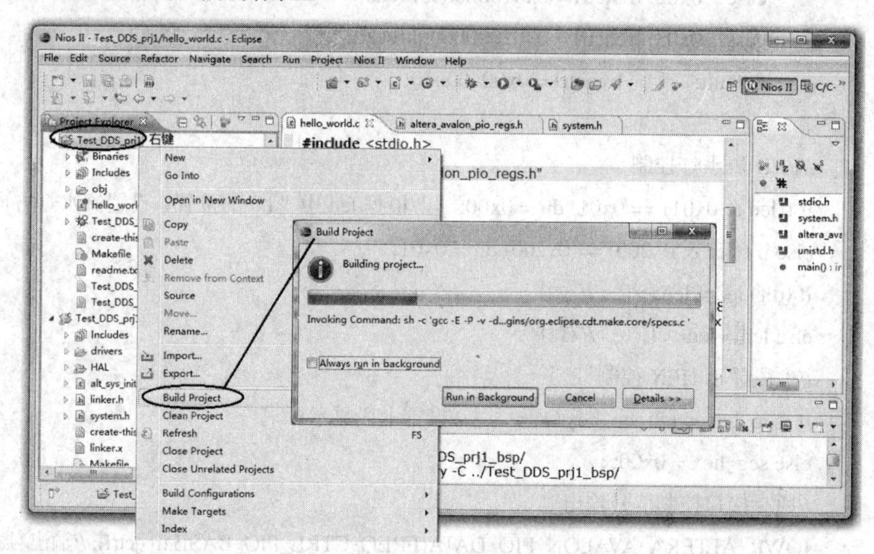

图 3.40　Build Project 过程

4. 运行程序

编译成功后，就可以在目标板上运行程序了。

(1) 在Nios Ⅱ-Eclipse主窗口工程名的右键菜单中选择Run As→Run Configurations…命令(或在主菜单选择 Run→Run Configurations…命令)，出现运行设置的对话框，如图 3.41 所示。

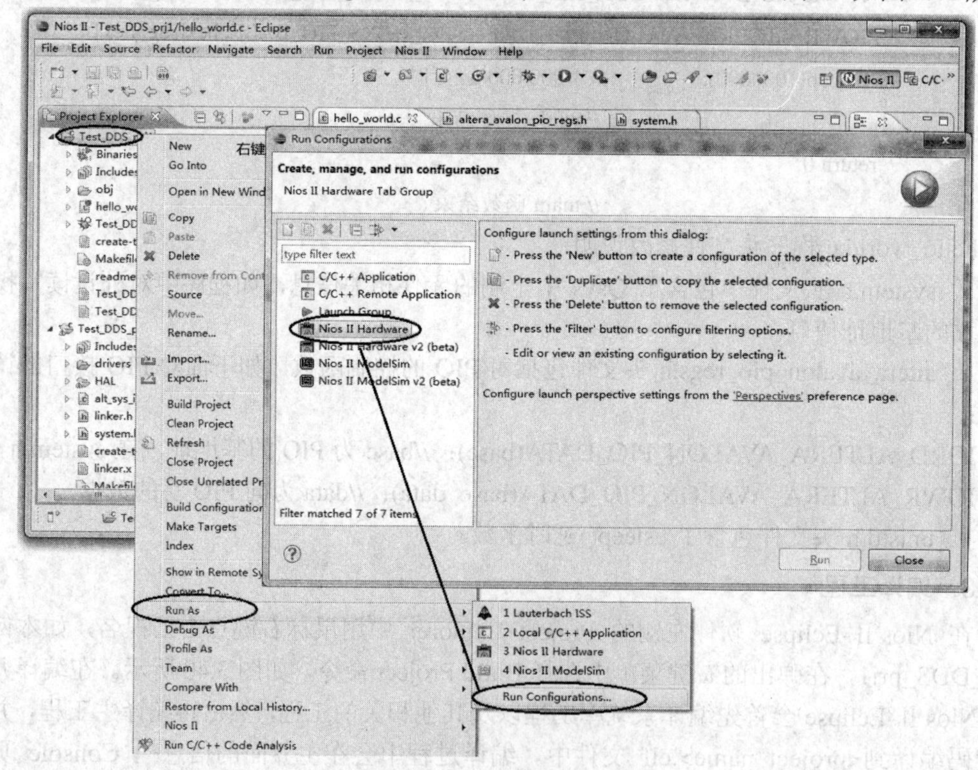

图 3.41　运行设置对话框

(2) 在 Run Configurations 左侧选项栏中，双击 Nios II Hardware，出现运行设置对话框，如图 3.42 所示，在 Project name 和 Project ELF file name 中分别选择对应工程和编译生成的 .elf 文件(一般默认设置即是当前对应工程)。可以在 Name 右边的框中输入配置名称，默认为 New_configuration。

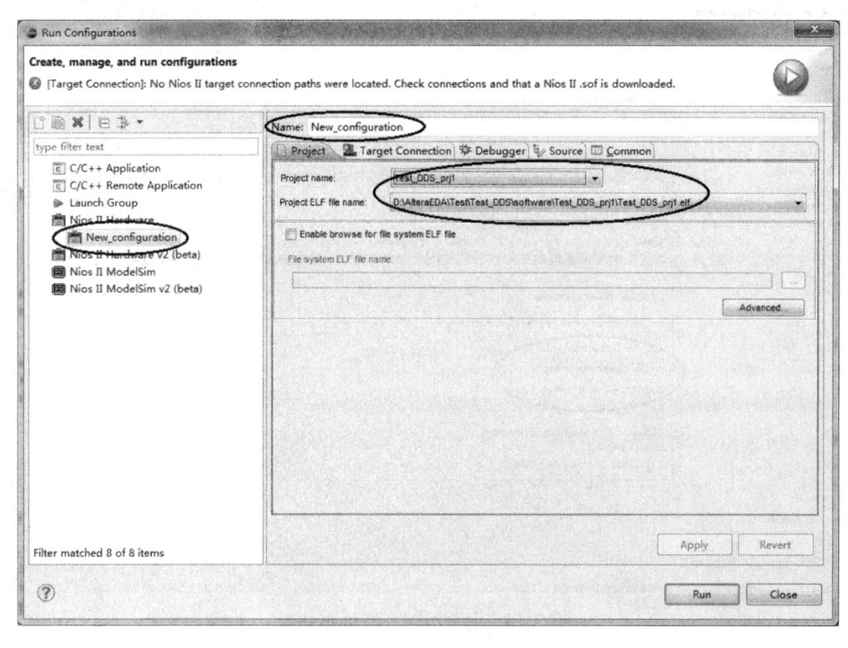

图 3.42　运行设置对话框(1)

(3) 在 Run Configurations 对话框中，点击 Target Connection 标签页，点击 Refresh Connections 按钮刷新 JTAG 连接，如图 3.43 所示。

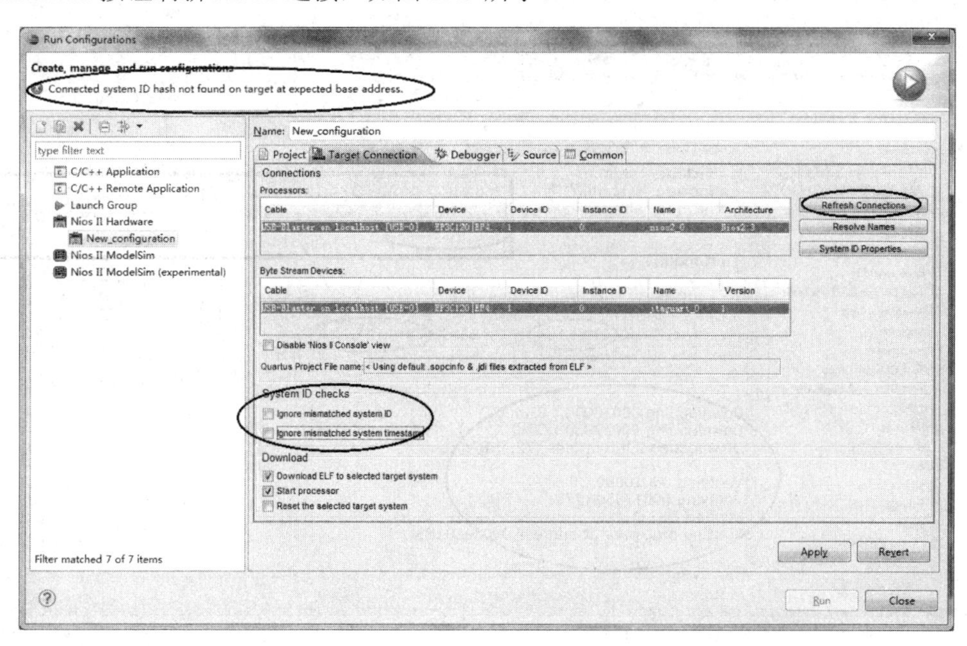

图 3.43　运行设置对话框(2)

若出现图 3.43 中上方所提示的“Connected system ID hash not found on target at expected base address.” 错误，可勾选 System ID checks 下的 Ignore mismatched system ID 和 Ignore mismatched system timestamp 选项，此时错误提示即可消失，如图 3.44 所示。

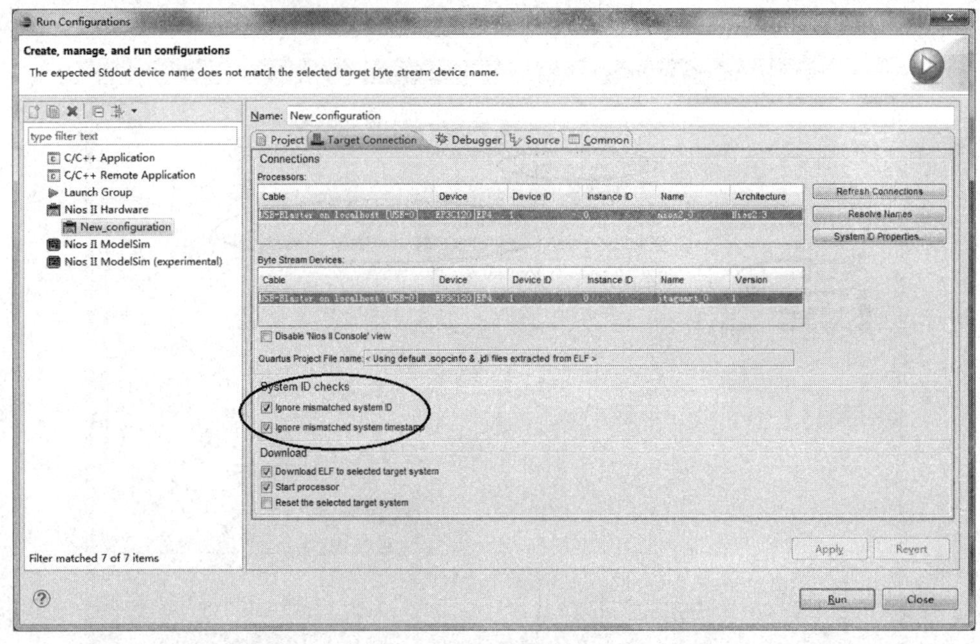

图 3.44　运行设置对话框(3)

(4) 设置好 Run Configurations 对话框后，先点击 Apply，然后点击 Run。就开始了程序下载、复位处理器和运行程序的过程(如图 3.45 所示)。正确运行后，本例程序会在 Nios II Console 信息标签中打印输出“Hello from Nios II！”。

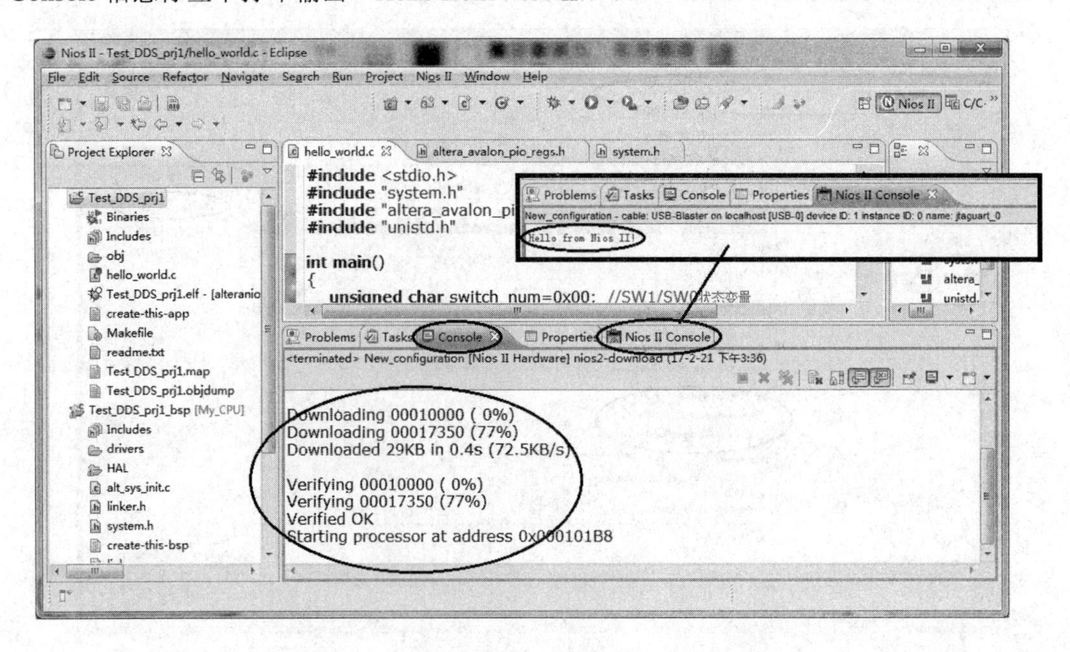

图 3.45　程序下载过程

注意：完成以上设置前需保证 DE2-115 开发板和计算机通过 USB-Blaster 电缆连接好，DE2-115 开发板加电，USB-Blaster 电缆驱动正确安装，计算机已经识别到 USB-Blaster 下载电缆。

(5) 如果运行过程中没有问题，程序就会在目标板上运行，本例程序在 DE2-115 开发板上执行，可以看到 DE2-115 开发板上的 LEDR9～LEDR0 这 10 个红色的 LED 从左向右、从右向左循环点亮；HEX3～HEX0 这 4 个七段数码管同步显示从 0 到 F。读者可以参照该例控制 DE2-115 开发板上的所有 LED 和所有七段数码管进行不同的状态显示。

(6) 参考 2.4.1 节中嵌入 SignalTap II 逻辑分析仪方法，可以在本例工程中嵌入 SignalTap II 逻辑分析仪，观察改变 DE2-115 开发板上 SW1、SW0 两个拨动开关状态时，DDS 输出数据频率的变化。如图 3.46 所示，SW_PIO 是 DE2-115 开发板上 SW1 和 SW0 的输入状态，Freqctrl 是 Nios II 软件根据拨动开关状态输出的 DDS 频率控制字，Q 是 DDS 波形存储器中读出的正弦波数据。改变 SW_PIO 的状态，Freqctrl 的值随之改变，Q 的频率也随之改变。

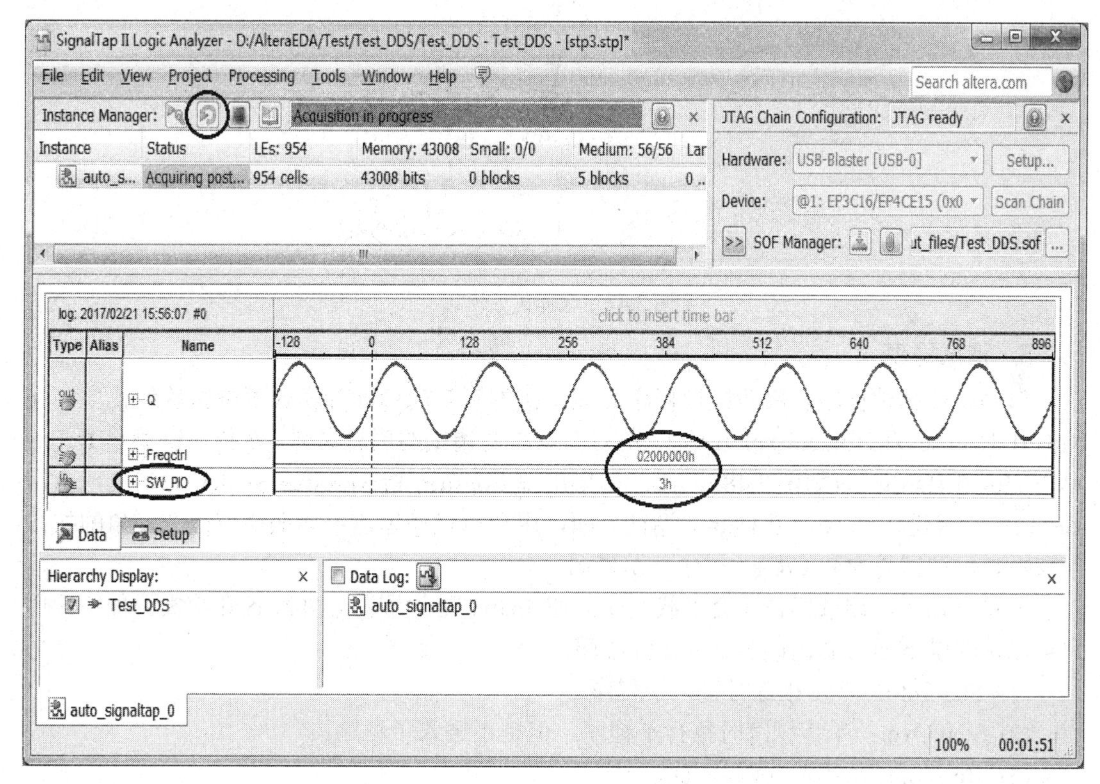

图 3.46　嵌入 SignalTap II 观测 DDS 输出正弦波数据变化

第一次将 Run Configurations 对话框设置好后，以后要重新运行程序，可以用鼠标右键点击要运行的程序工程名，在右键菜单中直接选择 Run As→Nios II Hardware 命令即可下载软件到开发板上运行(如图 3.47 所示)。注意，首先要将 Quartus II 工程下载到开发板 FPGA 中。

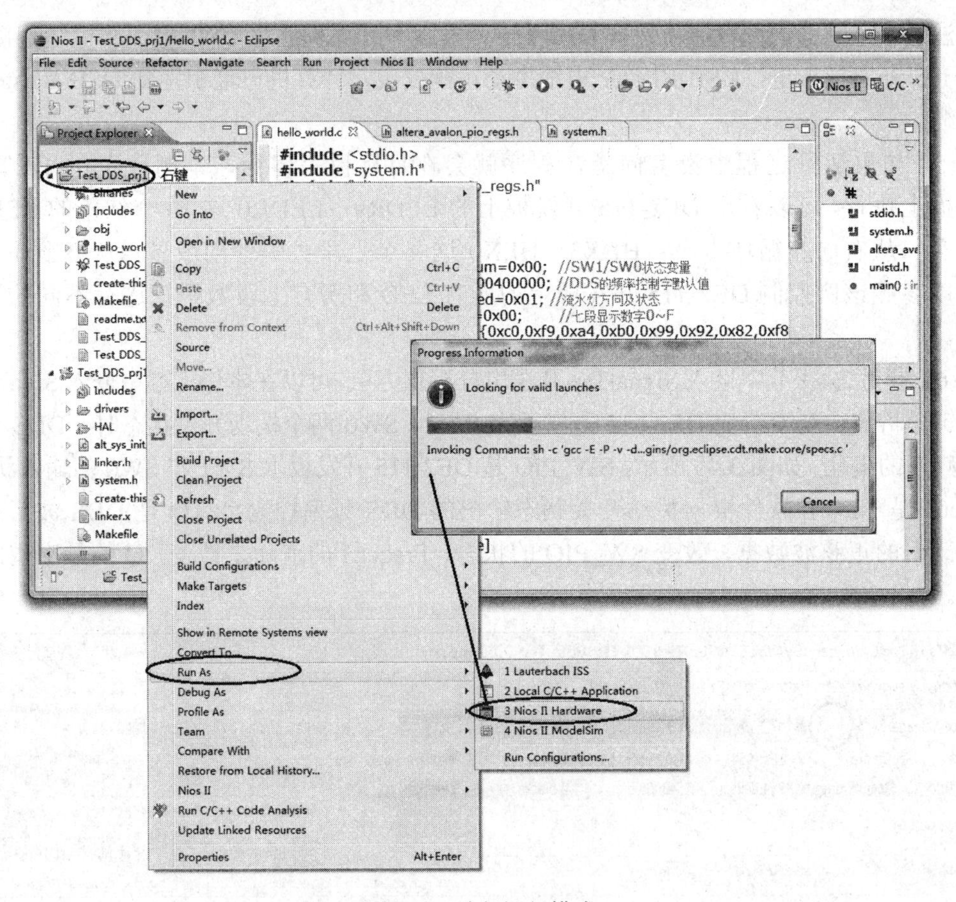

图 3.47　选择运行模式

5．调试程序

启动软件调试程序和启动运行程序类似。在本例中选用硬件模式下调试软件程序，在 NiosⅡ-Eclipse 的 Project Explorer 中，用右键点击要调试的项目名称，选择右键菜单 Debug As→NiosⅡHardware(如图 3.48 所示)。如果出现 Confirm Perspective Switch 对话框，点击 Yes 按钮，就进入到 NiosⅡDebug 调试界面，用户可以通过点击界面该页面右上角的按钮来转换显示调试界面和 C/C++ 程序开发界面。

调试开始后，调试器首先会下载程序，在 main()处设置断点并准备开始执行程序。用户可以选取以下通用的调试控制来跟踪程序：

(1) Step Into：单步跟踪时进入子程序。

(2) Step Over：单步跟踪时执行子程序，但是不进入子程序。

(3) Resume：从当前代码处继续运行。

(4) Terminate：停止调试。

要在某代码处设置断点可以在该代码左边空白处双击或点右键选择 Toggle Breakpoint。

NiosⅡ-Eclipse 还提供了多种调试浏览器，用户在调试的过程中，可以通过主菜单 Window→Show View→Registers 命令等查看变量、表达式、寄存器和存储器等。图 3.49 为查看寄存器值。

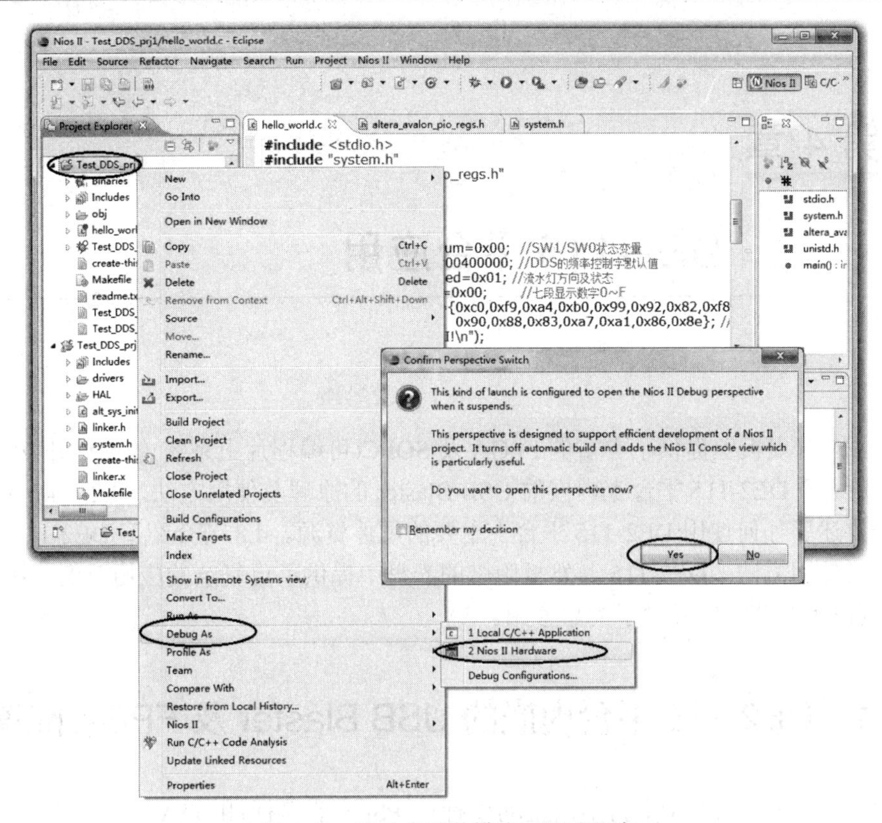

图 3.48　启动在硬件模式下调试程序

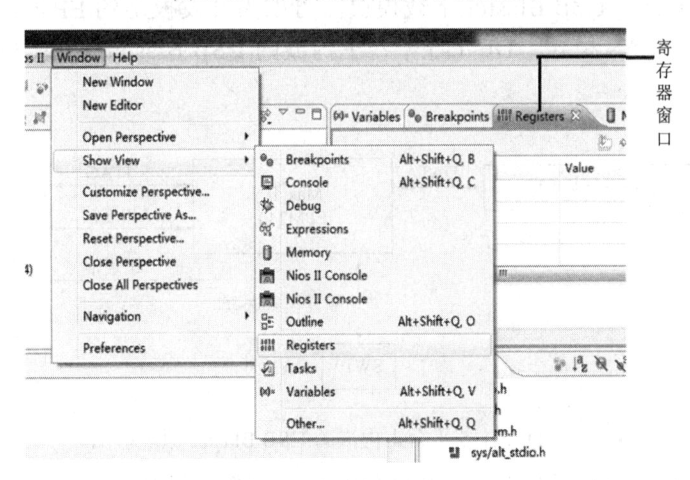

图 3.49　查看寄存器

6．将 Nios II 软件程序下载到开发板 Flash 中

如果需要将 Nios II 软件固化到开发板上的 Flash 或 EPCS 中，需要在 Qsys 系统中添加和 DE2-115 开发板上所用 Flash 对应的接口，或添加 EPCS Controller。由于本书内容主要对应的是 EDA 实验，要求完成板上在线调试即可，因此省略该部分内容。如果需要，读者可自行参考相关教材或资料，教师可以根据学生对主要内容的掌握情况添加该部分内容的讲解。

第 4 章

DE2-115 平台应用

DE2-115 开发板上提供了丰富的 FPGA 及 SOPC(可编程片上系统)的硬件开发资源。本章 4.1 节介绍了 DE2-115 平台上内嵌的 USB Blaster 的原理及使用方法，4.2～4.7 节通过简单的例子讲述了如何使用 DE2-115 平台上主要的硬件资源。4.8 节介绍了 DE2-115 控制面板的功能及使用方法。DE2-115 开发板附带的光盘中提供了更复杂的应用范例，在本章的 4.9 节中列出了这些范例并做了简单介绍。

4.1　DE2-115 平台内嵌的 USB Blaster 及 FPGA 配置

Cyclone Ⅳ系列 FPGA 支持 AS(主动串行)、PS(被动串行)和 JTAG 等三种配置模式，DE2-115 平台上集成了 USB Blaster 下载模块，可以为开发板上的 EP4CE 提供两种配置模式：JTAG 模式和 AS 模式。DE-115 平台上内嵌的 USB Blaster 模块的原理图如图 4.1 所示。

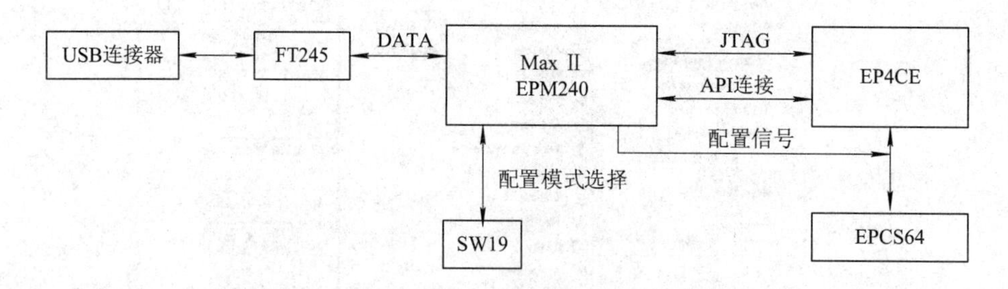

图 4.1　DE2-115 平台上内嵌的 USB Blaster 原理框图

JTAG 及 EPCS64 的编程逻辑由 CPLD EPM240 完成。用 SW19 来选择 FPGA 是编程模式(PROG)还是运行模式(RUN)。在编程模式(PROG)下，USB Blaster 可通过 AS 模式对 EPCS64 进行编程；然后，在运行模式(RUN)下，上电后，FPGA 从 EPCS64 中读取配置数据，对 FPGA 进行配置。Cyclone Ⅳ系列 FPGA 支持在 AS 模式配置时的配置数据压缩，即将配置数据压缩后保存在配置器件中，上电配置时将压缩后的配置数据读入 FPGA，FPGA 对压缩数据流实时解压后写入 RAM 中完成对 FPGA 的配置。配置数据在配置器件中进行压缩存储可以使总的配置数据量缩减 35%～55%，这种压缩在 DE2-115 上是完全没有必要的，因为 EPCS64 的存储容量足以配置 EP4CE 芯片，而且 EPCS64 剩下的空间还可以用来保存用户的数据。

当 SW19 置于运行(RUN)位置时，可通过 JTAG 模式对 FPGA 进行直接配置。JTAG 模式不支持配置数据的压缩。JTAG 模式配置完成后，FPGA 自动按照新的配置进行工作，但系统重新上电之后，FPGA 仍然自动从 EPCS64 中读取配置数据来配置 FPGA。

AS 模式和 JTAG 模式通过不同的信号线对 FPGA 进行配置。EPM240 通过图 4.1 中的 JTAG 配置 FPGA，通过配置信号线从 EPCS64 中读取 AS 模式的配置数据。EPM240 与 FPGA 之间还有一个类似于 JTAG 的数据链路，控制面板使用这个数据链路实现与 FPGA 的通信。

使用 JTAG 模式配置 FPGA 的步骤如下：

(1) 确保 DE2-115 开发板已经正确连接好电源并上电。

(2) 将 RUN/PROG 拨动开关(SW19)放置在 RUN 位置。

(3) 将附带的 USB 电缆连接到 DE2-115 开发板的 USB Blaster 接口。

(4) 打开 Quartus II 编辑器，选择以.sof 为扩展名的配置数据文件来配置 DE2-115 开发板上的 FPGA 芯片。

使用 AS 模式配置 FPGA 的步骤如下：

(1) 确保 DE2-115 已经正确连接好电源并上电。

(2) 将 RUN/PROG 拨动开关(SW19)放置在 PROG 位置。

(3) 将附带的 USB 电缆连接到 DE2-115 开发板的 USB Blaster 接口。

(4) 打开 Quartus II 编辑器，选择以 .pof 为扩展名的配置数据并用 AS 模式来编程 EPCS64 芯片。

(5) 关闭 DE2-115 开发板电源，将 SW19 拨动开关置于 RUN 位置，开发板重新上电，FPGA 自动从 EPCS64 中读取配置数据，对 FPGA 进行配置。

4.2　音频编/解码

4.2.1　音频编/解码硬件芯片 WM8731

DE2-115 开发板的音频输入/输出芯片与 DE2 开发板上的音频芯片相同，采用的是 Wolfson 公司的低功耗立体声 24 位音频 CODEC 编/解码芯片 WM8731。该芯片支持麦克风输入、线路输入和线路输出端口，采样速率为 8～96 kHz 可调，支持四种音频数据格式，包括 I^2S 模式、左对齐模式、右对齐模式和 DSP 模式。WM8731 通过 I^2C 总线与 DE2-115 开发板上的 Cyclone IV E FPGA 引脚相连，并实现对 WM8731 芯片的控制。

WM8731 芯片两路线路输入 RLINEIN 和 LLINEIN 端口能以 1.5 dB 的步进在 +12～−34.5 dB 范围进行对数音量调节，完成 A/D 转换后，还可以进行高通数字滤波，有效去除输入中的直流成分。该芯片的一路麦克风输入可以在 −6～34 dB 范围内进行音量调节。这三路模拟输入都有单独的静音功能。D/A 转换器输出、线路输入旁路及麦克风输入经过侧音电路后可相加作为输出，可以直接驱动线路输出(LOUT 和 ROUT)，也可以通过耳机放大器输出，以驱动耳机(RHPOUT 和 LHPOUT)。耳机放大电路的增益可以在 +6～−73 dB 范围内以 1 dB 步进进行调整。

DE2-115 开发板音频部分电路如图 4.2 所示。DE2-115 平台上的 LINEOUT(J3)接在经过耳机放大器放大的耳机输出端口上，可以直接驱动耳机。LINE IN(J2)经过隔直电容输入，而 MIC IN(J1)则直接输入。

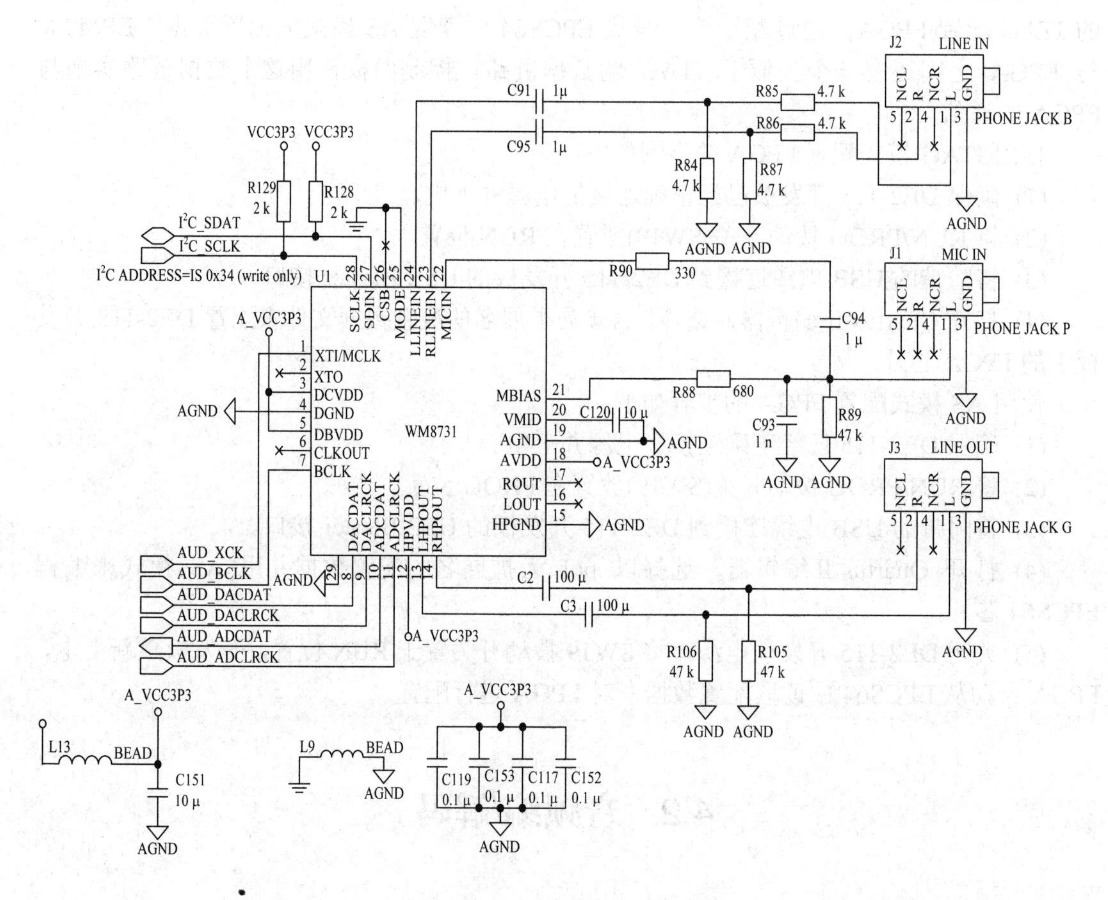

图 4.2　DE2-115 音频部分电路

WM8731 的 MODE 引脚接地，选择了 2 线控制器接口，控制器通过 I^{2}C 总线控制 WM8731 芯片，图 4.2 中的 I^{2}C_SCLK 和 I^{2}C_SDAT 信号是从 FPGA 引出的 I^{2}C 总线，DE2-115 开发板上的 TV 视频解码器与音频编/解码器共用 I^{2}C 控制总线。2 线模式下，通过引脚 CSB 选择 WM8731 在 I^{2}C 总线上的地址，若 CSB 引脚接地，则读地址为 0x34，写地址为 0x35。图 4.3 所示为 WM8731 芯片 I^{2}C 总线的时序。总线数据 B[15:0]中，B[15:9]是 WM8731 中控制寄存器的地址，B[8:0]是寄存器中的数值。

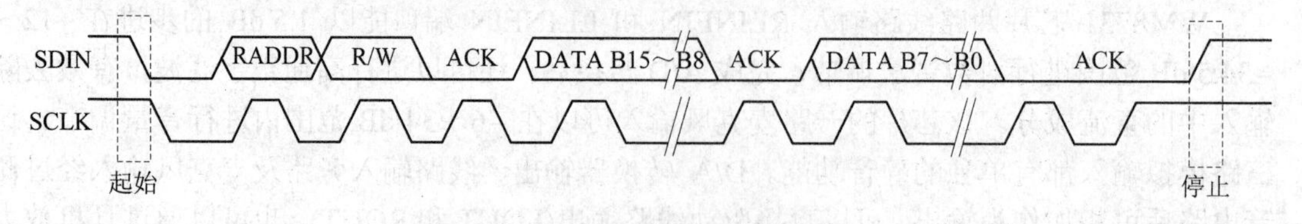

图 4.3　WM8731 芯片 I^{2}C 总线时序

WM8731寄存器的地址分配及定义如表4.1所示。

表4.1　WM8731的寄存器的地址分配及定义

寄存器地址	位	符　号	缺省值	定　　义
0000000 线路输入 左通道 控制	4:0	LINVOL[4:0]	10111 (0 dB)	线路输入左通道音量控制 1111：+12 dB，1.5 dB/LSB；0000：−34.5 dB
	7	LINMUTE	1	线路输入左通道静音；1 = 静音；0 = 取消静音
	8	LRINBOTH	0	用左声道参数控制右声道装载控制 1：同时装载RINVOL[4:0] = LINVOL[4:0]，RINMUTE = LINMUTE 0：禁止同时装载
0000001 线路输入 右通道 控制	4:0	RINVOL[4:0]	10111 (0 dB)	线路输入右通道音量控制 1111：+12 dB，1.5 dB/LSB；0000：−34.5 dB
	7	RINMUTE	1	线路输入右通道静音，1 = 静音；0 = 取消静音
	8	RLINBOTH	0	用右声道参数控制左声道装载控制 1：同时装载LINVOL[4:0] = RINVOL[4:0]，LINMUTE = RINMUTE 0：禁止同时装载
0000010 左通道 耳机输出 参数	6:0	LHPVOL[6:0]	1111001 (0 dB)	左通道耳机输出音量控制，1111111 = +6 dB，0110000 = −73 dB，0000000～0101111 = 静音
	7	LZCEN	0	左通道过零检测使能，1 = 使用过零检测，0 = 禁止过零检测
	8	LRHPBOTH	0	1：允许用左通道耳机参数控制右通道耳机输出 0：禁止用左通道耳机参数控制右通道耳机输出
0000011 右通道 耳机输出 参数	6:0	RHPVOL[6:0]	1111001 (0 dB)	右通道耳机输出音量控制，1111111 = +6 dB，0110000 = −73 dB，0000000～0101111 = 静音
	7	RZCEN	0	右通道过零检测使能，1 = 使用过零检测，0 = 禁止过零检测
	8	RLHPBOTH	0	1：允许用右通道耳机参数控制左通道耳机输出 0：禁止用右通道耳机参数控制左通道耳机输出
0000100 模拟音频 路径控制	0	MICBOOST	0	麦克风输入电平增强控制，1 = 允许增强，0 = 禁止增强
	1	MUTEMIC	1	麦克风输入对A/D转换器静音，1 = 静音，0 = 取消静音
	2	INSEL	0	A/D转换器输入选择，1 = 用麦克风输入作为A/D转换器输入，0 = 用线路输入作为A/D转换器输入
	3	BYPASS	1	旁路开关，1 = 允许旁路，0 = 禁止旁路
	4	D/A转换器 SEL	0	D/A转换器选择，1 = 选择D/A转换器，0 = 不选择D/A转换器
	5	SIDETONE	0	侧音开关，1 = 使用侧音，0 = 禁止侧音
	7:6	SIDEATT[1:0]	00	侧音衰减控制，11 = −15 dB，10 = −12 dB，01 = −9 dB，00 = −6 dB

续表

寄存器地址	位	符　号	缺省值	定　义
0000101 数字音频路径控制	0	A/D 转换器 HPD	0	A/D 转换器高通滤波器使能，0 = 使用高通滤波器，1 = 不使用高通滤波器
	2:1	DEEMP[1:0]	00	去加重控制，11 = 48 kHz，10 = 44.1 kHz，01 = 32 kHz，00 = 禁止去加重
	3	D/A 转换器 MU	1	D/A 转换器软静音控制，1 = 使用软静音，0 = 禁止软静音
	4	HPOR	0	使用高通滤波器是否保存偏移，1 = 保存偏移，0 = 清除偏移
0000110 掉电控制 1 = 打开该功能 0 = 禁止该功能	0	LINEINPD	1	线路输入掉电
	1	MICPD	1	麦克风输入掉电
	2	A/D 转换器 PD	1	A/D 转换器掉电
	3	D/A 转换器 PD	1	D/A 转换器掉电
	4	OUTPD	1	线路输出掉电
	5	OSCPD	0	振荡器掉电
	6	CLKOUTPD	0	CLOCKOUT 掉电
	7	POWEROFF	1	关闭设备电源
0000111 数字音频格式控制	1:0	FORMAT[1:0]	10	音频格式选择，11 = DSP 模式，10 = I^2S 模式，01 = MSB 在先左对齐模式，00 = MSB 在先右对齐模式
	3:2	IWL[1:0]	10	输入音频位长度选择，11 = 32 位，10 = 24 位，01 = 20 位，00 = 16 位
	4	LRP	0	D/A 转换器 LRC 相位控制
	5	LRSWAP	0	D/A 转换器左右时钟交换控制
	6	MS	0	主从模式选择，1 = 主模式，0 = 从模式
	7	BCLKINV	0	位时钟反相，1 = BCLK 反相，0 = BCLK 不反相
0001000 采样控制	0	USB/NORMAL	0	模式选择：1 = USB 模式(250/272f_s)*，0 = 普通模式(256/384f_s)
	1	BOSR	0	基本过采样速率设定， USB 模式：0 = 252f_s，1 = 272f_s 普通模式：0 = 256f_s，1 = 384f_s
	5:2	SR[3:0]	0000	A/D 转换器及 D/A 转换器采样速率控制
	6	CLKDIV2	0	核心时钟分频控制，1 = 核心时钟频率由 MCLK 经二分频得到，0 = MCLK 作为核心时钟频率
	7	CLKODIV2	0	CLKOUT 分频控制，1 = 核心时钟频率二分频得到 CLKOUT，0 = 核心频率作为 CLKOUT
0001001 数字音频接口激活控制	0	ACTIVE	0	激活数字音频接口，0 = 禁止数字音频接口，1 = 激活数字音频接口
0001011 寄存器复位	8:0	RESET	Not Reset	向这个寄存器中写入 00000000 可使 WM8731 复位

*注：f_s 为音频采样频率。

4.2.2　WM8731控制电路的实现

对WM8731的控制通过I^2C总线来实现，代码4.1是用Verilog HDL实现I^2C控制器的参考代码。本例中只实现了I^2C写数据，而没有实现完整的I^2C控制器。

在这个I^2C控制器中，输入CLOCK是I^2C控制器的时钟输入，在对这个I^2C控制器进行例化时，要提供一个满足I^2C标准的时钟。I^2C控制器每次传输24位数据，前8位是从设备地址SLAVE_ADDR，接下来8位是从设备的寄存器地址SUB_ADDR，最后8位是数据。WM8731的I^2C通信数据格式中有7位寄存器地址和9位数据，与I^2C控制器的数据格式定义不一致，实际传输时，SUB_ADDR的高7位为寄存器地址，最后1位是9位数据的最高位。

本例中，I^2C控制器使用33个I^2C时钟周期完成1次传输24位数据。第1个时钟周期用于初始化控制器，第2、3个周期用于启动传输，第4～30个周期用于传输数据(其中包含24位数据和3个ACK)，最后3个周期用于停止传输。控制器中使用了一个6位计数器SD_COUNTER对传输周期计数。

在开始传输之前与终止传输之后，I2C_SCLK信号都应该保持高电平。I^2C的起始条件(START)与终止条件(STOP)由I2C_SCLK与I2C_SDAT配合完成，在代码中增加了一个1位寄存器SCLK，用以产生START条件和STOP条件。在START之前、STOP之后，SCLK = 1；产生START条件之后至产生STOP条件之前，SCLK = 0。数据传输期间，I2C_SCLK由CLOCK提供。

代码4.1　I^2C控制器代码。

```
module I2C_Controller (
        CLOCK,                  //I²C 控制器时钟输入
        I2C_SCLK,               //I²C 总线时钟信号输出
        I2C_SDAT,               //I²C 总线数据信号
        I2C_DATA,               //要传输的数据 DATA:[SLAVE_ADDR,SUB_ADDR,DATA]
        GO,                     //启动传输
        END,                    //传输结束标志
        ACK,                    //ACK 信号输出
        RESET,                  //I²C 控制器复位信号
        //以下信号为测试信号
        SD_COUNTER,             //I²C 数据发送计数器
        SDO                     //I²C 控制器发送的串行数据
);
        input CLOCK;
        input [23:0]I2C_DATA;
        input GO;
        input RESET;
        input W_R;
        inout I2C_SDAT;
```

```
        output I2C_SCLK;
        output END;
        output ACK;

        output [5:0] SD_COUNTER;           //I²C 数据发送计数器
        output SDO;                        //I²C 控制器发送的串行数据

    reg SDO;
    reg SCLK;
    reg END;
    reg [23:0]SD;
    reg [5:0]SD_COUNTER;

    wire I2C_SCLK = SCLK | ( ((SD_COUNTER >= 4) & (SD_COUNTER <= 30))? ~CLOCK :0 );
    wire I2C_SDAT = SDO?1'bz:0 ;           //如果输出数据为 1，I2C_SDAT 设为高阻

    reg ACK1,ACK2,ACK3;
    wire ACK = ACK1 | ACK2 |ACK3;          //ACK 信号

    //I²C 计数器
    always @(negedge RESET or posedge CLOCK ) begin
    if (!RESET) SD_COUNTER = 6'b111111;
    else begin
    if (GO == 0)
        SD_COUNTER = 0;
        else
        if (SD_COUNTER < 6'b111111) SD_COUNTER = SD_COUNTER+1;
    end
    end

    always @(negedge RESET or    posedge CLOCK ) begin
    if (!RESET) begin SCLK = 1; SDO = 1; ACK1 = 0; ACK2 = 0; ACK3 = 0; END = 1; end
    else
    case (SD_COUNTER)
        6'd0   : begin ACK1 = 0; ACK2 = 0; ACK3 = 0; END = 0; SDO = 1; SCLK = 1; end
        //I2C START
        6'd1   : begin SD = I2C_DATA; SDO = 0; end
        6'd2   : SCLK = 0;
        //发送从设备地址
```

```
6'd3   : SDO = SD[23];
6'd4   : SDO = SD[22];
6'd5   : SDO = SD[21];
6'd6   : SDO = SD[20];
6'd7   : SDO = SD[19];
6'd8   : SDO = SD[18];
6'd9   : SDO = SD[17];
6'd10 : SDO = SD[16];
6'd11 : SDO = 1'b1;              //ACK

//发送从设备寄存器地址
6'd12   : begin SDO = SD[15]; ACK1 = I2C_SDAT; end
6'd13   : SDO = SD[14];
6'd14   : SDO = SD[13];
6'd15   : SDO = SD[12];
6'd16   : SDO = SD[11];
6'd17   : SDO = SD[10];
6'd18   : SDO = SD[9];
6'd19   : SDO = SD[8];
6'd20   : SDO = 1'b1;              //ACK

//发送数据
6'd21   : begin SDO = SD[7]; ACK2 = I2C_SDAT; end
6'd22   : SDO = SD[6];
6'd23   : SDO = SD[5];
6'd24   : SDO = SD[4];
6'd25   : SDO = SD[3];
6'd26   : SDO = SD[2];
6'd27   : SDO = SD[1];
6'd28   : SDO = SD[0];
6'd29   : SDO = 1'b1;              //ACK
//I2C STOP
    6'd30 : begin SDO = 1'b0;      SCLK = 1'b0; ACK3 = I2C_SDAT; end
    6'd31 : SCLK = 1'b1;
    6'd32 : begin SDO = 1'b1; END = 1; end
endcase
end
endmodule
```

代码 4.2 是音频编/解码器配置的参考设计。模块 I2C_Audio_Config 的时钟输入为

DE2-115 平台上的 50 MHz 时钟，I^2C 控制器时钟为 20 kHz，由 50 MHz 时钟分频得到。

音频编/解码器配置数据存储在查找表 LUT_DATA 中，LUT_DATA 数据为 16 位，包括了 WM8731 的寄存器地址和寄存器数据，共对 10 个寄存器的内容进行配置，配置时逐个写入寄存器的值，寄存器索引代码为 LUT_INDEX。每个寄存器的配置分为三步，并用 mSetup_ST 表示当前进行到了哪一步。第一步准备数据，将 8 位的从设备地址与 LUT_DATA 合并为 24 位数据 mI2C_DATA，并将 mI2C_GO 置 1，启动 I^2C 传输；第二步检测传输结束信号，如果检测到传输结束(mI2C_END = 1)，但 ACK 信号不正常，则返回第一步，重新发送数据；如果检测到传输结束且 ACK 信号正常，则进入第三步，将寄存器索引 LUT_INDEX 加 1，准备下一个数据的传输。

代码 4.2　音频编/解码器配置代码。

```
module I2C_Audio_Config (
    iCLK,                        //时钟输入
    iRST_N,                      //复位信号
    I2C_SCLK,                    // I²C 总线时钟信号输出
    I2C_SDAT    );               // I²C 总线数据信号
input     iCLK;
input     iRST_N;
output    I2C_SCLK;
inout     I2C_SDAT;
// 内部寄存器及连线
reg  [15:0]   mI2C_CLK_DIV;
reg  [23:0]   mI2C_DATA;
reg           mI2C_CTRL_CLK;
reg           mI2C_GO;
wire      mI2C_END;
wire      mI2C_ACK;
reg  [15:0]   LUT_DATA;
reg  [5:0] LUT_INDEX;
reg  [3:0] mSetup_ST;
//时钟参数
parameter    CLK_Freq      =    50000000;     //输入的系统时钟 50 MHz
parameter    I2C_Freq      =    20000;        // I²C 总线时钟 20 kHz
//存储音频编/解码器配置数据的查找表容量
parameter    LUT_SIZE      =    10;
//音频编/解码器配置数据索引
parameter    SET_LIN_L     =    0;
parameter    SET_LIN_R     =    1;
parameter    SET_HEAD_L    =    2;
parameter    SET_HEAD_R    =    3;
```

```
parameter      A_PATH_CTRL    =    4;
parameter      D_PATH_CTRL    =    5;
parameter      POWER_ON       =    6;
parameter      SET_FORMAT     =    7;
parameter      SAMPLE_CTRL    =    8;
parameter      SET_ACTIVE     =    9;
//////50 MHz 时钟分频得到 20 kHz 的 I²C 控制时钟//////
always@(posedge iCLK or negedge iRST_N)
begin
    if(!iRST_N)
    begin
        mI2C_CTRL_CLK      <=  0;
        mI2C_CLK_DIV       <=  0;
    end
    else
    begin
        if( mI2C_CLK_DIV      < (CLK_Freq/I2C_Freq) )
        mI2C_CLK_DIV          <=  mI2C_CLK_DIV+1;
        else
        begin
            mI2C_CLK_DIV   <=  0;
            mI2C_CTRL_CLK <=  ~mI2C_CTRL_CLK;
        end
    end
end
////例化 I2C 控制器///
I2C_Controller u0(
.CLOCK(mI2C_CTRL_CLK),                // I²C 控制器工作时钟
.I2C_SCLK(I2C_SCLK),                  // I²C 总线时钟信号
        .I2C_SDAT(I2C_SDAT),          // I²C 总线数据信号
        .I2C_DATA(mI2C_DATA),         // DATA:[SLAVE_ADDR,SUB_ADDR,DATA]
        .GO(mI2C_GO),                 //启动传输
        .END(mI2C_END),               //传输结束标志
        .ACK(mI2C_ACK),               //ACK
        .RESET(iRST_N)   );

//////////////////// 配置过程控制 //////////////////////////
always@(posedge mI2C_CTRL_CLK or negedge iRST_N)
begin
```

```
        if(!iRST_N)              //复位
        begin
            LUT_INDEX  <=  0;
            mSetup_ST  <=  0;
            mI2C_GO    <=  0;
        end
        else
        begin
            if(LUT_INDEX<LUT_SIZE)
            begin
                case(mSetup_ST)
                0:  begin                    //第一步：准备数据，启动传输
                        mI2C_DATA  <=  {8'h34,LUT_DATA};
                        mI2C_GO    <=  1;
                    mSetup_ST      <=  1;
                    end
                1:  begin
                        if(mI2C_END)  //第二步：检验传输是否正常结束
                        begin
                            if(!mI2C_ACK)
                            mSetup_ST  <=  2;
                            else
                            mSetup_ST  <=  0;
                            mI2C_GO    <=  0;
                        end
                    end
                2:  begin           //传输结束，改变 LUT_INDEX 的值，准备传输下一个数据
                        LUT_INDEX  <=  LUT_INDEX+1;
                        mSetup_ST  <=  0;
                    end
                endcase
            end
        end
end
///////////////////// 配置数据查找表 /////////////////////////
always
begin
    case(LUT_INDEX)
    SET_LIN_L       :    LUT_DATA   <=  16'h001A;
```

```
        SET_LIN_R      :  LUT_DATA  <=  16'h021A;
        SET_HEAD_L     :  LUT_DATA  <=  16'h047B;
        SET_HEAD_R     :  LUT_DATA  <=  16'h067B;
        A_PATH_CTRL    :  LUT_DATA  <=  16'h08F8;
        D_PATH_CTRL    :  LUT_DATA  <=  16'h0A06;
        POWER_ON       :  LUT_DATA  <=  16'h0C00;
        SET_FORMAT     :  LUT_DATA  <=  16'h0E01;
        SAMPLE_CTRL    :  LUT_DATA  <=  16'h1002;
        SET_ACTIVE     :  LUT_DATA  <=  16'h1201;
        endcase
    end
    endmodule
```

4.2.3 用 WM8731 D/A 转换器产生正弦波

可以将 WM8731 的工作模式配置成主模式或从模式。主模式工作时，由 WM8731 控制数字音频数据接口的时序；从模式工作时，WM8731 响应来自音频数据接口的时序。WM8731 的音频数据格式有四种模式：左对齐、右对齐、I²S 及 DSP 模式。与音频数据传输有关的引脚如表 4.2 所示。

表 4.2　与音频数据传输有关的引脚

名　称	类　型		含　　义
	主模式	从模式	
BCLK	输出	输入	数字音频位时钟
A/D 转换器 LRC	输出	输入	A/D 转换器采样速率左/右时钟
A/D 转换器 DAT	输出	输出	A/D 转换器数字音频数据输出
D/A 转换器 LRC	输出	输入	D/A 转换器采样速率左/右时钟
D/A 转换器 DAT	输入	输入	D/A 转换器数字音频数据输入

音频数据传输是串行传输，A/D 转换器 LRC(或 D/A 转换器 LRC)提供左/右声道的同步信号，也确定了采样速率，其频率即为采样频率，BCLK 是数字音频位时钟，提供位同步信号。

左对齐数据格式的时序如图 4.4(a)所示，数据的 MSB 在 D/A 转换器 LRC 或 A/D 转换器 LRC 发生跳变之后的第一个 BCLK 的上升沿有效。右对齐数据格式的时序如图 4.4(b)所示，数据的 MSB 在 D/A 转换器 LRC 或 A/D 转换器 LRC 发生跳变之前的第 n 个 BCLK 的上升沿有效，其中 n 为数据位数。I²S 模式数据格式的时序如图 4.4(c)所示，数据的 MSB 在 D/A 转换器 LRC 或 A/D 转换器 LRC 发生跳变之后的第二个 BCLK 的上升沿有效。DSP 模式数据格式的时序如图 4.4(d)所示，左声道数据的 MSB 在 D/A 转换器 LRC 或 A/D 转换器 LRC 发生正跳变之后的第一个或第二个(由 LRP 确定)BCLK 的上升沿有效，右声道的数据紧随左声道数据之后。

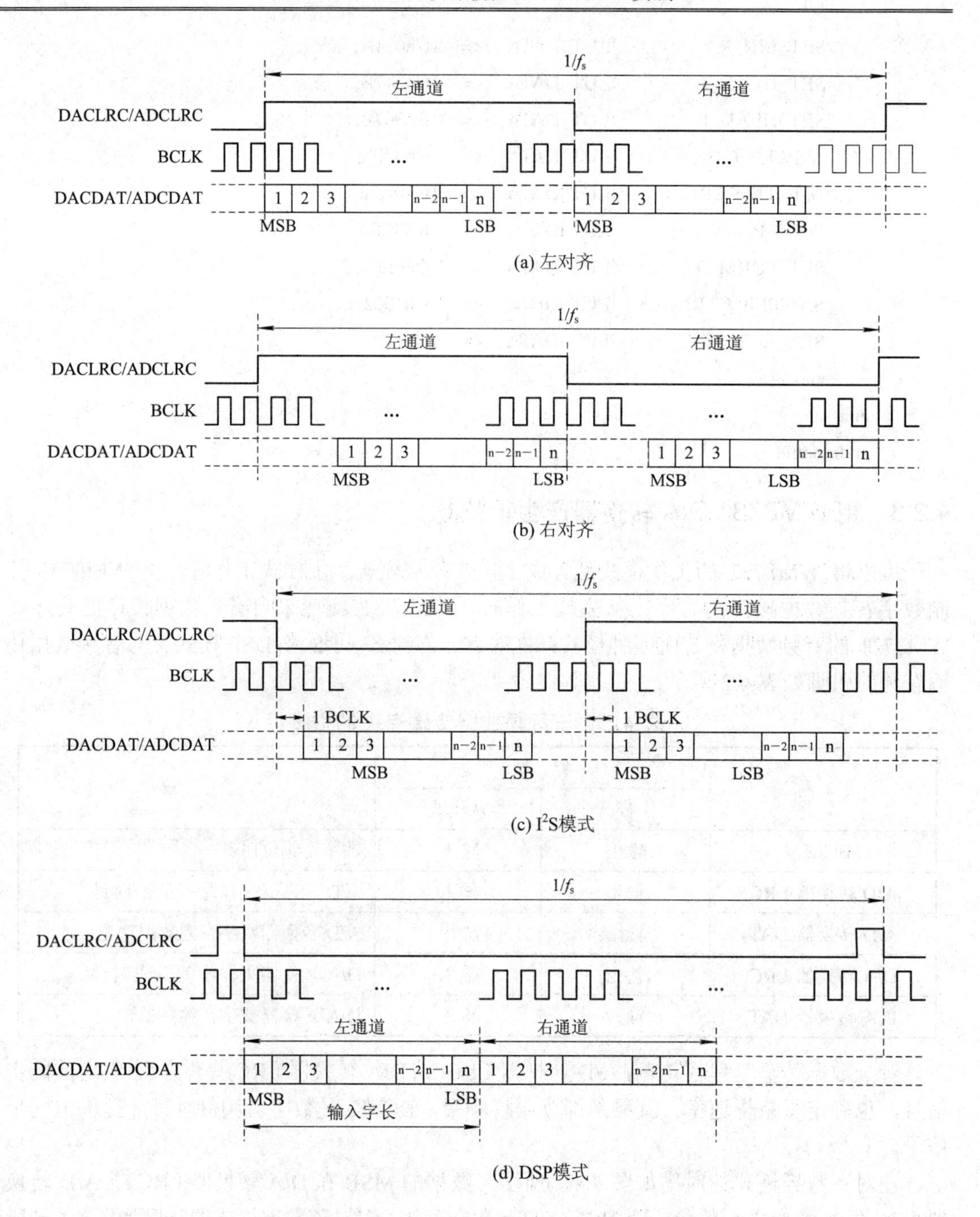

图 4.4　WM8731 的音频数据接口时序

代码 4.3 是用 WM8731 产生正弦波。WM8731 工作在从模式，数字音频接口的时序由 FPGA 产生。

代码 4.3　用 WM8731 产生正弦波。

```
module AUDIO_D/A 转换器 (
                        //数据音频输出引脚
```

```
                  oAUD_BCK,
                  oAUD_DATA,
                  oAUD_LRCK,
                  //控制信号
                  iCLK_18_4,
                  iRST_N  );
//音频信号参数
parameter   REF_CLK          =  18432000;   //18.432 MHz
parameter   SAMPLE_RATE      =  48000;      //48 kHz
parameter   DATA_WIDTH       =  16;         //16 bit
parameter   CHANNEL_NUM      =  2;          //双通道
parameter   SIN_SAMPLE_DATA  =  48;         //正弦波每个周期的采样点数

output          oAUD_DATA;
output          oAUD_LRCK;
output    reg   oAUD_BCK;
input           iCLK_18_4;
input           iRST_N;
reg     [3:0]   BCK_DIV;
reg     [8:0]   LRCK_1X_DIV;
reg     [7:0]   LRCK_2X_DIV;
reg     [6:0]   LRCK_4X_DIV;
reg     [3:0]   SEL_Cont;
reg     [5:0]   SIN_Cont;    //数据计数器值，表明当前数据是正弦波每个周期的第几个点

reg     [DATA_WIDTH-1:0]   Sin_Out;     //正弦波输出数据
reg                        LRCK_1X;
reg                        LRCK_2X;
reg                        LRCK_4X;
//////////// 生成 AUD_BCK 信号//////////////
always@(posedge iCLK_18_4 or negedge iRST_N)
begin
    if(!iRST_N)
    begin
        BCK_DIV      <=  0;
        oAUD_BCK     <=  0;
    end
    else
    begin
```

```
        if(BCK_DIV >= REF_CLK/(SAMPLE_RATE*DATA_WIDTH*CHANNEL_NUM*2)-1 )
        begin
            BCK_DIV         <=  0;
            oAUD_BCK        <=  ~oAUD_BCK;
        end
        else
        BCK_DIV             <=  BCK_DIV+1;
    end
end
////////////生成 AUD_LRCK 信号//////////////
always@(posedge iCLK_18_4 or negedge iRST_N)
begin
    if(!iRST_N)
    begin
        LRCK_1X_DIV     <=  0;
        LRCK_2X_DIV     <=  0;
        LRCK_4X_DIV     <=  0;
        LRCK_1X         <=  0;
        LRCK_2X         <=  0;
        LRCK_4X         <=  0;
    end
    else
    begin
        //LRCK 1X
        if(LRCK_1X_DIV       >= REF_CLK/(SAMPLE_RATE*2)-1 )
        begin
            LRCK_1X_DIV     <=  0;
            LRCK_1X         <=  ~LRCK_1X;
        end
        else
        LRCK_1X_DIV         <=  LRCK_1X_DIV+1;
        //LRCK 2X
        if(LRCK_2X_DIV >= REF_CLK/(SAMPLE_RATE*4)-1 )
        begin
            LRCK_2X_DIV     <=  0;
            LRCK_2X         <=  ~LRCK_2X;
        end
        else
        LRCK_2X_DIV         <=  LRCK_2X_DIV+1;
```

```
            //LRCK 4X
            if(LRCK_4X_DIV        >= REF_CLK/(SAMPLE_RATE*8)-1 )
            begin
                LRCK_4X_DIV     <=  0;
                LRCK_4X         <=  ~LRCK_4X;
            end
            else
            LRCK_4X_DIV         <=  LRCK_4X_DIV+1;
        end
end
assign    oAUD_LRCK =    LRCK_1X;
//////////生成正弦查找表地址//////////////
always@(negedge LRCK_1X or negedge iRST_N)
begin
    if(!iRST_N)
    SIN_Cont<=   0;
    else
    begin
        if(SIN_Cont < SIN_SAMPLE_DATA-1 )
        SIN_Cont      <=   SIN_Cont+1;
        else
        SIN_Cont      <=   0;
    end
end
//////////输出数据//////////////
always@(negedge oAUD_BCK or negedge iRST_N)
begin
    if(!iRST_N)
    SEL_Cont            <=   0;
    else
    SEL_Cont            <=   SEL_Cont+1;
end
assign    oAUD_DATA =Sin_Out[~SEL_Cont];
////////////正弦表//////////////
always@(SIN_Cont)
begin
        case(SIN_Cont)
        0   :  Sin_Out        <=        0        ;
        1   :  Sin_Out        <=        4276     ;
```

```
2  :  Sin_Out    <=    8480    ;
3  :  Sin_Out    <=    12539   ;
4  :  Sin_Out    <=    16383   ;
5  :  Sin_Out    <=    19947   ;
6  :  Sin_Out    <=    23169   ;
7  :  Sin_Out    <=    25995   ;
8  :  Sin_Out    <=    28377   ;
9  :  Sin_Out    <=    30272   ;
10  :  Sin_Out   <=    31650   ;
11  :  Sin_Out   <=    32486   ;
12  :  Sin_Out   <=    32767   ;
13  :  Sin_Out   <=    32486   ;
14  :  Sin_Out   <=    31650   ;
15  :  Sin_Out   <=    30272   ;
16  :  Sin_Out   <=    28377   ;
17  :  Sin_Out   <=    25995   ;
18  :  Sin_Out   <=    23169   ;
19  :  Sin_Out   <=    19947   ;
20  :  Sin_Out   <=    16383   ;
21  :  Sin_Out   <=    12539   ;
22  :  Sin_Out   <=    8480    ;
23  :  Sin_Out   <=    4276    ;
24  :  Sin_Out   <=    0       ;
25  :  Sin_Out   <=    61259   ;
26  :  Sin_Out   <=    57056   ;
27  :  Sin_Out   <=    52997   ;
28  :  Sin_Out   <=    49153   ;
29  :  Sin_Out   <=    45589   ;
30  :  Sin_Out   <=    42366   ;
31  :  Sin_Out   <=    39540   ;
32  :  Sin_Out   <=    37159   ;
33  :  Sin_Out   <=    35263   ;
34  :  Sin_Out   <=    33885   ;
35  :  Sin_Out   <=    33049   ;
36  :  Sin_Out   <=    32768   ;
37  :  Sin_Out   <=    33049   ;
38  :  Sin_Out   <=    33885   ;
39  :  Sin_Out   <=    35263   ;
40  :  Sin_Out   <=    37159   ;
```

```
        41  :  Sin_Out     <=     39540   ;
        42  :  Sin_Out     <=     42366   ;
        43  :  Sin_Out     <=     45589   ;
        44  :  Sin_Out     <=     49152   ;
        45  :  Sin_Out     <=     52997   ;
        46  :  Sin_Out     <=     57056   ;
        47  :  Sin_Out     <=     61259   ;
    default   :
            Sin_Out     <=     0;
    endcase
end
endmodule
```

接下来建立一个叫做 audio_test 的新工程来验证正弦波发生器。

友晶科技为 DE2-115 平台提供的示范工程中，有一个工程 DE2_115_golden_top，DE2_top 是一个非常简单的工程，其顶层文件 DE2_115_GOLDEN_TOP.v 实现了 DE2-115 平台上 FPGA 所有引脚的定义，可将所有输入口置为三态，并打开所有的显示器，包括 LCM、HEX0～HEX17、LEDG0～LEDG8 及 LEDR0～LEDR17。

同时，可以将 DE2_115_GOLDEN_TOP.v 中引脚定义及初始化的内容复制过来，再加入与本设计有关的模块。代码 4.4 是 audio_test.v 的代码，其中略去了从 DE2_115_GOLDEN_TOP.v 中复制的内容。模块 Reset_Delay 用以产生延时复位信号，参见代码 4.5。音频编/解码器芯片需要 18.432 MHz 的时钟输入，Audio_PLL 模块使用锁相环产生了一个频率为 18.409 091 MHz 的时钟信号。Audio_PLL 模块是用 Quartus II 的 MegaWizard Plug-In Manager 生成的，具体步骤如下：

(1) 使用 Tools→MegaWizard Plug-In Manager 菜单启动向导，如图 4.5 所示。

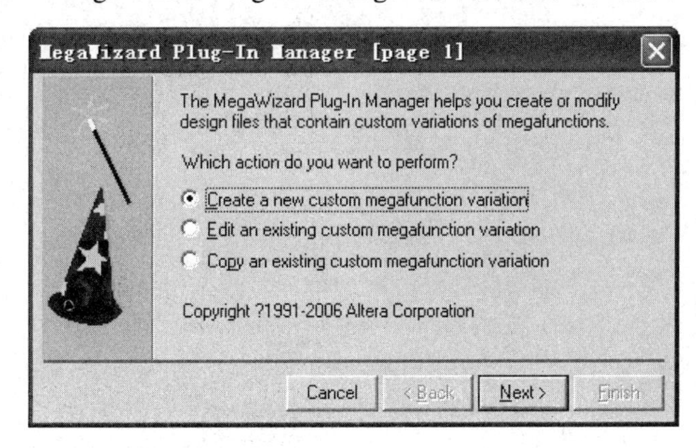

图 4.5　启动 MegaWizard Plug-In Manager

(2) 选择 Creat a new custom megafunction variation。

(3) 在宏功能列表中的 I/O 组中选择 ALTPLL，选择文件输出类型为 Verilog HDL，输出文件名称为 Audio_PLL.v，如图 4.6 所示。

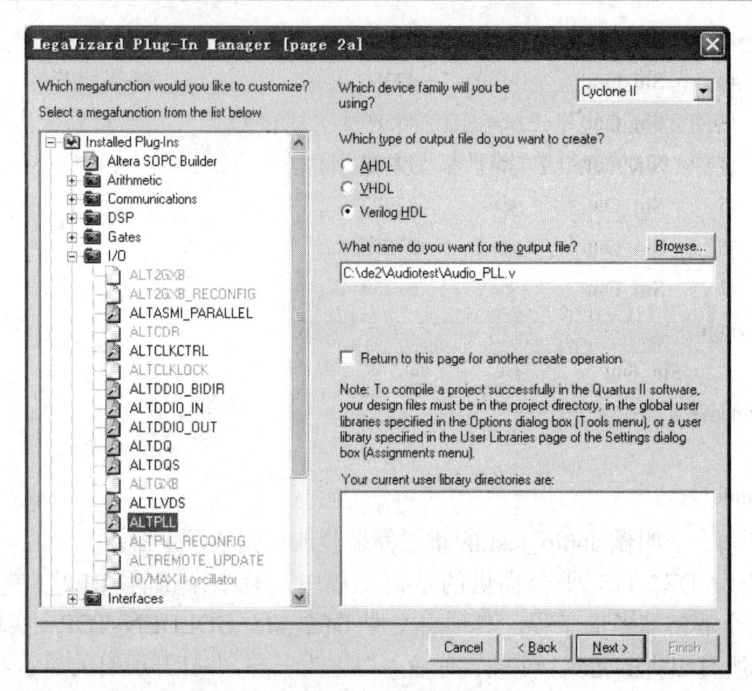

图 4.6　选择 ALTPLL 并输入文件名

(4) 在向导的第 3 页(page 3 of 10)中输入 inclock0 的频率为 27 MHz，如图 4.7 所示。

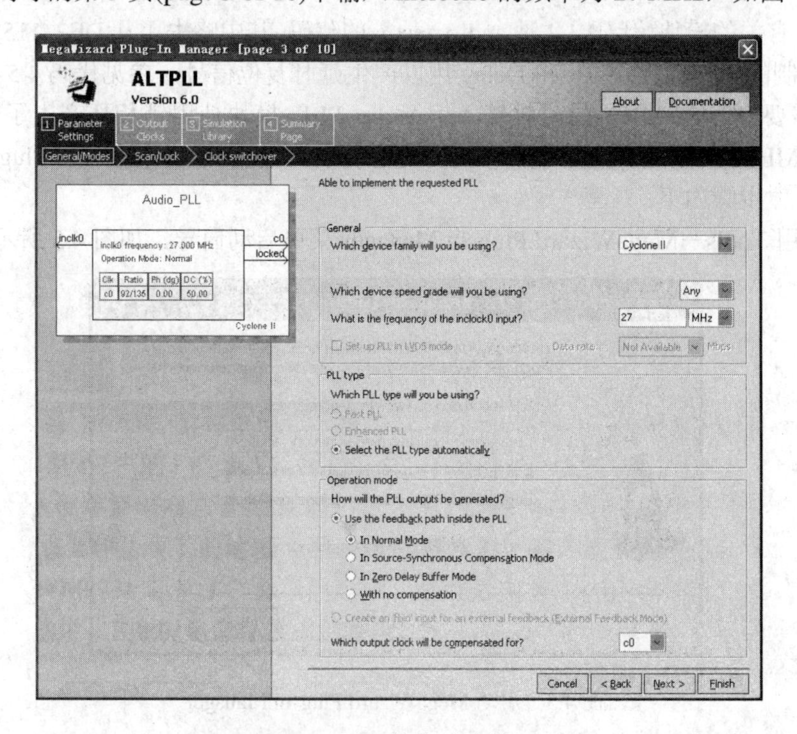

图 4.7　确定输入时钟频率

(5) 其他选项不变，在第 6 页(page 6 of 10)中，设置 c0 输出时钟，如图 4.8 所示。选中 Use this clock 选项，则 c0 的参数设置框有效；选中 Enter output clock frequency，这样可以

让 ALTPLL 根据输出频率自动选择锁相环的设置；在 Request settings 中输入 18.432，ALTPLL 自动选择最相近的参数，即 27 MHz 经过十五倍倍频和二十七分频之后可得到 18.409 091 MHz 的信号。

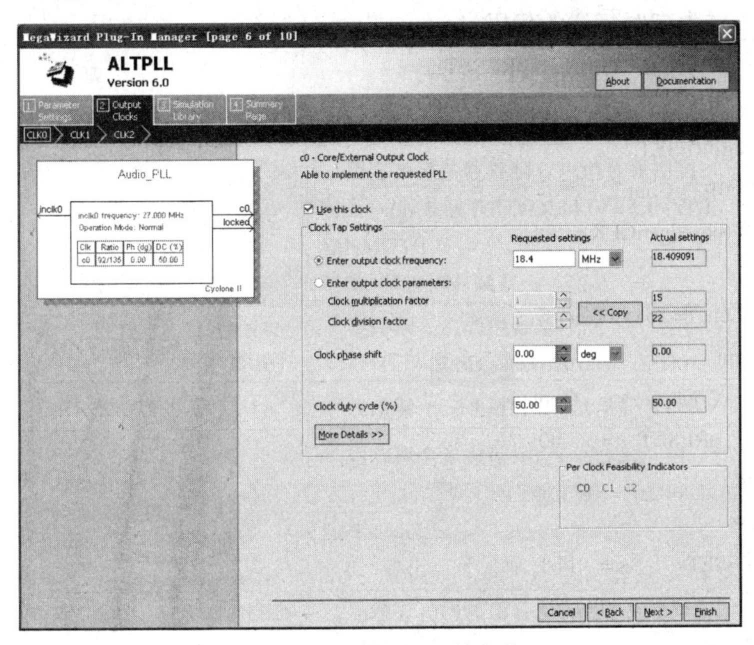

图 4.8　设置输出 c0 的参数

(6) 其他选项不改变，继续按提示完成向导。

完成设计输入之后，用 Assignments→Import Assignments 菜单导入 DE2-115 系统光盘中的引脚分配文件 DE2_115_pin_assignments.csv，完成引脚分配。完全编译工程后，将生成的 audiotest.sof 文件下载到 FPGA 中，在 DE2-115 的 LINEOUT 插座上接上耳机，可听到 1 kHz 单音频的声音，输出信号音量比较大，注意将耳机音量调小，以免损伤听力，也可以用示波器查看输出。

代码 4.4　audio_test.v 的代码。

```
module audio_test
(
//将 DE2_115_GOLDEN_TOP.v 中引脚定义及初始化的内容复制到此处
Reset_Delay   r0 (  .iCLK(CLOCK_50),.oRESET(DLY_RST)   );
Audio_PLL p1 (.inclk0(CLOCK_27),.c0(AUD_CTRL_CLK)       );
I2C_Audio_Config u3    (       .iCLK(CLOCK_50),
                               .iRST_N(DLY_RST),
                               .I2C_SCLK(I2C_SCLK),
                               .I2C_SDAT(I2C_SDAT) );
AUDIO_D/A 转换器               u4   (.oAUD_BCK(AUD_BCLK),
                               .oAUD_DATA(AUD_D/A 转换器 DAT),
                               .oAUD_LRCK(AUD_D/A 转换器 LRCK),
```

```
                        .iCLK_18_4(AUD_CTRL_CLK),
                        .iRST_N(KEY[0])  );
endmodule
```

代码 4.5　产生延时复位的代码。

```
module   Reset_Delay(iCLK, oRESET);
input     iCLK;
output reg oRESET;
reg   [15:0]    Cont;
always@(posedge iCLK)
begin
    if(Cont != 16'hFFFF)
    begin
        Cont      <=  Cont+1;
        oRESET  <=  1'b0;
    end
    else
    oRESET        <=  1'b1;
end
endmodule
```

4.3　使用 SDRAM 及 SRAM

本节将介绍如何在 Qsys 中搭建 Nios Ⅱ系统，使用了 DE2-115 开发板上的 SDRAM 存储器与 SRAM 存储器资源。Qsys 包含在 Quartus Ⅱ 10.0 之后的版本中，为 SOPC 设计提供了更好的图形化界面，是早期 Quartus Ⅱ软件中 SOPC Builder 版本的升级，在保持基本功能不变的前提下，增加了系统设计的灵活性。SOPC 是由 CPU、存储器接口、标准外设和用户自定义外设等组件组成的一个片上系统。在 SOPC 的标准外设中提供了 SDRAM 控制器的 IP，可以通过该 IP 实现对 DE2-115 开发板上 SDRAM 的控制。但 Qsys 的标准外设里没有提供 SRAM 控制器，需要用户根据芯片的工作特性及实际需要，来编写符合 Avalon 总线接口的 SRAM 控制模块。通过本节的实验，可以更好地了解 SOPC 的工作流程。

4.3.1　在 Qsys 中使用 SDRAM

1．硬件设计

首先建立一个新的 Quartus Ⅱ工程，并且对工程进行命名，例如本例中为工程命名为 SDRAM_GHRD，选择 Cyclone Ⅳ EP4CE115F29C7 芯片，选择好之后，其他保持默认选项。建立好工程之后，新建一个 Verilog 顶层文件，保存为 SDRAM_GHRD.v 文件。工程及顶层文件建立好以后，在 Quartus Ⅱ软件中执行菜单命令 Tools→Qsys 启动 Qsys 软件，软件启动界面如图 4.9 所示。

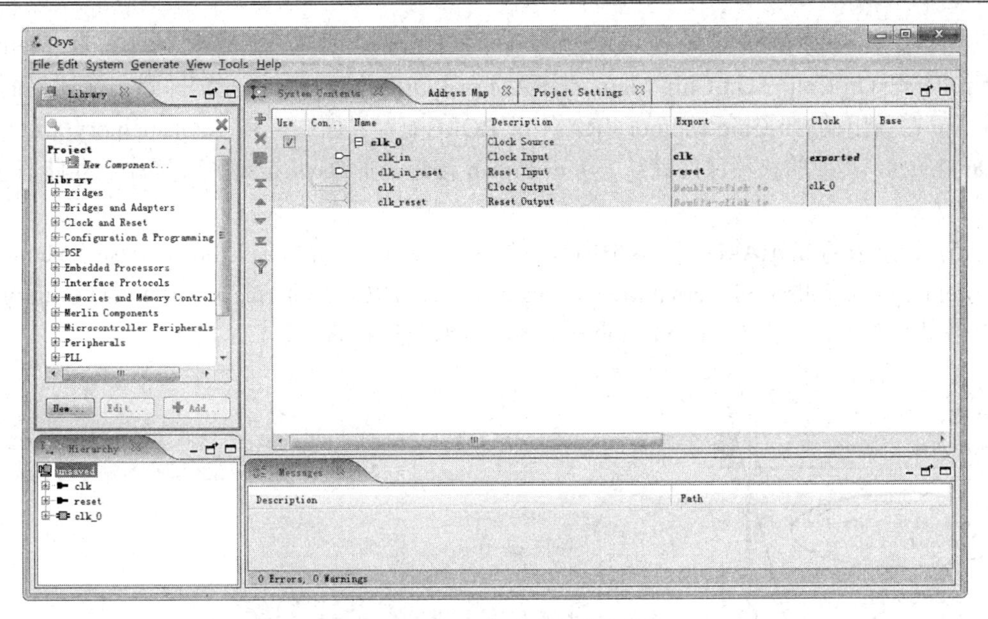

图 4.9　Qsys 的图形用户界面

启动 Qsys 后，建立新的包含软核处理器 Nios II 的 Qsys 系统的步骤如下：

(1) 添加 Nios II 处理器内核。在 Qsys 界面的 Library 中选择 Embedded Processors→Nios II Processors，双击 Nios II Processors，将其添加到用户界面。

(2) 在弹出的 Nios II Processors 配置界面中(如图 4.10 所示)，在 Core Nios II 标签页选择 Nios II Core 为 Nios II/e，在 JTAG Debug Module 标签页选择 Debug Level 为 Level 1。其他的配置暂时保持默认设置不变。Core Nios II 标签页中的复位向量(Reset Vector)和异常向量(Exception Vector)需要在添加存储器以后再返回来进行设置。单击 Finish 按钮，完成 Nios II 处理器的添加，并在 Qsys 界面的 System Contents 中将处理器重命名为 mycpu。

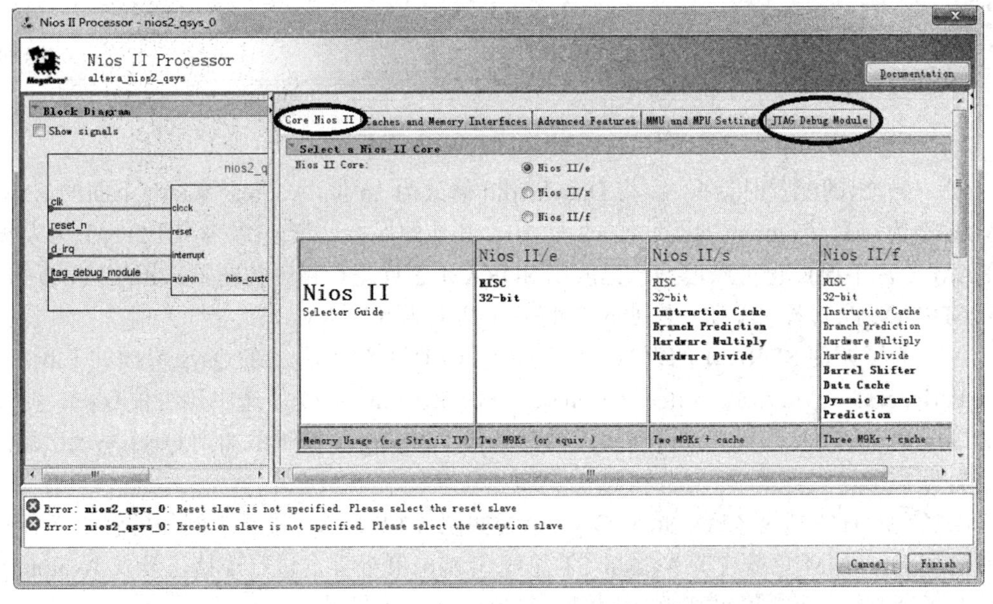

图 4.10　Nios II Processor 配置界面

(3) 添加片内存储器。在 Qsys 界面的 Library 中选择 Memories and Memory Controllers→On-Chip→On-Chip Memory(RAM or ROM)并双击鼠标左键，弹出配置界面。

(4) 在弹出的 On-Chip Memory(RAM or ROM)配置界面中，将 Total memory size 改为 40 960 bytes，其他的选项保持默认，单击 Finish 按钮。在 Qsys 界面中可将片上存储器重命名为 RAM。

(5) 接下来将 SDRAM 控制器添加到系统中去，在 Qsys 界面的 Library 中选择 Memories and Memory Controllers→External Memory Interfaces→SDRAM Interfaces→SDRAM Controller，并双击鼠标左键，弹出 SDRAM Controller 配置的对话框，如图 4.11 所示。

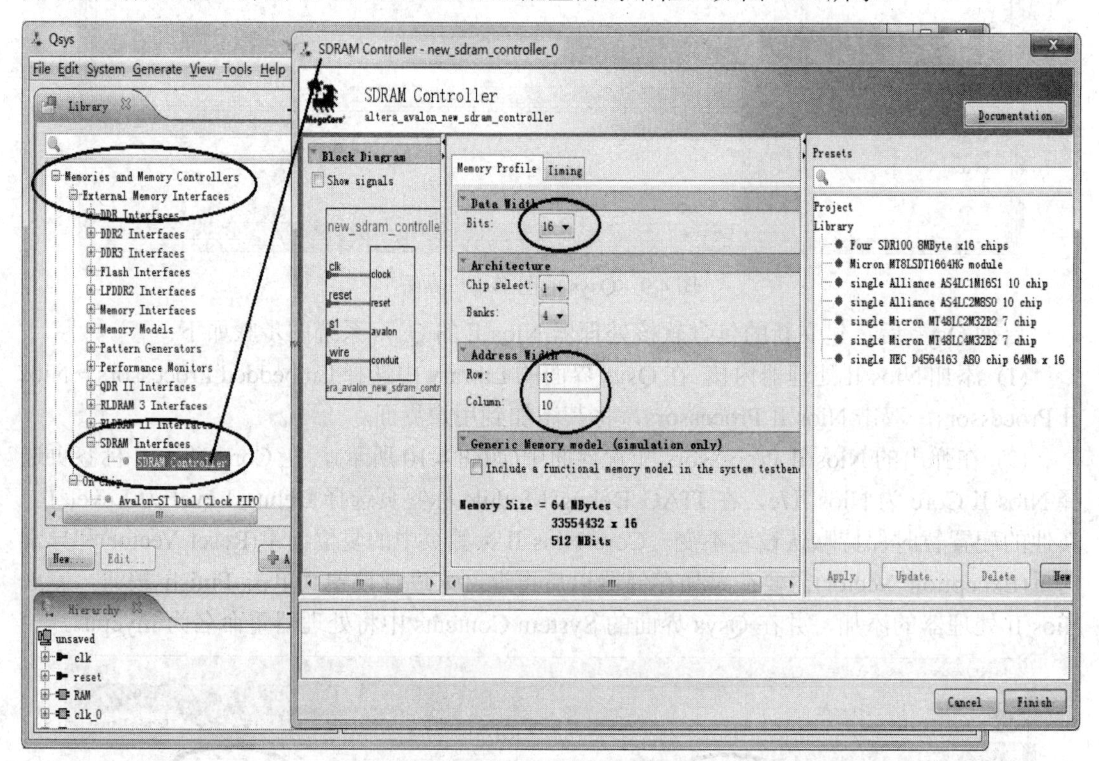

图 4.11　SDRAM Controller 配置界面

(6) 在弹出的配置对话框内，将 Data Width 修改为 16 位，Address Width 下面的 Row(行地址线)改为 13，Column(列地址线)改为 10，其他的保持默认值(参考 DE2-115 开发板上 SDRAM 芯片手册)。也可以根据自己所用 SDRAM 芯片进行相应的配置，点击 Finish 按钮，完成 SDRAM 控制器的添加，在 Qsy 中将其重命名为 SDRAM。

(7) 为了方便 SDRAM 的调试，添加 8 位 LED 作为指示，在 Qsys 界面的 Library 中选择 Peripherals→Microcontroller Peripherals→PIO(Parallel I/O)，选中该组件双击。在弹出的 PIO 配置对话框中，所有设置参数保持默认，点击 Finish 按钮添加到 Qsys 系统，并将其重命名为 LED。

添加完所有的模块之后，此时 Qsys 系统如图 4.12 所示。接下来的任务就是将各种外设通过 Avalon MM 总线或者 Avalon ST 总线和 Nios II 处理器进行连接，涉及 Avalon MM 总线的指令总线、数据总线、时钟网络、复位网络和中断网络。

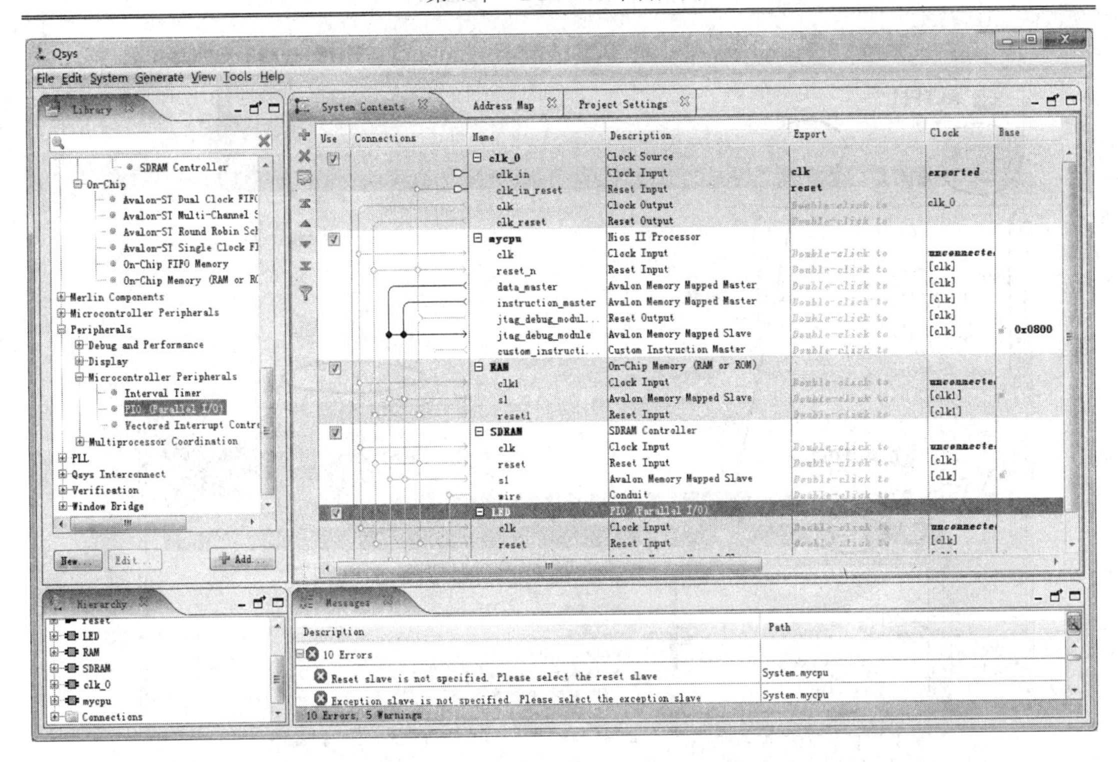

图 4.12　添加完所需组件后的 Qsys 界面

(8) 首先完成所有模块的数据总线和指令总线的连接。对于 PIO 等不需要存储 CPU 指令的外设，只需要将组件的从接口 s1 连接到 CPU 的 data_master 上；而对于 On-Chip RAM 或者 SDRAM 组件，需要存储指令，同时也需要存储数据，则需要将它们的从接口 s1 同时连接到 CPU 的 data_master 和 instruction_master。

(9) 接下来是时钟网络和复位网络的连接。根据 DE2-115 开发板上的 SDRAM 时序(请参照 DE2-115 开发板上 SDRAM 芯片 42S16320B-86400B 的数据手册)，需要将 DE2-115 开发板上的 50 MHz 时钟延迟 3 ns 或者相位延迟 60°之后作为 SDRAM 的时钟输入。这里采用的方法是将锁相环(PLL)也集成到上面的 Qsys 系统中去。

(10) 在 Qsys 界面的 Library 中选择 PLL→Avalon ALTPLL，并双击该组件，弹出 ALTPLL 配置界面，如图 4.13 所示。在弹出的 ALTPLL 配置界面中，设置输入时钟为 50 MHz，输出时钟 c0 为 50 MHz，输出时钟 c1 为 50 MHz，相位延迟 60°。c0 为 Qsys 系统中各个组件模块提供时钟，包括 CPU；时钟 c1 导出，用来给 DE2-115 上的 SDRAM 芯片提供时钟，设置好后，点击 Finish 按钮添加到 Qsys 系统中。在 Qsys 系统中的 Export 列和 altpll_0 组件的 c1 所对应的行交叉处双击鼠标左键，引出 c1 时钟，命名为 altpll_0_sdram；同理，根据 Qsys 下方信息框中的提示，引出 areset_conduit、locked_conduit 和 phasedone_conduit 信号，分别命名为 altpll_0_areset_conduit、altpll_0_locked_conduit 和 altpll_0_phasedone_conduit，如图 4.14 所示。

(11) 在 Qsys 界面选择菜单 System→Create Global Reset Network，将所有组件的复位网络正确地连接在一起。

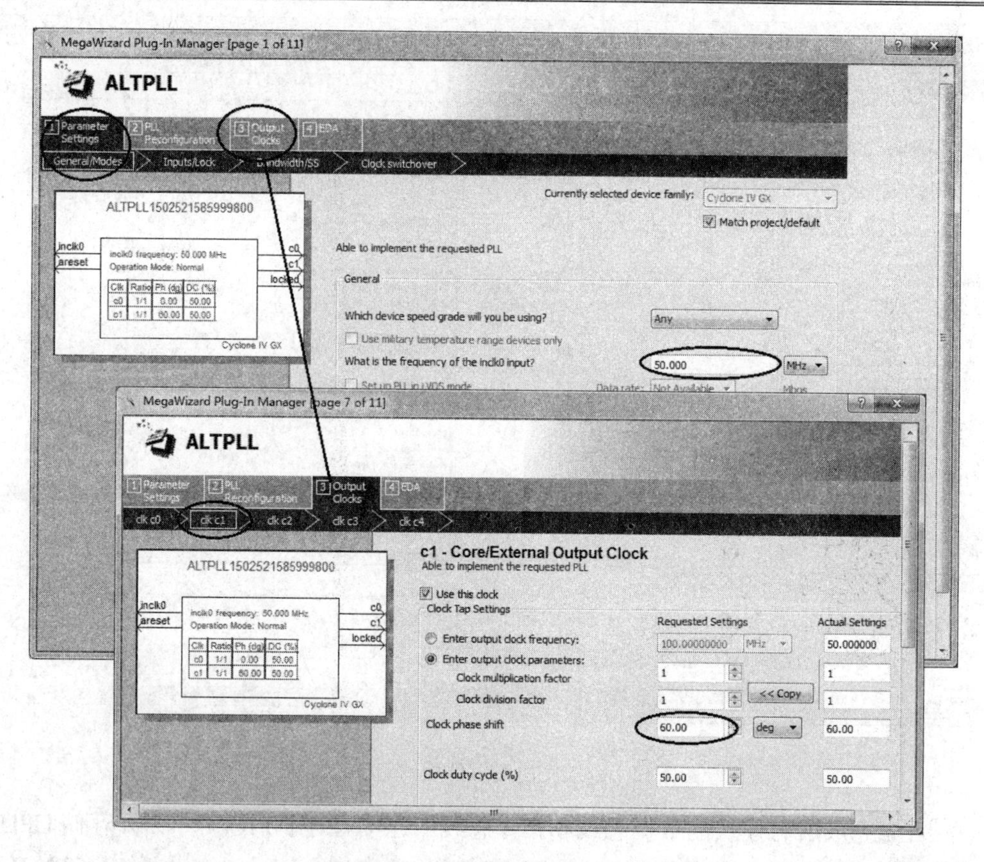

图 4.13　ALTPLL 配置界面

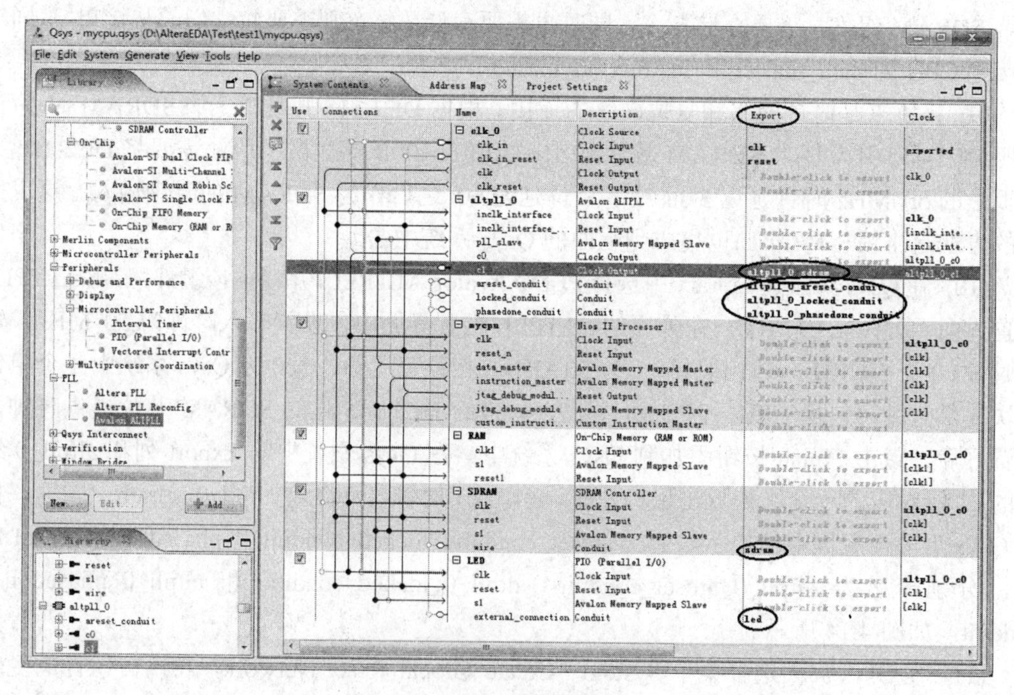

图 4.14　Qsys 系统完整连线图

(12) 双击 mycpu 模块，弹出 Nios II 系统的配置界面，将处理器的复位地址 Reset Vector 选在 RAM.s1，将异常处理地址 Exception Vector 选在 RAM.s1，如图 4.15 所示。单击 Finish 按钮退出。

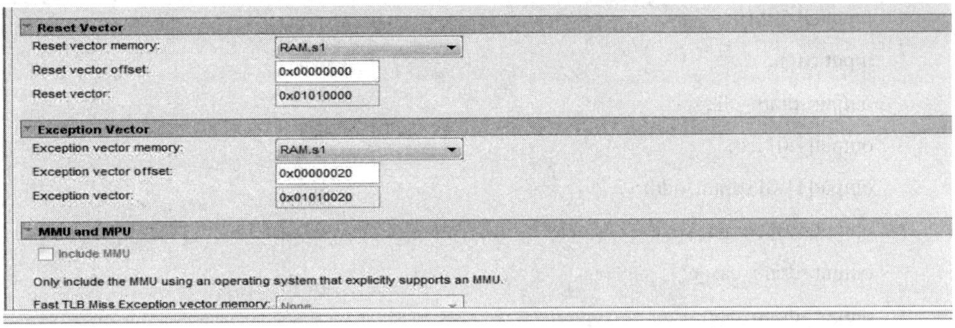

图 4.15　Nios II 处理器的地址分配

(13) 将需要导出的输出端口引出。在 Qsys 界面的 Export 列中，双击需要导出的端口，如 SDRAM 的 wire 行导出命名为 sdram；LED 的 external_connection 行导出命名为 led。

(14) 在 Qsys 界面选择菜单 System→Assign Base Addresses，为所有的模块重新分配基地址。

(15) 完成上面所有的步骤之后，在没有提示错误的前提下，点击 Generation 菜单，选择语言为 Verilog，单击 Generate 按钮生成系统，Qsys 系统保存文件名为 mycpu.qsys。

最后的 Qsys 系统如图 4.14 所示。

生成 Qsys 系统之后，在 Quartus II 的顶层文件中例化这个包含软核 Nios II 处理器的 Qsys 系统。在 Quartus II 中，打开前面建立工程时同时建立的 SDRAM_GHRD.v 文件，在该顶层文件中例化 mycpu 模块，例化代码如代码 4.6 所示。

最后，将 mycpu.qip 文件添加到 Quartus II 工程中。在 Quartus II 中选择菜单 Assignments→Settings，在 Settings 对话框中选择 Files，将<工程目录>\mycpu\synthesis 目录中的 mycpu.qip 文件添加到该 Quartus II 工程文件中。

代码 4.6　Quartus II 顶层文件例化代码。

```
module SDRAM_GHRD(
clk50M,
    rst_n,
    led,
    sdram_clk,
    sdram_addr,
    sdram_ba,
    sdram_cas_n,
    sdram_cke,
    sdram_cs_n,
    sdram_dq,
    sdram_dqm,
```

```
        sdram_ras_n,
        sdram_we_n
    );
        input clk50M;
        input rst_n;
        output sdram_clk;
        output[7:0] led;
        output[11:0] sdram_addr;
        output[1:0] sdram_ba;
        output sdram_cas_n;
        output sdram_cke;
        output sdram_cs_n;
        output[15:0] sdram_dq;
        output[1:0] sdram_dqm;
        output sdram_ras_n;
        output sdram_we_n;

    mycpu u0 (
            .clk_clk(clk50M),
            .reset_reset_n(rst_n),
            .altpll_0_sdram_clk(sdram_clk),
            .sdram_addr(sdram_addr),
            .sdram_ba(sdram_ba),
            .sdram_cas_n(sdram_cas_n),
            .sdram_cke(sdram_cke),
            .sdram_cs_n(sdram_cs_n),
            .sdram_dq(sdram_dq),
            .sdram_dqm(sdram_dqm),
            .sdram_ras_n(sdram_ras_n),
            .sdram_we_n(sdram_we_n),
            .led_export(led),
            .altpll_0_areset_conduit_export(1)
        );
    endmodule
```

完成顶层文件的设计之后，接下来进行引脚分配，50 MHz 时钟和 SDRAM 引脚参考 DE2-115 手册进行分配，8 个 LED 输出引脚锁定到 DE2-115 的 LEDG0～LEDG7 上。然后完整地编译整个 Quartus II 工程，并将工程下载到 DE2-115 开发板的 FPGA 中去。具体的操作过程可以参照前面章节的内容。

2. 软件测试

硬件设计完成之后，接下来可以在 Nios II 开发环境中通过软件测试 SDRAM 的连接是否正确。按照以下的步骤完成测试：

(1) 启动 Nios II 软件开发环境。在 Quartus II 中执行菜单命令 Tools→Nios II Software Build Tools for Eclipse，打开 Eclipse 软件。当提示设置 Workspace 时，选择当前 Quartus II 工程目录作为 Nios II 的 Workspace，也可以采用默认目录。

(2) 在 Eclipse 软件界面中，执行菜单命令 File→New→Nios II Application and BSP from Template，弹出如图 4.16 所示窗口。

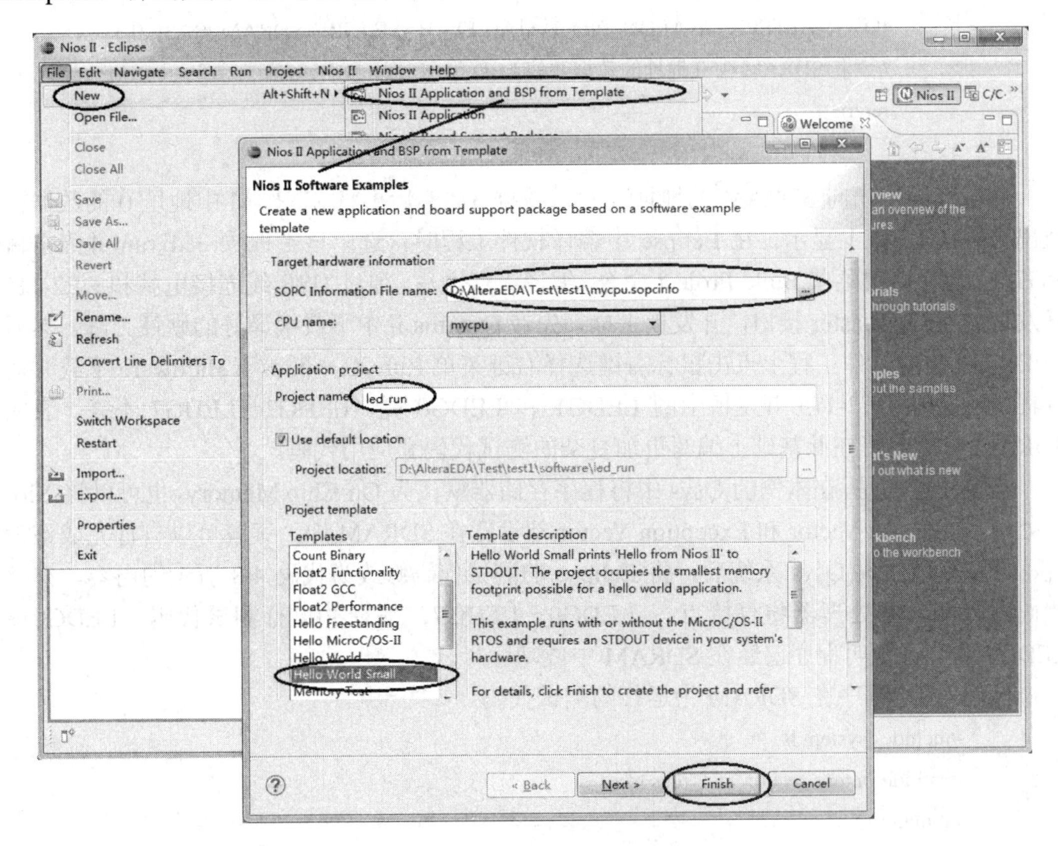

图 4.16　Eclipse 设置界面

(3) 在图 4.16 对话框的 SOPC Information File name 栏中，找到 Quartus II 工程所在目录下的后缀名为.sopcinfo 的文件(本例为 mycpu.sopcinfo 文件)，将其加载进来。在 Project name 中输入 Nios II 软件工程名 led_run。在 Project template 的工程模板中选择 Hello Word Small，这样能够节省 FPGA 内部的资源。

(4) 点击 Finish 按钮完成 Nios II 软件工程的创建。

(5) Nios II 软件工程创建好之后，会在 Eclipse 软件的 Project Explorer 工程浏览框下出现 led_run 和 led_run_bsp 这两个文件夹。led_run 里主要包含用户自定义的一些文件以及自己编写的源程序。led_run_bsp 里主要包含针对该 Qsys 系统的一些驱动函数，以及一些系统的头文件，供用户软件编程使用。展开 led_run 目录，在 hello_word_small.c 文件上点击鼠标右键，选择 Rename 命令可以将其重命名为 led_run.c。

(6) 双击打开 led_run.c 文件，并编写测试 SDRAM 的代码。测试代码如代码 4.7 所示。

代码 4.7 测试 SDRAM 的代码。

```
#include "system.h"
#include "altera_avalon_pio_regs.h"
int main()
{
        IOWR(SDRAM_BASE,0,3);        //对 SDRAM 中的 0 地址写数据 3
        IOWR_ALTERA_AVALON_PIO_DATA(LED_BASE,IORD(SDRAM_BASE,0));
        //读取 SDRAM 中 0 地址的数据并使 LED 显示
        return 0;
}
```

测试代码中先向 SDRAM 的地址 0 写入数据 3，然后再将 SDRAM 中地址 0 的数据读取出来并在 LED 上显示。在 Eclipse 中编译软件工程时，选中该工程(如 led_run)并点击鼠标右键，选择右键菜单 Build Project 命令。编译无误之后，通过 USB 线连接电脑和 DE2-115 开发板的 USB_Blaster 接口，开发板上电，先在 Quartus II 中下载编译好的硬件工程，然后在 Eclipse 中的软件工程上点击鼠标右键选择右键菜单 Run As→Nios II Hardware 下载并运行程序，此时 DE2-115 开发板上的 LEDG1 和 LEDG0 亮，LEDG2～LEDG7 不亮，表明 SDRAM 可用。可在此基础上编写更加复杂的测试代码和应用代码。

需要注意的是，在本例的 Qsys 中将程序存储器默认为 On-Chip Memory，也可以将 Nios II 处理器的 Reset Vector 和 Exception Vector 都设置在 SDRAM 中，读者可以自行完成该设置，并在重新生成 Qsys 系统后，将 Eclipse 的测试代码修改为代码 4.8 所示的内容，在该代码中，Nios II 处理器将直接点亮 LEDG0～LEDG7，编译并运行测试代码，LEDG0～LEDG7 全亮，说明程序已经在 SDRAM 中成功运行。

代码 4.8 程序在 SDRAM 中运行的测试代码。

```
#include "system.h"
#include "altera_avalon_pio_regs.h"
int main()
{
        IOWR_ALTERA_AVALON_PIO_DATA(LED_BASE,0xFF);  //输出全“1”
        return 0;
}
```

4.3.2 在 Qsys 中使用 SRAM

由于 Qsys 组件库中没有现成的 SRAM 组件，因此需要自己编写 SRAM 与 Avalon MM 总线模块的接口文件，并将 SRAM 作为自定义组件加入到 Qsys 系统中去，其余的用法与 SDRAM 相同。为 DE2-115 开发板上的 SRAM 接口建立一个新的 Verilog 文件，命名为 ext_sram.v，如代码 4.9 所示。

代码 4.9　SRAM 的接口代码 ext_sram.v。

```
module   ext_sram (
        //Avalon 总线模块侧信号
        cpu_clk,cpu_rst_n,cpu_rddata,
        cpu_wrdata,cpu_addr,
        cpu_we_n,cpu_oe_n,
        cpu_ce_n,cpu_byteenable,

        //SRAM 侧信号
        SRAM_DQ,
        SRAM_ADDR,
        SRAM_UB_N,
        SRAM_LB_N,
        SRAM_WE_N,
        SRAM_CE_N,
        SRAM_OE_N
        );
        parameter   DATA_BITS    = 16;
        parameter   ADDR_BITS    = 20;
        input                    cpu_clk;
        input                    cpu_rst_n;

        input[(DATA_BITS-1):0]   cpu_wrdata;
        output[(DATA_BITS-1):0]  cpu_rddata;
        input[(ADDR_BITS-1):0]   cpu_addr;
        input                    cpu_we_n;
        input                    cpu_oe_n;
        input                    cpu_ce_n;
        input[(DATA_BITS/8-1):0]       cpu_byteenable;

        inout[(DATA_BITS-1):0]   SRAM_DQ;
        output[(ADDR_BITS-1):0]        SRAM_ADDR;   // DE2-115 板上 SRAM 为 1M × 16 bit
        output                   SRAM_UB_n;
        output                   SRAM_LB_n;
        output                   SRAM_WE_n;
        output                   SRAM_CE_n;
        output                   SRAM_OE_n;

        assign  SRAM_DQ          =       SRAM_WE_n ?16'hzzzz:cpu_wrdata;
```

```
        assign  cpu_rddata          =    SRAM_DQ;
        assign  SRAM_ADDR           =    cpu_addr;
        assign  SRAM_WE_n           =    cpu_we_n;
        assign  SRAM_OE_n           =    cpu_oe_n;
        assign  SRAM_CE_n           =    cpu_ce_n;
        assign  {SRAM_UB_n, SRAM_LB_n }   =    cpu_byteenable;

    endmodule
```

建立一个新的 Quartus Ⅱ工程，并且对工程进行命名，本例中将工程命名为 SRAM，选择 DE2-115 开发板上的 Cyclone Ⅳ EP4CE115F29 芯片。工程建立好之后，执行 Tools→Qsys 菜单命令启动 Qsys，新建一个名为 top_sys 的 Qsys 系统。

自定义的 SRAM 控制器(ext_sram.v)编写好之后，需要在 Quartus Ⅱ中编译运行，在确定无误的情况下，就可以将其添加到 Qsys 的组件库中去。在 Qsys 组件库中添加自定义组件的步骤如下：

(1) 在 Qsys 界面执行菜单命令 File→New Component，弹出图 4.17 所示窗口。

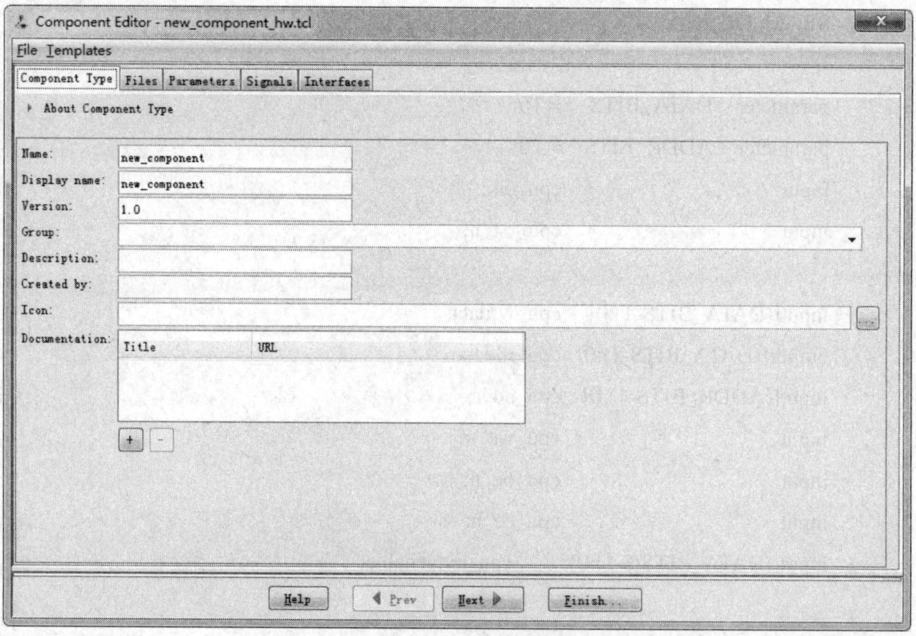

图 4.17　自定义组件配置 Component Type 界面

可以在图 4.17 所示窗口的 Name 栏中输入 ext_sram，Display name 栏中输入 ext_sram，在 Group 栏中输入 User_IP，在 Description 栏和 Created by 栏中输入相应的描述等。

(2) 如图 4.17 所示，在“Component Type”标签中，需要对该自定义组件的名称、描述、版本、所归属的组、作者等一系列的信息进行填写。

(3) 在“Files”标签中，在 Synthesis Files 部分浏览并添加前面编写好的 ext_sram.v 文件，然后单击 Analyze Synthesis Files 按钮进行分析综合。当分析综合无误后，ext_sram 会出现在 Top-level Module 后面的下拉列表中，如图 4.18 所示。

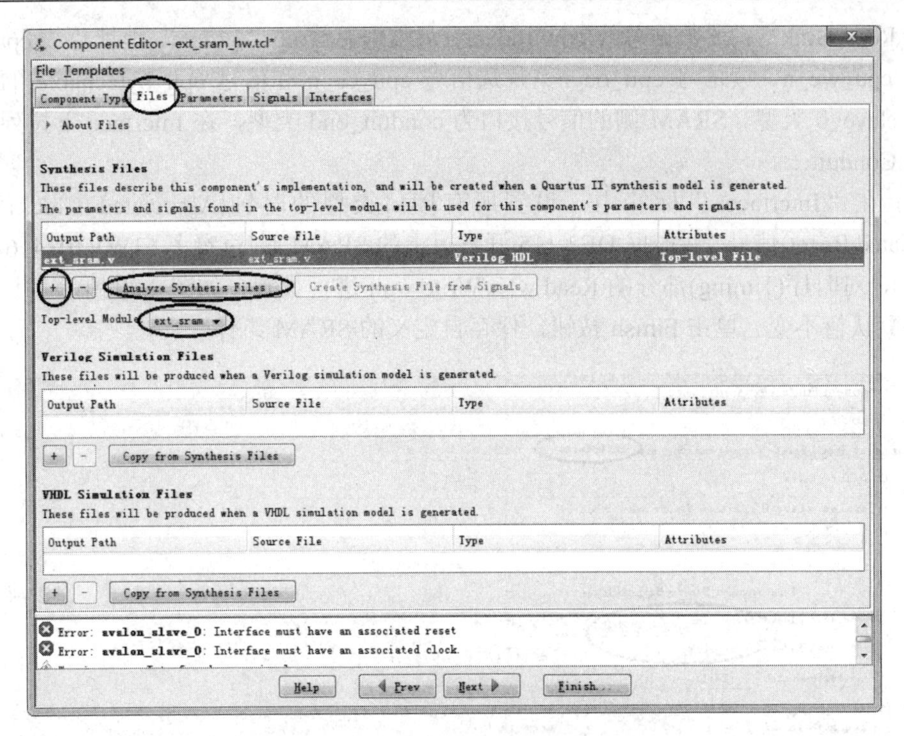

图 4.18　自定义组件配置 Files 界面

(4) 在“Signals”标签中，可对自定义组件信号的 Interface 和 Signal Type 进行修改，其中控制 SRAM 芯片的信号要全部导出(export)。“Signals”标签的设置结果如图 4.19 所示。

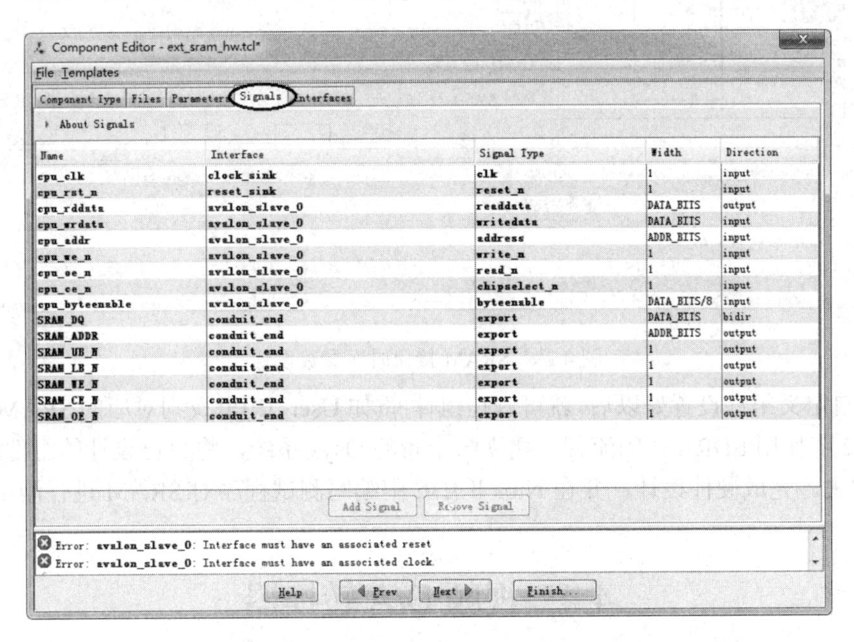

图 4.19　SRAM 自定义组件的信号分配

其中 Avalon 总线模块侧时钟信号 cpu_clk 为 clock_sink 类型，在 Interface 下拉列表中选择 new Clock Sink…；复位信号 cpu_rst_n 为 reset_sink 类型，在 Interface 下拉列表中选

择 new Reset Sink…；读数据总线 cpu_rddata、写数据总线 cpu_wrdata、地址总线 cpu_addr、写信号 cpu_we_n、读信号 cpu_oe_n、片选信号 cpu_ce_n 和信号 cpu_byteenable 的接口为 avalon_slave_0 类型。SRAM 侧的信号接口为 conduit_end 类型，在 Interface 下拉列表中选择 new Conduit…。

(5) 在“Interfaces”标签中，设置所有接口类型的时钟(Associated Clock)和复位(Associated Reset)信号。并根据 DE2-115 开发板上的 SRAM 时序(参考 61WV102416ALL 数据手册)，对时序(Timing)部分的 Read wait/Write wait 进行设置，如图 4.20 所示，其余的设置保持默认值不变。单击 Finish 按钮，保存自定义的 SRAM 组件。

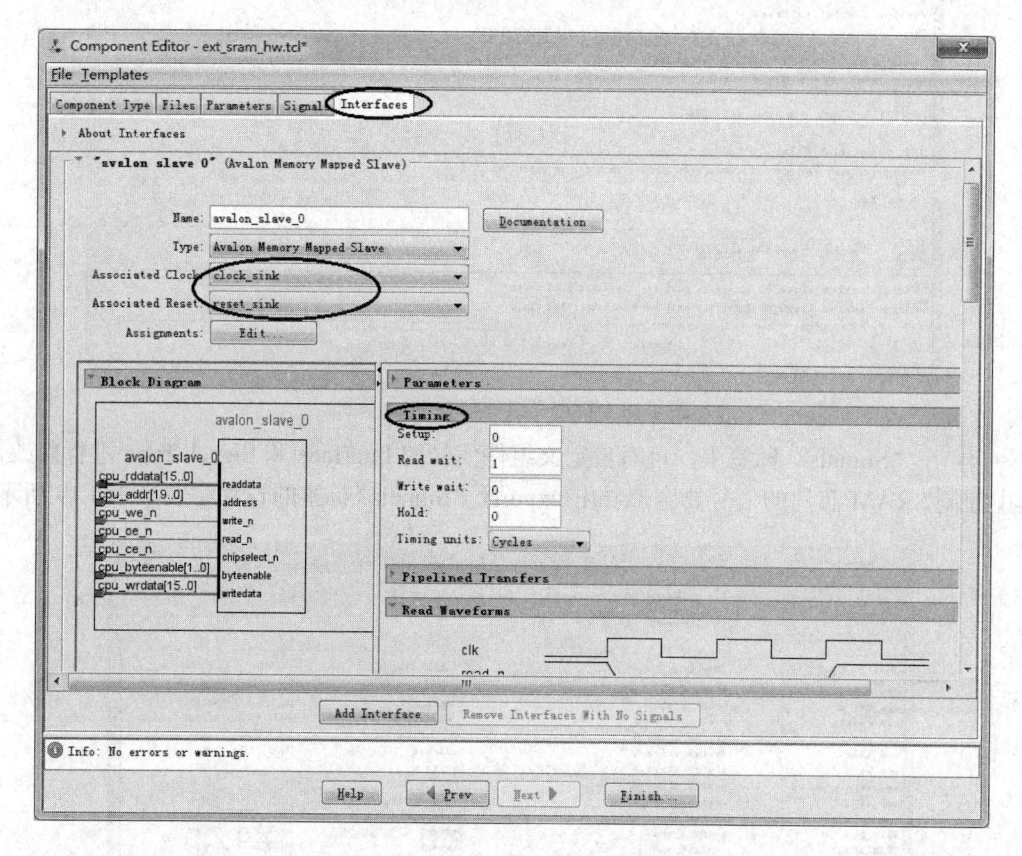

图 4.20　SRAM 接口时序参数设置

(6) 自定义组件设置好以后，就可以在组件库(如 User_IP)里找到对应的 SRAM 组件了。参照 4.3.2 节使用 SDRAM 的流程，建立一个新的 Qsys 系统，将自己设计的组件添加到新的系统中去，完成硬件设计，并在 Nios II IDE 中编写测试程序对 SRAM 进行测试。

4.4　视频 D/A 转换器

和 DE2 开发板一样，DE2-115 开发板仍然采用 ADI 公司的 ADV7123 进行视频信号的 RGB 三组 10 位 D/A 转换，转换后的信号连到 15 脚的 D-sub 接口作为 VGA 输出。本节首先介绍了 ADV7123 及 VGA 视频信号的基础知识，然后为 DE2-115 平台上视频 D/A 转换器的使用提供了一个实例。

4.4.1　ADV7123 视频 D/A 转换器

ADV7123 最高可以支持 100 Hz 刷新频率时 1600 × 1200 像素的分辨率。ADV7123 内含三路最高可达 240 MS/s(百万采样/秒)的 10 位视频 D/A 转换器，时钟频率为 50 MHz，输出 1 MHz 时的 SFDR(Spurious Free Dynamic Range，无杂散动态范围)为 −70 dB；时钟频率为 140 MHz，输出 40 MHz 信号时的 SFDR 为 −53 dB。D/A 转换器的输出电流范围为 2～26.5 mA，TTL 兼容输入，单电源工作电压为 +5 V/+3.3 V，+3.3 V 工作时最小功耗为 30 mW。

RGB 显示的视频信号电平如图 4.21 所示，图中的 IRE 单位是国际无线电工程师学会制定的国际通用电视电平计算法，它以消隐电平为零电平基准点，向上将 0.7 V(p-p 值)的视频信号分为 10 等分，每一单元为 10 IRE；向下将 −0.3 V(p-p 值)的同步信号分为 4 等分，每一单元为 10 IRE，该计量方式以整数为单位，非常方便。有一些资料中直接认为 1 IRE 为 0.7 V，则同步电平为 −43 IRE，实际上都是 −0.3 V。在一些设计中，同步信号在三种颜色的信号中都出现，而目前常用的设计中，同步信号只在绿色信号中出现，即所谓绿同步(Sync On Green)。绿色信号的范围为 0～1.0 V，红色和蓝色信号的范围为 0～0.7 V。RGB 模拟输出实际上是电流输出，一般在模拟视频传输线两端各有一个 75 Ω 的终端电阻，当输出电平为 0.7 V 时，输出电流为 18.67 mA；输出电平为 1.0 V 时，输出电流为 26.67 mA。

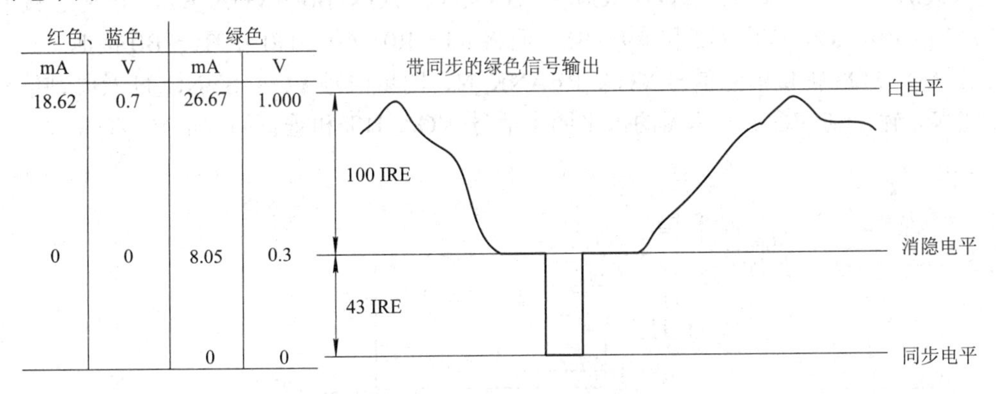

图 4.21　RGB 显示的视频信号电平

高速视频 D/A 转换器 ADV7123 的内部原理框图如图 4.22 所示。ADV7123 由完全独立的三个 10 位高速 D/A 转换器组成，RGB 视频数据分别从 R9～R0、G9～G0、B9～B0 输入，在时钟 CLOCK 的上升沿锁存到数据寄存器中，然后经过高速 D/A 转换器转换成模拟信号。三个独立的视频 D/A 转换器都是电流型输出，可以接成差分输出，也可以接成单端输出，DE2-115 上按照单端输出连接，为满足工业标准，在模拟端输出用 75 Ω 的电阻接地。消隐及同步逻辑模块控制输出信号的同步和消隐，低电平有效的 $\overline{\text{BLANK}}$ 信号是复合消隐信号，当 $\overline{\text{BLANK}}$ 信号为低电平时，模拟视频输出消隐电平，此时从 R9～R0、G9～G0 和 B9～B0 输入的所有数据被忽略。同样是低电平有效的 $\overline{\text{SYNC}}$ 信号是复合同步信号，控制输出信号的同步，$\overline{\text{SYNC}}$ 为低电平时，D/A 转换器关断 40 IRE 的电流源。ADV7123 只有在绿色输出通道才有同步信号出现。$\overline{\text{BLANK}}$ 和 $\overline{\text{SYNC}}$ 信号都是在 CLOCK 的上升沿被锁存的。

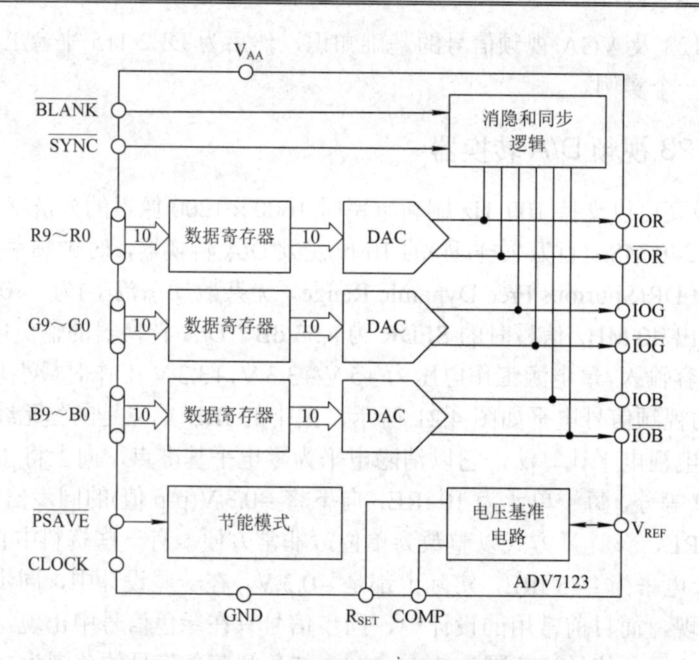

图 4.22　ADV7123 原理框图

DE2-115 开发板上的视频 D/A 转换器部分的原理图如图 4.23 所示，FPGA 输出视频数据信号 VGA_R0～VGA_R7、VGA_G0～VGA_G7、VGA_B0～VGA_B7，分别连接到 ADV7123 的 R9～R2、G9～G2 和 B9～B2，而将 R1～R0、G1～G0 和 B1～B0 接地。另外 FPGA 为 ADV7123 提供消隐信号 VGA_BLANK_N、同步信号 VGA_SYNC_N 及时钟信号 VGA_CLK。输出到 VGA 显示器的水平同步信号 VGA_HS 和垂直同步信号 VGA_VS 由 FPGA 直接给出。

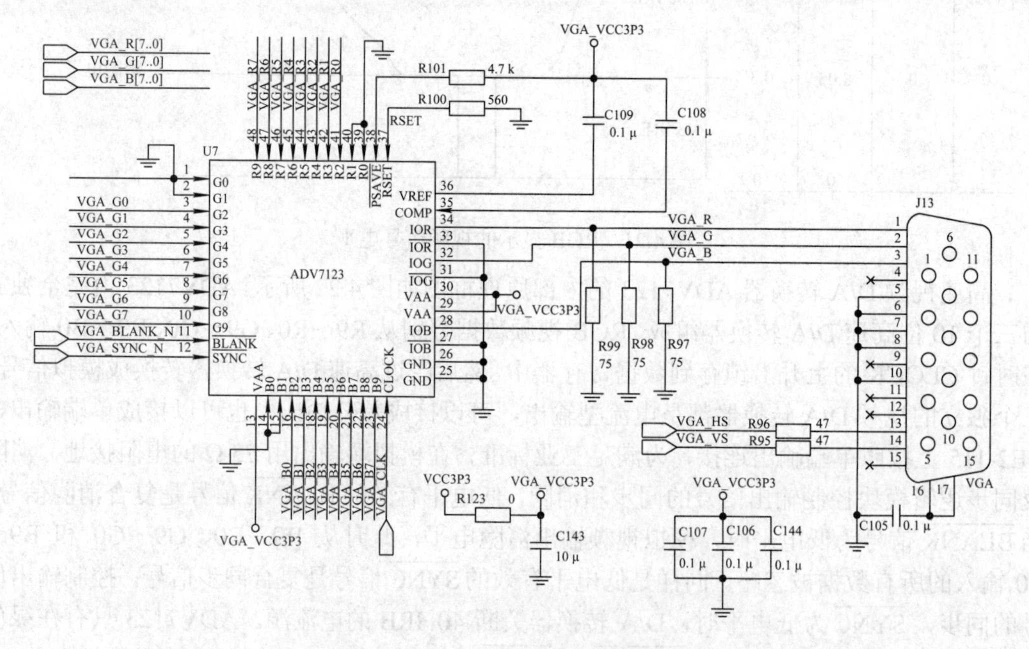

图 4.23　DE2-115 视频 D/A 转换器原理图

VGA 显示的基本时序如图 4.24 所示，垂直和水平的时间周期都可以分为四个区间：同步脉冲 a、同步脉冲结束与有效视频信号开始之间的时间间隔即后沿 b、有效视频信号显示区间 c 及有效视频信号结束与同步脉冲开始之间的时间间隔即前沿 d。

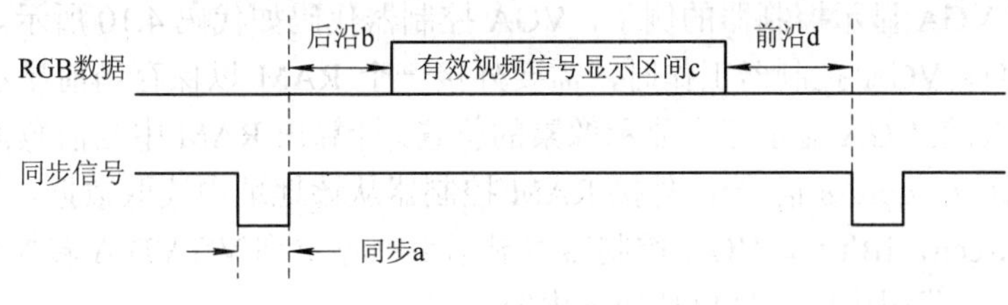

图 4.24　VGA 显示的基本时序

不同配置的 VGA 模式，水平同步时间参数如表 4.3 所示，垂直同步时间参数如表 4.4 所示。

表 4.3　水平同步时间参数

VGA 模式		水平同步时间参数				
配置	分辨率	a/μs	b/μs	c/μs	d/μs	像素时钟/MHz
VGA(60 Hz)	640 × 480	3.8	1.9	25.4	0.6	25
VGA(80 Hz)	640 × 480	1.6	2.2	17.8	1.6	36
SVGA(60 Hz)	800 × 600	3.2	2.2	20	1	40
SVGA(75 Hz)	800 × 600	1.6	3.2	16.2	0.3	49
SVGA(85 Hz)	800 × 600	1.1	2.7	14.2	0.6	56
XGA(60 Hz)	1024 × 768	2.1	2.5	15.8	0.4	65
XGA(70 Hz)	1024 × 768	1.8	1.9	13.7	0.3	75
XGA(85 Hz)	1024 × 768	1.0	2.2	10.8	0.5	95
1280 × 1024 (60 Hz)	1280 × 1024	1.0	2.3	11.9	0.4	108

表 4.4　垂直同步时间参数

VGA 模式		垂直同步时间参数			
配置	分辨率	a/线	b/线	c/线	d/线
VGA(60 Hz)	640 × 480	2	33	480	10
VGA(80 Hz)	640 × 480	3	25	480	1
SVGA(60 Hz)	800 × 600	4	23	600	1
SVGA(75 Hz)	800 × 600	3	21	600	1
SVGA(85 Hz)	800 × 600	3	27	600	1
XGA(60 Hz)	1024 × 768	6	29	768	3
XGA(70 Hz)	1024 × 768	6	29	768	3
XGA(85 Hz)	1024 × 768	3	36	768	1
1280 × 1024 (60 Hz)	1280 × 1024	3	38	1024	1

4.4.2 VGA显示器应用实例

在DE2-115开发板光盘上DE2_115_NIOS_HOST_MOUSE_VGA文件夹里提供了一个带十字光标的VGA显示控制器的例子，VGA控制器代码如代码4.10所示。控制器的输入频率为25 MHz，VGA控制器工作时，需要外接一个RAM以保存当前显示的数据，控制器根据不同时刻在VGA显示器上显示像素的位置，计算出RAM中当前数据存放的地址并输出RAM地址(oAddress信号)，外接RAM控制器从该地址中读取数据，返回给VGA控制器(iRed，iGreen，iBlue)，VGA控制器将显示数据输出到VGA D/A转换器。

VGA控制器代码中的信号包括如下内容：

(1) 用于控制信号的光标属性。

① 光标使能输入：iCursor_RGB_EN，宽度为4位。

② 光标横坐标：iCursor_X，宽度为10位。

③ 光标纵坐标：iCursor_Y，宽度为10位。

④ 光标红色信号强度：iCursor_R，宽度为8位。

⑤ 光标绿色信号强度：iCursor_G，宽度为8位。

⑥ 光标蓝色信号强度：iCursor_B，宽度为8位。

(2) 显示数据的输入信号。

① 红色信号输入数据：iRed，宽度为8位。

② 绿色信号输入数据：iGreen，宽度为8位。

③ 蓝色信号输入数据：iBlue，宽度为8位。

(3) 控制信号：包含时钟信号iCLK_25及控制器复位信号iRST_N。

(4) RAM地址输出oAddress及当前坐标输出oCoord_X和oCoord_Y。

(5) 输出到VGA D/A转换器的信号。

① 红色数据信号输出：oVGA_R，宽度为8位。

② 绿色数据信号输出：oVGA_G，宽度为8位。

③ 蓝色数据信号输出：oVGA_B，宽度为8位。

④ 同步信号输出：oVGA_SYNC。

⑤ 消隐信号输出：oVGA_BLANK。

⑥ 时钟输出：oVGA_CLOCK。

(6) 输出到VGA接口的信号。

① 水平同步信号输出：oVGA_H_SYNC。

② 垂直同步信号输出：oVGA_V_SYNC。

如果在顶层设计中使用VGA_Controller模块，那么可以通过光标位置坐标、光标使能信号和光标颜色信号来控制光标的显示。如果允许光标显示，则代码中通过判断当前像素位置的横坐标或纵坐标是否与光标坐标一致来确定当前像素是显示从RAM中读取的数据还是显示光标的颜色，从而实现光标的显示。使用此VGA控制器的具体代码以及外接RAM控制器的代码就不在此列出了。

代码4.10　VGA控制器代码。

```
module  VGA_Controller(   /********************主控制器端信号********************/
```

```
                    iCursor_RGB_EN, //光标使能信号输入
                    iCursor_X,      //光标横坐标
                    iCursor_Y,      //光标纵坐标
                    iCursor_R,      //光标红色信号强度
                    iCursor_G,      //光标绿色信号强度
                    iCursor_B,      //光标蓝色信号强度
                    iRed,       //红色信号输入数据
                    iGreen,  //绿色信号输入数据
                    iBlue,    //蓝色信号输入数据
                    oAddress,       //RAM 地址输出
                    oCoord_X,     //输出横坐标
                    oCoord_Y,     //输出纵坐标
                    /*****************输出到 VGA 端的信号****************/
                    oVGA_R,       //红色信号数据输出
                    oVGA_G,       //绿色信号数据输出
                    oVGA_B,       //蓝色信号数据输出
                    oVGA_H_SYNC,  //水平同步信号输出
                    oVGA_V_SYNC,  //垂直同步信号输出
                    oVGA_SYNC,       //同步信号输出
                    oVGA_BLANK,   //消隐信号输出
                    oVGA_CLOCK,   //时钟输出
                    /******************控制信号************************/
                    iCLK_25,             //时钟输入
                    iRST_N  );           //控制器复位信号输入

//水平参数(单位：像素)
parameter    H_SYNC_CYC = 96;
parameter    H_SYNC_BACK = 40+8;
parameter    H_SYNC_ACT = 640;
parameter    H_SYNC_FRONT = 8+8;
parameter    H_SYNC_TOTAL = 800;
//垂直参数(单位：线)
parameter    V_SYNC_CYC = 2;
parameter    V_SYNC_BACK = 25+8;
parameter    V_SYNC_ACT = 480;
parameter    V_SYNC_FRONT = 8+2;
parameter    V_SYNC_TOTAL = 525;
//起始偏移
parameter    X_START = H_SYNC_CYC+H_SYNC_BACK+4;
```

```
parameter    Y_START = V_SYNC_CYC+V_SYNC_BACK;

//主控制器侧信号
output  reg   [19:0]oAddress;
output  reg   [9:0]oCoord_X;
output  reg   [9:0]oCoord_Y;
input[3:0]    iCursor_RGB_EN;
input[9:0]    iCursor_X;
input[9:0]    iCursor_Y;
input[7:0]    iCursor_R;
input[7:0]    iCursor_G;
input[7:0]    iCursor_B;
input[7:0]    iRed;
input[7:0]    iGreen;
input[7:0]    iBlue;
//VGA 侧信号
output[7:0]   oVGA_R;
output[7:0]   oVGA_G;
output[7:0]   oVGA_B;
output  reg   oVGA_H_SYNC;
output  reg   oVGA_V_SYNC;
output        oVGA_SYNC;
output        oVGA_BLANK;
output        oVGA_CLOCK;
//控制信号
input         iCLK_25;
input         iRST_N;

//内部寄存器以及连线
reg[9:0]      H_Cont;
reg[9:0]      V_Cont;
reg[7:0]      Cur_Color_R;
reg[7:0]      Cur_Color_G;
reg[7:0]      Cur_Color_B;
wire              mCLK;
wire              mCursor_EN;
wire              mRed_EN;
wire              mGreen_EN;
wire              mBlue_EN;
```

```
assign  oVGA_BLANK = oVGA_H_SYNC & oVGA_V_SYNC;
assign  oVGA_SYNC = 1'b0;
assign  oVGA_CLOCK =  ~iCLK_25;
assign  mCursor_EN = iCursor_RGB_EN[3];
assign  mRed_EN      = iCursor_RGB_EN[2];
assign  mGreen_EN   =    iCursor_RGB_EN[1];
assign  mBlue_EN     =    iCursor_RGB_EN[0];
assign  mCLK    =    iCLK_25;
assignoVGA_R    =    (H_Cont >= X_START+9    &&
   H_Cont < X_START+H_SYNC_ACT+9 &&V_Cont >= Y_START &&
   V_Cont < Y_START+V_SYNC_ACT )? (mRed_EN? Cur_Color_R: 0): 0;
assign  oVGA_G =    (H_Cont >= X_START+9 &&
   H_Cont < X_START+H_SYNC_ACT+9 &&V_Cont >= Y_START &&
   V_Cont < Y_START+V_SYNC_ACT )? (mGreen_EN? Cur_Color_G  :  0):   0;
assign  oVGA_B =    (H_Cont >= X_START+9 &&
   H_Cont < X_START+H_SYNC_ACT+9 &&V_Cont >= Y_START &&
   V_Cont < Y_START+V_SYNC_ACT )? (mBlue_EN? Cur_Color_B  :  0):   0;

//生成像素查找地址
always@(posedge mCLK or negedge iRST_N)
begin
    if(!iRST_N)
        begin
                oCoord_X      <=   0;
                oCoord_Y      <=   0;
                oAddress      <=   0;
        end
else
    begin
        if(  H_Cont >= X_START&&H_Cont < X_START+H_SYNC_ACT&&
             V_Cont >= Y_START &&V_Cont < Y_START+V_SYNC_ACT )
             begin
                 oCoord_X<=   H_Cont-X_START;
                 oCoord_Y<=   V_Cont-Y_START;
                 oAddress  <=   oCoord_Y*H_SYNC_ACT+oCoord_X-3;
             end
        end
end
//生成光标
```

```
always@(posedge mCLK or negedge iRST_N)
begin
    if(!iRST_N)
        begin
                Cur_Color_R <=   0;
                Cur_Color_G <=   0;
                Cur_Color_B <=   0;
        end
    else
        begin
            if(  H_Cont >= X_START+8&& H_Cont < X_START+H_SYNC_ACT+8
                &&V_Cont >= Y_START&& V_Cont < Y_START+V_SYNC_ACT )
            begin
                    if( ( (H_Cont == X_START + 8 + iCursor_X)       ||
                        (H_Cont == X_START + 8 + iCursor_X+1) ||
                        (H_Cont == X_START + 8 + iCursor_X-1) ||
                        (V_Cont == Y_START + iCursor_Y)     ||
                        (V_Cont == Y_START + iCursor_Y+1) ||
                        (V_Cont == Y_START + iCursor_Y-1)  )
                        && mCursor_EN )
                    begin
                        Cur_Color_R <=   iCursor_R;
                        Cur_Color_G <=   iCursor_G;
                        Cur_Color_B <=   iCursor_B;
                    end
            else
                    begin
                        Cur_Color_R <=  iRed;
                        Cur_Color_G <=  iGreen;
                        Cur_Color_B <=  iBlue;
                    end
            end
            else
                begin
                        Cur_Color_R <=  iRed;
                        Cur_Color_G <=  iGreen;
                        Cur_Color_B <=  iBlue;
                end
        end
end
```

```
//以 25 MHz 时钟为参照，生成水平同步信号 H_SYNC
always@(posedge mCLK or negedge iRST_N)
begin
    if(!iRST_N)
        begin
                H_Cont        <=  0;
                oVGA_H_SYNC  <=  0;
        end
    else
        begin
                //H_Sync 计数器
                if( H_Cont < H_SYNC_TOTAL )
                  H_Cont     <=  H_Cont+1;
                else
                    H_Cont  <=  0;
                //生成 H_Sync 信号
                if( H_Cont < H_SYNC_CYC )
                    oVGA_H_SYNC  <=  0;
                else
                    oVGA_H_SYNC  <=  1;
        end
end
//参照水平同步信号生成垂直同步信号 V_SYNC
always@(posedge mCLK or negedge iRST_N)
begin
    if(!iRST_N)
        begin
                V_Cont        <=  0;
                oVGA_V_SYNC  <=  0;
        end
    else
        begin
                //当 H_Sync 重新计数
    if(H_Cont==0)
        begin
                //V_Sync 计数器
                if( V_Cont < V_SYNC_TOTAL )
                  V_Cont     <=  V_Cont+1;
            else
               V_Cont<=  0;
```

```
                //生成 V_Sync 信号
                if(  V_Cont < V_SYNC_CYC )
                    oVGA_V_SYNC    <=   0;
                else
                    oVGA_V_SYNC    <=   1;
            end
        end
    end
endmodule
```

4.5　用 DE2-115 平台实现电视信号解码

4.5.1　电视解码原理

ADV7180 是视频采集中常用的解码芯片，具有如下功能：能够自动检测与国际标准兼容的 NTSC(National Television Standards Committee，美国国家电视标准委员会)、PAL(Phase Alternating Line)和 SECAM(顺序传送彩色与存储)制式的模拟视频基带信号，并将其转换为与 8 位 ITU-R BT.656(国际电信联盟定义的数字图像传输协议)标准兼容的 YC_rC_b 4:2:2 格式视频数据流；支持 CVBS(复合视频广播信号)、YP_rP_b(色差分量接口信号)、Y/C(分量视频信号)等格式的视频输入；内部集成 3 个 86 MHz、10 位的模数转换器；可通过 I^2C 总线对 ADV7180 内部寄存器的设置来实现功能的控制；具有 3 路或者 6 路模拟视频信号输入通道 AIN1～AIN6，信号输出引脚主要有 VS(垂直同步信号)、HS(水平同步信号)、FIELD(帧同步信号)、LLC(像素输出时钟信号)。ADV7180 芯片的内部结构如图 4.25 所示。

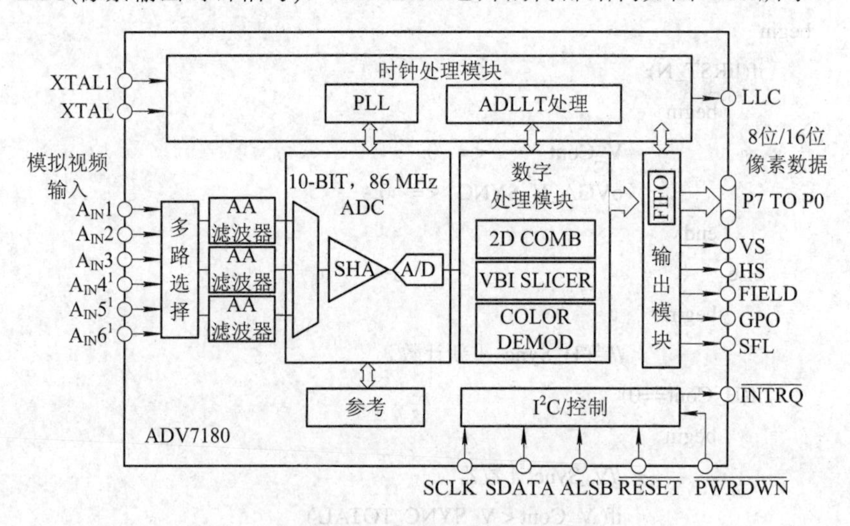

图 4.25　ADV7180 内部结构图

DE2-115 平台将 ADV7180 作为电视解码器使用，DE2-115 平台的电视解码电路如图 4.26 所示。

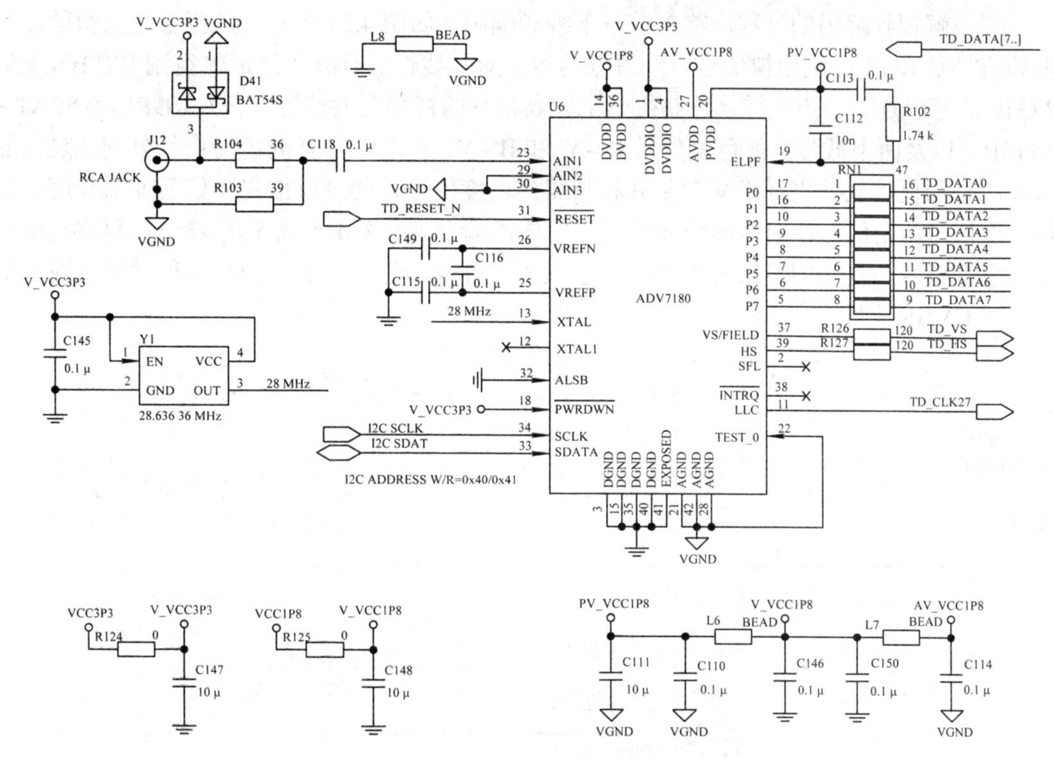

图 4.26　DE2-115 上电视解码电路原理图

DE2-115 开发板上选用的是 40 引脚 LFCSP 封装的 ADV7180 芯片，它有 3 路输入信号，开发板上选用了 AIN1 作为视频信号输入口，采用自动检测模式。Intel 公司提供的样例中，DVD 播放器输出的是 NTSC 制式的视频信号，ADV7180 输入模式采用的是 CVBS 复合信号输入模式。从 CVBS 端口引进的视频信号的构成除了包含图像数据信号之外，还包含行同步信号、场同步信号、行消隐和场消隐等信号。ADV7180 输出数据是 8 位宽度，用户可以通过 I^2C 总线对 ADV7180 内部寄存器进行设置来实现功能的控制。设计需要配置的寄存器如表 4.5 所示。DE2-115 开发板上 ADV7180 的 I^2C 总线读地址时为 0x41，写地址时为 0x40。在上电过程中，TV 解码芯片会在一段时间内不稳定，锁定检测器负责检测这个过程。

表 4.5　ADV7180 寄存器配置

寄存器地址	寄存器值	注　释
00	00	选择在 AN1 引脚输入 CVBS 视频信号
C4	80	选通使能
C3	01	将 AN1 选通给 ADC
58	01	P37 脚输出帧有效(帧同步信号和场同步信号共用此引脚)
37	a0	配置 V、H 同步信号极性
0a	18	配置亮度寄存器
2c	8e	配置自动增益
2d	f8	配置色度寄存器

要了解视频解码的过程，首先看一下视频编码。如图 4.27 所示，从摄像机获得的原始视频信号是 RGB 分量模拟信号，经过伽马校正对非线性进行补偿之后，得到 R'G'B'信号，R'G'B' 信号经过一个矩阵转换，获得一个较高带宽的视频亮度信号 Y' = 0.299R' + 0.587G' + 0.114B'，以及两个低带宽的色度信号 R'−Y' 和 B'−Y'。两路低带宽的色度信号分别经过低通滤波后与彩色副载波进行正交调制并相加得到色度信号，此时模拟视频信号变为亮度信号和色度信号两个信号，由这两个分量信号组成的输出为 S-Video 或 Y'/C 输出，再将亮度信号、色度信号、复合同步信号与基准彩色副载波群或称色同步信号相加就得到复合视频信号，即 CVBS 信号。

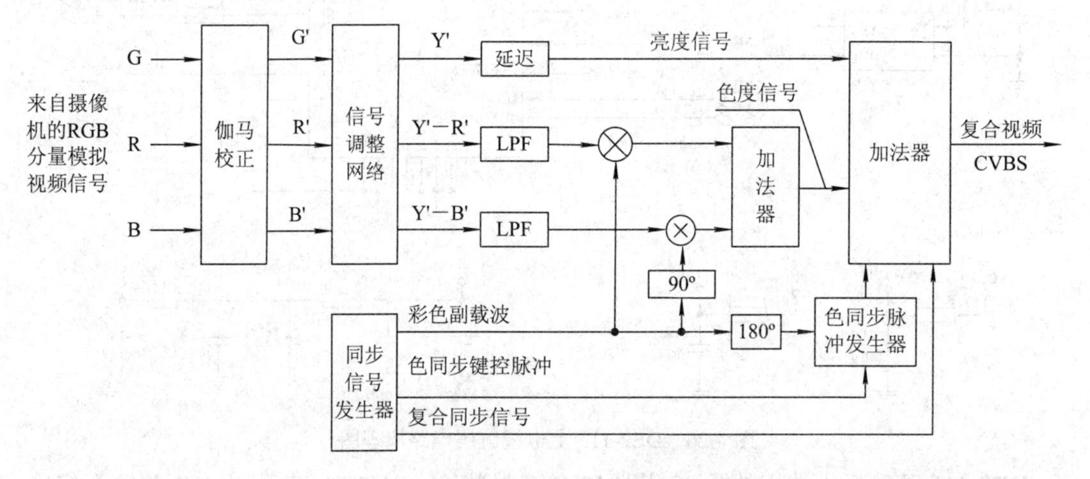

图 4.27　从 RGB 分量生成 CVBS 的原理

电视信号数字化抽样频率的选择首先应满足奈奎斯特抽样定理，即抽样频率至少要等于视频带宽的两倍。对于数字分量编码，CCIR601 标准建议亮度抽样频率为 525/60 和 625/50 三大制式行频公倍数 2.25 MHz 的 6 倍，即 13.5 MHz。对现行电视制式而言，亮度信号的最大带宽为 6 MHz，13.5 MHz 大于两倍的亮度信号最大带宽，因而它符合奈奎斯特定理。而色度信号的带宽比亮度信号窄得多，因此在分量编码时两个色度信号的抽样频率可以低一些，两个色度信号的抽样频率均选为亮度信号抽样频率的一半，即 6.75 MHz，这样亮度信号与两个色度信号的抽样频率之比为 4∶2∶2。

DE2-115 平台上的 ADV7180 输入 PAL、NTSC 或 SECAM 等各种标准的模拟基带电视信号，输出与 CCIR656 标准兼容的 YC_rC_b 4∶2∶2 数字视频信号。

CCIR656 视频标准是在国际电信联盟无线电通信部门 656-3 号建议书中提到的，其全称是“工作在 ITU-R BT.601 建议(部分 A)的 4∶2∶2 级别上的 525 行和 625 行电视系统中的数字分量视频信号的接口”。实施这种标准是为了在 525 行和 625 行两者之间具有最大的共同性，同时提供一种世界范围兼容的数字方法，以使设备的开发具有许多共同特点，以便于国际间节目的交换。数字信号采用 8 位或 10 位二进制数据流，数据流中包含了视频信号、定时基准信号和辅助信号。

BT.601 标准制定了幅型比为 4∶3 和 16∶9 的数字视频格式。对于 NTSC，每行的像素数为 858，每场为 525 行，因此简称为 525 行系统。对于 PAL/SECAM，每行像素数为 864，每场 625 行，因此简称为 625 行系统。这两种系统中，所有的像素并非全部显示，它们的每行有效显示像素均为 720 像素，525 行系统有效显示行数是 480 行，每秒显示 60 场；625 行系统有效显示行数为 576 行，每秒显示 50 场。525 行系统与 625 行系统的主要参数如表 4.6 所示，BT.601 视频格式的有效区如图 4.28 所示。

表 4.6　525 行系统与 625 行系统的主要参数

参　数		525 行/60 场	625 行/50 场
编码信号 Y、C_b、C_r		预校正信号	
行采样点数	亮度 Y	858	864
	色度 C_b、C_r	429	432
采样结构		正交	
采样频率	亮度 Y	13.5 MHz	
	色度 C_b、C_r	6.75 MHz	
编码形式		8 比特均匀量化 PCM 编码	
有效行点数	亮度 Y	720	
	色度 C_b、C_r	360	
信号电平和量化电平的对应关系	范围	0～255	
	亮度信号	220 量化电平，黑电平对应 16，白电平对应 235	
	色差信号	225 量化电平，零电平对应 128	
编码字的使用		电平 0 和电平 255 用于同步、1～254 用于视频信号	

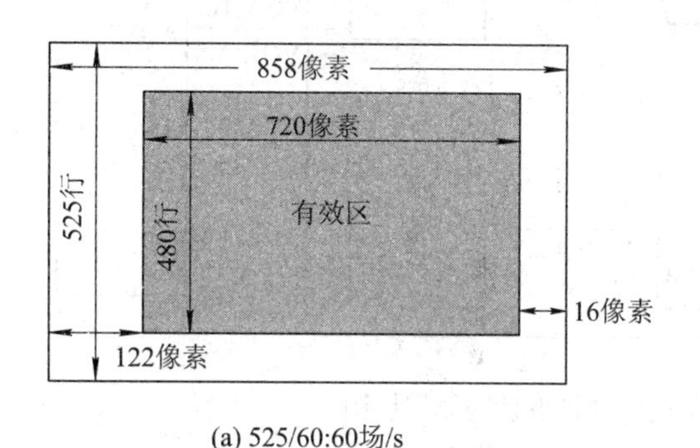

(a) 525/60:60场/s

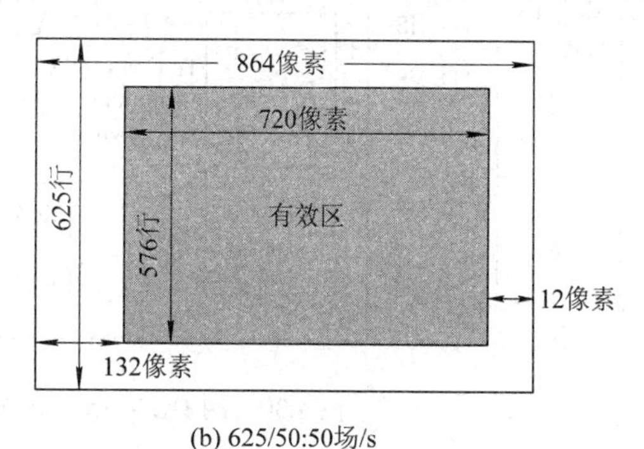

(b) 625/50:50场/s

图 4.28　BT.601 视频格式的有效区

BT.601 色度信号 C_r 和 C_b 的采样率通常是亮度信号 Y 的一半，这样色度信号每行的像素数将减少一半，但每帧的行数是一样的，这被称作 4∶2∶2 格式，意味着每 4 个 Y 采样点对应两个 C_b 采样点和 C_r 采样点。为了进一步降低所需的码率，还定义了 4∶1∶1 格式和 4∶2∶0 格式。对于需要更高分辨率的场合，定义了 4∶4∶4 格式，它以与亮度分量完全一样的分辨率对色度分量进行采样。不同格式的亮度和色度样点的相对位置如图 4.29 所示，图中所有格式中两个相邻的行属于两个不同的场。

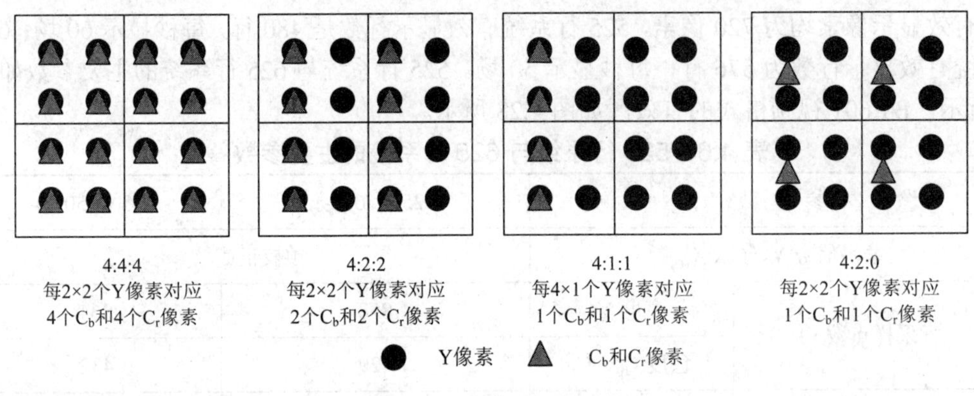

图 4.29　色度信号的采样

4.5.2　用 DE2-115 平台实现电视接收机

利用 ADV7180 与 DE2-115 开发板上的视频 D/A 转换器 ADV7123，可以实现一个简单的视频处理系统。一种简单的做法是将模拟视频输入经过转换后，在 VGA 显示器上显示视频信号，可以当做一个简单的电视机，实现该电视机的方案如图 4.30 所示。

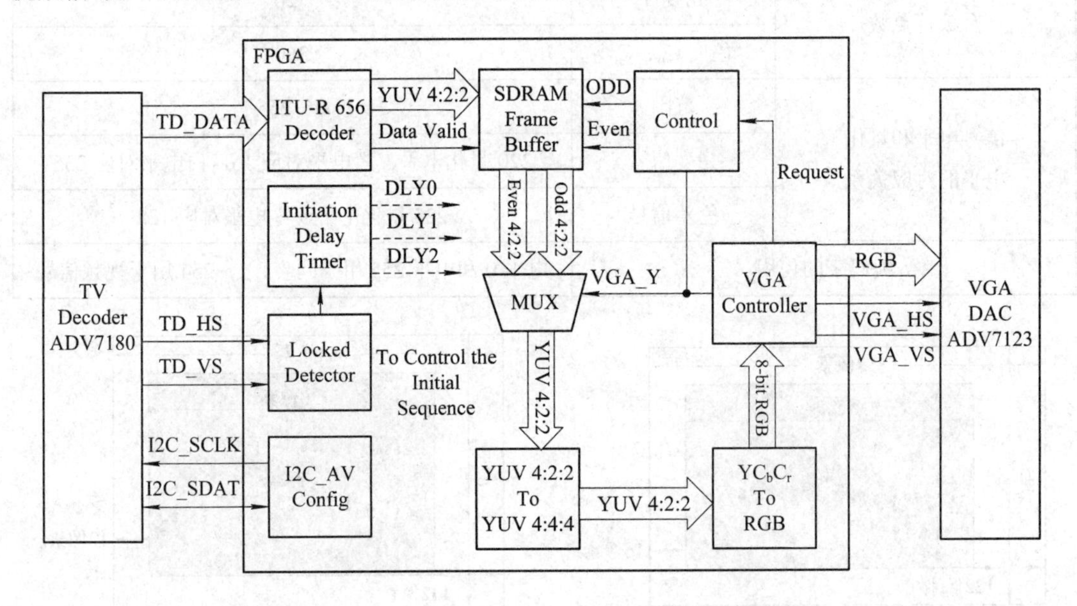

图 4.30　用 DE2-115 开发板实现电视机设计的原理框图

系统主要由两个模块组成，它们是 I2C_AV_Config 以及 TV_to_VGA 模块。TV_to_VGA 模块由 ITU_R 656 解码器、SDRAM 帧缓冲器、YUV 4∶2∶2 转 YUV 4∶4∶4、YC_bC_r 转 RGB 以及 VGA 控制器组成。代码 4.11 是 DE2-115 实现电视接收机的顶层模块代码，其中略去了输入/输出引脚定义及初始化代码，详细代码可参考 DE2-115 系统光盘中 DE2_115_demonstrations\DE2_115_TV 目录中的 Quartus Ⅱ工程。ITU_R 解码器模块从 TV 解码器芯片送来的 ITU_R 656 数据流中抽取出 YC_bC_r 4∶2∶2(YUV 4∶2∶2)，它同时生成一个指示数据输出是否有效的控制信号(代码 4.12)。因为 TV 解码芯片输出的视频信号是交织排列的，因此必须对输出的数据进行解交织操作。这里，我们使用一个 SDRAM 帧缓冲器和多路选择器(MUX)进行解交织操作。YUV422_to_YUV444 模块完成从 YC_bC_r 4∶2∶2 到 YC_bC_r 4∶4∶4 格式的转换(代码 4.13)。YC_rC_b_to_RGB 模块将数据从 YC_rC_b 格式转换成 RGB 格式(代码 4.14)。VGA 控制器模块生成 VGA 所需的时序信号 VGA_HS 以及 VGA_VS，具体内容可以参照前面关于 VGA 内容的介绍。代码 4.15 是 I2C_AV_Config 模块代码。

代码 4.11　实现电视接收机的顶层代码。

```
module DE2_115_TV(
                //DE2-115 顶层定义及初始化代码省略
                );
/*以下仅列出一些重要模块的代码，其他代码就不在此列出了*/
/*具体内容可参考 DE2-115 系统光盘中的 DE2_115_demonstrations\DE2_115_TV 目录*/
ITU_656_Decoder     u4(
                     .iTD_DATA(TD_DATA),          //TV 解码器的输入
                     .oTV_X(TV_X),                //位置输出
                     .oTV_Y(TV_Y),
                     .oTV_Cont(TV_Cont),
                    .oYCbCr(YCbCr),               //YUV 4:2:2 输出
                    .oDVAL(TV_DVAL),
                    //控制信号
                    .iSwap_CbCr(Quotient[0]),
                    .iSkip(Remain == 4'h0),
                    .iRST_N(DLY1),
                    .iCLK_27(TD_CLK27));

YUV422_to_444  u7   (
                    .iYCbCr(mYCbCr),              //YUV 4:2:2 输入
                    //YUV    4:4:4  输出
                    .oY(mY),
                    .oCb(mCb),
                    .oCr(mCr),
                    //控制信号
                    .iX(VGA_X-160),
                    .iCLK(TD_CLK27),
                    .iRST_N(DLY0));

YCbCr_to_RGB u8     (    //输出端信号
                    .Red(mRed),
                    .Green(mGreen),
                    .Blue(mBlue),
                    .oDVAL(mDVAL),
```

```
                    //输入端信号
                    .iY(mY),
                    .iCb(mCb),
                    .iCr(mCr),
                    .iDVAL(VGA_Read),
                    //控制信号
                    .iRESET(!DLY2),
                    .iCLK(TD_CLK27));

//VGA Controller
wire [9:0] vga_r10;
wire [9:0] vga_g10;
wire [9:0] vga_b10;
assign VGA_R = vga_r10[9:2];
assign VGA_G = vga_g10[9:2];
assign VGA_B = vga_b10[9:2];
VGA_Ctrl u9(    //主机端口
                .iRed(mRed),
                .iGreen(mGreen),
                .iBlue(mBlue),
                .oCurrent_X(VGA_X),
                .oCurrent_Y(VGA_Y),
                .oRequest(VGA_Read),
                //VGA 端口
                .oVGA_R(vga_r10 ),
                .oVGA_G(vga_g10 ),
                .oVGA_B(vga_b10 ),
                .oVGA_HS(VGA_HS),
                .oVGA_VS(VGA_VS),
                .oVGA_SYNC(VGA_SYNC_N),
                .oVGA_BLANK(VGA_BLANK_N),
                .oVGA_CLOCK(VGA_CLK),
                //控制信号
                .iCLK(TD_CLK27),
                .iRST_N(DLY2));
//此处省略了线缓冲及音频DAC控制模块代码
//音频编/解码及视频解码器设置
I2C_AV_Config u1(    //主机端口
                    .iCLK(CLOCK_50),
```

```
                    .iRST_N(KEY[0]),
                    //I2C 端口
                    .I2C_SCLK(I2C_SCLK),
                    .I2C_SDAT(I2C_SDAT));
endmodule
```

代码 4.12　ITU_R 656 解码器模块的代码。

```
module ITU_656_Decoder(iTD_DATA, oTV_X, oTV_Y, oTV_Cont, oYCbCr,
                        oDVAL, iSwap_CbCr,  Skip, iRST_N, iCLK_27  );
//TV 解码器输入
input[7:0]    iTD_DATA;
//控制信号
input    iSwap_CbCr;
input    iSkip;
input    iRST_N;
input    iCLK_27;
//YUV 4:2:2 输出
output[15:0] oYCbCr;
output       oDVAL;
//位置输出
output[9:0]  oTV_X;
output[9:0]  oTV_Y;
output[31:0] oTV_Cont;

reg[23:0]    Window;
reg[17:0]    Cont;
reg     Active_Video;
reg     Start;
reg     Data_Valid;
reg     Pre_Field;
reg     Field;
wire    SAV;
reg     FVAL;
reg     [9:0]     TV_Y;
reg     [31:0]    Data_Cont;

reg     [7:0]     Cb;
reg     [7:0]     Cr;
reg     [15:0]    YCbCr;
```

```
assign  oTV_X = Cont>>1;
assign  oTV_Y = TV_Y;
assign  oYCbCr = YCbCr;
assign  oDVAL = Data_Valid;
assign  SAV = (Window==24'hFF0000)&(iTD_DATA[4]==1'b0);
assign  oTV_Cont = Data_Cont;

always@(posedge iCLK_27 or negedge iRST_N)
begin
        if(!iRST_N)
        begin
            //寄存器初始化
            Active_Video <= 1'b0;
            Start <= 1'b0;
            Data_Valid <= 1'b0;
            Pre_Field <= 1'b0;
            Field <= 1'b0;
            Window <= 24'h0;
            Cont <= 18'h0;
            Cb <= 8'h0;
            Cr <= 8'h0;
            YCbCr <= 16'h0;
            FVAL <= 1'b0;
            TV_Y <= 10'h0;
            Data_Cont <= 32'h0;
        end
        else
        begin
            Window <= {Window[15:0],iTD_DATA};
            //使能计数器
            if(SAV)
                Cont  <= 18'h0;
            else if(Cont < 1440)
                Cont  <= Cont+1'b1;
            //检查视频数据是否有效
            if(SAV)
                Active_Video<=1'b1;
            else if(Cont == 1440)
                Active_Video <= 1'b0;
```

```
//检查模块是否开始工作
Pre_Field <= Field;
if({Pre_Field,Field} == 2'b10)
    Start <= 1'b1;
if(Window == 24'hFF0000)
begin
    FVAL    <=  !iTD_DATA[5];
    Field   <=  iTD_DATA[6];
end

//ITU-R 656 向 ITU-R 601 转换
if(iSwap_CbCr)
begin
    case(Cont[1:0])
        0: Cb <= iTD_DATA;
        1: YCbCr <= {iTD_DATA,Cr};
        2: Cr <= iTD_DATA;
        3: YCbCr <= {iTD_DATA,Cb};
    endcase
end
else
begin
    case(Cont[1:0])
        0:  Cb <= iTD_DATA;
        1:  YCbCr <= {iTD_DATA,Cb};
        2:  Cr <= iTD_DATA;
        3:  YCbCr <= {iTD_DATA,Cr};
    endcase
end
//检查数据的有效性
if(  Start && FVAL && Active_Video && Cont[0] && !iSkip )
    Data_Valid    <=  1'b1;
else
    Data_Valid    <=  1'b0;
//电视解码器线计数器
if(FVAL && SAV)
    TV_Y <= TV_Y+1;
if(!FVAL)
    TV_Y <= 0;
```

```
            //数据计数器
            if(!FVAL)
                Data_Cont    <=  0;
            if(Data_Valid)
                Data_Cont    <=  Data_Cont+1'b1;
        end
    end
endmodule
```

代码 4.13　YUV422_to_YUV444 模块代码。

```
module YUV422_to_444(   iYCbCr, oY, oCb, oCr, iX, iCLK,
                        iRST_N);
    //YUV 4:2:2 输入
    input[15:0]  iYCbCr;
    //YUV 4:4:4 输出
    output[7:0]  oY;
    output[7:0]  oCb;
    output[7:0]  oCr;
    //控制信号
    input[9:0]   iX;
    input   iCLK;
    input   iRST_N;
    //内部寄存器
    reg[7:0]mY;
    reg[7:0]mCb;
    reg[7:0]mCr;

    assign  oY  =mY;
    assign  oCb=mCb;
    assign  oCr  =mCr;

    always@(posedge iCLK or negedge iRST_N)
    begin
        if(!iRST_N)
        begin
            mY <= 0;
            mCb <= 0;
            mCr <= 0;
        end
        else
```

```
                begin
                    if(iX[0])
                        {mY,mCr} <= iYCbCr;
                    else
                        {mY,mCb}     <= iYCbCr;
                end
        end
endmodule
```

代码 4.14　YCbCr_to_RGB 模块代码。

```
module YCbCr_to_RGB (   Red, Green, Blue, oDVAL,
                        iY, iCb, iCr, iDVAL,
                        iRESET, iCLK);
        input [7:0]   iY, iCb, iCr;     //输入信号
        input   iDVAL, iRESET, iCLK;
        wire iCLK;
          //输出信号
        output [9:0] Red, Green, Blue;
        output reg    oDVAL;
        //内部定义
        reg [9:0]     oRed, oGreen, oBlue;
        reg[3:0]      oDVAL_d;
        reg [19:0]    X_OUT, Y_OUT, Z_OUT;
        wire [26:0] X, Y, Z;

        assign Red    =oRed;
        assign Green=      oGreen;
        assign Blue =      oBlue;

        always@(posedge iCLK)
        begin
                if(iRESET)
                    begin
                        oDVAL <= 0;
                        oDVAL_d <= 0;
                        oRed <= 0;
                        oGreen <= 0;
                        oBlue <= 0;
                    end
                else
```

```
				begin
					if(X_OUT[19])
						oRed <= 0;
					else if(X_OUT[18:0] > 1023)
						oRed <= 1023;
					else
						oRed <= X_OUT[9:0];
					if(Y_OUT[19])
						oGreen <= 0;
					else if(Y_OUT[18:0] > 1023)
						oGreen <= 1023;
					else
						oGreen <= Y_OUT[9:0];
					if(Z_OUT[19])
						oBlue <= 0;
					else if(Z_OUT[18:0] > 1023)
						oBlue <= 1023;
					else
						oBlue <= Z_OUT[9:0];
					{oDVAL,oDVAL_d} <= {oDVAL_d,iDVAL};
			end
end
always@(posedge iCLK)
begin
	if(iRESET)
	begin
					X_OUT <= 0;
					Y_OUT <= 0;
					Z_OUT <= 0;
		end
		else
		begin
					X_OUT <= ( X - 114131 ) >> 7;
					Y_OUT <= ( Y + 69370   ) >> 7;
					Z_OUT <= ( Z - 141787 ) >> 7;
		end
end
//Y   596, 0, 817
MAC_3 u0(
```

```
                .aclr0(iRESET),
                .clock0(iCLK),
                .dataa_0(iY),
                .dataa_1(iCb),
                .dataa_2(iCr),
                .datab_0(17'h00254),
                .datab_1(17'h00000),
                .datab_2(17'h00331),
                .result(X)
                );
    //Cb  596,  -200,  -416
    MAC_3 u1(
                .aclr0(iRESET),
                .clock0(iCLK),
                .dataa_0(iY),
                .dataa_1(iCb),
                .dataa_2(iCr),
                .datab_0(17'h00254),
                .datab_1(17'h3FF38),
                .datab_2(17'h3FE60),
                .result(Y)
                );
    //Cr  596,  1033,  0
    MAC_3 u2(
                .aclr0(iRESET),
                .clock0(iCLK),
                .dataa_0(iY),
                .dataa_1(iCb),
                .dataa_2(iCr),
                .datab_0(17'h00254),
                .datab_1(17'h00409),
                .datab_2(17'h00000),
                .result(Z)
                );
endmodule
```

代码 4.14 中的 MAC_3 是 Quartus II 中的乘加器 IP 核 ALTMULT_ADD 模块的例化，可以在 Quartus II 软件中通过 Tools→MegaWizard Plug-In Manager 菜单选择 Arithmetic 库中的 ALTMULT_ADD 来实现，命名为 MAC_3 即可。图 4.31 所示为 MAC_3 的参数设置界面。

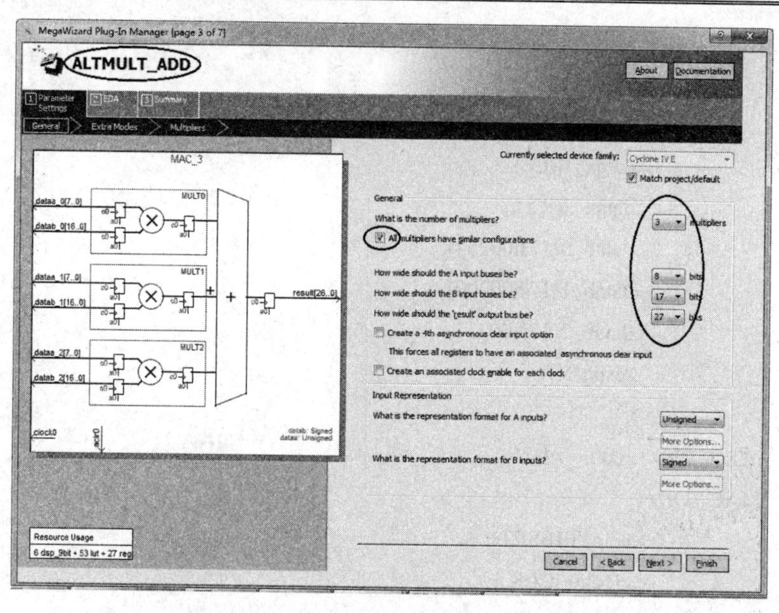

图 4.31　ALTMULT_ADD 参数设置界面

代码 4.15　I²C 配置模块代码。

```
module I2C_AV_Config (   iCLK,
                         iRST_N,
                         I2C_SCLK,        //I²C 时钟
                         I2C_SDAT         //I²C 数据
    );
    input iCLK;
    input iRST_N;
    output I2C_SCLK;
    inout I2C_SDAT;
    reg[15:0]    mI2C_CLK_DIV;
    reg[23:0]    mI2C_DATA;
    reg mI2C_CTRL_CLK;
    reg mI2C_GO;
    wire mI2C_END;
    wire mI2C_ACK;
    reg[15:0]    LUT_DATA;
    reg[5:0]     LUT_INDEX;
    reg[3:0]     mSetup_ST;

    parameter    CLK_Freq    =    50000000;
    parameter    I2C_Freq    =    20000;
    parameter    LUT_SIZE    =    51;     //LUT 数据长度
```

```
parameter Dummy_DATA  =   0;  //音频数据索引
parameter   SET_LIN_L   =   1;
parameter   SET_LIN_R   =   2;
parameter   SET_HEAD_L      =   3;
parameter   SET_HEAD_R      =   4;
parameter   A_PATH_CTRL     =   5;
parameter   D_PATH_CTRL     =   6;
parameter   POWER_ON        =   7;
parameter   SET_FORMAT      =   8;
parameter   SAMPLE_CTRL     =   9;
parameter   SET_ACTIVE =   10;
parameter   SET_VIDEO   =   11;     //视频数据索引

/************************I2C 控制时钟******************************/
always@(posedge iCLK or negedge iRST_N)
begin
        if(!iRST_N)
        begin
            mI2C_CTRL_CLK <=  0;
            mI2C_CLK_DIV   <=  0;
        end
        else
        begin
            if( mI2C_CLK_DIV     < (CLK_Freq/I2C_Freq) )
                mI2C_CLK_DIV   <=  mI2C_CLK_DIV+1;
            else
            begin
                mI2C_CLK_DIV   <=  0;
                mI2C_CTRL_CLK <=  ~mI2C_CTRL_CLK;
            end
        end
end
I2C_Controller    u0    (
                            .CLOCK(mI2C_CTRL_CLK),
                            .I2C_SCLK(I2C_SCLK),
                            .I2C_SDAT(I2C_SDAT),
                            .I2C_DATA(mI2C_DATA),
                            .GO(mI2C_GO),
                            .END(mI2C_END),
```

```
                        .ACK(mI2C_ACK),
                        .RESET(iRST_N)  );
always@(posedge mI2C_CTRL_CLK or negedge iRST_N)  //配置控制
begin
    if(!iRST_N)
    begin
        LUT_INDEX <=  0;
        mSetup_ST   <=  0;
        mI2C_GO     <=  0;
    end
    else
    begin
        if(LUT_INDEX<LUT_SIZE)
        begin
        case(mSetup_ST)
            0:   begin
                    if(LUT_INDEX<SET_VIDEO)
                        mI2C_DATA  <=  {8'h34,LUT_DATA};
                    else
                        mI2C_DATA  <=  {8'h40,LUT_DATA};
                    mI2C_GO           <=  1;
                    mSetup_ST    <=  1;
                 end
            1:   begin
                    if(mI2C_END)
                    begin
                        if(!mI2C_ACK)
                            mSetup_ST    <=  2;
                        else
                            mSetup_ST    <=  0;
                        mI2C_GO          <=  0;
                    end
                 end
            2:   begin
                    LUT_INDEX <=  LUT_INDEX+1;
                    mSetup_ST    <=  0;
                 end
        endcase
        end
```

```
        end
end
/****************数据查找表 LUT 的配置******************/
always@(*)
begin
        case(LUT_INDEX)
        //音频配置数据
            SET_LIN_L     :   LUT_DATA   <=   16'h001A;
            SET_LIN_R     :   LUT_DATA   <=   16'h021A;
            SET_HEAD_L    :   LUT_DATA   <=   16'h047B;
            SET_HEAD_R    :   LUT_DATA   <=   16'h067B;
            A_PATH_CTRL   :   LUT_DATA   <=   16'h08F8;
            D_PATH_CTRL   :   LUT_DATA   <=   16'h0A06;
            POWER_ON      :   LUT_DATA   <=   16'h0C00;
            SET_FORMAT    :   LUT_DATA   <=   16'h0E01;
            SAMPLE_CTRL   :   LUT_DATA   <=   16'h1002;
            SET_ACTIVE    :   LUT_DATA   <=   16'h1201;

        //视频配置数据
            SET_VIDEO+1   :   LUT_DATA   <=   16'h0000;//04
            SET_VIDEO+2   :   LUT_DATA   <=   16'hc301;
            SET_VIDEO+3   :   LUT_DATA   <=   16'hc480;
            SET_VIDEO+4   :   LUT_DATA   <=   16'h0457;
            SET_VIDEO+5   :   LUT_DATA   <=   16'h1741;
            SET_VIDEO+6   :   LUT_DATA   <=   16'h5801;
            SET_VIDEO+7   :   LUT_DATA   <=   16'h3da2;
            SET_VIDEO+8   :   LUT_DATA   <=   16'h37a0;
            SET_VIDEO+9   :   LUT_DATA   <=   16'h3e6a;
            SET_VIDEO+10  :   LUT_DATA   <=   16'h3fa0;
            SET_VIDEO+11  :   LUT_DATA   <=   16'h0e80;
            SET_VIDEO+12  :   LUT_DATA   <=   16'h5581;
            SET_VIDEO+13  :   LUT_DATA   <=   16'h37a0; //极性寄存器
            SET_VIDEO+14  :   LUT_DATA   <=   16'h0880; //对比度寄存器
            SET_VIDEO+15  :   LUT_DATA   <=   16'h0a18; //亮度寄存器
            SET_VIDEO+16  :   LUT_DATA   <=   16'h2c8e; //AGC 模式控制
            SET_VIDEO+17  :   LUT_DATA   <=   16'h2df8;//色度增益控制 1
            SET_VIDEO+18  :   LUT_DATA   <=   16'h2ece; //色度增益控制 2
            SET_VIDEO+19  :   LUT_DATA   <=   16'h2ff4;  //亮度增益控制 1
            SET_VIDEO+20  :   LUT_DATA   <=   16'h30b2; //亮度增益控制 2
```

```
            SET_VIDEO+21   :   LUT_DATA   <=  16'h0e00;
            default:           LUT_DATA   <=  16'd0 ;
        endcase
    end
endmodule
```

代码 4.15 中调用的 I2C_Controller 是 I²C 控制器模块 I2C_Controller.v，其具体代码如代码 4.15 所示。

代码 4.16　I²C 控制器 I2C_Controller.v 代码。

```
module I2C_Controller (
    CLOCK, I2C_SCLK,I2C_SDAT,I2C_DATA,GO, END, W_R, ACK, RESET,
    SD_COUNTER,SDO);
    input  CLOCK;           //系统时钟信号
    input  [23:0]I2C_DATA;  // DATA 包括[SLAVE_ADDR,SUB_ADDR,DATA]
    input  GO;              //开始
    input  RESET;           //系统复位信号
    input  W_R;
    inout  I2C_SDAT;        // I²C 数据
    output I2C_SCLK;        // I²C 时钟
    output END;             //结束
    output ACK;             //应答

//TEST
output [5:0] SD_COUNTER;
output SDO;

reg SDO;
reg SCLK;
reg END;
reg [23:0]SD;
reg [5:0]SD_COUNTER;

wire I2C_SCLK = SCLK | ( ((SD_COUNTER >= 4) & (SD_COUNTER <= 30))? ~CLOCK :0 );
wire I2C_SDAT = SDO?1'bz:0 ;

reg ACK1, ACK2, ACK3;
wire ACK = ACK1 | ACK2 |ACK3;

//I²C 计数器
always @(negedge RESET or posedge CLOCK ) begin
```

```
if (!RESET) SD_COUNTER = 6'b111111;
else begin
if (GO == 0)
    SD_COUNTER = 0;
else
    if (SD_COUNTER < 6'b111111) SD_COUNTER = SD_COUNTER+1;
end
end

always @(negedge RESET or    posedge CLOCK ) begin
if (!RESET) begin SCLK = 1; SDO = 1; ACK1 = 0; ACK2 = 0; ACK3 = 0; END = 1; end
else
case (SD_COUNTER)
    6'd0    : begin ACK1 = 0; ACK2 = 0; ACK3 = 0; END = 0; SDO = 1; SCLK = 1; end
    //开始
    6'd1    : begin SD = I2C_DATA; SDO = 0; end
    6'd2    : SCLK = 0;
    //SLAVE ADDR
    6'd3    : SDO = SD[23];
    6'd4    : SDO = SD[22];
    6'd5    : SDO = SD[21];
    6'd6    : SDO = SD[20];
    6'd7    : SDO = SD[19];
    6'd8    : SDO = SD[18];
    6'd9    : SDO = SD[17];
    6'd10 : SDO = SD[16];
    6'd11 : SDO = 1'b1;//ACK

    //SUB ADDR
    6'd12    : begin SDO = SD[15]; ACK1 = I2C_SDAT; end
    6'd13    : SDO = SD[14];
    6'd14    : SDO = SD[13];
    6'd15    : SDO = SD[12];
    6'd16    : SDO = SD[11];
    6'd17    : SDO = SD[10];
    6'd18    : SDO = SD[9];
    6'd19    : SDO = SD[8];
    6'd20    : SDO = 1'b1;//应答
```

```
        //DATA
        6'd21   : begin SDO = SD[7]; ACK2 = I2C_SDAT; end
        6'd22   : SDO = SD[6];
        6'd23   : SDO = SD[5];
        6'd24   : SDO = SD[4];
        6'd25   : SDO = SD[3];
        6'd26   : SDO = SD[2];
        6'd27   : SDO = SD[1];
        6'd28   : SDO = SD[0];
        6'd29   : SDO = 1'b1;//应答

        //结束
        6'd30 : begin SDO = 1'b0;     SCLK = 1'b0; ACK3 = I2C_SDAT; end
        6'd31 : SCLK = 1'b1;
        6'd32 : begin SDO = 1'b1; END = 1; end

    endcase
    end
    endmodule
```

4.6 网 络 接 口

4.6.1 88E1111 硬件接口

88E1111 是 Marvell 公司推出的单片集成高性能千兆以太网物理层芯片，具有如下功能：完整支持 IEEE 802.3 协议族；内置 1.25 G 串行解串行器，满足千兆光传输应用；支持 GMII、MII、TBI、RGMII、RTBI 等多种 MAC 层接口；支持 10/100/1000BaseT 自适应检测；采用 0.13 μm CMOS 工艺，支持 2.5 V、1.2 V 低电压供电，最大功耗为 0.75 W，且支持自动降低功耗功能。88E1111 提供了三种不同的封装：117 引脚的 TFBGA 封装、96 引脚的 BCC 封装和 128 引脚的 PQFP 封装。88E1111 还具备四种 GMII 时钟模式。

DE2-115 开发板上提供两块 88E1111PHY 芯片来控制两个网络接口，但它们仅支持 RGMII 以及 MII 两种传输模式(默认情况下是 RGMII)。每个芯片都有一个跳线开关用来在这两种模式之间做切换。在设置跳线为新的工作模式之后，可能需要对网络芯片执行一次复位动作，用以使能新的工作模式。DE2-115 开发板上的以太网接口的部分原理图如图 4.32 所示，88E1111 的 96 个引脚中，MDI[0]+、MDI[0]−、MDI[1]+、MDI[1]−、MDI[2]+、MDI[2]−、MDI[3]+、MDI[3]− 分别连接到 RJ45 对应的引脚上。LED 接口接到 LED 上，其余引脚除悬空引脚以及电源相关引脚之外，均连接到 DE2-115 开发板的 FPGA EP4CE115F29C7 上。引脚含义与对应关系如表 4.7 所示。

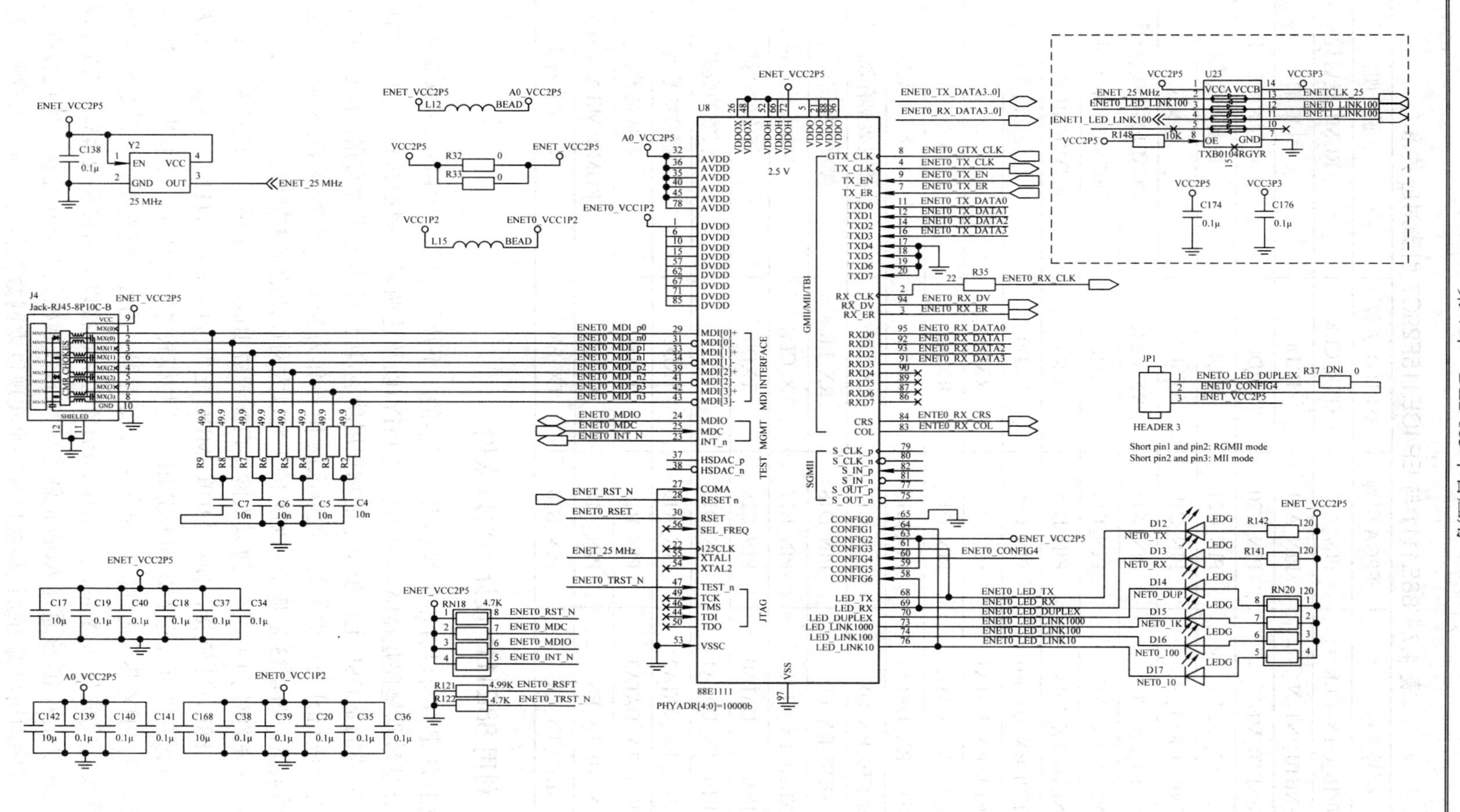

图 4.32　以太网接口原理图

表 4.7　88E1111 与 EP4CE115F29C7 引脚对应关系

信号名称	FPGA 引脚	88E1111 引脚	说　明
ENET0_GTX_CLK	PIN_A17	GTX_CLK	RGMII 送时钟
ENET0_INT_N	PIN_A21	INTn	中断输出
ENET0_MDC	PIN_C20	MDC	串行时钟信号
ENET0_MDIO	PIN_B21	MDIO	数据管理接口
ENET0_RST_N	PIN_C19	RESETn	复位
ENET0_RX_CLK	PIN_A15	RX_CLK	RGMII/MII 接收时钟
ENET0_RX_COL	PIN_E15	COL	RGMII 和 MII 冲突
ENET0_RX_CRS	PIN_D15	CRS	RGMII/MII 载波侦听
ENET0_RX_DATA0	PIN_C16	RXD0	发送的数据
ENET0_ RX_DATA1	PIN_D16	RXD1	发送的数据
ENET0_ RX_DATA2	PIN_D17	RXD2	发送的数据
ENET0_ RX_DATA3	PIN_C15	RXD3	发送的数据
ENET0_RX_DV	PIN_C17	RX_DV	接收数据有效信号
ENET0_RX_ER	PIN_D18	RX_ER	接收数据错误信号
ENET0_TX_CLK	PIN_B17	TX_CLK	MII 发送时钟
ENET0_ TX_DATA0	PIN_C18	TXD0	接收的数据
ENET0_ TX_DATA1	PIN_D19	TXD1	接收的数据
ENET0_ TX_DATA2	PIN_A19	TXD2	接收的数据
ENET0_ TX_DATA3	PIN_B19	TXD3	接收的数据
ENET0_TX_EN	PIN_A18	TX_EN	RGMII/ MII 发送使能
ENET0_TX_ER	PIN_B18	TX_ER	发送错误标志

4.6.2　利用 88E1111 设计千兆以太网

88E1111 芯片可以看作是 Nios Ⅱ处理器的一个片外外设。千兆以太网传输电路中最关键的部分是数据链路层(MAC)和物理层(PHY)以及这两者之间的接口。由于 PHY 芯片 88E1111 完成的是 OSI 七层模型中的物理层功能，因此还需要实现数据链路层功能的芯片。这里采用的是 Intel 公司提供的三速以太网 IP 核作为 MAC 层的控制器，从而减少系统成本和芯片的数量。图 4.33 是基于 FPGA 的千兆以太网设计的基本框图。

在接下来的例子中，将三速以太网接口配置成 1000 Mb/s 模式，通过 MII 或者 RGMII 与 PHY 芯片 88E1111 连接，使用 MDIO/MDC 配置接口对 88E1111 进行配置。开发板上的 PHY 芯片通过跳线开关在 MII 和 RGMII 这两种模式之间做切换。三速以太网 IP 核内有 32 个寄存器，而 PHY 芯片内部同样拥有 32 个寄存器，两者相互匹配，只需要配置 IP 核内部的寄存器便可完成对 PHY 的配置工作。PHY 芯片连接以太网接头 RJ45，完成底层硬件的搭建。三速以太网 IP 核通过 Avalon 总线与 Nois Ⅱ软核处理器相连接，实现数据的收发控制。应用程序由用户调用协议栈接口程序来实现以太网数据传输，而以太网驱动程序为上层协议与三速以太网 IP 核架起了桥梁。

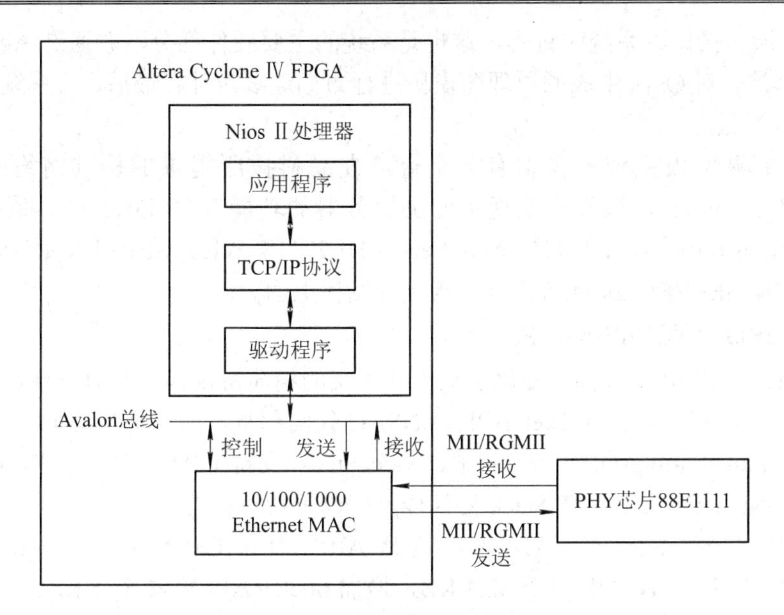

图 4.33　千兆以太网设计框图

以上就是基于 Nios Ⅱ处理器的千兆以太网设计框架，在 Nios Ⅱ处理器应用程序的开发过程中，硬件抽象层起到了设备驱动的作用，通过底层函数的构建，使用户能够使用上层的 API 接口实现对设备的操作，程序编写更为方便，程序结构更加清晰。因为网络控制器的设备操作比较复杂，而且在应用中需要使用相应的 TCP/IP 协议栈，所以需要编写对应于 88E1111 网络控制器硬件抽象层的设备驱动。

对于一般的 SOPC 应用，Nios Ⅱ系统生成之后，在板级支持包 BSP 里会生成对应的 system.h 文件，system.h 提供对 Nios Ⅱ系统完整的软件描述，并且可以在 system.h 中看到全部设备的定义，这也是设备底层操作的基础。对底层设备的访问，即对设备特定寄存器的访问，可以通过 IOWR(base,offset,data)和 IORD(base,offset)两个底层函数实现。

IOWR(base,offset,data)函数的用途是向基址为 base 及偏移为 offset 的寄存器写入数据 data，IORD(base,offset)函数是从基址为 base 及偏移为 offset 的地址读取数据。大部分设备的 HAL 库中所提供的硬件接口是在这两个函数的基础上建立的，比如 DMA 应用中的 IORD_ALTERA_AVALON_DMA_WADDRESS(base)函数，实际上是下面的宏定义：

```
#define IORD_ALTERA_AVALON_DMA_WADDRESS(base)   IORD(base,2)
```

4.6.3　NicheStack TCP/IP 协议栈及其应用

在 DE2-115 平台上，网络控制器的使用包含软件设计及硬件设计等两部分工作，硬件设计可通过建立一个包含网络控制器的 Qsys 系统来完成，在硬件设计的基础上利用 NicheStack TCP/IP 协议栈实现软件的设计。

1．建立一个包含网络控制器的 Qsys 系统

要在 Nios Ⅱ环境下使用 NicheStack TCP/IP 协议栈，首先系统硬件必须包含带有中断的网络控制器接口，其次整个系统需要建立在 MicroC/OS Ⅱ实时操作系统之上。

首先，在 Qsys 中搭建 Qsys 系统，包括 Nios Ⅱ软核 CPU、存储器接口、以太网接口、

JTAG-UART 调试接口、系统时钟等，这也是系统的主要硬件部分，并通过 Avalon 总线将它们相连；其次，对 Qsys 生成的原理图模块进行布局连线设计；最后，由系统生成配置文件，下载到开发板上。

DE2-115 开发板系统光盘上有一个台湾友晶科技所提供的标准网络示范程序：DE2_115_Web_Server，该程序实现了网页服务器的功能。将 DE2-115 系统光盘中的 DE2_115_demonstrations\DE2_115_Web_Server\DE2_115_WEB_SERVER_RGMII_ENET0\DE2_115_WEB_SERVER.sof 配置文件下载到开发板上面。

2．NicheStack TCP/IP 协议栈

NicheStack TCP/IP 协议栈是专用于嵌入式系统的精简协议栈，具有移植简单、可靠性高和代码精简等特点，包含 Socket API、ANSI C 代码和基本网络通信功能，是 TCP/IP 组的小面积封装(small_footprint)实现。目前，NicheStack 支持 ICMP、IP、TCP、UDP 等多种协议和服务。NicheStack TCP/IP Stack 协议栈具有以下特点：

(1) 占用内存少。Boot 最小启动客户(包括 ARP、IP、ICMP、UDP、DHCP 和 TFTP)只占 12.8 KB，完整的 TCP/IP 只需 42.4 KB，增加 Socket API 需要 51.5 KB。

(2) 支持两种任务模式，即支持主循环查询方式和任务挂起、恢复方式。

(3) 通用性的内存管理。在使用内存时，利用宏定义对其进行分配和释放，分配时其大小固定。

(4) 与实时操作系统 RTOS 无关。

(5) 可靠性高，在数据通信中，TCP 数据包传输只受传输介质的频带宽度限制。

(6) 可支持多种网络硬件，包括令牌环网、以太网和 SLIP(Serial Line Internet Protocol，串行线路网络协议)。

Intel 公司把 NicheStack TCP/IP 协议以软件包的形式提供给用户，这样的话，用户可以把它加载到板级支持包 BSP 里。

3．DE2-115 网络应用

在完成硬件设计的基础上，接下来的工作就是构建在此硬件上运行的软件。Nios Ⅱ程序软件的基础结构如图 4.34 所示。

Nios Ⅱ Processor
Software Device Drivers
HAL API
MicroC/OS-Ⅱ
NicheStack TCP/IP Software Component
Application Specific System Initialization
Web Server Application

图 4.34　Nios Ⅱ程序软件架构

最顶层的模块包含 Nios Ⅱ处理器和其他一些相关的硬件；软件设备驱动包含以太网以及其他硬件正常工作所必需的设备驱动；硬件抽象层(HAL)为软件设备驱动提供了接口；MicroC/OS Ⅱ为 NicheStack TCP/IP 协议栈和网页服务提供了通信服务；NicheStack TCP/IP

协议栈为网页应用程序模块提供了网络层服务。

网页服务器软件的完整工作流程分为四个步骤：第一步，网页服务器初始化 MAC 和网络设备，然后调用 get_mac_addr()函数为 PHY 芯片设置合适的 MAC 地址。第二步，初始化自动协商过程，检查 PHY 和网关设备间的连接。如果连接存在，PHY 和网关会分别广播它们的传输参数、传输速度、双工工作模式等信息。第三步，网页服务器会为建立好的链路准备好发送和接收通道，准备好后，随即调用 get_ip_addr()函数为 DE2-115 设定 IP。第四步，IP 分配成功后，NicheStack TCP/IP 协议栈开始执行网页服务器应用程序。

图 4.35 给出了 DE2-115 以太网连接环境架构示意图。Nios II 处理器在 MicroC/OS-II RTOS 上运行 NicheStack 协议栈。

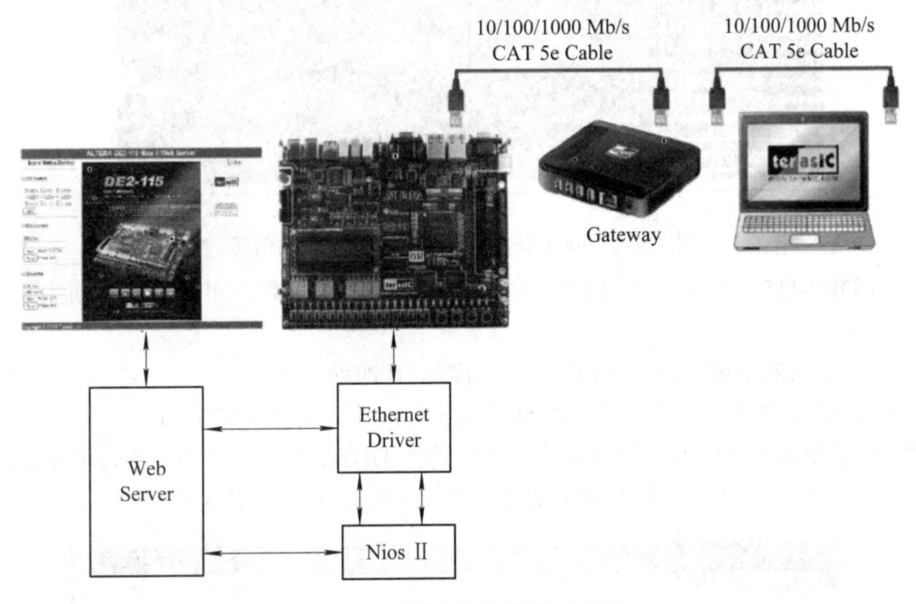

图 4.35 系统运行环境构建框图

DE2-115 开发板系统光盘上 DE2_115_demonstrations\DE2_115_Web_Server\ DE2_115_WEB_SERVER_RGMII_ENET0 目录中提供了网页服务器的范例，在这个范例里，演示了 DE2-115 平台上的以太网控制器如何实现以太网数据包的收发过程，进而实现网页服务器的功能。在 DE2-115 开发板上实现 DE2_115_WEB_SERVER_RGMII_ENET0 实例的演示步骤如下：

(1) 确保 PHY 器件工作在 RGMII 模式(短路 JP1 的 1 和 2 引脚)。

(2) 使用 CAT 5e 网线连接 DE2-115 开发板上的以太网接口(J4)，注意确保网线连接到路由器，并且路由器支持 DHCP 功能。

(3) 给 DE2-115 开发板上电。

(4) 运行示例批处理文件“WEB_SERVER_FLASH.bat”，将网址内容写入 DE2-115 开发板上的 FLASH 中。

(5) 运行示例批处理文件“DE2_115_WEB_SERVER.bat”，将.sof 和.elf 文件下载到 DE2-115 开发板上的 FPGA 中。

(6) 当“Web Server starting up”信息显示在 Nios II 的终端时，如图 4.36 所示，DE2-115

上的 LCD 将显示有效的 IP 地址。

```
Altera Nios II EDS 12.1 [gcc4]
INFO    : PHY Marvell 88E1111 found at PHY address 0x10 of MAC Group[0]
INFO    : PHY[0.0] - Automatically mapped to tse_mac_device[0]
INFO    : PHY[0.0] - Restart Auto-Negotiation, checking PHY link...
INFO    : PHY[0.0] - Auto-Negotiation PASSED
INFO    : PHY[0.0] - Restart Auto-Negotiation, checking PHY link...
INFO    : PHY[0.0] - Auto-Negotiation PASSED
INFO    : PHY[0.0] - Checking link...
INFO    : PHY[0.0] - Link established
INFO    : PHY[0.0] - Speed = 100, Duplex = Full
OK, x=0, CMD_CONFIG=0x01000000

MAC post-initialization: CMD_CONFIG=0x05000203
[tse_sgdma_read_init] RX descriptor chain desc (1 depth) created
mctest init called
IP address of et1 : 192.168.21.171
Created "Inet main" task (Prio: 2)
Created "clock tick" task (Prio: 3)
Acquired IP address via DHCP client for interface: et1
IP address : 192.168.21.213
Subnet Mask: 255.255.255.0
Gateway    : 192.168.21.1
Created "web server" task (Prio: 4)

Web Server starting up
```

图 4.36　Nios II 终端显示的网页启动成功信息

(7) 当 DE2-115 开发板上的 LCD 显示出有效的 IP 地址后，可以在计算机上启动网络浏览器。

(8) 在浏览器的地址栏输入 LCD 上显示出的 IP 地址。

(9) 在计算机的浏览器中可以看到 DE2-115 的网页，如图 4.37 所示。

(10) 在这个网页上，可以通过左边选择框访问 DE2-115 上不同的外设，可以设定 LED 亮灭状态，可以向 LCD 输出信息或者设定七段数码管显示的数值。

图 4.37　DE2-115 开发板的网页服务器示例网页截图

要在 DE2-115 开发板上演示其他模式或以太网端口，可以参考表 4.8 和表 4.9 进行模式设置，并下载 DE2-115 开发板光盘上 DE2_115_demonstrations\DE2_115_Web_Server 目录中所对应的工程文件。

表 4.8　ENET0(U8)工作模式跳线设置

JP1 跳线设置	ENET0 PHY 工作模式
短路 1 和 2 引脚	RGMII 模式
短路 2 和 3 引脚	MII 模式

表 4.9　ENET1(U9)工作模式跳线设置

JP2 跳线设置	ENET1 PHY 工作模式
短路 1 和 2 引脚	RGMII 模式
短路 2 和 3 引脚	MII 模式

4. NicheStack TCP/IP 协议栈函数接口

在 Nios Ⅱ环境下使用 NicheStack TCP/IP 协议栈作为数据传输协议，通过该协议栈调度实现系统通信的功能。NicheStack TCP/IP 在 Nios Ⅱ EDS 中调用需要满足以下条件：

(1) 系统程序要在基于 MicroC/OS-Ⅱ的实时操作系统中运行。

(2) MicroC/OS-Ⅱ的运行需要有时钟控制机制和时钟节拍，即开启 TimeManagement / OSTimeTickHook，建立的任务数不少于 4。

(3) FPGA 硬件系统需要提供带有中断的以太网接口。

(4) 必须由专用的定时器件提供系统时钟。

NicheStack TCP/IP 协议栈的初始化可通过两个函数来完成，一个是 alt_iniche_init()函数，另一个是 netmain()函数，并设置初始化线程中的全局变量 iniche_net_ready 为一个非零值。系统在初始化设备过程中，调用 get_mac_addr()函数和 get_IP_addr()函数来完成 MAC 地址、IP 地址的设置。

在以太网硬件初始化完成之后，程序主要通过定义套接字(Socket)的结构体来管理套接字的链接。程序中使用套接字接口访问 IP 协议栈需利用 TK_NEWTASK()函数，它通过调用 MicroC/OS-Ⅱ的 OSTaskCreat()函数来创建线程，且进行其他 NicheStack TCP/IP 协议栈特定的操作。下面对这几个接口函数加以介绍。

1) alt_iniche_init()函数

在 MicroC/OS 操作系统中，MicroC/OS 调用主函数 main()中的 OSStart()函数将启动所有的用户线程，程序必须在启动用户线程之前完成协议栈的初始化，因此在程序中在 OSStart()函数之前调用 alt_iniche_init()函数来完成 NicheStack TCP/IP 协议栈的初始化。当 NicheStack TCP/IP 协议栈完成初始化之后，全局变量 iniche_net_ready 被置为非零值。该函数的原型是

```
void alt_iniche_init(void)
```

此函数没有返回值，函数中也没有参数带入。

2) netmain()函数

netmain()函数的原型是 void netmain(void)，没有返回值，也没有参数带入。此函数主要用于在 OSStart()函数之前完成协议栈的初始化和启动 NicheStack 的任务。用法和作用与 alt_iniche_init()函数类似。

3) iniche_net_ready

iniche_net_ready 是一个全局变量，当 NicheStack TCP/IP 协议栈未完成初始化时，它的值为-1；当完成初始化的时候，它的值被置为一个非零值。

代码 4.17 是 NicheStack TCP/IP 协议栈初始化的代码。

代码 4.17　NicheStack TCP/IP 协议栈初始化代码。

```
void SSSInitialTask(void *task_data)
{
    INT8U error_code;
    ⋮
    alt_iniche_init( );
    ⋮
    netmain( );
    ⋮
    while (!iniche_net_ready)
        TK_SLEEP(1);
    ⋮
    /* 完成协议栈的初始化之后，就可以进行应用程序的编写了 */
    return 0;
}
```

代码中 TK_SLEEP 函数在 NicheStack 中的定义原型为

```
#define   TK_SLEEP(count)        OSTimeDly(count + 1)
```

4) get_mac_addr( )函数和 get_IP_addr( )函数

NicheStack TCP/IP 协议栈在设备初始化的过程中调用 get_mac_addr( )函数和 get_IP_addr( )函数。这些函数在为网络接口设置 MAC 和 IP 地址时起到至关重要作用。这两个函数由用户自己来编写，这使得系统很灵活地把 MAC 地址和 IP 地址存放在一个很随意的位置，而不是根据设备驱动放在一个固定的位置。比如，有些系统把 MAC 地址存储在 FLASH 中，而另外一些系统则把 MAC 地址存储在片上存储器里。这两个函数所引入的参数均为 NicheStack TCP/IP 协议栈内部所使用的一个数据结构，用户没有必要了解内部的数据结构情况，只需要了解如何设定 MAC 地址和 IP 地址就可以了。

get_mac_addr( )的原型是 int get_mac_addr(NET net, unsigned char mac_addr[6])。其中，get_mac_addr( )函数包含在头文件 alt_iniche_dev.h 中；NET 数据结构包含在 net.h 头文件里。

代码 4.18 为 get_mac_addr( )函数的实现实例，在这个实例中没有错误检查。在实际应用程序中，如果没有错误，该函数必须返回 –1。

代码 4.18　get_mac_addr( )函数的实现实例程序代码。

```
#include <alt_iniche_dev.h>
#include "includes.h"
#include "ipport.h"
#include "tcpport.h"
#include <io.h>
int get_mac_addr(NET net, unsigned char mac_addr[6])
{
    int ret_code = -1;
    ⋮
```

```
    /* 读取 6 个字节宽度的 MAC 地址，不考虑 MAC 地址被保存在什么地方 */
    mac_addr[0] = IORD_8DIRECT(CUSTOM_MAC_ADDR, 4);
    mac_addr[1] = IORD_8DIRECT(CUSTOM_MAC_ADDR, 5);
    mac_addr[2] = IORD_8DIRECT(CUSTOM_MAC_ADDR, 6);
    mac_addr[3] = IORD_8DIRECT(CUSTOM_MAC_ADDR, 7);
    mac_addr[4] = IORD_8DIRECT(CUSTOM_MAC_ADDR, 8);
    mac_addr[5] = IORD_8DIRECT(CUSTOM_MAC_ADDR, 9);
    ⋮
    ret_code = ERR_OK;

    return ret_code;
}
```

同样，用户必须自己来完成 get_ip_addr()函数的实体，来为协议栈分配 IP 地址。用户的程序既可以分配静止的 IP 地址也可以使用 DHCP 来由网关自动分配 IP 地址。当由网关来分配 IP 地址时，令 use_dhcp = 1；当设定静态 IP 地址时，则令 use_dhcp = 0。get_ip_addr()函数的原型为 int get_ip_addr(alt_iniche_dev* p_dev，ip_addr* ipaddr，ip_addr* netmask，ip_addr* gw，int* use_dhcp)，该函数包含在头文件 alt_iniche_dev.h 里。

get_ip_addr()函数设置返回参数如下：

```
IP4_ADDR(&ipaddr, IPADDR0,IPADDR1,IPADDR2,IPADDR3);
IP4_ADDR(&gw, GWADDR0,GWADDR1,GWADDR2,GWADDR3);
IP4_ADDR(&netmask, MSKADDR0,MSKADDR1,MSKADDR2,MSKADDR3);
```

其中，IPADDR0～IPADDR3 表示 IP 地址的 4 个字段；GWADDR0～GWADDR3 表示网关的地址；MSKADDR0～MSKADDR3 表示子网的掩码。代码 4.19 为一个实现 get_ip_addr()函数的实例。

代码 4.19　一个实现 get_ip_addr()函数的实例。

```
#include <alt_iniche_dev.h>
#include "includes.h"
#include "ipport.h"
#include "tcpport.h"
int get_ip_addr(alt_iniche_dev* p_dev,ip_addr* ipaddr,ip_addr* netmask,
         ip_addr* gw,int* use_dhcp)
{
    int ret_code = -1;
    //此处定义的 name 即为在 system.h 中定义的设备名称
    if (!strcmp(p_dev→name, "/dev/" INICHE_DEFAULT_IF))
    {
        //设置静态 IP 地址
        IP4_ADDR(&ipaddr, 10, 1, 1 ,3);
        //设置默认网关地址
```

```
            IP4_ADDR(&gw, 10, 1, 1, 254);
            //设置子网掩码
            IP4_ADDR(&netmask, 255, 255, 255, 0);
            ⋮
            #ifdef DHCP_CLIENT
                *use_dhcp = 1;
            #else
                *use_dhcp = 0;
            #endif /* DHCP_CLIENT */
            ⋮
            ret_code = ERR_OK;
        }
    return ret_code;
}
```

5．Socket 接口

NicheStack TCP/IP 协议栈初始化全部完成之后，接下来由标准的 Socket 接口完成网络操作。基于 Socket 的以太网通信流程如图 4.38 所示。

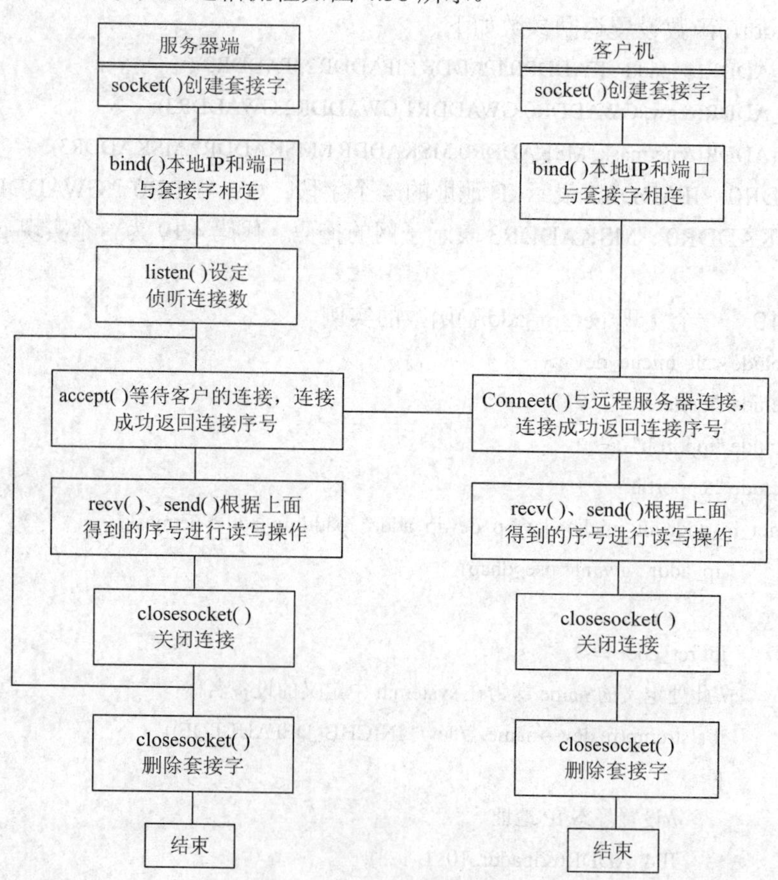

图 4.38　以太网通信程序流程图

通信的整个过程为：通过任务建立网络连接，首先在网络连接中建立一个 TCP/IP 服务的 socket，通过调用 socket()函数来创建一个套接字；然后用 listen()函数设定侦听的连接数，若此时有来自客户机端的请求，就调用 accept()函数接受请求，与此同时客户机端则通过 socket()函数创建一个套接字，通过 bind()函数将本地 IP 及端口号与套接字相连，再利用 connect()函数与远程服务器连接，连接成功后，客户机与服务器将通过调用读、写套接字来进行通信，发送数据直至传输完毕后断开连接。

4.7　RS-232 接口

DE2-115 开发板上提供了三种串行通信设备，即 RS-232 接口、PS/2 接口和 IrDA 接口。Qsys 中提供的标准组件中包含 UART 组件，使用这个组件可以很方便地为 DE2-115 平台开发需要 RS-232 通信接口的应用。在 Qsys 系统中加入另外一个串行通信接口，即 JTAG_UART，JTAG_UART 在物理上是通过 USB Blaster 来实现的。

DE2-115 平台上使用一片 ZT3232LEEY 来实现 RS-232 的电平转换。RS-232 接口硬件原理图如图 4.39 所示。

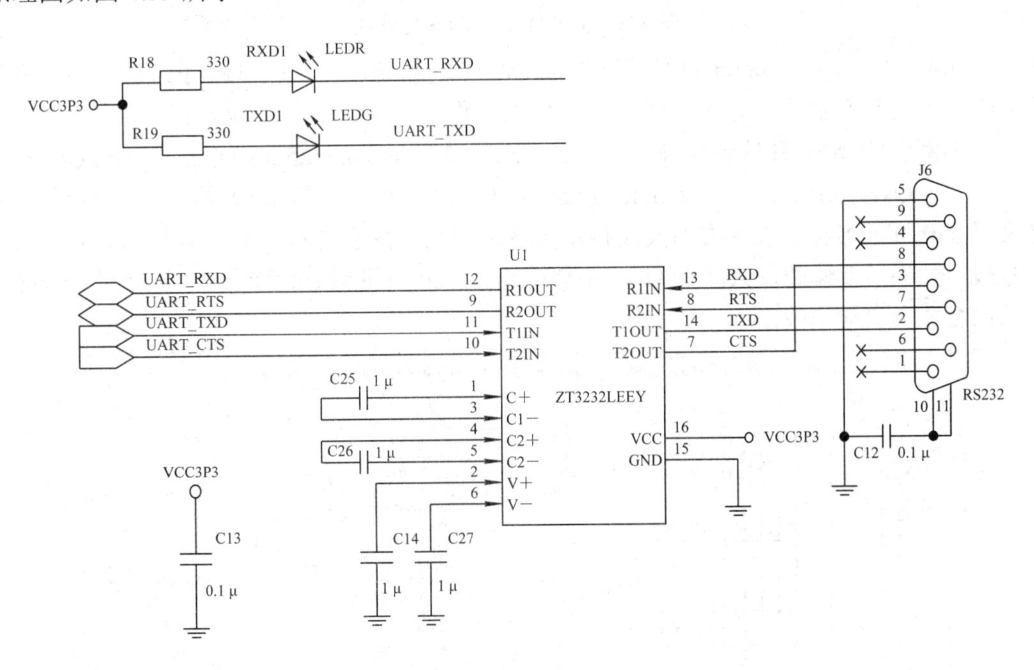

图 4.39　RS-232 接口原理图

为了能够在 Nios II 中使用 UART，只要在 Qsys 的 Library 中，将 Interface Protocols→Serial 里的 UART(RS-232 串行接口)组件添加到 Qsys 中去即可。UART 组件是作为 Avalon 交换架构的从设备添加到 Qsys 系统中的。UART 组件的属性设置窗口如图 4.40 所示。在此窗口中可以设定波特率、有无奇偶校验位、数据长度以及停止位。根据设置的波特率及当前系统时钟自动完成波特率检测，不需要用户做其他的设计。图 4.40 中所设置的参数是：

无奇偶校验位、8 位数据长度、1 位停止位，其他保持默认设置。

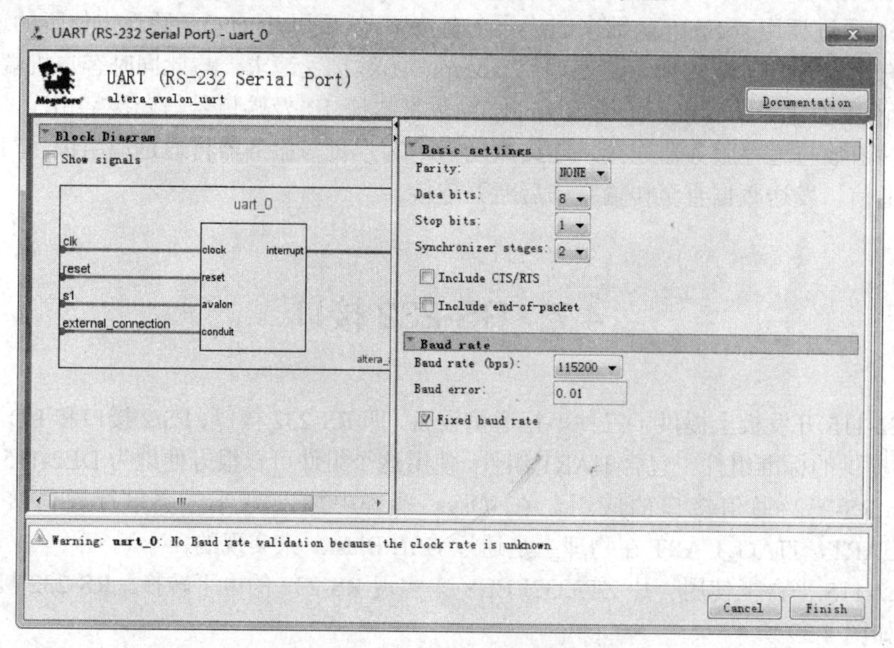

图 4.40　UART 组件的属性设置

图 4.41 是一个在 Avalon 总线上添加了 UART 的系统。在 DE2-115 系统光盘中所提供的 DE2-115 工程范例中，所有具有 Nios Ⅱ 核的工程均添加有 UART 组件，可以直接使用这些工程范例中的 Nios Ⅱ 核硬件部分，比如 DE2_115_demonstrations\DE2_115_golden_sopc 工程。生成 Qsys 系统之后，system.h 与 uart_0 的配置代码如代码 4.19 所示。在配置代码中定义了 uart_0 的名称、设备类型及波特率等各种参数。注意这些参数不能在 system.h 中直接修改，如果需要修改，只能在 Qsys 中修改组件 uart_0 的设置，重新生成系统，system.h 中的内容才会自动修改。

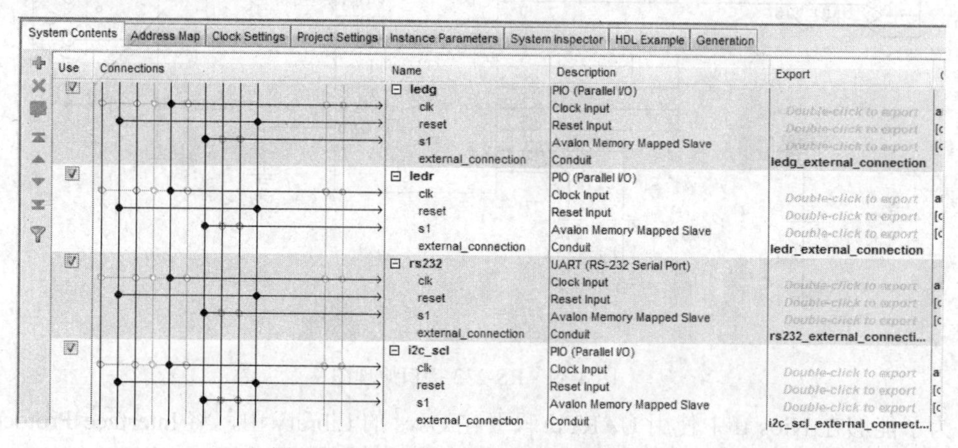

图 4.41　添加了 UART 组件的 Qsys 系统

文件 system.h 中关于系统配置的定义如代码 4.20 所示，系统中默认的标准输入/输出设备为 JTAG_UART，系统调试时，用 Printf()函数可以将信息传送到 Nios Ⅱ-Eclipse 的控制台输出。

代码 4.20　外设 RS-232 的配置代码。

```
/************************uart_0 的配置**************/
#define ALT_MODULE_CLASS_rs232 altera_avalon_uart
#define RS232_BASE 0xc000020
#define RS232_BAUD 115200
#define RS232_DATA_BITS 8
#define RS232_FIXED_BAUD 1
#define RS232_FREQ 10000000u
#define RS232_IRQ 4
#define RS232_IRQ_INTERRUPT_CONTROLLER_ID 0
#define RS232_NAME "/dev/rs232"
#define RS232_PARITY 'N'
#define RS232_SIM_CHAR_STREAM ""
#define RS232_SIM_TRUE_BAUD 0
#define RS232_SPAN 32
#define RS232_STOP_BITS 1
#define RS232_SYNC_REG_DEPTH 2
#define RS232_TYPE "altera_avalon_uart"
#define RS232_USE_CTS_RTS 1
#define RS232_USE_EOP_REGISTER 0
```

代码 4.21　system.h 文件中系统的配置代码。

```
/******************系统的配置*****************/
#define ALT_DEVICE_FAMILY "CYCLONEIVE"
#define ALT_ENHANCED_INTERRUPT_API_PRESENT
#define ALT_IRQ_BASE NULL
#define ALT_LOG_PORT "/dev/null"
#define ALT_LOG_PORT_BASE 0x0
#define ALT_LOG_PORT_DEV null
#define ALT_LOG_PORT_TYPE ""
#define ALT_NUM_EXTERNAL_INTERRUPT_CONTROLLERS 0
#define ALT_NUM_INTERNAL_INTERRUPT_CONTROLLERS 1
#define ALT_NUM_INTERRUPT_CONTROLLERS 1
#define ALT_STDERR "/dev/jtag_uart"
#define ALT_STDERR_BASE 0x8201050
#define ALT_STDERR_DEV jtag_uart
#define ALT_STDERR_IS_JTAG_UART
#define ALT_STDERR_PRESENT
#define ALT_STDERR_TYPE "altera_avalon_jtag_uart"
#define ALT_STDIN "/dev/jtag_uart"
```

```
#define ALT_STDIN_BASE 0x8201050
#define ALT_STDIN_DEV jtag_uart
#define ALT_STDIN_IS_JTAG_UART
#define ALT_STDIN_PRESENT
#define ALT_STDIN_TYPE "altera_avalon_jtag_uart"
#define ALT_STDOUT "/dev/jtag_uart"
#define ALT_STDOUT_BASE 0x8201050
#define ALT_STDOUT_DEV jtag_uart
#define ALT_STDOUT_IS_JTAG_UART
#define ALT_STDOUT_PRESENT
#define ALT_STDOUT_TYPE "altera_avalon_jtag_uart"
#define ALT_SYSTEM_NAME "DE2_115_SOPC"
```

接下来就是在 Nios Ⅱ-Eclipse 中如何使用 jtag_uart 和 uart_0。

在 Quartus Ⅱ软件中通过菜单 Tools→Nios Ⅱ Software Build Tools for Eclipse 启动 Nios Ⅱ-Eclipse 软件，点击 File→New→Nios Ⅱ Application and BSP from Template 菜单建立一个 C/C++应用工程，如图 4.42 所示。更改向导中的 target hardware information 选项下的 SOPC Information File name，选择所需要的 Qsys 系统的硬件描述文件(.sopcinfo)，在这里我们选择 D:\DE2_115_demonstrations\DE2_115_golden_sopc\DE2_115_QSYS.sopcinfo。将工程命名为 hello_world，在工程模板(Project template)下选择 Hello World 模板，最后点击 Finish 按钮，生成 Hello World 软件。

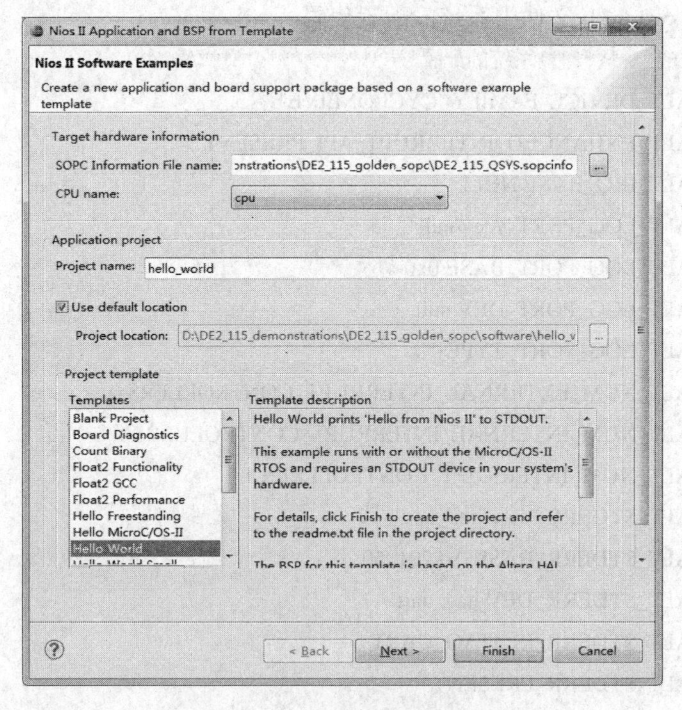

图 4.42 生成 Hello World 测试软件

软件 hello_world.c 的代码如代码 4.22 所示，在代码中包含了库文件 stdio.h，用

printf("hello from DE2-115!\n")可以将消息“hello from DE2-115!\n”通过标准输出设备JTAG_UART 输出到 Nios II-Eclipse 控制台。编译并在硬件平台上运行 hello_world.c，在控制台上就会出现“hello from DE2-115!”。

代码 4.22　向标准输出设备发送消息。

```
#include<stdio.h>
int main()
{
        printf("hello from DE2-115!\n");
        return 0;
}
```

上面所采用的方法是用 JTAG_UART 来接收字符的，也可以采用标准输入/输出流的方式使用 uart_0。方法如下：先新建一个文件指针，即(FILE*)类型。打开对应的 UART 设备(根据上面的配置文件，这里为/dev/rs232)。当文件指针打开设备之后，即可通过标准 C 库函数 fwrite、fread、fprintf 等来进行串口的读写操作了。将 hello_world.c 按代码 4.23 进行修改，代码的功能如下：不断地查询串口接收到的字符，如果发现接收到字符“t”，则通过串口发送提示信息“Detected the character 't'”；如果接收到字符“v”，则通过串口发送提示信息“Closing the UART file”并关闭串口。通过电缆将电脑串口与 DE2-115 的串口相连，在电脑上打开串口调试助手或者超级终端，将波特率设置为与 Nios II 中串口相同的波特率 115 200，数据位设为 8 位，停止位设为 1 位，无校验位。编译并运行过程 hello_world.c，从串口调试助手或超级终端向 DE2-115 发送字母“t”，查看返回信息是否正确，发送字母“v”则关闭串口。

代码 4.23　在 Nios II IDE 中使用串口。

```
#include<stdio.h>
#include<string.h>
int main()
{
        char* msg = "Detected the character't'.\n";
        FILE* fp;
        char prompt = 0;
        fp = fopen("/dev/rs232","r+");          //打开文件以备读写
        if(fp)
        {
            while(prompt != 'v')                //如果接收到字母“v”，则终止循环
            {
                prompt = getc(fp);              //从 UART 接口读取一个字符
                if(prompt == 't')               //如果接收到字母“t”，则输出一个提示信息
                {
                    fwrite(msg, strlen(msg), 1, fp);
                }
```

```
                    }
                    fprintf(fp,"Closing the UART file.\n");
                    fclose(fp);          //关闭 UART 串口
            }
            return 0;
        }
```

4.8　DE2-115 控制面板

4.8.1　安装并初始化 DE2-115 控制面板

台湾友晶科技为 DE2-115 开发板用户提供了一个 Windows 环境下的软件，叫做 DE2-115 控制面板(DE2_115_ControlPanel)。该软件在 DE2-115 开发板系统光盘中的 DE2_115_tools\DE2_115_control_panel 目录下，DE2_115_ControlPanel 软件无需安装，只要将整个目录复制到电脑上运行就可以了。用户可以在电脑上通过 DE2-115 控制面板测试和使用 DE2-115 平台上的各种硬件资源。

一旦启动了电脑主机上的 DE2_115_controlpanel.exe 程序，DE2_115_ControlPanel.sof 比特流文件将自动加载至开发板(注意 DE2-115 开发板需要通过 USB 线将 USB Blaster 接口与电脑相连并上电)。如果界面上显示未连接的状态，点击 CONNECT，.sof 文件将重新加载至开发板。在此期间 USB 端口将一直被占用，在未关闭控制面板的 USB 端口之前，不能使用 Quartus Ⅱ下载配置文件至 FPGA。图 4.43 是 DE2-115 控制面板的原理图。

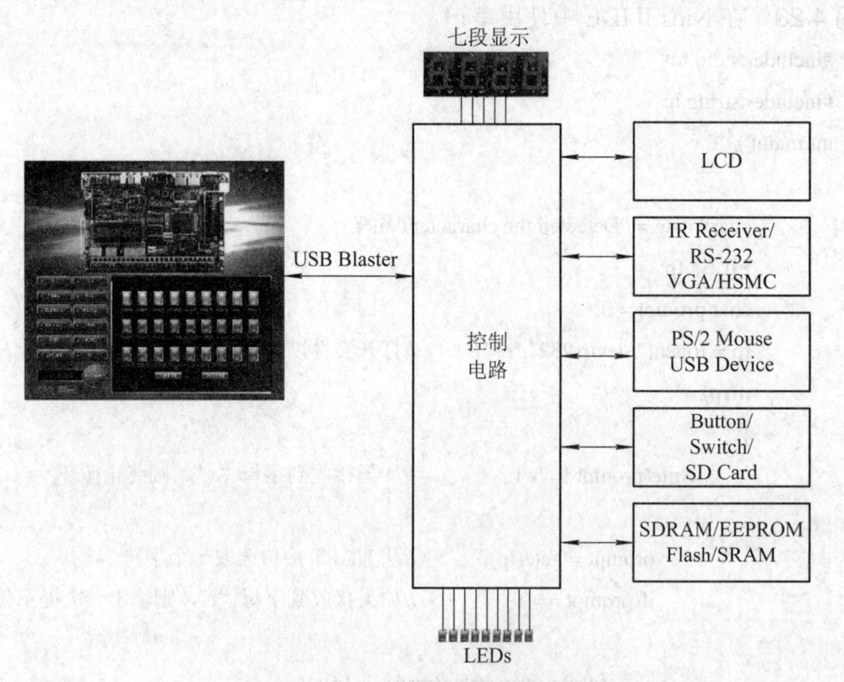

图 4.43　DE2-115 控制面板的原理图

DE2-115 控制面板通过 FPGA 中的 IP 核实现对 DE2-115 平台上资源的控制。使用控制面板可以实现以下功能：

(1) 点亮 LED。

(2) 改变七段数码管的显示值。

(3) 改变 LCD 的显示内容。

(4) 监测按钮/开关的状态。

(5) 读/写 SDRAM。

(6) 读/写 SRAM。

(7) 读/写 FLASH。

(8) 监测 USB 设备的状态。

(9) 接收 PS/2 鼠标的输入。

(10) 将图像输出到 VGA 显示。

(11) 验证 HSMC 接口的功能。

(12) 读取 SD 卡规格消息。

(13) 用 RS-232 与 PC 进行通信。

注意：DE2-115 控制面板与 Quartus II 使用的是同一个 USB 端口，因此当控制面板使用 USB 端口时，Quartus II 无法使用该端口。只有将控制面板的连接关闭以后，Quartus II 才可以重新使用 USB Blaster。

4.8.2　控制 LED、七段数码管和 LCD 显示

通过 DE2-115 控制面板左侧的按键可以转到控制面板的 LED、七段数码管以及 LCD 控制页，分别如图 4.44、图 4.45 和图 4.46 所示。

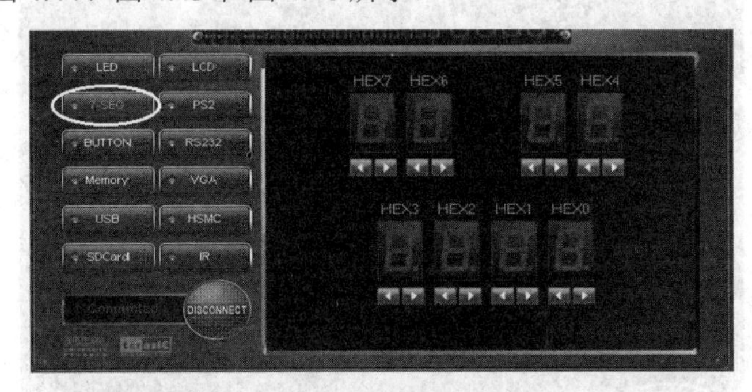

图 4.44　LED 显示控制面板

图 4.45　七段数码管显示控制面板

图 4.46　LCD 显示控制面板

在 LED 控制页面，点击相应的 LED 可实现 DE2-115 开发板上 LED 状态的变化。在七段数码管控制页面，通过单击数码管下面的递增键和递减键即可实现数码管上面数字的变化。在 LCD 显示控制页面，在 Charactor LCD 框输入相应的字符并点击 Set 按钮，即可实现开发板上 LCD 显示状态的变化。

4.8.3　SRAM/SDRAM/FLASH/EEPROM 控制器和编辑器

DE2-115 开发板的控制面板的 Memory 页提供了 SRAM/SDRAM/FLASH/EEPROM 存储器的下载器，用户可以轻松地在某个地址或者从某个地址开始的一段连续地址空间存入数据以及读取数据。在 Memory Type 的下拉菜单栏里可以任意地切换这几种存储器，如图 4.47 所示。

图 4.47　SDRAM 的设置界面

下面以 SDRAM 为例，说明如何访问 SDRAM；同样的方法也适用于 SRAM、EEPROM 和 FLASH。单击 Memory Type 的下拉菜单并选择“SDRAM”，可以对 SDRAM 进行操作。

控制面板提供了对 SDRAM 操作的三种类型：对某个任意地址进行存储、连续存储和连续读取。

1．对任意地址进行读、写

按照以下步骤练习对 SDRAM 存储器任意地址进行操作：

(1) 在 Random Access 框的 Address 栏中键入一个任意的十六进制的地址，例如 0x00000018。在 wDATA 栏中键入要写入的数据，例如 0x1111。单击 Write 将把 0x1111 写入地址 0x00000018。

(2) 保持地址不变，单击 Read，将把地址 0x00000018 处的数据读取出来，在 rDATA 栏可以看到显示的数据。

2．连续写

按照以下步骤练习 SDRAM 的连续写功能，可以将一个文件的内容写入 SDRAM 中，具体的步骤如下：

(1) 在 Sequential Write 框内的 Address 栏中指定其起始地址。

(2) 在 Length 栏指定写入的字节数。如果是加载整个文件，必须勾选文件长度而不是给出字节数。

(3) 单击 Write File to Memory 按钮，启动写入操作。

(4) 当控制面板以标准的 Windows 对话框响应并按要求指定源文件，选择常见格式的文件作为输入。

注意：控制面板也支持加载.hex 扩展名的文件。.hex 扩展名的文件是使用 ASCII 字符来表示十六进制值以指定内存值的 ASCII 文本文件。例如，一个包含 0123456789ABCDEF 的文件定义了 8 个 8 位值：01、23、45、67、89、AB、CD、EF，这些值将会被连续加载到存储器中去。

3．连续读

按照以下步骤练习 SDRAM 的连续读功能，可以将 SDRAM 中的内容读取到一个文件里去保存，具体的步骤如下：

(1) 在 Sequential Read 框内的 Address 栏中指定其起始地址。

(2) 在 Length 栏指定复制到文件的字节数。如果要复制整个 SDRAM 中的内容(共计 128 MB)，勾选 Entire Memory 项。

(3) 单击 Load Memory Content to a File 按钮。

(4) 当控制面板以标准的 Windows 对话框响应并按要求指定源文件，选择常见格式的文件作为输入。

用户可以用类似的方法访问 SRAM、EEPROM 和 FLASH。需要注意的是，在向 FLASH 写入数据之前，用户必须先做擦除操作。

4.8.4　USB/SD/PS 设备状态的监测

DE2-115 开发板的控制面板还提供了一个 USB 监测工具以监测连接到 DE2-115 开发板上的 USB 端口的设备状态。向开发板的 USB Host 端口插入 USB 设备，设备类型就会显示在控制面板的窗口上。图 4.48 显示的是侦测到一个 U 盘插入 USB Host 端口。

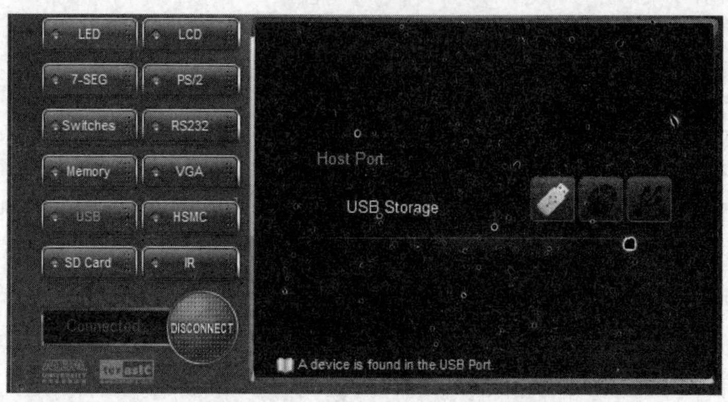

图 4.48　USB 监测工具

控制面板上的 SD Card 功能可用于读取 SD 卡的标识符与规格信息，采用 4 位 SD 卡模式来访问 SD 卡。该功能还可用于验证 SD 卡接口的功能，操作步骤如下：

(1) 在 DE2-115 控制面板上单击 SD Card 按钮，出现图 4.49 所示的窗口。

(2) 插入一张 SD 卡至 DE2-115 开发板，然后点击 Read 按钮以读取 SD 卡的内容，SD 卡的标识符、规格及文件格式信息将会显示在控制窗口中。

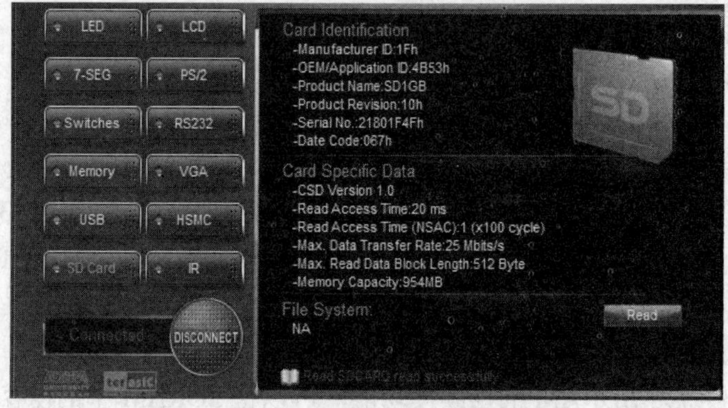

图 4.49　读取 SD 卡标志符与规格

控制面板还提供了一个 PS/2 监测工具以监测连接到 DE2-115 开发板上的 PS/2 鼠标的实时状态，如图 4.50 所示。鼠标的移动和三个按钮的状态将显示在图形和文字界面。鼠标的运动状态被转化为(0, 0)～(1023, 767)范围内的一个坐标(x，y)。该功能还可用于验证 PS/2 设备的连接功能是否正常。

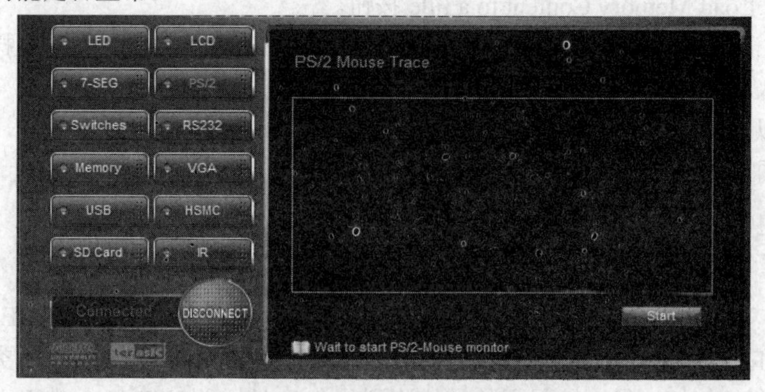

图 4.50　PS/2 鼠标监测工具

4.8.5　VGA 显示控制

DE2-115 控制面板提供了 VGA Pattern 功能，允许用户使用 DE2-115 开发板输出彩色测试图(Color Pattern)到 LCD/CRT 显示器上。按照以下的步骤实现 VGA Pattern 功能：

(1) 在 DE2-115 控制面板上单击 VGA 按钮，出现图 4.51 所示的窗口。

(2) 插入一根 D-sub 电缆，以连接 DE2-115 开发板的 VGA 接口与 LCD/CRT 显示器。

(3) LCD/CRT 显示器上将会显示与控制面板窗口上相同的彩色测试图。

(4) 点击图 4.51 所示的 Pattern 的下拉菜单，用户可以分别输出不同的颜色界面。

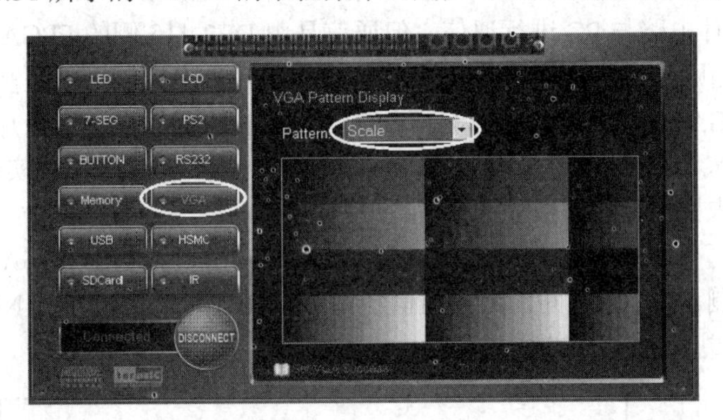

图 4.51　控制 VGA 显示

4.8.6　RS-232 通信

控制面板允许用户验证 DE2-115 开发板上的 RS-232 串行通信接口是否运行正常。用一根 RS-232 9 芯电缆连接 PC 的 RS-232 接口和 DE2-115 开发板上的 RS-232 接口，并在 PC 上安装好串口调试工具软件，控制面板可通过这根电缆与 PC 上的串口调试软件进行双向通信。另外，如果不想用 PC 去完成验证测试，也可使用一根 RS-232 回环(Loopback)电缆进行自反馈测试。控制面板上的接收终端窗口将会监测串行通信的状态。

按照以下步骤启用 RS-232 的通信功能：

(1) 在 DE2-115 控制面板上单击 RS-232 按钮，出现图 4.52 所示界面。

图 4.52　RS-232 串行通信界面

(2) 插入一根 RS-232 9 芯针转孔的电缆连接 PC 与 DE2-115 开发板上的 RS-232 端口或

者直接插入一根 RS-232 回环(Loopback)电缆到 RS-232 端口。

(3) RS-232 参数设置：波特率为 115 200，奇偶校验位为 None，数据位为 8，停止位为 1，流控制(CTS/RTS)为 ON。

(4) 在 Send 框输入具体的发送内容并点击 Send 按钮以启动通信操作。在通信的过程中，观察终端接收窗口的状态以确认其运行的正常性。

4.8.7 DE2-115 控制面板的总体结构

DE2-115 控制面板安装好之后，其总体结构如图 4.53 所示。DE2-115 控制面板借用了 USB Blaster 的硬件电路与 PC 进行通信，但通信是由 DE2-115 侧的 FPGA 硬件电路来具体实现的，在 PC 侧则由 DE2-115 控制面板软件来实现。整个控制面板是基于一个实例化的 CycloneⅣ E FPGA 的 Nios Ⅱ片上可编程系统，并有相应的软件运行于片上存储器。软件部分是用 C 语言来实现的；硬件部分是用 Verilog HDL 代码与 Qsys 共同实现的。在 DE2-115 的系统光盘上并未提供控制面板的源代码。

图 4.53 描述了控制面板的总体结构。每一个输入/输出设备均由 FPGA 芯片内实例化的 Nios Ⅱ处理器控制。与电脑之间的数据通信经由 USB Blaster 链接实现。Nios Ⅱ将会处理来自 PC 的具体需求并执行相应的操作。

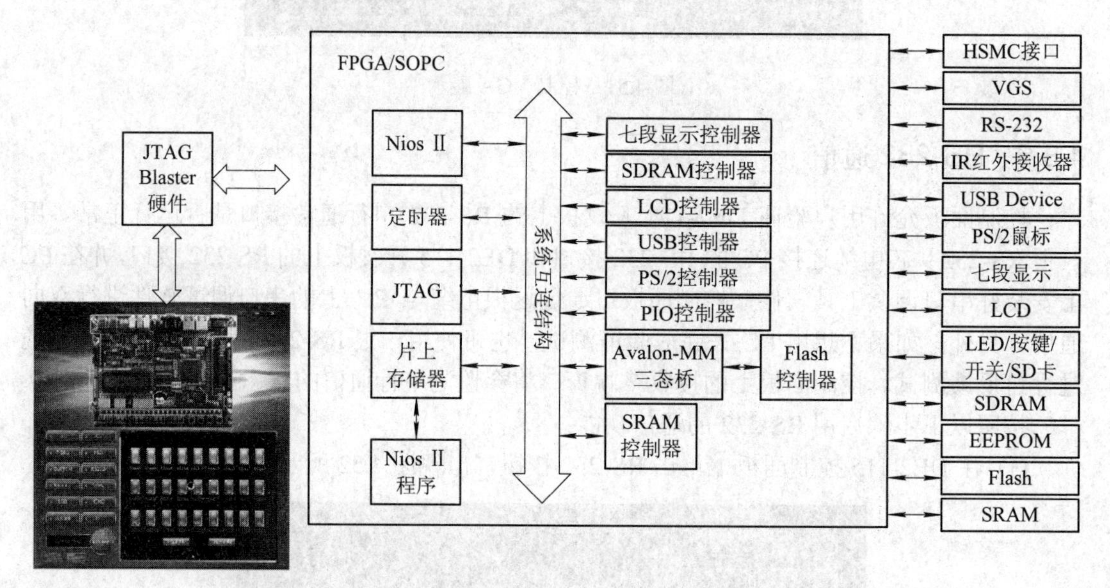

图 4.53 DE2-115 控制面板总体结构

4.9 DE2-115 高级应用范例

DE2-115 平台的系统光盘中提供了一些 DE2-115 平台的高级应用范例，不同时期购买的 DE2-115 开发板，所附系统光盘中的应用范例略有不同，本书中的应用范例主要参考了 DE2-115 开发板系统光盘中 DE2_115_demonstrations 目录下的设计范例。在本节的练习中，读者可将 DE2_115_demonstrations 目录复制到硬盘上进行练习，假设将 DE2_115_demonstrations

目录复制到目录 C:\DE2_115 中。每一个应用范例目录中都已经有编译好的 FPGA 配置文件(.sof 文件和.pof 文件)，练习时可以先用已有的配置文件配置 FPGA 器件，熟悉了应用的功能之后再详细分析代码。

目录 C:\DE2_115\DE2_115_demonstrations\DE2_115_golden_top 是一个非常简单的工程，其顶层文件 DE2_115_top.v 实现了 DE2-115 平台上 FPGA 所有引脚的定义，将所有的输入口置为三态，并可打开所有的显示器，包括 HEX0～HEX7、LEDG0～LEDG8 及 LEDR0～LEDR18。建议所有的用户工程都在此工程基础上展开，可以节省设计时间，也可以确保所有输入口都置为三态，否则可能会导致视屏解码芯片 ADV7180 的发热问题。

4.9.1　DE2-115 平台出厂设置

DE2-115 开发板出厂时，已经将工程 DE2_115_Default 的配置数据文件下载到 EPCS64 中了，DE2_115_Default 工程在 DE2-115 系统光盘中的 DE2_115_demonstrations\DE2_115_Default 目录下。

DE2_115_Default 工程提供了使用 DE2-115 开发板的参考设计，其主要功能如下：

(1) 在 DE2_115_Default.v 中定义了 DE2-115 平台上所有的硬件接口，可作为用户应用的顶层设计模块。

(2) 七段译码器重复显示数字序列 0～F，红色和绿色 LED 灯以约 1 Hz 的频率闪烁，LCD 上会显示字符串“Welcome to the Altera DE2-115”。

(3) 将拨动开关 SW17 放置在 DOWN 位置，从 LINEOUT 端输出约 1 kHz 的正弦波。(如果额外连接一个麦克风到开发板的麦克风输入端口或者连接音频设备的输出到线路输入端口，并且把 SW17 切换到 UP 位置，LINEOUT 端将输出两种音源的混合信号。)

(4) 在 VGA 显示器上将会显示欢迎信息。

可以直接用 DE2_115_Default.pof 或者 DE2_115_Default.sof 来配置 FPGA，也可以在 Quartus II 中打开 DE2_115_Default 工程重新编译之后再配置 FPGA。建议最好使用工程 DE2_115_Default 作为设计模板，即将 DE2_115_Default 目录复制到一个新目录中直接修改，即使是用户在设计中不使用的资源的硬件定义也最好予以保留。

4.9.2　PS/2 鼠标

在本节的范例中给出了一个 PS/2 鼠标控制器，展示了如何在 PS/2 控制器和 PS/2 鼠标之间进行双向通信。

PS/2 协议使用两根信号线进行双向通信，一根时钟线，一根数据线。PS/2 控制器总是对信号线拥有全部的控制权，但是时钟线上的时钟信号却是由 PS/2 设备产生的。

1. 设备到控制器的数据传输

PS/2 鼠标处于流工作模式时，如果接收到一条数据发送使能指令，PS/2 设备便开始将采集到的位移/按键数据连续不断地报告给控制器。每个数据包的长度为 33 bit，被分成三个相似的片段，每个片段均由一个起始位(总是低电平 0)、8 个数据位(LSB 在前)、1 个奇偶校验位(奇校验)和一个停止位(总是高电平 1)组成。

PS/2 控制器在时钟信号的下降沿采集输入信号。在硬件上，这可以用一个 33 bit 的移位寄存器来实现，但是需要注意跨时钟域的信号处理。

2. 控制器到设备的数据传输

任何时候如果控制器想要发送数据到设备，它会先将时钟线拉低约超过一个时钟周期时间，用来阻止当前的传输过程或者意味着一次新的传输过程的开始，这通常被叫做抑制状态(inhibit state)。随后，控制器拉低数据线，释放时钟线，这个过程称为请求状态(request state)。释放时钟信号所形成的上升沿即为数据起始位(因为此时数据线为低，故其值为 0)。设备会检测到这一系列动作，然后在不超过 10 ms 的时间内给出时钟序列信号。每次数据传输过程共传送 12 bit，包含一个起始位、8 个数据位、1 个奇偶校验位、一个停止位和一个应答握手位(总是低电平 0)。在发送完奇偶校验位之后，控制器应该释放数据线，设备会在接下来的时钟周期内检测数据线上的变化，并检验接收到的数据，如果数据信号没有变化，则在接下来的一个时钟周期拉低数据线，作为应答握手信号，表明数据已被正确接收。

PS/2 鼠标复位后，会进入流工作模式，并处在禁止数据发送的状态，除非它接收到一条数据发送使能指令。图 4.54 和图 4.55 分别给出了信号线上发送或者接收数据时的波形。

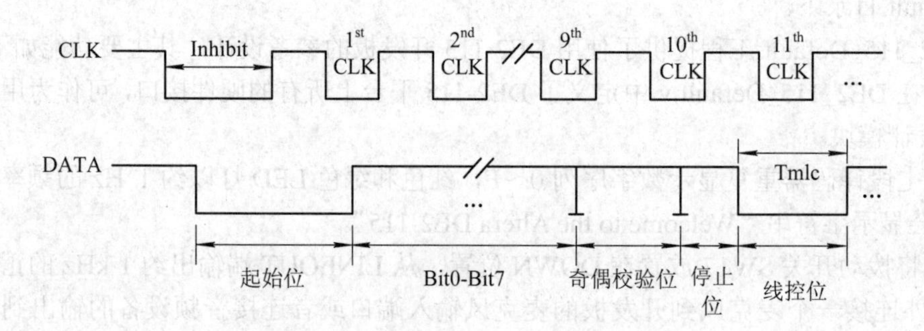

图 4.54 PS/2 发送波形示意图

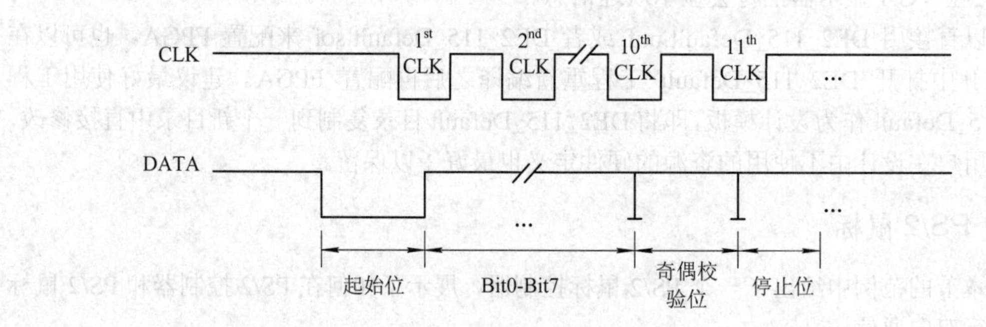

图 4.55 PS/2 接收波形示意图

本范例的工程文件位于 DE2-115 系统光盘中的 DE2_115_demonstrations\DE2_115_PS2_DEMO 目录下，其测试步骤如下：

(1) 按图 4.56 配置系统，将 PS/2 鼠标接在 DE2-115 开发板上的 PS/2 端口上。

(2) 将 DE2-115 系统光盘 DE2_115_demonstrations\DE2_115_PS2_DEMO 目录中的配置数据文件 DE2_115_PS2_DEMO.sof 下载到 FPGA 开发板上的 FPGA 中。可以直接运行 DE2_115_PS2_DEMO\demo_batch\DE2_115_PS2_DEMO.bat 批处理文件。

(3) 按下 KEY0 以使能鼠标数据发送。

(4) 按下 KEY1 清零位移数据显示。

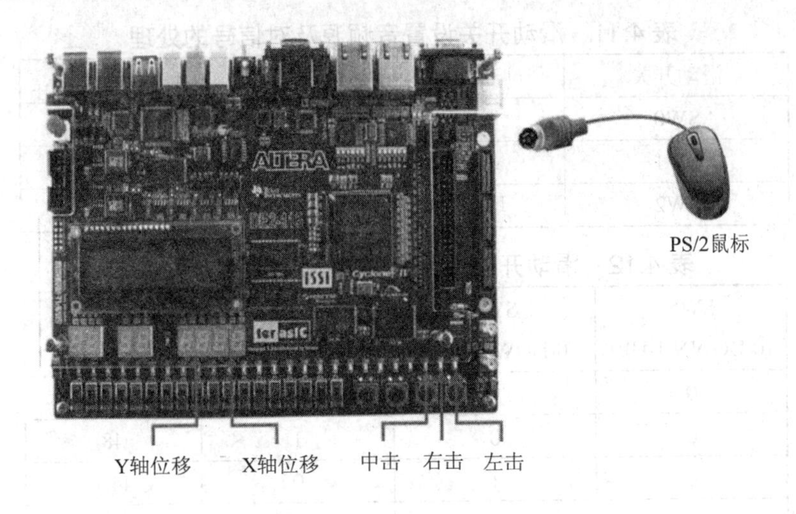

图 4.56　PS/2 鼠标的实验设置

当移动 PS/2 鼠标的时候，可以观察到七段数码管显示的数字跟随变动。当分别按下鼠标左、中、右键时，相应的绿色 LED 即 LED[2:0]会点亮。表 4.10 给出了详细的按键/位移指示信息。

表 4.10　按键/位移指示信息

信号名称	描　述
LED[0]	按下鼠标左键时的指示灯
LED[1]	按下鼠标右键时的指示灯
LED[2]	按下鼠标中键时的指示灯
HEX0	鼠标位置横坐标的低字节
HEX1	鼠标位置横坐标的高字节
HEX2	鼠标位置纵坐标的低字节
HEX3	鼠标位置纵坐标的高字节

4.9.3　音乐录制和回放

在本节范例中展示了如何使用 DE2-115 开发板上的音频 CODEC 芯片和 FPGA 来实现音乐播放和录制的功能。整个设计范例是基于 Nios II 的 Qsys 框架完成的，包含软件部分和硬件部分。DE2-115 开发板上的两个按钮和六个滑动开关用来配置该音频系统，其中，SW0 用于指定录音的音源是 MIC 输入(SW0 = 0)还是线路输入(Line-in)(SW0 = 1)；SW1 用来设定当录音来自于 MIC 输入时使能(SW1 = 1)/取消(SW1 = 0)MIC 增强功能；SW2 用于使能(SW2 = 1)/取消(SW2 = 0)音频播放的过零点检测(Zero-Cross Detection)功能；SW3、SW4 以及 SW5 用来指定录音的采样率，可指定为 96 kHz、48 kHz、44.1 kHz、32 kHz 或 8 kHz。表 4.11 和表 4.12 给出了波动开关配置音频录音和播放的状态设置。16 × 2 LCD 模块用来指示录音/回放状态。七段数码管用来显示录制/回放的持续时间(单位为 1/100 s)。LED 用来指示音频信号的强度。

表 4.11 滑动开关设置音频源及对信号的处理

滑动开关	0-DOWN 位置	1-UP 位置
SW0	音频来自 MIC	音频来自线输入
SW1	取消 MIC 增强	使能 MIC 增强
SW2	取消过零点检测	使能过零点检测

表 4.12 滑动开关设置音频录音及播放的采样率

SW5 (0-DOWN;1-UP)	SW4 (0-DOWN;1-UP)	SW3 (0-DOWN;1-UP)	采样率/kHz
0	0	0	96
0	0	1	48
0	1	0	44.1
0	1	1	32
1	0	0	8
其他设置			96

图 4.57 给出了音乐录制和回放范例整个设计的原理框图。设计分为软、硬件两个部分，软件部分作为代码存储在 SRAM 中，在 Nios Ⅱ-Eclipse 开发环境中用 C 语言编写。硬件部分用 Qsys 生成器在 QuartusⅡ下开发而成。AUDIO Controller 是一个自定义的 Qsys 模块，用于发送音频数据到音频芯片，或者从音频芯片接收数据。音频芯片通过 C 语言编写的 I^2C 协议进行配置。音频芯片的两个 I^2C 引脚通过 PIO 控制器直接连接到 Qsys 系统互联总线。在这个范例中，音频 CODEC 芯片工作在主设备模式。音频接口的配置为 I^2S 及 16 bit 模式，PLL 模块生成的 18.432 MHz 时钟信号连接到芯片的 XTI/MCLK 引脚。

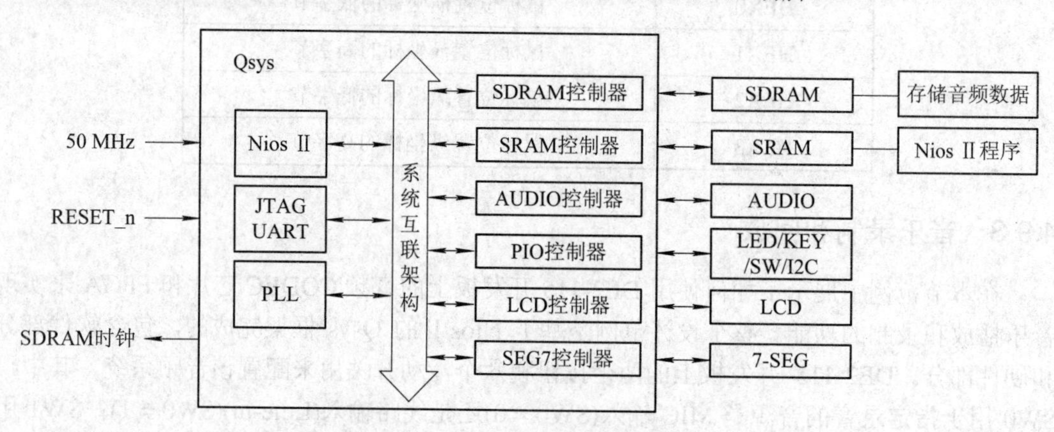

图 4.57 音乐录制/回放设计原理框图

本节范例的工程文件位于 DE2-115 系统光盘中的 DE2_115_demonstrations\DE2_115_Audio 目录中，也可以直接将 DE2_115_Audio.sof 配置文件下载到 DE2-115 开发板的 FPGA 中，或将该工程目录拷贝到计算机中重新编译系统后下载。

DE2_115_Audio 范例工程的测试步骤如下：

(1) 将麦克风连接到 DE2-115 开发板上的 MIC 输入端；将有源音箱连接到音频输出端

口；将音频信号源连接到开发板上的音频输入端口。

(2) 将配置文件 DE2_115_Audio.sof 下载到 DE2-115 开发板上的 FPGA 中。

(3) 启动 Nios Ⅱ-Eclipse，选择\DE2_115_demonstrations\DE2_115_Audio 作为 workspace，点击 Compile and Run。

注意，也可以直接运行 DE2_115_Audio\demo_batch\audio.bat 批处理文件将.sof 和 elf 文件下载到开发板上。

(4) 使用拨动开关控制播放/录制系统。

(5) 按下 DE2-115 开发板上的 KEY3 开启/停止录音。

(6) 按下 DE2-115 开发板上的 KEY2 开启/停止音频回放。

DE2-115 开发板实现音频录制与播放的人机接口如图 4.58 所示。

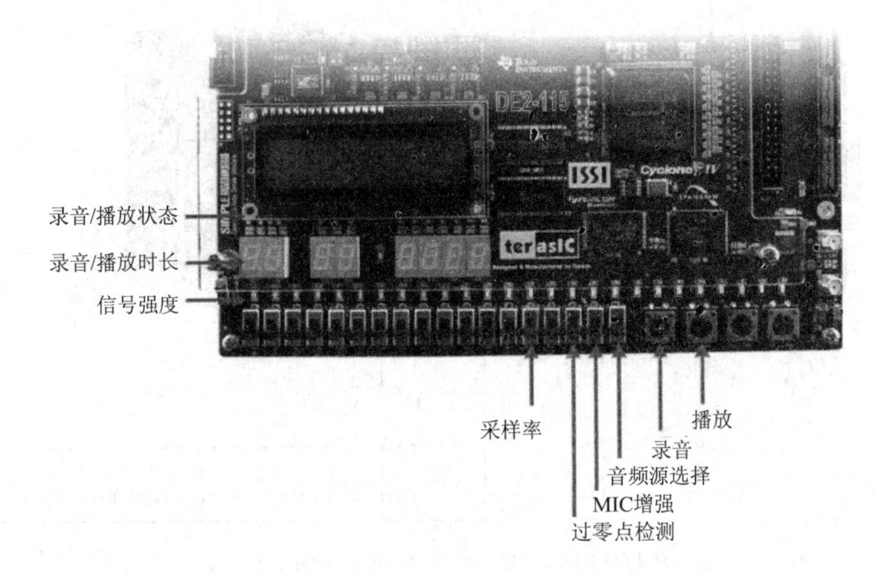

图 4.58　DE2-115 开发板实现音频录音与播放的人机接口

4.9.4　USB 设备

在本范例中，用 DE2-115 作为一个 USB 设备，演示 DE2-115 如何通过 USB 接口与计算机通信。Nios Ⅱ处理器通过 DE2-115 平台上 Cypress CY7C67200 的设备端口与计算机相连。图 4.59 是 USB 设备范例的原理框图。

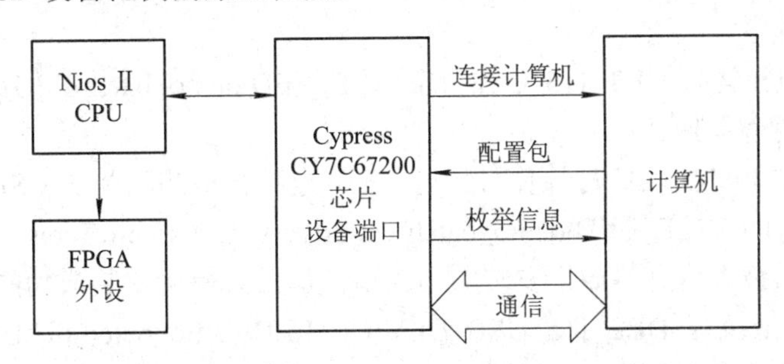

图 4.59　USB 设备范例原理框图

将DE2-115开发板的USB端口连接到计算机后，Nios Ⅱ处理器必须执行一段软件代码，用以初始化CY7C67200芯片。初始化完成之后，主机计算机会识别到一个新的USB设备并要求安装相应的设备驱动程序，该设备会被认为是Terasic EZO USB。在计算机上完成相关驱动安装之后，可在计算机上运行DE2-115开发板系统光盘中的DE2_115_demonstrations\DE2_115_USB_DEVICE\demo_batch\PC\USB_Control.exe控制程序来与DE2-115开发板进行通信。

一旦计算机和DE2-115开发板通过USB建立连接，就可以通过计算机上的控制程序控制并读取指定元件的状态，如LED、七段数码管和按键等。DE2-115开发板USB设备演示原理图如图4.60所示。

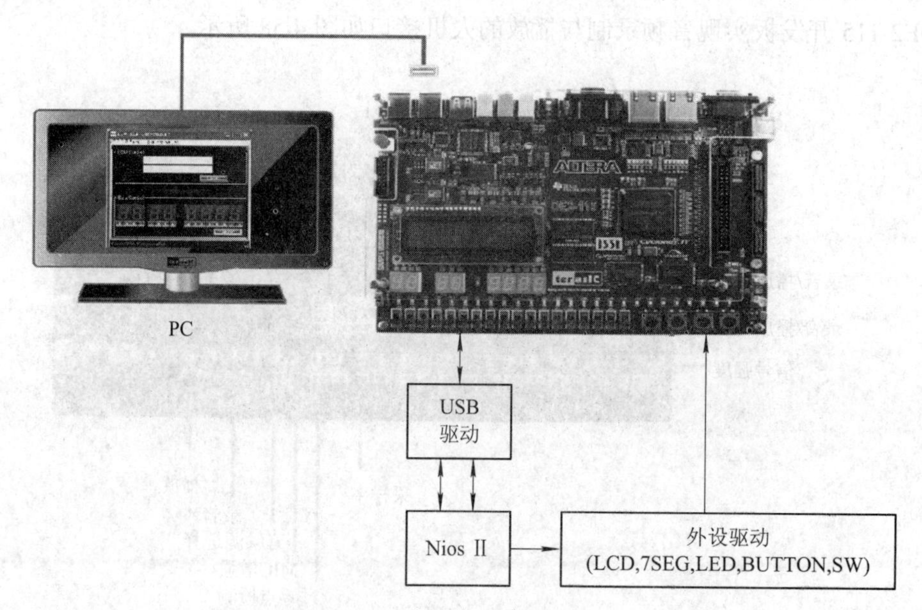

图4.60　DE2-115 开发板 USB 设备演示原理图

本范例的Quartus Ⅱ工程文件位于DE2-115开发板系统光盘中的DE2_115_ demonstrations\DE2_115_USB_DEVICE\HW目录下，Nios Ⅱ的工作目录在该目录的…\HW\software中，USB设备的驱动软件在…\DE2_115_USB_DEVICE\demo_batch\ PC\driver\...\cyusb.inf中。

本范例的测试步骤如下：

(1) 将FPGA的配置文件DE2_115_USB_DEVICE_LED.sof下载到FPGA开发板上。

(2) 运行Nios Ⅱ-Eclipse，选择DE2_115_USB_DEVICE_LED\HW\software作为工作目录，编译并运行程序。

注意：可以直接运行DE2_115_USB_DEVICE_LED\demo_batch\FPGA_bat\test.bat批处理文件完成以上两个步骤。

(3) 将开发板的USB端口与计算机相连之后，电脑会检测到新的USB设备，选择驱动为DE2_115_USB_DEVICE_LED\demo_batch\PC\driver\...\cyusb.inf(Terasic EZO USB)，忽略驱动安装过程中的警告信息。如果安装顺利的话，最后会提示安装成功的信息。

(4) 在计算机上执行DE2_115_USB_DEVICE_LED\demo_batch\PC\USB_Control.exe，并观察DE2-115开发板的现象。可以设置LCD及七段显示7SEG、控制LED的亮和灭、

显示开发板上按键和滑动开关状态等。

4.9.5　USB 画笔

本节的范例中使用 USB 鼠标作为输入设备实现画笔的应用，使用 CY7C67200 芯片以及 Nios II 处理器来检测鼠标的移动；系统还实现了一个视频帧缓冲器，并结合 VGA 控制器完成实时图像存储和显示；可以通过 Nios II 处理器直接控制集成到 Avalon 总线的 VGA 控制器。图 4.61 是 USB 画笔范例的原理框图。

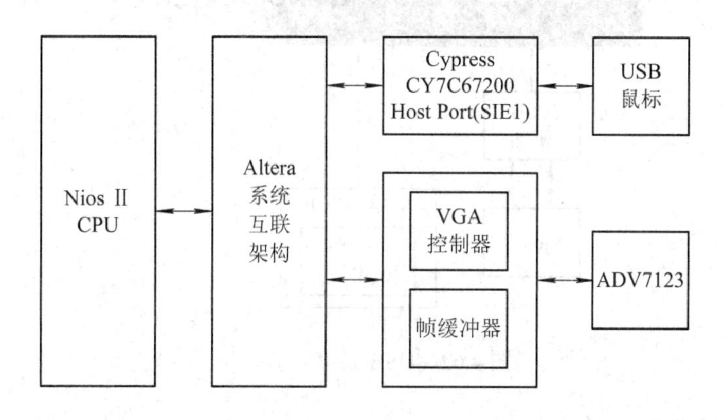

图 4.61　USB 画笔范例的原理框图

程序运行之后，Nios II 处理器开始检测 DE2-115 开发板上的 USB 鼠标是否存在。当鼠标有移动的时候，Nios II 处理器可以跟踪这些移动并将其记录在帧缓冲存储器中。VGA 控制器会将帧缓冲器中的数据与一幅默认图像叠加之后在 VGA 显示器上显示。

本范例的工程文件在 DE2-115 开发板系统光盘中的 DE2_115_demonstrations\ DE2_115_NIOS_HOST_MOUSE_VGA 目录下，可以直接将 DE2_115_NIOS_HOST_MOUSE_VGA.sof 配置文件下载到 FPGA 中，也可以重新编译系统。Nios II 的工作空间在目录...\DE2_115_NIOS_HOST_MOUSE_VGA\software 中。

USB 画笔的测试步骤如下：

(1) 把 USB 鼠标连接到 DE2-115 平台的 USB 主设备连接口上，将 VGA 输出口连接到 LCD 或者 CRT 显示器上。

(2) 将 DE2_115_NIOS_HOST_MOUSE_VGA.sof 配置文件下载到 FPGA 中。

(3) 运行 Nios II，选择...\DE2_115_NIOS_HOST_MOUSE_VGA\software 作为工作空间，点击 Compile and Run 按钮。

注意：可以直接运行...\DE2_115_NIOS_HOST_MOUSE_VGA\demo_batch\nios_host_mouse_vga.bat 批处理文件完成以上两个步骤。

(4) 此时可以观察到 VGA 显示器上显示一幅带标志的蓝色背景图片。

(5) 移动 USB 鼠标会观察到屏幕上对应的光标移动。

(6) 点击鼠标左键会在屏幕上光标位置绘制白色的点或线，点击鼠标右键会擦除屏幕上白色的点或线。

DE2-115 开发板 USB 画笔演示如图 4.62 所示。

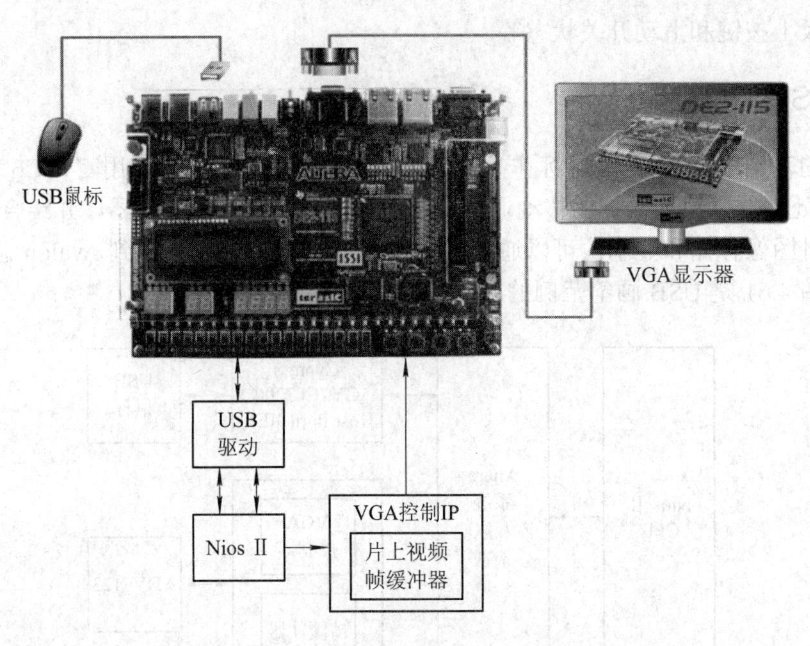

图 4.62　USB 画笔演示设置

4.9.6　SD 卡设备

如今在很多应用场合下都需要使用大容量的外部存储设备(比如 SD 卡或者 CF 卡)来存储数据。DE2-115 开发板提供了存取 SD 卡所需的硬件和软件资源。在本节设计范例中将展示如何浏览 SD 卡根目录中的文件并读取指定文件的内容。SD 卡需要预先格式化为 FAT 文件系统，并且支持长的文件名。

图 4.63 给出了 SD 卡设计范例的硬件原理框图。FPGA 系统所需要的 50 MHz 时钟由外部晶振产生。内部 PLL 模块生成 100 MHz 时钟频率供 Nios Ⅱ 处理器及其他控制器使用。四个 PIO 引脚连接到 SD 卡插槽，并使用 4 bit 模式访问 SD 卡。SD 卡 4 bit 模式协议以及 FAT 文件系统均由 Nios Ⅱ 软件实现。软件代码存放在 Qsys 片上存储器中。

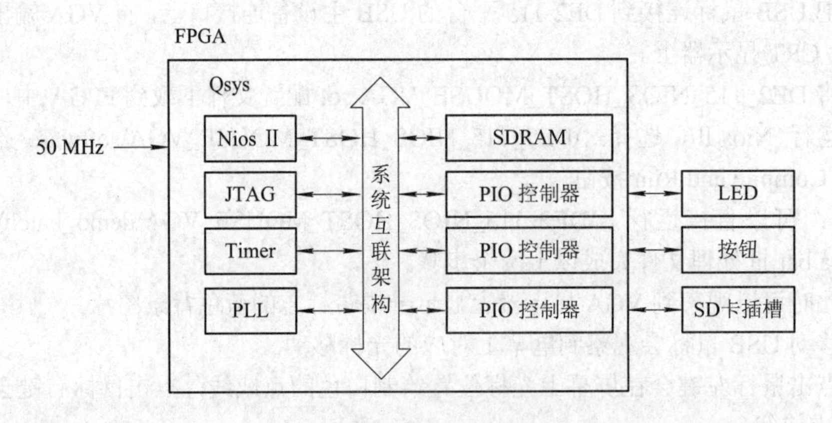

图 4.63　SD 卡设计硬件原理框图

SD 卡设计范例软件框图如图 4.64 所示。Nios Ⅱ PIO 部分提供基本的 IO 函数，用来直接访问硬件。这些函数由 Nios II 系统提供，函数原型可以在头文件 io.h 中找到。SD 卡部分实现了 SD 卡 4 bit 模式协议，负责和 SD 卡进行通信。FAT 文件系统提供读取 FAT16 以及 FAT32 文件系统的接口函数。调用 FAT 公共函数，用户可以浏览 SD 卡根目录下的文件，可以打开指定的文件并读取里面的内容。

图 4.64　SD 卡设计范例软件框图

Main 模块实现了设计范例的控制协调工作。当程序执行后，它首先检测系统是否存在 SD 卡。当找到 SD 卡之后，判断 SD 卡是否被格式化为 FAT 文件系统。如果条件满足，它会搜索根目录下的文件，然后把它们的名字显示到 Nios II 终端。例如，如果一个名为"test.txt"的文本文件存在，程序还会读取此文件里面的内容。当程序正确识别到 FAT 文件系统后，会点亮绿色 LED；否则，如果初始化 SD 卡文件系统失败或者找不到 SD 卡，点亮红色的 LED。用户按下 DE2-115 开发板上的 KEY3 键，可以复位系统 CPU，重新执行软件。

本范例的工程文件位于 DE2-115 开发板系统光盘中的 DE2_115_demonstrations\DE2_115_SD_CARD 目录下。

SD 卡设备设计范例的测试步骤如下：

(1) 准备好的一张 SD 卡，将测试文件拷贝到 SD 卡中并插到 FPGA 开发板上的 SD 卡插槽里。

(2) 将硬件配置文件 DE2_115_SD_CARD.sof 下载到开发板上。

(3) 运行 Nios II，选择目录…\DE2_115_demonstrations\DE2_115_SD_CARD\Software 作为工作目录，对现有的程序进行编译运行。

(4) 按下 KEY3 键，开始读取 SD 卡里的内容。

(5) 程序将 SD 卡里的测试文件内容显示到 Nios II -terminal 终端。

4.9.7　SD 卡音乐播放器

许多商业化多媒体/音频播放器采用大容量的外部存储设备，譬如 SD 卡或者 CF 卡，来存储音乐或者视频文件。这些播放器也通常包含有高品质 DAC 芯片，提供高品质的音频信号。DE2-115 开发板提供了访问 SD 卡所需的软件和硬件环境以及专业品质的音频，用户可以使用这些资源去设计高级的多媒体产品。

在本节范例中实现的是一个 SD 卡音乐播放器，它读取存储在 SD 卡里面的音频文件，并通过 CD 品质的音频 DAC 芯片播放出来。在设计中，使用 Nios II 处理器读取音乐数据并用 Wolfson WM8731 音频 CODEC 芯片完成播放工作。

图 4.65 给出了 SD 卡音乐播放器的硬件框图。系统所需的 50 MHz 时钟信号由开发板上的晶振提供，内部锁相环模块用来生成 Nios II 处理器及其他外设所需的 100 MHz 时钟。

音频芯片通过自定义的 Qsys 外设——音频控制器(Audio Controller)控制。音频控制器需要一个 18.432 MHz 频率的时钟信号，它由 PLL 模块生成。音频控制器需要音频 CODEC 芯片工作在主设备模式，这样它可以自己生成串行位时钟(BCK)以及左/右声道时钟(LRCK)信号。七段数码管由 Qsys 组件 SEG7 控制器控制，也是一个自定义的 Qsys 外设。两个 PIO 引脚连接到系统 I²C 总线，I²C 总线协议由软件模拟实现。四个 PIO 引脚连接到 SD 卡插槽。IR 接收器由 Qsys 自定义组件 IR 控制器控制。Nios Ⅱ 软件同时实现了 SD 卡 4 bit 模式访问协议。系统中的其他 Qsys 组件均是 Qsys 中内嵌的组件。

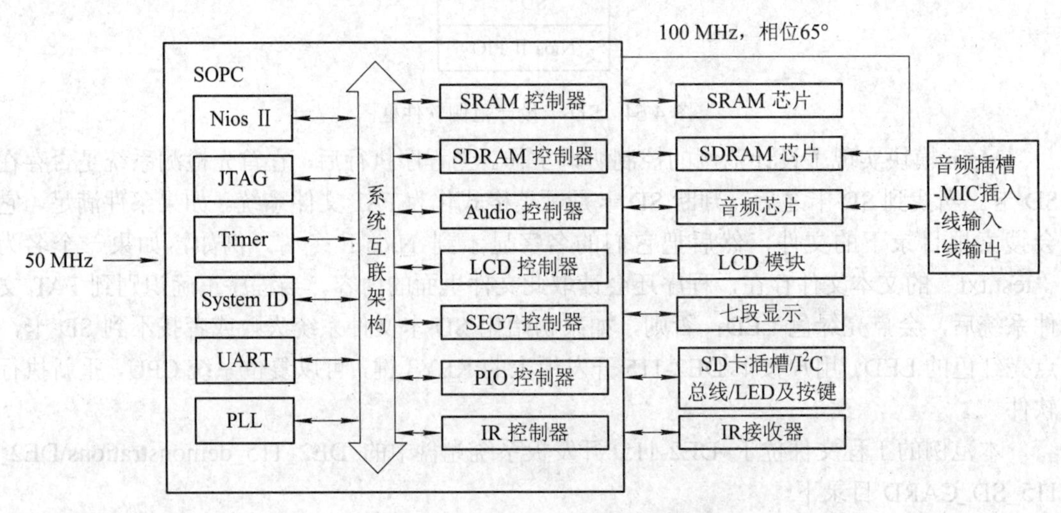

图 4.65　SD 卡音乐播放器的硬件框图

该示例的软件结构如图 4.66 所示。SD 4 bit 模式模块实现从 SD 卡中读取原始数据的 SD 4 bit 模式协议。FAT 模块实现 FAT16/FAT32 文件系统，用来读取存储在 SD 卡中的 WAVE 文件，这里只实现了读函数功能。WAVE Lib 模块实现了 WAVE 文件的解码功能，用来从 WAVE 文件中提取音频数据。I²C 模块实现了 I²C 协议，用来配置音频芯片。SEG7 模块实现播放时间的显示功能。Audio 模块实现音频 FIFO 的检测以及音频信号发送/接收功能。IR 接收器模块作为音乐播放系统的控制接口。

<table>
<tr><td colspan="6">Main</td></tr>
<tr><td rowspan="3">系统调用</td><td rowspan="3">SEG7</td><td rowspan="3">I²C</td><td rowspan="3">Audio</td><td rowspan="3">IR 接收器</td><td>WAVE Lib</td></tr>
<tr><td>FAT16/FAT32</td></tr>
<tr><td>SD 4 bit模式</td></tr>
<tr><td colspan="6">Nios HAL</td></tr>
</table>

图 4.66　SD 卡音乐播放器的软件架构

在发送音频信号到音频芯片之前需要首先完成音频芯片的配置。软件主程序通过 I²C 协议配置音频芯片使其工作在主模式下，音频输出接口工作在 I²S 16 位模式，采样率根据 WAVE 文件确定。在音频播放过程中，Nios Ⅱ 处理器会不断检查 Audio 控制器的 FIFO 存储器是否已满，如果控制器的 FIFO 未满，则处理器从 SD 卡中读取 512 字节的音乐数据，然后写入 Audio 控制器中的 DAC FIFO。设计中通过使能音频芯片的 BYPASS 和 SITETONE

功能，将麦克风输入和线路输入的音频信号混合在一起，产生类似于卡拉 OK 的效果。最后，用户可以从 LCD 模块、七段数码管和 LED 上得到 SD 音乐播放器的状态信息。DE2-115 开发板上的 LCD 模块的第一行和第二行会分别显示出所播放音乐文件的名称和音量。七段数码管显示已播放的时间。LED 指示的是播放的音频信号的强度。

本范例的工程文件位于 DE2-115 系统光盘中的 DE2_115_demonstrations\DE2_115_SD_Card_Audio_ Player 目录下，Nios Ⅱ的工作空间在这个目录的…\software 中。

可以按照以下步骤测试本范例：

(1) 格式化 SD 卡为 FAT16 或者 FAT32 格式；

(2) 将音频 WAVE 文件存放到 SD 卡的根目录里。所提供的波形文件采样率必须是 96 kHz、48 kHz、44.1 kHz、32 kHz 或者 8 kHz，WAVE 文件必须是立体声，每通道 16 bit。

(3) 用配置数据文件 DE2_115_SD_Card_Audio_Player.sof 配置 DE2-115 平台上的 FPGA。

(4) 以…\DE2_115_SD_Card_Audio_Player\Software 为工作空间启动 Nios Ⅱ-Eclipse，编译并运行工作空间中的软件工程。

(5) 连接耳机或者有源音箱到 DE2-115 的线路输出口，即可听到从 SD 卡播放的音乐。

(6) 按下按钮 KEY3 会播放下一个音乐文件。

(7) 按下按钮 KEY2 可以增大音量，按下按钮 KEY1 可以减小音量。

(8) 用户也可以使用遥控器用于播放音乐的控制。

4.9.8 卡拉 OK 机

在本节范例中，用 DE2-115 平台的 LINEIN、LINEOUT 和麦克风实现卡拉 OK 机的应用。与 4.2 节中用 WM8731 产生正弦波的设置不同，在该卡拉 OK 机应用中将 WM8731 配置为主模式工作，即由音频编/解码器 WM8731 自动产生 A/D 转换器(或者 D/A 转换器)串行数据位时钟 BCK 及左/右声道时钟 LRCK。本范例中卡拉 OK 机的工作原理框图如图 4.67 所示，FPGA 通过 I^2C 总线接口配置音频编/解码器 WM8731。通过配置，从 LINEIN 输入的音频数据与从 MICIN 输入的音频数据混合后通过 LINEOUT 输出，音频采样速率为 48 kHz，用按键 KEY0 可通过 I^2C 总线重新配置音频编/解码器的增益(音频音量)，音量在 10 个预置值之间轮流选择。

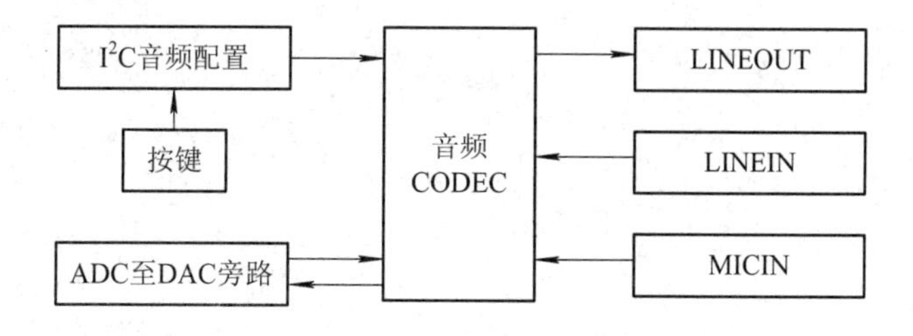

图 4.67　卡拉 OK 机原理框图

本范例的工程文件位于 DE2-115 系统光盘中的 DE2_115_demonstrations\DE2_115_i2sound 目录下。卡拉 OK 机范例的测试步骤如下：

(1) 将麦克风接在 DE2-115 平台的 MICIN 插座上，用 MP3 或者其他音源作为伴音，接在 LINEIN 插座上，将有源音箱接在 LINEOUT 上。注意最好不要使用耳机，以免音量太大损害听力。

(2) 将配置数据下载到开发板的 FPGA 上。

(3) 打开有源音箱，可以听到扬声器的声音，这个声音是从麦克风采样得到的音频数据与 LINEUN 输入的数据混合之后得到的。

(4) 按下 KEY0 调节音量(0～9)。

卡拉 OK 机的硬件配置系统如图 4.68 所示。

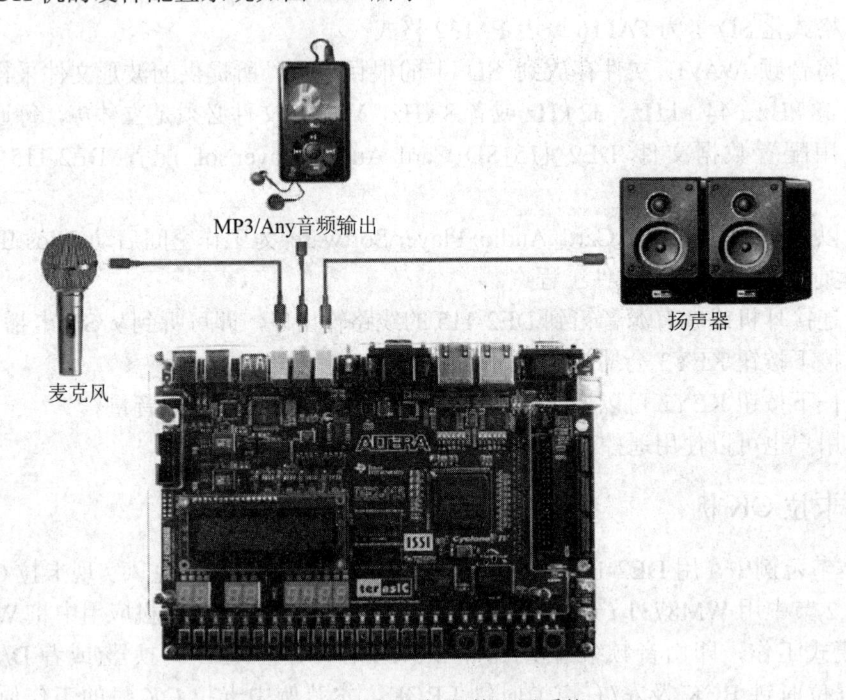

图 4.68　卡拉 OK 机硬件配置系统

第 5 章

基于 DSP Builder 的简单 DSP 系统设计

数字信号处理(Digital Signal Processing，DSP)技术是现代电子技术的一个重要分支，广泛地应用于航空航天、国防、科学研究、教育及消费类电子产品等各个领域。目前用于实现 DSP 技术的硬件方案主要有专用数字信号处理器及通用数字信号处理器两类，可以将它们统称为数字信号处理器。它们的共同特点是芯片中集成了定点或浮点的乘法器，带有专门用于数字信号处理的协处理器，而且具有特殊的存储器结构以满足高速数据交换的需求。这些处理器与常规的处理器相比，具有更高的数学运算能力。

面向 Intel FPGA 的 DSP Builder 是一款数字信号处理设计工具，支持直接在 Intel FPGA 的 MathWorks Simulink 环境中，通过按下不同按钮生成 DSP 算法的 HDL 代码。面向 Intel FPGA 的 DSP Builder 可使用 MATLAB 函数和 Simulink 模型生成可合成的优质 VHDL/Verilog 代码，生成的 RTL 代码可用于 Intel FPGA 编程。面向 Intel FPGA 的 DSP Builder 广泛适用于雷达设计、无线和有线通信设计、医学成像和电机控制等应用。

面向 Intel FPGA 的 DSP Builder 在现有的 MATLAB/Simulink 库中添加了额外的库块，其中包括面向 Intel FPGA 的 DSP Builder 高级模块集和 DSP Builder 标准模块集，Intel 建议用户可使用面向 Intel FPGA 的 DSP Builder 高级模块集进行全新的 DSP 设计。若要评估适用于基于模型设计的 Intel FPGA，用户需要获取面向 Intel FPGA 的 DSP Builder、Intel Quartus Prime 软件、MathWorks 的 MATLAB/Simulink 以及 MathWorks 的 Fixed-Point Designer 的许可证(单独销售)。也可申请 30 天的 MATLAB 和 Simulink 产品试用版，与面向 Intel FPGA 的 DSP Builder 组合使用。

在 FFGA 上实现数字信号处理的设计流程及工具与传统的设计数字信号处理器的流程和工具有很大不同，主要表现在以下三个方面：

(1) Intel 提供了完整的系统及数字信号处理应用开发工具，包括基于 MATLAB/Simulink 的系统级算法模型生成和仿真工具 DSP Builder 软件，可实现综合、布线、RTL 级仿真的 Quartus Ⅱ和其他第三方仿真工具，以及灵活的硬件验证平台。

(2) Qsys 及 Nios Ⅱ软核处理器可帮助设计者自动完成模块化的系统设计、软件生成及软件调试等，Intel 及第三方提供的大量可重用的 IP 核进一步加速了软/硬件协同设计的速度。

(3) 在系统优化设计方面，可根据需要，选择性地用硬件实现局部性能要求较高的功能，可极大提高系统总体性能，在系统布局上也更加方便、灵活。

本章首先介绍 DSP Builder 软件包，然后举例说明如何在 FPGA 上实现简单的 DSP 设计。

5.1 DSP Builder 简介

5.1.1 授权有效性验证

安装好 DSP Builder 及其授权文件以后，可以在 MATLAB 软件中验证授权的功能是否有效。

1．单机版授权

在 MATLAB 命令窗口输入下面的命令：

dos ('lmutil lmdiag C4D5_512A')

如果授权文件安装正确，则该命令产生的 DSP Builder 授权状态输出可参考图 5.1。

```
lmutil - Copyright (C) 1989-1999 Globetrotter Software, Inc.
FLEXlm diagnostics on Wed 10/24/2001 14:36
-----------------------------------------------------------
License file: c:\qdesigns\license.dat
-----------------------------------------------------------
'C4D5_512A' v0000.00, vendor: alterad
uncounted nodelocked license, locked to Vendor-defined 'GUARD_ID=T000001297' no expiration date
```

图 5.1　单机版 DSP Builder 授权状态输出

2．网络版授权

如果在授权文件中存在 SERVER，在 MATLAB 命令窗口输入下面的命令：

dos ('lmutil lmstat –a')

如果网络版授权文件安装正确，则该命令产生的 DSP Builder 授权状态输出可参考图 5.2。

```
lmutil - Copyright (C) 1989-2001 Globetrotter Software, Inc.
Flexible License Manager status on Wed 7/28/2004 21:23
[Detecting lmgrd processes...]
License server status: 1800@renaifeng
    License file(s) on renaifeng: D:\AlteraEDA\flexlm\license.dat:
renaifeng: license server UP (MASTER) v8.4
Vendor daemon status (on renaifeng):
    alterad: UP v8.4
Feature usage info:
Users of C4D5_512A:  (Total of 100 licenses available)
```

图 5.2　网络版 DSP Builder 授权状态输出

5.1.2 DSP Builder 设计流程

DSP 设计者可以使用 DSP Builder 和 Quartus II 软件单独进行硬件设计。DSP Builder 提供了一个无缝连接设计流程，允许设计者在 MATLAB 软件中完成算法设计，在 Simulink 软件中完成系统集成，然后通过 Signal Compiler 模块生成 Quartus II 软件中可以使用的硬件描述语言文件。使用 DSP Builder，设计者可以生成寄存器传输级(RTL)设计，并且在 Simulink 中自动生成 RTL 测试文件，这些文件是已经被优化的预验证 RTL 输出文件，可以直接用于 Intel Quartus II 软件中进行时序仿真比较。这种开发流程对于没有可编程逻辑设计软件开发经验的设计者来说非常直观、易学。

DSP Builder 具备一个友好的开发环境，它可以通过帮助设计师创建一个 DSP 设计的硬件表示来缩短 DSP 开发的周期。现有的 MATLAB 的功能和 Simulink 块与 Intel 的 DSP Builder 块和 Intel 的知识产权(IP)MegaCore 功能块组合在一起，从而把系统级的设计和 DSP 算法的实现连接在一起。DSP Builder 允许系统、算法和硬件设计共享一个通用的开发平台。

在 DSP Builder 中，设计者可以使用 DSP Builder 中的块来为 Simulink 中的系统模型创建一个硬件。DSP Builder 中包含了按位和按周期精确的 Simulink 块，这些块覆盖了最基本的操作，例如运算和存储功能。通过使用 MageCore 功能，复杂的功能也可以被集成进来。MegaCore 功能支持 Intel 的 IP 评估特性，用户在购买授权之前可以进行功能和时序上的验证。

- OpenCore 是指工程师能够不用任何花费在 Quartus II 软件中测试 IP 核，然而，工程师不能生成器件的编程文件，从而无法在硬件上测试 IP 核。
- OpenCore Plus 是增强的 OpenCore，可以支持免费在硬件上对 IP 进行评估。这个特性允许用户为包含了 MageCore 功能的设计产生一个有时间限制的编程文件，通过该文件，设计者可以在购买授权许可之前就在板级对 MegaCore 功能进行验证。

DSP Builder 的 Signal Compiler 块读入 Simulink 模型文件(.mdl)。该模型文件是用 DSP Builder 和 MegaCore 块生成的，然后生成 VHDL 文件和 Tcl 脚本文件，用于综合和硬件的实现以及仿真。

图 5.3 为 DSP Builder 的设计流程。

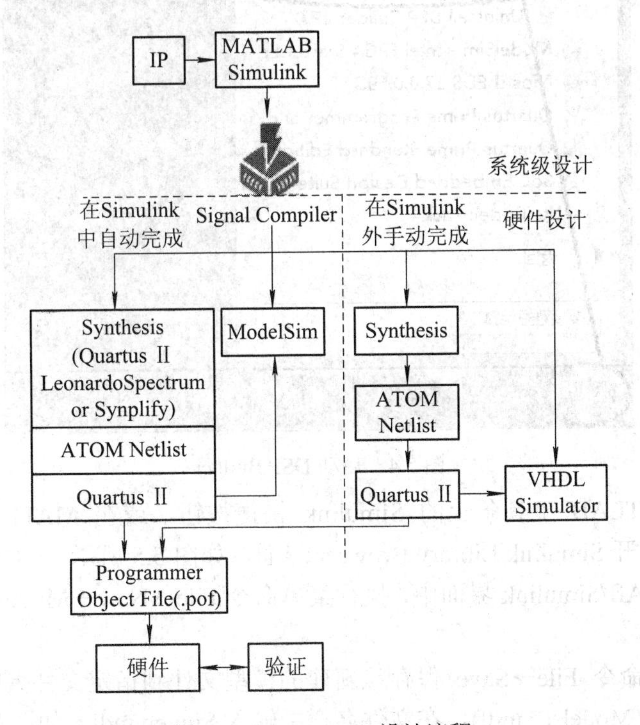

图 5.3　DSP Builder 设计流程

5.2 DSP Builder 设计过程

本节利用 DSP Builder 提供的一个幅度调制设计实例说明 DSP Builder 设计过程。该 Simulink 参考设计实例文件名为 singen.mdl，该设计实例文件在 DSP Builder 安装目录 dsp_builder\DesignExamples\Tutorials\GettingStartedSinMdl 文件夹中，设计中包括正弦波发生器模块、积分乘法器模块和延时单元，每个模块都是参数可变的。

5.2.1 创建 MATLAB/Simulink 设计模型

1．创建新模型

(1) 点击开始菜单，启动 DSP Builder<版本号>中的 Start in MATLAB<版本号>软件。如在本例中从开始菜单启动 Intel FPGA 17.0.0.0.595 Standard Edition 中 DSP Builder 17.0.0.595 目录下的 Start in MATLAB R2014a(64-bit)，如图 5.4 所示。

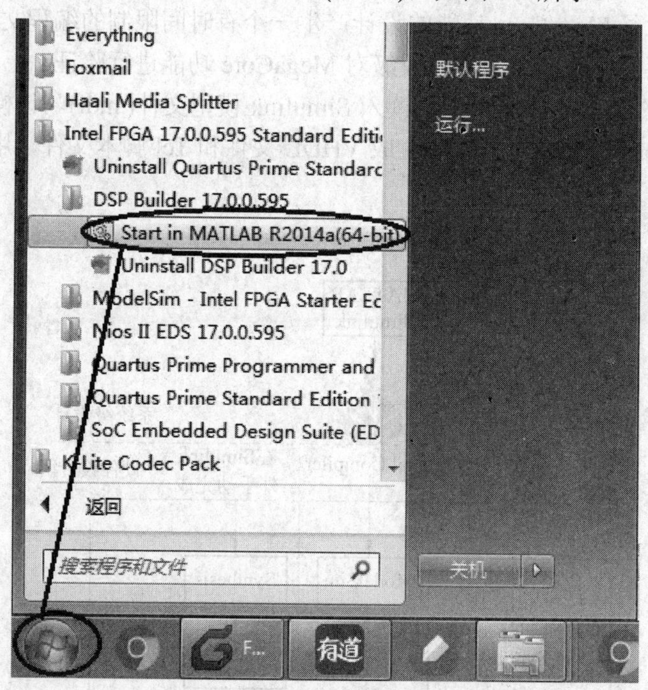

图 5.4　启动 DSP Builder

(2) 点击 MATLAB 工具条上的 Simulink 快捷按钮，或在 MATLAB 命令窗口输入 Simulink 命令，打开 Simulink Library Browser 界面，如图 5.5 所示。

(3) 在 MATLAB/Simulink 界面中，执行菜单命令 File→New→Model，建立一个新的模型文件。

(4) 执行菜单命令 File→Save 保存该新建的模型文件到指定文件夹中，在选择保存类型时选择 Simulink Models(*.mdl)，在文件名栏中输入 Singen.mdl，如图 5.6 所示。

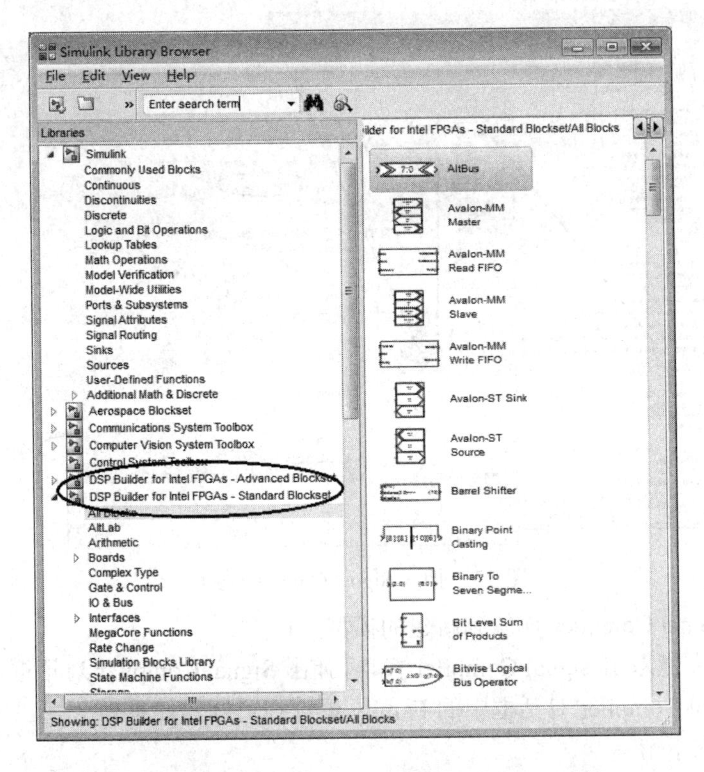

图 5.5　MATLAB/Simulink 中的 DSP Builder 库

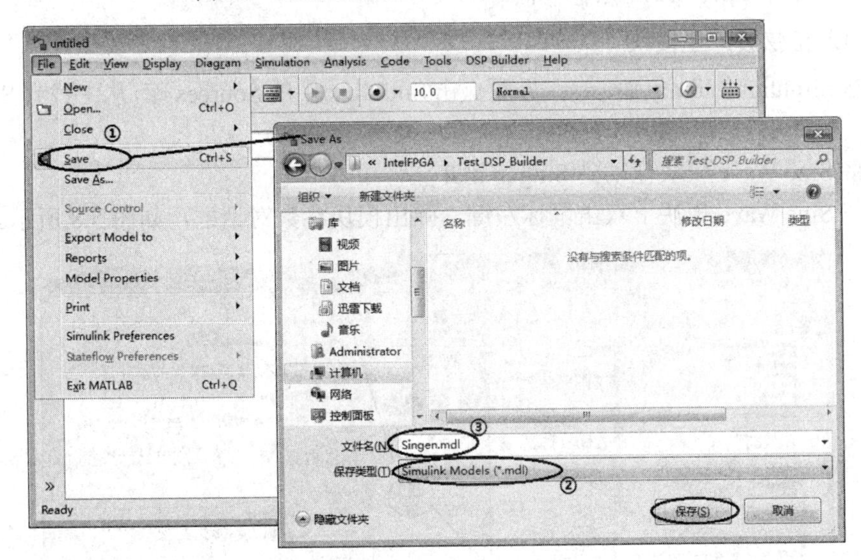

图 5.6　保存 DSP Builder 模型文件

2．加入 Signal Compiler 模块

(1) 在 Simulink Library Browser 界面中打开 DSP Builder for Intel FPGAs - Standard Blockset 文件夹，如图 5.5 所示。

(2) 在 DSP Builder for Intel FPGAs - Standard Blockset 文件夹中选择 Alt Block 库，如图 5.7 所示。

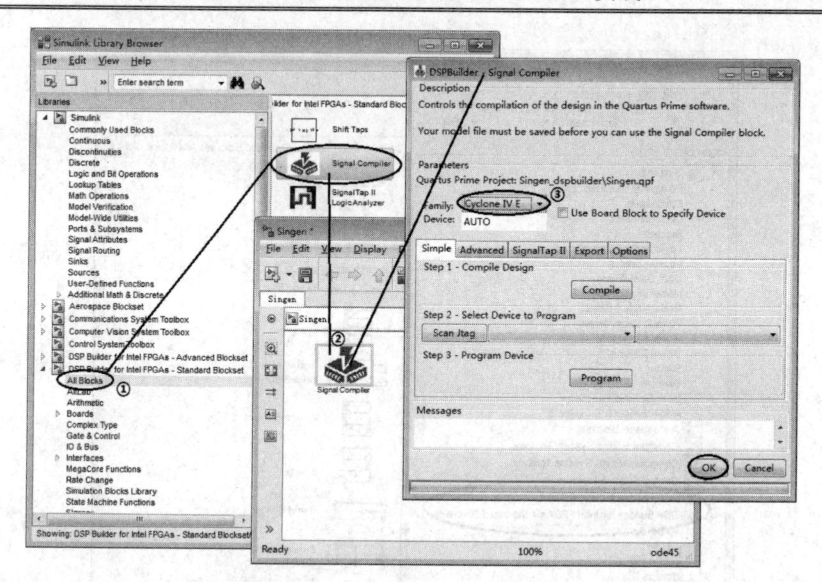

图 5.7　插入 Signal Compiler 模块

(3) 拖动 Signal Compiler 模块到新建的模型文件中。

(4) 用鼠标左键双击 Signal Compiler 模块，弹出 Signal Compiler 对话框，如图 5.7 所示。

(5) 在 Signal Compiler 对话框中的 Family 框选择目标器件系列。

(6) 点击 OK 按钮。

(7) 选择菜单 File→Save 保存文件。

3. 加入正弦波产生模块

(1) 在 Simulink Library Browser 界面点击 Simulink 中的 Sources 库，从中找到 Sine Wave 模块。

(2) 将 Sine Wave 模块拖动到 Singen.mdl 文件中。

(3) 在 Sine Wave 模块上双击鼠标左键，弹出模块参数对话框，如图 5.8 所示。

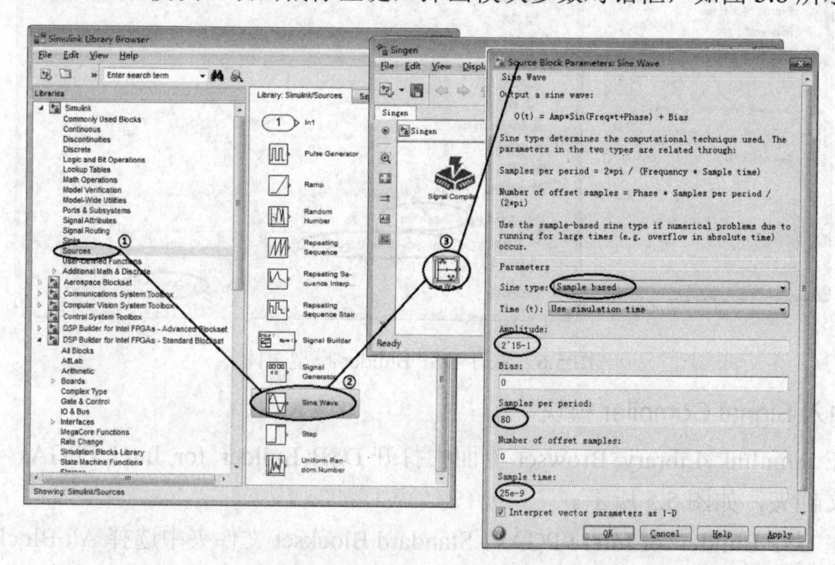

图 5.8　设置正弦波参数(幅度为 16 位，频率为 500 kHz)

(4) 设置正弦波模块参数，点击 OK 按钮确定。

4．加入总线端口模块 AltBus

(1) 在 Simulink Library Browser 界面的 DSP Builder for Intel FPGAs - Standard Blockset 文件夹中选择 IO & Bus 库。

(2) 从库中选择 Input 模块，拖动到 Singen.mdl 文件中。

(3) 点击 Input 模块下面的文本，将 Input 改为 SinIn。

(4) 双击 SinIn 模块，弹出模块参数对话框，如图 5.9 所示。

(5) 设置模块参数，点击 OK 按钮确定。

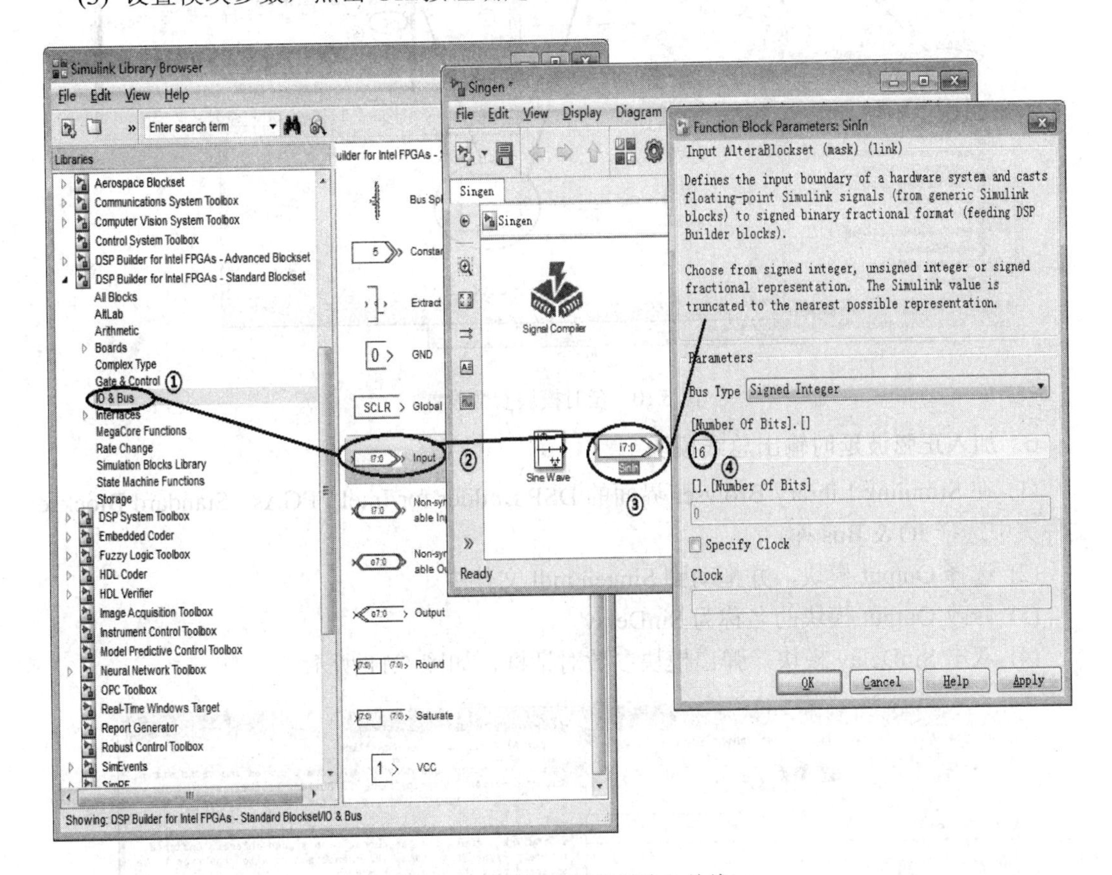

图 5.9　设置 16 位整型输入总线

5．加入延时模块

(1) 在 Simulink Library Browser 界面的 DSP Builder for Intel FPGAs - Standard Blockset 文件夹中选择 Storage 库。

(2) 选择 Delay 模块，拖动到 Singen.mdl 文件中。

(3) 双击 Delay 模块，在弹出的模块参数对话框中指定延时深度，如图 5.10 所示。在 Delay 界面的 Main 中设置 Number of Pipeline Stages 参数为“1”，在 Optional Ports 中设置 Clock Phase Selection 参数为“01”。

(4) 点击 OK 按钮确认。

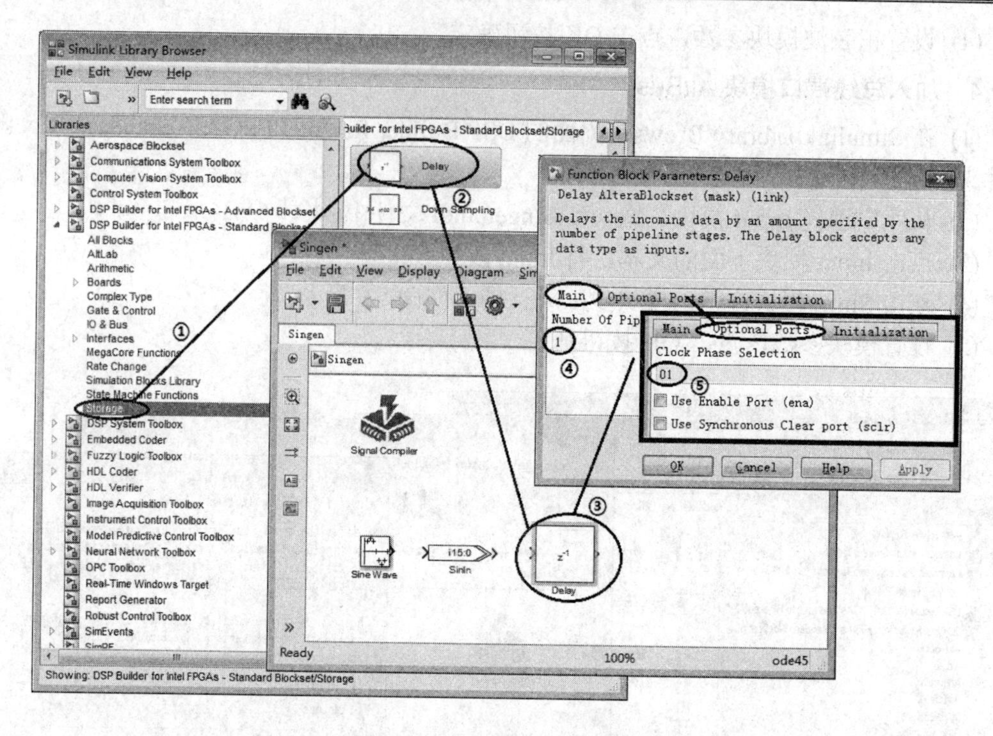

图 5.10　延时模块参数设置

6. 加入正弦波延时输出总线模块

(1) 在 Simulink Library Browser 界面的 DSP Builder for Intel FPGAs - Standard Blockset 文件夹中选择 IO & Bus 库。

(2) 选择 Output 模块，并拖动到 Singen.mdl 文件中。

(3) 修改 Output 模块的名称为 SinDelay。

(4) 双击 SinDelay 模块，弹出模块参数对话框，如图 5.11 所示。

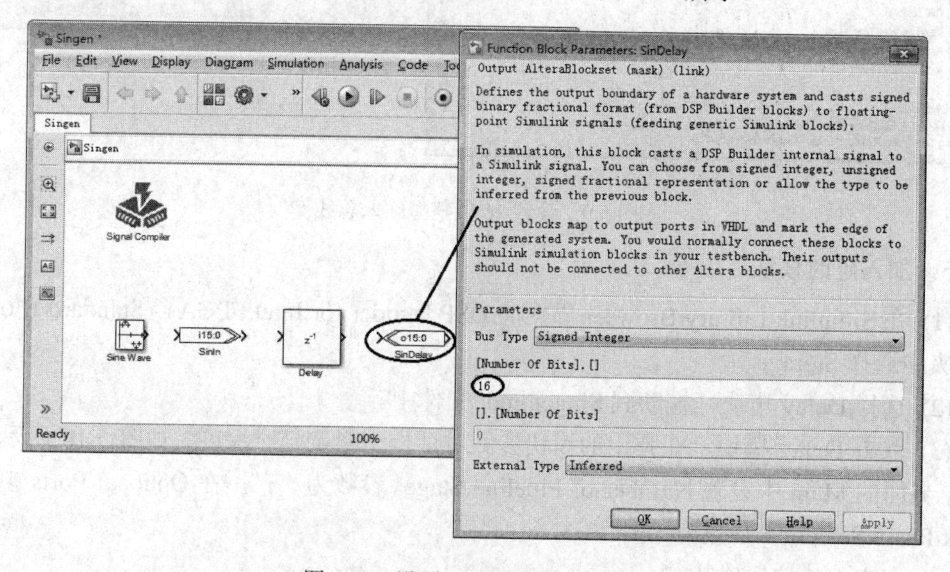

图 5.11　设置 16 位整型输出总线

(5) 选择[Number of Bits]为 16 位，并点击 OK 按钮确定。

7. 加入多路复用 MUX 模块

(1) 在 Simulink Library Browser 界面中选择 Simulink 下面的 Signal Routing 库。

(2) 选择 Mux 模块，并拖动到 Singen.mdl 文件中。

(3) 双击 Mux 模块，设置模块参数，如图 5.12 所示。

(4) 设置完毕后点击 OK 按钮确定。

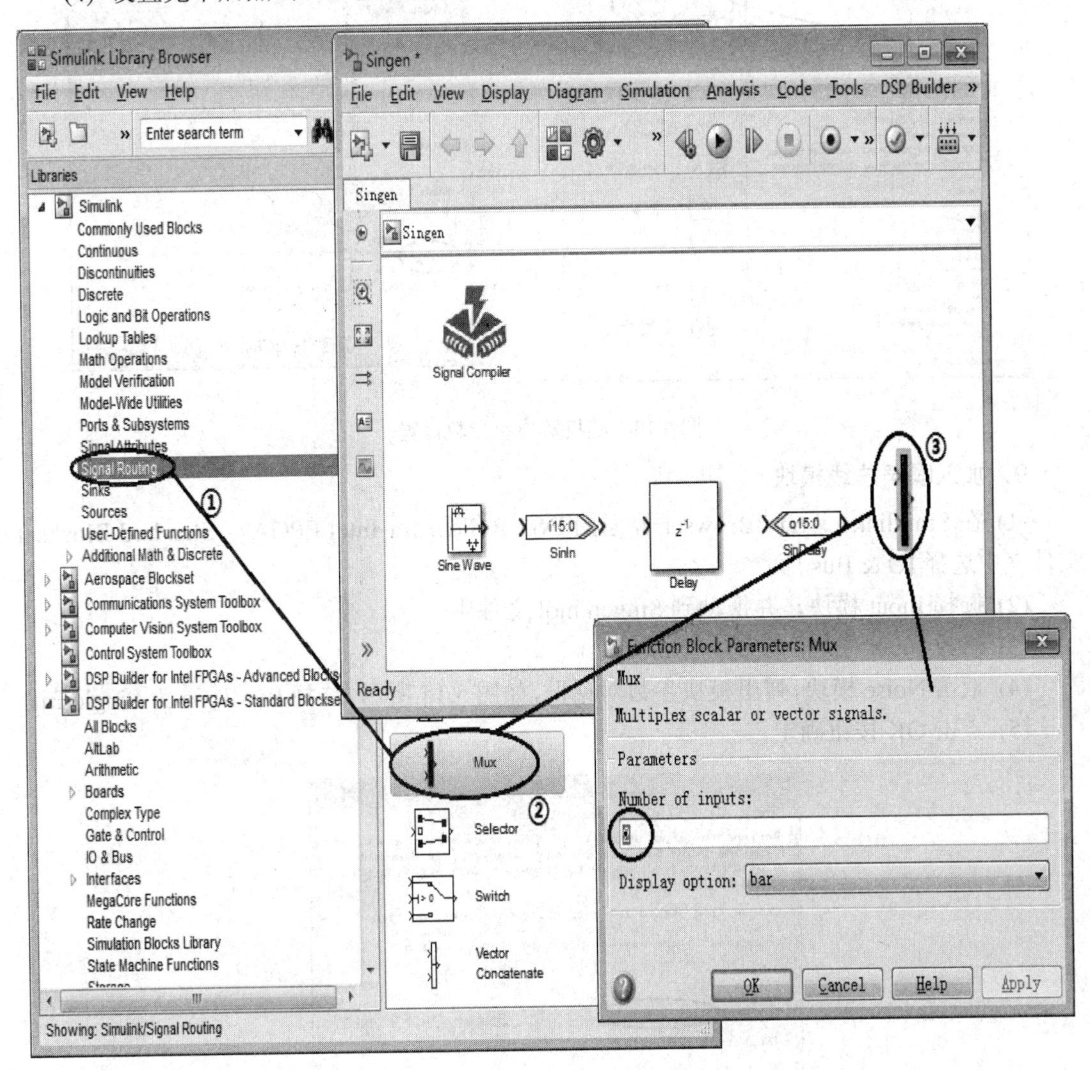

图 5.12　加入 Mux 模块

8. 加入随机数模块

(1) 在 Simulink Library Browser 界面中选择 Simulink 下面的 Source 库。

(2) 选择 Random Number 模块，并拖动到 Singen.mdl 文件中。

(3) 双击 Random Number 模块，设置模块参数，如图 5.13 所示。

(4) 设置完毕后点击 OK 按钮确定。

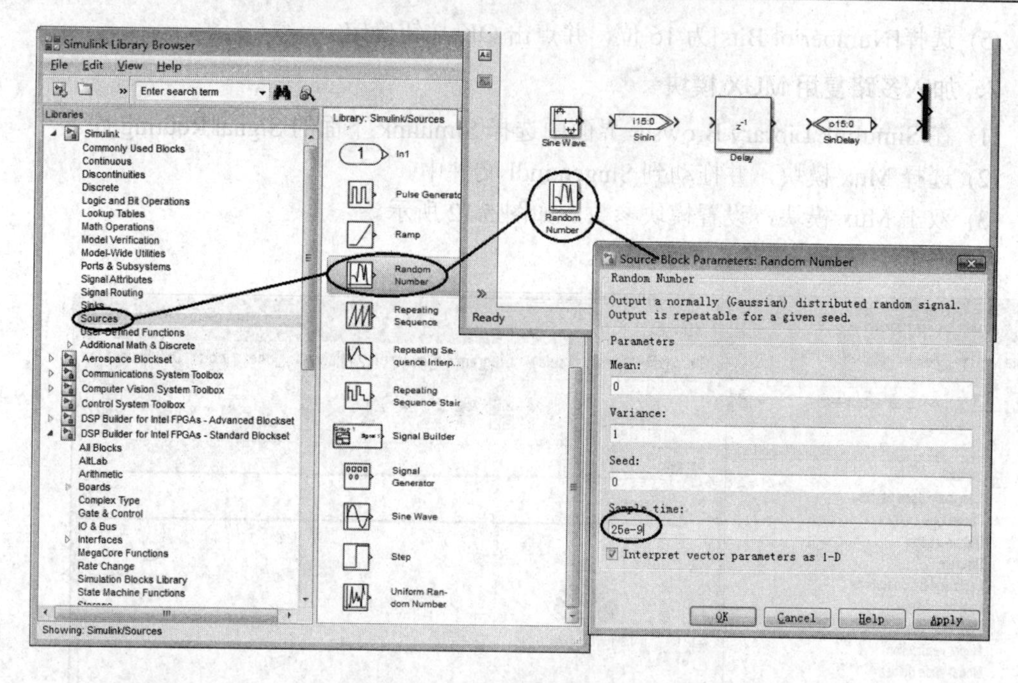

图 5.13　随机数模块参数设置

9．加入噪声总线模块

(1) 在 Simulink Library Browser 界面的 DSP Builder for Intel FPGAs - Standard Blockset 文件夹中选择 IO & Bus 库。

(2) 选择 Input 模块，并拖动到 Singen.mdl 文件中。

(3) 修改 Input 模块的名称为 Noise。

(4) 双击 Noise 模块，弹出模块参数对话框，如图 5.14 所示。选择 Bus Type 为 Single Bit。

(5) 点击 OK 按钮确定。

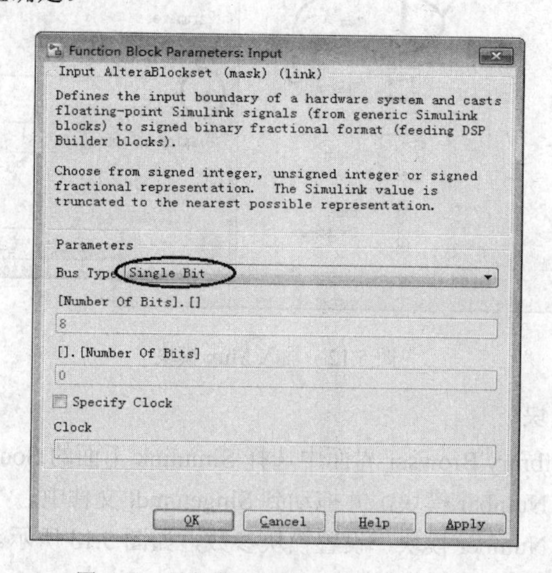

图 5.14　随机数 1 位总线模块参数设置

10．加入 BusBuild 总线模块

(1) 在 Simulink Library Browser 界面的 DSP Builder for Intel FPGAs - Standard Blockset 文件夹中选择 IO & Bus 库。

(2) 选择 Bus Builder 模块，并拖动到 Singen.mdl 文件中。

(3) 双击 Bus Builder 模块，设置模块参数，如图 5.15 所示。

(4) 设置完毕后点击 OK 按钮确定。

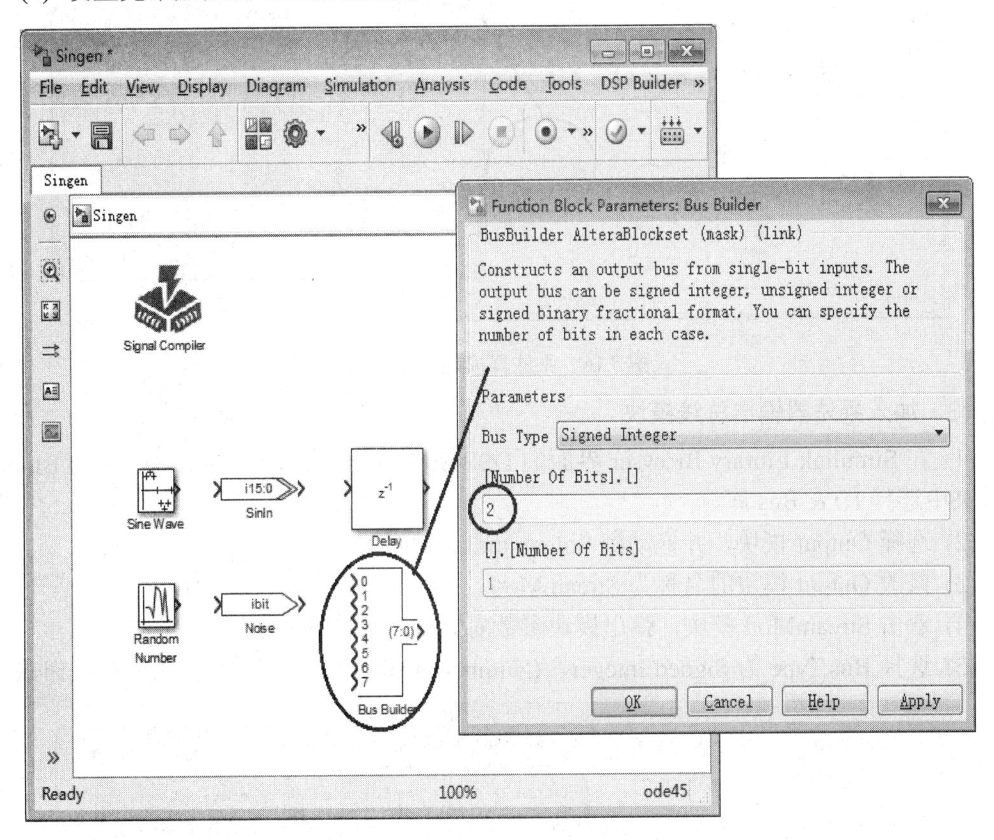

图 5.15　Bus Build 总线模块参数设置

11．加入 GND 模块

(1) 在 Simulink Library Browser 界面的 DSP Builder for Intel FPGAs - Standard Blockset 文件夹中选择 IO & Bus 库。

(2) 选择 GND 模块，并拖动到 Singen.mdl 文件中。

12．加入乘法器(Product)模块

(1) 在 Simulink Library Browser 界面的 DSP Builder for Intel FPGAs - Standard Blockset 文件夹中选择 Arithmetic 库。

(2) 选择 Product 模块，并拖动到 Singen.mdl 文件中。

(3) 双击 Product 模块，设置模块参数，如图 5.16 所示。

(4) 设置完毕后点击 OK 按钮确定。

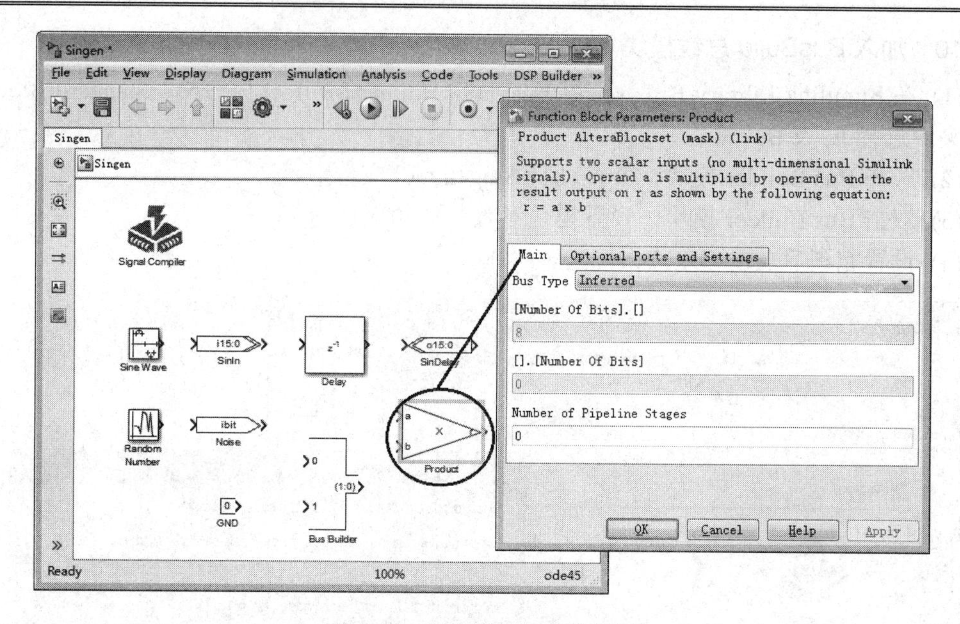

图 5.16　乘法器模块参数设置

13．加入乘法器输出总线模块

(1) 在 Simulink Library Browser 界面的 DSP Builder for Intel FPGAs - Standard Blockset 文件夹中选择 IO & Bus 库。

(2) 选择 Output 模块，并拖动到 Singen.mdl 文件中。

(3) 修改 Output 模块的名称为 StreamMod。

(4) 双击 StreamMod 模块，弹出模块参数对话框，如图 5.17 所示。

(5) 选择 Bus Type 为 Signed Integer，[Number of Bits]为 19 位，并点击 OK 按钮确定。

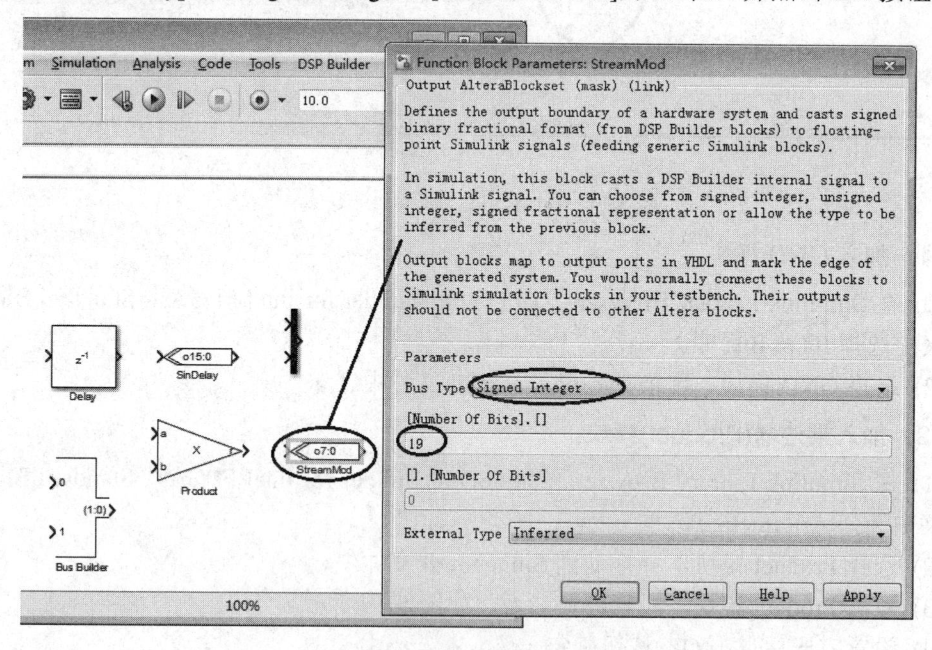

图 5.17　设置输出总线模块参数

14. 加入示波器模块

(1) 在 Simulink Library Browser 界面中选择 Simulink 下面的 Sinks 库。

(2) 选择 Scope 模块，并拖动到 Singen.mdl 文件中。

(3) 双击 Scope 模块，弹出 Scope 波形显示对话框。

(4) 点击参数设置快捷按钮，在 General 标签页的 Number of axes 框中输入 3，即以同一时间轴同时显示 3 个信号波形，如图 5.18 所示，点击 OK 按钮确定。

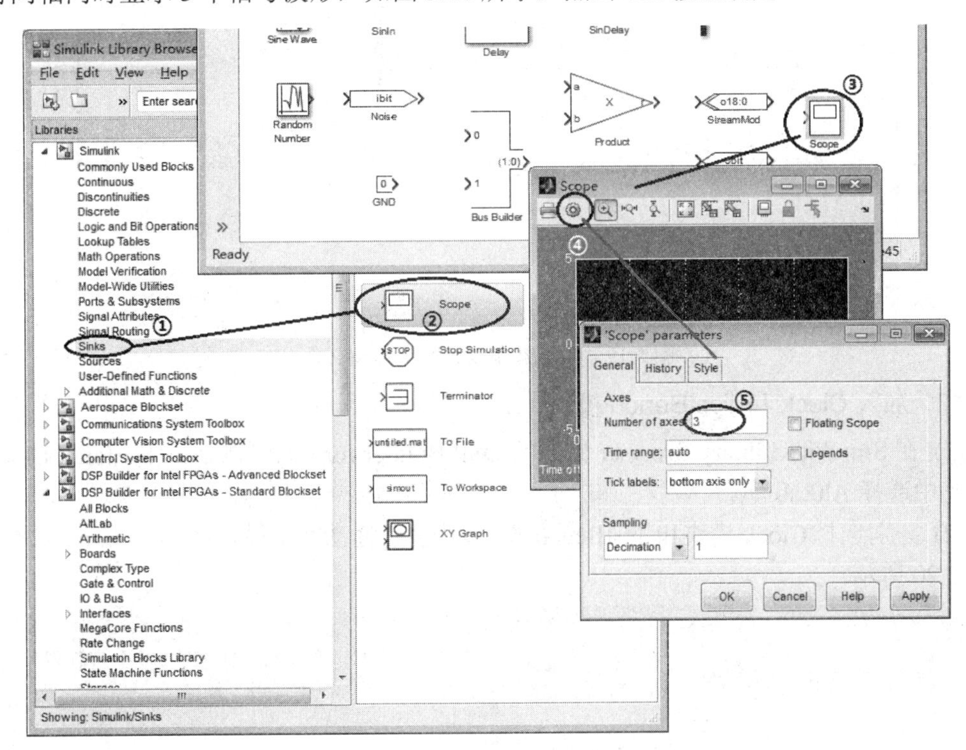

图 5.18　示波器显示模块设置

15. 加入其他输出总线模块

(1) 在 Simulink Library Browser 界面的 DSP Builder for Intel FPGAs - Standard Blockset 文件夹中选择 IO & Bus 库。

(2) 选择 Output 模块，并拖动两个 Output 模块到 Singen.mdl 文件中。

(3) 修改其中一个 Output 模块的名称为 SinIn2，双击选择 Bus Type 为 Signed Integer，[Number of Bits]为 16 位，点击 OK 按钮确定。

(4) 修改另一个 Output 模块的名称为 StreamBit，双击选择 Bus Type 为 Single Bit，其他设置默认，点击 OK 按钮确定。

16. 连线

将所有模块全部插入 Singen.mdl 模型文件后，按照图 5.19 连接模块，完成模型文件的设计。

为了在示波器显示模块中区分信号波形，在引入 Scope 模块的信号线上双击鼠标左键，分别键入 Sin Wave、Modulated BitStream 和 StreamBit 作为信号名。

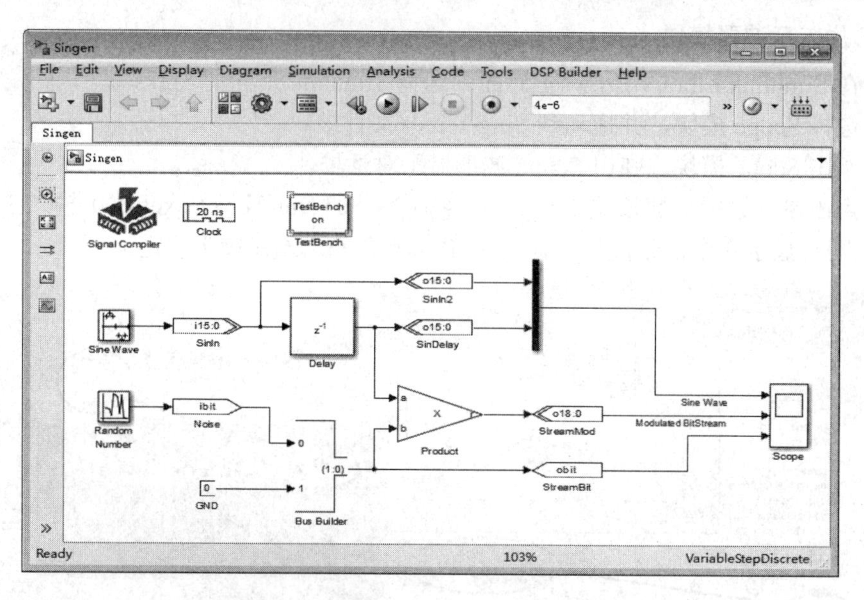

图 5.19　幅度调制设计实例模型文件

17. 加入 Clock 和 TestBench 模块

(1) 在 Simulink Library Browser 界面的 DSP Builder for Intel FPGAs - Standard Blockset 文件夹中选择 AltLab 库。

(2) 分别选择 Clock 模块和 TestBench 模块，并分别拖动两个模块到 Singen.mdl 文件中，如图 5.20 所示。

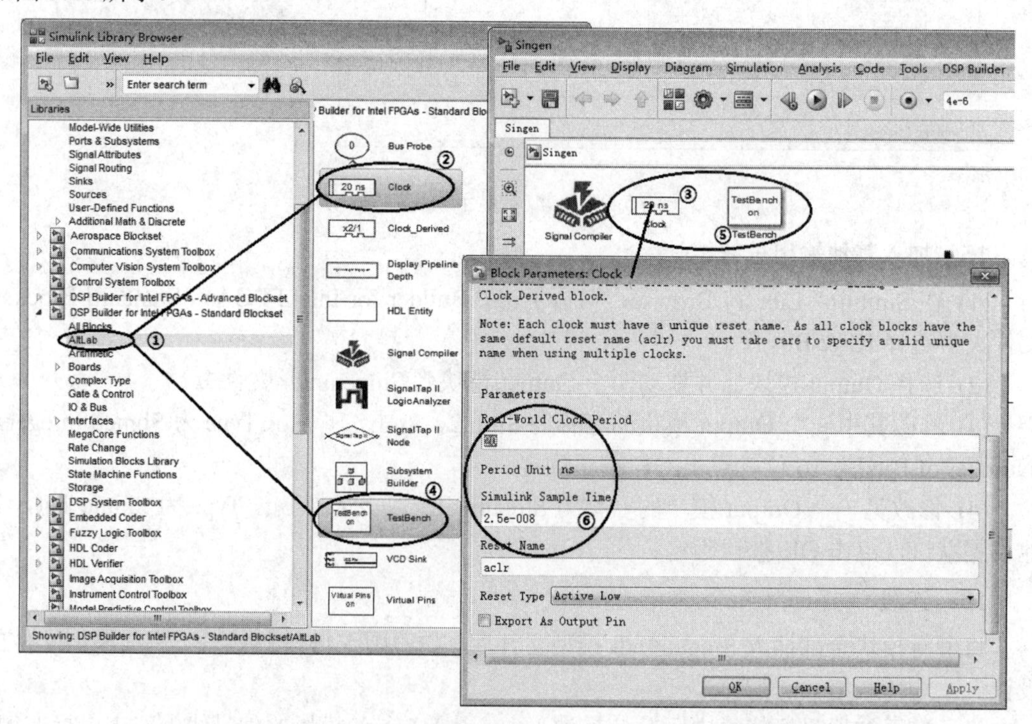

图 5.20　添加 Clock 和 TestBench 模块并设置 Clock 参数

(3) 双击 Clock 模块，在弹出的 Clock 参数设置对话框中按照图 5.20 设置 Clock 模块参数，包括 Real-World Clock Period、Period Unit 和 Simulink Sample Time，设置好后点击 OK 按钮确定。

5.2.2　Simulink 设计模型仿真

连接好整个设计模型以后，可以在 Simulink 软件中仿真设计模型。为了在 Simulink 中对所建立的模块文件(如 Singen.mdl)进行有效仿真，并观测到正确的仿真结果，需要合理地设置 Simulink 仿真模型配置参数。

(1) 在模块文件 Singen.mdl 中选择菜单 Simulation→Model Configuration Parameters，在弹出的 Configuration Parameters 对话框中选择左侧的 Solver，如图 5.21 所示。

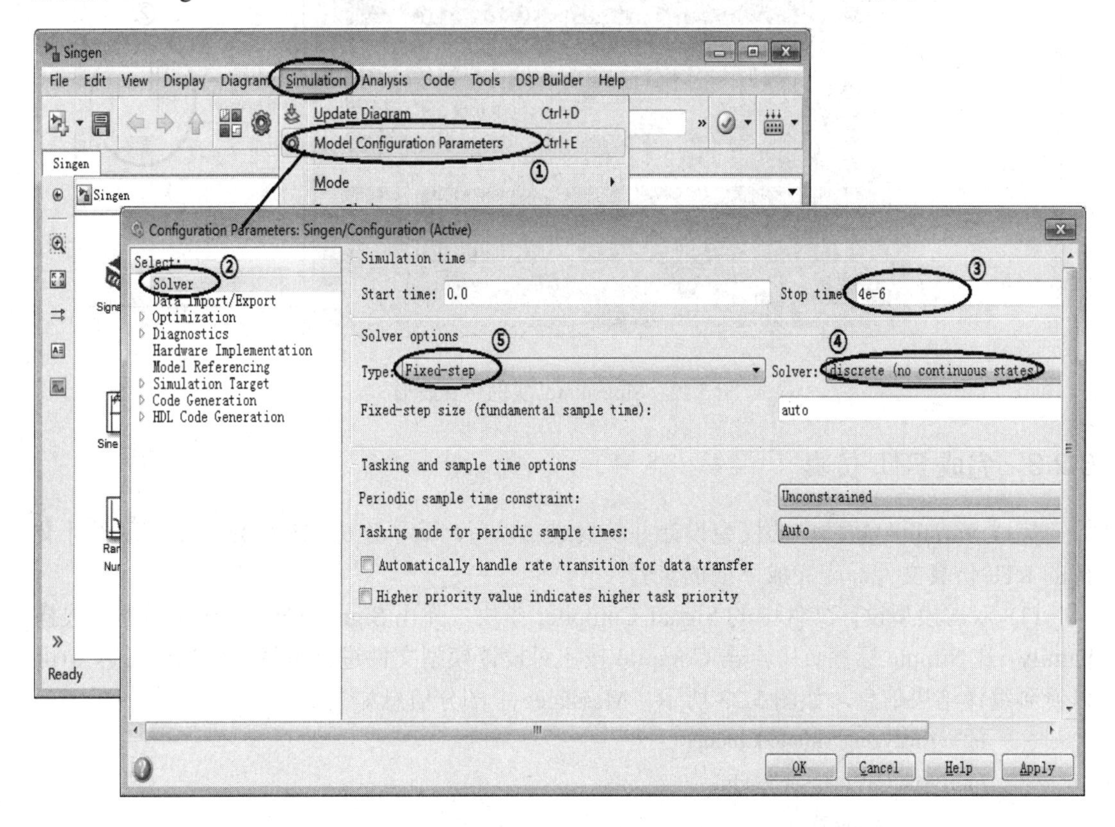

图 5.21　仿真参数设置对话框

(2) 在 Solver 的右侧参数设置中按照图 5.21 中标示的③④⑤顺序分别设置 Stop time、Solver 和 Type(读者可结合 Singen.mdl 中 Clock、Sine Wave、Random Number 等模块中所设置的 Sample time 参数，思考参数设置原理)。

(3) 点击 OK 按钮退出仿真参数设置对话框。

(4) 执行菜单命令 Simulation→Run，或按下 Ctrl + T 键启动仿真。

(5) 双击模型文件中的 Scope 模块，打开示波器显示窗口。

(6) 点击示波器显示窗口工具条上的自动范围按钮，则波形显示如图 5.22 所示。

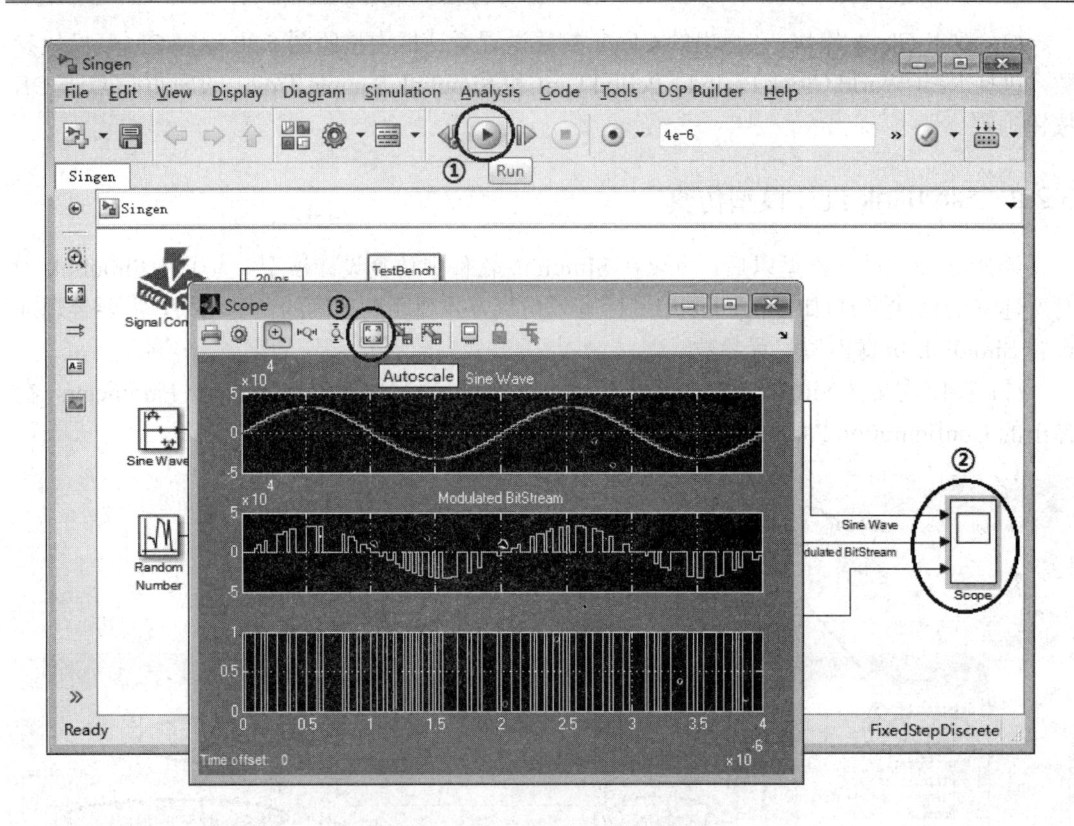

图 5.22　Singen.mdl 实例仿真波形

5.2.3　完成 RTL 仿真

完成 Simulink 软件中的模型设计并仿真成功以后，为了生成 DSP Builder 模型设计文件的 RTL 仿真文件，应完成下面的步骤：

(1) 双击模型设计文件中的 Signal Compiler 模块，弹出 Signal Compiler 对话框，选择 Family，在 Simple 标签页中点击 Compile 按钮对设计模型文件进行编译，在 Messages 中可以看到编译结果信息，如图 5.23 所示。Messages 中部分信息如下所示：

Info: Analyzing Simulink model

Info: Analysis was successful

Info: Generating HDL

Info: HDL generated

Info: Creating Quartus Prime Project <.mdl 文件目录>\Singen_dspbuilder\Singen.qpf

Info: Quartus Prime Project created

Info: **************************

⋮

可以在 Quartus Ⅱ 中打开存放 mdl 文件的 Singen_dspbuilder 文件夹中的 Singen.qpf 工程文件，并在 Quartus Ⅱ 中完成相应的工作。

在 Signal Compiler 对话框中点击 OK 按钮返回 Simulink 模块设计文件。

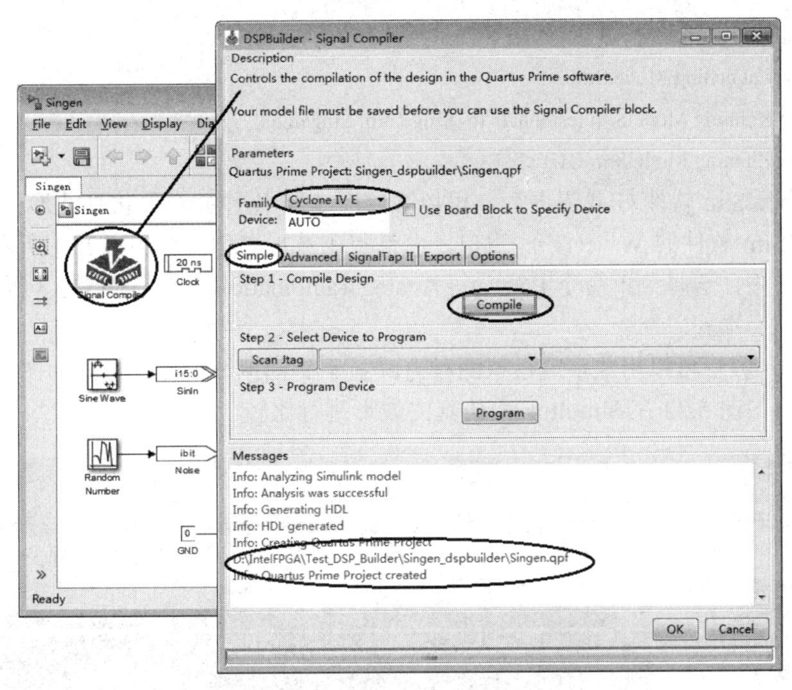

图 5.23　产生 VHDL 及仿真文件

(2) 双击模型设计文件中的 Testbench 模块，如图 5.24①所示。在弹出的 Testbench Generator 对话框中，使能 Enable Test Bench generation，如图 5.24②所示，点击 Generate HDL 按钮产生 VHDL 的 Test Bench。使能 Advanced 标签页中的 Launch GUI，如图 5.24③④所示；点击 Run Modelsim 按钮，如图 5.24⑤所示，即可启动 ModelSim 软件并自动调用 tcl 文件进行仿真。

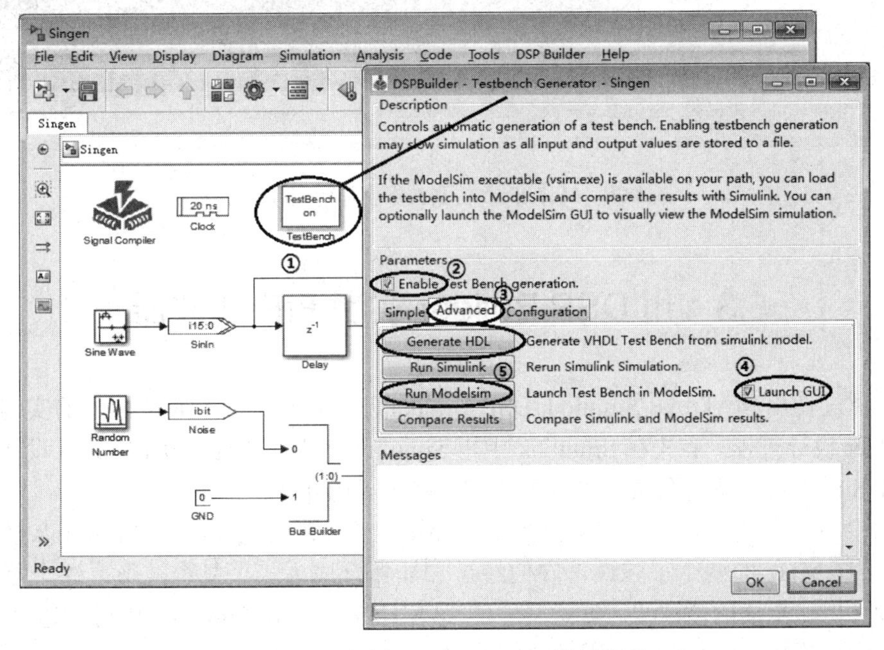

图 5.24　调用 ModelSim GUI 进行仿真

在 Messages 中将显示如下信息：

Info: Launching ModelSim

Info: Running ModelSim testbench 'tb_Singen\tb_Singen.tcl'

Info: Running ModelSim GUI

启动 ModelSim 软件 GUI 界面后，可以按照图 5.25 操作并查看仿真波形，步骤如下：① 在 ModelSim 软件的 Wave(波形)窗口，右键点击波形名称，如图 5.25①所示。② 在弹出的右键菜单中，选择菜单命令 Format→Analog (automatic)，如图 5.25②③所示，将波形显示为“模拟”形式。

ModelSim 波形可以用数字或模拟两种方式显示。模拟波形显示方式如图 5.25 所示，可以将该波形与图 5.22 在 Simulink 中仿真的波形进行比较。

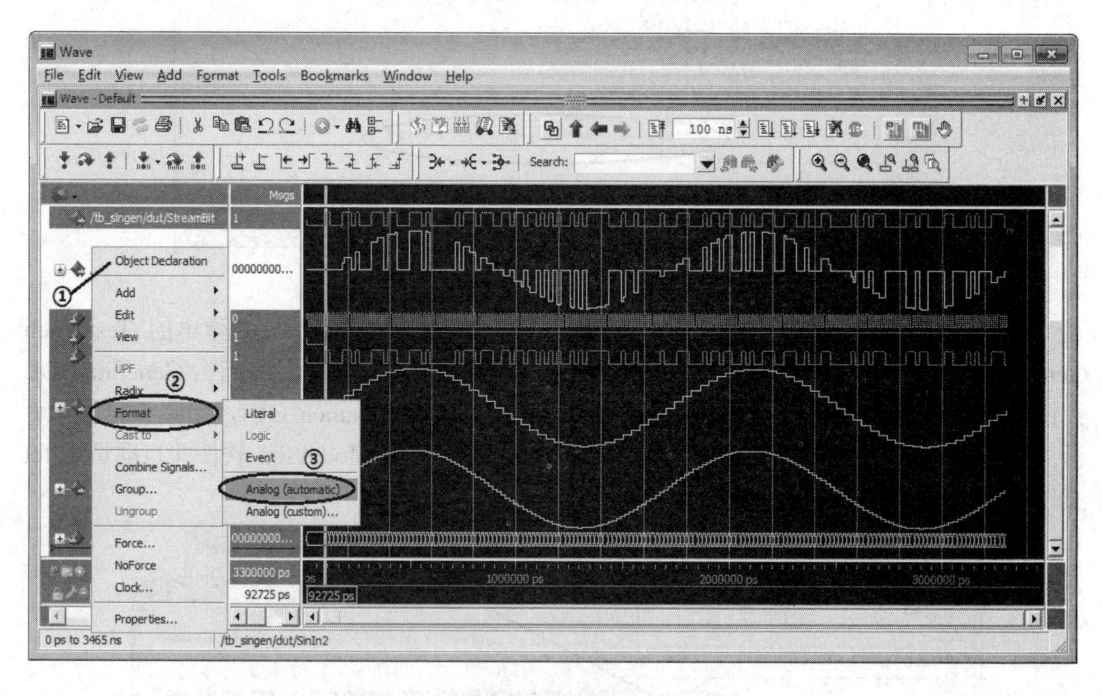

图 5.25　ModelSim 仿真波形窗口(模拟显示)

5.3　用 DSP Builder 实现 FIR 滤波器

本节通过使用 MATLAB/Simulink/DSP Builder 流程设计一个 FIR 滤波器的实例来说明 DSP Builder 设计过程。首先在 Simulink 中用 Simulink 库和 DSP Builder 库建立设计模型文件，并在 Simulink 中进行仿真，然后将模型转换为 VHDL 代码。

本例中用一个移位寄存器和一个乘加器组成一个 FIR 滤波器；用 Simulink 模块生成 1 MHz 和 16 MHz 的两个正弦波，它们经过加法器合成为一个复合波形，这个复合波形经过由硬件电路组成的滤波器后滤除其中的 16 MHz 成分。在 Simulink 中可以通过 Sink 库中的 Scope 示波器模块查看各步骤的中间结果。

5.3.1　创建 FIR 滤波器 MATLAB/Simulink 设计模型文件

使用 MATLAB/Simulink 库与 DSP Builder for Intel FPGAs-Standard Blockset 库，在 Simulink 中建立一个图 5.26 所示的设计模型。

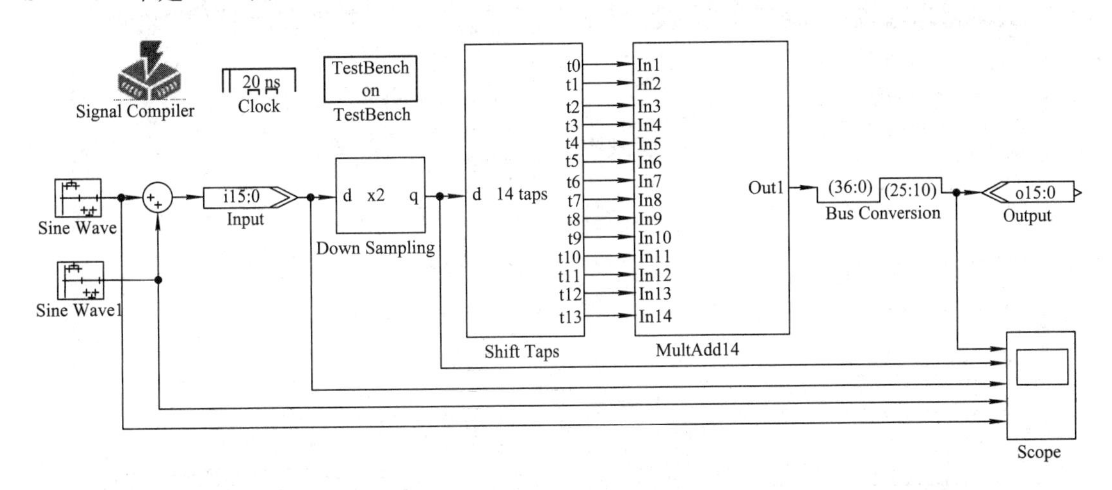

图 5.26　FIR 滤波器模型的顶层文件

具体设计步骤如下：

(1) 建立一个设计目录，用来保存设计文件。注意文件路径中不能出现空格。这里假设建立的设计目录为 D:\IntelFPGA\DE2_115\FIR_Filter。

(2) 从开始菜单启动 DSP Builder(如图 5.4 所示)，并将 MATLAB 的当前目录设置为 D:\IntelFPGA\DE2_115\FIR_Filter。

(3) 在 MATLAB 中输入 Simulink 命令或点击 Simulink 快捷按钮，打开 Simulink 库浏览器 Simulink Library Browser。

(4) 在 Simulink 库浏览器中执行菜单命令 File→New→Model 打开一个空白的工作空间，即可建立一个新的 Simulink 模型文件，并将模型文件保存为 filter_ex1.mdl。

(5) 从 Simulink 的 Source 库中找到 Sine Wave(正弦波)模块，用鼠标拖动两次到工作空间中，并分别用鼠标左键双击两个 Sine Wave 模块，参照表 5.1 设置 Sine Wave 和 Sine Wave1 的相应参数。没有在表 5.1 中列出的参数则保持默认值不变。

表 5.1　Sine Wave 和 Sine Wave1 参数设置

参数名称	Sine Wave	Sine Wave1
Sine Type(采样类型)	Sample Based	Sample Based
Amplitude(幅值)	2048	2048
Samples Per Period (每周期采样点数)	80	5
Sample Time(采样时间)	1.25e−8	1.25e−8

Sine Wave 和 Sine Wave1 的参数设置界面分别如图 5.27(a)和图 5.27(b)所示。两个正弦

波的采样速率都是 80 MHz(1/(1.25e-8)s)，Sine Wave 的频率为 1 MHz(80 MHz/80)，Sine Wave1 的频率为 16 MHz(80 MHz/5)。

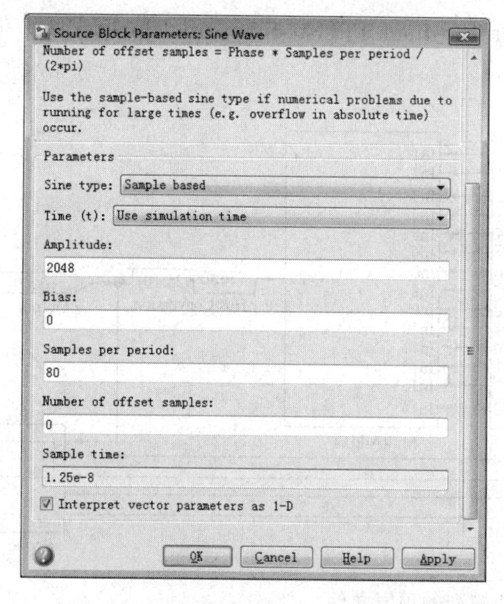

(a) Sine Wave 设置

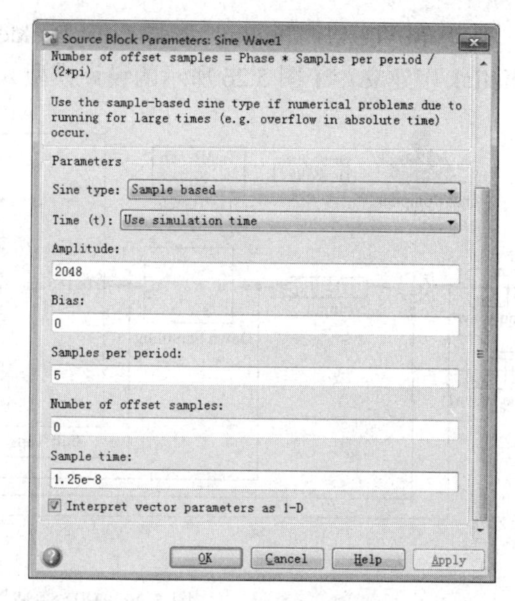

(b) Sine Wave1 设置

图 5.27　正弦波参数设置界面

(6) 从 Simulink 的 Math Operations(数学运算)库中找到 Sum(求和)模块，并用鼠标左键将其拖动到 filter_ex1.mdl 文件中，如图 5.28 所示。Sum 模块参数不变。

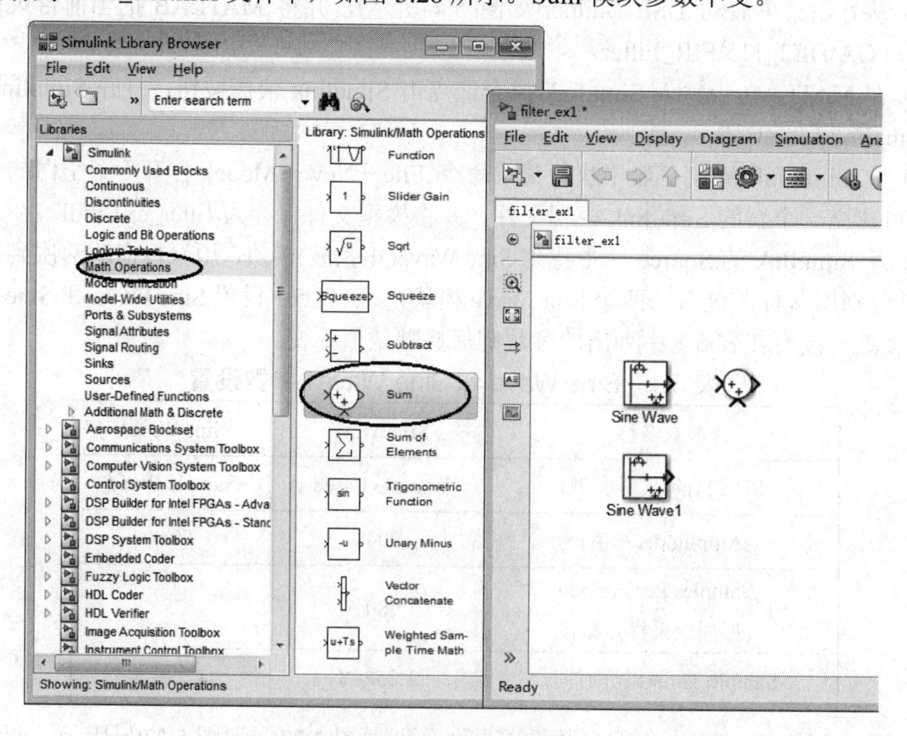

图 5.28　添加 Sum 模块

(7) 从 Simulink 中的 Sink 库中找到 Scope(示波器)模块，并将该模块用鼠标左键拖动到 filter_ex1.mdl 文件中。双击 Scope 模块将显示示波器界面，如图 5.29 所示。在示波器界面点击参数设置快捷键，在 General 标签中将 Number of axes 的值改为 5，单击 OK 按钮返回。

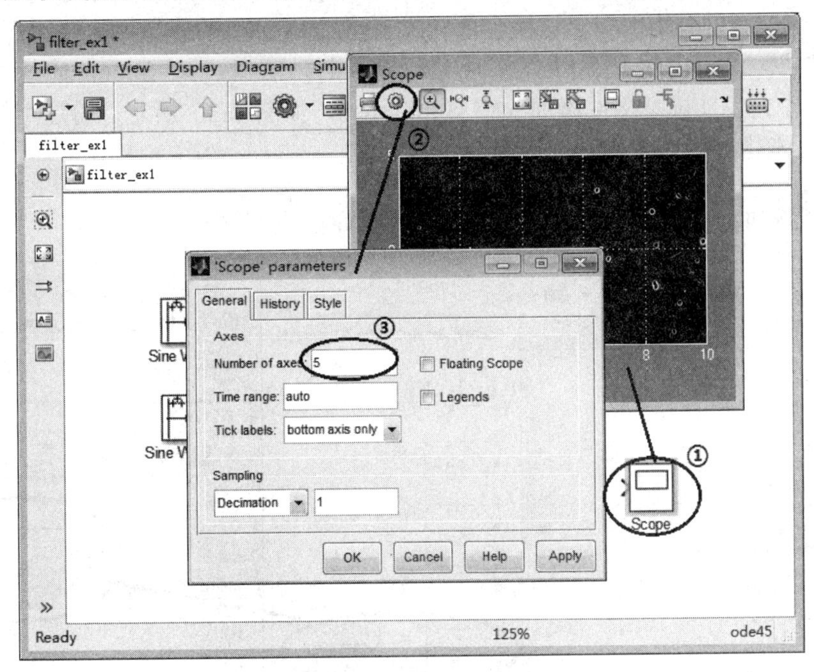

图 5.29　Scope(示波器)参数设置

(8) 所有 Simulink 中的模块都添加完成后，开始添加 DSP Builder for Intel FPGAs-Standard Blockset 的 AltLab 库中的模块。选择 AltLab 库中的 Signal Compiler 模块并拖动到 filter_ex1.mdl 文件中。注意，所有 DSP Builder 设计中都应该放置一个 Signal Compiler 模块，通过它可以将 DSP Builder 的设计模型转换为 HDL 代码。

(9) 从 DSP Builder for Intel FPGAs-Standard Blockset 的 IO & Bus 库中分别选择一个 Input 模块、一个 Output 模块和一个 Bus Conversion 模块放置到 filter_ex1.mdl 文件中。Input 和 Output 模块的参数设置如表 5.2 所示，Bus Conversion 模块的参数设置如表 5.3 所示。

表 5.2　Input 和 Output 模块的参数设置

参数名称	Input 模块	Output 模块
Bus Type(总线类型)	Signed Integer	Signed Integer
[Number of Bits].[]	16	16

表 5.3　Bus Conversion 模块的参数设置

参 数 名 称	Output
Bus Type(总线类型)	Signed Integer
Input [Number of Bits].[](输入位数)	37
Output [Number of Bits].[](输出位数)	16
Input Bit Connected To Output LSB(输入连接到输出的 LSB)	10

(10) 从 DSP Builder for Intel FPGAs-Standard Blockset 的 Storage 库中添加 Down Sampling 及 Shift Taps 模块。Down Sampling 的 Down Sampling Rate 参数设为 2，Shift Taps 的 Number of Taps 参数设为 14，Distance Between Taps 参数设为 1，调整 Shift Taps 的尺寸以便能够看到所有的输出端口。这两个模块用来建立 14 抽头的滤波器。

(11) 建立一个 HDL 子系统以实现 14 输入的乘法器。从 Simulink 库的 Ports & Subsystems 中向设计模型文件添加一个 SubSystem，如图 5.30 所示。将这个模块名改为 MultAdd14，双击该模块，打开子系统。

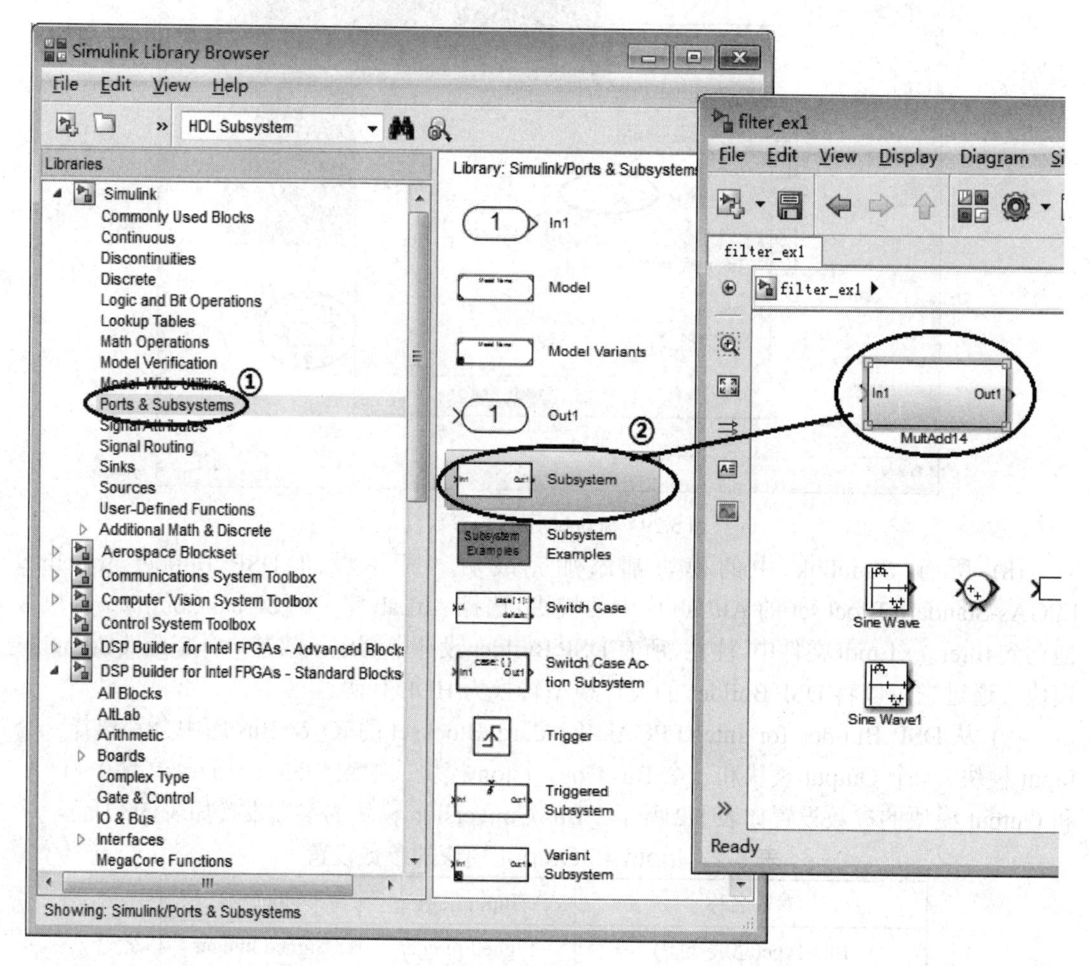

图 5.30　添加 Subsystem

(12) 先删除子系统中的所有内容，然后参照图 5.31 建立该子系统模型。从 Simulink 的 Ports & Subsystems 库中拖放一个 In1 模块和一个 Out1 模块到该子系统中。

(13) 从 DSP Builder for Intel FPGAs-Standard Blockset 的 IO & Bus 库中选择 AltBus 模块并拖放两次到子系统中。

(14) 分别双击两个 AltBus 模块，设置 AltBus 的 Bus Type 为 Signed Integer，设置[Number of Bits].[] 为 16 位宽，单击 OK 按钮。将 In1 和 Out1 分别连接到两个 AltBus 模块上，如图 5.31 的 AltBus 和 AltBus14。

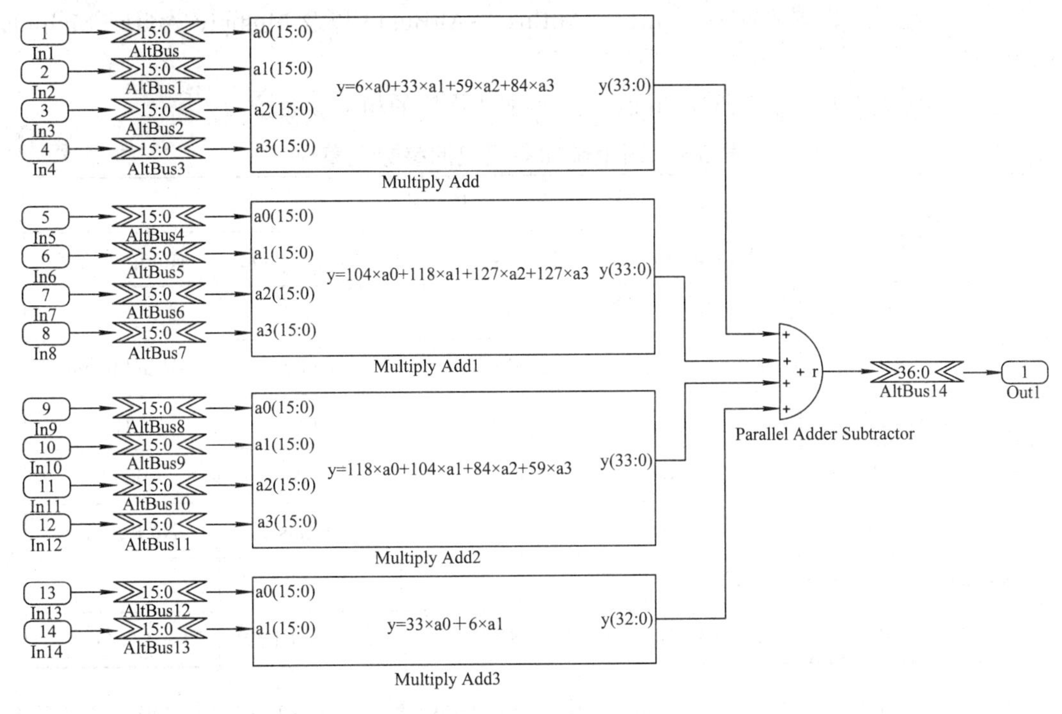

图 5.31　子系统设计

(15) 从 DSP Builder for Intel FPGAs-Standard Blockset 的 Arithmetic 库中添加一个 Multiply Add 模块到子系统中，双击设置 Multiply Add 模块参数，如图 5.32 所示，选中 One Input is Constant，点击 Apply 按钮。

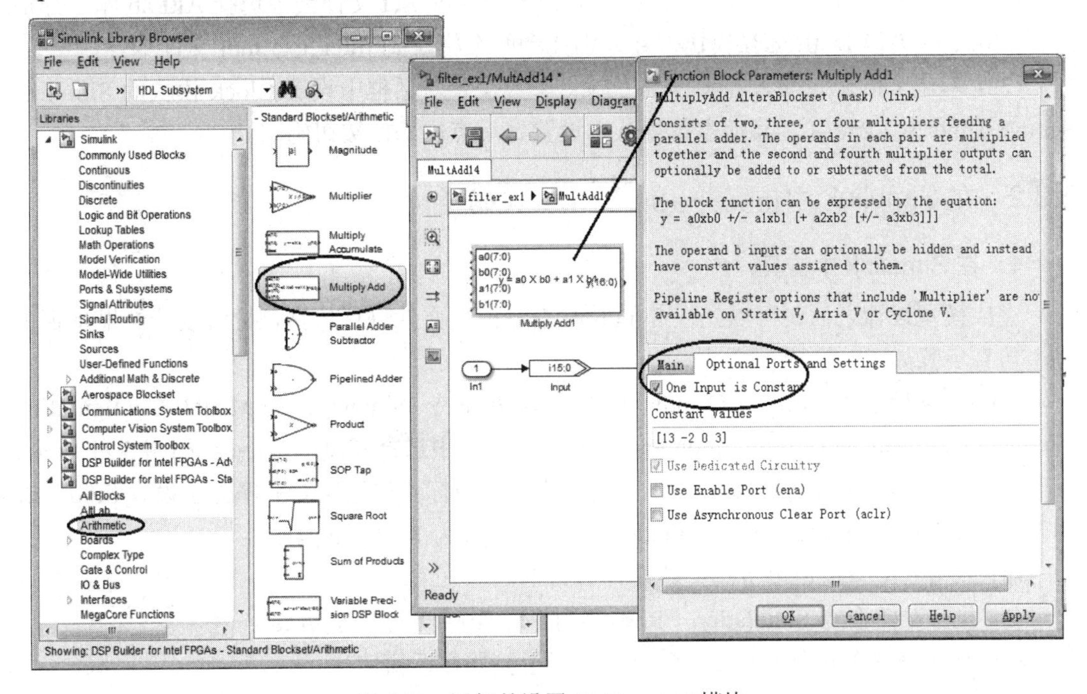

图 5.32　添加并设置 Multipy Add 模块

(16) 参照以上步骤放置 In2～In14、AltBus1～AltBus13 以及 Multiply Add1～Multiply Add3 模块。

(17) 参照表 5.4 设置四个 Multiply Add 乘加器模块的相关参数。

表 5.4　四个乘加器模块的参数设置

参数名称	模　块　名			
	Multiply Add	Multiply Add1	Multiply Add2	Multiply Add3
Number of Multipliers	4	4	4	2
Bus Type	Signed Integer	Signed Integer	Signed Integer	Signed Integer
Inputs	16	16	16	16
Adder Mode	Add Add	Add Add	Add Add	Add Add
Pipeline Register	No Register	No Register	No Register	No Register
One Input is Constant	√	√	√	√
Constant Values	[6 33 59 84]	[104 118 127 127]	[118 104 84 59]	[33 6]

(18) 从 Arithmetic 库中添加 Parallel Adder Subtractor 模块，将 Number of Inputs 设置成 4。

(19) 将 Output 模块的[Number of Bits].[]设为 37 位宽，按图 5.31 连线，结束后保存 MultAdd14 子系统。

(20) 按照图 5.26 完成 filter_ex1.mdl 模型文件的连线，保存 filter_ex1.mdl 文件。

(21) 在 DSP Builder for Intel FPGAs - Standard Blockset 文件夹中选择 AltLab 库，分别选择 Clock 模块和 TestBench 模块，并分别拖动两个模块到 filter_ex1.mdl 文件中。

(22) 双击 Clock 模块，在弹出的 Clock 参数设置对话框中设置 Clock 模块的 Simulink Sample Time 为 1.25e−8，其他参数默认，设置好后点击 OK 按钮确定。

5.3.2　在 Simulink 中仿真并生成 VHDL 代码

1．在 Simulink 中仿真

完成模型设计之后，可以先在 Simulink 中对模型文件进行仿真，检验设计结果是否正确。仿真步骤如下：

(1) 在模块文件 filter_ex1.mdl 中执行菜单命令 Simulation→Model Configuration Parameters，在弹出的 Configuration Parameters 对话框中选择左侧的 Solver，如图 5.21 所示。

(2) 在 Solver 的右侧参数设置中，按照图 5.21 中标示的③④⑤顺序分别设置 Stop time 为 4e-6、Solver 为 discrete(no continuous state)、Type 为 Fixed-step。

(3) 点击 OK 按钮退出仿真参数设置对话框。

(4) 执行菜单命令 Simulation→Run，或按下 Ctrl + T 键启动仿真。

(5) 双击模型文件中的 Scope 模块，打开示波器显示窗口。

(6) 点击示波器显示窗口工具条上的自动范围按钮，则波形显示如图 5.33 所示。

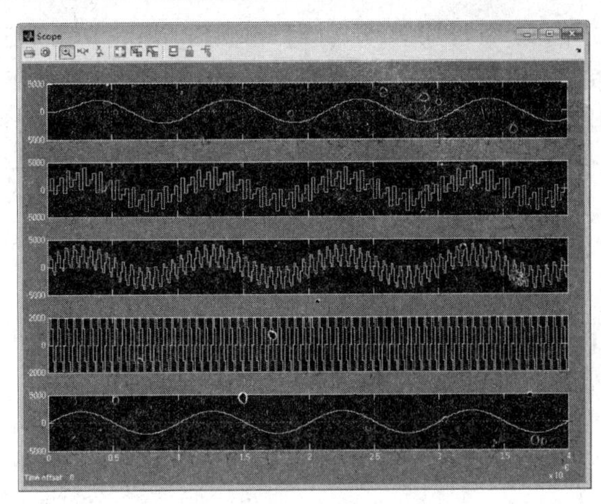

图 5.33　filter_ex1.mdl 仿真波形

2．将仿真结果导入 MATLAB 工作空间

从仿真波形可以看出，经过 FIR 滤波之后，16 MHz 的高频信号被很好地滤除了。为了更好地研究所设计的滤波器的特性，可以将仿真结果导入 MATLAB 的工作空间进行分析。先将 filter_ex1.mdl 另存为 filter_ex1b.mdl，然后参照以下步骤将仿真结果导入 MATLAB 工作空间进行分析。

(1) 从 Simulink 模块库的 Sinks 库中选择 To Workspace 模块并添加到 filter_ex1b.mdl 文件中，将 To Workspace 的 Variable name 修改为 fir_in，将 Save format 设置为 Array；另外再添加一个 To Workspace 模块，将 Variable name 修改为 fir_out，将 Save format 设置为 Array。参照图 5.34 连线。

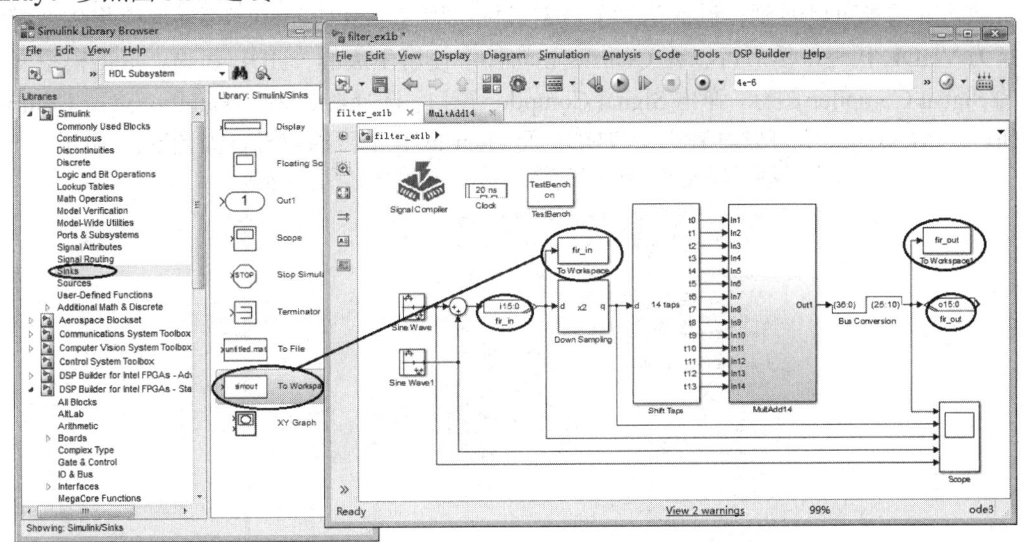

图 5.34　将 filter_ex1b.mdl 仿真结果输出到 MATLAB 的工作空间

(2) 将 filter_ex1b.mdl 文件中的 Input 模块改名为 fir_in，将 Output 模块改名为 fir_out。

(3) 在 Simulink 中重新对 filter_ex1b.mdl 模型文件进行仿真，仿真结束后在 MATLAB 的工作空间中可以看到 fir_in 和 fir_out 两个数组。

(4) 在 MATLAB 的命令行中，分别用 plot(fir_in)、fftplot(fir_in)、plot(fir_out)和 fftplot(fir_out)命令绘制 fir_in、fir_in 的频谱、fir_out、fir_out 的频谱曲线，结果如图 5.35 所示。从图中可以看出，经过 FIR 滤波器之后，16 MHz 的信号被衰减了 40 dB 以上。

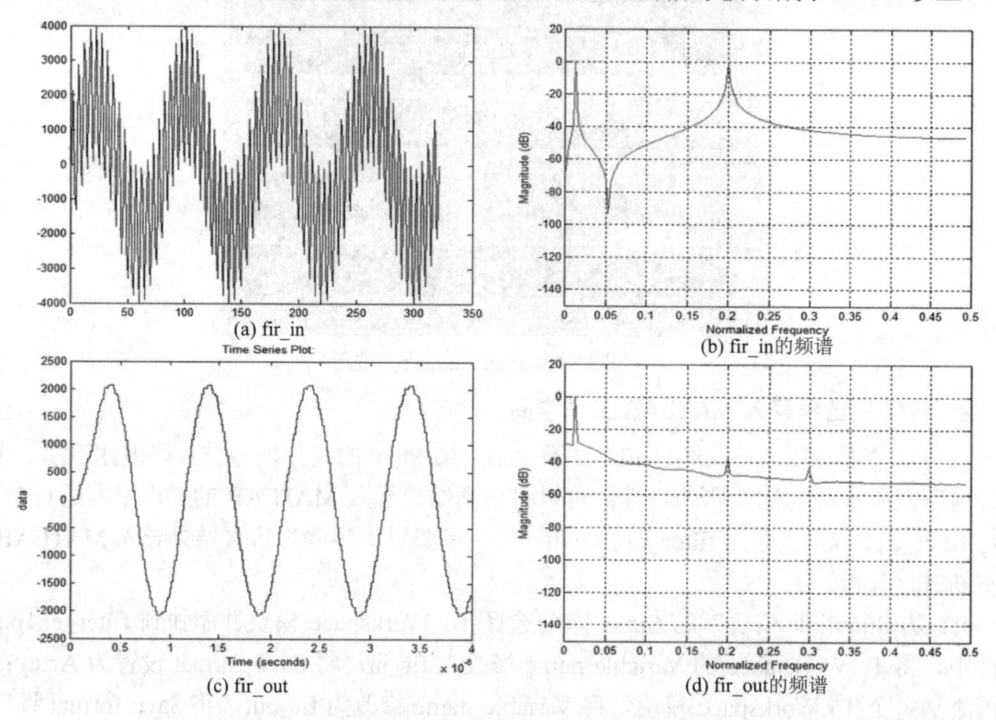

(a) fir_in　　(b) fir_in的频谱

(c) fir_out　　(d) fir_out的频谱

图 5.35　输出到 MATLAB 工作空间中的数据分析结果

从仿真结果可以看到，设计达到了预定目标。用 Signal Compiler 模块可以将仿真模型转换为 VHDL 代码，然后可以在 Quartus Ⅱ软件中使用生成的 VHDL 代码。双击模型文件中的 Signal Compiler 图标，弹出 Signal Compiler 窗口，选择器件系列 Family，点击 Compile 按钮，在 Messages 中可以看到产生 VHDL 及 Quartus Ⅱ工程的信息，如图 5.36 所示。

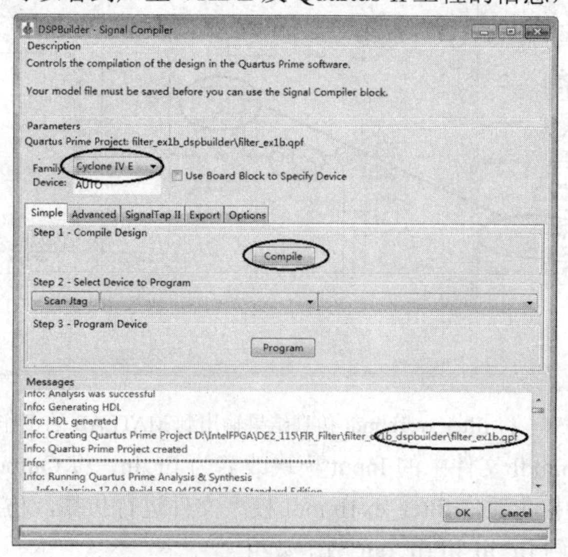

图 5.36　Signal Compiler 对话框

第 6 章 数字系统设计练习

本章提供了在 DE2-115 平台上进行数字逻辑设计的练习，可以作为“数字逻辑设计”或者“数字电路”课程的练习使用。本书中所提到的例子都是用 Verilog 语言实现的。这几组练习本着从简至繁、逐步深入的思路，有助于学生掌握如何在 DE2-115 平台上进行由简单到复杂的数字系统设计。最简单的练习是用开关控制 LED 和数码管显示，适用于刚刚接触数字系统及学习用简单的逻辑表达完成任务的阶段。接下来的练习难度加深，涉及算术电路、触发器、计数器、状态机、存储器件、数据路径以及简单的处理器等。

本章的每一节都是一个完整的单元练习，每一节中的练习又分为不同的部分，各部分的划分是按照任务单元进行的，因此在篇幅上有较大的差异。本章的内容可独立于本书其他章节使用，但本章的练习前后具有连贯性，最好连续使用。

6.1 开关、LED 及多路复用器

本节练习的主要目的是学习如何将简单的输入/输出器件连接到 FPGA 上并构成一个完整的电路。本练习中用 DE2-115 开发板上的开关 SW17～SW0 作为电路的输入，用 18 个红色 LED 和七段数码管作为输出。

6.1.1 将输入/输出器件连接到 FPGA 上

DE2-115 平台上提供了 18 个波段开关，可以作为电路的输入，表示为 SW17～SW0；还有 18 个红色 LED，表示为 LEDR17～LEDR0，可以作为输出显示之用。使用红色 LED 显示波段开关状态的电路可以用 Verilog 语言简单地实现，代码如下：

```
assign LEDR[17] = SW[17];
assign LEDR[16] = SW[16];
⋮
assign LEDR[0] = SW[0];
```

由于分别用 18 个红色 LED 和 18 个波段开关，因此在 Verilog 语言中可以很方便地用向量表示它们，进而可用一个赋值语句完成同样的功能。DE2-115 平台上，LEDR17～LEDR0 和 SW17～SW0 是与 FPGA 引脚直接相连的，使用这些引脚之前应该参照本书附录 B 或者 DE2-115 用户手册中的引脚分配表，分配连接波段开关和红色 LED 的 FPGA 引脚。例如 SW0 连接 FPGA 的 PIN_AB28 脚，LEDR0 连接 FPGA 的 PIN_G19 脚。最简单的方法是在

Quartus Ⅱ中导入 DE2_115_pin_assignments.csv。

为了保证从 DE2_115_pin_assignments.csv 导入的引脚分配表能够正确使用，在 Verilog 模块中使用到的引脚名称必须与该文件中的引脚名称完全一致，DE2_115_pin_assignments.csv 中用 SW[0]～SW[17]和 LEDR[0]～LEDR[17]分别表示 18 个波段开关和 18 个红色 LED，因此在编写的 Verilog 代码中也必须用这种方式来表示。用向量实现波段开关与红色 LED 相连的模块代码如代码 6.1 所示。

代码 6.1　将波段开关与红色 LED 相连的 Verilog 代码。

```
module part1(SW, LEDR);
input[17:0] SW;          //波段开关
output[17:0] LEDR;       //红色 LED
assign LEDR = SW;
endmodule
```

请按照以下步骤在 DE2-115 上实现代码 6.1 并进行测试：

(1) 新建一个 Quartus Ⅱ工程，用以在 DE2-115 平台上实现所要求的电路，将 FPGA 器件选择为 EP4CE115F29C7。

(2) 建立一个 Verilog 文件，其内容如代码 6.1 所示，将该 Verilog 文件添加到工程中并编译整个工程。

(3) 导入 DE2_115_pin_assignments.csv 中的引脚分配或参照附录 B 中 DE2-115 平台的引脚分配表，分配连接波段开关和红色 LED 的 FPGA 引脚。

(4) 编译该工程，完成后下载到 FPGA 中。

(5) 通过拨动波段开关并观察红色 LED 的变化来验证所设计的功能是否正确。

6.1.2 多路复用器

图 6.1(a)是一个 2 选 1 多路复用器电路。如果 $s = 1$，则输出 $m = y$；如果 $s = 0$，则输出 $m = x$。图 6.1(b)是该电路的真值表。图 6.1(c)是该电路的符号表示。

这个多路复用器可以用以下的 Verilog 语句来实现：

```
assign m = (~s & x)|(s & y);
```

这部分的练习任务是实现图 6.2(a)所示的 8 位 2 选 1 多路复用器，需要用 8 个赋值语句。

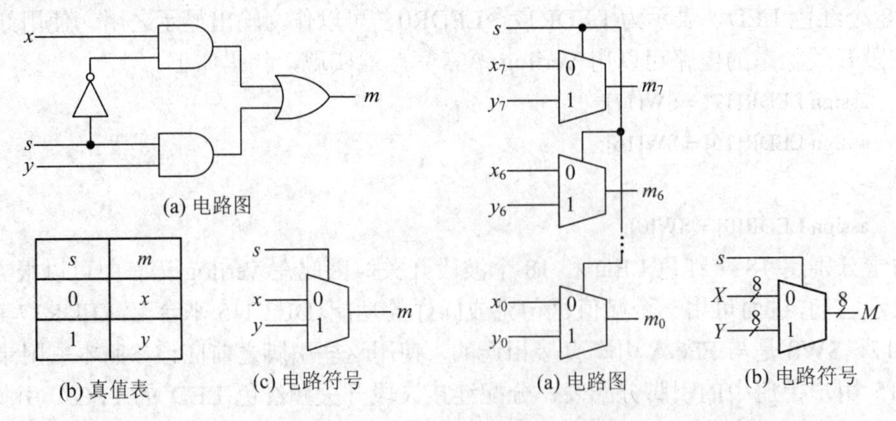

图 6.1　最简单的多路复用器　　　　图 6.2　8 位 2 选 1 多路复用器

该多路复用器的输入为 X 和 Y，都是 8 位宽，输出 M 也为 8 位宽。如果 $s=0$，$M=X$；如果 $s=1$，$M=Y$。

8 位 2 选 1 多路复用器电路的具体实现步骤如下：

(1) 新建一个 Quartus Ⅱ工程，用以在 DE2-115 平台上实现所要求的电路。

(2) 新建一个 Verilog 文件，用 SW17 作为输入 s，以 SW7～SW0 作为输入 X，以 SW15～SW8 作为输入 Y，将波段开关与红色 LED 连接以显示其状态，用绿色 LED 即 LEDG7～LEDG0 作为输出 M，将该 Verilog 文件添加到工程中。

(3) 导入 DE2_115_pin_assignments.csv 中的引脚分配或参照附录 B 中 DE2-115 平台的引脚分配表，分配连接波段开关、红色 LED 以及绿色 LED 的 FPGA 引脚。

(4) 编译工程，完成后下载到 FPGA 中。

(5) 拨动波段开关并观察红色 LED 与绿色 LED 的变化，以验证 8 位 2 选 1 多路复用器的功能是否正确。

6.1.3　3 位宽 5 选 1 多路复用器

在完成了基本的 2 选 1 多路复用器的基础上，就可以设计复杂的多路复用器，比如 3 位宽 5 选 1 多路复用器，即从 5 个输入 x、y、w、u 和 v 中选取一个输出到 m。这个电路采用了 4 个 2 选 1 的多路复合器来实现，输出选择用一个 3 位的输入 $s_2s_1s_0$ 实现。5 选 1 多路复用器的结构如图 6.3(a)所示，真值表如图 6.3(b)所示，电路符号表示如图 6.3(c)所示。

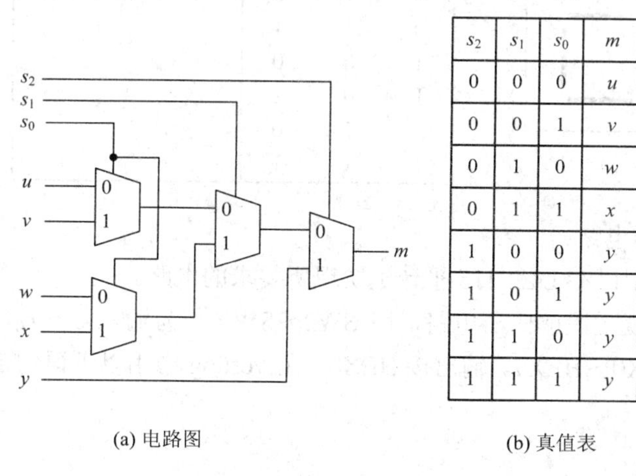

(a) 电路图

s_2	s_1	s_0	m
0	0	0	u
0	0	1	v
0	1	0	w
0	1	1	x
1	0	0	y
1	0	1	y
1	1	0	y
1	1	1	y

(b) 真值表

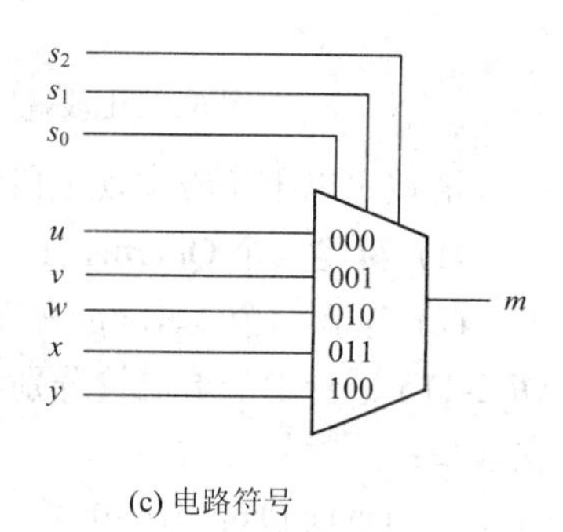

(c) 电路符号

图 6.3　5 选 1 多路复用器

图 6.4 实现了一个 3 位 5 选 1 多路复用器，这个电路中包含了 3 个图 6.3(a)所示的电路。

请按照以下步骤实现 3 位 5 选 1 多路复用器：

(1) 新建一个 Quartus Ⅱ工程，用以在 DE2-115 平台上实现所要求的电路。

(2) 建立一个 Verilog 文件，用 SW17～SW15 作为选择端输入 $s_2s_1s_0$，用剩下的 15 个波段开关 SW14～SW0 作为输入 U、V、W、X、Y，将波段开关与红色 LED 连

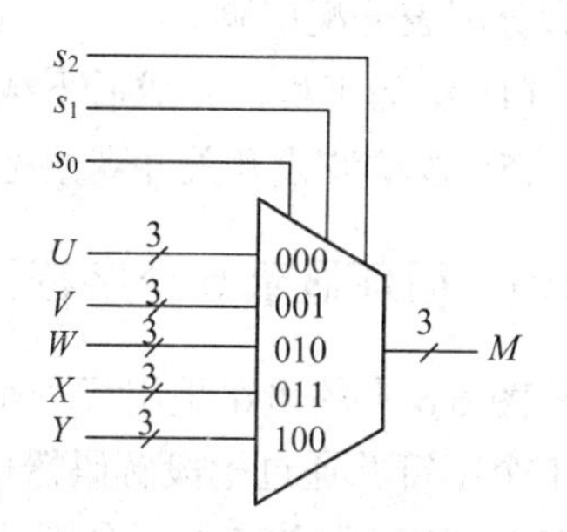

图 6.4　3 位 5 选 1 多路复用器电路

接以显示波段开关的状态，用绿色 LED 即 LEDG2～LEDG0 作为输出 M，将该 Verilog 文件添加到工程中。

(3) 导入 DE2_115_pin_assignments.csv 中的引脚分配或参照附录 B 中 DE2-115 平台的引脚分配表，分配连接波段开关、红色 LED 以及绿色 LED 的 FPGA 引脚。

(4) 编译工程，完成后下载到 FPGA 中。

(5) 拨动波段开关并观察红色 LED 与绿色 LED 的变化，以验证 3 位 5 选 1 多路复用器的功能是否正确，确定从 U 到 Y 的所有输入都能够被选择输出到 M。

6.1.4　用七段数码管显示简单字符

图 6.5 所示是一个简单的七段解码器模块，$c_2c_1c_0$ 是解码器的 3 个输入，用 $c_2c_1c_0$ 的不同取值来选择在七段数码管上输出不同的字符。七段数码管上的不同段位用数字 0～6 表示。注意七段数码管是共阳极的。表 6.1 列出了 $c_2c_1c_0$ 取不同值时数码管上输出的字符。本例中只输出 4 个字符，当 $c_2c_1c_0$ 取值为 100～111 时，输出空格。

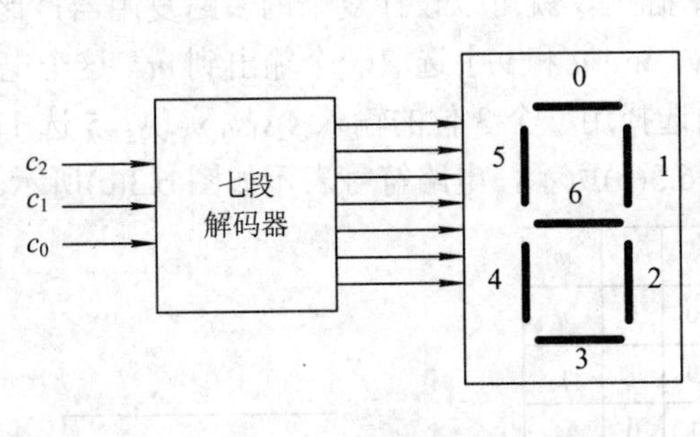

图 6.5　七段解码器

表 6.1　七段数码管显示字符编码

c_2	c_1	c_0	输出字符
0	0	0	H
0	0	1	E
0	1	0	L
0	1	1	O
1	0	0	
1	0	1	
1	1	0	
1	1	1	

请按照以下步骤实现七段解码器电路：

(1) 新建一个 Quartus Ⅱ工程，用以在 DE2-115 平台上实现所要求的电路。

(2) 建立一个 Verilog 文件，实现七段解码器电路，用 SW2～SW0 作为输入 c_2～c_0，DE2-115 平台上的数码管分别为 HEX0～HEX7，输出接 HEX0，在 Verilog 中用以下语句定义端口：

```
output [0:6]   HEX0;
```

(3) 导入 DE2_115_pin_assignments.csv 中的引脚分配或参照附录 B 中 DE2-115 平台的引脚分配表分配引脚。

(4) 编译工程，完成后下载到 FPGA 中。

(5) 拨动波段开关并观察七段数码管 HEX0 的显示，以验证设计的功能是否正确。

6.1.5　循环显示 5 个字符

图 6.6 中的电路采用了一个 3 位 5 选 1 多路复用电路，可分别从输入的 5 个字符中选择 1 个字符并通过七段解码器电路在数码管上显示 H、E、L、O 和空格中的任一字符。将 SW14～SW0 分为 5 组，分别代表 H、E、L、O 和空格等 5 个字符，用 SW17～SW15 来选

择要显示的字符。

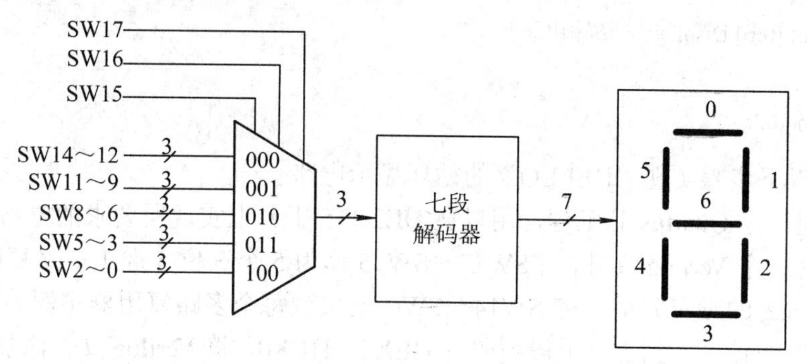

图 6.6　循环显示 5 个字符的电路

代码 6.2 是实现这个电路的建议代码架构，其中部分代码省略，读者可以根据前文的练习自行补全。在这个电路中我们将 6.1.3 小节和 6.1.4 小节中的电路作为子电路。对代码 6.2 中的代码进行扩展后，可以用 5 个数码管显示，当改变 SW17～SW15 的状态时，最终显示的内容与 SW17～SW15 的对应关系如表 6.2 所示，即可以循环显示单词“HELLO”。

表 6.2　SW17～SW15 与显示内容的对应关系

SW17	SW16	SW15	HEX4	HEX3	HEX2	HEX1	HEX0
0	0	0	H	E	L	L	O
0	0	1	E	L	L	O	H
0	1	0	L	L	O	H	E
0	1	1	L	O	H	E	L
1	0	0	O	H	E	L	L

代码 6.2　图 6.6 所示电路的 Verilog 代码。

```
module part5(SW, HEX0);
input[17:0] SW;           //波段开关
output[0:6] HEX0;         //七段数码管
wire [2:0] M;
mux_3bit_5to1   M0(SW[17:15],SW[14:12],SW[11:9],SW[8:6],SW[5:3],SW[2:0],M);
char_7seg H0(M, HEX0);
endmodule
//实现一个 3 位 5 选 1 多路复用器
module mux_3bit_5to1(S, U, V, W, X, Y, M);
input [2:0]   S, U, V, W, X, Y;
output[2:0] M;
⋮
endmodule
//实现一个 H、E、L、O 和空格的 5 字符七段解码器
module char_7seg(C, Display);
```

```
input [2:0] C;            //输入码
output [0:6] Display;     //输出码
⋮
endmodule
```

请按照以下步骤实现“HELLO”的循环显示电路：

(1) 新建一个 Quartus Ⅱ工程，用以在 DE2-115 平台上实现所要求的电路。

(2) 建立一个 Verilog 文件，用 SW17～SW15 作为 5 个 3 位 5 选 1 多路复用器的选择输入，按照表 6.2 的对应关系，将 SW14～SW0 连接到每个多路复用器实例的输入端，将 5 个多路复用器的输出接到 5 个七段数码管 HEX4～HEX0，将 Verilog 文件添加到工程中来。

(3) 导入 DE2_115_pin_assignments.csv 中的引脚分配或参照附录 B 中 DE2-115 平台的引脚分配表分配引脚。

(4) 编译工程，完成后下载到 FPGA 中。

(5) 按照表 6.2 设置好 SW14～SW0 的位置，然后改变波段开关 SW17～SW15 的位置，观察显示是否正确。

6.1.6 循环显示 8 个字符

在 6.1.5 小节的基础上，把 5 个字符扩展到 8 个字符，如果显示内容少于 8 个，比如显示“HELLO”，则数码管显示输出与 SW17～SW15 的对应关系如表 6.3 所示。

表 6.3 “HELLO”在 8 个数码管上的循环显示

SW17	SW16	SW15	HEX7	HEX6	HEX5	HEX4	HEX3	HEX2	HEX1	HEX0
0	0	0				H	E	L	L	O
0	0	1			H	E	L	L	O	
0	1	0		H	E	L	L	O		
0	1	1	H	E	L	L	O			
1	0	0	E	L	L	O				H
1	0	1	L	L	O				H	E
1	1	0	L	O				H	E	L
1	1	1	O				H	E	L	L

请按照以下步骤实现“HELLO”的循环显示电路：

(1) 新建一个 Quartus Ⅱ工程，用以在 DE2-115 平台上实现所要求的电路。

(2) 建立一个 Verilog 文件，这里会用到 8 个 5 选 1 多路复用器的电路，用 SW17～SW15 作为 8 个 3 位 5 选 1 多路复用器的选择输入，按照表 6.3 的对应关系，将 SW14～SW0 连接到每个多路复用器电路的输入端(有些多路复用器的输入会是空格)，将 8 个多路复用器的输出接到 8 个七段数码管 HEX7～HEX0 上，将 Verilog 文件添加到工程中来。

(3) 导入 DE2_115_pin_assignments.csv 中的引脚分配或参照附录 B 中 DE2-115 平台的引脚分配表分配引脚。

(4) 编译工程，完成后下载到 FPGA 中。

(5) 按照表 6.3 设置好 SW14～SW0 的位置，然后改变波段开关 SW17～SW15 的位置，观察循环显示是否正确。

6.2　二进制与 BCD 码的转换及显示

本节练习主要实现二进制数字到十进制数字的转换以及 BCD 码的加法。

1．二进制数字的显示

在 HEX3～HEX0 上显示 SW15～SW0 所对应的二进制数字，SW15～SW12、SW11～SW8、SW7～SW4 和 SW3～SW0 分别对应 HEX3、HEX2、HEX1 和 HEX0。在数码管上只显示数字 0～9，当波段开关表示的二进制数字在 1010～1111 之间时，没有显示输出。

显示二进制数字的具体步骤如下：

(1) 新建一个 Quartus Ⅱ工程，用以在 DE2-115 平台上实现所要求的电路。

(2) 建立一个 Verilog 文件，实现要求的任务。本练习的目的是手工推导出数码管显示的逻辑函数，因此要求只能用 assign 语句和布尔表达式实现所有的功能。

(3) 导入 DE2_115_pin_assignments.csv 中的引脚分配或参照附录 B 中 DE2-115 平台的引脚分配表分配引脚。

(4) 编译工程，完成后下载到 FPGA 中。

(5) 改变 SW15～SW0 的位置，观察显示是否正确。

2．二进制值到十进制值的转换

若将 4 位二进制输入 $V = v_3v_2v_1v_0$ 转换成 2 位十进制的等价表示 $D = d_1d_0$，在 HEX1 和 HEX0 上分别显示 d_1 和 d_0，则输入的二进制值与输出的十进制值之间的对应关系如表 6.4 所示。图 6.7 是实现这个任务的部分电路，比较器判断 V 是否大于 9，比较器的输出 z 可以控制数码管的显示。

表 6.4　二进制值与十进制值的转换关系

二进制数	十进制数	
0000	0	0
0001	0	1
0010	0	2
⋮	⋮	⋮
1001	0	9
1010	1	0
1011	1	1
1100	1	2
1101	1	3
1110	1	4
1111	1	5

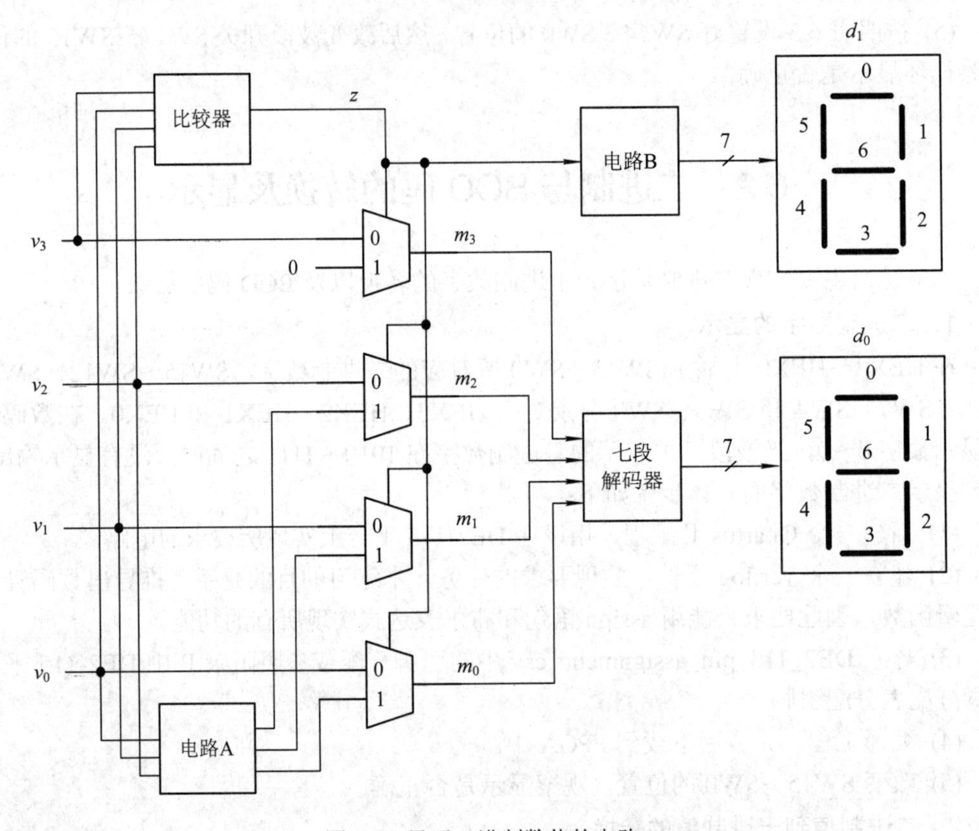

图 6.7　显示二进制数值的电路

完成下面的操作步骤：

(1) 新建一个 Quartus Ⅱ工程，用以在 DE2-115 平台上实现所要求的电路。

(2) 建立一个 Verilog 文件，包括电路中的比较器、多路复用器和电路 A，但不包括电路 B 和七段解码器。这个模块的输入为 4 位二进制数 V，输出是 z 和 4 位的 M。编写这个模块时只能用 assign 语句和布尔表达式实现所要求的功能，而不能出现 if-else 和 case 等语句。

(3) 编译工程并仿真，验证比较器、多路复用器和电路 A 的正确性。

(4) 修改 Verilog 代码，加入电路 B 和七段解码器，用 SW3～SW0 作为二进制输入，而用 HEX1 和 HEX0 作为十进制输出的显示。

(5) 导入 DE2_115_pin_assignments.csv 中的引脚分配或参照附录 B 中 DE2-115 平台的引脚分配表分配引脚。

(6) 重新编译工程，完成后下载到 FPGA 中。

(7) 改变 SW3～SW0 的位置，遍历输入 V 的各种组合，观察输出显示是否正确。

3. 并行加法器

一位二进制全加器电路如图 6.8(a)所示，输入为 a、b 和 c_i，输出为 s 和 c_o；图 6.8(b)是该电路的符号表示；图 6.8(c)是全加器的真值表。全加器实现了二进制加法，其输出为一个 2 位二进制和，即 $c_os = a + b + c_i$。用 4 个全加器电路模块可以实现 4 位二进制数的加法，如图 6.8(d)所示，这种加法电路一般称为并行加法器。

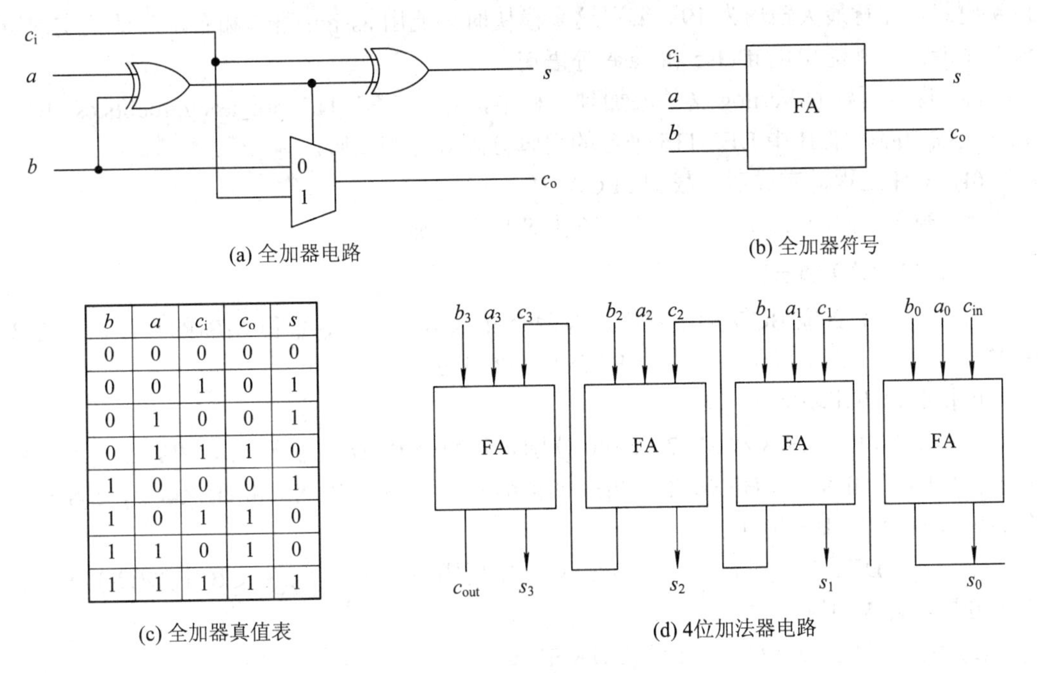

(a) 全加器电路

(b) 全加器符号

b	a	c_i	c_o	s
0	0	0	0	0
0	0	1	0	1
0	1	0	0	1
0	1	1	1	0
1	0	0	0	1
1	0	1	1	0
1	1	0	1	0
1	1	1	1	1

(c) 全加器真值表

(d) 4位加法器电路

图 6.8　全加器及并行加法器

实现并行加法器电路的步骤如下：

(1) 为并行加法器建立一个新的 Quartus II 工程文件。

(2) 用 Verilog 编写一个全加器电路模块，然后用 4 个全加器电路来实现并行加法器电路。

(3) 分别用 SW7～SW4 和 SW3～SW0 代表输入 a 和 b，使用 SW8 代表加法器的进位输入 c_i，将 SW8～SW0 直接连接到 LEDR8～LEDR0，而将加法器的输出 c_o 和 s 连接到 LEDG4～LEDG0，将代码添加到工程中。

(4) 导入 DE2_115_pin_assignments.csv 中的引脚分配或参照附录 B 中 DE2-115 平台的引脚分配表分配引脚。

(5) 编译工程，完成后下载到 FPGA 中。

(6) 改变输入 a、b 和 c_i 的值，观察计算输出结果是否正确。

4．1 位 BCD 加法器

在前面的练习中，实现了二进制数到十进制数的转换，而在有些场合，我们需要用二进制数表示十进制数，就是将十进制数的每一位用 4 位二进制数来表示，比如将十进制数 59 表示为二进制数 0101 1001。这种用 4 位二进制数表示十进制数的编码，称为 BCD 码。

本练习的任务是实现 BCD 码的加法，输入为两个 BCD 码 A 和 B 以及 1 位的进位输入，输出是和的 BCD 码 S_1S_0。这个电路能够处理的和的最大值为 $S_1S_0=9+9+1=19$。

请按照以下步骤完成练习：

(1) 为 BCD 加法器新建一个 Quartus II 工程。

(2) 建立一个 Verilog 文件，实现要求的任务。先用前面介绍的并行加法器实现 4 位二进制加法，输入为 $A+B$ 的 4 位和 S_1S_0 及进位位输出 c_o。然后再设计一个二进制到十进制的转换电路，注意最大输出为 19。编写这个模块时只能用 assign 语句和布尔表达式实现所要求的功能，而不能出现 if-else 和 case 等语句。

(3) 将编写好的 Verilog 文件添加到工程中，导入 DE2_115_pin_assignments.csv 中的引脚分配或参照附录 B 中 DE2-115 平台的引脚分配表分配引脚。

(4) 编译工程，完成后下载到 FPGA 中。

(5) 输入不同的 A、B 和 c_i，验证输出 S 是否正确。

5. 2 位 BCD 加法器

若设计一个 2 位 BCD 加法器，计算两个 2 位 BCD 码 A_1A_0 和 B_1B_0 的和，输出为 3 位 BCD 码 $S_2S_1S_0$，则可以用两个 1 位 BCD 加法器来实现。

请按照以下步骤完成练习：

(1) 用 SW15～SW8 和 SW7～SW0 分别表示两个 BCD 码输入 A_1A_0 和 B_1B_0，A_1A_0 的值显示在数码管 HEX7 和 HEX6 上，B_1B_0 的值显示在数码管 HEX5 和 HEX4 上，$S_2S_1S_0$ 显示在数码管 HEX2～HEX0 上。

(2) 导入 DE2_115_pin_assignments.csv 中的引脚分配或参照附录 B 中 DE2-115 平台的引脚分配表分配引脚。

(3) 编译工程，完成后下载到 FPGA 中。

(4) 输入不同的 A_1A_0 和 B_1B_0 的值，验证输出 $S_2S_1S_0$ 是否正确。

6. 2 位 BCD 加法器的另一种实现

在前面的练习中，通过调用两个 1 位 BCD 加法器实现了一个 2 位 BCD 加法器。在本练习中，我们按代码 6.3 描述的算法重新设计一个 2 位 BCD 加法器。

代码 6.3　实现 2 位 BCD 加法器的伪代码。

```
1  T0 = A0 + B0
2  if(T0>9) then
3       Z0 = 10;
4       c1 = 1;
5  else
6       Z0 = 0;
7       c1 = 0;
8  end if
9  S0 = T0 - Z0
10 T1 = A1 + B1 +c1
11 if(T1>9) then
12      Z1 = 10;
13      c2 = 1;
14 else
15      Z1 = 0;
16      c2 = 0;
17 end if
```

18　S1 = T1 – Z1

19　S2 = c2

这个伪代码用电路实现起来很容易，第 1、9、10 和 18 行可用加法器实现，第 2～8 行及第 11～17 行是多路复用器，可以用比较器判断 T0>9 和 T1>9。用 Verilog 代码实现这段伪代码时，注意第 9 行和第 18 行的减法可以用加法实现。该伪代码中使用了 if-else 结构以及“>”及“+”等运算，比实际的电路要抽象一些，其目的是让 Verilog 编译器去决定具体电路的实现。

请按照以下步骤完成练习：

(1) 建立新的 Quartus II 工程，所有的输入、输出以及显示都与 2 位 BCD 加法器的第一种实现方法相同，参照代码 6.3 所示的伪代码编写一个 Verilog 文件，并添加到工程中去。

(2) 编译该工程，用 Quartus II 的 RTL Viewer 工具查看编译后生成的电路，并与第一种方法中的电路进行比较。

(3) 把编译后电路下载到 FPGA 中。

(4) 对电路进行功能验证。

7. 6 位二进制数转换为 2 位十进制数的电路

用 Verilog 语言实现一个电路，将 6 位二进制数转换成 2 位 BCD 编码的十进制数，用 SW5～SW0 作为 6 位二进制数输入，用 HEX1 和 HEX0 显示 2 位十进制数，完成后在 DE2-115 上验证该电路。

6.3　无符号数乘法器

本节练习用两种方法实现无符号数的乘法：第一种方法是用 Verilog 代码实现两个无符号数的乘法；第二种方法是用原 Altera 公司提供的参数化功能模块(LPM)完成同样的任务。本节还将对这两种方法进行比较。为简单起见，从 4 位二进制数的乘法开始说明。

1. 4 位二进制数乘法

图 6.9(a)为两位十进制数乘法的实现，即 $P = A \times B$，其中 $A = 12$，$B = 11$，$P = 132$；图 6.9(b)是用 4 位二进制乘法实现的 A 和 B 的乘积，对于二进制乘法，B 的每一位要么是 0，要么是 1，因此算式中的加法要么是移位的 A，要么是 0000；图 6.9(c)是用逻辑与实现二进制乘法的过程。

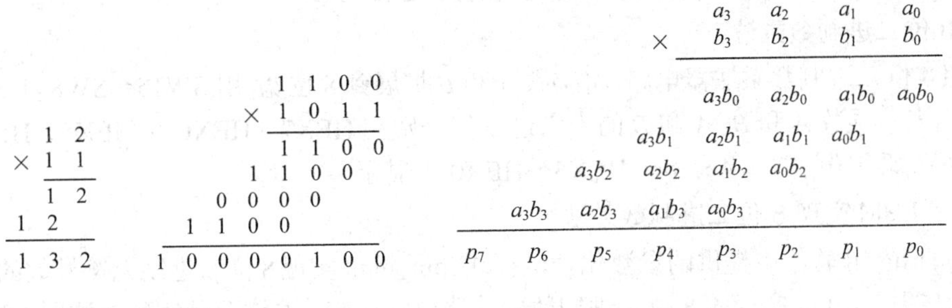

$$
\begin{array}{rrr}
 & 1 & 2 \\
\times & 1 & 1 \\
\hline
 & 1 & 2 \\
1 & 2 & \\
\hline
1 & 3 & 2
\end{array}
$$

(a) 十进制

$$
\begin{array}{rrrrrrrr}
 & & & & 1 & 1 & 0 & 0 \\
 & & & \times & 1 & 0 & 1 & 1 \\
\hline
 & & & & 1 & 1 & 0 & 0 \\
 & & & 1 & 1 & 0 & 0 & \\
 & & 0 & 0 & 0 & 0 & & \\
 & 1 & 1 & 0 & 0 & & & \\
\hline
1 & 0 & 0 & 0 & 0 & 1 & 0 & 0
\end{array}
$$

(b) 二进制

$$
\begin{array}{cccccccc}
 & & & & a_3 & a_2 & a_1 & a_0 \\
 & & & \times & b_3 & b_2 & b_1 & b_0 \\
\hline
 & & & & a_3b_0 & a_2b_0 & a_1b_0 & a_0b_0 \\
 & & & a_3b_1 & a_2b_1 & a_1b_1 & a_0b_1 & \\
 & & a_3b_2 & a_2b_2 & a_1b_2 & a_0b_2 & & \\
 & a_3b_3 & a_2b_3 & a_1b_3 & a_0b_3 & & & \\
\hline
p_7 & p_6 & p_5 & p_4 & p_3 & p_2 & p_1 & p_0
\end{array}
$$

(c) 逻辑与实现

图 6.9　二进制数相乘

图 6.10 是 4 位二进制乘法器的实现电路。该电路中，用逻辑与实现每一行的乘法，用全加器实现每一列的加法，从而得到所需要的和。根据这种乘法器的结构，我们把它称作矩阵乘法器。

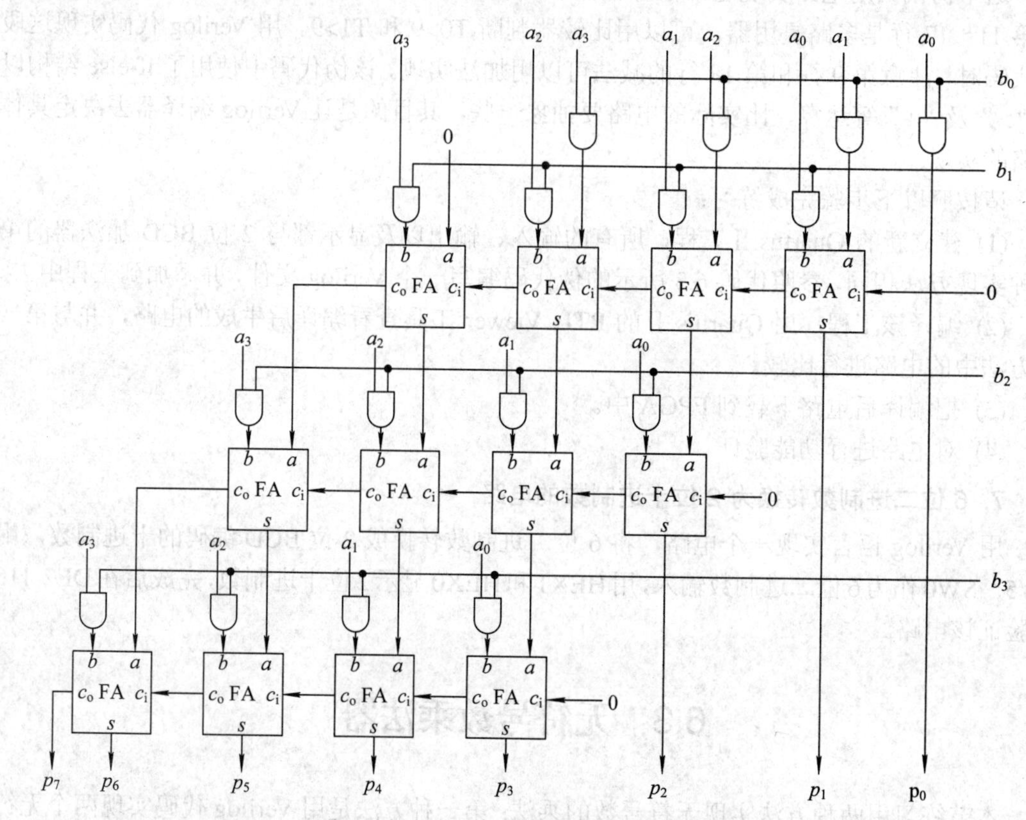

图 6.10　4 位二进制乘法器的实现电路

请按照以下步骤完成本练习：

(1) 新建一个 Quartus Ⅱ工程，用以在 DE2-115 平台上实现所要求的电路。

(2) 建立一个 Verilog 文件，实现要求的任务。编译工程，仿真并验证代码的正确性。

(3) 用 SW11～SW8 表示输入 A，用 SW3～SW0 表示输入 B，将 A 和 B 的十六进制值分别用 HEX6 和 HEX4 显示，将 $P = A \times B$ 的结果用 HEX1 和 HEX0 显示。

(4) 重新编译工程，完成后下载到 FPGA 中。

(5) 改变相关波段开关的位置，观察输出显示是否正确。

2. 8 位二进制数乘法

参照 4 位二进制数乘法器电路，将乘数 A 和 B 扩展到 8 位宽，用 SW15～SW8 和 SW7～SW0 分别表示乘数 A 和 B，A 和 B 的十六进制值分别在 HEX7～HEX6 和 HEX5～HEX4 上显示，16 位乘积输出 $P = A \times B$ 在 HEX3～HEX0 上显示。

3. 用 LPM 实现 8 位二进制数乘法

用 Quartus Ⅱ软件中提供的参数化功能模块 lpm_mult 实现 8 位二进制无符号数的乘法。完成后，与用 Verilog 实现的 8 位二进制数乘法器电路比较，看这两种实现方法所占用的逻辑单元的数量有什么不同。

6.4　锁存器与触发器

本节练习的主要目的是锁存器和触发器的使用。

6.4.1　RS 锁存器

Intel 公司的 FPGA 内有可供用户使用的触发器电路。在本节的练习中我们首先探讨如何不使用专用触发器而在 FPGA 内部构造存储单元。

图 6.11 是一个门控 RS 锁存电路。这个锁存电路可以使用两种方法来实现：第一种方法是使用逻辑门电路来实现，如代码 6.4 所示；第二种方法则使用逻辑表达式来实现，如代码 6.5 所示。如果在一个含有 4 输入查找表的 FPGA 中实现这个电路，那么只需一个查找表即可，如图 6.12(a)所示。

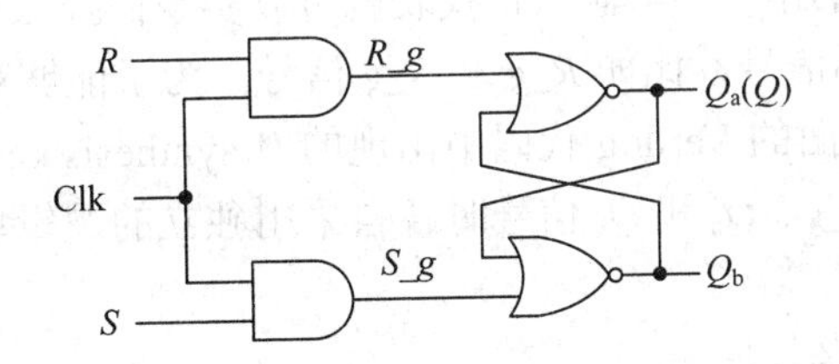

图 6.11　门控 RS 锁存器

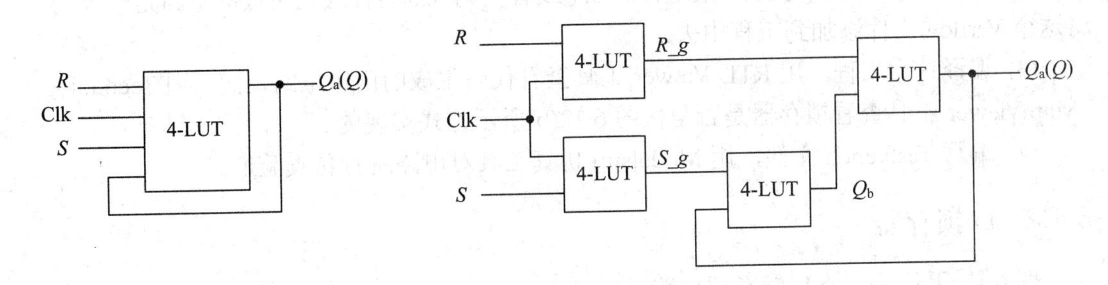

(a) 用一个 4 输入查找表实现　　(b) 用 4 个 4 输入查找表实现

图 6.12　在 FPGA 上实现门控 RS 锁存器

代码 6.4　用逻辑门电路实现的 RS 锁存器。

```
module part1(Clk, R, S, Q);
    input Clk, R, S;
    output Q;
    wire R_g, S_g, Qa, Qb;    /* synthesis keep */
    and(R_g, R, Clk);
    and(S_g, R, Clk);
    nor(Qa, R_g, Qb);
    nor(Qb, S_g, Qa);
```

```
    assign Q = Qa;
endmodule
```

代码 6.5　用逻辑表达式实现的 RS 锁存器。

```
module part1(Clk, R,S,Q);
    input Clk, R, S;
    output Q;
    wire R_g, S_g, Qa, Qb;      /* synthesis keep */
    assign R_g = R& Clk;
    assign S_g = S& Clk;
    assign Qa = ~( R_g| Qb);
    assign Qa = ~(S_g| Qa);
    assign Q = Qa;
endmodule
```

在图 6.12(a)中，尽管用一个 4 输入查找表就可以实现门控 RS 锁存器，但使用这种方法无法观察锁存器的内部信号，比如 *R_g* 和 *S_g* 信号。为了能够观察到这两个内部信号，需要使用编译指令，在上面的 Verilog 代码中出现的 /* synthesis keep */就是编译指令，要求 Quartus Ⅱ在编译 *R_g*、*S_g*、Q_a 和 Q_b 信号时各自采用独立的逻辑单元。编译后生成的电路如图 6.12(b)所示。

请按照以下步骤完成练习：

(1) 为 RS 锁存器新建一个 Quartus Ⅱ工程，用以在 DE2-115 平台上实现所要求的电路。

(2) 建立一个 Verilog 文件，采用代码 6.4 或者代码 6.5(两种代码生成的电路是一样的)，将这个 Verilog 文件添加到工程中去。

(3) 编译这个工程，用 RTL Viewer 工具查看代码生成的门级电路，然后用 Technology Map Viewer 工具查看锁存器是否是按图 6.12(b)所示方式实现的。

(4) 编写 Testbench 文件，用 Modelsim 仿真工具对电路进行仿真验证。

6.4.2　D 锁存器

图 6.13 所示是一个 D 锁存器电路。

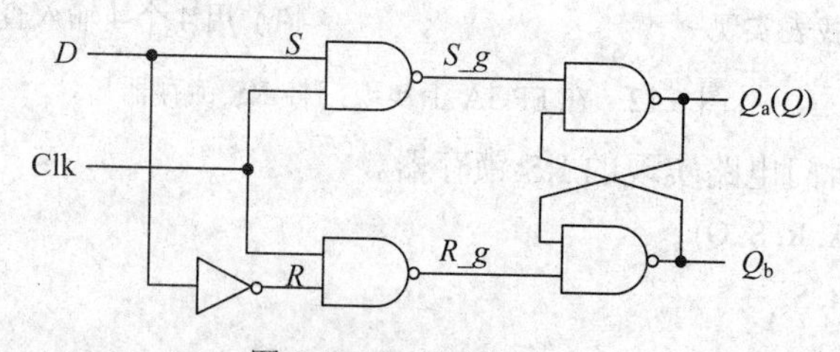

图 6.13　D 锁存器电路

请按照以下步骤完成练习：

(1) 为 D 锁存器新建一个 Quartus Ⅱ工程。

(2) 建立一个 Verilog 文件，采用类似于代码 6.4 和代码 6.5 的代码，实现图 6.13 中的 D 锁存器。在 Verilog 代码中采用编译指令/* synthesis keep */以保证编译时编译器采用独立

的逻辑单元实现 R、R_g、S_g、Q_a 和 Q_b 信号。

(3) 用 RTL Viewer 工具查看代码生成的门级电路，然后用 Technology Map Viewer 工具查看锁存器在 FPGA 中的实现。

(4) 再新建一个 Verilog 文件，用以在 DE2-115 平台上实现 D 锁存器。

(5) 建立一个顶层文件，在顶层文件中使用一个 D 锁存器来定义相应的输入/输出引脚，用 SW0 作为输入 D，用 SW1 作为 Clk，并将 Q 连接到 LEDR0。

(6) 编译工程，并将电路下载到 DE2-115 开发板上。

(7) 对电路进行功能测试。

6.4.3　D 触发器

图 6.14 是一个主从式 D 触发器电路。

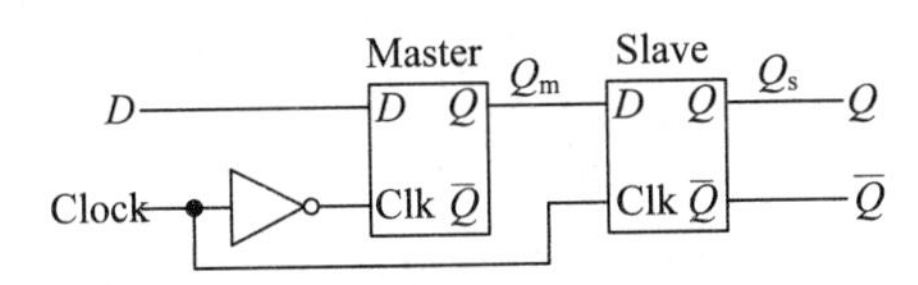

图 6.14　主从式 D 触发器电路

请按照以下步骤完成练习：

(1) 为 D 触发器新建一个 Quartus Ⅱ 工程。

(2) 建立一个 Verilog 文件，采用两个 D 锁存器来实现 D 触发器。

(3) 将 Verilog 文件添加到工程里去，配置输入和输出引脚，用 SW0 作为输入 D，用 SW1 作为 Clk，并将 Q 连接到 LEDR0。

(4) 编译工程，用 RTL Viewer 工具查看代码生成的门级电路，然后用 Technology Map Viewer 工具查看触发器在 FPGA 中的实现。

(5) 将配置文件下载到 DE2-115 开发板上，对电路进行功能测试。

6.4.4　三种存储单元

以上介绍的锁存器和触发器都是构成存储单元的最小单位。按照存储方式的不同，可以将它们分为门控 D 锁存器、上升沿触发的 D 触发器和下降沿触发的 D 触发器，如图 6.15(a) 所示。这三种存储单元的时序如图 6.15(b)所示。

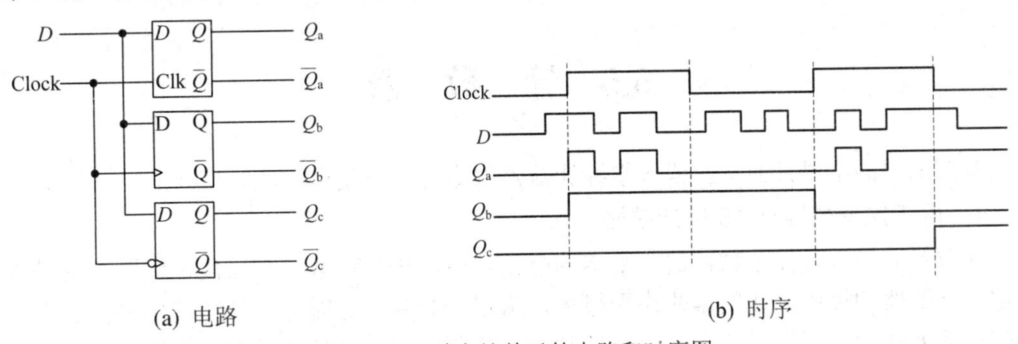

图 6.15　三种存储单元的电路和时序图

请在 Quartus Ⅱ 中按照以下步骤完成练习：

(1) 新建一个 Quartus II 工程。

(2) 建立一个 Verilog 文件，调用三种不同的存储单元来完成电路。在这部分的练习中，可以不用编译指令/* synthesis keep */。代码 6.6 给出了用 Verilog 实现 D 锁存器的代码，这段代码使用一个 4 输入查找表实现 D 锁存器。可采用类似的代码来实现 D 触发器。

(3) 编译工程，用 RTL Viewer 工具查看代码生成的门级电路，然后用 Technology Map Viewer 工具查看触发器在 FPGA 中的实现，可以看到 D 锁存器由一个 4 输入查找表实现，而 D 触发器则由 FPGA 内的触发器实现。

(4) 按照图 6.15(b)中 *D* 和 Clock 的波形编写 Testbench 文件，用 Modelsim 工具仿真这三种存储单元的仿真波形，并比较三种存储单元的不同。

代码 6.6　用 Verilog 语言实现 D 锁存器。

```
module D_latch(D, Clk,Q);
    input D, Clk;
    output reg Q;
    always@ (D, Clk)
        if (Clk)
            Q = D;
endmodule
```

6.4.5　D 触发器的应用

在 DE2-115 开发板上显示两个 16 位数 *A* 和 *B*，*A* 在 HEX7～HEX4 上显示，*B* 在 HEX3～HEX0 上显示。用 SW15～SW0 输入 *A* 和 *B*，先输入 *A*，然后再输入 *B*，因此要将数据 *A* 保存在电路中。

可按照以下步骤完成练习：

(1) 新建一个 Quartus II 工程。

(2) 建立一个 Verilog 文件，实现所要求的任务。用 KEY0 作为低电平有效的异步复位输入，KEY1 作为时钟输入。

(3) 将 Verilog 文件添加到工程中，编译工程，用 RTL Viewer 工具查看代码生成的门级电路，然后用 Technology Map Viewer 工具查看触发器在 FPGA 中的实现。

(4) 将电路下载到 DE2-115 平台上并进行功能测试。

6.5　计　数　器

本节练习的主要目的是使读者掌握计数器的原理以及使用方法。

1．用 T 触发器实现 16 位计数器

计数器的核心元件是触发器，基本功能是对脉冲进行计数，其所能记忆脉冲的最大数目称为计数器的模值。计数器的作用很多，常用于分频、定时等。计数器的种类也很多，按照计数方式的不同可以分为二进制计数、十进制计数以及任意进制的计数；按照触发器的时钟脉冲信号来源的不同，可以分为同步计数器和异步计数器等；按照计数的增减又可以分为加法计数器、减法计数器以及可逆计数器。

图6.16所示是由4个T触发器构成的4位计数器。如果Enable端有效，则在Clock的每个上升沿，计数器输出加1。Clear信号可以使计数器清零。按照这种结构，用T触发器实现一个16位计数器。

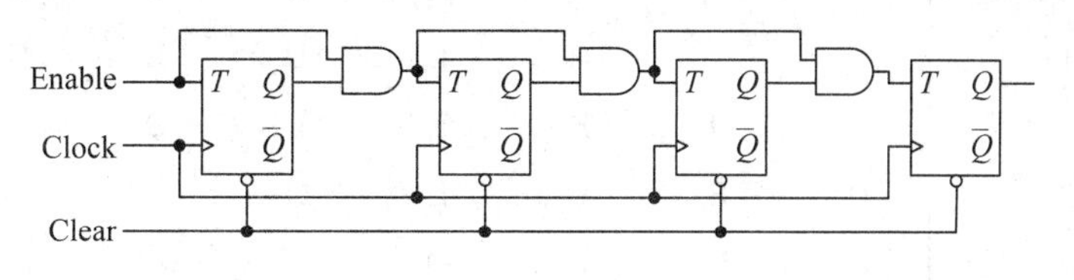

图6.16　4位计数器

请按照以下步骤完成练习：

(1) 新建一个Quartus II工程，建立一个Verilog文件，按照图6.16所示的结构实现一个16位计数器。Verilog文件中应该包含有一个T触发器模块，通过对T触发器模块的16次调用来实现16位计数器。

(2) 编译这个电路，查看所占用的逻辑单元(LE)数量以及F_{max}值。

(3) 对电路进行仿真验证。

(4) 在DE2-115平台上，用KEY0作为Clock输入，用SW1作为Enable，用SW0作为Clear，用HEX3～HEX0显示计数器的输出。

(5) 将电路下载到DE2-115平台上，测试电路功能的正确性。

(6) 用RTL Viewer查看Quartus II软件是如何对该电路进行综合的，与图6.16相比，综合后的电路有什么不同？

2. 用赋值语句实现16位计数器

在Verilog中可以用$Q <= Q + 1$简单地实现一个计数器。现在用这种方法实现一个16位计数器，查看该电路一共占用了多少个LE以及F_{max}是多少；再用同样的方法实现一个4位的计数器，用RTL Viewer查看Quartus II软件是如何综合这个电路的，与前面设计的电路相比看看有何不同。

3. 用LPM实现16位计数器

用参数化功能模块实现一个16位计数器，配置与用赋值语句实现16位计数器的练习一样，即包含使能端和同步清除端，查看该电路所占用的LE数量和F_{max}值。再用这种方法实现一个4位的计数器，用RTL Viewer查看Quartus II软件是如何综合这个电路的，与用T触发器及赋值语句实现的计数器电路相比，看看有何不同。

4. 闪烁的数码管

在HEX0上连续循环地显示数字0～9，每秒刷新一次显示。使用计数器产生1 s的时间间隔，这个计数器的时钟由DE2-115平台上的50 MHz时钟提供。注意：这个设计中只允许使用DE2-115平台上的50 MHz时钟，而不允许使用其他时钟，并保证所有的触发器都直接使用这个50 MHz时钟。

5. 循环显示的“HELLO”

设计一个电路实现在HEX7～HEX0上循环显示“HELLO”，使所有字母从右向左移动，每秒移动一次，移动模式如表 6.5 所示。

表 6.5　“HELLO”字符的移动模式

时钟循环编号	HEX7	HEX6	HEX5	HEX4	HEX3	HEX2	HEX1	HEX0
0				H	E	L	L	O
1			H	E	L	L	O	
2		H	E	L	L	O		
3	H	E	L	L	O			
4	E	L	L	O				H
5	L	L	O				H	E
6	L	O				H	E	L
7	O				H	E	L	L
8				H	E	L	L	O
⋮				⋮				

6.6　时钟与定时器

本节练习如何实现并使用一个实时时钟。

1．3 位 BCD 计数器

设计一个 3 位 BCD 计数器，计数器值每秒增加一次，计数器的输出显示在 HEX2～HEX0 上，用 KEY0 可以将计数器清零。计数器的控制信号由 DE2-115 平台上的 50 MHz 时钟提供。

请按以下步骤完成练习：

(1) 新建一个 Quartus Ⅱ工程。

(2) 建立一个 Verilog 文件，实现所要求的电路。

(3) 将 Verilog 文件添加到工程中，编译工程并对电路进行仿真，确定其功能的正确性。

(4) 分配引脚，将显示输出连接到 HEX2～HEX0，用 KEY0 作为同步清除端。

(5) 重新编译工程，将电路下载到 DE2-115 平台上并测试其功能。

2．实时时钟

在 DE2-115 上实现一个实时时钟，用 HEX7～HEX6 显示小时(0～23)，用 HEX5～HEX4 显示分钟(0～59)，用 HEX3～HEX2 显示秒钟(0～59)，用 SW15～SW0 设定时间。

3．反应时间测试电路

在 DE2-115 上实现一个反应时间测试电路，测试电路的工作过程如下：

(1) 按 KEY0 键可以复位测试电路。

(2) 复位后过一段时间，红灯 LEDR0 打开，4 位 BCD 计数器开始以毫秒为单位计数。从复位到红灯亮之间的时间可以用 SW7～SW0 以秒为单位进行设置。

(3) 被测试的人看到红灯亮时，马上按 KEY3 键，KEY3 键按下后，红灯熄灭，4 位计数器停止计数并将此时的计数值显示在HEX2～HEX0上，此计数值即为反应时间。

6.7　有限状态机

本节练习的主要目的是学会使用状态机。状态机的全称是有限状态机(Finite-State Machine，FSM)，它是表示有限个状态以及在这些状态之间的转移和动作等行为的数学模型。在数字电路系统中，有限状态机是一种十分重要的时序逻辑电路模块，它对数字系统的设计具有十分重要的作用。有限状态机是指输出取决于过去输入和当前输入的时序逻辑电路。一般说来，除了输入和输出之外，有限状态机还含有一组具有记忆功能的寄存器，这些寄存器的功能是记忆有限状态机的内部状态，它们常被称为状态寄存器。在有限状态机中，状态寄存器的下一个状态不仅与输入信号有关，而且还与该寄存器当前的状态有关，因此有限状态机又可以认为是组合逻辑和寄存器逻辑的一种组合。其中，寄存器逻辑的功能是存储有限状态机的内部状态；而组合逻辑又可以分为次态逻辑和输出逻辑两部分，次态逻辑的功能是确定有限状态机的下一个状态，输出逻辑的功能是确定有限状态机的输出。

在实际的应用中，根据有限状态机是否使用输入信号，设计人员经常将其分为摩尔(Moore)型有限状态机和米里(Mealy)型有限状态机。摩尔型有限状态机输出只是由当前状态所确定的，即可以把Moore型有限状态机的输出看成是当前状态的函数。Mealy型有限状态机的输出信号不仅与当前的状态有关，而且还与输入信号有关，即可以把Mealy型有限状态机的输出看成是当前状态和所有输入信号的函数。

状态机顾名思义会有各种状态，这也就分支出一种情况——如何对状态进行有效的编码。状态机的编码格式最简单的就是直接使用二进制来表示，除此之外还有格雷码、独热码(One-hot)。

独热码是使用N位状态寄存器对N/T状态进行编码，每一个状态均使用一个寄存器，译码电路相对简单；格雷码所需寄存器的数量与二进制码一样，译码复杂，但相邻位只跳动一位，一般用于异步多时钟域多位数据的转换，如异步FIFO；二进制码是最常见的编码方式，所用的寄存器少，译码较为复杂。

按照Intel公司的建议，选择哪一种编码格式与状态机的复杂度、器件类型以及从非法状态中恢复出来的要求均有关。由不同的编码格式生成的RTL视图可以看出，二进制比独热码使用的寄存器更少。二进制用7个寄存器就可以实现100个状态的状态机，但是独热码需要100个寄存器。另一方面，虽然独热码使用更多的寄存器，但是其组合逻辑相对简单。

6.7.1　One-hot编码的FSM

设计状态机最重要的步骤是画出有限状态机的时序图和状态图，然后据此编写Verilog代码。在接下来设计的有限状态机中有一个输入w和一个输出z。当w是4个连续的0或者4个连续的1时，输出$z=1$，否则$z=0$。这里时序是允许重叠的，当w是连续的5个1时，则在第4个和第5个时钟之后，z均为1。图6.17就是这个有限状态机的时序图。

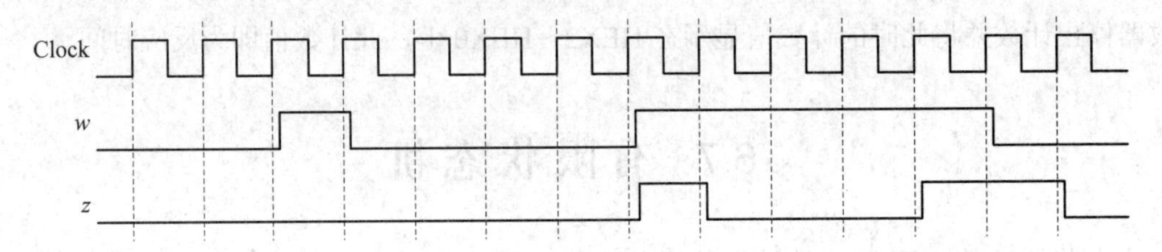

图 6.17　FSM 的时序图

这个有限状态机的状态图如图 6.18 所示，按照该状态图实现这个有限状态机的电路，就是从输入到每一个状态触发器的逻辑表达式的实现电路。可以用 9 个状态触发器来实现这个有限状态机，这 9 个状态触发器用 $y_8y_7y_6y_5y_4y_3y_2y_1y_0$ 表示。该有限状态机的 One-hot 编码如表 6.6 所示。

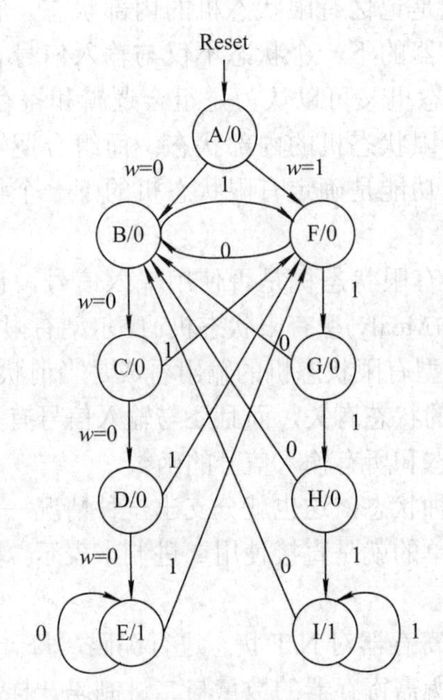

图 6.18　FSM 的状态图

表 6.6　FSM 的 One-hot 编码

状态名称	y_8	y_7	y_6	y_5	y_4	y_3	y_2	y_1	y_0
A	0	0	0	0	0	0	0	0	1
B	0	0	0	0	0	0	0	1	0
C	0	0	0	0	0	0	1	0	0
D	0	0	0	0	0	1	0	0	0
E	0	0	0	0	1	0	0	0	0
F	0	0	0	1	0	0	0	0	0
G	0	0	1	0	0	0	0	0	0
H	0	1	0	0	0	0	0	0	0
I	1	0	0	0	0	0	0	0	0

请按照以下的步骤完成练习：

(1) 新建一个 Quartus Ⅱ，以在 DE2-115 上实现该状态机。

(2) 建立一个 Verilog 文件，调用 9 个触发器来实现这个 FSM，用简单的 assign 语句连接触发器的输入，用 SW0 作为 FSM 的低电平有效同步复位端，用 SW1 作为输入 w，用 KEY0 作为手动的时钟输入，用 LEDG0 作为输出 z，用 LEDR8～LEDR0 显示 9 个触发器的状态。

(3) 将 Verilog 文件添加到工程中，编译工程并对电路进行仿真，确定其功能的正确性。

(4) 分配引脚，重新编译工程，将电路下载到 DE2-115 平台上进行功能测试。

(5) 对表 6.6 所示的 One-hot 码进行简单的改动，将复位状态的所有触发器输出改为全 0，这样在 FPGA 中实现 FSM 会简化电路。因为 FPGA 中的触发器一般都带有 Clear 端，而没有 Set 端，所以用 Clear 端复位电路很方便。

(6) 表 6.7 是对 One-hot 码所做的另一种改变，对于状态 A，所有触发器的状态都是 0。为了实现这个 FSM，只要对表 6.6 中 One-hot 码的 y_0 取反即可。按照表 6.7 的 One-hot 码修改前面完成的 FSM 并进行功能测试。

表 6.7 修改之后 FSM 的 One-hot 编码

状态名称	y_8	y_7	y_6	y_5	y_4	y_3	y_2	y_1	y_0
A	0	0	0	0	0	0	0	0	0
B	0	0	0	0	0	0	0	1	1
C	0	0	0	0	0	0	1	0	1
D	0	0	0	0	0	1	0	0	1
E	0	0	0	0	1	0	0	0	1
F	0	0	0	1	0	0	0	0	1
G	0	0	1	0	0	0	0	0	1
H	0	1	0	0	0	0	0	0	1
I	1	0	0	0	0	0	0	0	1

6.7.2 二进制编码的 FSM

在这部分的练习中，我们可以利用另外一种方法实现图 6.18 所示的状态机。这个版本的状态机不需要手工推导每一个状态触发器的逻辑表达式，而是在第一个 always 块中用 case 语句描述 FSM 的状态表，用第二个 always 块实例化状态触发器，用第三个 always 块或简单的赋值语句为输出 z 赋值。如表 6.8 所示，可以用 4 个状态寄存器 y_3、y_2、y_1 和 y_0 按照二进制编码的形式实现这个 FSM。

表 6.8 二进制编码的 FSM

状态名称	y_3	y_2	y_1	y_0
A	0	0	0	0
B	0	0	0	1
C	0	0	1	0
D	0	0	1	1
E	0	1	0	0
F	0	1	0	1
G	0	1	1	0
H	0	1	1	1
I	1	0	0	0

代码 6.7 是本练习的 Verilog 代码的建议架构。

代码 6.7 FSM 的建议架构。

```
module part2(……);
```

```
……//定义输入/输出信号
……//定义信号
reg[3:0] y_Q，Y_D;          // y_Q 代表当前状态，Y_D 代表下一个状态
parameter A = 4'b0000, B = 4'b0001, C = 4'b0010, D = 4'b0011, E = 4'b0100,
          F = 4'b0101, G = 4'b0110, H = 4'b0111, I = 4'b1000;

always@(w，y_Q)             //第一个 always
begin: state_table
    case(y_Q)
            A:if(!w) Y_D = B;
                else Y_D = F;
            ……              //状态表的其余部分
            default: Y_D = 4'bxxxx;
    endcase
end //state_table
always@(posedge Clock)      //第二个 always
begin: state_FFs
    ……                      //实例化状态触发器
end //state_FFs
always@(*)                  //第三个 always
begin
    ……                      //使用组合逻辑为 z 和 LED 赋值
end
endmodule
```

以上状态机采用的是三段式的描述方式。原则上，状态机的描述方式可以分为一段式、两段式以及三段式。

一段式：整个状态机写到一个 always 模块里面，在该模块中既描述状态转移，又描述状态的输入和输出。

两段式：用两个 always 模块来描述状态机，其中一个 always 模块采用同步时序描述状态转移；另一个模块采用组合逻辑判断状态转移条件，描述状态转移规律以及输出。

三段式：在两个 always 模块描述方法的基础上，使用三个 always 模块，一个 always 模块采用同步时序描述状态转移，一个 always 模块采用组合逻辑判断状态转移条件、描述状态转移规律，另一个 always 模块描述状态的输出。

从上面的介绍中可以看出，两段式 FSM 与一段式 FSM 的区别是 FSM 将时序部分(状态转移部分)和组合部分(判断状态转移条件和产生输出)分开，写为两个 always 语句，即为两段式 FSM。将组合部分中的判断状态转移条件和产生输出再分开写，则为三段式 FSM。这样就使得两段式 FSM 在组合逻辑部分特别复杂，容易对输出产生毛刺。而三段式 FSM 则很好地解决了这个问题。

请按照以下的步骤完成练习：

(1) 新建一个新的 Quartus Ⅱ，以在 DE2-115 上实现该状态机。

(2) 建立一个新的 Verilog 文件，采用代码 6.7 的架构完成代码。用 DE2-115 开发板上的 SW0 作为 FSM 的低电平有效同步复位端，用 SW1 作为输入 w，用 KEY0 作为手动的时钟输入，用 LEDG0 作为输出 z，用 LEDR3～LEDR0 显示 4 个触发器的状态。

(3) 在编译工程之前，应该明确指定 Quartus Ⅱ的综合工具采用 Verilog 代码中的状态分配，如果不做明确说明，综合工具会自动选择状态机的状态分配，而忽略 Verilog 代码中指定的状态码。要改变这个设置，在 Quartus Ⅱ中选择菜单 Assignments→Settings，单击 Settings 窗口左侧的 Analysis & Synthesis Settings 项，点击 Analysis & Synthesis Settings 中的 More Settings 按钮，如图 6.19 所示。在弹出的 More Analysis & Synthesis Settings 窗口中，找到 State Machine Processing 项，在其右侧下拉列表中选择 User-Encoded 即可。最后点击 OK 按钮返回 Quartus Ⅱ。

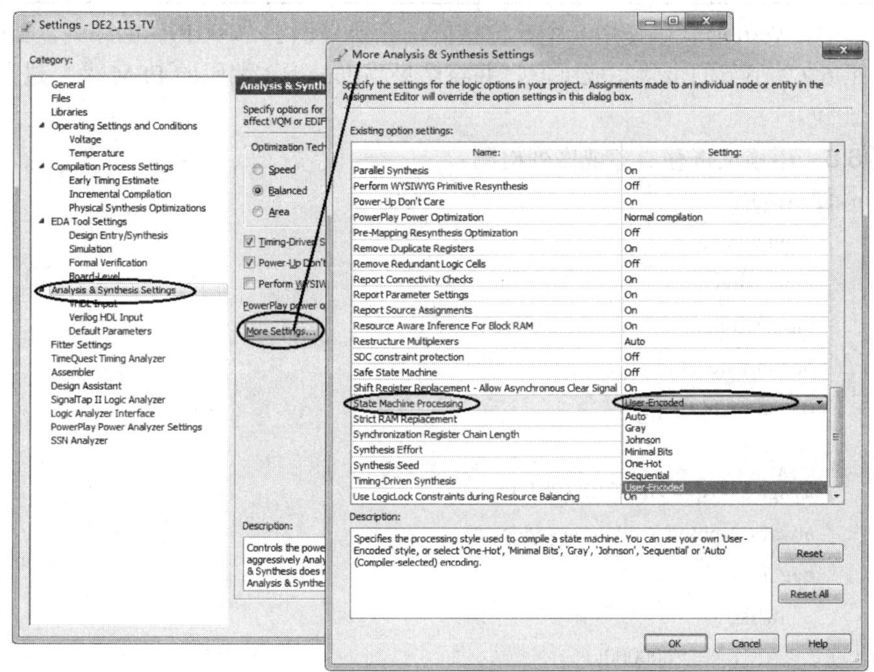

图 6.19　在 Quartus Ⅱ中改变状态机设置的处理方法

(4) 编译工程，在 Quartus Ⅱ中用菜单 Tools→RTL Viewer 可查看综合后的 RTL 电路。双击 RTL Viewer 窗口中的状态机电路，将它与图 6.18 的状态图比较，检查是否一致。打开编译报告(Compilation Report)，选择报告中 Analysis & Synthesis Settings 部分，然后单击 State Machines 可以查看 FSM 的状态代码。

(5) 对生成的电路进行仿真。

(6) 确认电路功能没有问题后即可分配引脚，将电路下载到 FPGA 中，进行实际功能的测试。

(7) 在第(3)步，在 State Machine Processing 栏中选择 One-Hot 选项，重新编译后打开编译报告，选择 Analysis & Synthesis Settings，然后单击 State Machine 可以查看状态机的状态代码，再将该状态代码与表 6.6 比较，看看有何不同。

6.7.3　FSM 实现序列检测及模 10 计数器

1. 序列检测 FSM

序列检测器是将一个指定的序列从数字码中识别出来。本练习中将设计一个“10010”序列的检测器。假设 X 为数字码的输入，Z 为检测出的标记输出。高电平表示发现指定的序列 10010。假设一串数字流如表 6.9 所示。

表 6.9　序列 X 数字流及检测输出

时钟	1	2	3	4	5	6	7	8	9	10	11	12	13	14	15	16	17	18	19
X	1	1	0	0	1	0	0	1	0	0	0	0	1	0	0	1	0	1	…
Z	0	0	0	0	0	1	0	0	1	0	0	0	0	0	0	0	1	0	…

在练习中，Verilog 代码使用一个 5 位移位寄存器来识别“10010”的序列，如代码 6.8 所示。参照 6.7.2 小节的步骤完成练习，并将结果与 One-hot 编码的 FSM 及二进制编码的 FSM 进行比较。

代码 6.8　用移位寄存器实现序列检测。

```
module seqdet(
    input wirex,
    input wireclk,
    input wirerst,
    output wirez,
    output reg[4:0] q);

    assign z = (q==5'b10010)?1'b1:1'b0;
    always@(posedge clk or negedge rst)
    begin
        if(!rst)
            q <= 5'd00000;
        else
            q <= {q[3:0], x};
    end
endmodule
```

2. 模 10 计数器

本练习实现一个模 10 加计数器，具体功能如下：Reset 输入用于将计数器清零；两个输入 w_1 和 w_0 用于控制计数器的计数操作，当 $w_1w_0 = 00$ 时计数值不变，当 $w_1w_0 = 01$ 时计数值加 1，当 $w_1w_0 = 10$ 时计数值加 2，当 $w_1w_0 = 11$ 时计数值减 1。所有的改变都由 Clock 输入端的上升沿触发。用 SW2 和 SW1 分别作为 w_1 和 w_0，用 SW0 作为 Reset 输入，用 KEY0 作为手动 Clock 输入，在 HEX0 上显示计数器的十进制计数值。

请按以下步骤完成练习：

(1) 新建一个新的 Quartus II，以在 DE2-115 上实现该状态机。

(2) 建立一个新的 Verilog 文件，参照代码 6.7 的架构实现所要求的电路。

(3) 将 Verilog 文件添加到工程中，编译工程并对电路进行仿真，确定其功能的正确性。

(4) 分配引脚，将显示输出连接到 HEX0 上。

(5) 重新编译工程，将电路下载到 DE2-115 平台上并进行功能测试。

6.7.4　移位寄存器结合 FSM 实现字符自动循环显示

1．用移位寄存器与 FSM 实现“HELLO”的循环显示

本练习使用移位寄存器并结合 FSM 实现 DE2-115 平台上的“HELLO”循环显示。在 HEX7～HEX0 上循环显示“HELLO”，根据手动时钟输入脉冲的控制，每接收到一个脉冲，显示左移一位，当“HELLO”移出左边后，从右边重新开始显示。

将 8 个 7 位寄存器按流水线的形式排列，即第一个寄存器的输出作为第二个寄存器的输入，第二个寄存器的输出作为第三个寄存器的输入，依此类推。每个寄存器的输出同时驱动七段数码管的显示。请设计一个状态机对寄存器流水线进行以下控制：

(1) 在前 8 个时钟，FSM 将字符“H，E，L，L，O，　，　，　”分别插入 8 个 7 位寄存器。

(2) 第(1)步完成后，将寄存器流水线配置成循环模式，即最后一个寄存器的输出作为第一个寄存器的输入，使字符可以无限循环显示。

建立一个新的 Quartus II 工程，完成以上的任务。用 DE2-115 平台上的 KEY0 作为 FSM 及移位寄存器的手动时钟输入，用 SW0 作为低电平有效同步清除输入，并按照代码 6.7 所示的架构实现所要求的电路。工程编译完成后，将电路下载到 FPGA 中测试其功能。

2．用 FSM 实现“HELLO”的自动循环显示

对上一个练习的内容加以改动，字符的移动以 1 s 为间隔自动进行，在 HEX7～HEX0 上循环显示“HELLO”，“HELLO”从左边移出后，再从右边重新开始显示。建立一个新的 Quartus II 工程，完成此任务，用 DE2-115 平台上的 50 MHz 时钟(CLOCK_50)作为 FSM 及移位寄存器的时钟输入，并确保所有的触发器都采用 CLOCK_50 作为时钟，用 KEY0 作为低电平有效同步清除输入，并参照代码 6.7 所示的架构实现所要求的电路。工程编译完成后，将电路下载到 FPGA 中进行功能测试。

3．移动速度可控的“HELLO”的自动循环显示

对上一个练习的内容加以改动，使“HELLO”移动的速度可以控制：当 KEY1 按下时，移动速度增加一倍；当 KEY2 按下时，移动速度减小一半。

KEY2 和 KEY1 是经过去抖处理的，能够产生一个精确的脉冲，但脉冲的长度是任意的。建议另外增加一个 FSM 以监测按键的状态，这个 FSM 的输出可以作为调整移动时间间隔的一个变量。KEY2 和 KEY1 是异步输入的，因此在 FSM 中使用时应先与系统时钟同步。

电路复位后，字符每秒移动一次。当连续按 KEY1 键时，字符最快以每秒 4 次的速度移动；当连续按 KEY2 键时，字符最慢以每秒一次的速度移动。

建立一个新的 Quartus II 工程，完成以上任务，并在 DE2-115 开发板上测试其功能。

6.8 存 储 器 块

在计算机系统中，一般都需要提供一定数量的存储器。在用 FPGA 实现的系统中，除了可以使用 FPGA 本身提供的存储器资源外，还可以使用 FPGA 的外部扩充存储器。本节练习的目的主要是研究与存储器相关的内容。

图 6.20(a)是一个 RAM 的结构示意图，它包含 32 个 8 位宽的字节，可通过一个 5 位的地址口、8 位的数据口和一个写控制端口来操作。我们考虑用两种方法实现这个存储器：第一种方法采用 FPGA 上的存储器块实现；第二种方法采用外部存储器芯片实现。

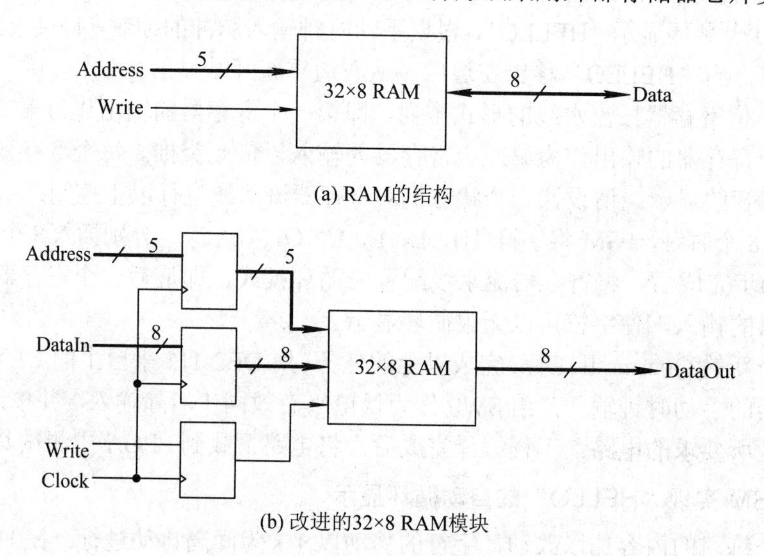

(a) RAM的结构

(b) 改进的32×8 RAM模块

图 6.20　32 × 8 RAM 模块

Cyclone IV EP4CE115 FPGA 芯片内提供专用的 M9K 存储器块。每个 M9K 存储器块有 9216 个存储位，可以配置实现不同大小的存储器，支持 8K × 1、4K × 2、2K × 4、1K × 8、1K × 9、512 × 16 和 512 × 18 等多种配置方式。本节练习中选择 1K × 8 的配置，只使用存储器块的前 32 个字节。本节练习不涉及 M9K 支持的其他存储模式。

M9K 有两个重要的特性，即每个 M9K 存储器块都有专用的寄存器用于所有的输入/输出与时钟同步，而每一个 M9K 存储器块的数据读端口和写端口是独立的。因此在使用 M9K RAM 时，要让输入/输出端口之一或全部与输入时钟同步。图 6.20(b)所示是一个改进的 32 × 8 RAM 模块，其 Address、Write 和 DataIn 端口都通过寄存器与时钟 Clock 同步，DataOut 没有经过寄存器而直接输出。

6.8.1 用 Quartus Ⅱ 的 LPM 功能实现 RAM

1. 用 LPM 实现 RAM

常用的逻辑电路如加法器、计数器、寄存器以及存储器，都可以调用 Quartus Ⅱ 提供的参数化功能模块 LPM 来实现。原 Altera 公司推荐采用 Memory Compiler 模块实现各种不同种类的存储器，如 RAM、ROM 及 FIFO 等。请按照以下的步骤，用 LPM 实现图 6.20(b) 所示的存储器。

(1) 新建一个 Quartus II 工程，选定目标器件为 EP4CE115F29C7。

(2) 用菜单 Tools→MegaWizard Plug-In Manager 产生需要的 LPM 模块。在图 6.21 所示的 MegaWizard Plug-In Manage[page 2a]对话框中选择 Memory Compiler 类中的 RAM: 1-PORT 模块，在 Which type of output file do you want to create？下点选 Verilog HDL，即选择生成 Verilog HDL 文件。在 What name do you want for the output file？下的文本框中输入要建立的 Verilog 文件名(当前工程目录不变)，本例中将这个 Verilog 文件命名为 ramlpm。点击 Next 按钮继续，在 page 3 of 8 对话框对 RAM 的存储位宽以及存储深度进行设置，如图 6.22 所示。这里设置 RAM 的位宽为 8 位，存储深度为 32 个字节，将存储块的类型选择为 M9K，且输入和输出共用一个时钟。点击 Next 继续，将 page 4 of 8 对话框中的 Which ports should be registered？栏下的'q' output port 复选框去掉，如图 6.23 所示。点击 Next 继续，在 page 6 of 8 对话框中的 Do you want to specify the initial content of the memory？下点选 No, leave it blank，如图 6.24 所示，其他的配置均选用默认值。点击 Finish 即可生成图 6.20(b) 所示的 RAM 模块的 Verilog 代码。

(3) 编译工程，在编译报告里可以看到实现该 RAM 电路占用了 1 个 M9K 存储器块中的 256 位。

(4) 对电路进行仿真，并验证电路的功能。

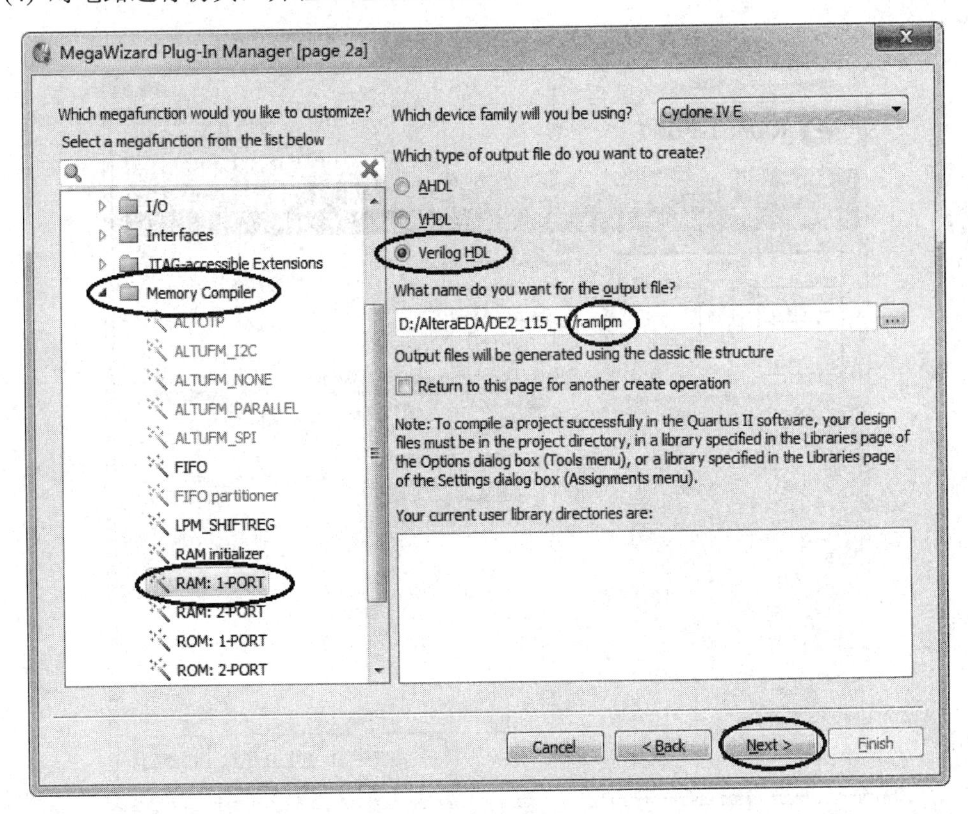

图 6.21　选择 RAM：1-PORT LPM

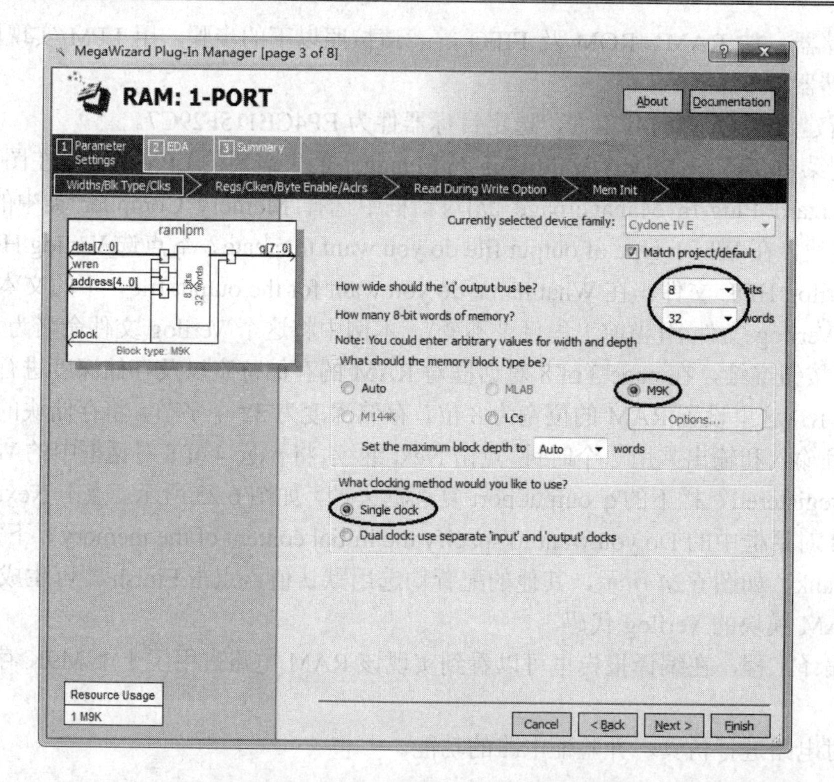

图 6.22　对存储位宽及深度进行设置

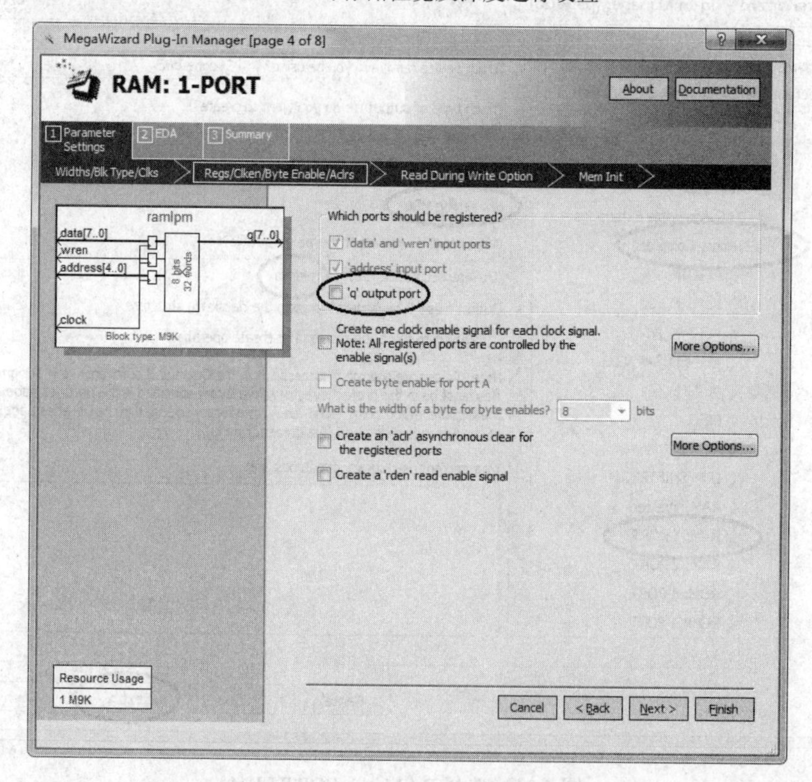

图 6.23　对输入端口和输出端口的寄存器进行设置

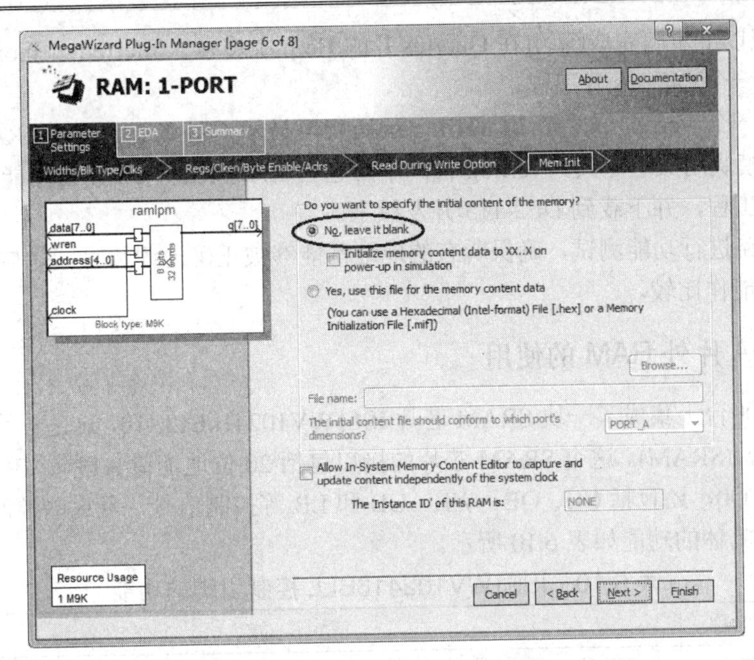

图 6.24　配置存储器的初始值

2. 在 DE2-115 上验证 RAM

本练习的任务是在 DE2-115 开发板上验证用 LPM 实现的 RAM 电路是否能实现所需要的功能。我们用波段开关写一部分数据到 RAM 中，并将 RAM 中的数据内容读出来，显示在数码管上。请按照以下的步骤完成练习：

(1) 新建一个 Quartus Ⅱ工程，选对目标元器件。

(2) 新建一个 Verilog 文件，例化 ramplm 模块，用 DE2-115 开发板上的资源作为其输入/输出。用 SW15～SW11 作为 5 位的地址输入，用 SW7～SW0 作为数据输入，用 SW17 作为 Write 信号，用 KEY0 作为时钟信号。将 Write 信号的值在 LEDG0 上显示，将地址值在 HEX7 和 HEX6 上显示，将输入数据在 HEX5 和 HEX4 上显示，从 RAM 中读取的数据在 HEX1 和 HEX0 上显示。

(3) 编译工程，并下载到 DE2-115 开发板上。

(4) 对电路进行功能测试，确保所有的地址都能够被正确地读和写。

6.8.2　用 Verilog 实现 RAM

除了调用 LPM 外，还可以用 Verilog 代码实现 RAM 的结构。在 Verilog 代码中，可以用多维数组定义存储器。一个 32 字节的 8 位 RAM 块可以定义为 32 × 8 的数组，在 Verilog 代码中可以用以下的声明语句来定义：

```
reg[7:0] memory_array[31:0];
```

在 Cyclone Ⅳ系列 FPGA 中，这种数组可以由触发器实现，也可以由 M9K 存储器块实现。有两种方法可以保证用 M9K 存储器块实现 RAM：第一种方法是调用 LPM 库；另一种方法是用适当形式的 Verilog 代码定义 RAM，Quartus Ⅱ软件在编译的时候，会自动推断出该代码描述的是一个 RAM 块，从而用 M9K 存储器块实现 RAM。

具体按照以下步骤完成练习(在 Quartus II 的 Help 中搜索“Inferred memory”主题)：

(1) 新建一个 Quartus II 工程。

(2) 新建一个 Verilog 文件，用 Verilog 代码实现类似于用 LPM 设计的 RAM 所具有的功能。RAM 模块用数组定义，Verilog 代码中应包含 RAM 的写入和读出功能。

(3) 编译工程，并下载到 DE2-115 开发板上。

(4) 对电路进行功能测试，确保所有的地址都能够被正确地读和写，并与用 LPM 实现的 RAM 的功能作比较。

6.8.3　FPGA 片外 RAM 的使用

DE2-115 平台上集成了一块 SRAM 芯片 IS61WV102416BLL-10，这是一块 1 M 字节的 16 位静态 RAM(SRAM)。这个 SRAM 芯片的接口包括 20 位地址口 A19～A0，16 位双向数据口 I/O15～I/O0，还包括 CE、OE、WE、UB 和 LB 等控制信号，且这些控制信号都是低电平有效的，具体的功能如表 6.10 所示。

表 6.10　IS61WV102416BLL 控制引脚的功能

引脚名称	功　能
CE	芯片使能信号，低电平有效
OE	输出使能信号，低电平有效，可以在读操作或者所有操作中置为低电平
WE	写使能信号，写操作时置为低电平
UB	高字节选择，对每个地址的高 8 位进行读/写操作时置为低电平
LB	低字节选择，对每个地址的低 8 位进行读/写操作时置为低电平

IS61WV102416BLL 的具体操作参考其数据手册(在 DE2-115 光盘中)，数据手册中描述了 IS61WV102416BLL 的多种操作模式以及各种操作模式的时序及参数。本节练习中采用最简单的一种操作模式，即保持 CE、OE、UB 和 LB 等信号有效(置零)，而只用 WE 信号作为读/写控制。这种读写操作的时序图如图 6.25 所示，其中图 6.25(a)是读循环的时序，当 WE 保持高电平而地址信号 A19～A0 有效时，存储器延时 t_{AA}，然后将有效的数据送到 I/O15～I/O0 端口。地址信号改变后，读循环结束，有效数据保持 t_{OHA}。图 6.25(b)是写循环的时序，从 WE 置 0 开始到 WE 置 1 结束，在 WE 的上升沿到来之前，地址信号必须保持地址建立时间 t_{AW} 有效，而数据必须保持数据建立时间 t_{SD} 有效。表 6.11 列出了图 6.25 中的所有时间参数。

表 6.11　SRAM 的时间参数

参　数	最小值/ns	最大值/ns
t_{AA}	—	10
t_{OHA}	2.5	—
t_{AW}	8	—
t_{SD}	6	—
t_{HA}	0	—
t_{SA}	0	—
t_{HD}	0	—

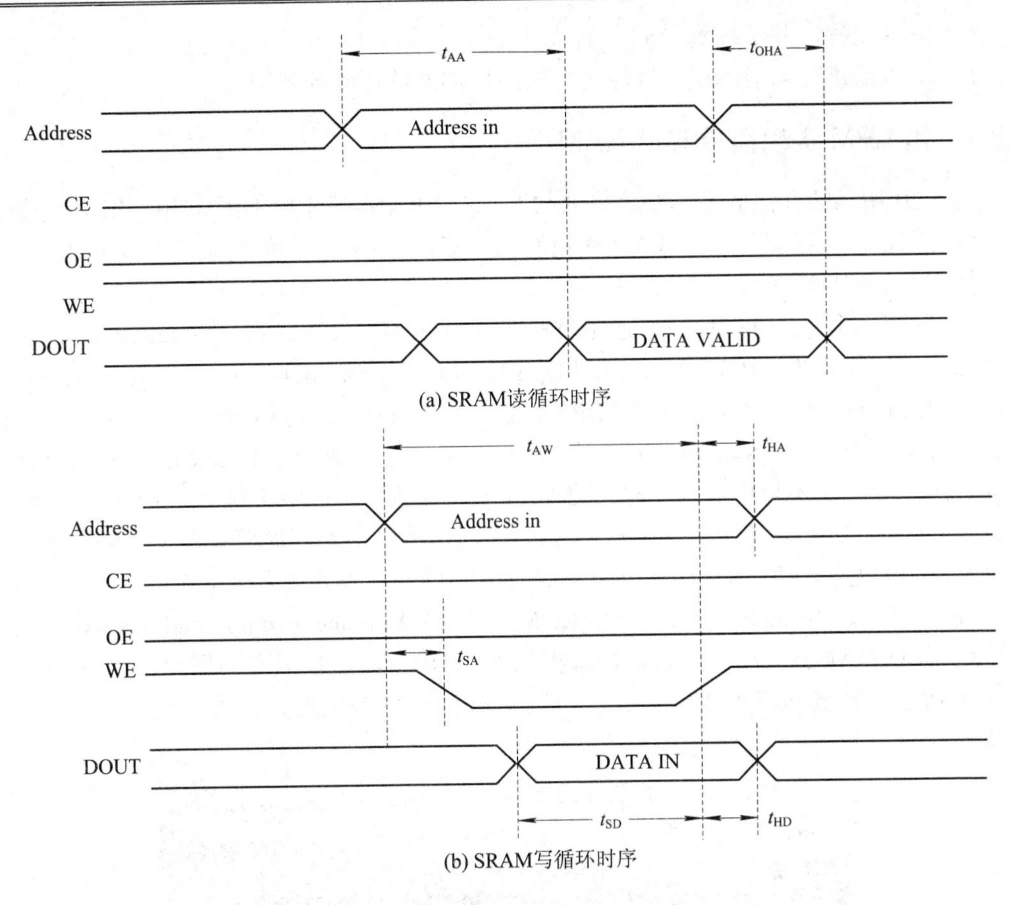

(a) SRAM读循环时序

(b) SRAM写循环时序

图 6.25 SRAM 读/写循环操作时序

本节练习用 SRAM 芯片实现图 6.20(a)所示的 32 × 8 的 RAM 模块，请按照以下步骤完成练习：

(1) 建立一个新的 Quartus II 工程，编写 Verilog 代码，完成所需的功能，包括对存储器的读和写，使用与 6.8.1 小节及 6.8.2 小节相同的 LED 和七段数码管显示。使用表 6.12 给出的 SRAM 引脚名实现 IS61WV102416BLL 芯片的接口设置(SRAM 引脚名在 DE2-115 用户手册中已经给出)。注意，本例中没有使用 IS61WV102416BLL 的所有数据及地址引脚，故在 Verilog 中应将不需要使用的引脚接地。

表 6.12 DE2-115 的 SRAM 芯片引脚名

SRAM 端口名称	DE2-115 的引脚名
$A_{19\text{-}0}$	SRAM_ADDR[19..0]
$I/O_{15\text{-}0}$	SRAM_DQ[15..0]
CE#	SRAM_CE_N
OE#	SRAM_OE_N
WE#	SRAM_WE_N
UB#	SRAM_UB_N
LB#	SRAM_LB_N

(2) 编译工程，并下载到 FPGA 中。

(3) 对电路进行功能测试，确保所有的地址都能够正确地读和写。

6.8.4 用 LPM 实现简单双口 RAM

图 6.20 所示的存储器是一个单口 RAM，即对 RAM 的读/写操作共用一组地址端口。本节练习的目的是建立另外一种 RAM 模块，即双口 RAM，其读/写采用不同的地址端口。

按照以下的步骤完成练习：

(1) 新建一个 Quartus II 工程，选定目标器件为 EP4CE115F29C7。用 MegaWizard Plug-In Manager 产生需要的 LPM 模块。在 MegaWizard Plug-In Manage[page 2a]对话框中选择 Memory Compiler 类中的 RAM：2-PORT 模块，将 Which type of output file do you want to create？下点选 Verilog HDL，即选择生成 Verilog HDL 文件。在 What name do you want for the output file？下的文本框中输入要建立的 Verilog 文件名，本例中将这个 Verilog 文件命名为 tworamlpm.v。点击 Next 继续，在 page 3 of 12 对话框中，对存储模式以及 RAM 的模式进行设置，这里设置 RAM 的存储单位为字节，RAM 的使用方式为一个读端口和一个写端口，即在 How will you be using the dual port RAM?下选择 With one read port and one write port(另一个选项 With two read/write ports 是真正的双口 RAM，这里只介绍简单双口 RAM)，如图 6.26 所示。在 page 4 of 12 对话框中对 RAM 的存储深度进行设置，这里设置为 32 个字节。

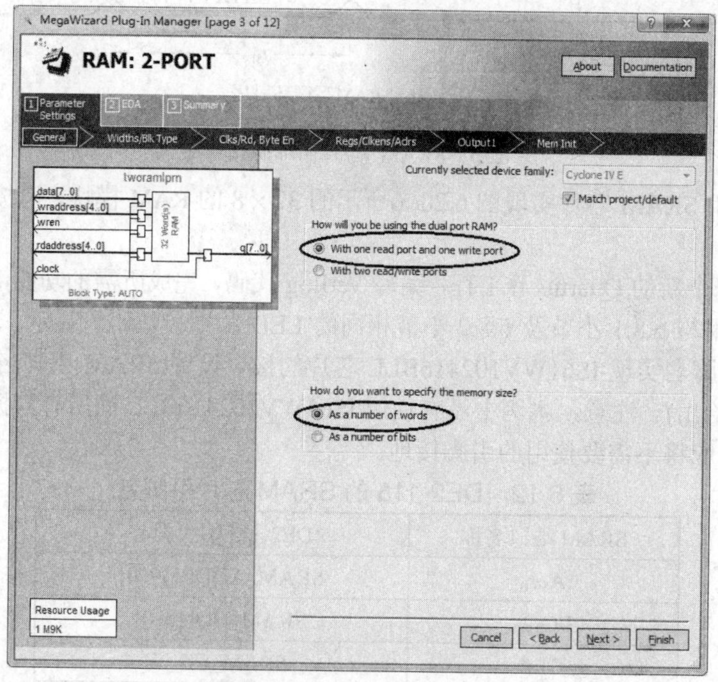

图 6.26 确定 RAM 的模式

在图 6.27 所示的 page 8 of 12 对话框中，在 Mixed Port Read-During-Write for Single Input Clock RAM 栏中选择 I don't care，表示当读/写地址相同时，不考虑输出的是旧数据还是新数据。在图 6.28 所示的 page 10 of 12 对话框的 Do you want to specify the initial content of the memory？栏中选择 yes,use……，点击 Browse 按钮选择准备好的存储器初始化文件，在 File name 栏中输入 .mif 文件的文件名，本例中选用的文件名为 ram.mif。MIF 文件的具体格式请参照 Quartus II 的帮助或者相关手册，这个文件需要用户建立。

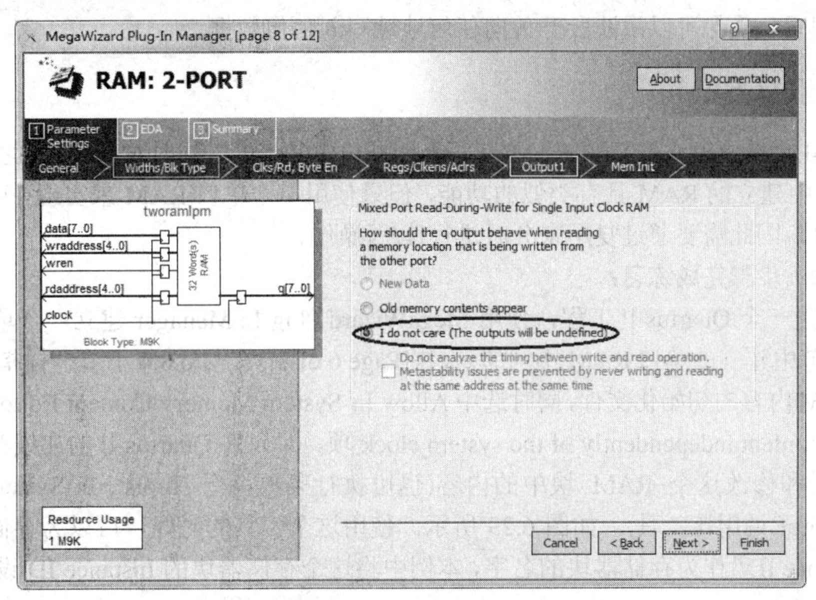

图 6.27　确定同时读同一个地址内容时的处理机制

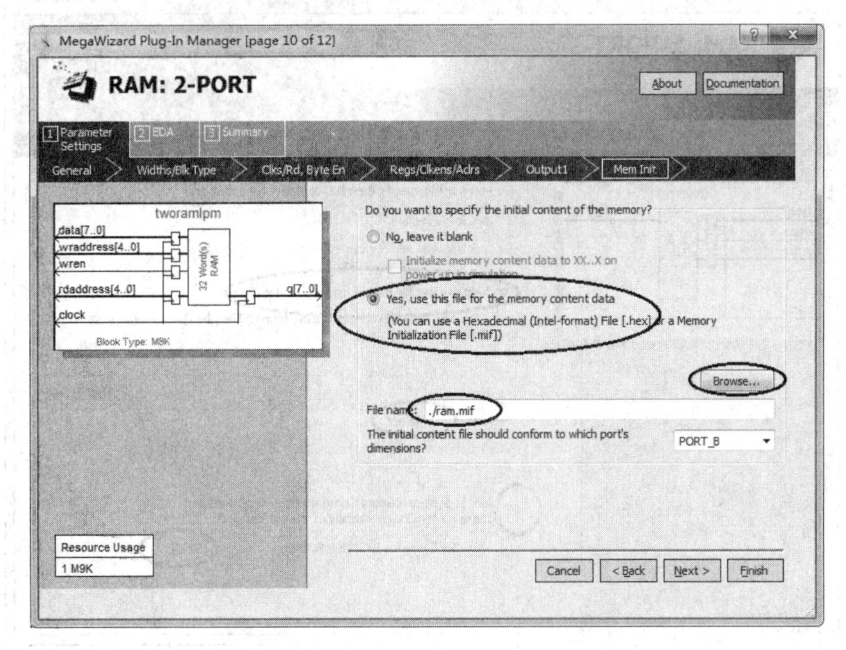

图 6.28　确定存储器初始化文件的名称

(2) 关闭向导后，测试生成的存储器模块文件 tworamlpm.v。

(3) 编写一个 Verilog 文件，调用上面生成的 tworamlpm.v 模块，然后进行例化。为了查看 RAM 中的内容，将 RAM 中的内容用十六进制形式逐字节地显示在 HEX1 和 HEX0 上，约每秒钟滚动一次，同时在 HEX3 和 HEX2 上显示该字节的地址。使用 DE2-115 平台上的 50 MHz 时钟作为时钟源，使用 KEY0 作为 Reset 输入。输入数据所用的波段开关、数码管与 6.8.2 小节中的相同，注意要将波段开关的输入与 50 MHz 时钟同步。

(4) 编译工程并在 DE2-115 上对电路进行测试，确认存储器中的内容是否与 ram.mif 文件中的相同，确保可以用波段开关向任何地址写入任何数据。

6.8.5　伪双口 RAM

在 6.8.4 小节中建立的双口 RAM 有两个地址口，因此可以同时对其进行读操作和写操作。本练习中建立的 RAM 具有类似的功能，但只使用一个单口 RAM 来实现。由于只有一个地址端口，因此需要通过复用来分时进行读/写操作。

请按以下步骤完成练习：

(1) 新建一个 Quartus II 工程，使用 MegaWizard Plug-In Manager 建立一个单口 RAM。与 6.8.1 小节中建立的单口 RAM 不同的是，在[Page 6 of 8]页，与 6.8.4 小节一样指定 ram.mif 文件为 RAM 内容的初始化文件，同时选中 Allow In-System Memory Content Editor to capture and update content independently of the system clock 项，即允许 Quartus II 的在线存储器内容编辑器查看和修改这个 RAM 块中的内容(也可执行菜单命令 Tools→In-System Memory Content Editor 调用该工具)，如图 6.29 所示。使用这个工具的时候，可以为存储器块设定一个“Instance ID”作为存储器块的名字，本例中将这个存储器块的 Instance ID 设为 32 × 8。

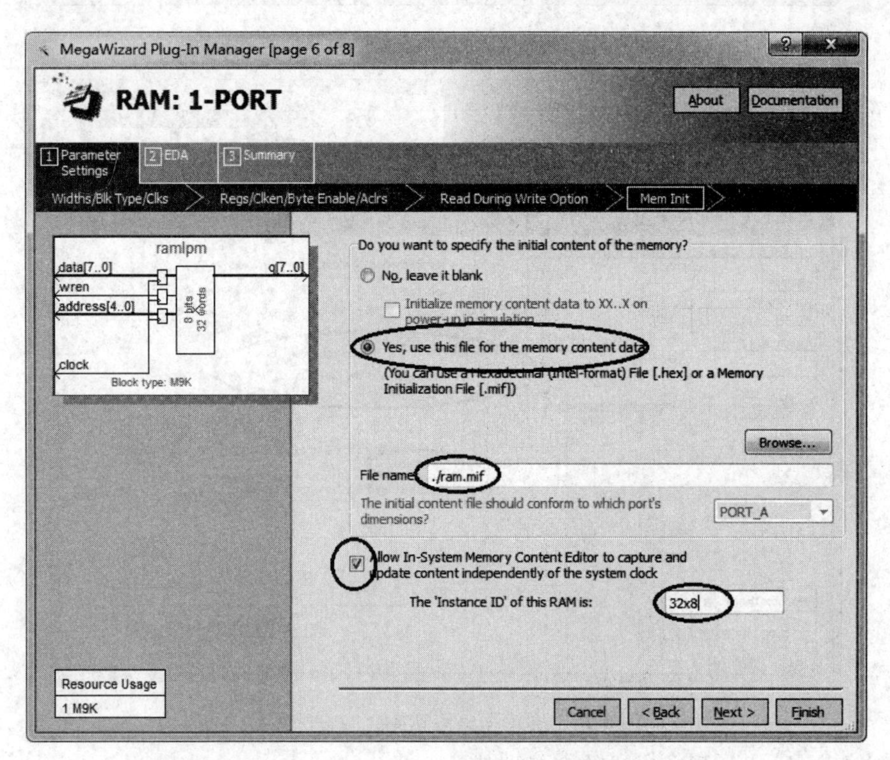

图 6.29　允许在系统存储器内容编辑器修改的 RAM 内容设置

(2) 编写一个 Verilog 文件，调用这个 RAM 模块，实现与 6.8.4 小节练习一样的功能。

(3) 在使用 In-System Memory Content Editor 查看和编辑 RAM 内容之前，还要对另一

个设置进行修改。用 Assignments→Settings 菜单打开 Settings 对话框，在 Analysis & Synthesis Settings 栏的 Default Parameters 中添加一个参数 CYCLONEIV_SAFE_WRITE，设置其默认值为 RESTRUCTURE，并点击 Add 按钮添加到 Existing parameter settings 列表中，如图 6.30 所示。这个参数允许 Quartus II 的综合工具对单口 RAM 加以改进，使之能被 In-System Memory Content Editor 查看和修改。点击 OK 按钮退出 Settings 对话框。

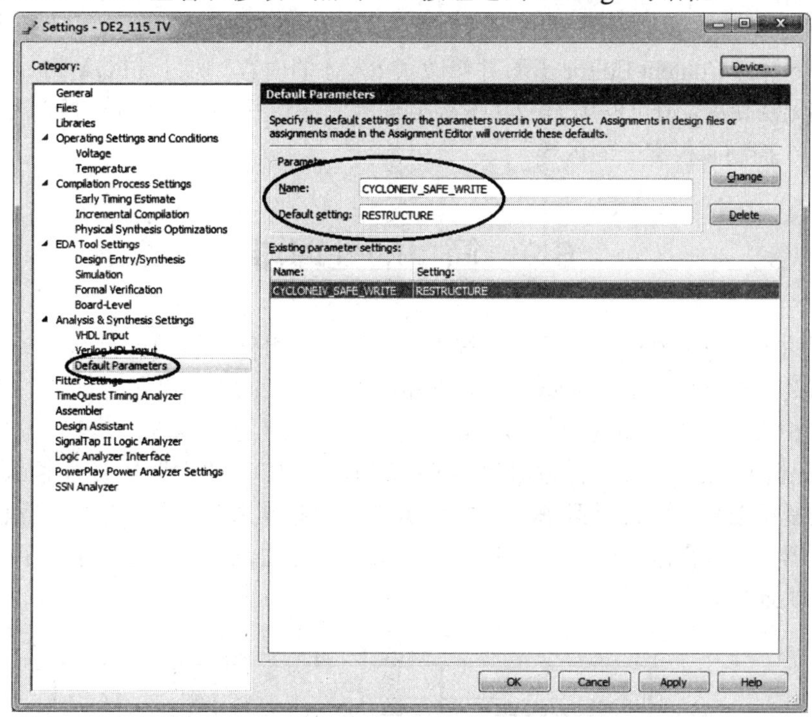

图 6.30　设置 CYCLONEIV_SAFE_WRITE 参数

(4) 编译并将电路下载到 DE2-115 开发板的 FPGA 中，对电路进行功能测试，确认所有 RAM 的内容都可以读/写，并与 6.8.4 小节中练习的结果进行比较。

(5) 用 Tools→In-System Memory Content Editor 菜单打开图 6.31 所示的窗口，通过这个窗口可以读取或修改 RAM 中的内容，具体使用方法请参照 Quartus II 软件的使用帮助。改变 RAM 中的内容，确认数码管上显示的内容与 In-System Memory Content Editor 中的内容一致。

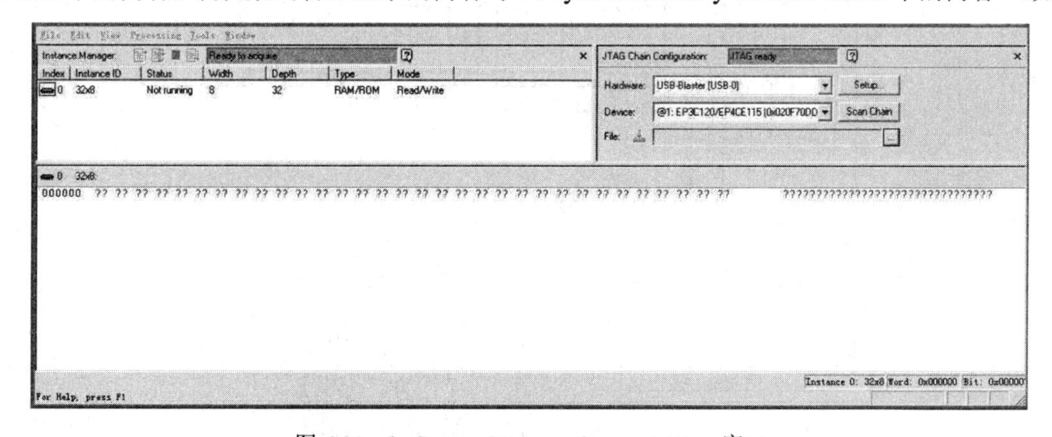

图 6.31　In-System Memory Content Editor 窗口

6.8.6　用 DE2-115 控制面板查看并修改片外 RAM 的内容

本练习用 SRAM 芯片 IS61WV102416BLL 替代 M9K 存储器块实现 6.8.5 小节和 6.8.3 小节中练习的内容。创建新的 Quartus Ⅱ工程，编写代码，编译并下载到 DE2-115 开发板上进行调试。

在 6.8.4 小节中，我们采用 MIF 文件对 RAM 的内容进行初始化，在 6.8.5 小节中，用 In-System Memory Content Editor 查看并修改了 RAM 的内容。对于 FPGA 的片外存储器，这些功能都无法使用，但可以用 DE2-115 控制面板完成这些功能，具体方法请参照本书 4.8 节中 DE2-115 控制面板部分的内容。

6.9　简单的处理器

在前面的章节里分别介绍了数字系统中的一些基本组件，包括计数器、译码器、编码器、时钟以及存储器模块等。在这一节将介绍一个较复杂的数字系统，即我们平常所说的处理器。图 6.32 是一个简单的处理器，它包含了一定数量的寄存器、一个多路复用器、一个加法/减法器(Addsub)、一个计数器和一个控制单元。16 位的数据从 DIN 输入到系统中，并可以通过复用器分配给寄存器 R0～R7 和 A，复用器也允许数据从一个寄存器传送到另外一个寄存器中。寄存器的输出在图中叫做“总线”，它的作用主要是为系统中不同位置的数据传输提供连接。

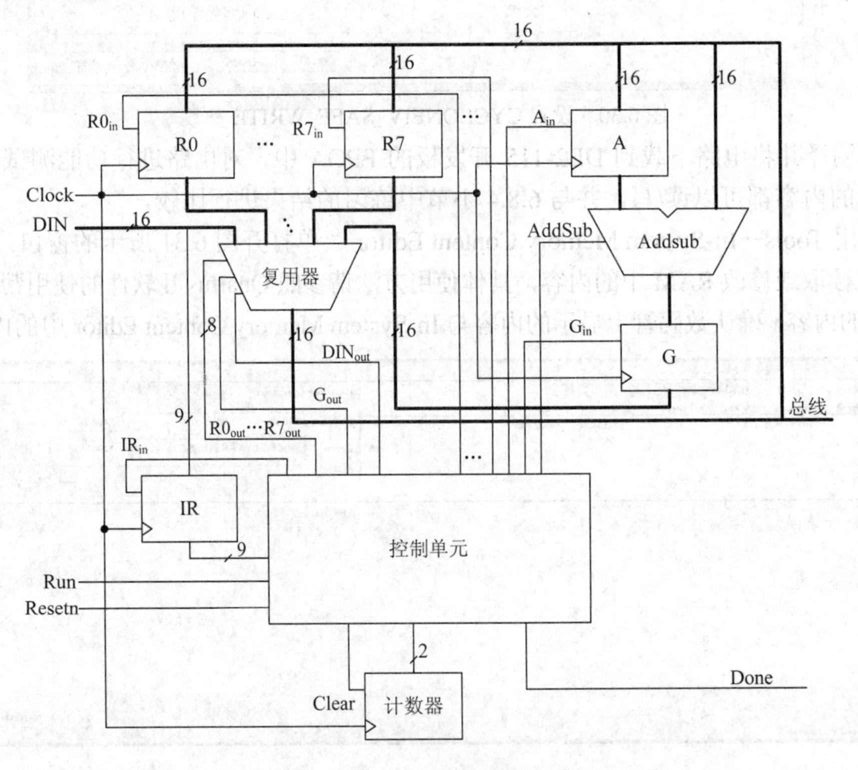

图 6.32　一个简单的数字系统

加法和减法的实现过程为：复用器先将一个数据通过总线放到寄存器 A 中，然后将另一个数据放到总线上，加法/减法器(Addsub)对这两个数据进行运算，运算结果存入寄存器 G 中，G 中的数据又可根据要求通过复用器转存到其他寄存器中。

整个系统由控制单元协调，在不同的时钟周期执行不同的操作。控制单元决定了每一个时钟周期将哪一个数据置于总线上，并决定这个数据被送入哪一个寄存器中。例如，要将数据 $R0_{out}$ 送入寄存器 A，在第一个时钟周期，复用器先将 $R0_{out}$ 置于总线上，在下一个时钟周期，再将总线上的数据送入寄存器 A 中。

这种数字系统一般称为处理器，它按照指令执行操作。表 6.13 列出了本节练习所支持的指令，表中左列是指令的名称及操作数，右列是指令的功能。语法 $R_x \leftarrow [R_y]$的意思是将寄存器 R_y 中的内容复制到 R_x；mv 指令的功能是将数据从一个寄存器复制到另外一个寄存器；mvi R_x，#D 是将立即数 D 存入寄存器 R_x 中。

表 6.13　处理器的指令

操　作	功　能
mv R_x，[R_y]	$R_x \leftarrow [R_y]$
mvi R_x，#D	$R_x \leftarrow D$
add R_x，R_y	$R_x \leftarrow [R_y]+[R_x]$
sub R_x，R_y	$R_x \leftarrow [R_y]-[R_x]$

所有的指令都按照 9 位编码存储在指令寄存器 IR 中，编码的规则是 IIIXXXYYY，III 表示指令，XXX 表示 R_x 寄存器，YYY 表示 R_y 寄存器。本练习有四条指令，因此只需用到 III 中的两位，第三位是为后面的练习预留的。因此，图 6.32 中的 IR 要与 16 位 DIN 输入中的 9 位连接；对于 mvi 指令，YYY 没有意义，而立即数#D 也必须在 mvi 指令存储到 IR 中之后，通过 16 位 DIN 输入。

有一些指令，如加法指令和减法指令，需要在总线上多次传输数据，因此需要多个时钟周期才能完成。控制单元使用了一个两位计数器来区分这些指令执行的每一个阶段。当 Run 信号置位时，处理器开始执行 DIN 输入的指令。当指令执行结束后，Done 信号置位。表 6.14 列出了表 6.13 的指令在执行过程中的每一个时间段置位的信号。

表 6.14　指令执行的每一个时间段置位的控制信号

时间 / 指令	T_0	T_1	T_2	T_3
(mv):I_0	IR_{in}	RY_{out}，RX_{in}，Done	---	---
(mvi):I_1	IR_{in}	DIN_{out}，RX_{in}，Done	---	---
(add):I_2	IR_{in}	RX_{out}，A_{in}	RY_{out}，G_{in}	G_{out}，RX_{in}，Done
(sub):I_0	IR_{in}	RX_{out}，A_{in}	RY_{out}，G_{in}，Addsub	G_{out}，RX_{in}，Done

6.9.1　实现一个简单的处理器

请按照以下的步骤用 Verilog 语言实现图 6.32 所示的处理器：

(1) 新建一个新的工程。

(2) 建立一个 Verilog 文件，完成所需的功能后将其添加到工程中，并编译这个工程。

建议按照代码 6.9 的架构完成 Verilog 代码，代码 6.10 是代码 6.9 中用到的一些子电路模块。

(3) 使用功能仿真验证代码的正确性。例如，首先从 DIN 向 IR 装载一个十六进制数 $(2000)_{16}$，这表示指令 mvi R0, #D(立即数 D = 5 在其后的时钟 Clock 上升沿载入寄存器 R0)。然后送第二个指令 mv R1, R0，接着送第三个指令 add R0, R1，最后执行指令 sub R0, R0。注意 9 位 IR 寄存器的值从 DIN 装载时取其高 9 位，即 DIN[15..7]载入 IR 寄存器。

(4) 建立一个新的 Quartus Ⅱ工程，将上述电路在 DE2-115 平台上实现。这个工程包括一个顶层模块，该顶层模块调用处理器的一个实例，并采用 DE2-115 平台上的资源作为处理器的输入和输出。用波段开关 SW15～SW0 驱动 DIN 输入，使用 SW17 作为 RUN 输入，用 KEY0 作为 Resetn，用 KEY1 作为时钟 Clock。将处理器的总线连接到 LEDR15～LEDR0 上，并将 Done 信号接到 LEDR17。

(5) 为工程分配引脚，重新编译工程并下载到 DE2-115 平台上。

(6) 通过改变波段开关的位置并配合按键 KEY0 和 KEY1 来测试电路。由于处理器的时钟输入用按键控制，因此可以很方便地观察电路的运行情况。

代码 6.9 处理器 Verilog 代码框架。

```
module proc(DIN,Resetn,Clock,Run,Done,BusWires);
    input[15:0] DIN;
    input Resetn, Clock,Run;
    output Done;
    output[15:0] BusWires;
    ……//变量的声明
    Wire Clear = …
    upcount Tstep(Clear,Clock,Tstep_Q);    //指令执行计数模块
    assign I = IR[1:3];
    dec3to8 decX(IR[4:6],1'b1,Xreg);       //译码器
    dec3to8 decY(IR[7:9],1'b1,Yreg);
    ……//其他一些电路模块的定义

    always@(Tstep_Q or I or Xreg or Yreg)
    begin //always
        ……//初始化
        case(Tstep_Q)
            2'b00://指令执行的 T0 段，从 DIN 输入指令
                begin
                    IRin = 1'b1;
                end
            2'b01://定义 T1 时的信号
                case(I)
                ⋮
                endcase
```

```
            2'b10: //定义 T2 时的信号
                case(I)
                ⋮
                endcase
            2'b11: //定义 T3 时的信号
                case(I)
                ⋮
                endcase
        endcase
    end    //end always
    regn reg_0(BusWires, Rin[0], Clock, R0);
    …//例化其他的寄存器、加法器及减法器
    …//定义总线
endmodule
```

代码 6.10　处理器 Verilog 代码中用到的子电路模块。

```
module upcount(Clear,Clock,Q);
        input Clear, Clock;
        output[1:0] Q;
        reg[1:0] Q;
        always @(posedge Clock)
        if (Clear)
            Q <= 2'b0;
        else
            Q <= Q+1'b1;
endmodule

module dec3to8(W, En, Y);
input [2:0] W;
input En;
output [0:7] Y;
reg [0:7] Y;
always @(W or En)
begin
    if (En == 1)
        case (W)
            3'b000: Y = 8'b10000000;
            3'b001: Y = 8'b01000000;
            3'b010: Y = 8'b00100000;
            3'b011: Y = 8'b00010000;
```

```
                3'b100: Y = 8'b00001000;
                3'b101: Y = 8'b00000100;
                3'b110: Y = 8'b00000010;
                3'b111: Y = 8'b00000001;
            endcase
        else
            Y = 8'b00000000;
    end
    endmodule

    module regn(R, Rin, Clock, Q);
    parameter n = 16;
    input [n-1:0] R;
    input Rin, Clock;
    output [n-1:0] Q;
    reg [n-1:0] Q;

    always @(posedge Clock)
    if (Rin)
        Q <= R;
    endmodule
```

6.9.2 为处理器增加程序存储器

简单的处理器实现之后，就可以在此基础上添加存储器模块以及计数器模块，电路连接如图 6.33 所示。计数器从存储器中按地址连续地读出数据并发送给处理器，作为处理器的指令流。为了简单起见，存储器和处理器各自采用单独的时钟，分别为 MClock 和 PClock。

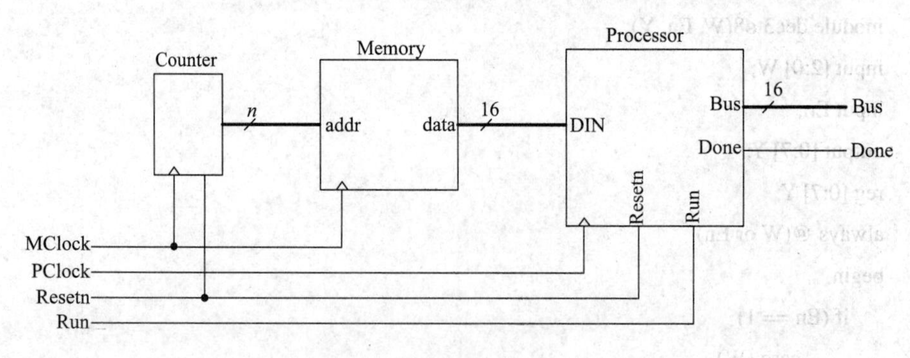

图 6.33　简单存储器的扩展

请按照以下的步骤完成练习：

(1) 创建一个新的 Quartus II 工程。

(2) 编写一个新的顶层 Verilog 代码，例化处理器、存储器和计数器。用 MegaWizard

Plug-In Manager 工具中的 Memory Compiler 创建一个 ROM:1-PORT 存储器模块。存储器的设置如下：存储器的数据口宽度为 16 位，深度为 32 个字节。本例中的存储器只有读端口而没有写端口，故称为同步只读存储器(Synchronous ROM)，相关参数设置如图 6.34 所示。由于是只读存储器，因此需要提前将处理器的指令置入存储器中，利用 MIF 文件指定存储器的初始值，本例中的初始化文件为 inst_mem.mif，如图 6.35 所示。

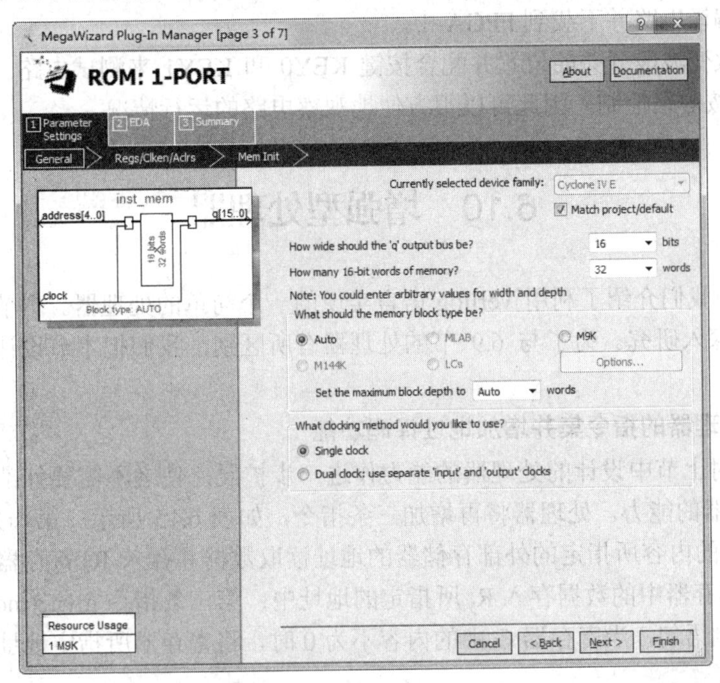

图 6.34　只读存储器参数设置

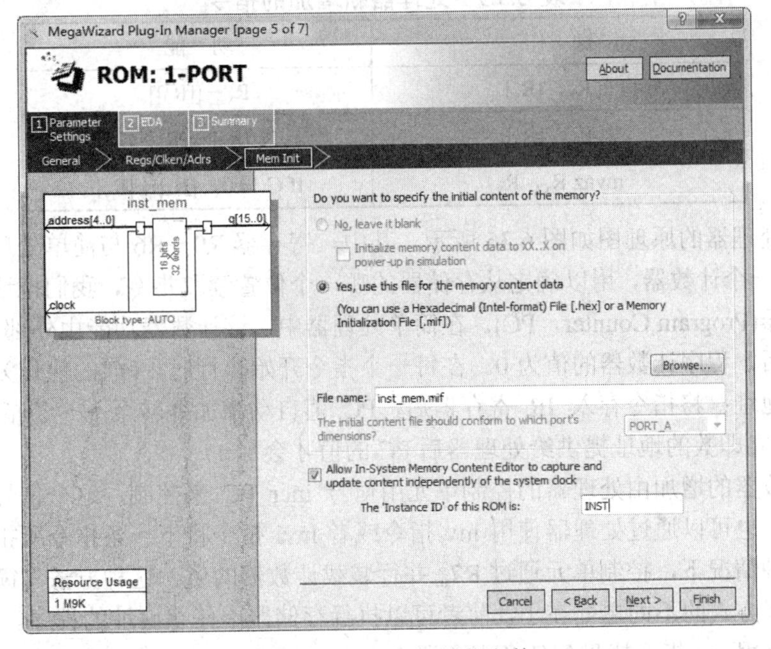

图 6.35　设置存储器初始化文件 MIF

(3) 编译电路，使用功能仿真工具测试电路，以确保 ROM 中的指令能够被正确读出并被处理器正确执行。

(4) 根据 DE2-115 平台上的资源配置处理器的外围信号，用 SW17 作为处理器的 Run 信号输入，用 KEY0 作为 Resetn，用 KEY1 作为 MClock，用 KEY2 作为 PClock，将处理器的总线连接到 LEDR15～LEDR0 上，将 Done 信号连接到 LEDR17 上。

(5) 重新编译电路并下载到 FPGA 中。

(6) 通过改变波段开关的位置并配合按键 KEY0 和 KEY1 来测试电路。由于处理器的时钟输入采用按键来控制，因此可以很方便地观察电路的运行情况。

6.10　增强型处理器

在 6.9 节中我们介绍了利用 Verilog 语言实现的一个简单的处理器。本节在上一节内容的基础上继续深入研究。为了与 6.9 节的处理器有所区别，我们把本节设计的处理器称作增强型处理器。

1. 扩展处理器的指令集并增加地址译码功能

本练习将对上节中设计的处理器的能力作进一步扩展，使之不需要外部计数器而自己具备读/写存储器的能力。处理器将再增加三条指令，如表 6.15 所示。第一条指令 ld(load) 是从 R_y 寄存器的内容所指定的外部存储器的地址读取数据并存入 R_x 寄存器；第二条指令 st(store)将 R_x 寄存器中的数据存入 R_y 所指定的地址中；第三条指令 mvnz(move if not zero) 是一个条件复制语句，当寄存器 G 中的内容不为 0 时，将寄存器所指定地址的数据复制到寄存器 R_x 中去。

表 6.15　处理器新增加的指令

操　作	功　能
ld R_x，[R_y]	$R_x \leftarrow [[R_y]]$
st R_x，[R_y]	$[R_y] \leftarrow [R_x]$
mvnz R_x，R_y	If G != 0，$[R_x] \leftarrow [R_y]$

增强型处理器的原理图如图 6.36 所示。其中，寄存器 R0～R6 与简单处理器的定义一样，R7 改为一个计数器，用以确定从存储器的哪一个位置读取指令，我们把这个计数器称作程序计数器(Program Counter，PC)。在简单处理器中，该计数器功能由外部计数器完成。处理器复位后，程序计数器的值为 0。在每一个指令开始执行时，PC 的值作为从存储器中读取指令的地址；将指令存入 IR 寄存器后，PC 值自动增加并转至下一条指令(对于指令 mvi，则是将立即数的地址提供给处理器后 PC 的值才会加 1)。

程序计数器的增加由处理器的控制单元用信号 incr_PC 来控制，这个信号连接在计数器的使能端，也可以通过处理器使用 mv 指令或者 mvi 指令将下一条指令所指的地址写入 R7(PC)。这种情况下，控制单元通过 $R7_{in}$ 并行装载计数器的值。这种方法与简单处理器按地址连续执行方式的不同之处在于，前者可以执行存储器中任意地址的程序。同样，PC 中的内容也可以用 mv 指令拷贝到任意寄存器中。

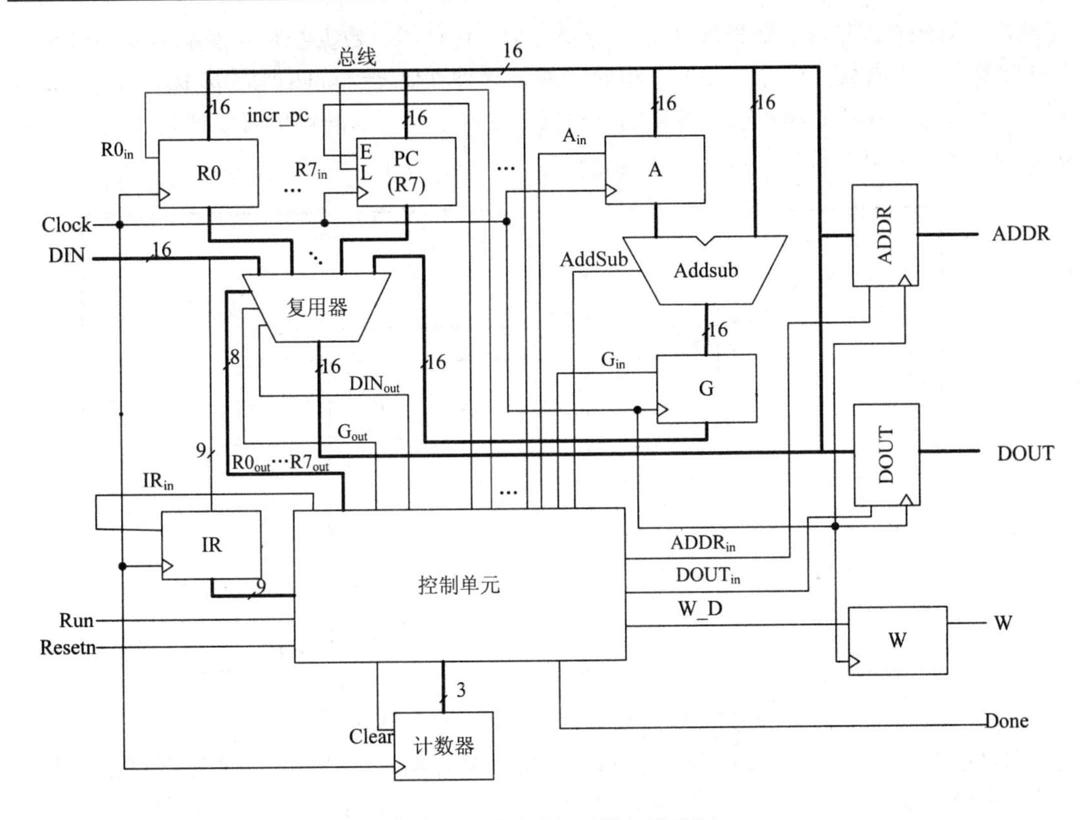

图 6.36 增强型处理器的原理图

代码 6.11 是一个用 PC 寄存器实现程序循环运行的例子。指令 mv R5,R7 将指令 sub R4, R2 在存储器中的地址保存到 R5 中，然后 R4 的内容减 1。如果此时 R4 等于 1，则相减之后得到的 G 为 0。指令 mvnz R7，R5 判断 G 中的值，如果为 0 则结束循环，否则继续循环。本程序相当于一个延时程序，延时的长短由第二行指令写入寄存器 R4 的值来决定。

代码 6.11 用 PC 寄存器实现程序循环运行。

```
mvi R2, #1
mvi R4, #10000000        //二进制延时值的大小
mv R5, R7                //保存下一条指令的地址
sub R4, R2               //延时计数减 1
mvnz R7, R5              //连续减至 G = 0
```

图 6.36 所示的原理图中有两个寄存器用于数据的传输。寄存器 ADDR 将地址送给外部设备，如外部存储器等；寄存器 DOUT 将数据送给外部设备。ADDR 的一个用途是从外部存储器中读取指令。当处理器需要从外部存储器中读取指令时，通过总线将 PC 的内容写入 ADDR，然后再将这个地址提供给存储器。处理器可以通过 ADDR 寄存器从任意地址读取数据。处理器向外部地址写数据时，首先将地址置入 ADDR 寄存器，将数据置入 DOUT 寄存器，然后将 W 触发器的输出置 1，即可完成写操作。处理器需要的所有指令和数据都是通过 DIN 输入的。

图 6.37 是增强型处理器与外部存储器或其他设备连接的例子，图中的存储单元支持读

/写操作，因此有地址线、数据线和写使能端。由于地址线、数据线和使能端需要同时在一个时钟的上升沿有效，因此还需要一根时钟线，这种存储器一般叫做同步 RAM。图 6.37 中还有一个可以存储处理器输出数据的寄存器，把这个寄存器的输出连接到 LED 上，就可以在 DE2-115 上显示数据了。

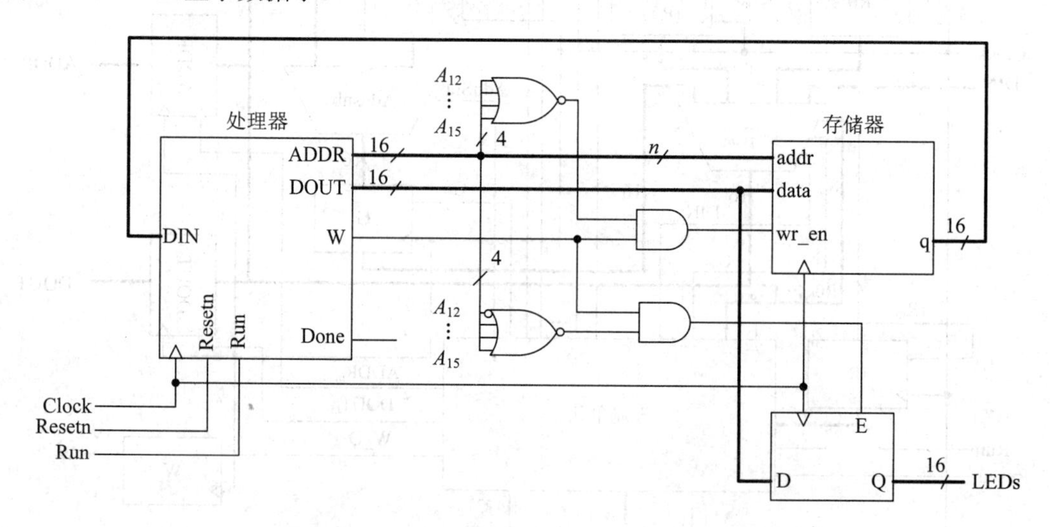

图 6.37　处理器与外部存储器和寄存器的连接

通过组合逻辑电路可以确定处理器输出的数据是存储到存储器还是通过寄存器输出，这种逻辑电路称为地址解码：当图 6.37 中的高四位 $A_{15}A_{14}A_{13}A_{12}=0000$ 时，数据写入由 n 位低位地址确定的存储器模块中，本例中存储器的容量为 128 个字节，低位地址 n 取 7 位，即 $A_6 \ldots A_0$；当高四位 $A_{15}A_{14}A_{13}A_{12}=0001$ 时，处理器将 DOUT 输出的数据存入寄存器，用来驱动 LED 显示，如果要驱动其他外部设备，则可以照此继续扩展。

请按照以下的步骤完成练习：

(1) 为增强型处理器建立一个新的 Quartus II 工程。

(2) 按照功能要求编写 Verilog 代码并进行功能仿真：在 DIN 端口输入指令，在指令执行时观察处理器内部的信号，注意处理器与外部存储器之间信号的时序。

(3) 另建一个新的 Quartus II 工程，按照图 6.37 例化处理器、存储器模块及寄存器。使用 MegaWizard Plug-In Manager 工具建立一个深度为 128 位、宽度为 16 位的 Memory Compiler 下的 RAM:1-PORT 存储器模块，RAM 的使用方式为一个读端口和一个写端口，使用 MIF 文件将要执行的指令存储到存储器中。

(4) 使用功能仿真测试电路，确保处理器能够从 RAM 中正确读取并执行指令。

(5) 根据 DE2-115 的资源配置处理器的外围信号，用 SW17 作为处理器的 Run 信号输入，用 KEY0 作为 Resetn，将 LED 寄存器的输出连接到 LEDR15～LEDR0 上，观察处理器的输出。使用 DE2-115 的 50 MHz 时钟信号作为 Clock 输入。为了确保电路在 50 MHz 的频率下能正确运行，在 Quartus II 中应设置时序约束。在 Quartus II 的时序分析报告(Timing Analyzer)中可以看到电路是否能够在此频率下工作，如果不行，则用 Quarturs II 提供的工具分析电路并优化 Verilog 代码，直至满足要求。另外，Run 信号与时钟信号是异步信号，因此要用触发器使其与时钟同步。

(6) 编译电路并下载到 FPGA 中。

(7) 对电路进行功能测试。

2. 在数码管上滚动显示单词

本练习在增强型处理器上添加外围 I/O 模块，并为处理器编写程序，完成必要的功能。在电路中增加一个名为 seg7_scroll 的模块，该模块为 DE2-115 平台上的每一个七段数码管提供一个独立的寄存器。参照前文中扩展指令集并增加地址译码功能的处理器的设计，为每一个寄存器设计地址解码电路，从而使处理器可以通过写寄存器来实现在数码管上滚动显示字符的功能。

请按照以下步骤完成练习：

(1) 建立一个新的 Quartus II 工程，编写 Verilog 代码，实现图 6.37 中的功能，并增加 seg7_scroll 模块。

(2) 使用功能仿真测试电路。

(3) 为工程增加时序约束并完成引脚配置，编写一个 MIF 文件以使处理器在七段数码管上显示字符(基本任务是在数码管上显示一个单词，在此基础上可以增加单词的向左、向右或双向滚动功能)。

(4) 编译工程并在 DE2-115 平台上进行功能测试。

3. 增加单词显示速度控制功能

本练习在增加字符显示功能的基础上，增加了允许处理器读取外部波段开关状态的 port_n 模块，波段开关的状态先存储在寄存器中，处理器可以用 ld 指令读取该寄存器的内容，从而获得波段开关的状态；还增加了地址解码电路，使处理器可以根据地址选择从程序存储器中还是从 port_n 模块中读取数据。

请按以下步骤完成练习：

(1) 设计 port_n 模块的电路。

(2) 建立新的 Quartus II 工程，编写 Verilog 代码完成该电路，并编写一个能够测试 port_n 模块的 MIF 文件，可以实现在数码管上滚动显示信息，并通过 port_n 读取波段开关的信息来控制滚动速度。

(3) 完成电路的功能仿真并下载到 DE2-115 平台上进行功能测试。

第 7 章

“计算机组成原理”课程练习

本章针对“计算机组成原理”课程提供了五组基于 DE2-115 平台的练习。7.1 节学习建立一个简单的计算机系统；7.2 节学习用程序控制输入/输出；7.3 节学习和掌握子程序及堆栈的概念；7.4 节学习和比较处理器与外部设备通信时采用的轮询机制与中断机制；7.5 节学习总线通信，通过外部总线桥将 DE2-115 平台上的 SRAM 及七段数码管连接到处理器上。这五组练习是在原 Altera 提供的英文版练习基础上整理而来的，其英文版文档在 DE2-115 开发板系统光盘中的 DE2-115_lab_exercises\DE2_115_Computer_Organization 目录下。

本章的每一节为一个完整的单元练习，每一节中的练习又分为不同的部分，各部分的划分是参照任务的工作量进行的，因此在篇幅上有较大的差异。本章的内容可独立于本书其他章节使用，但本章的练习前后有连贯性，最好连续使用。学习本章时涉及关于 Qsys 的内容可参考本书第 3 章。

在本章的练习中，需要频繁使用一个名为 Altera Monitor Program 的 Nios II 处理器调试工具。Altera Monitor Program 是原 Altera 大学计划的一部分，可从官网免费下载。Altera Monitor Program 其实就是一个模拟器，具有编译、Trace 和修改等功能。这些功能 NiosEDS 也有而且更强大，但是从学习 Nios II 体系结构的角度来看，Altera Monitor Program 是最简单、最好入门的工具，可以在该工具上在线仿真每一句汇编指令或者 C 指令，观察具体 Memory 或 Register 的使用情况，甚至实时修改它。用户可以在原 Altera 官网主页上点击“SUPPORT”，选择网页中的“University Program”，在其中选择“Materials”中的 Software，在该页面点击 Monitor Program，下载和 Quartus II 版本对应的 University Program Installer (Windows)即 Altera Monitor Program 软件，具体网址可参考 https://www.altera.com.cn/support/ training/ university/materials-software.html。下载后安装界面如图 7.1 所示。建议读者在开始本章的练习之前，先简单了解 Altera Monitor Program 软件的使用方法，可以在安装好的 Altera Monitor Program 软件上执行菜单命令 Help→Nios II Tutorial。

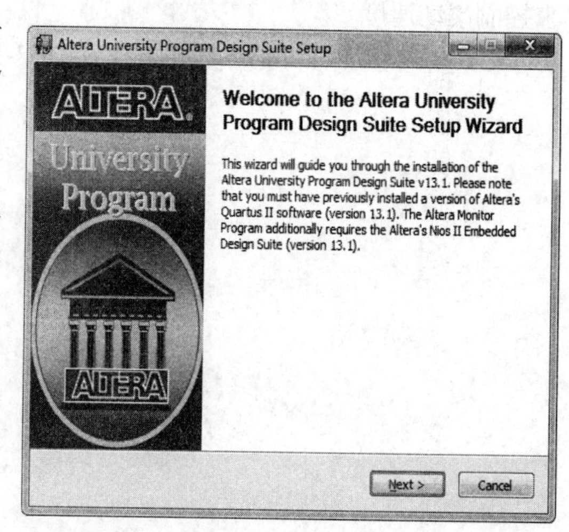

图 7.1　Altera Monitor Program 软件安装

7.1　一个简单的计算机系统

本练习的目的是学习如何建立及使用一个简单的计算机系统。本练习所建立的系统由一个 Nios Ⅱ处理器和一个应用程序组成。我们使用 Qsys 软件生成系统的硬件部分，使用 Altera Monitor Program 软件来编译、加载并运行应用程序。

1. 建立一个简单的计算机系统

在本练习中，我们使用 Qsys 建立一个图 7.2 所示的系统。这个系统由一个 Nios Ⅱ/e 处理器和一个片上存储器组成，Nios Ⅱ/e 处理器用来处理数据，存储器块用来保存指令和数据。

请按照以下的步骤实现图 7.2 所示的 Nios Ⅱ系统：

(1) 新建一个 Quartus Ⅱ工程，选择器件 Cyclone IV EP4CE115F29C7 作为目标器件，这个器件是 Altera DE2-115 平台上所采用的器件。

(2) 使用 Qsys 建立一个名为 nios_system 的系统，系统中包括以下组件：

① 带 JTAG Debug Module Level 1 的 Nios Ⅱ/e 处理器。

② RAM 模式、32 位宽和 32 K 字节深度的片上存储器(On-Chip Memory)。

(3) 在 Qsys 中，从 System 菜单中选择 Create Global Reset Network 自动建立所有组件的全局复位网络，然后按照图 7.2 中 Connections 列连接 Qsys 中的各组件。

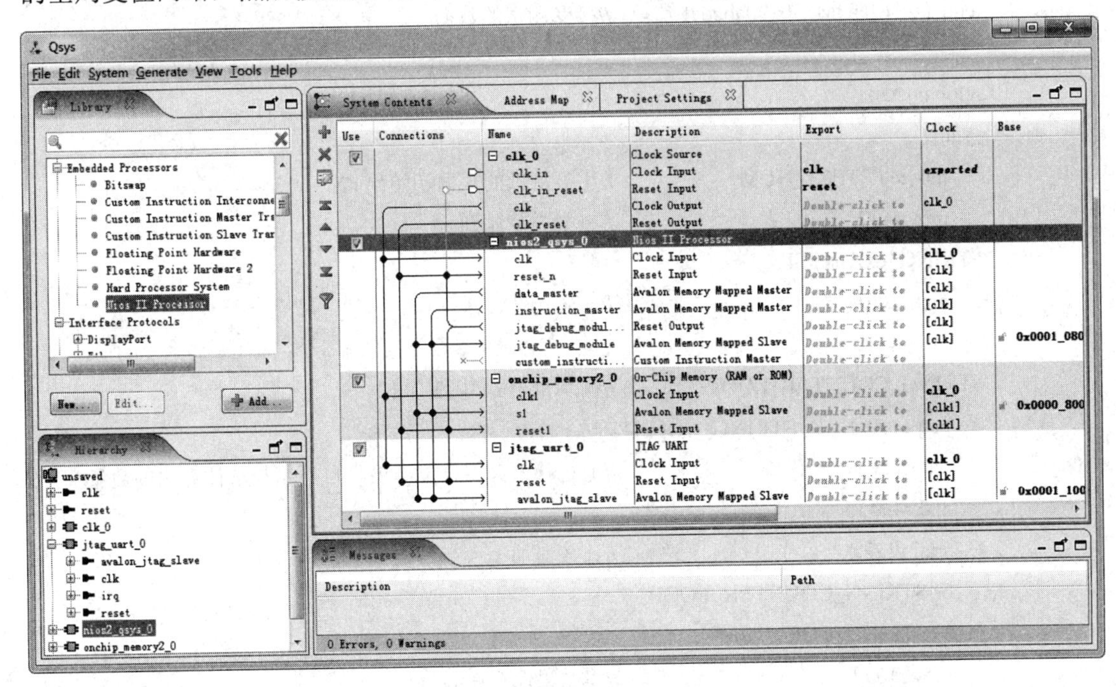

图 7.2　Qsys 中的 Nios Ⅱ系统

(4) 在 Qsys 中用鼠标左键双击 nios2_qsys_0 处理器组件，在弹出的 Nios Ⅱ Processer 窗口中，设置 Reset Vector 和 Exception Vector 的存储器空间为 onchip_memory2_0.s1。

(5) 在 Qsys 软件中，从 System 菜单中选择 Assign Base Addresses，自动分配添加到 Qsys 系统中组件的基地址，得到图 7.2 所示的 Qsys 系统。

(6) 生成系统之后退出 Qsys，并返回 Quartus Ⅱ软件。

(7) 在 Verilog/VHDL 模块中例化生成的 Nios Ⅱ系统。

(8) 分配引脚如下：

① clk 锁定在 PIN_Y2 引脚(50 MHz 时钟输入)。

② reset_n 锁定在 PIN_M23 引脚(DE2-115 上的按键 KEY0)。

(9) 编译 Quartus Ⅱ工程。

(10) 下载并配置 DE2-115 上的 Cyclone Ⅳ系列的 FPGA 以实现生成的系统。使用这个系统之前，还必须为处理器提供可执行的程序，在接下来的练习中将完成这部分的工作。

2．对序列中出现的连续的 1 计数

在数字计算机中，所有的数据都是按照 0 和 1 的序列出现的。代码 7.1 所列的 Nios Ⅱ汇编语言代码用以测试一串二进制数据中连续出现的 1 的最大长度。例如 0x937a(1001001101111010)中最多有 4 个 1 连续出现。以下的代码用于计算数据 0x90abcdef 中连续出现的 1 的最大长度。

代码 7.1　计算 0x90abcdef 中连续出现的 1 的最大长度。

```
.include "nios_macros.s"

.text
.equ TEST_NUM, 0x90abcdef          //接受测试的数据


.global_start
_start:
    movie r7,TEST_NUM              //用被测试的数据初始化 r7
    mov r4,r7                      //将数据复制到 r4
STRING_COUNTER:
    mov r2,r0                      //初始化计数器

STRING_COUNTER_LOOP:               //循环直至 r4 中没有 1
    beq r4,r0, END_STRING_COUNTER
    srli r5,r4,1                   //通过移位并将移位结果与自身相与来计算 1 的数量
    and r4,r4,r5
    addi r2,r2,1                   //计数器加 1
    br STRING_COUNTER_LOOP
END_STRING_COUNTER:
    mov r16,r2                     //将结果保存在 r16 中

END:
```

```
    br END                    //程序结束
.end
```

请按照以下步骤编译并执行代码 7.1：

(1) 打开 Altera Monitor Program，并用生成的 Nios Ⅱ系统以及代码 7.1 所示的应用程序配置 Altera Monitor Program。

(2) 编译并加载该程序。

(3) 单步执行完该程序，观察指令是如何改变处理器寄存器值的，当程序执行结束之后，寄存器 r16 的值应该为 4。

(4) 将程序计数器(Program Counter)的值设为 0x00000008，以此来跳过刚开始的两条指令重新执行程序。

(5) 在地址 0x28 设置一个断点，这样程序执行完后会自动停止。

(6) 将 r7 设为 0xabcdef90，按 F3(继续运行)重新运行程序，检验运行结果是否正确。

3. 指令的组成

与数据一样，指令也是由 1 和 0 组成的二进制序列。本练习的目的主要是考察指令是如何组成的。

请参照以下的步骤完成练习：

(1) 在 Altera Monitor Program 中选择 Actions→Load，重新装载程序，以清除 7.1.2 小节中对存储器内容的修改，重新执行一遍程序，结束后停止下来。

(2) 从原 Altera 公司的网站上下载 Nios Ⅱ Processor Reference Handbook，使用该手册确定 and r3，r7，r16 和 sra r7，r7，r3 两句代码的机器指令表示。在 Nios Ⅱ Processor Reference Handbook.pdf 文件中可以查到 and rC, rA, rB 指令的 32 位机器码格式，如图 7.3(a)所示，srarC, rA, rB 指令的 32 位机器码格式如图 7.3(b)所示。

and rC, rA, rB指令的32位机器码															
31	30	29	28	27	26	25	24	23	22	21	20	19	18	17	16
A					B					C					0x0e
15	14	13	12	11	10	9	8	7	6	5	4	3	2	1	0
0x0e					0					0x3A					

(a) and rC, rA, rB 指令的 32 位机器码

sra rC, rA, rB指令的32位机器码															
31	30	29	28	27	26	25	24	23	22	21	20	19	18	17	16
A					B					C					0x3b
15	14	13	12	11	10	9	8	7	6	5	4	3	2	1	0
0x3b					0					0x3a					

(b) srarC, rA, rB 指令的 32 位机器码

图 7.3 Nios Ⅱ处理器的 and 和 sra 指令机器码

(3) 使用 Altera Monitor Program 的 Actions→Memory-fill 功能将这两个指令放在 0 和 4 的位置，我们会注意到在 Altera Monitor Program 的反汇编视图中看不到这些更新后的值。

(4) 将程序计数器设为 0x00000000，这个时候会发生什么呢？先想一想，然后再验证答案，先单步执行放在地址 0 和地址 4 的指令(查看是否已经生效)，然后执行其他代码。

(5) 使用 Memory-fill 功能修改最后一个分支指令，使之指向程序的开始而不是本身，这样就不需要手工修改程序计数器了。

(6) 返回程序，直至 1 的数量及被测试的数据变为常数。

(7) 用指令 srl r7，r7，r3 代替 sra r7，r7，r3，重复步骤(1)～(6)，看看有什么区别。

4．子程序

在大多数应用程序中，部分代码可能需要在一个程序中的不同位置被多次执行，这部分代码可以用子程序的形式实现。在程序的任何位置都可以通过 call 指令调用子程序，如果子程序以 ret 指令结尾，则在执行完毕后返回调用该子程序的位置。本练习建立一个子程序对连续的 1 计数，再调用这个子程序对一个给定数据中的 1 和 0 计数。

请在代码 7.1 的基础上进行如下修改：

(1) 将对连续的 1 计数的程序作为一个子程序，在该子程序中用寄存器 r4 作为输入寄存器的接收输入，用寄存器 r2 保存计数结果作为子程序的输出。

(2) 调用两次新建立的子程序，一次用来计算连续出现的 1；另一次用来计算连续出现的 0，计算连续的 0 时，先将输入数据取反，然后调用子程序进行计算。

(3) 将连续出现的 1 的数量写入寄存器 r16，而将连续出现的 0 的数量写入寄存器 r17。

5．对交替出现的 1 和 0 计数

我们有时候需要计算一个序列中交替出现 1 和 0 最长的字符串长度，例如二进制序列 101101010001 中有一个长度为 6 的交替出现 1 和 0 的字符串。本练习使用前文中建立的子程序来对交替出现的 1 和 0 计数，将计数结果保存在寄存器 r18 中，假设最后两位可以看作最长字节的一部分，例如 1010 有 4 个连续位交替出现的 1 和 0。(提示：将数字左移一位或右移一位并与原始数据进行异或运算，看看会得到什么结果。)

6．C 语言与汇编语言的比较

使用 C 语言建立一个名为 count_ones 的函数，用以对连续出现的 1 计数。从反汇编之后的代码中找到 main 函数以及 count_ones 子程序，对照是否采用了同样的方式来编写汇编代码。分析编译器使用了哪些寄存器以及使用的原因。

7.2　程序控制输入/输出

本练习的目的是探讨为处理器提供输入/输出功能以及能够被软件控制的外设，将从软件和硬件两个角度来验证由程序来控制的输入/输出操作。在 DE2-115 平台上使用 Nios II 处理器中的 PIO 部件实现程序控制的并行接口。本练习的相关背景知识可以参照本书相关内容，也可以从原 Altera 网站上的 Introduction to the Altera Nios II Soft Processor 及 Introduction to the Altera SOPC Builder 文档中获得，DE2-115 系统光盘目录 DE2_115_tutorials 中也提供了这些文档，光盘上的文件名分别为 tut_nios2_introduction.pdf、tut_sopc_introduction_verilog.pdf 和 tut_sopc_introduction_vhdl.pdf。Introduction to the Altera

SOPC Builder 有两个版本，一个是针对 Verilog 设计的，另一个是针对 VHDL 设计的。另外需要注意的是低版本 Quartus Ⅱ中 SOPC Builder 和高版本 Quartus Ⅱ中 Qsys 的区别。

本练习使用的 PIO 接口是一个可以由 Qsys 生成的部件，用来提供输入/输出或双向数据传输。PIO 提供的数据传输是 1～32 位的并行传输。在 Qsys 中可以设定传输数据位宽 *n* 以及传输的方向，PIO 接口可以包含表 7.1 所示的 4 个寄存器。

表 7.1 PIO 接口的寄存器

寄存器名称		偏移地址/字节	寄存器说明
中文名称	英文表示		
数据寄存器	Data	0	输入/输出数据
方向寄存器	Direction	4	控制每一个输入/输出引脚的方向
中断控制寄存器	Interrupt-mask	8	用以控制每一个输入/输出口中断的使能/禁止
边沿捕捉寄存器	Edge-capture	12	输入的边沿捕捉

每一个寄存器都是 *n* 位长，各寄存器的用途如下：

(1) 数据寄存器(Data)：用来保存 PIO 接口与 Nios Ⅱ处理器之间传输的数据，Qsys 可以根据要求用输入寄存器、输出寄存器或双向寄存器实现数据寄存器。

(2) 方向寄存器(Direction)：在生成双向接口寄存器的时候，可以由它设定每位数据的传输方向。

(3) 中断控制寄存器(Interrupt-mask)：用以控制连接在PIO接口上的输入口的中断使能。

(4) 边沿捕捉寄存器(Edge-capture)：用以表明连接在 PIO 接口上的输入口何时发生逻辑电平的变化。

并不是所有的寄存器都在每一个 PIO 接口模块中出现。例如，方向寄存器只会在使用双向接口时产生，其他情况下不会生成方向寄存器；如果不使用输入接口，则不会生成中断控制寄存器和边沿捕捉寄存器。

如果 PIO 接口寄存器的地址被确定下来，那么可以像访问处理器的存储器一样对 PIO 寄存器进行访问。可以将处理器的任意一个低四位为 0 的地址分配给 PIO 接口(地址分配一般由 Qsys 自动完成)，这个地址就是数据寄存器 Data 的地址，其他三个寄存器相对于数据寄存器 Data 分别有 4、8 和 12 个字节(1、2 和 3 个双字)的偏移量。关于 PIO 模块外设更多详细的信息请参考 Altera 公司网站上的文档 PIO Core with Avalon Interface。

本练习的任务使用 DE2-115 平台上的波段开关输入一组带符号的 8 位数字，将这些数字相加并在 LED 和七段数码管上显示结果。

1. 建立一个包含三个 PIO 接口部件的系统

本练习使用 8 个波段开关 SW7～SW0 输入数字，使用绿色 LED LEDG7～LEDG0 显示由波段开关所定义的数字，使用 16 个红色 LED LEDR15～LEDR0 显示累加和。我们使用一个包含三个 PIO 接口的 Nios Ⅱ系统来完成本节的练习。其中一个 PIO 接口连接波段开关，为处理器提供输入的数据，其他两个 PIO 接口分别连接到绿色和红色 LED 上，作为输出接口，用来显示输入的数字以及累加和。

请参照以下步骤在 DE2-115 平台上建立一个 Nios Ⅱ系统并实现练习所需要的硬件：

(1) 新建一个 Quartus Ⅱ工程，选择目标器件 EP4CE115F29C7。

(2) 使用 Qsys 生成所需要的电路，系统命名为 nios_system，这个系统由以下部件组成：

① 带 JTAG Debug Module Level 1 的 Nios Ⅱ/s 处理器，并设置以下的属性：

- 选中 Hardware Multiply 下拉菜单中的 Embedded Multiplier(用硬件乘法器实现乘法)。
- 选中 Hardware Divide(硬件除法器)。

② RAM 模式、32 KB 存储深度的片上存储器。

③ 8 位 PIO 输入接口电路。

④ 8 位 PIO 输出接口电路。

⑤ 16 位 PIO 输出接口电路。

Qsys 自动为三个 PIO 接口命名为 pio_0、pio_1 和 pio_2，也可以根据 PIO 具体完成的功能来修改名称。例如，可分别命名为 new_number、green_LEDs 和 red_LEDs。将三个 PIO 模块的时钟都连接到 clk_0 上，s1 都连接到 Nios Ⅱ处理器的 data_master 上，reset 连接到全局复位网络，并分别导出(Export)三组 PIO 的对外接口。相关连接及导出名称如图 7.4 所示。

(3) 从 Qsys 菜单中选择 System→Assign Base Addresses 命令，自动为系统中的所有组件分配基地址，结果如图 7.4 所示，注意观察各个 PIO 模块的地址是如何分配的。

(4) 在 Verilog 或者 VHDL 文件中例化 nios_system，并在 Verilog/VHDL 设计中对所需要的与 DE2-115 平台上的开关和 LED 的连接进行定义。

(5) 导入 DE2_115_pin_assignment.csv 中的引脚配置，为设计分配引脚。

(6) 编译 Quartus Ⅱ工程。

(7) 下载并配置 DE2-115 平台上的 Cyclone Ⅳ系列的 FPGA 以实现所生成的系统。

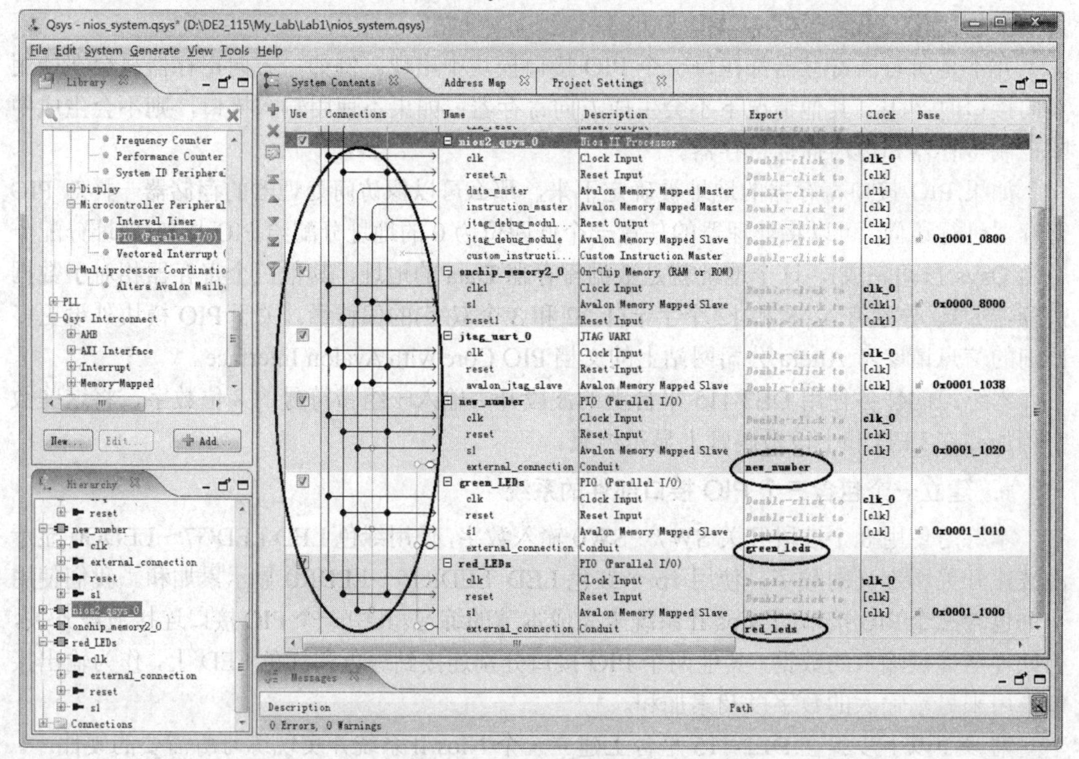

图 7.4　包含三个 PIO 模块的 Nios Ⅱ系统

2. 用汇编语言实现数据输入、累加及输出

本练习用汇编语言实现数据的输入、累加及输出，请参照以下步骤完成练习：

(1) 用汇编语言编写一段程序，读取波段开关的内容，将相应的值在绿色 LED 上显示出来，将这个数字加到一个累加和上，并用红色 LED 显示累加的结果。

(2) 使用 Altera Monitor Program 软件编译并下载程序。

(3) 单步执行程序并通过不同的数据来验证设计的正确性。注意，单步执行程序允许改变输入数据而不用担心程序会多次重复读取相同的数据。

3. 用按键控制数据读取

在本练习中，我们将为应用程序添加连续读取数据的功能，并通过一个按键启动数据的读取。当用户在波段开关上设置新的数据时，通过按键通知处理器来读取数据。

为了能够完成这一操作过程，还需要监测控制电路的状态。通常使用一个状态标志(Status Flag)，首先将这个标志位清零，当 I/O 设备接口做好下一次数据传输的准备时，将状态标志位置 1，传输结束后，重新把该标志位清零，这样处理器可以通过轮询状态标志决定何时可以传输数据。

在本练习中，I/O 设备是波段开关，I/O 接口是由 Qsys 生成的 PIO 电路，为了提供一个状态标志，我们可以生成一个特殊的带边沿捕捉功能的一位 PIO 电路。这个 PIO 电路与普通的 PIO 非常相似，寄存器分配与表 7.1 也一样。

请参照以下步骤完成练习：

(1) 新建一个工程并实现一个包含三个 PIO 接口的 Nios II 系统。

(2) 在 Qsys 中使用 PIO 生成一个状态标志部件，将这个部件配置成 1 位宽的输入口，在 Edge capture register 中选择下降沿(Falling edge)触发的 Synchronously capture，建立相应的连接和端口导出。

(3) 生成 Nios II 子系统。

(4) 针对完成的 Nios II 系统修改 Verilog/VHDL 设计，使用按键 KEY0 作为状态标志 PIO 的输入(按键是低电平有效的)。

(5) 分配引脚并编译工程。

(6) 修改应用程序，当按键按下后接收一个新数据，并将 Edge capture register 的 Status Flag 位置 1，输入的数据累加之后，应用程序通过向 Edge capture register 写入 0 来清除状态标志位。

(7) 下载并运行编写的程序以验证其正确性，程序应该连续运行，且每次按下按键后加一个新的数字。

4. 用七段数码管显示十六进制累加结果

在前面的练习中用红色 LED 显示累加的结果，本练习将对设计加以改进，除了在红色 LED 上显示累加结果外，同时在七段数码管 HEX3～HEX0 上用十六进制数显示累加的结果。

5. 将累加结果转换成十进制显示

本练习在前面练习的基础上，用十进制数在七段数码管上显示累加结果，应用程序应能够完成所需的数制转换。

注意：只有在建立 Nios II 系统时选中 Hardware Divide 选项，才能使用 div 指令。

7.3　子程序与堆栈

本节练习的目的是学习在 Nios Ⅱ环境中使用子程序以及子程序的连接，包括参数的传递及堆栈的概念。

1．建立一个 Nios Ⅱ系统

本练习中，我们将用到一个包含片上存储器块及 JTAG UART 模块的 Nios Ⅱ系统，其中 JTAG UART 模块用以实现 Nios Ⅱ处理器与主机之间的通信。

请参照以下的步骤完成这个系统：

(1) 新建一个新的 Quartus Ⅱ工程，选择目标器件 EP4CE115F29C7。

(2) 使用 Qsys 建立一个名为 nios_system 的系统，该系统包含以下组件：① 带 JTAG Debug Module Level1 的 Nios Ⅱ/s 处理器；② RAM 模式、32 KB 存储深度的片上存储器模块；③ JTAG UART 组件。

(3) 在 Qsys 中完成各组件间的连接，并用 System→Assign Base Addresses 菜单自动分配基地址，实现图 7.5 所示的系统。

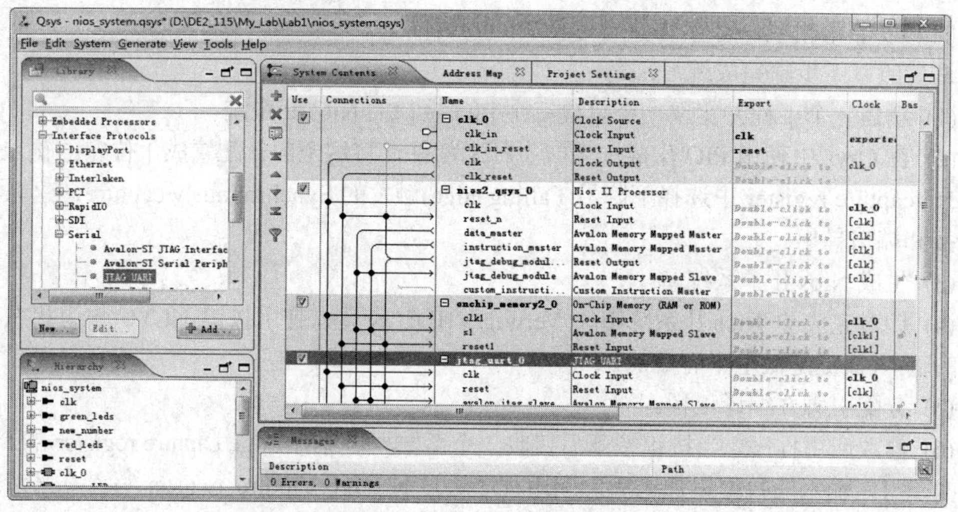

图 7.5　用 Qsys 生成的处理器

(4) 生成系统之后，退出 Qsys 并返回 Quartus Ⅱ软件。

(5) 在 Verilog/VHDL 模块中例化所生成的 Nios Ⅱ系统。

(6) 分配引脚如下：

① 选择 PIN_Y2 作为 50 MHz 时钟的输入。

② 选择 PIN_M23 作为复位信号。

(7) 编译 Quartus Ⅱ工程。

(8) 下载并配置 DE2-115 上的 Cyclone Ⅳ系列 FPGA 以实现生成的系统。

2．对 32 位正整数排序

本练习的目的是对一系列的 32 位正整数递减排序。这些数据用文件的形式提供，文件中的第一个 32 位数据表示数据列表的长度，其余为被排序的数据。

请按照以下的步骤用 Nios II 汇编语言完成练习：

(1) 编写一段汇编程序，对存储器中从 LIST_FILE 开始的数据文件中的数据进行排序。假设这个数据文件很大，没有足够的空间为排序后的数据提供单独的存储空间，那么排序过程要采用原位排序，即排序之后的数据列表和原始数据列表使用相同的存储空间。

(2) 编译并用 Altera Monitor Program 下载程序。

(3) 在存储器中手工建立一个数据列表，装载到内存中并运行程序。

提示：包含数据列表的文件可以通过 Altera Monitor Program 装载到存储器中。

3. 用子程序实现排序任务

本练习中，我们使用子程序实现排序任务。为了使子程序更为通用，在进入子程序之前先将子程序使用的寄存器的内容保存到堆栈中，离开子程序之前再将这些内容写回寄存器。注意必须通过初始化堆栈指针 sp(寄存器 r27)建立堆栈，堆栈一般从高地址存储器位置开始向低地址方向增长。当有新的项目压入堆栈或堆栈中的内容弹出之后要动态地调整堆栈指针。为了保证堆栈由高地址向低地址增长，在新项目压入堆栈之前，堆栈指针先减 4，项目从堆栈中弹出后，必须将堆栈指针再加 4。

请参照以下的步骤修改对 32 位正整数排序的程序，完成练习：

(1) 编写一个名为 SORT 的子程序，能够对存储器中任意位置、任意数量的数据进行排序，假设数据列表的地址和数量通过如下寄存器传递给子程序：

① 参数 size(排序数据的数量)由 Nios II 寄存器 r2 给定；

② 列表中的第一个项目的地址由寄存器 r3 中的内容给定。

(2) 编写一个主程序，初始化堆栈指针，将所需要的参数写入寄存器 r2 和 r3，然后调用子程序 SORT 进行排序。同时将数据列表装载到存储器中的 LIST_FILE 处。

(3) 编译并加载程序。

(4) 建立一个示范数据列表，装载到存储器中并运行程序。

4. 用堆栈向子程序传递参数

修改实现排序任务的子程序，用堆栈从主程序向子程序传递参数，然后编译、加载并运行程序。

5. 用递归算法计算阶乘

所有的 Nios II 处理器都使用 ra 寄存器(r31)来保存子程序调用时的返回地址，在子程序中又会调用另外一个嵌套的子程序，此时必须确保第一次子程序调用的返回地址不会被新写入的 ra 的返回地址所覆盖。解决这个问题常用的办法是，先将第一次子程序调用的返回地址压入堆栈，第二个子程序返回时再将第一个子程序的返回地址重新写入 ra。

我们通过计算一个给定整数 n 的阶乘来探讨嵌套调用子程序的概念。整数 n 的阶乘由下式表示：

$$n! = n(n-1)(n-2)\cdots \times 2 \times 1$$

也可以由下式递归计算：

$$n! = n(n-1)!(0! = 1)$$

注意 0! = 1。

请编写一个递归算法计算 n 的阶乘的程序。程序中包括一个子程序 FACTOR，该子程序重复调用自己，直至完成阶乘的计算。主程序通过堆栈将参数 n 传递给子程序。

提示：由于子程序中需要使用乘法指令 mul，因此建立 Nios Ⅱ系统时一定要选择 Nios Ⅱ/s 处理器，经济版的 Nios Ⅱ处理器 Nios Ⅱ/e 不能实现 mul 指令。

7.4 轮询与中断

本节练习的目的是学习如何通过 I/O 设备发送和接收数据。有两种方法可以用来获得 I/O 设备的状态：第一种方法称作轮询，处理器不断地查询 I/O 设备来确定是否可以发送数据或接收数据；第二种方法称作中断，由 I/O 设备主动向处理器表明已经提供了有效数据或可以接收处理器发送的数据。

一个简单而常见的处理器与 I/O 设备之间传输数据的方案是 UART 接口电路。UART 接口电路被放在处理器与外部 I/O 设备之间，每次处理 8 位字符。UART 接口电路与处理器之间的数据传输是并行的，即使用一组连线一次完成一个字符的传输；而 UART 与 I/O 设备之间的数据传输采用串行传输，即每次只传输一位字符。

Qsys 可以为 Nios Ⅱ系统提供一个名为 JTAG UART 的 UART 类型的接口电路。这个电路可以用来在 DE2-115 平台上的 Nios Ⅱ处理器与计算机主机之间建立连接。图 7.6 是 JTAG UART 的原理框图，JTAG UART 的一端连接到 Avalon 交换架构，另一端通过 USB-Blaster 连接到主机。JTAG UART 中包括 Data 和 Control 两个寄存器，Nios Ⅱ处理器可以按访问存储器地址的方式访问这两个寄存器，Control 寄存器的地址比 Data 寄存器的地址高 4 个字节。JTAG UART 中还包括两个 FIFO 作为存储缓冲，一个用来存储排队等候发送的数据，一个用来存储从主机传来的排队等候接收的数据。图 7.7 给出了寄存器的格式。

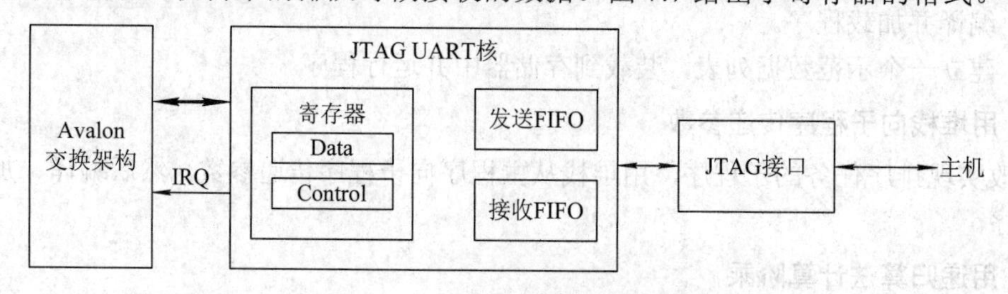

图 7.6　JTAG UART 原理框图

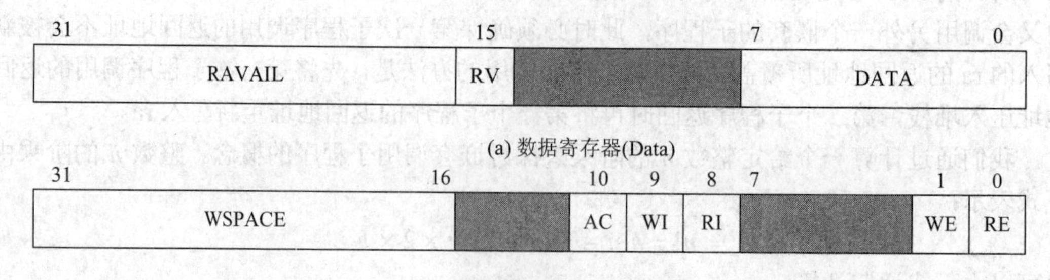

图 7.7　JTAG UART 的寄存器

数据寄存器(Data)中各字段的定义如下：

(1) b7～b0(DATA)：8 位字符型数据，处理器用 Store 操作可以将这个数据写入发送 FIFO，用 Load 操作则将接收 FIFO 中的第一个数据写入 Data 寄存器。

(2) b15(RV，RVALID 的缩写)：表明 DATA 中是否包含能够被处理器读取的有效数据，如果 DATA 字段有效，则 RV 置 1，否则 RV 置 0。

(3) b31～b16(RAVAIL)：表明此次读取之后，接收 FIFO 中还有多少有效数据等待读取。

控制寄存器(Control)中各字段的定义如下：

(1) b0(RE)：如果置 1 则允许读中断。

(2) b1(WE)：如果置 1 则允许写中断。

(3) b8(RI)：如果置 1 则表明有未决的读中断，读取 DATA 中的数据可自动将 RI 清零。

(4) b9(WI)：如果置 1 则表明有未决的写中断。

(5) b10(AC)：如果置 1 则表明自从上次清零之后发生过 JTAG 活动(比如主机通过轮询来验证 JTAG 连接是否存在等)，向 AC 写入 1 可以将 AC 清零。

(6) b31～b16(WSPACE)：表明发送 FIFO 中剩余空间的数量。

7.4.1 建立一个包含计时器及 JTAG UART 的 Nios Ⅱ系统

使用 Qsys 建立一个图 7.8 所示的系统，该系统包含一个 Nios Ⅱ/s 处理器、一个 JTAG UART、一个存储器块及一个计时器(Interval Timer)。

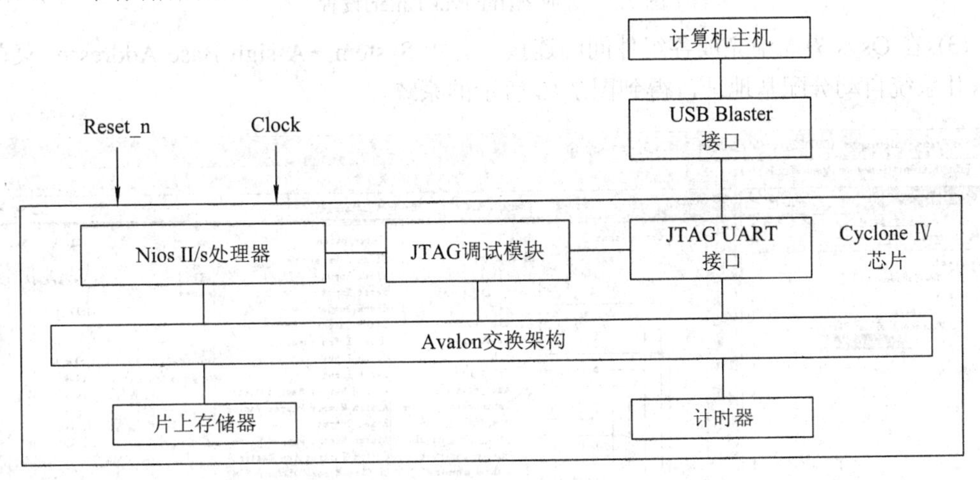

图 7.8 包含计时器及 JTAG UART 的系统

请按照以下的步骤完成练习：

(1) 新建一个 Quartus Ⅱ工程，选择 DE2-115 平台上的 Cyclone Ⅳ系列 EP4CE115F29C7 作为目标器件。

(2) 使用 Qsys 建立一个名为 nios_system 的系统，该系统包含以下组件：

① 带 JTAG Debug Module Level1 的 Nios Ⅱ/s 处理器。

② RAM 模式、32 KB 存储深度的片上存储器。

③ 使用缺省设置的 JTAG UART。

④ 计时器(在 Qsys 界面左侧查找框中输入 Interval Timer 即可找到该组件)，如图 7.9

所示，计时器的 Timeout Period 选择固定的 500 ms，计数器位宽为 32 位，勾选 No Start/Stop control bits，勾选 Fixed period，其他保持不变。

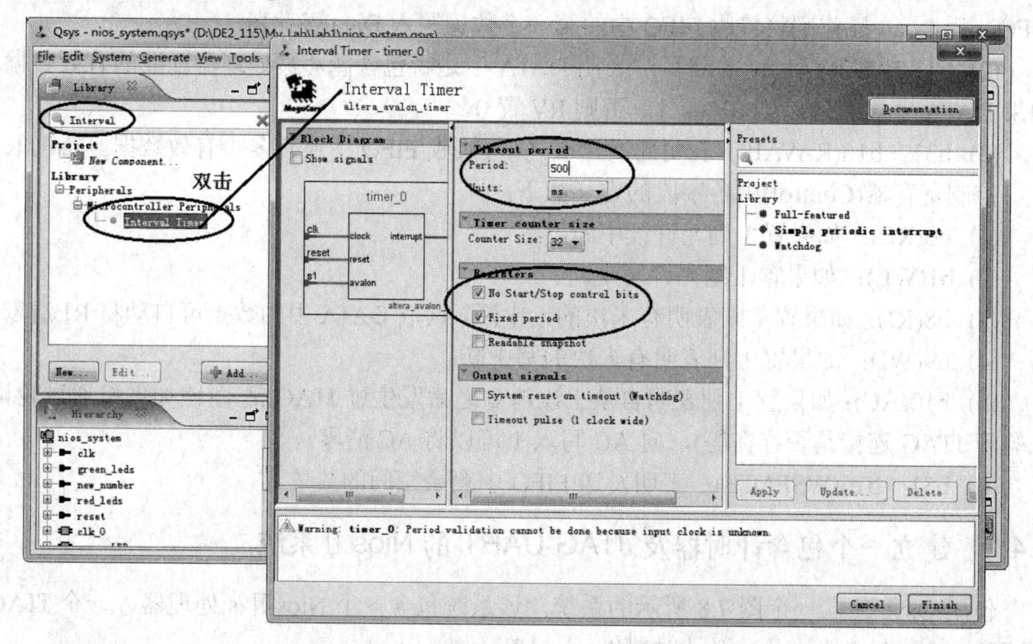

图 7.9　计时器(Interval Timer)设置

(3) 在 Qsys 界面中完成各组件间的连接，并用 System→Assign Base Addresses 菜单为 Nios Ⅱ系统自动分配基地址，得到图 7.10 所示的系统。

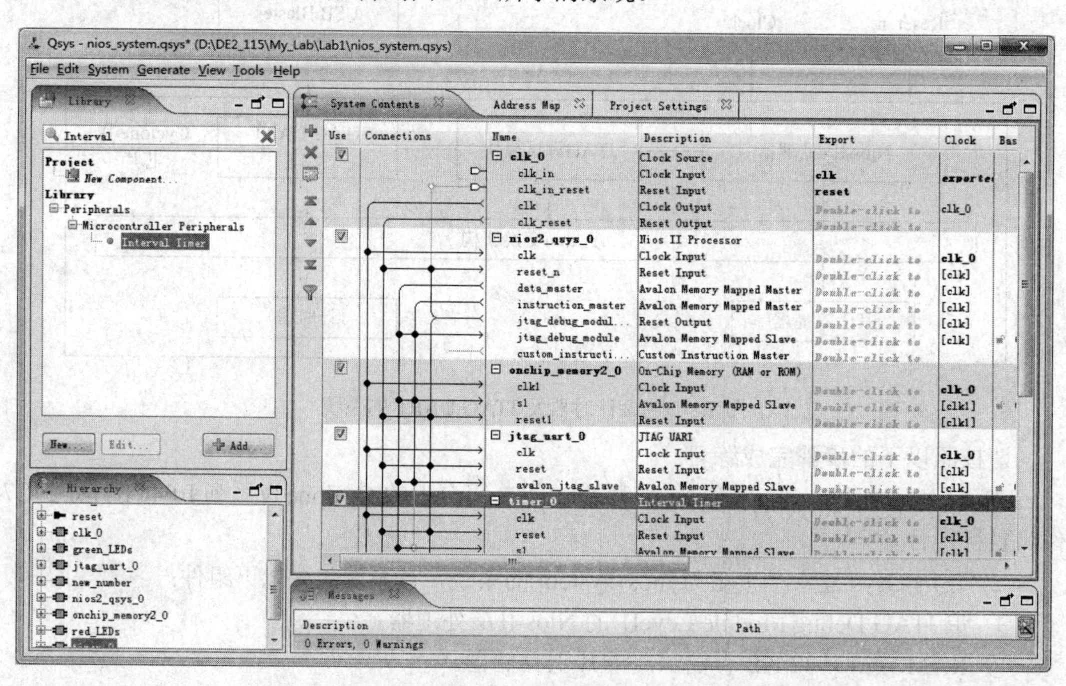

图 7.10　用 Qsys 实现包含计时器及 JTAG UART 的系统

(4) 生成系统之后，退出 Qsys，并返回 Quartus Ⅱ软件。

(5) 在 Verilog/VHDL 顶层设计中例化生成的 Nios Ⅱ系统。

(6) 分配引脚如下：

① 选择 PIN_Y2 作为 50 MHz 时钟的输入。

② 选择 PIN_M23 作为复位信号。

(7) 编译 Quartus Ⅱ工程。

(8) 下载并配置 DE2-115 上的 Cyclone Ⅳ系列的 FPGA 以实现生成的系统。

7.4.2 通过 JTAG UART 发送和接收数据

1. 通过 JTAG UART 向主机发送字符

JTAG UART 可以向 Altera Monitor Program 发送 ASCII 字符，Altera Monitor Program 将接收到的 ASCII 字符显示在终端窗口中。当 JTAG UART 控制寄存器中的 WSPACE 字段为非零值时，JTAG UART 可以接收处理器发送到 Altera Monitor Program 的字符。当处理器向 Altera Monitor Program 发送字符时，将连续读取控制寄存器直至发送 FIFO 中有剩余的空间出现，一旦发送 FIFO 中有剩余的空间，处理器就可以将要发送的字符数据写入 JTAG UART 的 Data 寄存器中。

编写一段汇编语言程序，每隔 500 ms 在 Altera Monitor Program 的终端窗口中显示字符“Z”，请按照以下的步骤完成练习：

(1) 使用 Nios Ⅱ汇编语言编写程序，循环读取 JTAG UART 的 Control 寄存器直至发送 FIFO 中有剩余的空间出现。

(2) 向 Data 寄存器写入 Z。

(3) 使用 Altera Monitor Program，编译并下载该汇编语言程序。

(4) 单步执行这个程序，如果连续运行该程序，则发送到 Altera Monitor Program 的字符会太多而导致终端窗口来不及处理接收到的字符。

(5) 在汇编语言代码中，增加一个延迟循环，使处理器约每 0.5 s 向 Altera Monitor Program 发送一个字符。

(6) 重新编译、加载并运行该程序。

2. 用 JTAG UART 实现打字机功能

JTAG UART 不仅可以向终端窗口写字符，还可以从终端窗口接收 ASCII 字符，JTAG UART 的 Data 寄存器的 RVALID 位(b15)表明 DATA 字段是否包含接收到的有效数据，如果接收 FIFO 中还有更多的数据等待读取，则 RVALID 字段是一个非零值。

编写一段程序实现一个类似打字机的任务，处理器读取 JTAG UART 从主机接收到的字符后，将这个字符在 Altera Monitor Program 的终端窗口里显示出来。使用轮询的方式判断 JTAG UART 是否接收到了有效数据。

注意：必须将光标置于终端窗口中才能通过键盘向 JTAG UART 的接收端口写数据。

3. 使用中断方式实现打字机功能

使用轮询的方式处理 UART 的数据接收时，要通过读取寄存器的值来确定 UART 的状态，这会产生额外的开销，因此效率较低，并显著地降低了程序的性能。如果使用中断方式，则让处理器在等待 I/O 设备传输数据时进行其他的工作，可大大提高程序的性能。

建立一个中断服务程序以读取 JTAG UART 从主机接收到的字符，将中断服务程序放在十六进制地址 0x20 处，这个地址是 Qsys 确定的异常处理程序的缺省地址。将寄存器 ea 中的异常返回地址减 4 可以得到外部中断地址。代码 7.2 是中断服务程序的框架结构。

代码 7.2 中断服务程序的框架结构。

```
.include"niosmacros.s"
.text
.org 0x20                          //将中断服务程序放在相应的地址
ISR:
    rdctl et，ctl4                 //检查是否有外部中断产生
    beq et,r0,SKIP_EA_DEC
    subi ea,ea,4                   //如果有外部中断发生，将 ea 减 4 以执行中断指令
SKIP_EA_DEC:
    …                              //中断服务程序
END_ISR:
eret                               //从异常处理程序中返回
.global_start
_start:                            //程序起始位置
    …                              //中断使能代码
    …                              //主程序代码
LOOP:
    br LOOP                        //无限循环
.end
```

可以用 Nios II 控制寄存器 ctl3(或叫作 ienable 寄存器)来单独打开中断。注意在 7.4.1 小节建立的系统中 JTAG UART 的中断被设为 level 0，这表明必须将 ctl3 的 bit 0 置 1 才能打开 JTAG UART 的中断。

请参照以下的步骤完成练习：

(1) 建立一个从 JTAG UART 读取字符的中断服务程序，注意中断服务程序必须放在存储器中 0x20 的位置，只有将相应的值写入 JTAG UART 的 Control 寄存器、Nios II 控制寄存器 ctl0 及 ctl3，才能打开中断。

(2) 在中断服务程序中使用轮询的方法将接收到的字符显示到主机上运行的 Altera Monitor Program 终端窗口中。

(3) 编译、加载并运行程序。

如果程序不能正常运行，则必须对程序进行调试以修正错误。Altera Monitor Program 的单步调试特性允许使用者在每一条指令执行之后观察执行的程序流以及 Nios II 的寄存器内容，这是一个很有效的调试工具。但是单步执行会自动禁止中断，因此这种方法无法调试中断服务程序，对于含有中断的应用，可以通过设置断点来调试程序。

另外还需要注意，执行中断服务程序时会自动禁止中断，中断服务程序结束后才能重新打开中断，因此，当有些应用需要使用嵌套中断时，必须在进入中断服务程序后重新打

开中断。

7.4.3 计时器中断的使用

在本节练习中，我们使用中断的方式读取 JTAG UART 从主机接收到的字符，并且以 500 ms 的时间间隔将最后接收到的字符重复显示在 Altera Monitor Program 的终端窗口中。在 7.4.2 节我们用延时循环近似实现了这个时间间隔，现在改用计时器电路来实现 500 ms 的时间间隔。计时器每 500 ms 向处理器发送一次中断，处理器接收到这个中断之后，通过 JTAG UART 向 Altera Monitor Program 终端窗口发送一个字符。

计时器内部有一个计数器，将这个计数器设定为一个特定的初值，在每一个时钟周期内，计数器的值减 1，当计数器的值为 0 时，会产生一个超时(Timeout)中断事件，计时器相应地产生一个中断，而计数器的值被重新置于原来设定的值。与 JTAG UART 一样，计时器也有一组可以按存储器地址访问的 16 位寄存器，图 7.11 所示为状态寄存器(Status)和控制寄存器(Control)。状态寄存器的地址是计时器的基地址，控制寄存器的地址比状态寄存器的地址高 4 个字节。

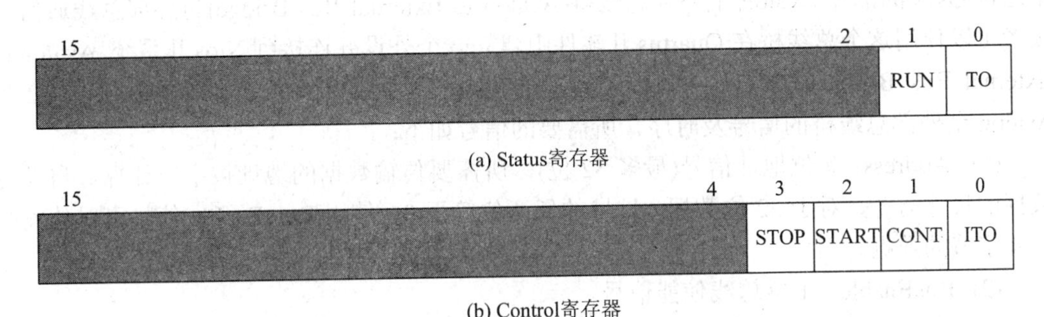

图 7.11 计时器的寄存器

状态寄存器中各位的定义如下：

- b0(TO)：超时位，当计时器中的计数器的值为 0 时，该位自动置 1，只有处理器向该位写入 0 时才可以将该位清零。
- b1(RUN)：当内部计数器运行时该位为 1，否则该位为 0，状态寄存器的写操作对此位无效。

控制寄存器中各位的定义如下：

- b0(ITO)：置 1 时允许计时器中断。
- b1(CONT)：用以确定计数器内部的寄存器到 0 后如何处理，如果 CONT = 1，计数器将自动重新加载，否则计数器到 0 后将停止工作。
- b2(START)：通过向这个寄存器位写入 1 来启动计数器。
- b3(STOP)：通过向这个寄存器位写入 1 使计数器停止计数。

JTAG UART 的中断连接在 Nios II 处理器的中断线 0 上，而计时器中断连接在处理器中断线 1 上，因此要同时打开 JTAG UART 中断和计时器中断，需要将控制寄存器 ctl3 的 b0 和 b1 位都置 1。控制寄存器 ctl4(也叫作 ipending 寄存器)可以用来确定发生何种中断。如果一个外设的中断被寄存器 ctl3 所禁止，即使这个外设将其中断请求线置 1 也不能启动中断服务程序，且不会影响寄存器 ctl4 的值。

请参照以下的步骤完成练习：

(1) 修改代码 7.2，在主程序中打开 JTAG UART 和计时器中断，然后进入无限循环。

(2) 修改中断服务程序来处理 JTAG UART 中断和计时器中断。

(3) 为了启动这些中断，必须向 JTAG UART 的 Control 寄存器、计时器的 Control 寄存器和 Nios Ⅱ的控制寄存器 ctl0 和 ctl3 写入相应的值。

(4) 编译、加载并运行程序。

7.5 总线通信

本节练习的目的是学习如何使用总线进行通信。由 Qsys 生成的 Nios Ⅱ系统设计中，Nios Ⅱ处理器通过 Avalon 交换架构与外设进行相连，外设需要通过 Qsys 的部件(Component)连接到 Avalon 交换架构上。为了研究总线通信，本练习不需要建立专用的 Qsys 部件，而是通过 Qsys 的部件 Avalon 至外部总线桥(Avalon to External Bus Bridge)与外部总线通信，读者可以使用这个总线桥在 Quartus Ⅱ软件中建立一个外设并连接到 Nios Ⅱ系统。Avalon to External Bus Bridge 建立了一个可以连接多个“从”设备的类似于总线的接口。图 7.12 为 Avalon 至外部总线桥的信号及时序，所需要的信号如下：

(1) Address：k 位地址信号(最多 32 位)，所需要传输数据的地址按字节计算，自动与数据的尺寸对齐，对于 32 位数据，地址的低两位等于 0。使用 ByteEnable 信号可以传输少于 4 字节的数据。

(2) BusEnable：1 位总线使能信号。

(3) R/W：1 位读/写信号，1 表示读传输，0 表示写传输。

(4) ByteEnable：16、8、4、2 或者 1 位字节使能信号，每一位表示能否对相应字节进行读写。ByteEnable 高电平有效。

(5) WriteData：128、64、32、16 或 8 位信号宽度，在写传输中向外设传输数据。

(6) Acknowledge：1 位应答信号，外设通过应答信号表明数据传输结束。

(7) ReadData：128、64、32、16 或 8 位信号宽度，在读传输中从外设读取数据。

(8) IRQ：1 位中断信号，外设用来中断 Nios Ⅱ处理器的信号，中断信号是可选的，没有在图 7.12 中出现。

这是一个同步总线，所有向外设传输的信号必须在时钟的上升沿被读取。将 Address、R/W、ByteEnable 以及可能的 WriteData 信号设置为合适的值，然后将 BusEnable 信号设置为 1，可以发起一次传输。

如果 R/W 信号为 1，则表明传输是一个读操作，外设必须将 ReadData 设置为合适的值，并将 Acknowledge 信号置 1。Acknowledge 信号必须且只能保持一个时钟周期，ReadData 信号在 Acknowledge 信号有效期间必须保持不变。如果 Acknowledge 信号保持两个或两个以上的时钟周期，Avalon 交换架构可能会认为这是另一次总线传输，因此 Acknowledge 只能保持一个时钟周期。

如果 R/W 信号为 0，则表明传输是一个写操作。外设应该将 WriteData 线上的数据写入适当的位置。一旦外设完成了写传输，则必须将应答信号置 1 且保持一个时钟周期。

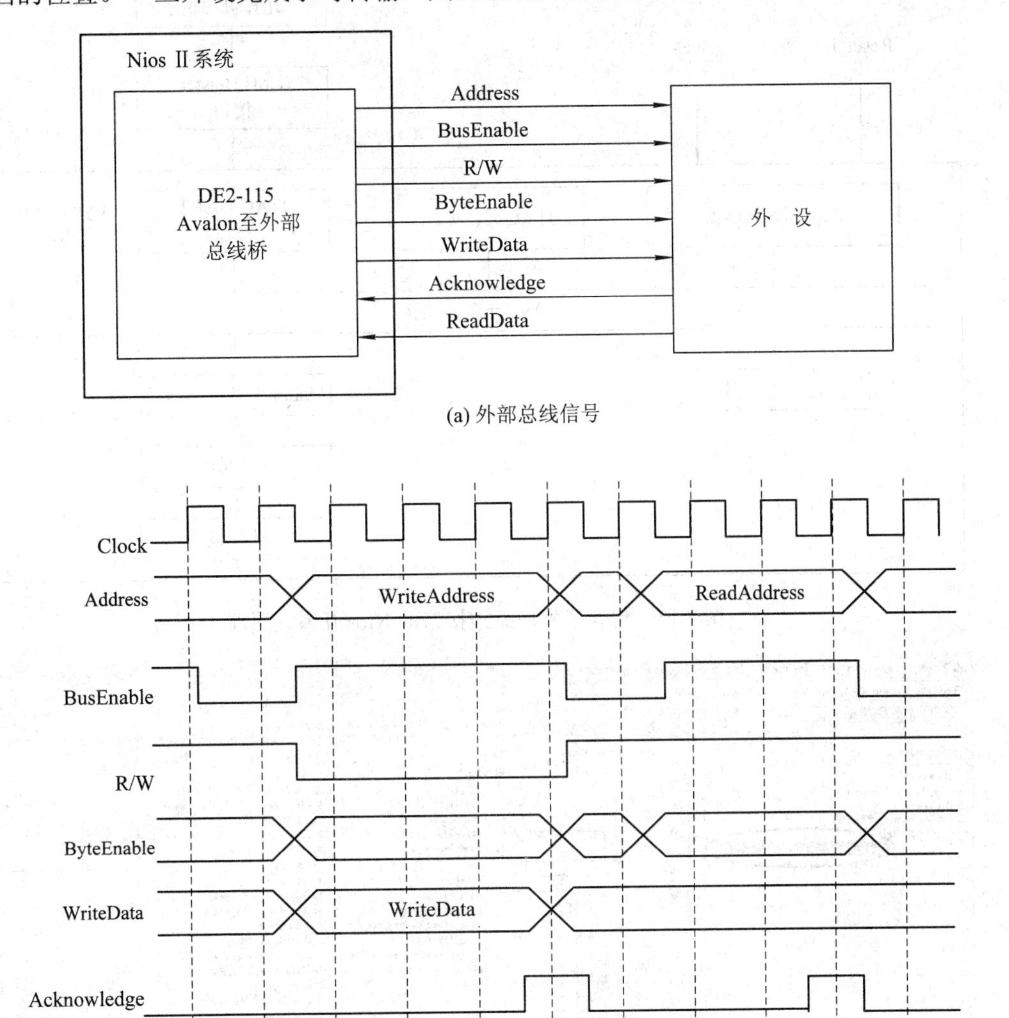

图 7.12 Avalon 至外部总线桥的信号

7.5.1 实现外部总线桥及七段数码管控制器

图 7.13 是本练习所要实现的系统，它可以由 Qsys 生成。该系统包含一个 Nios Ⅱ/s 处理器、一个 JTAG UART、一个片上存储器块以及一个 Avalon 至外部总线桥。生成的系统如图 7.14 所示，从外设是一个由用户编写的 Verilog/VHDL 模块。Avalon 至外部总线桥将 Nios Ⅱ系统的 Avalon 交换架构与前文所述的外部总线连接起来，Avalon 交换架构是 Qsys 所生成的系统中外设的主要互联网络。

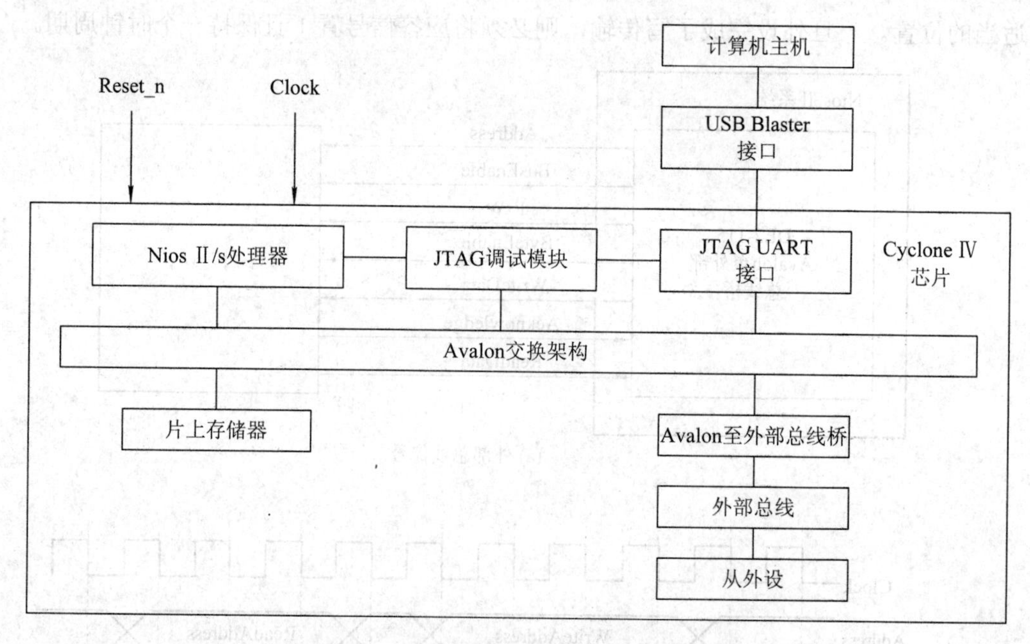

图 7.13　包含了外部总线接口的 Nios Ⅱ系统原理

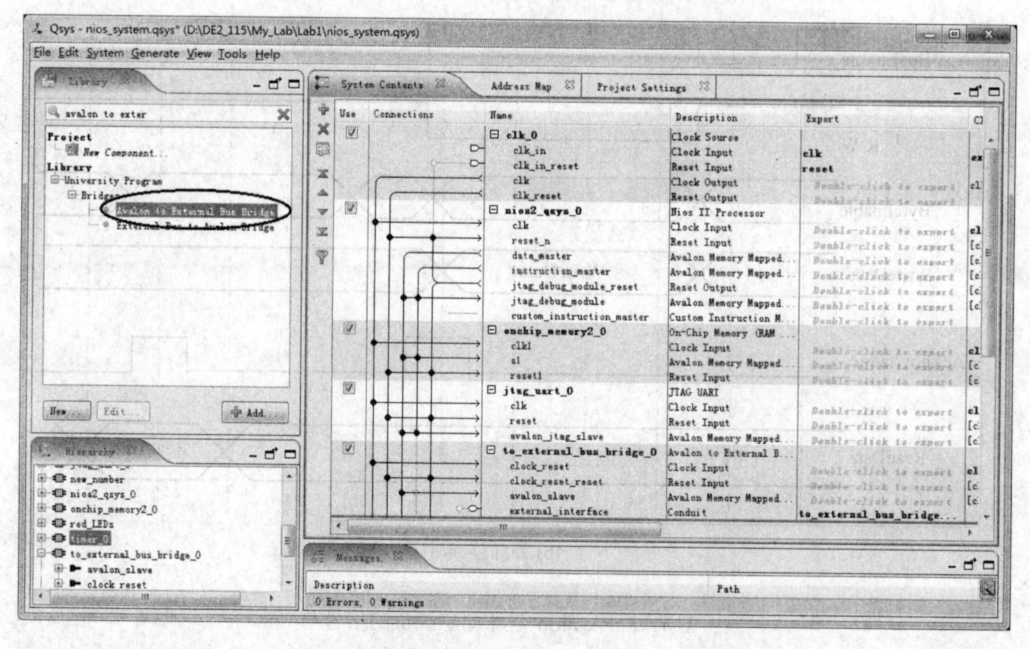

图 7.14　包含了外部总线接口的 Nios Ⅱ系统

从外设包含了四个 16 位的寄存器以及用 DE2-115 平台上的七段数码管显示寄存器值的电路。这些寄存器可以按照存储器的地址来访问，因此 Nios Ⅱ处理器可以直接将数据写入这些寄存器。

为了实现上面的从外设，系统提供了三个 Verilog 模块，其中一个模块提供了完整的代码，另外两个模块只给出了代码的架构，本练习的任务之一就是完成这两个模块的代码。这三个 Verilog 模块分别为

• Lab5_Part1(提供了完整的代码)。
• Peripheral_on_External_Bus(提供了代码架构)。
• Seven_Segment_Display(提供了代码架构)。

DE2-115 开发板系统光盘中 DE2-115_lab_exercises\DE2_115_Computer_Organization 目录中的压缩文件 comporg_lab5_design_files.zip 包含了以上三个文件，也可以从 Altera 的网站上获得(参见 ftp://ftp.altera.com/up/pub/Laboratory_Exercises/Com_Org/comporg_lab5_design files.zip)。这三个文件的代码可以参照后文中的代码 7.3、代码 7.4 和代码 7.5。Lab5_Part1 模块是本节练习的顶层模块，Peripheral_on_External_Bus 模块是外围寄存器通过 Avalon 至外部总线桥接口与 Nios II 处理器通信的模块，Seven_Segment_Display 模块是用来驱动七段数码管的模块。

生成图 7.14 所示的系统之后，修改 Verilog 模块 Peripheral_on_External_Bus，将它连接到 Avalon 至外部总线桥的信号上，另外修改这个模块使之包含四个寄存器，每个寄存器映射到由 Qsys 分配给 Avalon 至外部总线桥地址的 1/4，并使用七段数码管 HEX3～HEX0 来显示这些寄存器的内容。由于每次只能在数码管上显示一个寄存器的内容，因此使用波段开关 SW1 和 SW0 来选择所要显示的寄存器。以上这些模块再加上 Qsys 生成的模块即可实现图 7.13 所示的系统。

注意，为了使用外部总线桥，必须在启动 Qsys 软件之前，将目录 altera_up_avalon _to_external_bus_bridge 复制到工程目录中，这个目录可以从原 Altera 大学计划网站上获得(参见 ftp://ftp.altera.com/up/pub/University_Program_IP_Cores/avalon_to_external_bus_ bridge.zip)。

请按照以下的步骤完成所要求的系统：

(1) 新建一个名为 Lab5_Part1 的 Quartus II 工程，选择开发板上的 Cyclone Ⅳ系列的 EP4CE115F29C7 作为目标器件。

(2) 使用 Qsys 建立一个名为 nios_system 的系统，该系统包含以下的器件：

① 带 JTAG Debug Module Level1 的 Nios II/s 处理器。

② RAM 模式、32 KB 存储深度的片上存储器。

③ 采用缺省设置的 JTAG UART。

④ Avalon 至外部总线桥，选择数据宽度为 16 位，地址范围为 512 KB。选择这个参数是为了在 7.5.2 小节的练习中能方便地与 SRAM 连接。在 Qsys 窗口中，外部总线桥组件的位置为 University Program→Bridges→Avalon to External Bus Bridge，如图 7.14 所示。

注意： 选择 512 KB 的地址范围意味着实现的总线上共有 $k = 19$ 根地址线。

(3) 将 Avalon 至外部总线桥的 avalon_slave 连接到 Nios II 处理器的 data_master 端口而不是 instruction_master 端口。

(4) 在 Qsys 中使用 System→Assign Base Addresses 菜单来自动分配地址空间，可以得到图 7.14 所示的系统结构。

(5) 生成系统之后，退出 Qsys 并返回 Quartus II 软件。

(6) 将上面提到的三个 Verilog 模块加入到 Quartus II 工程中来。

(7) 检查给定的 Lab5_Part1 模块是否正确例化了生成的 Nios II 系统。

(8) 修改 Verilog 模块 Peripheral_on_External_Bus，以实现将四个 16 位寄存器连接到 Avalon 交换架构的总线协议。

(9) 修改 Verilog 模块 Seven_Segment_Display 以实现在七段数码管上显示四个十六进制寄存器的内容。

(10) 导入 DE2-115 pin assignments.csv 文件分配引脚。

(11) 编译 Quartus II 工程。

(12) 建立一个 Nios II 汇编语言程序，向四个寄存器中写入不同的 16 位数据。

(13) 使用 Altera Monitor Program 编译、加载并运行程序，验证寄存器是否可以通过波段开关 SW1～SW0 在数码管上选择显示寄存器中的内容。

代码 7.3　Lab5_Part1 顶层模块的代码。

```
module Lab5_Part1 (CLOCK_50,KEY,SW,HEX0,HEX1,HEX2,HEX3,HEX4,HEX5,
    HEX6,HEX7,LEDG,LEDR);
input CLOCK_50;
input[3:0]    KEY;
input[17:0]SW;

output[6:0]   HEX0, HEX1, HEX2, HEX3, HEX4, HEX5, HEX6, HEX7;
output[8:0]   LEDG;
output[17:0]  LEDR;

wire[31:0]    address;
wire bus_enable;
wire[1:0]     byte_enable;
wire rw;
wire[15:0]    write_data;

wire acknowledge;
wire[15:0]    read_data;

wire[15:0]    register_0, register_1,register_2,register_3;

nios_system Nios II (
        //输入端口
        .clk(CLOCK_50),
        .reset_n(KEY[0]),
        .acknowledge_to_the_avalon_to_external_bus_bridge_0(acknowledge),
        .read_data_to_the_avalon_to_external_bus_bridge_0(read_data),
        //输出端口
        .address_from_the_avalon_to_external_bus_bridge_0(address),
        .bus_enable_from_the_avalon_to_external_bus_bridge_0(bus_enable),
        .byte_enable_from_the_avalon_to_external_bus_bridge_0(byte_enable),
```

```
        .rw_from_the_avalon_to_external_bus_bridge_0(rw),
        .write_data_from_the_avalon_to_external_bus_bridge_0(write_data));

Peripheral_on_External_BusFour_Registers (
        //输入端口
        .clk(CLOCK_50),
        .reset_n(KEY[0]),
        .address(address),
        .bus_enable(bus_enable),
        .byte_enable(byte_enable),
        .rw(rw),
        .write_data(write_data),
        //输出端口
        .acknowledge(acknowledge),
        .read_data(read_data),
        .register_0(register_0),
        .register_1(register_1),
        .register_2(register_2),
        .register_3(register_3));

Seven_Segment_Display Hex_Display (
        //输入端口
        .clk(CLOCK_50),
        .reset_n(KEY[0]),
        .register_0(register_0),
        .register_1(register_1),
        .register_2(register_2),
        .register_3(register_3),
        .register_selection(SW[1:0]),
        //输出端口
        .seven_segment_display_0(HEX0),
        .seven_segment_display_1(HEX1),
        .seven_segment_display_2(HEX2),
        .seven_segment_display_3(HEX3),
        .seven_segment_display_4(HEX4),
        .seven_segment_display_5(HEX5),
        .seven_segment_display_6(HEX6),
        .seven_segment_display_7(HEX7));
endmodule
```

代码 7.4　Peripheral_on_External_Bus 模块的代码。

```
module Peripheral_on_External_Bus (clk,reset_n,address,bus_enable,byte_enable,rw,
    write_data,acknowledge,read_data,register_0,register_1,register_2,register_3);
    input     clk;
    input     reset_n;

    input     [31:0]    address;
    input     bus_enable;
    input     [1:0] byte_enable;
    input     rw;
    input     [15:0]    write_data;

    output    acknowledge;
    output    [15:0]    read_data;

    output    reg  [15:0]    register_0, register_1, register_2, register_3;

    assign acknowledge = /*  此处添加/编辑代码  */ 1'b1;
    assign read_data     = /*此处添加/编辑代码*/ 16'h0000;

    always @(posedge clk)
    begin
        if (reset_n == 0)
        begin
            register_0 <= 16'h0000;
            register_1 <= 16'h0000;
            register_2 <= 16'h0000;
            register_3 <= 16'h0000;
        end
        /*此处添加/编辑代码*/
    end
endmodule
```

代码 7.5　Seven_Segment_Display 模块的代码。

```
module Seven_Segment_Display (clk, reset_n, register_0, register_1, register_2, register_3,
    register_selection,seven_segment_display_0,seven_segment_display_1,
    seven_segment_display_2, seven_segment_display_3, seven_segment_display_4,
    seven_segment_display_5, seven_segment_display_6, seven_segment_display_7);
    input     clk;
    input     reset_n;
```

```
    input      [15:0]     register_0, register_1, register_2, register_3;
    input      [1:0]      register_selection;

    output     [6:0] seven_segment_display_0, seven_segment_display_1;
    output     [6:0] seven_segment_display_2, seven_segment_display_3;
    output     [6:0] seven_segment_display_4, seven_segment_display_5;
    output     [6:0] seven_segment_display_6, seven_segment_display_7;
endmodule
```

7.5.2 将 SRAM 控制器连接到外部总线上

在 Qsys 中没有提供 SRAM 专用的 Qsys 部件，因此本节将会介绍在 Nios II 系统中如何访问 DE2-115 平台上的 SRAM 固件方面的知识。本练习实现一个不同的从外设，它将 DE2-115 平台上的 SRAM 芯片连接到 Avalon 交换架构上，使得处理器可以很方便地访问 SRAM 芯片。

SRAM 芯片使用了以下的信号：

(1) SRAM_ADDR17～SRAM_ADDR0：18 位输入信号，为 16 位数据的地址。

(2) SRAM_CE_N：1 位输入信号，芯片使能信号，表明其他所有信号有效。

(3) SRAM_WE_N：1 位输入信号，写使能信号，表明当前传输是写操作。

(4) SRAM_OE_N：1 位输入信号，输出或读使能信号，表明总线传输是读操作。

(5) SRAM_UB_N：1 位输入信号，高字节使能信号，表明可以进行高字节的读和写。

(6) SRAM_LB_N：1 位输入信号，低字节使能信号，表明可以进行低字节的读和写。

(7) SRAM_DQ15～SRAM_DQ0：16 位双向信号，这些连线传输数据在读操作期间由 SRAM 驱动，在写操作期间由 SRAM 控制器驱动。

图 7.15 为 SRAM 的时序图。SRAM 芯片在一个时钟周期内完成数据的传输，另外，所有的控制信号都是低电平有效的。SRAM_Write_Data 信号是一个内部信号，与 SRAM_DQ 是等价的，但只在写传输中使用。在写传输中，这些信号均为要写入 SRAM 的数据，在其他时间必须设为高阻态。

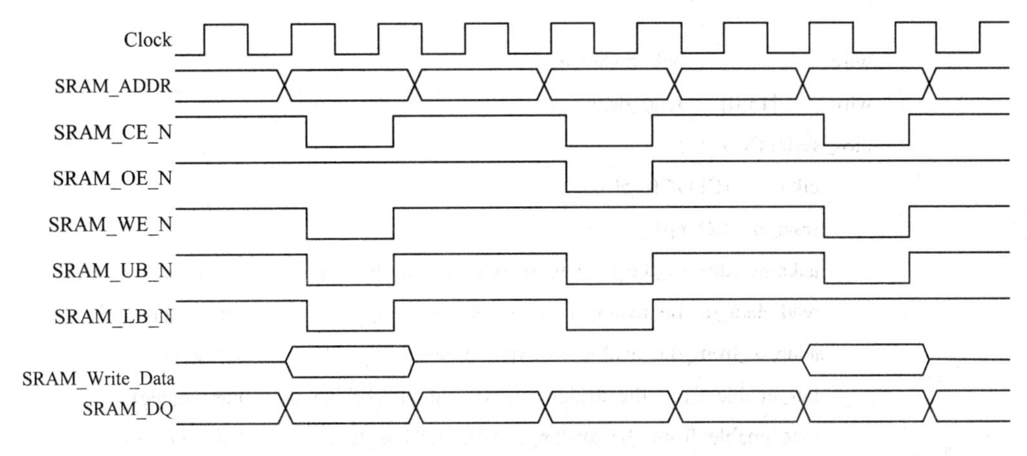

图 7.15 SRAM 信号时序

在一个 50 MHz 的时钟周期内，SRAM 可以完成一次 16 位的读/写操作，因此每次传输中连接到 SRAM 的所有信号都只有一个时钟周期有效。SRAM 控制器可以作为从外设。

请参照以下的步骤完成练习：

(1) 新建一个名为 Lab5_Part2 的工程，使用与 7.5.1 中相同的 Qsys 工程进行设置，生成图 7.14 所示的 Nios II 系统。

(2) 在工程中例化所生成的系统以实现所要求的控制器，在 comporg_lab5_design_files.zip 中的 Part2 目录提供了两个设计文件 Lab5_Part2 和 SRAM_Controller(只提供了架构)，以帮助使用者练习。也可以参考后文中的代码 7.6 和代码 7.7。

(3) 编译 Quartus II 工程并配置 FPGA 以实现所生成的系统。

(4) 编写 Nios II 汇编语言程序，先将一些示例数据写入 SRAM 芯片，然后再从 SRAM 中读出送到 Nios II 处理器的寄存器中。

(5) 运行程序以验证设计的正确性，也可以从 Altera Monitor Program 的存储器窗口来测试 SRAM 控制器。

代码 7.6　Lab5_Part2 模块的代码。

```
module Lab5_Part2 (CLOCK_50,KEY,SRAM_DQ,    SRAM_ADDR,SRAM_CE_N,
    SRAM_WE_N,SRAM_OE_N,SRAM_UB_N,SRAM_LB_N);
    input     CLOCK_50;
    input     [3:0] KEY;

    inout     [15:0]    SRAM_DQ;
    output    [17:0]    SRAM_ADDR;
    output    SRAM_CE_N,SRAM_WE_N,SRAM_OE_N,SRAM_UB_N,SRAM_LB_N;
    wire      [31:0]    address;
    wire                bus_enable;
    wire      [1:0]     byte_enable;
    wire                rw;
    wire      [15:0]    write_data;

    wire                acknowledge;
    wire      [15:0]    read_data;
    nios_systemNios II (
        .clk        (CLOCK_50),
        .reset_n    (KEY[0]),
        .acknowledge_to_the_avalon_to_external_bus_bridge_0        (acknowledge),
        .read_data_to_the_avalon_to_external_bus_bridge_0      (read_data),
        .address_from_the_avalon_to_external_bus_bridge_0      (address),
        .bus_enable_from_the_avalon_to_external_bus_bridge_0   (bus_enable),
        .byte_enable_from_the_avalon_to_external_bus_bridge_0  (byte_enable),
        .rw_from_the_avalon_to_external_bus_bridge_0           (rw),
```

```
        .write_data_from_the_avalon_to_external_bus_bridge_0      (write_data)
    );

    SRAM_ControllerSram_Controller (
        .clk            (CLOCK_50),
        .reset_n        (KEY[0]),
        .address        (address),
        .bus_enable             (bus_enable),
        .byte_enable    (byte_enable),
        .rw                     (rw),
        .write_data             (write_data),
        .SRAM_DQ                (SRAM_DQ),
        .acknowledge    (acknowledge),
        .read_data              (read_data),
        .SRAM_ADDR                      (SRAM_ADDR),
        .SRAM_CE_N              (SRAM_CE_N),
        .SRAM_WE_N                      (SRAM_WE_N),
        .SRAM_OE_N              (SRAM_OE_N),
        .SRAM_UB_N                      (SRAM_UB_N),
        .SRAM_LB_N              (SRAM_LB_N)
    );
endmodule
```

代码 7.7　SRAM_Controller 模块的代码。

```
module SRAM_Controller (clk,reset_n,address,bus_enable,byte_enable,rw,
    write_data,SRAM_DQ,acknowledge,read_data,SRAM_ADDR,
    SRAM_CE_N,SRAM_WE_N,SRAM_OE_N,SRAM_UB_N,SRAM_LB_N);
    input       clk;
    input       reset_n;

    input       [31:0]      address;
    input       bus_enable;
    input       [1:0] byte_enable;
    input       rw;
    input       [15:0]      write_data;

    inout       [15:0]      SRAM_DQ;
    output      acknowledge;
    output      [15:0]      read_data;
    output      [17:0]      SRAM_ADDR;
```

```
    output    SRAM_CE_N;
    output    SRAM_WE_N;
    output    SRAM_OE_N;
    output    SRAM_UB_N;
    output    SRAM_LB_N;

    assign acknowledge    = /*此处添加/编辑代码*/ 1'b1;
    assign read_data      = /*此处添加/编辑代码*/ 16'h0000;
    assign SRAM_DQ        = /*此处添加/编辑代码*/ 16'hZZZZ;
    assign SRAM_ADDR      = /*此处添加/编辑代码*/ 18'h00000;
    assign SRAM_CE_N      = /*此处添加/编辑代码*/ 1'b1;
    assign SRAM_WE_N      = /*此处添加/编辑代码*/ 1'b1;
    assign SRAM_OE_N      = /*此处添加/编辑代码*/ 1'b1;
    assign SRAM_UB_N      = /*此处添加/编辑代码*/ 1'b1;
    assign SRAM_LB_N      = /*此处添加/编辑代码*/ 1'b1;
endmodule
```

7.5.3 通过外部总线将 SRAM 中的数据显示到数码管上

在本练习中，我们把 7.5.1 小节和 7.5.2 小节两部分的设计结合起来，只用一个 Avalon 至外部总线桥来连接两个从外设，一个从外设为 SRAM 控制器，另一个从外设为 7.5.1 小节中的四个寄存器及相关显示电路。

请参照以下步骤完成练习：

(1) 新建一个名为 Lab5_Part3 的 Quartus II 工程。

(2) 使用 Qsys 生成图 7.14 所示的 Nios II 系统，但选择 Avalon 至外部总线桥组件的地址范围为 1024 KB，然后通过 Qsys 重新自动为系统中的组件分配基地址。

(3) 编写 Verilog/VHDL 文件以例化生成的 Nios II 系统，并实现以下两个从外设：

① SRAM 控制器使用 1024 KB 地址空间中的低 512 KB。

② 四个寄存器使用其余的地址空间。

(4) 相应地修改 7.5.1 小节与 7.5.2 小节中的其他 Verilog/VHDL 文件。

(5) 编译工程并配置 DE2-115 平台上的 Cyclone Ⅳ芯片以实现所生成的系统。

(6) 编写一个 Nios II 汇编语言程序，向 SRAM 中写入一些示例数据，然后将这些数据读入从外设的四个寄存器中。

(7) 运行程序并查看示例数据是否能够在七段数码管上正确显示。

附录 A　DE2-115 原理图

DE2 开发板与后来台湾友晶科技开发的 DE2-115 开发板原理图大部分都是相同的，但也存在少部分的改进，这些区别主要表现在芯片选择以及电容、电阻的编号上。这些改进使得开发板的性能表现得更好。这里列出了 DE2-115 开发板最新的原理图，原理图在系统光盘中的 DE2_115_schematic 目录下面。

原理图目录如下：

(1) 图 A.1：DE2-115 布局图；
(2) 图 A.2：DE2-115 顶层原理图；
(3) 图 A.3：SDRAM 原理图；
(4) 图 A.4：SRAM 原理图；
(5) 图 A.5：SD 卡接口与 Flash 原理图；
(6) 图 A.6：LCD 与 LED 模块；
(7) 图 A.7：七段数码管模块；
(8) 图 A.8：红外(IR)接收模块；
(9) 图 A.9：PS/2 原理图；
(10) 图 A.10：按键与波段开关；
(11) 图 A.11：以太网接口；
(12) 图 A.12：视频 D/A 转换器；
(13) 图 A.13：电视解码器原理图；
(14) 图 A.14：音频部分原理图；
(15) 图 A.15：USB OTG 部分原理图；
(16) 图 A.16：电源与配置部分原理图；
(17) 图 A.17：EP4CE115F29C7 BANK1 与 BANK2 原理图；
(18) 图 A.18：EP4CE115F29C7 BANK3 与 BANK4 原理图；
(19) 图 A.19：EP4CE115F29C7 BANK5 与 BANK6 原理图；
(20) 图 A.20：EP4CE115F29C7 BANK7 与 BANK8 原理图；
(21) 图 A.21：GPIO 模块原理图；
(22) 图 A.22：HSMC 模块原理图；
(23) 图 A.23(a)：电源部分(a)；
(24) 图 A.23(b)：电源部分(b)。

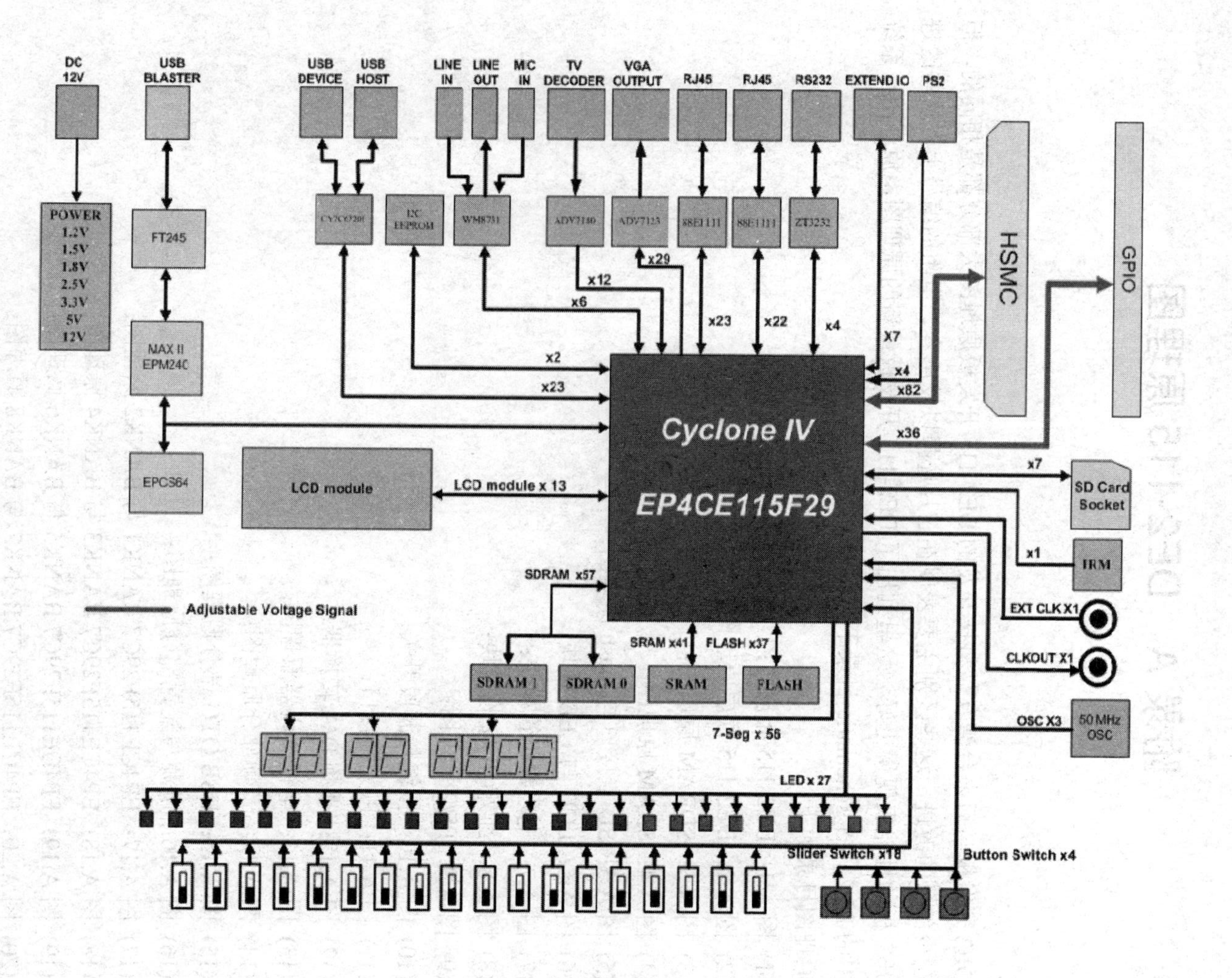

图 A.1　DE2-115 布局图

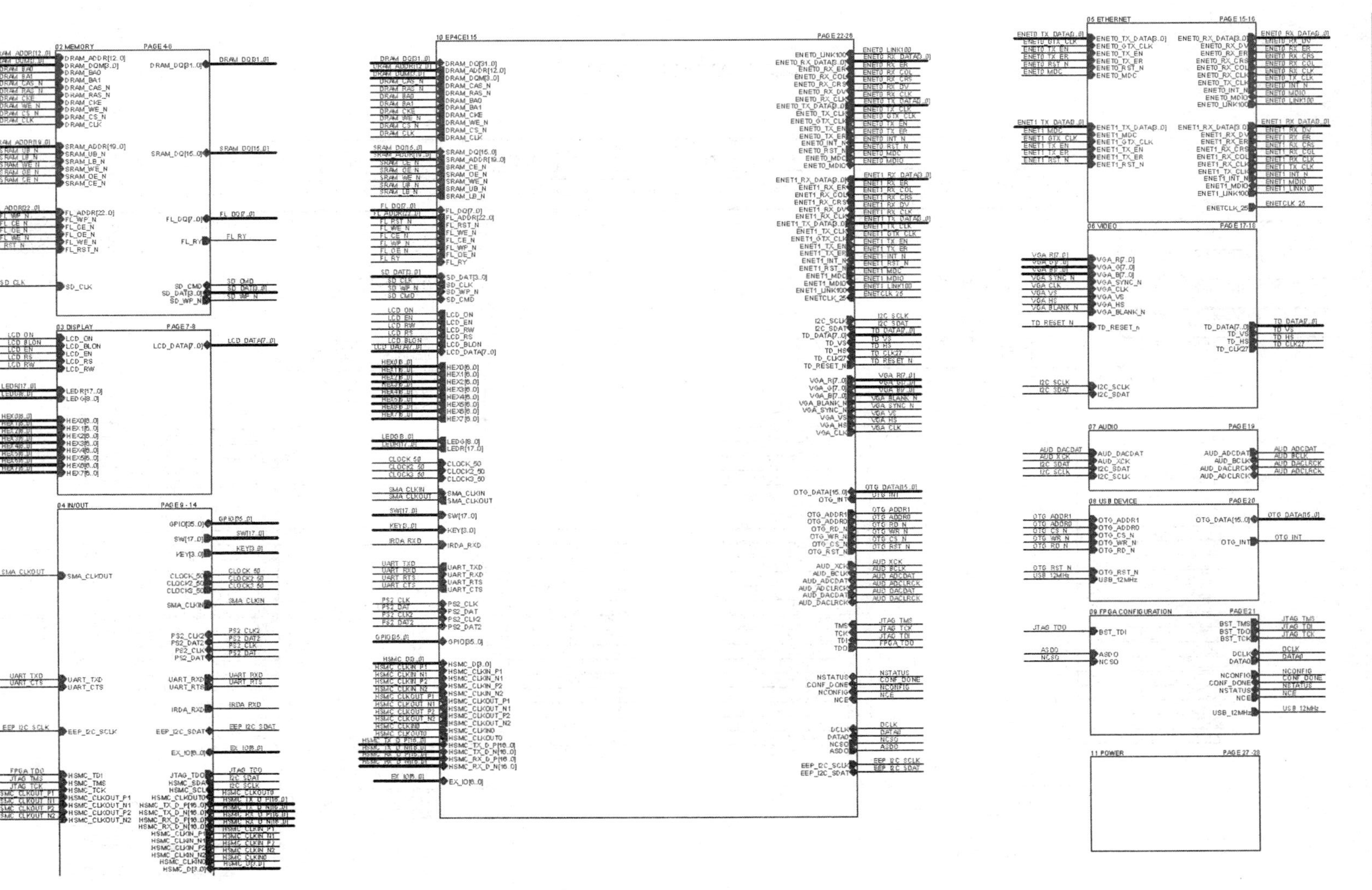

图 A.2　DE2-115 顶层原理图

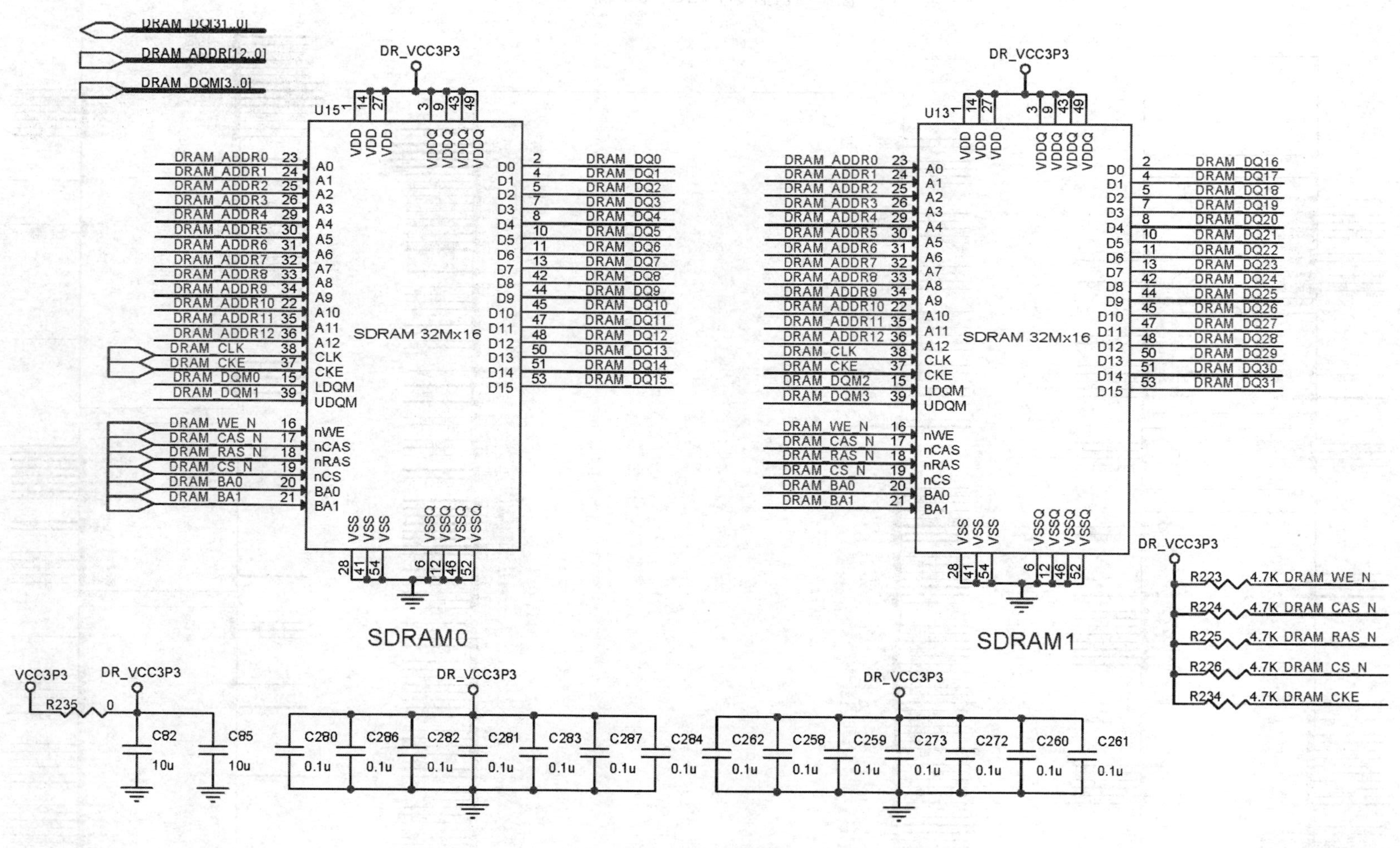

图 A.3　SDRAM 原理图

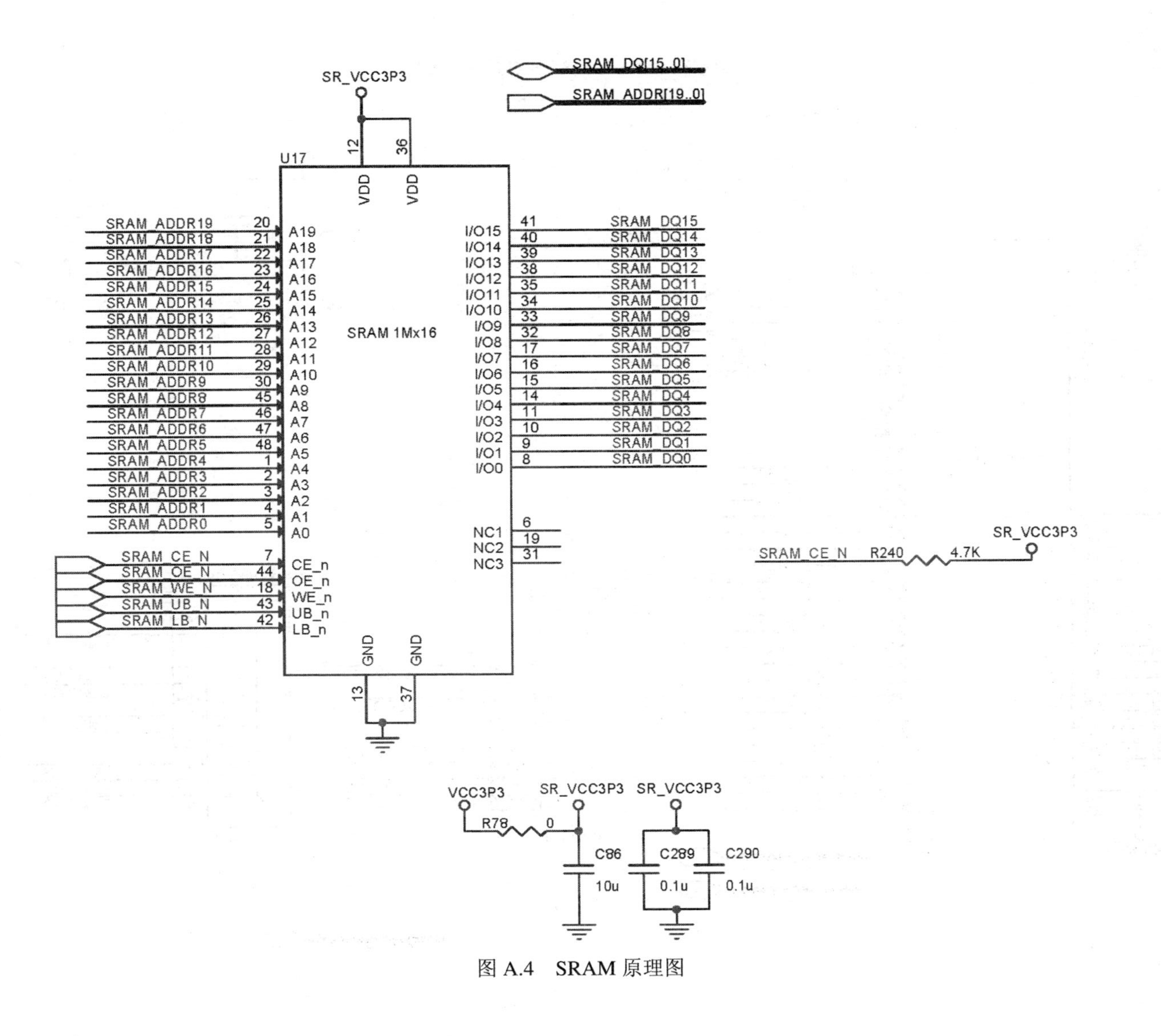
SR_VCC3P3
SRAM_DQ[15..0]
SRAM_ADDR[19..0]
U17
12
36
VDD
VDD
SRAM 1Mx16
SRAM_ADDR19 20 A19
SRAM_ADDR18 21 A18
SRAM_ADDR17 22 A17
SRAM_ADDR16 23 A16
SRAM_ADDR15 24 A15
SRAM_ADDR14 25 A14
SRAM_ADDR13 26 A13
SRAM_ADDR12 27 A12
SRAM_ADDR11 28 A11
SRAM_ADDR10 29 A10
SRAM_ADDR9 30 A9
SRAM_ADDR8 45 A8
SRAM_ADDR7 46 A7
SRAM_ADDR6 47 A6
SRAM_ADDR5 48 A5
SRAM_ADDR4 1 A4
SRAM_ADDR3 2 A3
SRAM_ADDR2 3 A2
SRAM_ADDR1 4 A1
SRAM_ADDR0 5 A0
SRAM_CE_N 7 CE_n
SRAM_OE_N 44 OE_n
SRAM_WE_N 18 WE_n
SRAM_UB_N 43 UB_n
SRAM_LB_N 42 LB_n
I/O15 41 SRAM_DQ15
I/O14 40 SRAM_DQ14
I/O13 39 SRAM_DQ13
I/O12 38 SRAM_DQ12
I/O11 35 SRAM_DQ11
I/O10 34 SRAM_DQ10
I/O9 33 SRAM_DQ9
I/O8 32 SRAM_DQ8
I/O7 17 SRAM_DQ7
I/O6 16 SRAM_DQ6
I/O5 15 SRAM_DQ5
I/O4 14 SRAM_DQ4
I/O3 11 SRAM_DQ3
I/O2 10 SRAM_DQ2
I/O1 9 SRAM_DQ1
I/O0 8 SRAM_DQ0
NC1 6
NC2 19
NC3 31
GND
GND
13
37
SRAM_CE_N
R240
4.7K
SR_VCC3P3
VCC3P3
SR_VCC3P3
SR_VCC3P3
R78
0
C86
10u
C289
0.1u
C290
0.1u

图 A.4　SRAM 原理图

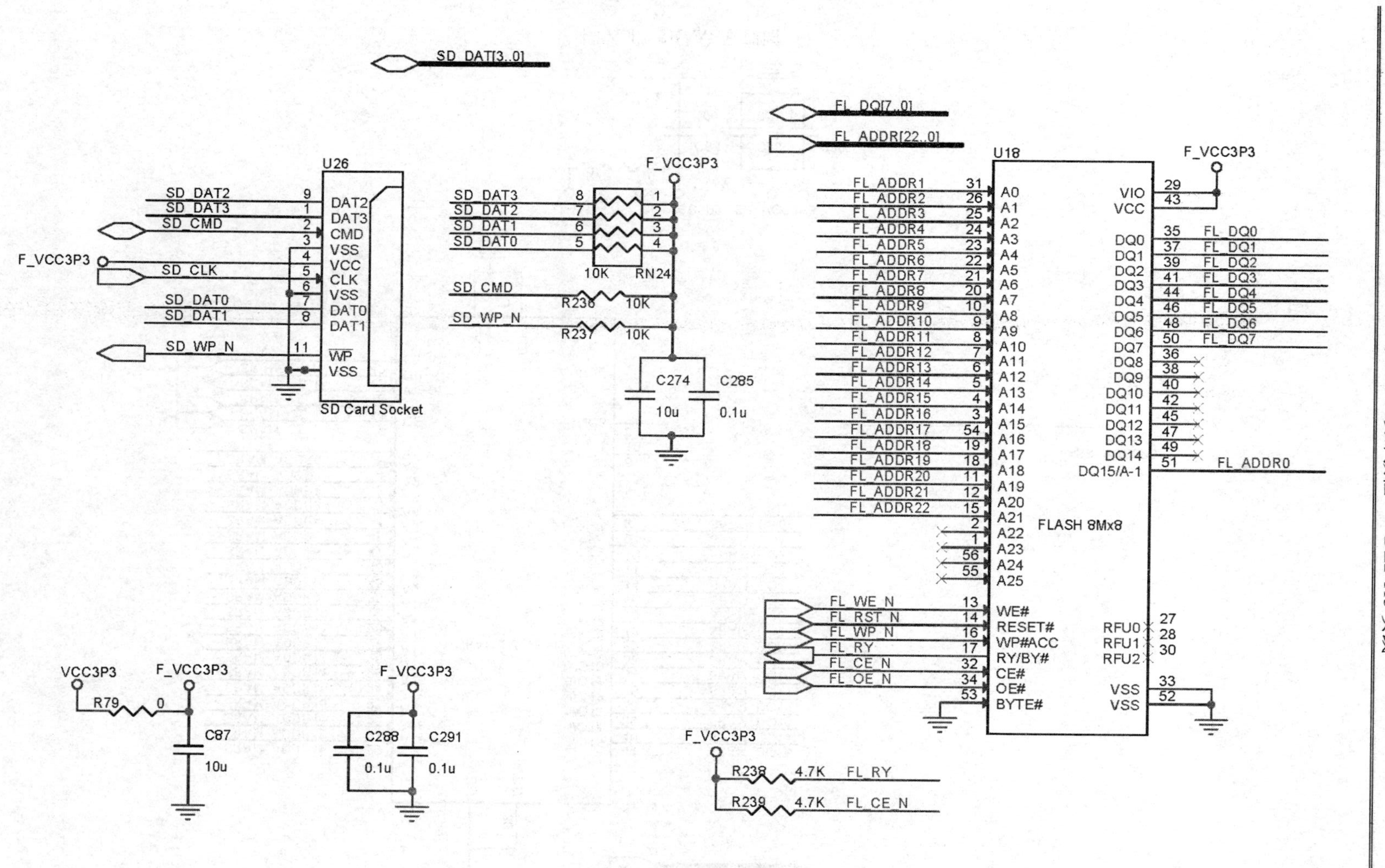

图 A.5　SD 卡接口与 Flash 原理图

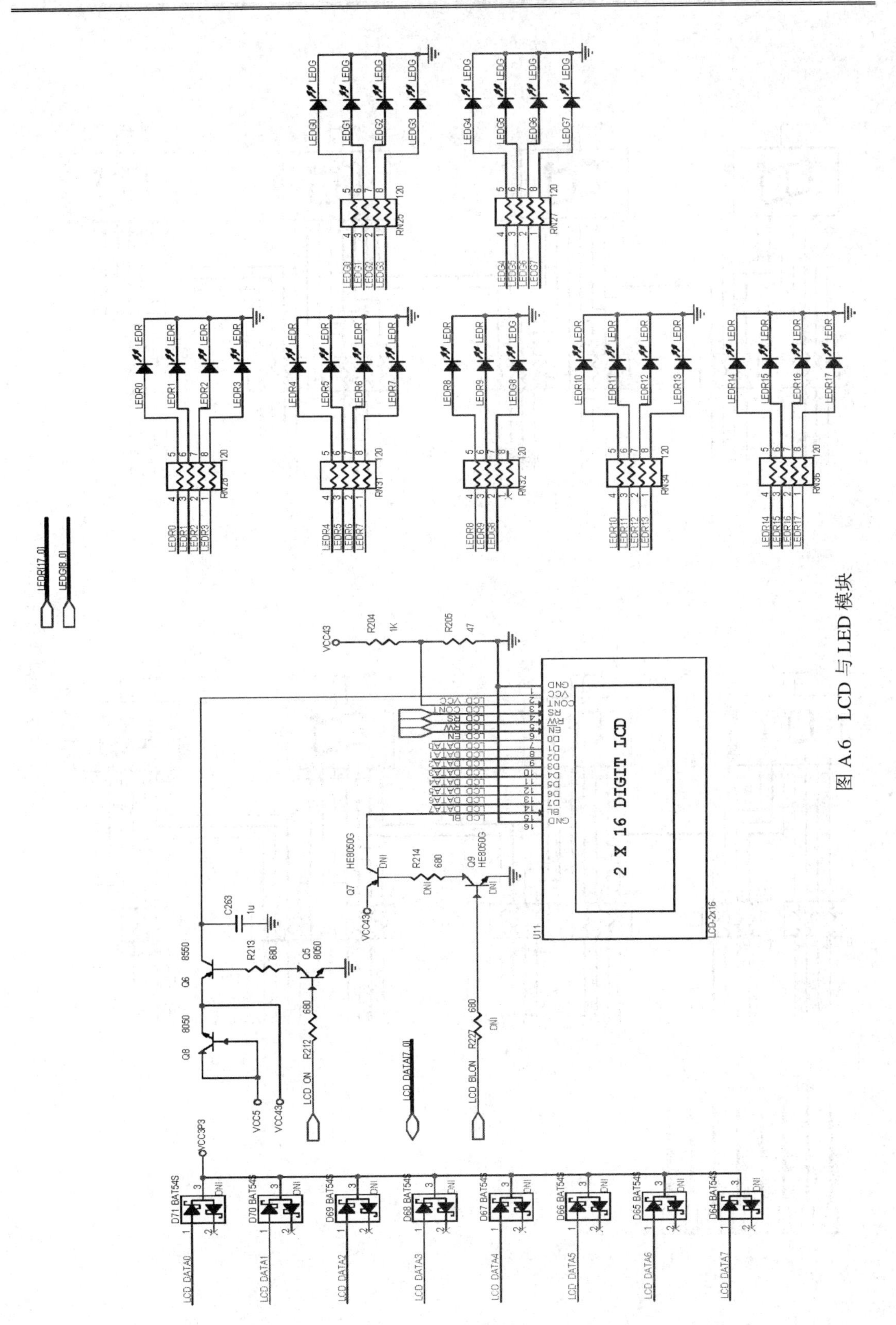

图 A.6　LCD 与 LED 模块

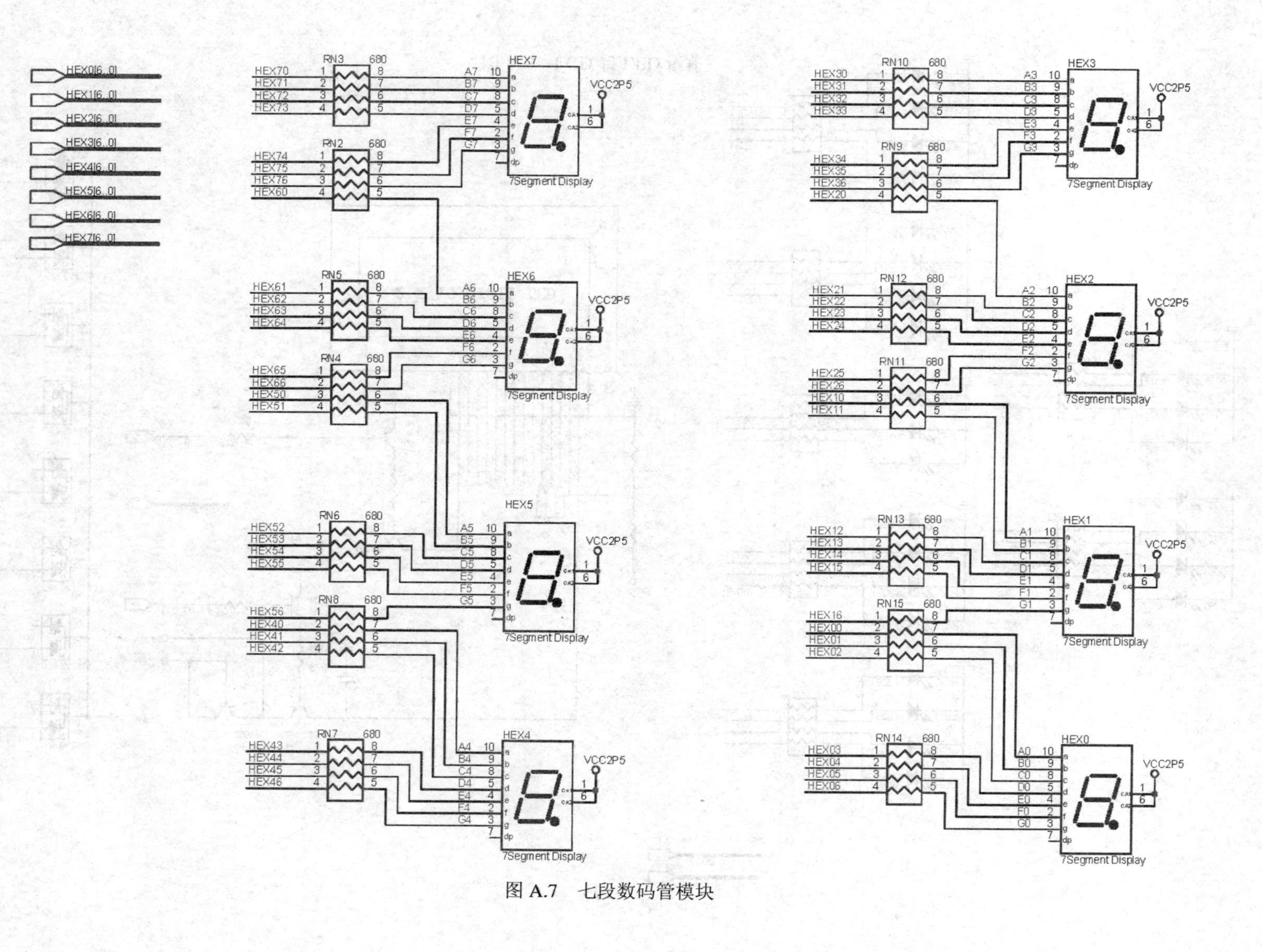

HEX0[6..0]
HEX1[6..0]
HEX2[6..0]
HEX3[6..0]
HEX4[6..0]
HEX5[6..0]
HEX6[6..0]
HEX7[6..0]
HEX0
HEX1
HEX2
HEX3
HEX4
HEX5
HEX6
HEX7
VCC2P5
7Segment Display
680
RN2
RN3
RN4
RN5
RN6
RN7
RN8
RN9
RN10
RN11
RN12
RN13
RN14
RN15

图 A.7　七段数码管模块

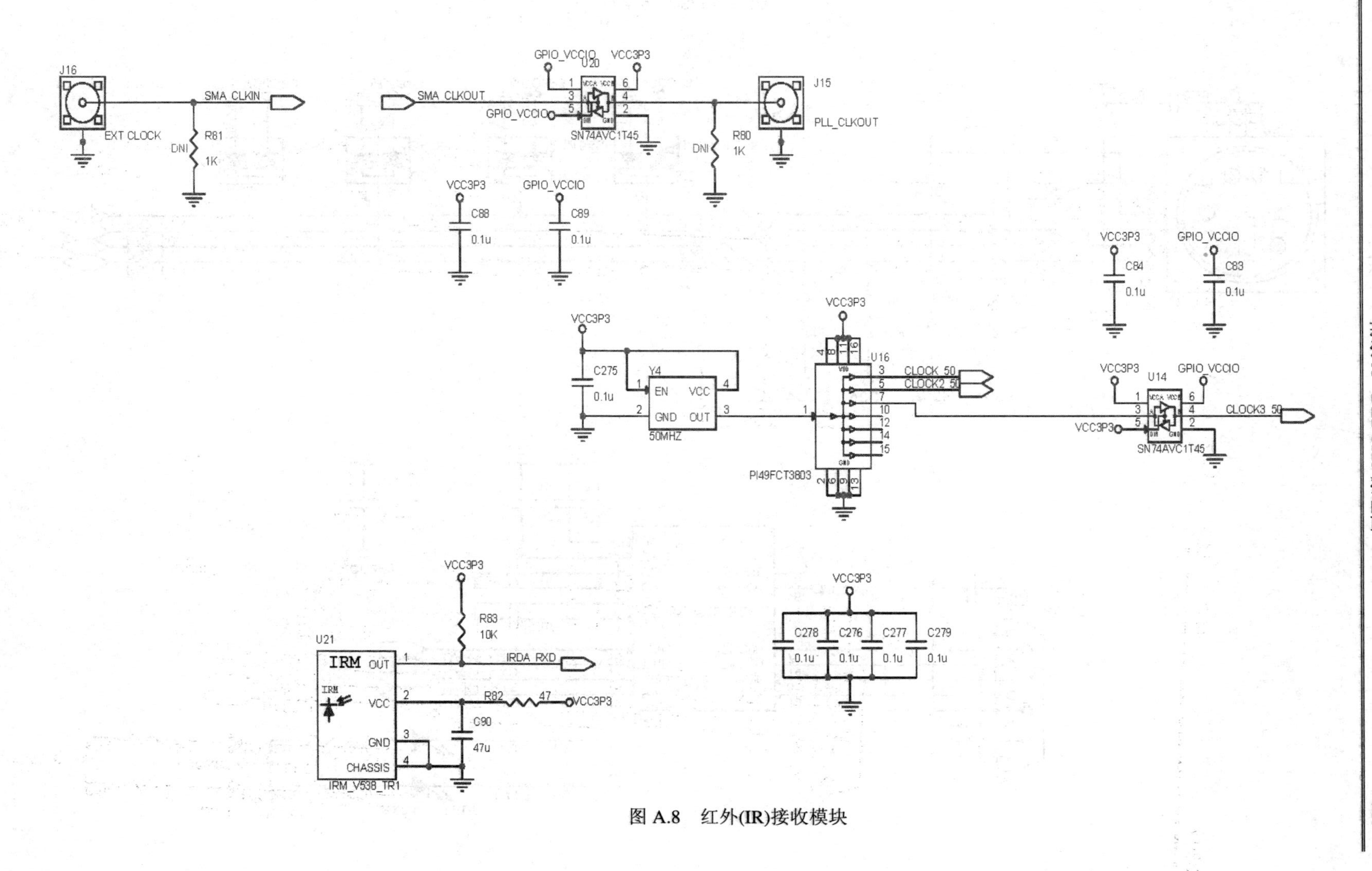

图 A.8　红外(IR)接收模块

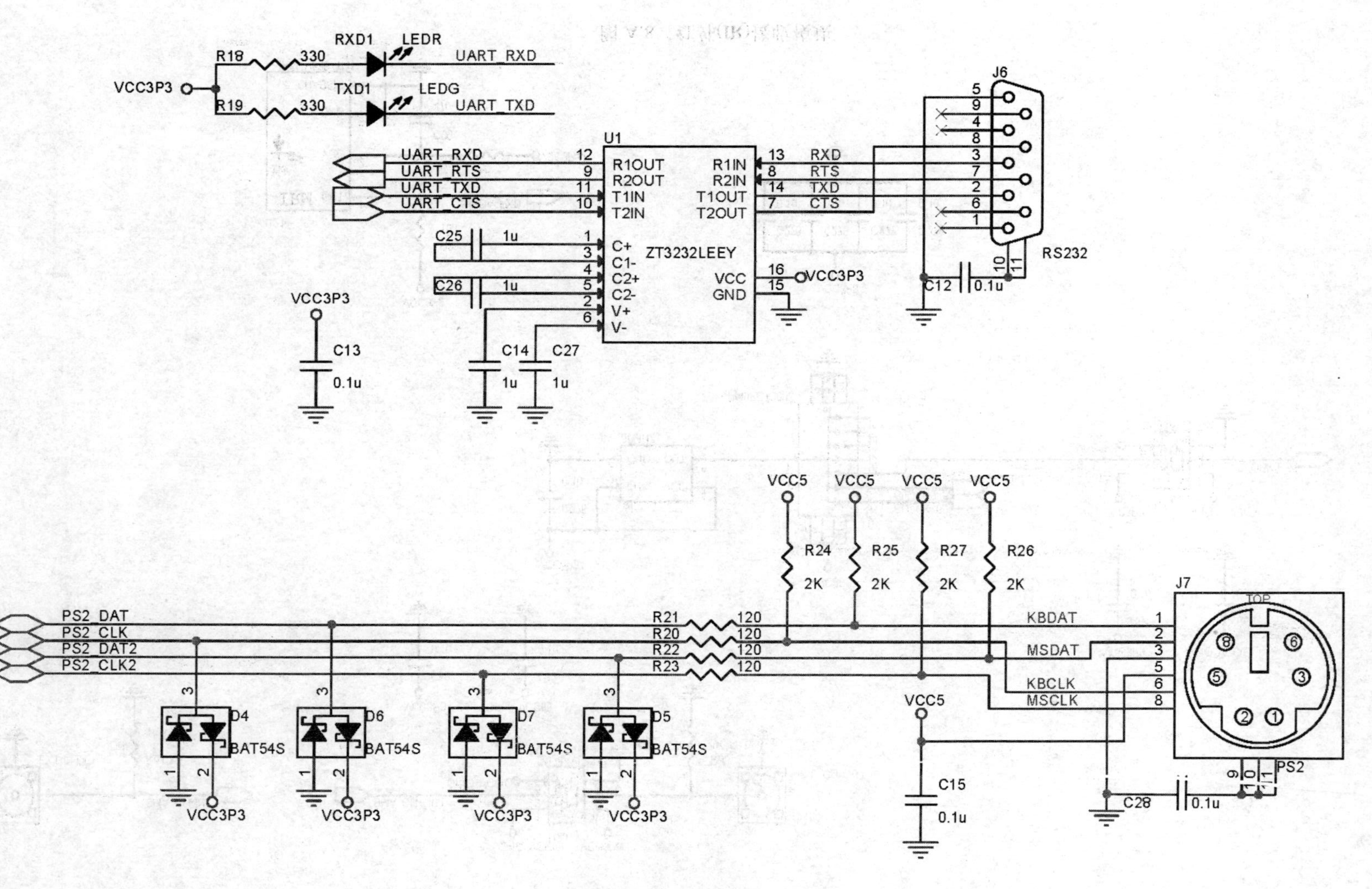

VCC3P3
R18
330
RXD1
LEDR
UART_RXD
R19
330
TXD1
LEDG
UART_TXD
U1
UART_RXD
UART_RTS
UART_TXD
UART_CTS
R1OUT
R2OUT
T1IN
T2IN
C+
C1-
C2+
C2-
V+
V-
ZT3232LEEY
R1IN
R2IN
T1OUT
T2OUT
VCC
GND
RXD
RTS
TXD
CTS
VCC3P3
C25
C26
1u
C13
0.1u
C14
C27
1u
J6
RS232
C12
0.1u
VCC5
R24
R25
R27
R26
2K
J7
TOP
PS2
PS2_DAT
PS2_CLK
PS2_DAT2
PS2_CLK2
R21
R20
R22
R23
120
KBDAT
MSDAT
KBCLK
MSCLK
D4
D6
D7
D5
BAT54S
VCC3P3
C15
0.1u
C28
0.1u

图 A.9　PS/2 原理图

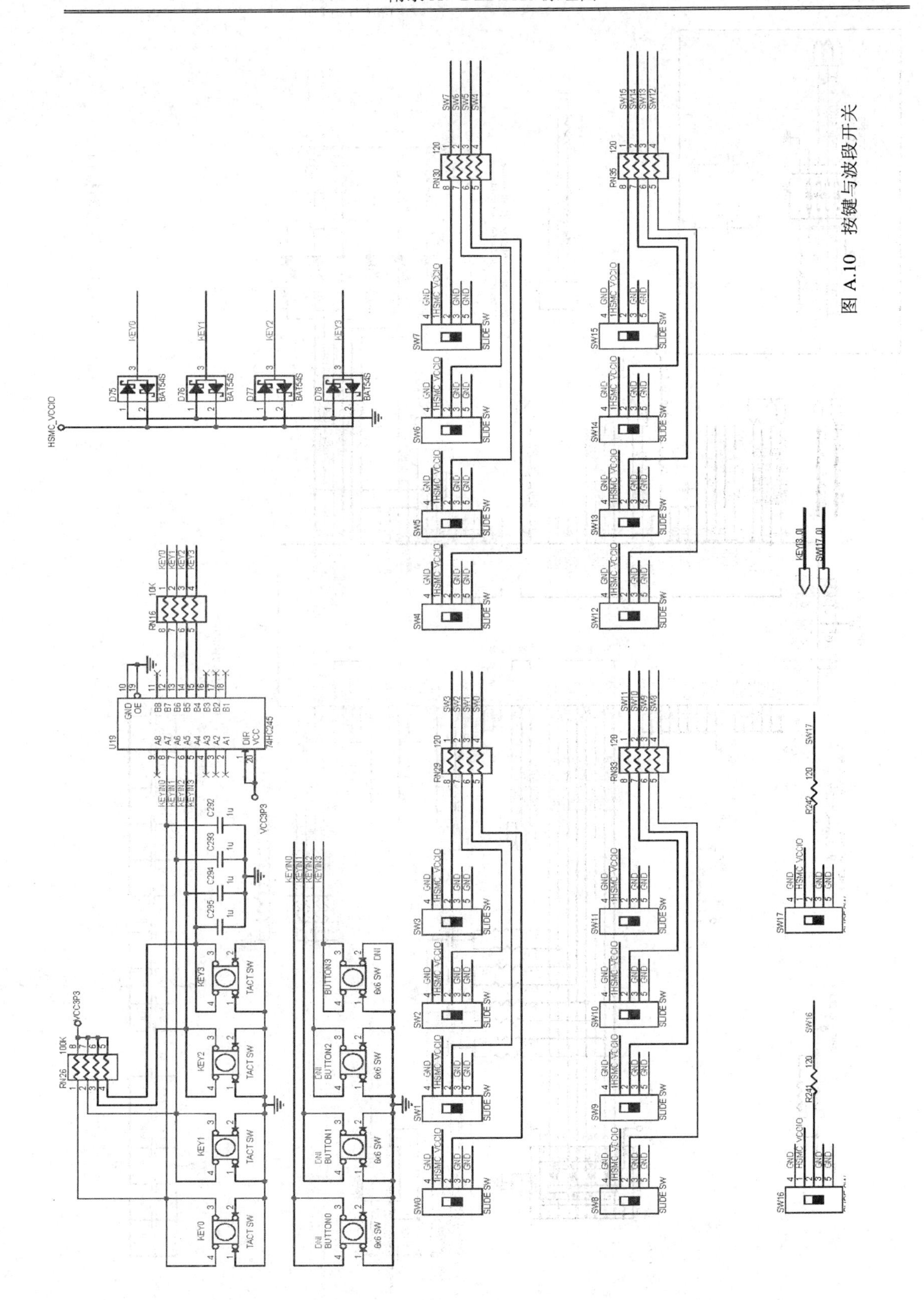

图 A.10 按键与波段开关

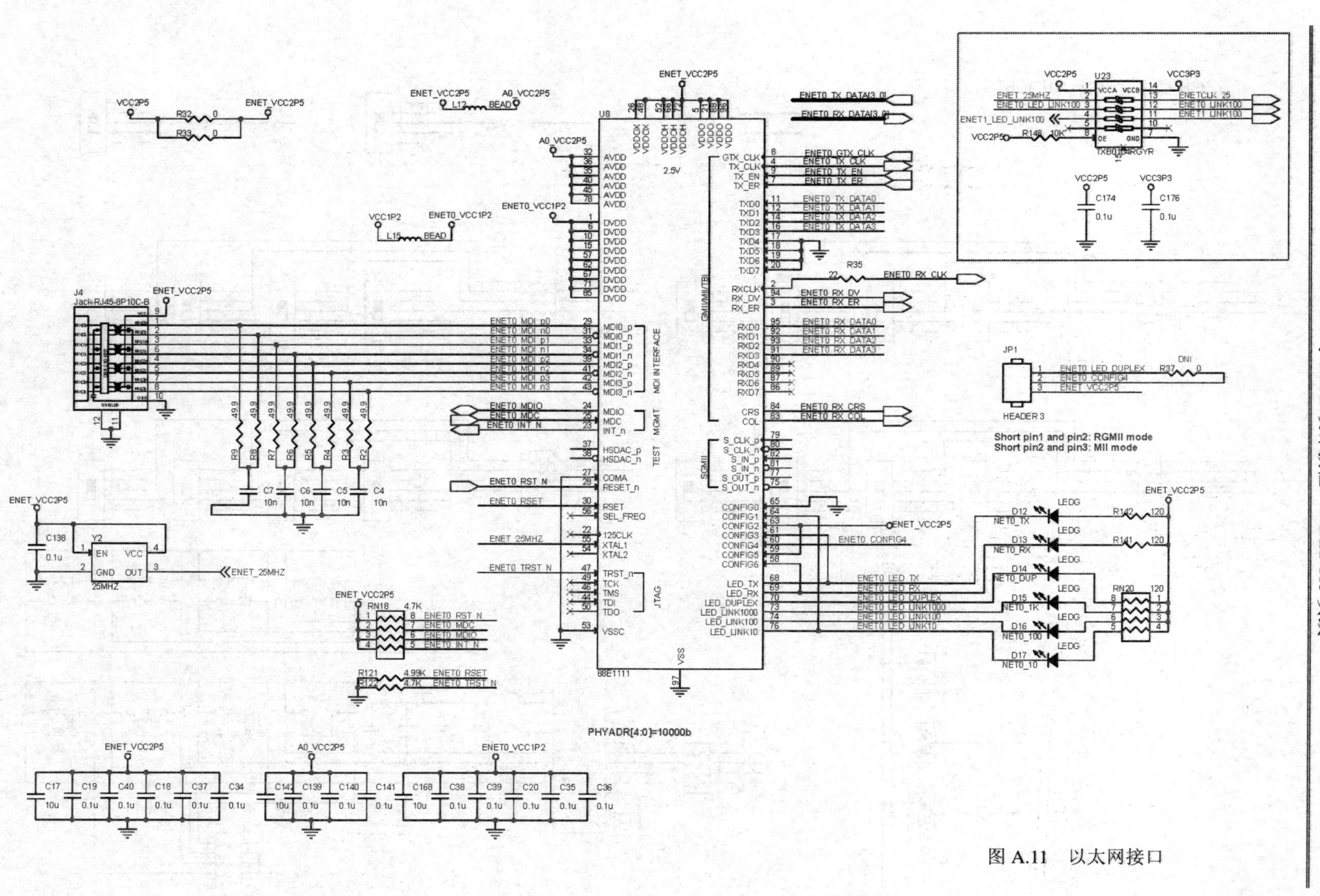
U8
88E1111
Short pin1 and pin2: RGMII mode
Short pin2 and pin3: MII mode
PHYADR[4:0]=10000b
HEADER 3
Jack-RJ45-8P10C-B
TXB0104RGYR

图 A.11　以太网接口

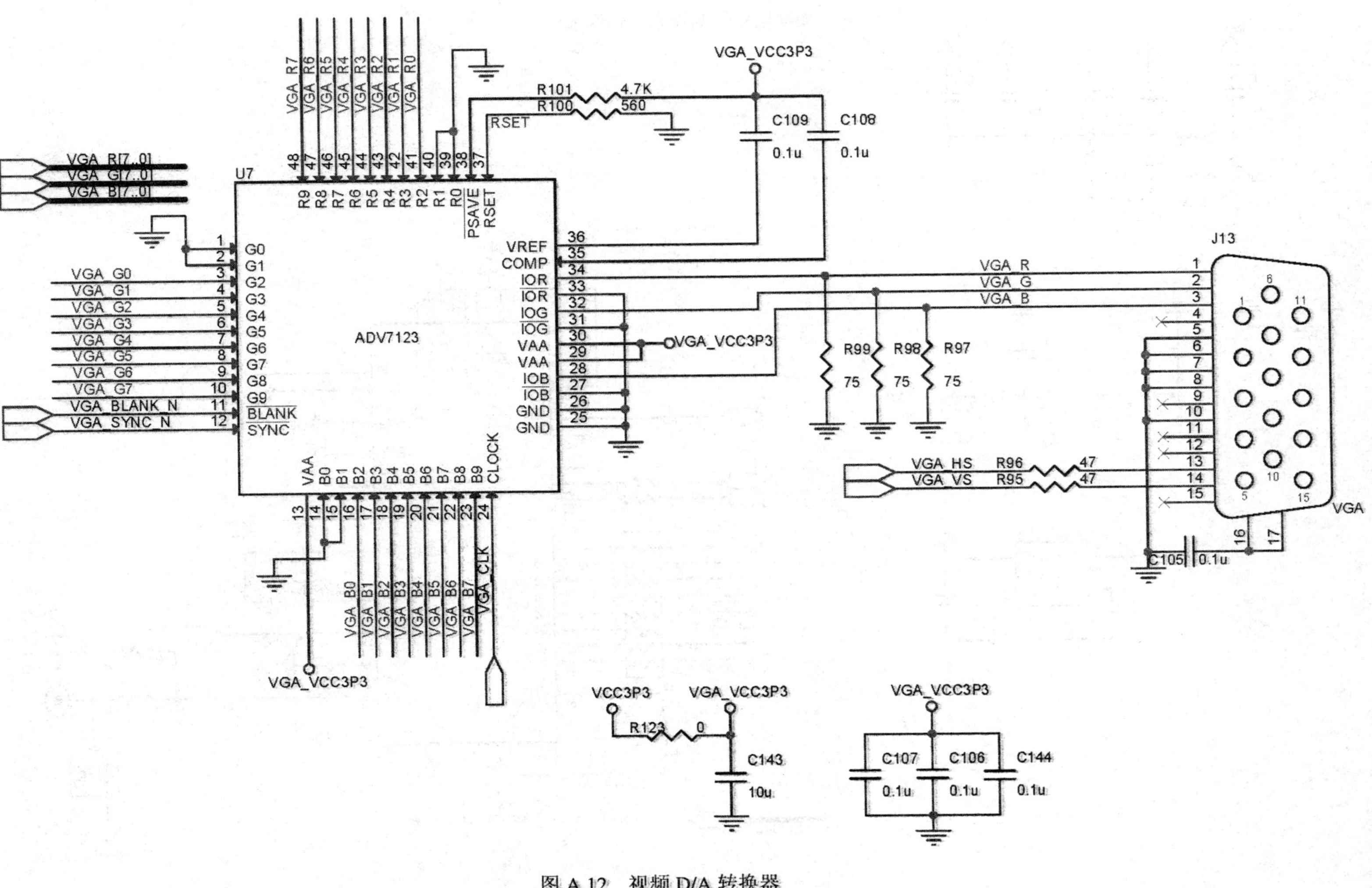

图 A.12　视频 D/A 转换器

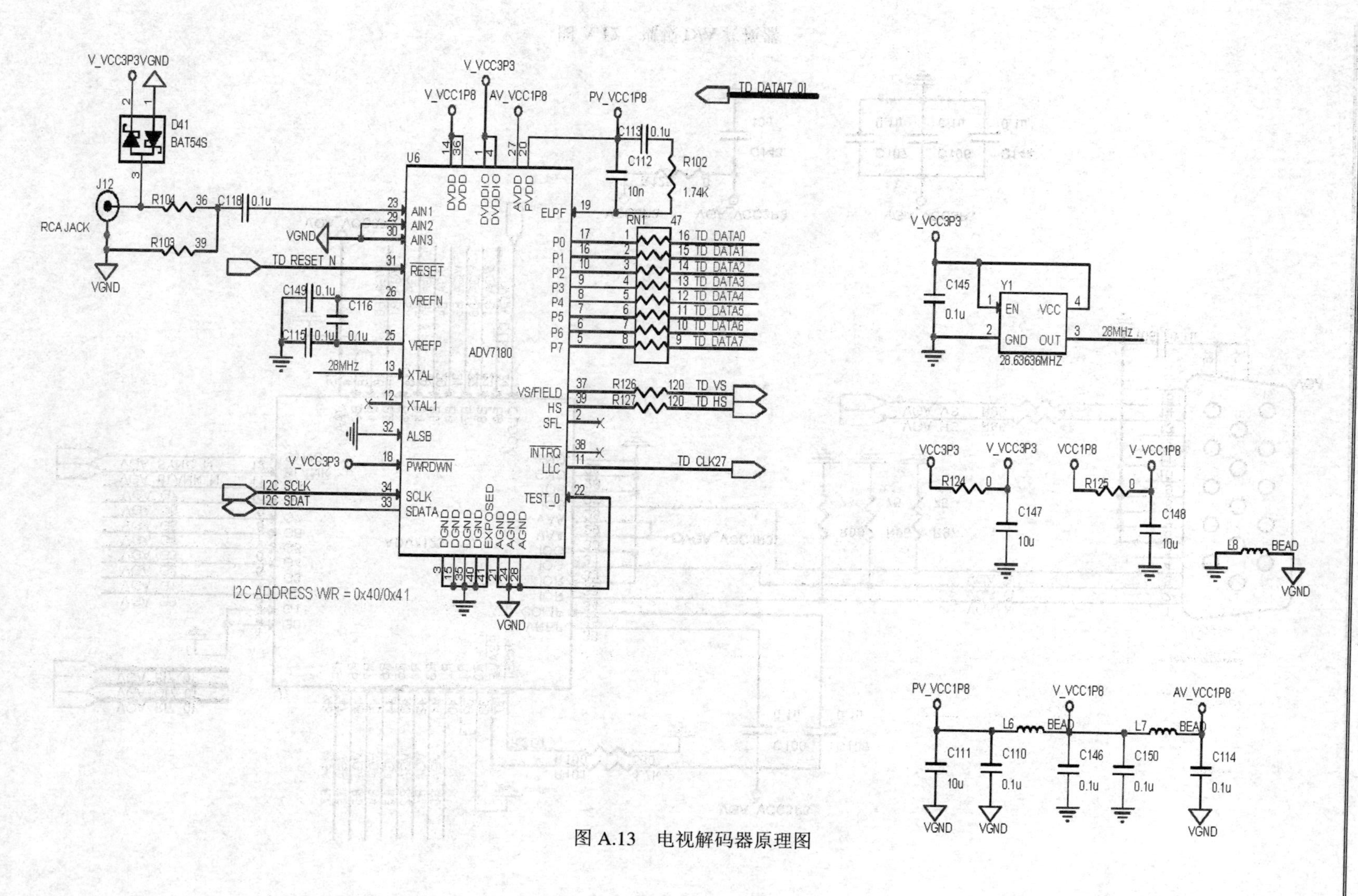

图 A.13　电视解码器原理图

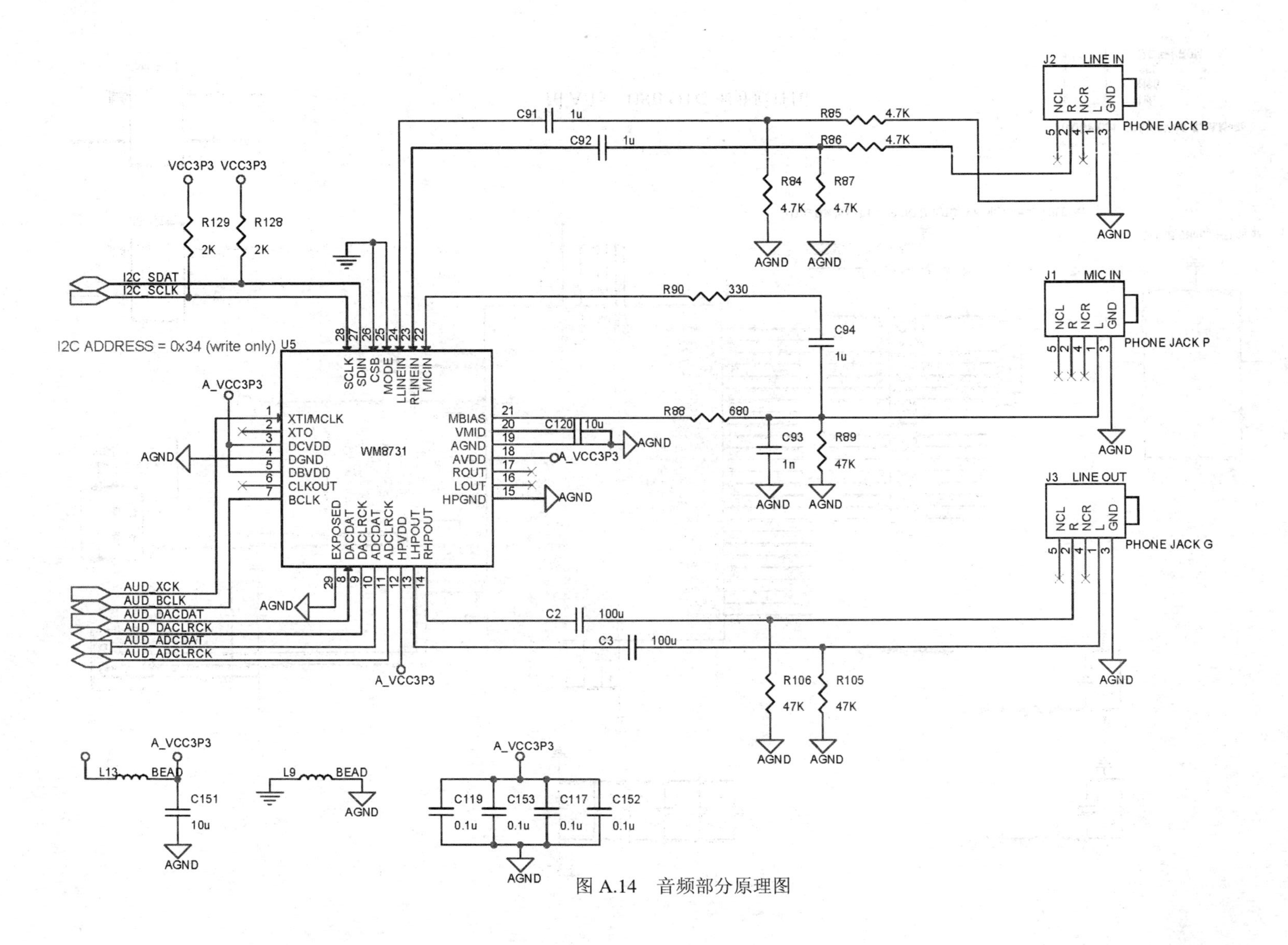

图 A.14　音频部分原理图

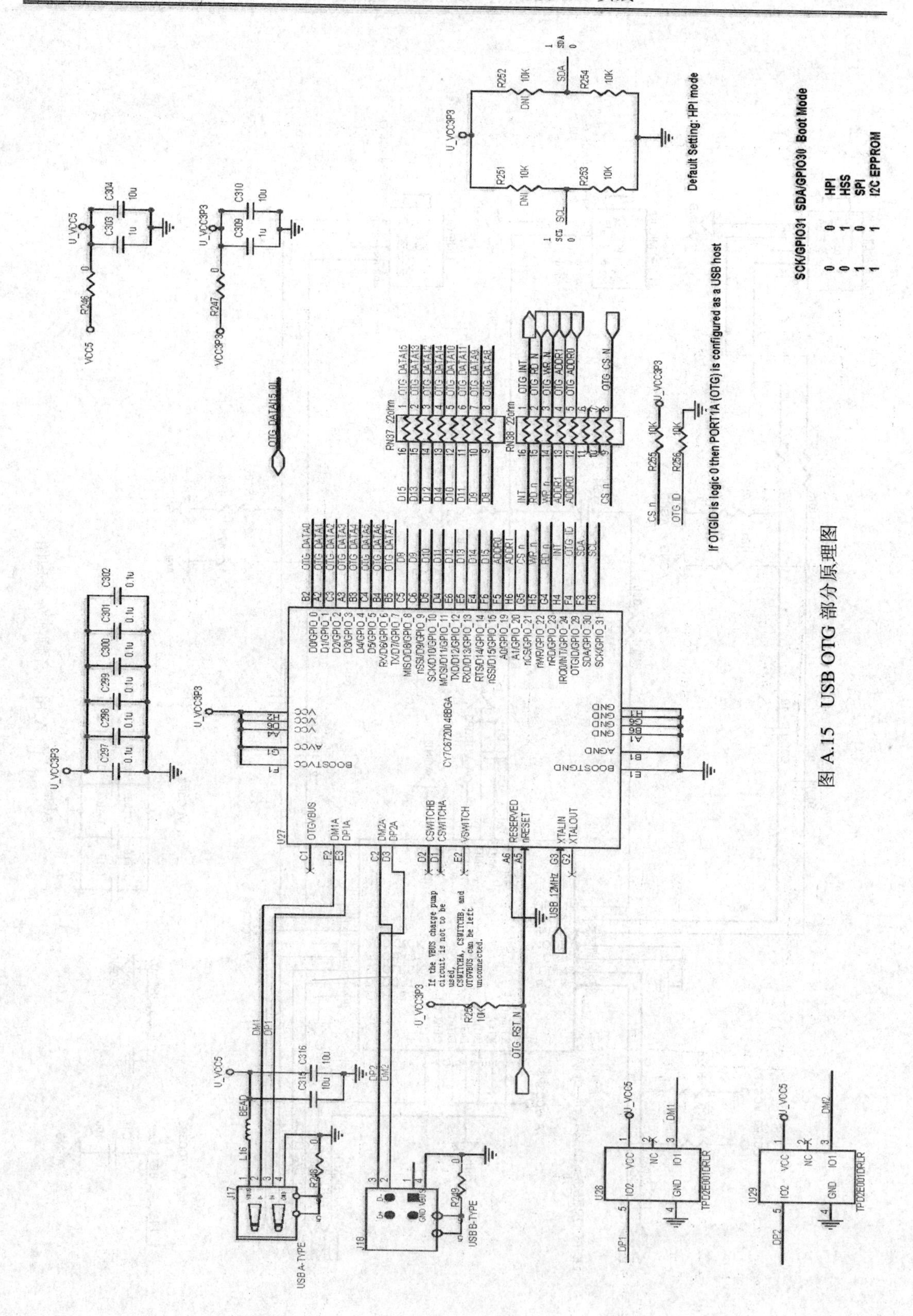

图 A.15　USB OTG 部分原理图

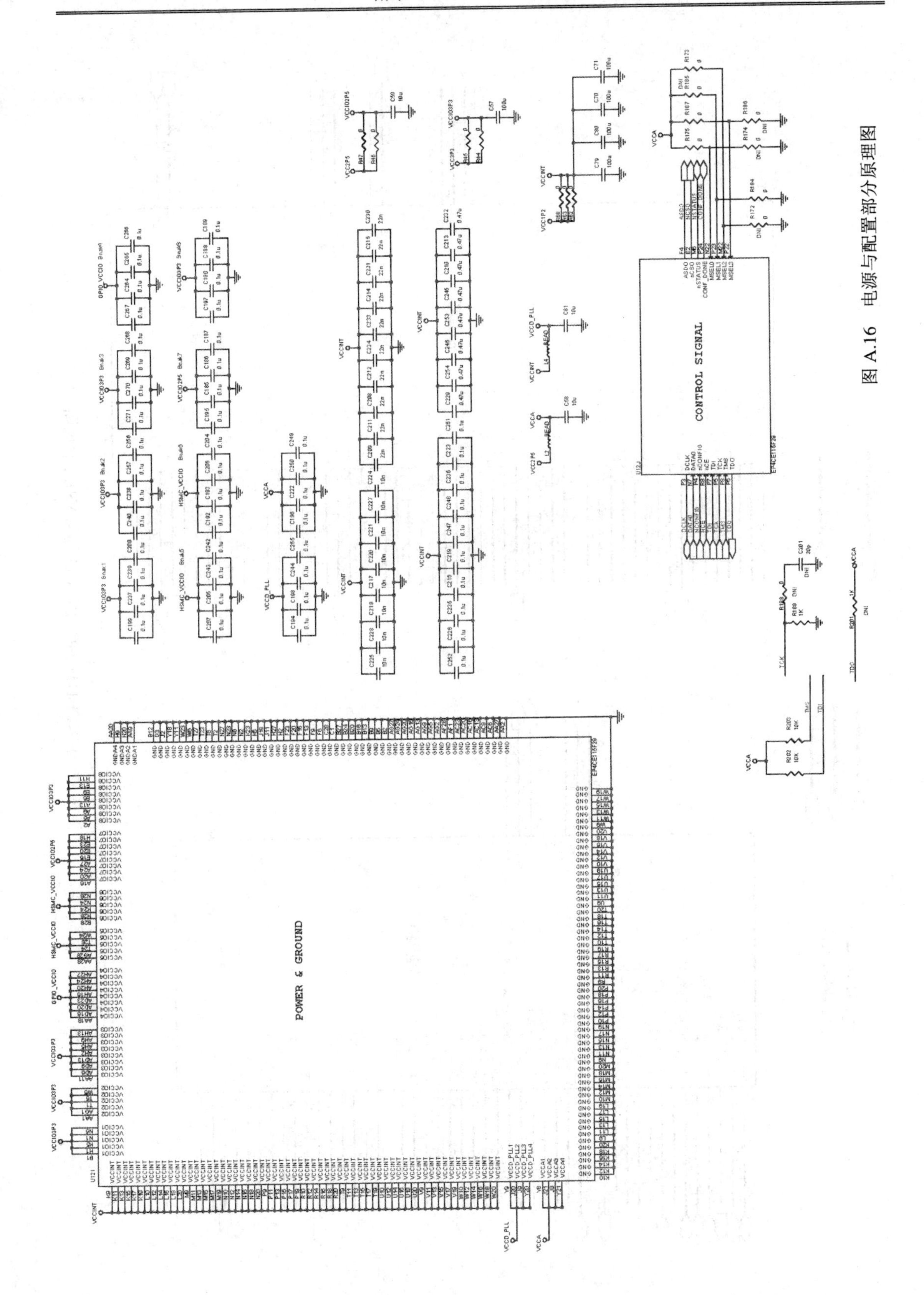

图 A.16　电源与配置部分原理图

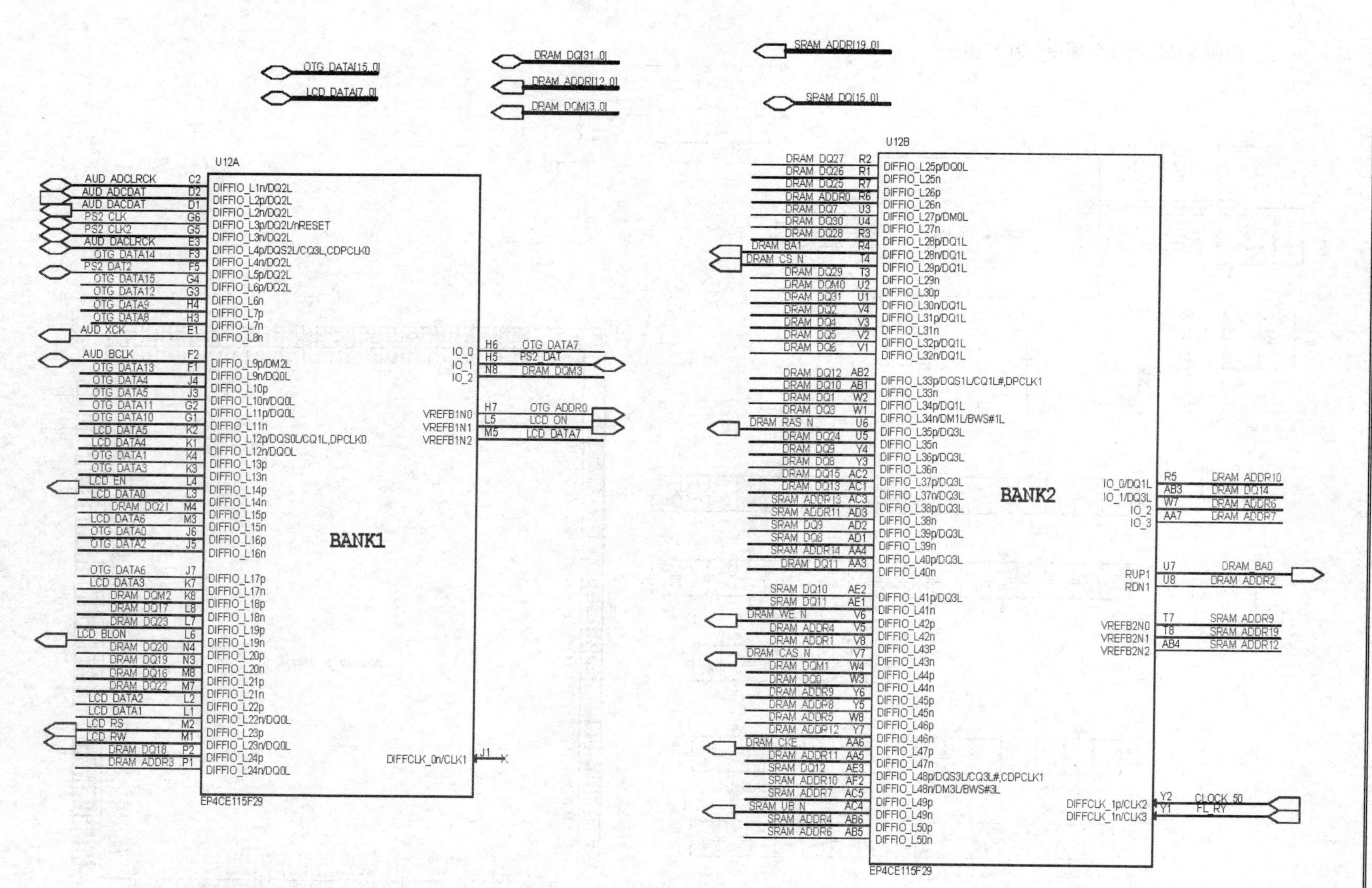

图 A.17　EP4CE115F29C7 BANK1 与 BANK2 原理图

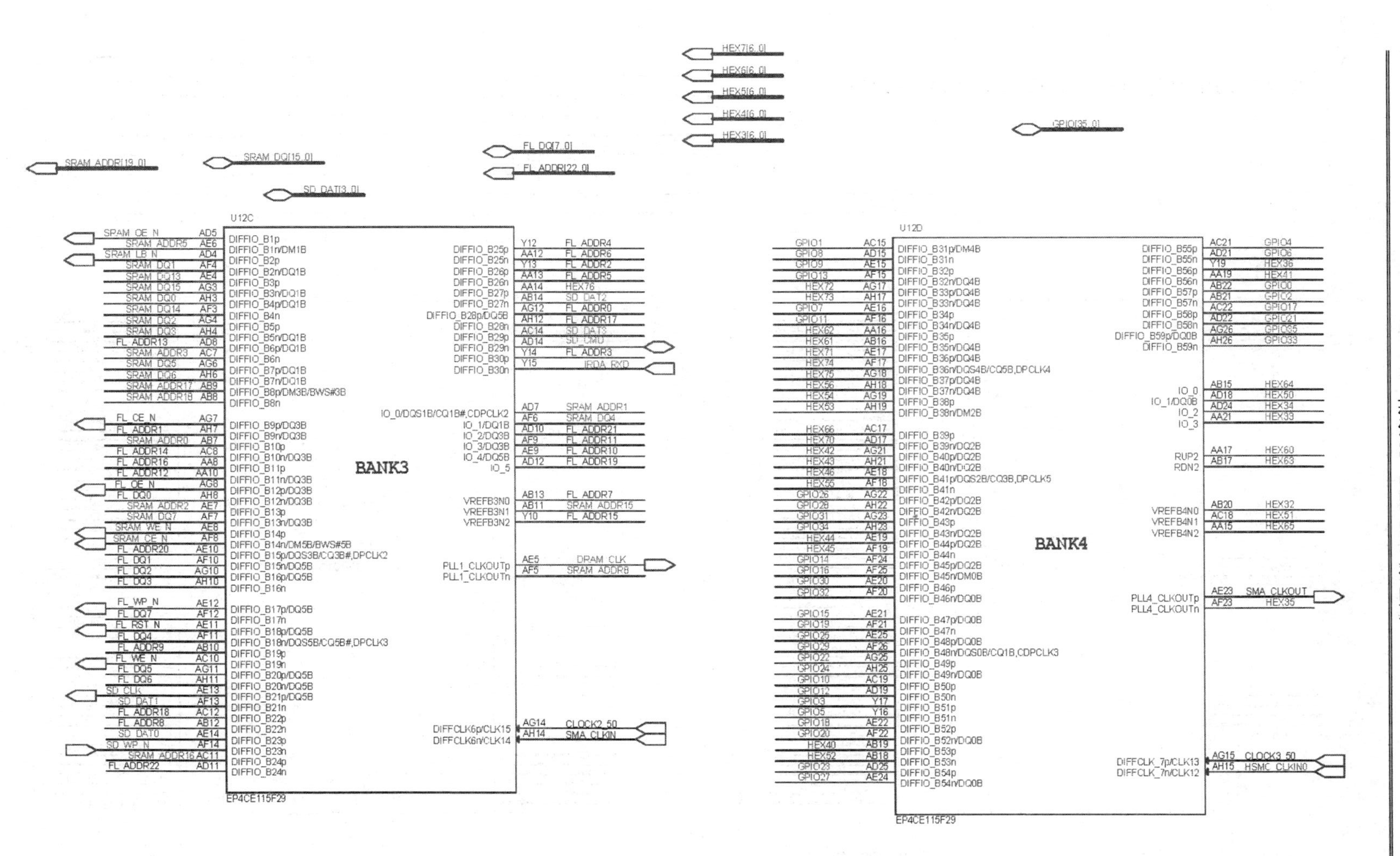

图 A.18　EP4CE115F29C7 BANK3 与 BANK4 原理图

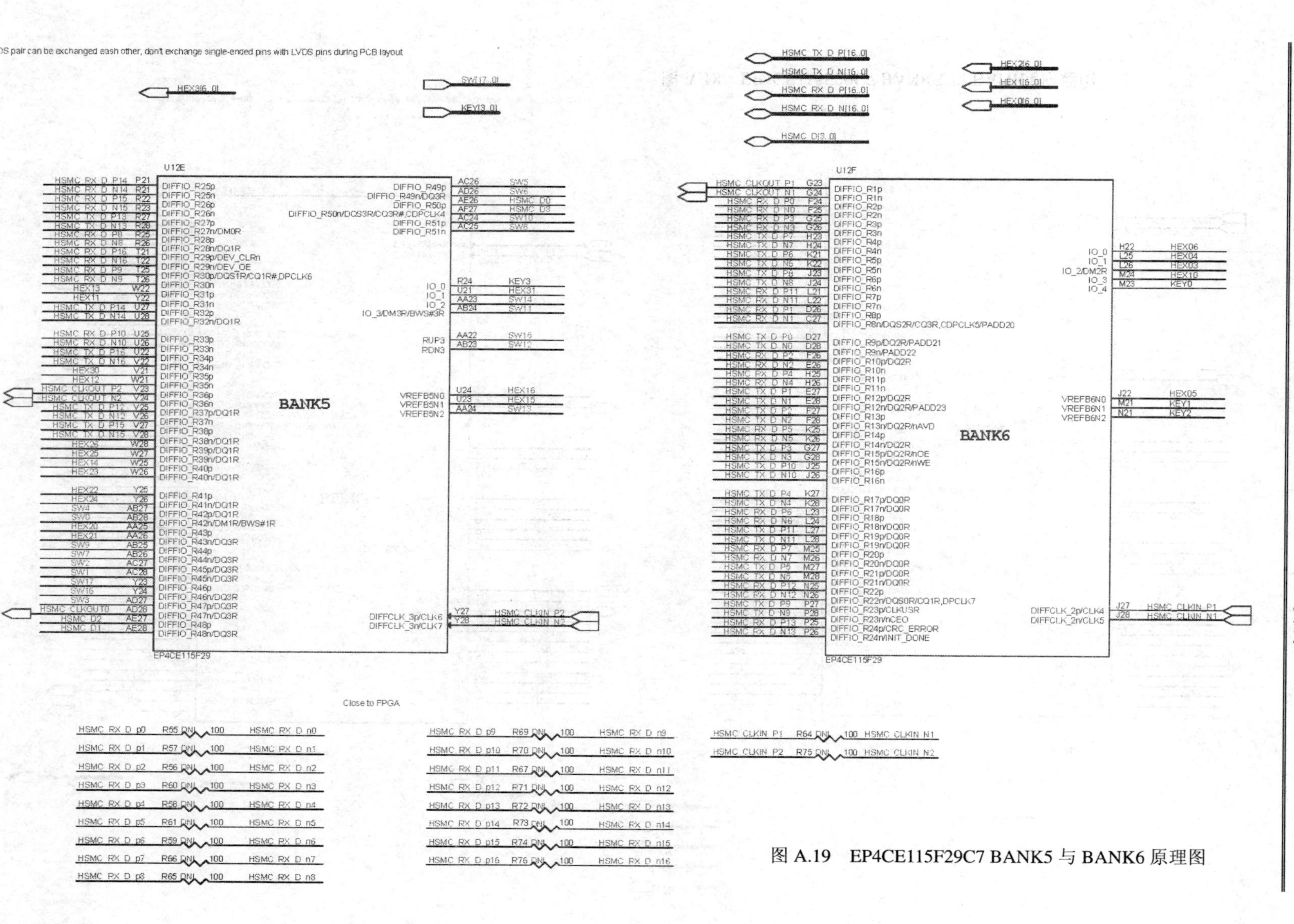

图 A.19　EP4CE115F29C7 BANK5 与 BANK6 原理图

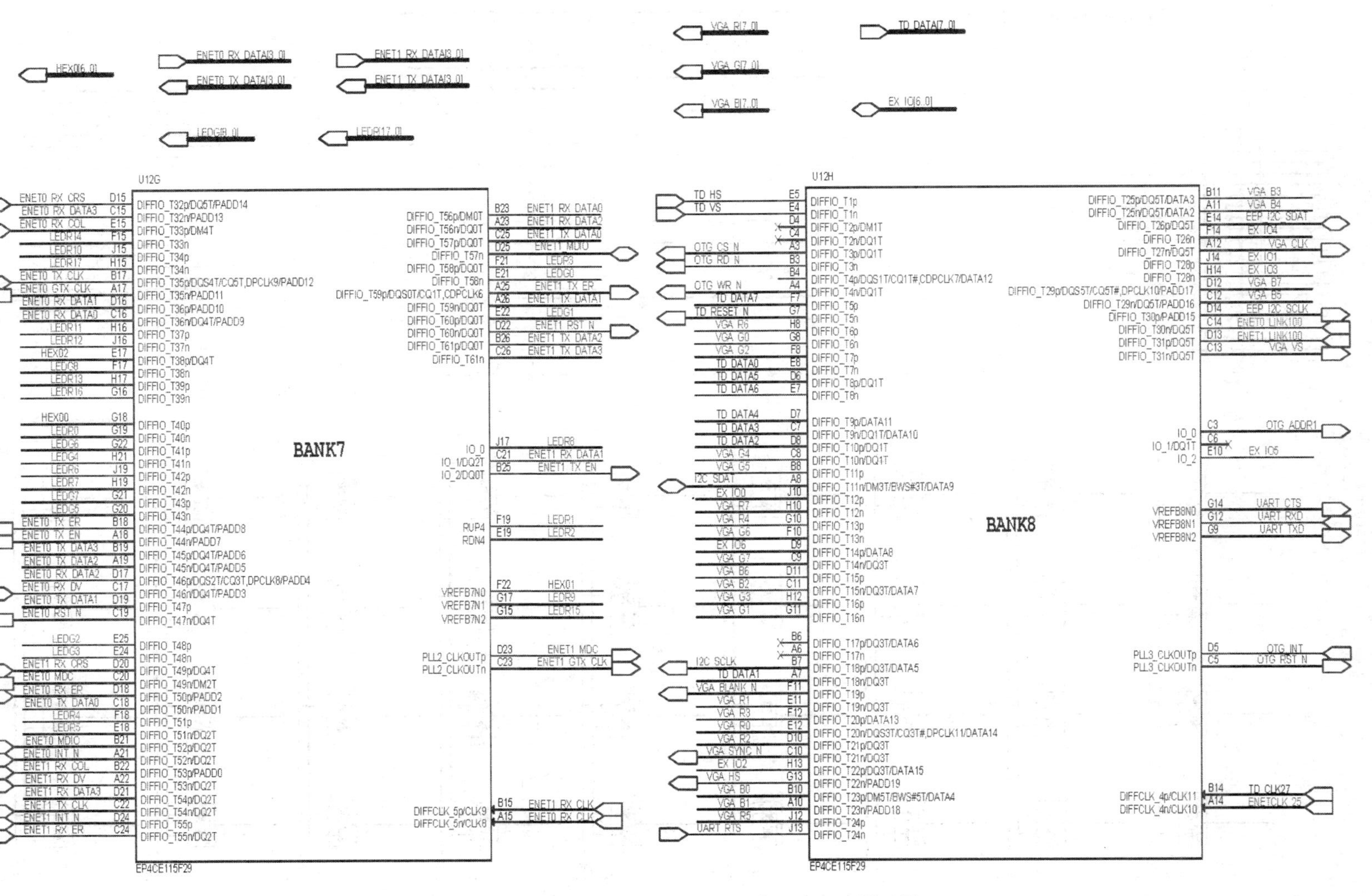

图 A.20 EP4CE115F29C7 BANK7 与 BANK8 原理图

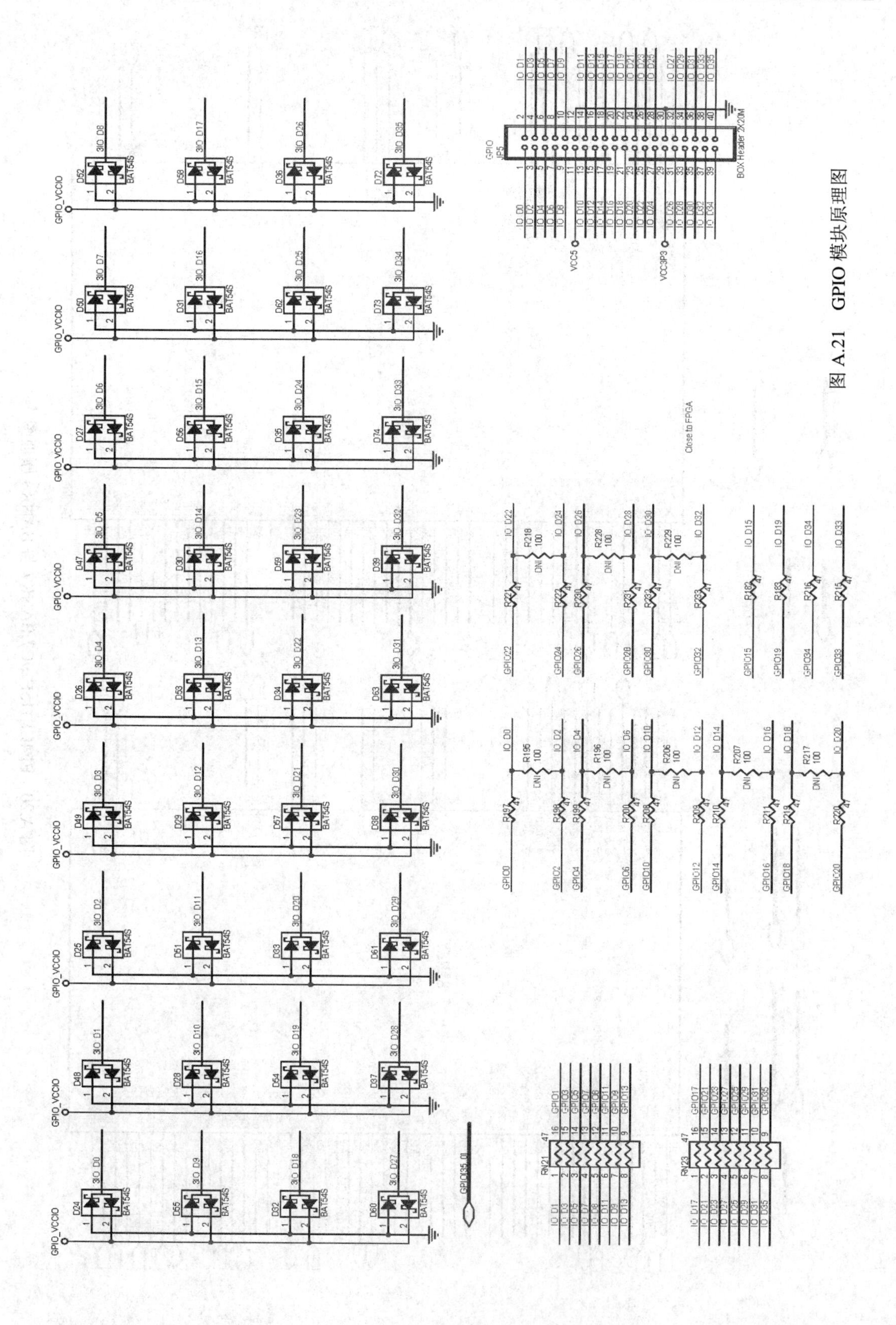

图 A.21　GPIO 模块原理图

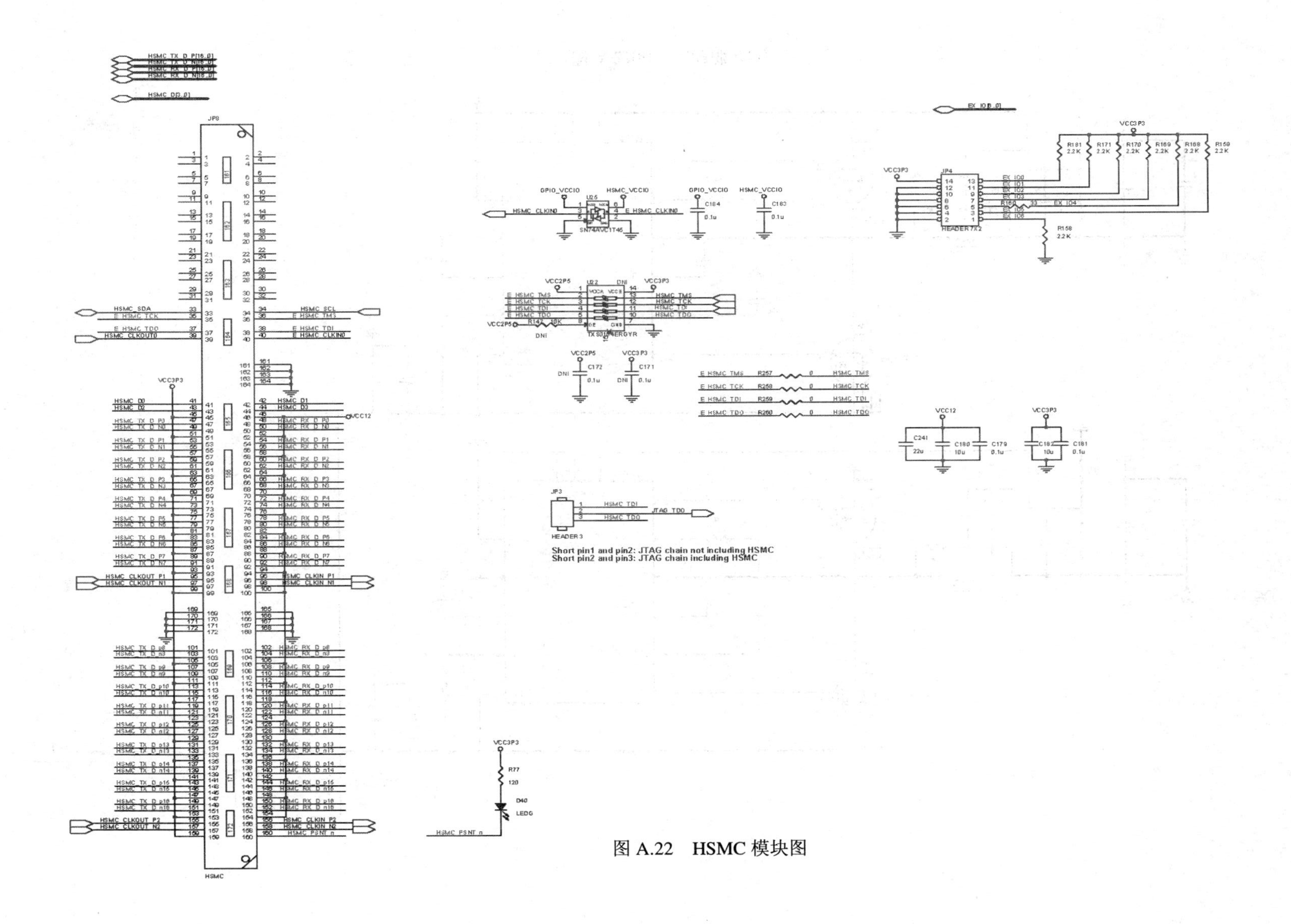

图 A.22　HSMC 模块图

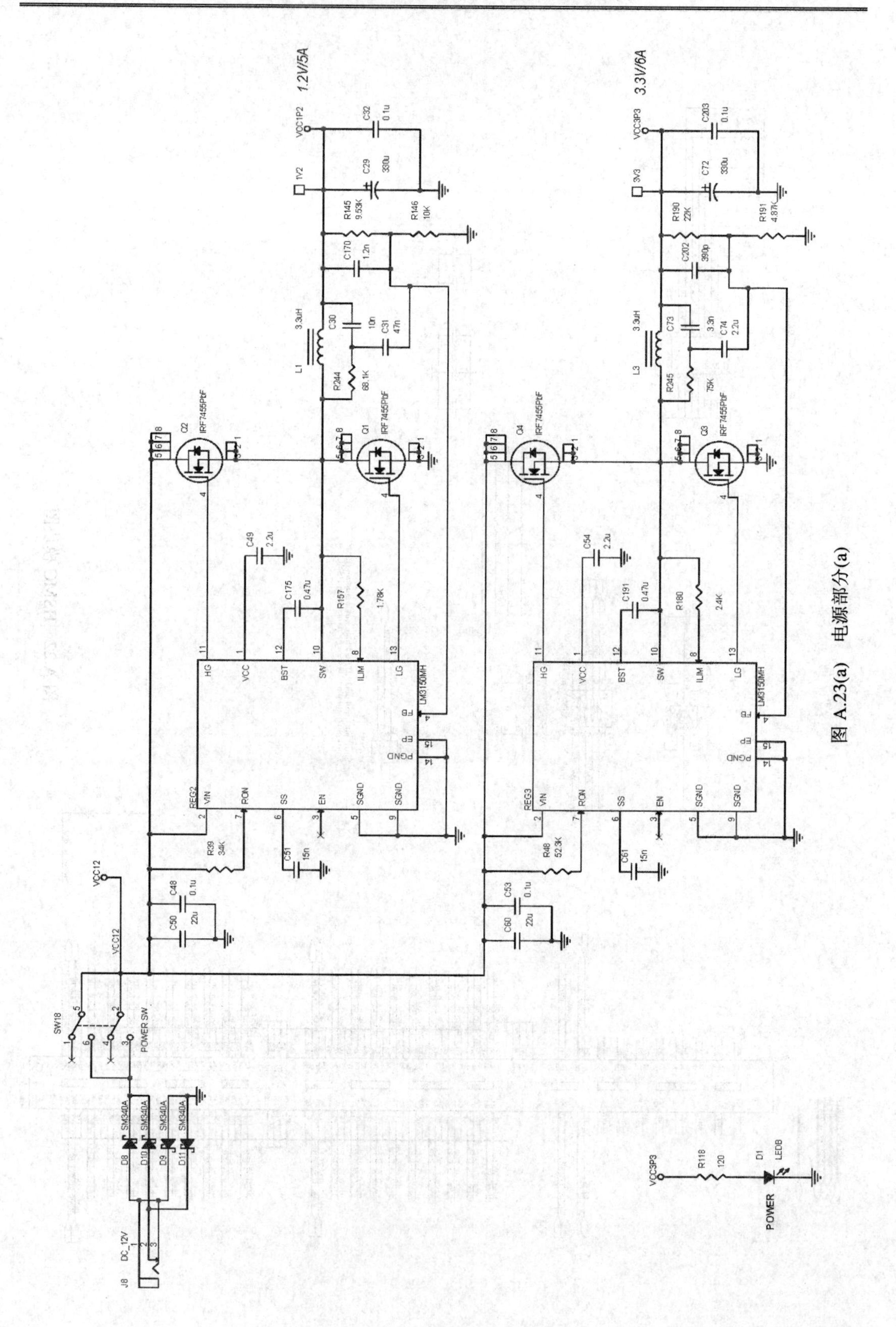

1.2V/5A
3.3V/6A
VCC1P2
VCC3P3
1V2
3V3
C32 0.1u
C29 330u
C203 0.1u
C72 330u
R145 9.53K
R146 10K
R190 22K
R191 4.87K
C170 1.2n
C202 390p
L1 3.3uH
L3 3.3uH
C30 10n
C31 47n
C73 3.3n
C74 2.2u
R244 68.1K
R245 75K
Q2 IRF7455PbF
Q1 IRF7455PbF
Q4 IRF7455PbF
Q3 IRF7455PbF
C49 2.2u
C54 2.2u
C175 0.47u
C191 0.47u
R157 1.78K
R180 2.4K
LM3150MH
HG
VCC
BST
SW
ILIM
LG
FB
EP
PGND
REG2
REG3
VIN
RON
SS
EN
SGND
R39 34K
R48 52.3K
C51 15n
C61 15n
C48 0.1u
C50 22u
C53 0.1u
C60 22u
VCC12
SW18
POWER SW
D8 SM340A
D10 SM340A
D9 SM340A
D11 SM340A
J8
DC_12V
VCC3P3
R118 120
D1 LEDB
POWER

图 A.23(a)　电源部分(a)

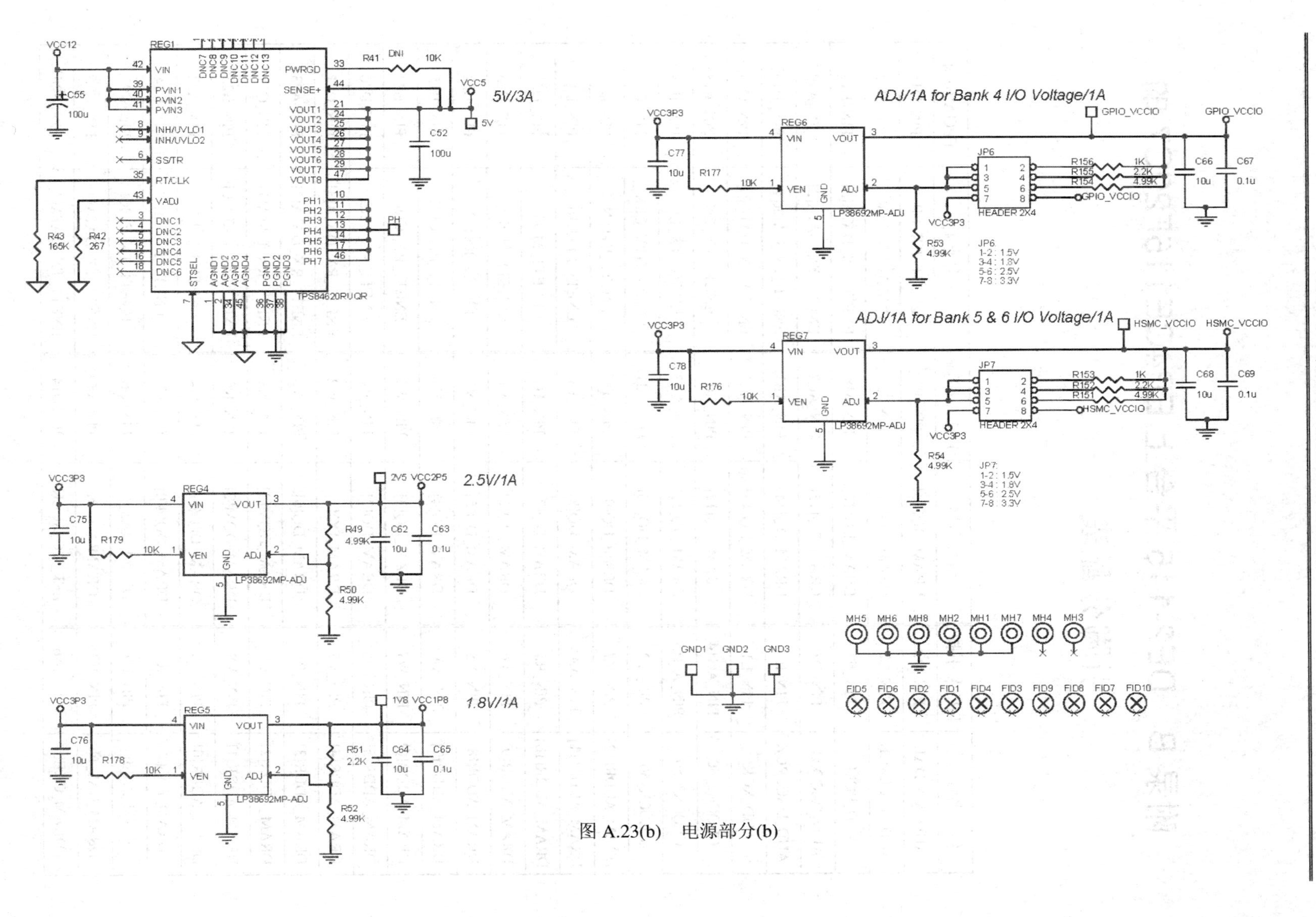
5V/3A
ADJ/1A for Bank 4 I/O Voltage/1A
ADJ/1A for Bank 5 & 6 I/O Voltage/1A
2.5V/1A
1.8V/1A
VCC12
VCC5
VCC3P3
VCC2P5
VCC1P8
GPIO_VCCIO
HSMC_VCCIO
REG1
REG4
REG5
REG6
REG7
TPS84620RUQR
LP38692MP-ADJ
HEADER 2X4
JP6
1-2: 1.5V
3-4: 1.8V
5-6: 2.5V
7-8: 3.3V
JP7
1-2: 1.5V
3-4: 1.8V
5-6: 2.5V
7-8: 3.3V
GND1
GND2
GND3
MH5 MH6 MH8 MH2 MH1 MH7 MH4 MH3
FID5 FID6 FID2 FID1 FID4 FID3 FID9 FID8 FID7 FID10

图 A.23(b)　电源部分(b)

附录 B　DE2-115 平台上 EP4CE115F29C7 的引脚分配表

信号名称	FPGA 引脚	信号名称	FPGA 引脚	信号名称	FPGA 引脚
AUD_ADCDAT	PIN_D2	DRAM_DQ[18]	PIN_P2	ENET0_RX_ER	PIN_D18
AUD_ADCLRCK	PIN_C2	DRAM_DQ[17]	PIN_L8	ENET0_TX_CLK	PIN_B17
AUD_BCLK	PIN_F2	DRAM_DQ[16]	PIN_M8	ENET0_TX_DATA[3]	PIN_B19
AUD_DACDAT	PIN_D1	DRAM_DQ[15]	PIN_AC2	ENET0_TX_DATA[2]	PIN_A19
AUD_DACLRCK	PIN_E3	DRAM_DQ[14]	PIN_AB3	ENET0_TX_DATA[1]	PIN_D19
AUD_XCK	PIN_E1	DRAM_DQ[13]	PIN_AC1	ENET0_TX_DATA[0]	PIN_C18
CLOCK2_50	PIN_AG14	DRAM_DQ[12]	PIN_AB2	ENET0_TX_EN	PIN_A18
CLOCK3_50	PIN_AG15	DRAM_DQ[11]	PIN_AA3	ENET0_TX_ER	PIN_B18
CLOCK_50	PIN_Y2	DRAM_DQ[10]	PIN_AB1	ENET1_GTX_CLK	PIN_C23
DRAM_ADDR[12]	PIN_Y7	DRAM_DQ[9]	PIN_Y4	ENET1_INT_N	PIN_D24
DRAM_ADDR[11]	PIN_AA5	DRAM_DQ[8]	PIN_Y3	ENET1_LINK100	PIN_D13
DRAM_ADDR[10]	PIN_R5	DRAM_DQ[7]	PIN_U3	ENET1_MDC	PIN_D23
DRAM_ADDR[9]	PIN_Y6	DRAM_DQ[6]	PIN_V1	ENET1_MDIO	PIN_D25
DRAM_ADDR[8]	PIN_Y5	DRAM_DQ[5]	PIN_V2	ENET1_RST_N	PIN_D22
DRAM_ADDR[7]	PIN_AA7	DRAM_DQ[4]	PIN_V3	ENET1_RX_CLK	PIN_B15
DRAM_ADDR[6]	PIN_W7	DRAM_DQ[3]	PIN_W1	ENET1_RX_COL	PIN_B22
DRAM_ADDR[5]	PIN_W8	DRAM_DQ[2]	PIN_V4	ENET1_RX_CRS	PIN_D20
DRAM_ADDR[4]	PIN_V5	DRAM_DQ[1]	PIN_W2	ENET1_RX_DATA[3]	PIN_D21
DRAM_ADDR[3]	PIN_P1	DRAM_DQ[0]	PIN_W3	ENET1_RX_DATA[2]	PIN_A23
DRAM_ADDR[2]	PIN_U8	DRAM_DQM[3]	PIN_N8	ENET1_RX_DATA[1]	PIN_C21
DRAM_ADDR[1]	PIN_V8	DRAM_DQM[2]	PIN_K8	ENET1_RX_DATA[0]	PIN_B23
DRAM_ADDR[0]	PIN_R6	DRAM_DQM[1]	PIN_W4	ENET1_RX_DV	PIN_A22
DRAM_BA[1]	PIN_R4	DRAM_DQM[0]	PIN_U2	ENET1_RX_ER	PIN_C24
DRAM_BA[0]	PIN_U7	DRAM_RAS_N	PIN_U6	ENET1_TX_CLK	PIN_C22
DRAM_CAS_N	PIN_V7	DRAM_WE_N	PIN_V6	ENET1_TX_DATA[3]	PIN_C26
DRAM_CKE	PIN_AA6	EEP_I2C_SCLK	PIN_D14	ENET1_TX_DATA[2]	PIN_B26

续表一

信号名称	FPGA 引脚	信号名称	FPGA 引脚	信号名称	FPGA 引脚
DRAM_CLK	PIN_AE5	EEP_I2C_SDAT	PIN_E14	ENET1_TX_DATA[1]	PIN_A26
DRAM_CS_N	PIN_T4	ENET0_GTX_CLK	PIN_A17	ENET1_TX_DATA[0]	PIN_C25
DRAM_DQ[31]	PIN_U1	ENET0_INT_N	PIN_A21	ENET1_TX_EN	PIN_B25
DRAM_DQ[30]	PIN_U4	ENET0_LINK100	PIN_C14	ENET1_TX_ER	PIN_A25
DRAM_DQ[29]	PIN_T3	ENET0_MDC	PIN_C20	ENETCLK_25	PIN_A14
DRAM_DQ[28]	PIN_R3	ENET0_MDIO	PIN_B21	EX_IO[6]	PIN_D9
DRAM_DQ[27]	PIN_R2	ENET0_RST_N	PIN_C19	EX_IO[5]	PIN_E10
DRAM_DQ[26]	PIN_R1	ENET0_RX_CLK	PIN_A15	EX_IO[4]	PIN_F14
DRAM_DQ[25]	PIN_R7	ENET0_RX_COL	PIN_E15	EX_IO[3]	PIN_H14
DRAM_DQ[24]	PIN_U5	ENET0_RX_CRS	PIN_D15	EX_IO[2]	PIN_H13
DRAM_DQ[23]	PIN_L7	ENET0_RX_DATA[3]	PIN_C15	EX_IO[1]	PIN_J14
DRAM_DQ[22]	PIN_M7	ENET0_RX_DATA[2]	PIN_D17	EX_IO[0]	PIN_J10
DRAM_DQ[21]	PIN_M4	ENET0_RX_DATA[1]	PIN_D16	FL_ADDR[22]	PIN_AD11
DRAM_DQ[20]	PIN_N4	ENET0_RX_DATA[0]	PIN_C16	FL_ADDR[21]	PIN_AD10
DRAM_DQ[19]	PIN_N3	ENET0_RX_DV	PIN_C17	FL_ADDR[20]	PIN_AE10
FL_ADDR[19]	PIN_AD12	GPIO[28]	PIN_AH22	HEX1[1]	PIN_Y22
FL_ADDR[18]	PIN_AC12	GPIO[27]	PIN_AE24	HEX1[0]	PIN_M24
FL_ADDR[17]	PIN_AH12	GPIO[26]	PIN_AG22	HEX2[6]	PIN_W28
FL_ADDR[16]	PIN_AA8	GPIO[25]	PIN_AE25	HEX2[5]	PIN_W27
FL_ADDR[15]	PIN_Y10	GPIO[24]	PIN_AH25	HEX2[4]	PIN_Y26
FL_ADDR[14]	PIN_AC8	GPIO[23]	PIN_AD25	HEX2[3]	PIN_W26
FL_ADDR[13]	PIN_AD8	GPIO[22]	PIN_AG25	HEX2[2]	PIN_Y25
FL_ADDR[12]	PIN_AA10	GPIO[21]	PIN_AD22	HEX2[1]	PIN_AA26
FL_ADDR[11]	PIN_AF9	GPIO[20]	PIN_AF22	HEX2[0]	PIN_AA25
FL_ADDR[10]	PIN_AE9	GPIO[19]	PIN_AF21	HEX3[6]	PIN_Y19
FL_ADDR[9]	PIN_AB10	GPIO[18]	PIN_AE22	HEX3[5]	PIN_AF23
FL_ADDR[8]	PIN_AB12	GPIO[17]	PIN_AC22	HEX3[4]	PIN_AD24
FL_ADDR[7]	PIN_AB13	GPIO[16]	PIN_AF25	HEX3[3]	PIN_AA21
FL_ADDR[6]	PIN_AA12	GPIO[15]	PIN_AE21	HEX3[2]	PIN_AB20
FL_ADDR[5]	PIN_AA13	GPIO[14]	PIN_AF24	HEX3[1]	PIN_U21
FL_ADDR[4]	PIN_Y12	GPIO[13]	PIN_AF15	HEX3[0]	PIN_V21
FL_ADDR[3]	PIN_Y14	GPIO[12]	PIN_AD19	HEX4[6]	PIN_AE18
FL_ADDR[2]	PIN_Y13	GPIO[11]	PIN_AF16	HEX4[5]	PIN_AF19
FL_ADDR[1]	PIN_AH7	GPIO[10]	PIN_AC19	HEX4[4]	PIN_AE19
FL_ADDR[0]	PIN_AG12	GPIO[9]	PIN_AE15	HEX4[3]	PIN_AH21

续表二

信号名称	FPGA 引脚	信号名称	FPGA 引脚	信号名称	FPGA 引脚
FL_CE_N	PIN_AG7	GPIO[8]	PIN_AD15	HEX4[2]	PIN_AG21
FL_DQ[7]	PIN_AF12	GPIO[7]	PIN_AE16	HEX4[1]	PIN_AA19
FL_DQ[6]	PIN_AH11	GPIO[6]	PIN_AD21	HEX4[0]	PIN_AB19
FL_DQ[5]	PIN_AG11	GPIO[5]	PIN_Y16	HEX5[6]	PIN_AH18
FL_DQ[4]	PIN_AF11	GPIO[4]	PIN_AC21	HEX5[5]	PIN_AF18
FL_DQ[3]	PIN_AH10	GPIO[3]	PIN_Y17	HEX5[4]	PIN_AG19
FL_DQ[2]	PIN_AG10	GPIO[2]	PIN_AB21	HEX5[3]	PIN_AH19
FL_DQ[1]	PIN_AF10	GPIO[1]	PIN_AC15	HEX5[2]	PIN_AB18
FL_DQ[0]	PIN_AH8	GPIO[0]	PIN_AB22	HEX5[1]	PIN_AC18
FL_OE_N	PIN_AG8	HEX0[6]	PIN_H22	HEX5[0]	PIN_AD18
FL_RST_N	PIN_AE11	HEX0[5]	PIN_J22	HEX6[6]	PIN_AC17
FL_RY	PIN_Y1	HEX0[4]	PIN_L25	HEX6[5]	PIN_AA15
FL_WE_N	PIN_AC10	HEX0[3]	PIN_L26	HEX6[4]	PIN_AB15
FL_WP_N	PIN_AE12	HEX0[2]	PIN_E17	HEX6[3]	PIN_AB17
GPIO[35]	PIN_AG26	HEX0[1]	PIN_F22	HEX6[2]	PIN_AA16
GPIO[34]	PIN_AH23	HEX0[0]	PIN_G18	HEX6[1]	PIN_AB16
GPIO[33]	PIN_AH26	HEX1[6]	PIN_U24	HEX6[0]	PIN_AA17
GPIO[32]	PIN_AF20	HEX1[5]	PIN_U23	HEX7[6]	PIN_AA14
GPIO[31]	PIN_AG23	HEX1[4]	PIN_W25	HEX7[5]	PIN_AG18
GPIO[30]	PIN_AE20	HEX1[3]	PIN_W22	HEX7[4]	PIN_AF17
GPIO[29]	PIN_AF26	HEX1[2]	PIN_W21	HEX7[3]	PIN_AH17
HEX7[2]	PIN_AG17	HSMC_TX_D_P[5]	PIN_M27	LEDR[11]	PIN_H16
HEX7[1]	PIN_AE17	HSMC_TX_D_P[4]	PIN_K27	LEDR[10]	PIN_J15
HEX7[0]	PIN_AD17	HSMC_TX_D_P[3]	PIN_G27	LEDR[9]	PIN_G17
HSMC_CLKIN0	PIN_AH15	HSMC_TX_D_P[2]	PIN_F27	LEDR[8]	PIN_J17
HSMC_CLKIN_P1	PIN_J27	HSMC_TX_D_P[1]	PIN_E27	LEDR[7]	PIN_H19
HSMC_CLKIN_P2	PIN_Y27	HSMC_TX_D_P[0]	PIN_D27	LEDR[6]	PIN_J19
HSMC_CLKOUT0	PIN_AD28	I2C_SCLK	PIN_B7	LEDR[5]	PIN_E18
HSMC_CLKOUT_P1	PIN_G23	I2C_SDAT	PIN_A8	LEDR[4]	PIN_F18
HSMC_CLKOUT_P2	PIN_V23	IRDA_RXD	PIN_Y15	LEDR[3]	PIN_F21
HSMC_D[3]	PIN_AF27	KEY[3]	PIN_R24	LEDR[2]	PIN_E19
HSMC_D[2]	PIN_AE27	KEY[2]	PIN_N21	LEDR[1]	PIN_F19
HSMC_D[1]	PIN_AE28	KEY[1]	PIN_M21	LEDR[0]	PIN_G19
HSMC_D[0]	PIN_AE26	KEY[0]	PIN_M23	OTG_ADDR[1]	PIN_C3
HSMC_RX_D_P[16]	PIN_T21	LCD_BLON	PIN_L6	OTG_ADDR[0]	PIN_H7
HSMC_RX_D_P[15]	PIN_R22	LCD_DATA[7]	PIN_M5	OTG_CS_N	PIN_A3

续表三

信号名称	FPGA 引脚	信号名称	FPGA 引脚	信号名称	FPGA 引脚
HSMC_RX_D_P[14]	PIN_P21	LCD_DATA[6]	PIN_M3	OTG_DACK_N[1]	PIN_D4
HSMC_RX_D_P[13]	PIN_P25	LCD_DATA[5]	PIN_K2	OTG_DACK_N[0]	PIN_C4
HSMC_RX_D_P[12]	PIN_N25	LCD_DATA[4]	PIN_K1	OTG_DATA[15]	PIN_G4
HSMC_RX_D_P[11]	PIN_L21	LCD_DATA[3]	PIN_K7	OTG_DATA[14]	PIN_F3
HSMC_RX_D_P[10]	PIN_U25	LCD_DATA[2]	PIN_L2	OTG_DATA[13]	PIN_F1
HSMC_RX_D_P[9]	PIN_T25	LCD_DATA[1]	PIN_L1	OTG_DATA[12]	PIN_G3
HSMC_RX_D_P[8]	PIN_R25	LCD_DATA[0]	PIN_L3	OTG_DATA[11]	PIN_G2
HSMC_RX_D_P[7]	PIN_M25	LCD_EN	PIN_L4	OTG_DATA[10]	PIN_G1
HSMC_RX_D_P[6]	PIN_L23	LCD_ON	PIN_L5	OTG_DATA[9]	PIN_H4
HSMC_RX_D_P[5]	PIN_K25	LCD_RS	PIN_M2	OTG_DATA[8]	PIN_H3
HSMC_RX_D_P[4]	PIN_H25	LCD_RW	PIN_M1	OTG_DATA[7]	PIN_H6
HSMC_RX_D_P[3]	PIN_G25	LEDG[8]	PIN_F17	OTG_DATA[6]	PIN_J7
HSMC_RX_D_P[2]	PIN_F26	LEDG[7]	PIN_G21	OTG_DATA[5]	PIN_J3
HSMC_RX_D_P[1]	PIN_D26	LEDG[6]	PIN_G22	OTG_DATA[4]	PIN_J4
HSMC_RX_D_P[0]	PIN_F24	LEDG[5]	PIN_G20	OTG_DATA[3]	PIN_K3
HSMC_TX_D_P[16]	PIN_U22	LEDG[4]	PIN_H21	OTG_DATA[2]	PIN_J5
HSMC_TX_D_P[15]	PIN_V27	LEDG[3]	PIN_E24	OTG_DATA[1]	PIN_K4
HSMC_TX_D_P[14]	PIN_U27	LEDG[2]	PIN_E25	OTG_DATA[0]	PIN_J6
HSMC_TX_D_P[13]	PIN_R27	LEDG[1]	PIN_E22	OTG_DREQ[1]	PIN_B4
HSMC_TX_D_P[12]	PIN_V25	LEDG[0]	PIN_E21	OTG_DREQ[0]	PIN_J1
HSMC_TX_D_P[11]	PIN_L27	LEDR[17]	PIN_H15	OTG_FSPEED	PIN_C6
HSMC_TX_D_P[10]	PIN_J25	LEDR[16]	PIN_G16	OTG_INT[1]	PIN_D5
HSMC_TX_D_P[9]	PIN_P27	LEDR[15]	PIN_G15	OTG_INT[0]	PIN_A6
HSMC_TX_D_P[8]	PIN_J23	LEDR[14]	PIN_F15	OTG_LSPEED	PIN_B6
HSMC_TX_D_P[7]	PIN_H23	LEDR[13]	PIN_H17	OTG_RD_N	PIN_B3
HSMC_TX_D_P[6]	PIN_K21	LEDR[12]	PIN_J16	OTG_RST_N	PIN_C5
OTG_WR_N	PIN_A4	SRAM_DQ[9]	PIN_AD2	TD_HS	PIN_E5
PS2_CLK	PIN_G6	SRAM_DQ[8]	PIN_AD1	TD_RESET_N	PIN_G7
PS2_CLK2	PIN_G5	SRAM_DQ[7]	PIN_AF7	TD_VS	PIN_E4
PS2_DAT	PIN_H5	SRAM_DQ[6]	PIN_AH6	UART_CTS	PIN_G14
PS2_DAT2	PIN_F5	SRAM_DQ[5]	PIN_AG6	UART_RTS	PIN_J13
SD_CLK	PIN_AE13	SRAM_DQ[4]	PIN_AF6	UART_RXD	PIN_G12
SD_CMD	PIN_AD14	SRAM_DQ[3]	PIN_AH4	UART_TXD	PIN_G9
SD_DAT[3]	PIN_AC14	SRAM_DQ[2]	PIN_AG4	VGA_B[7]	PIN_D12
SD_DAT[2]	PIN_AB14	SRAM_DQ[1]	PIN_AF4	VGA_B[6]	PIN_D11
SD_DAT[1]	PIN_AF13	SRAM_DQ[0]	PIN_AH3	VGA_B[5]	PIN_C12

续表四

信号名称	FPGA 引脚	信号名称	FPGA 引脚	信号名称	FPGA 引脚
SD_DAT[0]	PIN_AE14	SRAM_LB_N	PIN_AD4	VGA_B[4]	PIN_A11
SD_WP_N	PIN_AF14	SRAM_OE_N	PIN_AD5	VGA_B[3]	PIN_B11
SMA_CLKIN	PIN_AH14	SRAM_UB_N	PIN_AC4	VGA_B[2]	PIN_C11
SMA_CLKOUT	PIN_AE23	SRAM_WE_N	PIN_AE8	VGA_B[1]	PIN_A10
SRAM_ADDR[19]	PIN_T8	SW[17]	PIN_Y23	VGA_B[0]	PIN_B10
SRAM_ADDR[18]	PIN_AB8	SW[16]	PIN_Y24	VGA_BLANK_N	PIN_F11
SRAM_ADDR[17]	PIN_AB9	SW[15]	PIN_AA22	VGA_CLK	PIN_A12
SRAM_ADDR[16]	PIN_AC11	SW[14]	PIN_AA23	VGA_G[7]	PIN_C9
SRAM_ADDR[15]	PIN_AB11	SW[13]	PIN_AA24	VGA_G[6]	PIN_F10
SRAM_ADDR[14]	PIN_AA4	SW[12]	PIN_AB23	VGA_G[5]	PIN_B8
SRAM_ADDR[13]	PIN_AC3	SW[11]	PIN_AB24	VGA_G[4]	PIN_C8
SRAM_ADDR[12]	PIN_AB4	SW[10]	PIN_AC24	VGA_G[3]	PIN_H12
SRAM_ADDR[11]	PIN_AD3	SW[9]	PIN_AB25	VGA_G[2]	PIN_F8
SRAM_ADDR[10]	PIN_AF2	SW[8]	PIN_AC25	VGA_G[1]	PIN_G11
SRAM_ADDR[9]	PIN_T7	SW[7]	PIN_AB26	VGA_G[0]	PIN_G8
SRAM_ADDR[8]	PIN_AF5	SW[6]	PIN_AD26	VGA_HS	PIN_G13
SRAM_ADDR[7]	PIN_AC5	SW[5]	PIN_AC26	VGA_R[7]	PIN_H10
SRAM_ADDR[6]	PIN_AB5	SW[4]	PIN_AB27	VGA_R[6]	PIN_H8
SRAM_ADDR[5]	PIN_AE6	SW[3]	PIN_AD27	VGA_R[5]	PIN_J12
SRAM_ADDR[4]	PIN_AB6	SW[2]	PIN_AC27	VGA_R[4]	PIN_G10
SRAM_ADDR[3]	PIN_AC7	SW[1]	PIN_AC28	VGA_R[3]	PIN_F12
SRAM_ADDR[2]	PIN_AE7	SW[0]	PIN_AB28	VGA_R[2]	PIN_D10
SRAM_ADDR[1]	PIN_AD7	TD_CLK27	PIN_B14	VGA_R[1]	PIN_E11
SRAM_ADDR[0]	PIN_AB7	TD_DATA[7]	PIN_F7	VGA_R[0]	PIN_E12
SRAM_CE_N	PIN_AF8	TD_DATA[6]	PIN_E7	VGA_SYNC_N	PIN_C10
SRAM_DQ[15]	PIN_AG3	TD_DATA[5]	PIN_D6	VGA_VS	PIN_C13
SRAM_DQ[14]	PIN_AF3	TD_DATA[4]	PIN_D7	HSMC_CLKIN_N1	PIN_J28
SRAM_DQ[13]	PIN_AE4	TD_DATA[3]	PIN_C7	HSMC_CLKIN_N2	PIN_Y28
SRAM_DQ[12]	PIN_AE3	TD_DATA[2]	PIN_D8	HSMC_TX_D_N[0]	PIN_D28
SRAM_DQ[11]	PIN_AE1	TD_DATA[1]	PIN_A7	HSMC_RX_D_N[0]	PIN_F25
SRAM_DQ[10]	PIN_AE2	TD_DATA[0]	PIN_E8	HSMC_RX_D_N[1]	PIN_C27
HSMC_TX_D_N[1]	PIN_E28	HSMC_TX_D_N[7]	PIN_H24	HSMC_RX_D_N[12]	PIN_N26
HSMC_TX_D_N[2]	PIN_F28	HSMC_RX_D_N[7]	PIN_M26	HSMC_TX_D_N[13]	PIN_R28
HSMC_RX_D_N[2]	PIN_E26	HSMC_TX_D_N[8]	PIN_J24	HSMC_RX_D_N[13]	PIN_P26
HSMC_TX_D_N[3]	PIN_G28	HSMC_RX_D_N[8]	PIN_R26	HSMC_TX_D_N[14]	PIN_U28

续表五

信号名称	FPGA引脚	信号名称	FPGA引脚	信号名称	FPGA引脚
HSMC_RX_D_N[3]	PIN_G26	HSMC_TX_D_N[9]	PIN_P28	HSMC_RX_D_N[14]	PIN_R21
HSMC_TX_D_N[4]	PIN_K28	HSMC_RX_D_N[9]	PIN_T26	HSMC_TX_D_N[15]	PIN_V28
HSMC_RX_D_N[4]	PIN_H26	HSMC_TX_D_N[10]	PIN_J26	HSMC_RX_D_N[15]	PIN_R23
HSMC_TX_D_N[5]	PIN_M28	HSMC_RX_D_N[10]	PIN_U26	HSMC_TX_D_N[16]	PIN_V22
HSMC_RX_D_N[5]	PIN_K26	HSMC_TX_D_N[11]	PIN_L28	HSMC_RX_D_N[16]	PIN_T22
HSMC_TX_D_N[6]	PIN_K22	HSMC_RX_D_N[11]	PIN_L22	HSMC_CLKOUT_N2	PIN_V24
HSMC_RX_D_N[6]	PIN_L24	HSMC_TX_D_N[12]	PIN_V26	HSMC_CLKOUT_N1	PIN_G24

参考文献

[1] 张志刚. FPGA 与 SOPC 设计教程——DE2 实践[M]. 西安：西安电子科技大学出版社，2007.

[2] Terasic Technologies Inc. DE2-115 User Manual[EB/OL]. http://www.terasic.com.cn.

[3] 任爱锋，罗丰，宋士权，等. 基于 FPGA 的嵌入式系统设计——Altera SoC FPGA[M]. 2 版. 西安：西安电子科技大学出版社，2014.

[4] 徐利刚，李岭. 基于 FPGA 的千兆以太网高速数据传输系统[J]. 仪表技术，2016，(02)：19-22+38. [2017-08-15].

[5] 杨威. 基于 FPGA 的以太网和串口数据传输系统设计与实现[D]. 哈尔滨：哈尔滨工程大学，2013.

[6] 贡镇. 基于 FPGA 的实时视频图像采集与显示系统的设计与实现[J]. 现代电子技术，2013，36(13)：46-48[2017-08-15]. DOI：10. 16652/j. jssn. 1004-373x. 2013. 13. 040.

[7] 赵国峰，邱作雨，张毅. 基于单片机的嵌入式 TCP/IP 协议栈的设计与实现[J]. 计算机技术与发展，2009，19(3)：137-140.

[8] 刘黎明，王用玺. 基于 NicheStack TCP/IP 协议栈的嵌入式以太网控制器的设计与实现[J]. 郑州轻工业学院学报(自然版)，2015，30(01)：95-99(2015-02-12)[2017-08-15].

[9] 王敏志. FPGA 设计实战演练[M]. 北京：清华大学出版社，2015.

[10] 刘东华. Altera 系列 FPGA 芯片 IP 核详解[M]. 北京：电子工业出版社，2014.

[11] 赵艳华，温利，佟春明. 基于 Quartus II 的 FPGA/CPLD 数字系统设计快速入门[M]. 北京：电子工业出版社，2017.

[12] 孙进平，王俊，李伟，等. DSP/FPGA 嵌入式实时处理技术及应用[M]. 北京：北京航空航天大学出版社，2011.

[13] 杨军，张伟平，王小军. 面向 SoPC 的 FPGA 设计与应用[M]. 北京：科学出版社，2012.

[14] (美)曲邦平，金明录，门宏志. 基于 Nios II 的嵌入式 SoPC 系统设计与 Verilog 开发实例[M]. 北京：电子工业出版社，2015.

[15] 康华光. 电子技术基础——数字部分[M]. 5 版. 北京：高等教育出版社，2005.

[16] (美)兰德尔 E. 布莱恩特，大卫 R. 奥哈拉伦. 深入理解计算机系统[M]. 2 版. 北京：机械工业出版社，2012.

[17] 周荷琴，冯焕清. 微型计算机原理与接口技术[M]. 5 版. 合肥：中国科学技术大学出版社，2013.

[18] 韩晓茹. 微机原理、汇编语言与接口技术[M]. 北京：机械工业出版社，2013.

[19] Altera Corporation. Altera Monitor Program Tutorial[EB/OL]. http://www.altera.com/products/processors/support.html.

[20] Altera Coporation. Nios II Classic Processor Reference Guide，Nios II Processor Reference Handbook[EB/OL]. http://www.altera.com/products/processors/support.html.